U0287198

国家科学技术学术著作出版基金资助出版

肉制品品质及质量控制

孔保华　刘　骞　陈洪生 等 编著

科学出版社

北京

内 容 简 介

本书以目前国内外关于肉制品品质及质量控制方面的研究为基础，系统概述了肉及肉制品的基础理论与加工原理、加工和检测新技术以及安全控制技术，力求反映现代肉及肉制品品质和质量控制。全书分为5篇，共计26章，主要内容包括原料肉的质量特征、肉制品加工新技术、微生物发酵技术在肉制品中的应用、肉制品检测新技术和肉制品安全控制技术。本书内容丰富，理论结合实践，系统介绍了国内外肉及肉制品品质及质量控制领域的研究热点、研究成果和加工新技术。

本书适合各大专院校食品专业的研究人员、教师及研究生阅读。此外，还可供食品生产企业以及相关的企业技术人员学习参考。

图书在版编目(CIP)数据

肉制品品质及质量控制／孔保华等编著 . —北京：科学出版社，2015.7
ISBN 978-7-03-044945-0

Ⅰ.①肉… Ⅱ.①孔… Ⅲ.①肉制品–质量控制 Ⅳ.①TS251.7

中国版本图书馆 CIP 数据核字（2015）第 128940 号

责任编辑：贾 超 李明楠／责任校对：赵桂芬
责任印制：赵 博／封面设计：迷底书装

科 学 出 版 社 出版
北京东黄城根北街 16 号
邮政编码：100717
http://www.sciencep.com

三河市骏杰印刷有限公司印刷
科学出版社发行 各地新华书店经销
*
2015 年 7 月第 一 版 开本：720×1000 1/16
2015 年 7 月第一次印刷 印张：29
字数：585 000
定价：138.00 元
（如有印装质量问题，我社负责调换）

编写委员会

主　　　编	孔保华	东北农业大学

副　主　编	刘　骞	东北农业大学
	陈洪生	黑龙江八一农垦大学
	陈　倩	东北农业大学
	孙方达	东北农业大学

其他参编人员 （按姓氏汉语拼音排序）

	刁小琴	绥化学院
	董福家	东北农业大学
	韩　齐	东北农业大学
	黄　莉	滨州学院
	贾　娜	渤海大学
	李芳菲	东北农业大学
	李沛军	合肥工业大学
	李媛媛	东北农业大学
	罗慧婷	东北农业大学
	齐鹏辉	东北农业大学
	孙钦秀	东北农业大学
	夏秀芳	东北农业大学
	熊幼翎	美国肯塔基大学
	徐宝才	雨润集团
	姚来斌	黑龙江东方学院
	张　欢	东北农业大学
	张宏伟	东北农业大学
	赵钜阳	东北农业大学
	周凤超	绥化学院

前　言

　　肉制品是指用畜禽肉为主要原料，经调味制作的熟肉制成品或半成品。尤其是经过近 20 年的发展，我国现代化的肉制品加工业体系已初具雏形。肉制品产业的高速发展，带动了整个农业和农村经济的发展，增加了农民收入，推进了我国畜产品加工业的迅速发展。但目前我国有关肉及肉制品品质及质量控制的技术还很欠缺，特别是与国外发达国家相比较，在新技术、新工艺、新设备方面还很薄弱。

　　为增加我国肉制品加工业的科技投入，努力提高我国肉制品加工业的科技水平，增加行业的新技术、新工艺、新方法及新产品，缩短与国外发达国家在加工技术水平上的差距，我们编写了本书。旨在提高我国肉及肉制品品质及质量控制技术水平，并结合作者在此领域 20 多年的实践和科研成果，较为系统地阐述了目前国内外肉制品加工行业的发展现状和新技术及新成果。本书主要突出在"新"上，读者通过阅读本书可以了解该领域的发展状态。

　　本书由来自国内外高校、长期从事相关领域研究与教学工作的老师共同编写而成。其中，前言由东北农业大学孔保华和刘骞编写；第 1 章由美国肯塔基大学熊幼翎、东北农业大学孔保华编写；第 2 章、第 3 章由黑龙江八一农垦大学陈洪生编写；第 4 章由东北农业大学孔保华和刘骞编写；第 5 章由东北农业大学夏秀芳和李芳菲编写；第 6 章由东北农业大学董福家、孔保华和刘骞编写；第 7 章由黑龙江八一农垦大学陈洪生编写；第 8 章由东北农业大学孔保华、赵钜阳和刘骞编写；第 9 章由东北农业大学刘骞、赵钜阳和孔保华编写；第 10 章由滨州学院黄莉、东北农业大学孔保华编写；第 11 章由渤海大学贾娜、东北农业大学孔保华编写；第 12 章、第 13 章由黑龙江八一农垦大学陈洪生编写；第 14 章由东北农业大学孙方达、刘骞和张欢编写；第 15 章由合肥工业大学李沛军、东北农业大学孔保华编写；第 16 章由东北农业大学陈倩和孔保华编写；第 17 章由东北农业大学罗慧婷和刘骞编写；第 18 章由合肥工业大学李沛军、东北农业大学韩齐、黑龙江东方学院姚来斌编写；第 19 章由东北农业大学陈倩和孔保华编写；第 20 章由东北农业大学孙钦秀、孔保华和刘骞编写；第 21 章由东北农业大学李媛媛、齐鹏辉和孔保华编写；第 22 章由东北农业大学孔保华和刘骞编写；第 23 章由东北农业大学刘骞和孔保华编写；第 24 章由绥化学院刁小琴、雨润集团徐宝才编写；第 25 章由绥化学院周凤超编写；第 26 章由东北农业大学张宏伟和刘骞编写。全书由东北农业大学孔保华和刘骞整理、统稿。

本书的出版得到国家科学技术学术著作出版基金的资助，在此表示衷心的感谢。我们在编写过程中，尽可能采用最新研究结果及资料，增加相关内容的先进性与前瞻性，但是，由于肉及肉制品品质及质量控制技术正处于快速发展与完善过程中，相关的新技术也在不断涌现，有些内容难免会出现相对陈旧的现象。另外，由于编者水平有限，书中难免会存在一些不当、疏漏之处，恳请读者在阅读过程中提出宝贵的意见和建议。

编　者

2015 年 6 月

目　　录

第一篇　原料肉的质量特征

第二篇　肉制品加工新技术

第三篇　微生物发酵技术在肉制品中的应用

第四篇 肉制品检测新技术

第五篇　肉制品安全控制技术

0 概 论
国内外肉制品研究现状

0.1 我国肉制品研究现状

中国肉类工业是从传统的"一把刀杀猪、一口锅烫毛、一杆秤卖肉"的模式演变而来。20世纪50年代，全国只有2000多家肉联厂，生猪屠宰实行国有企业"一把刀"杀猪，生猪屠宰企业原料靠计划调进，产品靠计划调出，亏损靠政府补贴，企业机制不活，产业发展缓慢。80年代中期，中国的肉类实行自主经营、自负盈亏，生猪屠宰全面放开，"一把刀"变为"多把刀"，一大批个体、私营企业进入屠宰业，肉类加工业进入完全市场竞争的发展阶段，肉类食品的产品、规模、市场、质量呈现"小、散、乱、差"等局面，肉品质量和安全成为社会关注的焦点。

进入21世纪，中国肉类掀起了一场屠宰业产品创新、产业提升的大变革。大型肉类加工企业大量引进发达国家先进的生猪冷分割生产线，按照国际标准建设了现代化的屠宰和分割基地，大力推广"冷链生产、冷链配送、冷链销售、连锁经营"的肉类经营新模式，用"冷鲜肉"取代"热鲜肉"和"冻肉"，用品牌化的"连锁经营"取代"沿街串巷、设摊卖肉"的售卖方式，同时还引进肉制品加工工艺技术、先进设备、管理模式，不断消化吸收发达国家100多年工业化的成果，改造传统的肉类工业，缩小了与发达国家的距离；通过技术创新、管理创新、产品创新和品牌化建设，推动了肉类工业进步，满足了市场需求，促进肉类工业蓬勃发展。这场变革完成了传统肉制品的工业化，加大低温肉制品、功能性肉制品比值，实施肉类的品牌化经营，中国肉类行业进入了全新的发展阶段。

我国是世界肉类生产大国，拥有全世界最具潜力、增长快速的肉类市场。2014年肉类总产量为8743万t，比上年同期增长7.0%，占世界总产量的30.2%，其中猪、牛、羊、禽总产量达到了8540万t，比上年增加了2.85%。肉类工业总资产达到了6116.5亿元，比上年增长了17.38%。屠宰和肉类加工规模以上企业已经达到了3786家，比上年增加了93家，增幅达到2.5%。2015年预计我国肉类总产量将突破9000万t。除肉类产量外，肉类工业的发展主要体现在以下几个方面：

（1）引进先进的技术和设备，改造传统的肉类工业。中国的肉类企业从发达国家引进国际先进水平的生产设备和工艺技术装备，使肉制品的加工技术水平上了一个大台阶。据统计，中国先后引进了1000多台灌肠机、200多条畜禽屠宰线。引进高低温肉制品生产设备，包括斩拌机、自动灌装机、盐水注射机、乳化机等近万台，在引进硬件装备的同时，把世界肉类前沿的腌制技术、乳化技术、冷分割技术应用到肉类工业的生产上。近两年中国肉类工业投资进一步扩大，年固定资产投资增长都在40%以上，一些大中型肉类加工企业设备成龙配套，技术与国际接轨，大大提高了肉类加工的工业化水平。

（2）引进先进管理体系，实现管理与国际接轨。肉类企业在用先进的技术设备武装生产的过程中，也不断引进先进的管理和质量控制手段，缩小与国际先进水平的差距。为确保产品的质量和安全，肉类行业广泛引用国际先进的ISO9001、ISO14001、HACCP等管理体系，并实施认证。用ISO9001规范质量管理，用HACCP建立危害分析制度，控制食品安全，用ISO14001实现清洁生产和环保治理。大型肉类企业还把信息化引入生猪屠宰和肉制品加工业，利用信息化进行流程再造，整合资金流、物流、信息流，实现订单采购、订单生产、订单销售，使肉类管理水平与世界同步。

（3）实施产品创新，引导消费。中国传统的猪肉是热鲜肉和冻肉，传统的肉制品大多是区域性地方风味产品。肉类加工企业不断进行产品创新，一是把冷鲜肉引入国内，实现热鲜肉、冻肉向冷鲜肉转变，白条肉向调理产品转变。二是实施西式产品的引进，大力开发高、低温肉制品；同时把现代保鲜技术应用到肉类工业，把保鲜膜应用到冷鲜肉，把拉伸膜应用到低温肉制品，把具有阻氧、阻湿、耐高温的聚偏二氯乙烯（PVDC）包装材料应用到高温肉制品，新型包装材料延长了货架期，保证了肉品的质量和安全，实现了肉品的全国大流通和规模化大生产，熟肉制品产量由20世纪90年代初不足10万t，发展到2013年的1000万t。目前，中国市场上高低温、中西式肉类产品品种齐全，满足了广大消费者的需求。

（4）实施品牌化经营，企业的规模不断扩大。中国肉类品牌经历了市场的风雨洗礼，优胜劣汰，行业涌现了一批知名的企业，造就了品牌价值达到几亿元、几十亿元、上百亿元的品牌，成为消费者的首选。截至2014年，21家企业的商标成为"中国驰名商标"，18家企业19个产品成为"国家质量免检"产品。随着品牌化企业的不断发展，行业的集中度也在不断提高，2014年肉类行业前50强企业的销售收入占到规模以上企业销售收入的40%以上，中国正在进入一个品牌整合市场的新时期。

经过20多年的发展，中国肉类工业取得了快速发展，但仍然存在一些不容忽视的问题，集中表现在大企业少、小企业多，行业集中度不高；产品深加工少，粗加工多，附加值低，资源综合利用率不高；肉品结构不合理，热鲜肉、冻肉多，冷鲜肉少，高温肉制品多，低温肉制品少；肉类产业的熟肉制品深加工仅占总产量的10%左右，冷鲜肉的比例不到猪肉产量的10%；全国统一、开放、竞争、有序的大市场还远没有形成，影响行业的发展和整合，产业化经营水平不高，分散的小规模生猪饲养模式与肉类的大市场不相适应，肉类的生产呈现周期性的大波动，影响产业的发展，这些问题需要我们认真研究和关注。

0.2 我国肉制品行业发展趋势

中国是发展中的大国，经济高速发展和小康社会建设，为肉类企业的发展创造了条件，创造了机遇，同时也提出了新的要求。

第一，中国是人口大国，地域广，市场大。中国有约13亿人口，约是欧洲的2倍，美国的4倍，日本的10倍，不断增长的肉类消费，将为肉类行业提供巨大的内需市场。

第二，随着中国经济的发展、居民收入水平的提高，人们在饮食上已不满足于食品数量的增加，而是希望食品更加安全、营养、方便、卫生、快捷、多样化，中国肉类行业进入了消费转型、内需拉动的新时期。

第三，食品安全成为社会关注的焦点。中国政府加大对食品安全的监管，一是实行肉品的市场准入制度，二是实行严格的产品出厂检验制度，三是加强食品的诚信体系建设，褒奖守信、惩戒失信，为企业的健康发展提供了外部环境。

把握中国经济给肉类工业带来的机遇，未来中国肉类加工企业将着重做好以下几项工作，推动行业的发展：

（1）做好产品的精深加工，适应消费转型的需要。中国肉类产品总体发展趋势将体现在三个转变：一是白条肉向调理产品转变，二是高温肉制品向低温肉制品转变，三是家庭厨房向工业化转变。要大力推广冷鲜肉和调理产品，结合中国消费的特点，把生猪产品从头到尾、从内到外全部开发出来，实现产品的加工增值，达到集约化生产。要大力发展低温肉制品，围绕不同消费渠道开发品种多样化、规格系列化、档次差异化的产品群，把西式产品注重营养、方便和中式产品注重色、香、味、形的特点有机结合起来，实现高低温、中西式产品的规模化、标准化、工业化大生产，满足广大消费者的需求，把肉类工业做成国人的大厨房。

（2）做好产业化经营，实现订单农业。欧美国家的养猪业比较稳定，波动不大，主要得益于规模化养殖、产业化经营。美国年出栏1000头以下的养猪场出栏份额不足5%，年出栏5万头以上的达到37%。中国的养殖业也正在发生着一场变革。受风险大、投资多、成本高、与打工收入比较效益低的影响，中国的生猪散养户逐渐减少；受政府扶持政策的影响，加上中国鼓励企业走资源节约型、环境友好型的发展道路，规模化养殖场正在兴起。

（3）肉类企业要参与和推动这场变革，向上游发展养殖业和饲料业，向下游发展现代物流业和商业连锁，通过完善的产业链实现工业的加工优势、农业的资源优势和市场优势有机结合。要建立"公司＋基地"产业化发展模式，在农村把一批有文化、懂技术、会经营的新型农民武装起来，通过合同、合作、股份合作的模式，推进规模化、集约化和标准化的养殖，实现订单农业，为企业提供均衡和安全的原料，同时实现工业反哺农业，促进新农村的建设。

（4）抓好食品安全，保证肉品的质量。我们做肉食品的企业，始终把产品的质量和安全当成企业的头等大事，做食品行业就像坐在火山口上，一旦食品质量和安全出了问题，就像火山爆发一样，会使企业遭受灭顶之灾。

食品安全是一个系统工程，一是认真从源头抓产品质量，控制好疫病和农残、药残，指导基地科学养殖，合理用药。二是加工环节要严格检验检疫监管，控制好食品添加剂，严格执行生产工艺规程。三是流通环节控制好产品的保质期，建立好完善的冷链配送系统，确保肉品的安全。四是建立质量管理和追索制度，落实好ISO9001、ISO14001、HACCP体系认证，把信息自动识别技术广泛应用到企业采购、生产、销售的质量控制全过程，确保产品的质量和安全。

做好品牌化经营，赢得消费者。中国肉类工业品牌化发展的历史不长，与国外同行相比，在品牌的推广建设以及在品牌的知名度上尚有差距，必须下大工夫加快发展，缩小差距。

品牌化发展的基础是产品，要做好产品，赢得消费者；品牌化持续发展的关键是诚信经营，不讲诚信、不守信用的企业不可能做大，更不会做久；中国肉类品牌要走向世界，就要用世界先进的标准来要求自己，如要注重动物福利，按照动物福利的标准来组织生产、运送、宰杀，打造符合国际标准的肉类健康营养品牌，实现在养殖、屠宰、运输等方面与国际接轨。

目前中国政府和行业协会在评价中国名牌的时候，已经把"高温肉制品"、"低温肉制品"、"鲜冻分割猪肉"等肉类产品纳入评价范围，为肉类的品牌化建设创造了一个有利的外部环境。肉类加工企业不仅要创中国名牌，也要靠自己的实力争创世界名牌，提升中国肉类品牌的形象和在国际上的影响力。

0.3 世界肉类工业的发展

根据国际粮农组织最新公布的统计数字，2014 年世界上最大的 4 个肉类生产国分别是中国、美国、巴西和德国，产量分别达到 8743 万 t，5181 万 t，2658 万 t 和 1105 万 t。世界肉类总产量为 3.64 亿 t，上述四国的肉类产量占世界总产量的 48.59%。四个国家肉类生产结构也发生了明显的变化，美国和巴西的肉类生产结构变化以鸡肉快速增长、取代原有的第一肉类——牛肉，成为两国肉类产量第一的品种；中国和德国仍然基本保持原有的肉类生产结构特征，即猪肉在肉类总产量中占据绝对第一的位置，但在肉类生产结构上，中国的猪肉占肉类总产量约下降了 6.1 个百分点，禽肉产量占肉类总产量的比例增加了 4.2 个百分点，而德国猪肉产量占肉类总产量的比例增加了 7.2 个百分点。从世界总的发展状况看，水禽肉在肉类总产量中所占的比例增长最快，增长率为 68.9%，其次是鸡肉增长了 49%，10 年间猪肉增长率为 31%。除中国外，世界主要肉类生产国的牛肉产量占肉类总产量的比例都在逐年下降。

0.4 肉类工业研究的热点

0.4.1 原料肉生产

家禽和家畜饲养除原来过多关注生长性能，如饲养周期短、饲料利用率高、瘦肉率高外，以后将更加关心肉的品质（质地、风味）和营养价值。畜禽品种的生长性能虽好，但是容易出现 PSE（pale，soft and exudative）肉或 DFD（dark，firm and dry）肉；最近几年根据研究肌纤维类型对宰后初期新陈代谢和猪肉品质的影响等，也在逐步探讨如何从育种环节减少 PSE 肉的出现概率。利用基因组学（基因调节）技术提高猪肉的脂肪酸含量和肌间脂肪的含量，即找到调控肌间脂肪酸表达的基因和调控具体生产性能的基因，以设计和选育更好的品种。

肉属于高营养食品，但肉中的某些成分，如饱和脂肪酸摄入过多，对人体健康可能存在危害。改变饲料配方，可以改善动物肉中沉积的脂肪酸比例，增加单不饱和脂肪酸和多不饱和脂肪酸等有益人体的脂肪酸含量；肉类食品加工储藏过程中，容易发生脂肪和蛋白质氧化，降低食用品质和蛋白质的加工特性，并不利于人类健康，通过改善饲料配方可以增加肉类的抗氧化能力；动物养殖环境对肉质的影响非常大，笼养、散养（草地、林地、沼泽地）、养殖面积、密度、光照、饲养天数等因素，都会影响肉的品质和性能，养殖条件（国外习惯称为动物福利）对肉质的影响研究也非常多。

0.4.2　肉品质量与营养

质量标准和肉的分级体系一直是国际研究热点，主要集中在两方面：不同国家和地区肉的质量标准的统一，以及肉的自动化分级。随着全球一体化和国际肉类贸易的增加，肉的质量标准的统一显得很有必要。另外，分级属于屠宰的一个步骤（屠宰环境差，需要自动化），因此，对分级自动化的研究也非常多，例如，用近红外光谱在线检测胴体不同部位的脂肪含量和脂肪酸组成，用超声和CT图像分析，进行胴体的快速分级等。

肉是人类营养的主要蛋白质来源，其生物价非常高；肉也是一些矿物质和维生素的重要提供源，如铁、维生素 B_{12}、叶酸等；这些营养最好由肉来提供，因为其他食物中要么不含有，要么生物利用率很低。随着对健康的关注，人们对肉类中功能成分的开发也越来越多。肉本身或通过加工，可以含有很多的功能成分，如肌肽、肌酸、L-卡泥汀、共轭亚油酸、鹅肌肽（anserine）、谷胱甘肽、牛磺酸等。这些生理活性物质，可以调节人体生理功能，预防疾病，如抗癌、抗诱变、抗氧化、延缓衰老等。

0.4.3　肉类加工与包装

肉制品的加工技术研究，主要集中在三个方面：传统肉制品的现代化生产工艺；安全性高且利于人类健康的生产新技术；自动化加工和质量在线检测技术。例如，西班牙的传统肉制品（干腌火腿）的加工，只需要在传统工艺基础上加入一套 pH 和电阻光谱（EIS）在线测量系统，通过改变和控制猪腿肉的 pH 和电导率，即可快速进行原料腿分级、腌制、后熟和干燥，花费更短的时间，生产出更安全质量更好的火腿产品。当然，如果能够在生产线上加入全身电导率检测仪、双能 X 射线扫描仪、超声设备、低场核磁共振（NMR）在线检测、CT 扫描和近红外辐射，加工自动化程度会更高，安全性更有保证，获得的产品质量会更好。肉中的脂肪含量尤其是饱和脂肪酸含量高，盐（NaCl）的含量也高，长远来看这些都不利于人的健康，会影响消费者的购买选择。但是，食盐使蛋白质溶解，使脂肪的乳化体系稳定，具有非常重要的加工意义。因此，很多研究集中在如何减少配方中的盐和脂肪含量，同时又使肉制品的品质不受影响（如采用高压处理、pH、蛋白质含量等参数的改变）。采用欧姆和射频技术（电加热）生产肉制品，李斯特菌等微生物被完全抑制，而且不产生杂环胺等致癌成分，产品安全性会更好；采用高压技术，生产低盐的肉制品；采用微波和超声技术，使肉的嫩度更优;建立猪肉品质的数据库,只需将胴体重、肥瘦比例输入即可在线快速得出猪胴体的质量指标。

生产高附加值的肉类产品,既可以满足消费者的需要,又可以提高肉类行业的经济效益,因此,在该方向的研究也非常多。目前的研究,主要集中在五个方面:生产天然、有机、绿色的肉类食品;通过添加或使肉产生有益于人类健康的生理活性成分,得到功能型肉制品;生产低热量低胆固醇的健康食品;研究副产品的综合利用;生产发酵肉制品。消费者喜欢天然的、有机或绿色食品,因此如何生产以及鉴定有机肉制品就很有研究意义。将肉酶解,可以得到具有保健功能的小肽;肉中的饱和脂肪酸被替代,同时加入其他天然成分,以生产低热量肉制品;骨头本是下脚料,没有多少实际价值,还造成环境污染,但是,鸡腿骨骨蛋白被酶降解,可以得到具有生理活性功能的小肽(如血管紧张素转化酶抑制肽,防治高血压),可以据此生产药品或保健肉制品;肉中加入特定微生物发酵,可以降解饱和脂肪酸和大分子蛋白质,产生对人体有益的小分子物质,同时还能消除肉中不利于健康的饱和脂肪酸和胆固醇等成分。

包装技术的研究,可以分为包装和贮藏两个方面。例如,新鲜肉和肉制品的货架期的不同要求;新鲜肉的货架期模型的建立;如何保持新鲜肉的色泽稳定性;气调包装对成熟时间不同牛肉的氧化和微生物的影响;在冻藏的禽肉熟制品中加入酒类生产的下脚料作为抗氧化剂,进行真空包装;澳大利亚出口的真空包装牛肉,如何延长保质期;生产和贮藏火腿(手工生产的,气调包装)期间,主要的腐败微生物抑制;为保持鲜肉色泽,需要采取高氧气调包装,但是高氧容易导致冷藏期间蛋白质的氧化,不利于肉的嫩度,因此需要加入合适的抗氧化剂;干腌火腿需经过微生物发酵,但如果包装不当,会使微生物菌群发生变化,不利于货架期,因此需要选择合适的包装材料和气调比例。

0.4.4 肉类食品安全

肉类食品安全(物理、化学和微生物污染的在线检测和可追溯系统的建立)是关系国民健康和消费者权益的大事,也是全球性的研究热点,涉及食品安全的各个要素几乎都在被研究。简单而言,目前的研究主要集中在五个方面:微生物污染防治;减少加工中产生的亚硝酸盐、生物胺、杂环胺、多环芳烃等致癌化学成分;抗氧化;危害分析关键控制点(HACCP)和在线检测;可追溯系统。

第一篇　原料肉的质量特征

1 肌肉蛋白质的组成和结构

1.1 概　　述

肌肉中蛋白质占肌肉总重的 15% ~ 22%，占肉中固形物的 60% ~ 88%。按照蛋白质溶解性可以将肌肉中的蛋白质分为三大类：肌浆蛋白（水溶性蛋白）、肌原纤维蛋白（盐溶性蛋白）和基质蛋白（不溶性蛋白）。这三类蛋白质中，肌原纤维蛋白在肉制品加工中最重要。这种蛋白质在加热过程中可以凝聚在一起，且对肉的质构和弹性起着重要作用。肌原纤维蛋白的功能特性主要包括：产生三维结构、通过蛋白质和蛋白质之间的相互作用形成黏弹性的凝胶基质、保水的能力、在乳化体系中能在脂肪球表面形成具有黏性和一定强度的膜或者在水和空气的界面形成弹性的膜。这些功能特性使肉制品经过加工后具有独特的感官质量，如使产品具有一定嫩度、多汁性及特有的口感。许多肌浆蛋白和基质蛋白也有一定的功能性质，对肉类产品的质量及感官特性起到重要的作用。例如，肌浆中的肌红蛋白赋予肉特有的红色，而肉的特有颜色又与肌红蛋白中亚铁血红素的化学状态和珠蛋白的结构有关。结缔组织中的胶原蛋白一经水解有很好的保水能力，可提高熟肉制品的保水性和嫩度。

近年来，对肌肉中蛋白质的研究已经形成一种共识，即肌肉中蛋白质的各种功能性和它们的结构密切相关。为了确立这种结构和功能性之间的关系，已经对肌肉中的肌原纤维蛋白，尤其对肌球蛋白进行广泛的研究。在肌纤丝水平，肌原纤维的结构（如在肌原纤维中各种蛋白质的排列情况）对肌原纤维膨胀、肌原纤维水合作用和肌肉中蛋白质的提取起着决定性的作用。然而对于特有的蛋白质来说，蛋白质分子的构造、外形和大小对它们的功能性有着显著的影响。在肉制品加工中，蛋白质功能性通常要在蛋白质分子的天然结构发生改变后才能表现出来。通常的加工条件，如加热、冷却、对肉的机械处理等都会引起蛋白质的结构变化，此外一些添加成分也能直接或间接与蛋白质发生相互作用，而影响蛋白质的结构。在加工过程中，蛋白质分子结构会逐渐展开，使蛋白质分子之间形成有序的交互作用，从而形成高黏弹性的凝胶网状结构，这对重组肉生产中产品的结构及其完整性起到重要的作用。另一方面，在机械力（如剪切力）作用下蛋白质暴露的疏水基团会快速变性，这对于生产乳化型肉制品起着重要作用。

　　肌肉中蛋白质的功能性和它们的天然结构有着复杂的关系。因为在肉的加工中，肌肉蛋白质会产生一系列的结构变化，且蛋白质变性过程也会产生许多中间的结构变化。肉中蛋白质分子在变性过程中过渡状态的结构与具体加工条件有关，而且变化的程度很大，比较复杂。然而，由加工引起的蛋白质结构变化与蛋白质的天然结构有很大的关系。如果不考虑肉加工过程中蛋白质分子物理化学方面的变化，肌肉中蛋白质结构和功能之间的相互关系就很难描述。例如，肉糜类制品的硬度和弹性与蛋白质的凝胶作用和乳化作用有关，这个关系可以通过蛋白质发生的物理化学变化进行预测，且与蛋白质所处的具体离子环境和加热过程有关。蛋白质表面极性、所带电荷、疏水性以及热稳定性等也会影响蛋白质物理化学性质，并与肉制品加工条件有关。了解蛋白质结构，将有助于了解蛋白质的功能性，并进一步了解结构与功能性之间的关系，这将有助于食品加工者控制产品质量和开发新的产品。

1.2　肌浆蛋白

　　肌浆蛋白（sarcoplasmic proteins）是指存在于肌纤维内并可溶解于低离子强度盐溶液中（<0.1 mol/L KCl）的蛋白质。肌浆蛋白占肌肉中总蛋白质的30% ~ 35%，大约占成熟动物肉重的5.5%[1]。在胚胎的早期，肌浆蛋白的含量可能高达70%，但随着动物成熟，肌原纤维蛋白的增加，其含量逐渐降低。在早期的文献中，肌浆蛋白通常称为肌溶蛋白（myogens），它包括绝大多数的水溶性蛋白质。近年来，根据肌浆蛋白在离心机中的沉淀速度，将其分离成四种不同的结构成分，包括细胞核、线粒体、微粒体和细胞质。在离心力1000g 时得到细胞核，10 000g 时得到线粒体，100 000g 得到微粒体，而上清液的部分是细胞质。这些细胞质部分构成了100多种不同的肌浆蛋白质，大多数是能量代谢中的酶类，如糖酵解中的酶。

　　肌浆蛋白大约占细胞空间的25%，浓度大约是260 mg/mL[1]。尽管肌浆蛋白种类很多，它们仍具有许多共同的理化性质。例如，它们中的绝大多数具有相对低的相对分子质量、高的等电点、球状的或杆状的结构。这些结构特征使得肌浆蛋白在水中或稀盐溶液中具有较高的溶解性。

　　肌红蛋白对肉的颜色和质量起着重要作用，所以它是肉中最重要的一种肌浆蛋白。肌红蛋白在肉中的分布变化很大。在器官组织中最丰富，如鸡胗含有2% ~ 2.6%的肌红蛋白，在骨骼肌和心肌中相对要低些，小于1%[2]。肌红蛋白在组织中的含量受动物的种类、肌纤维类型、运动的程度、年龄、性别和饮食情况等很多因素的影响。哺乳动物肌肉（如羊肉、牛肉、猪肉）要比家禽肉中含有更多的肌红蛋白，家禽肉的腿部要比胸部含有更多的肌红蛋白。

肌红蛋白分子质量大约在 16 800 Da，其分子质量随着动物的种类而异。肌红蛋白含有两个主要部分，即亚铁血红素（图 1.1）和蛋白质部分。蛋白质部分也叫珠蛋白（globin）。珠蛋白与血色素的连接是通过血色素铁原子与球蛋白组氨酸残基的螯合作用而成的。不同的肌红蛋白在卟啉环（porphyrin ring）侧链上所连接的基团是不同的，珠蛋白部分的氨基酸组成和序列也有差异。连接到卟啉环上的侧链可以是甲基、乙烯基或丙烷基。铁位于卟啉环的中心，可以以二价铁（Fe^{2+}）形式，或者三价铁（Fe^{3+}）形式存在。铁有六个配位键，四个结合到卟啉环的氮原子上，第五个配位键同珠蛋白分子中组氨酸咪唑环上的氮形成一个复合体，而第六个配位键可以自由地与不同物质结合，如水、氧和其他配位体。当肌红蛋白铁处于还原形式（Fe^{2+}），或者和水结合形成脱氧肌红蛋白（deoxymyoglobin）时，形成紫红色；与分子氧结合形成氧合肌红蛋白（oxymyoglobin）时，产生悦人的樱桃红色（新鲜肉的颜色）。在肉腌制中，血红素中的亚铁与一氧化氮（NO）结合形成亚硝基肌红蛋白（nitrosylmyoglobin），产生粉红的颜色。在氧化条件下，铁被氧化成三价形式（Fe^{3+}），则不能和氧或 NO 形成可观的复合体。当铁原子被氧化时，血红素高度共轭的共振结构的变化，使肉产生令人不快的棕褐色的高铁肌红蛋白（metmyoglobin）。

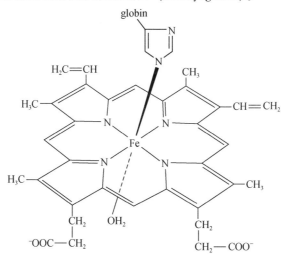

图 1.1　肌红蛋白中血红素复合物的结构示意图

肌红蛋白的构象在不同动物或不同肌肉中略有差异。这种差异是由多肽链上氨基酸顺序和组成的不同以及多肽链长度的不同引起的。哺乳动物肌红蛋白缺乏一个半胱氨酸残基（鱼肉肌红蛋白含有）。在肌红蛋白中含有大约 153 个氨基酸残基，其中 80% 位于 8 个不同的 α - 螺旋区域[2]。脱辅基蛋白（apoprotein）的非极性区域与另一个被范德瓦耳斯力（van der Waals force）稳定的分子的中心区域相接触。极性的血红素基团由非极性的基团包围，但是极性的血红素丙基被暴露在表面。这种结构排列使肌红蛋白在细胞液中和水中具有高度的溶解性。脱辅基蛋白似乎在保护血红素、防止肌红蛋白氧化上起着关键的作用。据报道，氧合肌红蛋白到高铁肌红蛋白的自动氧化速度是血红素氧化速度的 $1/10^8$ [3]。

肌原纤维蛋白是一种结构蛋白，在肌肉中占总蛋白质的 55% ~ 60%，它构成了肌肉中的肌原纤维。根据它们在活体组织中生理的和结构的作用，肌原纤维蛋白可进一步分为三个亚类：①参与收缩的蛋白质，包括肌球蛋白（myosin）和肌动蛋白（actin），它们直接对肌肉的收缩负责并且构成了肌原纤维的主骨架；②调节蛋白，包括原肌球蛋白（tropomyosin）、肌原蛋白（troponin）复合体及许多其他的次级蛋白，它们与肌肉收缩的启动和控制有关；③细胞支架蛋白（cytoskeletal）或称骨架蛋白（scaffold proteins），包括连接蛋白（titin）、伴肌动蛋白（nebulin）、肌间线蛋白（desmin）和许多其他次级成分，它们的作用与它们的名称相符，提供肌肉结构支架并保持肌原纤维有序的排列。在食品加工中（如加热），肌原纤维蛋白对肉的结构和功能起着主要的作用，如它们往往和非蛋白组分发生物理或化学作用，使产品保持一致性。

1.3 肌原纤维蛋白

肌原纤维蛋白是构成肌肉中肌原纤维的蛋白质，通常利用离子强度 0.5 以上的高浓度盐溶液抽出，但被抽出后，即可溶于低离子强度的盐溶液中。肌原纤维蛋白可以分成两类，为肌肉收缩蛋白和调节蛋白。直接参与肌肉收缩的蛋白质包括肌球蛋白（myosin）、肌动蛋白（actin）和原肌球蛋白（tropomyosin）；调节肌肉收缩的蛋白质包括原肌球蛋白（tropomyosin）、肌原蛋白（troponin）、α-肌动蛋白素（α-actinin）和 M-线蛋白（M-line protein）等。

1.3.1 肌原纤维

在肌肉细胞中，肌原纤维（myofibrils）浸在细胞液中，约占肌细胞体积的80%。肌原纤维具有基本的结构单位，负责活体动物肉的收缩和舒张。在动物屠宰后，肌原纤维的收缩引起肉的尸僵和硬度的增加。肌原纤维呈细长、粗略的圆杆形，直径 1 ~ 2μm。肌原纤维彻底延伸后，肌纤维（肌细胞）的长度可达几厘米。肌纤维直径约 50μm，含有多达 2 000 根的肌原纤维。图 1.2 是骨骼肌肌原纤维的超微结构。

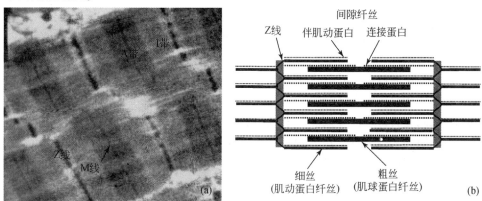

图 1.2　肌原纤维中蛋白质排列超微结构的电子扫描图（a）和模式图（b），
该图说明在肌原纤维中肌节的结构及不同区域蛋白质的组成和分布

在肌原纤维中，两个相连的 Z 盘（也称 Z 线）之间的部分称作肌节。肌节的长度是变化的，在死后的肌肉中，它的范围是 $1.5 \sim 2.5 \mu m$，这与动物品种、肌肉类型以及肌肉收缩的程度有关。肌节是肌原纤维重复的结构单位，它包括一个 A 带和位于 A 带两边的两个半个的 I 带。每个肌原纤维由无数的肌纤丝组成。有两种类型的肌纤丝，即粗丝和细丝。粗丝直径 $14 \sim 16nm$，长度为 $1.5 \mu m$，构成了肌节的 A 带。在粗丝中含量最多的蛋白质是肌球蛋白（每个粗丝大约有 300 个肌球蛋白分子），所以这种肌微丝也称作肌球蛋白纤丝。A 带的中心含有肌球蛋白分子的杆状部分。细丝也称为肌动蛋白纤丝，直径 $6 \sim 8nm$，能向 Z 线的任意一侧延伸大约 $1.0 \mu m$。细丝构成了肌节的 I 带并且延伸超越 I 带进入 A 带。当肉处于松弛状态时，粗丝和细丝只有一小部分发生重叠。然而肉在剧烈收缩时，如冷收缩（cold-shortened）或者解冻僵直收缩（thaw-rigor）的肌肉，粗丝和细丝的重叠能达到 50% 以上。A 带的长度不受收缩状态的影响，但当肉收缩时 I 带的长度要缩短。A 带和 I 带重叠的程度不仅影响肉的嫩度，也影响纤维的水合作用、肌原纤维蛋白的提取以及最终肉和肉制品的持水能力和多汁性。除了主要的蛋白质成分，即粗丝中的肌球蛋白和细丝中的肌动蛋白外，肌原纤维中还有许多次级结构和起调节作用的蛋白质。其中 M-线蛋白、H 蛋白和 C 蛋白位于粗丝中，原肌球蛋白和肌原蛋白复合体与细丝相连。

位于肌原纤维中的第三类纤丝以细丝状存在，与粗丝和细丝平行排列，也称为间隙纤丝（gap filaments）。它们存在于肌原纤维的间隙，可以起到连接肌节的桥梁作用，当肌肉高度收缩时用电子显微镜能够观察到这种纤丝的桥梁作用[4]。在间隙纤丝中发现的主要蛋白质是连接蛋白（titin），它贯穿于整个肌节。连接蛋白或间隙纤丝的生理功能还不是很清楚，但它能够保持粗丝在 A 带中间的横向定位。在加热时，连接蛋白会断裂成更小的碎片，这些碎片会进一步促进间隙纤丝的结构强度[5]。因此间隙纤丝可以对熟肉的残余韧度（toughness）起作用。近来的研究显示，间隙纤丝通过宰后成熟的诱导，可以在肉的嫩化中起一定作用[6]。

Z 线具有十分复杂的超微结构。它由 Z 纤丝（Z-filaments）组成，在相邻肌节的细丝之间起着桥梁的作用。每个肌动蛋白纤丝在 Z 线的两边，与四个 Z 纤丝相连。骨骼肌的 Z 线呈现"Z"字形，但是确切的结构随物种和纤维类型而不同。鱼肉的肌原纤维仅显示出一层"Z"字形纤丝，然而在哺乳动物的比目鱼肌中（指小腿后面的一块扁平肌肉），"Z"格子结构（Z-lattice structure）通常能看到四层[1]。Z 线的宽度在红肌纤维（慢缩肌纤维）和白肌纤维（快缩肌纤维）中明显不同。在糖酵解的快缩肌纤维的肌肉中，它们以很细的丝状存在，而在氧化型的慢缩肌纤维的肌肉中，它们似乎以较粗的丝状存在[7]。Z 线由大约 10 种蛋白质组成，α-肌动蛋白素（α-actinin）是其中的主要成分。在白肌纤维中，α-肌动蛋白素对尸僵后的蛋白质水解是非常敏感的，在动物死后 Z 线结构很快就会被破坏。僵直后的这种结构的变化可以提高腌制肉中肌动球蛋白的提取量[8]。

1.3.2　参与肌肉收缩的蛋白质

1.3.2.1　肌球蛋白

肌球蛋白（myosin）是一个大的、纤维状的蛋白质，分子质量约 500 000 Da。它是肌原纤维中含量最多的成分，在哺乳动物和鸟类的肌肉组织中约占肌原纤维蛋白总量的 43%[9]。肌球蛋白含有六个多肽亚基，由两条重链和四条轻链排列成不对称的分子，两个梨形的头部同一条长的 α-螺旋状的杆状的尾部连接（图 1.3）。两个球状的头部是相对疏水性的，可以与肌动蛋白结合，并具有 ATP 酶活性。杆的尾部是相对亲水性的，并将肌球蛋白组装成为粗丝。一个肌球蛋白分子由大约 4500 个氨基酸残基组成，其中 40 个是半胱氨酸[1]。天然的肌球蛋白分子长约 150nm，在球形区直径为 8nm，杆形区直径 1.5～2.0nm。肌球蛋白的螺旋部分有两个铰链点（hinge points），在收缩时它们使肌球蛋白的头部弯曲并与肌动蛋白结合。在铰链区通过胰蛋白酶作用，可以将肌球蛋白分解产生两个片段，为重酶解肌球蛋白（heavy meromyosin，HMM）（头部）和轻酶解肌球蛋白（light meromyosin，LMM）（尾部）。HMM 保留着 ATP 酶的活性以及与肌动蛋白结合的能力。用木瓜蛋白酶处理 HMM 可以形成另外的两个亚片段，S-1（球状头部）和 S-2（头部下面杆的部分）。通过单晶体 X 射线衍射，已经知道了鸡胸肉肌球蛋白 S-1 亚基的三维结构特征[10]。在这种构象中，S-1 亚基的次级结构受 α-螺旋和大约48%的氨基酸残基的控制。肌球蛋白的等电点是5.3，由于肉的pH范围通常是5.4~6.2，在肌肉中肌球蛋白是带负电的蛋白质。与富含疏水性氨基酸残基的肌球蛋白的头部相比，肌球蛋白的杆状部分含有较高比例的带电荷的侧链基团，如精氨酸、谷氨酸、赖氨酸等氨基酸残基。肌球蛋白中的40个巯基，大多数（约27个）位于头部区域，其余的13个在杆状部分[11]。头部和杆部都不含二硫键。事实上，肌原纤维所含的所有蛋白质都缺乏二硫键。

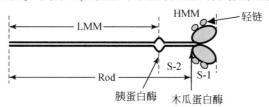

图1.3 肌球蛋白分子示意图

包括轻酶解肌球蛋白（LMM），重酶解肌球蛋白（HMM）、杆状部（Rod）、HMM的S-1和
S-2的亚基片段、轻链、对胰蛋白酶和木瓜蛋白酶敏感的铰链区

肌球蛋白含有两个相同的重链，每一个链的大小为220 000 Da。还有两套轻链，分子质量范围为16 000~25 000 Da，这与动物的种类和肌纤维的类型有关（表1.1）。对肌球蛋白重链的基本排列及其基因编码已经进行了鉴别[11,12]。每个肌球蛋白的头部与两条轻链相连，其中一条对ATP酶的活性来说是必需的，另一条起调控酶的作用。这四条轻链包括一条碱1轻链（alkali 1）和一条碱2轻链（alkali 2）（之所以这样命名是因为它们是用天然肌球蛋白利用pH为11的碱性溶液处理而得到的）和两条相同的DTNB轻链[之所以这样命名是因为它们是用天然肌球蛋白利用巯基抑制剂5，5′-二硫代硝基苯甲酸（5，5′-dithiobis（2-nitrobenzoic acid），DTNB）处理得到的]。相同种类成年动物的骨骼肌可能含有两个或更多种类的肌球蛋白分子，但它们的轻链的组成是不同的。例如，一个群体的肌球蛋白可能含有两个DTNB轻链和两个碱1轻链，它们分别与重链的头部相连，然而在另一个群体中，这两个碱1链可能被两个碱2链所代替[1]。碱1和碱2轻链对保持酶的功能是必需的，而DTNB轻链对酶的活性起着调节作用。虽然它们明显来源于两种不同的基因，但是这两种碱链有着密切的关系。在肌球蛋白重链的头部区域有两个高度活性的巯基。巯基的改变将导致ATP酶活性的改变，这表明它们可能在肌球蛋白酶的结构和功能上起着一定作用。每个肌球蛋白重链可以含有多达四个甲基化的氨基酸，包括一个一甲基化的氨基酸（monomethyllisine）、两个三甲基化的氨基酸（trimethyllisine）、一个3位甲基化的氨基酸（3-methyllisine）。氨基酸确切的甲基化程度随肌肉类型和动物种类而不同。

表 1.1　脊椎动物骨骼肌肌原纤维蛋白的一些功能性质

蛋白质	在肌原纤维中的位置	占肌原纤维的质量分数/%	分子质量	功能特性	α-螺旋含量/%	β-折叠含量/%
肌球蛋白	A 带（粗丝）	43	500 000	参与肌肉收缩	57	—
重链（2 条）	—	—	每条 220 000	—	—	—
轻链（4 条）	—	—	每条 16 000 ~ 25 000	—	—	—
肌动蛋白（球形）	I 带（细丝）	22	42 000	参与肌肉收缩	<10	~20
原肌球蛋白	细丝	8	70 000	调节肌肉收缩	~100	—
α-链	—	—	34 000	—	—	—
β-链	—	—	36 000	—	—	—
肌原蛋白复合体	细丝	5	—	—	29	20
肌原蛋白 C	—	—	18 000	结合 Ca^{2+}	—	—
肌原蛋白 I	—	—	21 000	抑制肌球蛋白与肌动蛋白结合	—	—
肌原蛋白 T	—	—	35 000	与原肌球蛋白结合	—	—
α-肌动蛋白素	Z 线	2	95 000	结合细丝到 Z 线	48 ~ 75	—
β-肌动蛋白素	细丝游离端	0.1	130 000	调节细丝长度	—	—
γ-肌动蛋白素	细丝	0.1	35 000	抑制 G-肌动蛋白	—	—
Eu-肌动蛋白素	Z 线	0.3	42 000	Z 线密度	—	—
C-蛋白	粗丝	2	140 000	连接到粗丝干状部分	0	50
M-蛋白	M 线（A 带中心）	2	165 000	在粗丝与肌球蛋白结合	13	35
X-蛋白	粗丝	0.2	152 000	连接到肌球蛋白	—	—
H-蛋白	粗丝	0.18	69 000	同 C-蛋白和肌球蛋白有关	4	—
对位原肌球蛋白（paratropomyosin）	A 带边缘	0.15	35 000	可能涉及宰后肉的变化	—	—
肌酸肌酶	M 线	0.1	42 000	同 M-蛋白结合	—	—
连接蛋白（titin）	整个肌节	8	>1 000 000	在侧面支持粗丝，连接粗丝到 Z 线	0	0
伴肌动蛋白（nebulin）	N 线	3	600 000	沿着细丝对连接蛋白起结合和支持作用	—	—
肌间线蛋白（desmin）	Z 线	0.18	550 000	连接邻近 Z 线	45	—
filamin	Z 线	0.1	230 000	—	—	—
vimentin	Z 线	0.1	58 000	在外部连接 Z 线	—	—
synemin	Z 线	0.1	220 000	同肌间线蛋白和 vimentin 连接	—	—
zeugmatin	Z 线	0.1	550 000	连接细丝到 Z 线	—	—

不同类型肌球蛋白有不同的基因编码，如在不同动物之间、红肌和白肌肉之间、骨骼肌和心肌之间，都会有明显差异，并产生各种形式的异构体。已经证实在鸡肉中有多达 31 个基因对肌球蛋白重链进行编码[13]。快缩肌球蛋白和慢缩肌球蛋白在氨基酸组成上也有一些小的差异。来自白肌纤维（快缩肌纤维）的肌球蛋白含有两个 3-甲基组氨酸残基和一个独特的碱基氨基酸，但是来自红肌肉和心肌（慢缩肌纤维）的肌球蛋白则缺乏它们。肽的图谱已经揭示，在不同肌球蛋白的异构形式中有不同的氨基酸排序。目前已经证实至少有 9 种明显不同的肌球蛋白重链异构形式存在于成熟的哺乳动物的骨骼肌中，包括五种快收缩型重链（类型ⅡA、ⅡB 和ⅡAB），两种慢收缩型重链（类型Ⅰ）和两个试验性的重链[14]。在电泳迁移率上类型ⅡA 重链似乎比类型ⅡB 重链要慢，而类型Ⅰ重链似乎比前两者的速度要快些。快缩肌球蛋白重链可以与慢缩重链共同存在于相同的纤维中，产生类型ⅡC 纤维或者类型ⅠC 纤维。

在成年哺乳动物和鸟类骨骼肌的快缩肌纤维的肌肉中，含有两种明显不同的碱轻链类型，分别是 LC1f 和 LC3f，如碱 1 和碱 2 轻链，还含有一个磷酰化的轻链（LC2f，类似于 DTNB 轻链），而慢缩肌纤维的肌肉含有碱链 LC1s 和一个磷酰化的轻链 LC2s，但缺乏轻链 3。LC1s 和 LC2s 与心肌肌球蛋白轻链 LC1v 和 LC2v 相似。不同的肌球蛋白异构体中，重链的分子质量几乎是恒定的，而每一种轻链的分子质量依赖纤维的类型不同而变化很大。电泳分析显示，LC1s 和 LC2s 或者 LC1v 和 LC2v 与 LC1f 和 LC2f 相比，有较慢的迁移率，表明慢收缩的肌球蛋白轻链比快收缩的肌球蛋白轻链有更高的分子质量[15]。尽管一种特有类型的轻链通常会与相同类型的重链相连，但也有可能快速收缩的重链伴随一个慢速收缩的轻链。肌球蛋白重链和轻链有各种异构形式，而且肌球蛋白有六个亚基（两个重链、四个轻链），这使得肌球蛋白在理论上可以形成数量很大的异构形式。因此在动物的骨骼肌和心肌中，肌球蛋白是由不同的异构酶或异构体组成的，并且这可能在很大程度上对快收缩的和慢收缩的肌原纤维起作用，并且造成骨骼肌和心肌之间以及快速和慢速肌原纤维蛋白之间理化性质和功能性质的差异[16]。

1.3.2.2 肌动蛋白

肌动蛋白（actin）是肌原纤维中含量占据第二的蛋白质，占肌原纤维质量的 22%[9]。肌动蛋白或者以单体（G-肌动蛋白）形式，或者以纤维状（F-肌动蛋白）形式存在。在骨骼肌和心肌组织中，肌动蛋白作为双螺旋纤丝（F-肌动蛋白）存在，它是由球状的单体聚合而成的。每一个单体肌动蛋白的分子质量约为 43 000 Da。在哺乳动物和鱼类中至少可以表达出六种不同的肌动蛋白基因。尽管有多种肌动蛋白基因存在，但不同来源和不同类型的肌纤维，肌动蛋白的氨基酸排列顺序差别不大。

在肌原纤维中，肌动蛋白是构成细丝的主要蛋白质。每一条细丝含有大约 400 个肌动蛋白分子。在兔骨骼肌的肌动蛋白中含有 376 个氨基酸残基，它们中脯氨酸和甘氨酸分别占 4.9% 和 7.5%。这两种氨基酸含量较高，使得单个肌动蛋白分子为球状，而且 α-螺旋结构的质量分数较少（小于 10%）。肌球蛋白重链的杆状部分，仅含有 1.5% 的脯氨酸和 3.3% 的甘氨酸，但含有相对较高含量的 α-螺旋结构。每个肌动蛋白分子不含二硫键，但含有五个巯基。在肌肉组织中，天然状态下肌动蛋白与原肌球蛋白以及肌原蛋白的复合体相连。肌动蛋白含有一个肌球蛋白结合位点，在肌肉收缩时可以与肌球蛋白形成暂时的复合体。在动物死后，肉发生尸僵，会形成永久的肌球蛋白-肌动蛋白复合体，即肌动球蛋白。

1.3.2.3　肌动球蛋白

在肌原纤维中，肌动球蛋白（actomyosin）不是天然的蛋白质成分，而是肌动蛋白和肌球蛋白的复合形式，在肌肉收缩时产生。在动物屠宰后，随着 ATP 的消耗，肌动蛋白和肌球蛋白复合便形成了肌动球蛋白。因此动物宰后尸僵的发生，使得肌球蛋白和肌动蛋白纤丝发生交联结合，是形成肌动球蛋白复合体的直接原因。在肌动球蛋白中，肌球蛋白和肌动蛋白之间靠非共价键作用相互连接，但这种连接在高能化合物如 ATP 的存在下，或者在高离子强度下，很容易分开。通过含磷基团的静电作用，可以起到稳定肌动球蛋白复合体的作用。当肌动蛋白表面与肌球蛋白结合的位点被原肌球蛋白（tropomyosin）掩盖后，就会阻止肌动球蛋白的形成。有两种形式的肌动球蛋白复合体，一种为天然的肌动球蛋白，另一种为重构的肌动球蛋白。天然的肌动球蛋白可以从尸僵后的肉中抽提出，并且它会与其他天然存在的蛋白质相结合（如 C 蛋白、原肌球蛋白、肌原蛋白、α-肌动蛋白素）。而重构的肌动球蛋白仅含有肌球蛋白和肌动蛋白，并且是在体外通过混合肌动蛋白和肌球蛋白而得到。在生物化学和物理化学性质上，肌动球蛋白复合体与肌球蛋白在许多方面相似。例如，肌动球蛋白保留着大多数 ATP 酶的活性，以及通常在肌球蛋白中被观察到的热诱导凝胶性质。然而，与肌动蛋白的交联，会使肌球蛋白发生部分结构的变化，从而改变肌球蛋白的一些物理性质和功能性质。例如，当肌动球蛋白形成时，会使肌球蛋白的乳化能力降低[17]。此外，肌动球蛋白不具有 F-肌动蛋白的任何物理化学性质和一些功能特征。

1.3.3　调节蛋白

主要的调节蛋白（regulatory proteins）是原肌球蛋白（tropomyosin）和肌原

蛋白（troponin）。它们位于细丝，也就是肌动蛋白纤维丝上，分别占肌原纤维蛋白总量的 8% 和 5%（表 1.1）。此外，肌原纤维含有许多次级的调节蛋白，包括一些最近发现的蛋白质。这些蛋白质分布在肌丝的不同部分，如 A 带、I 带和 Z 线，包括 α-、β- 和 γ-肌动蛋白素，C-、M-、H- 和 X-蛋白，肌酸激酶（creatine kinase）和对位原肌球蛋白（paratropomyosin）（表 1.1）。尽管已经了解了这些蛋白质的部分作用，但它们中的许多蛋白质在活体组织中准确的功能性质还不是很清楚。仍缺乏关于肉中这些调节蛋白功能性质方面的了解，尤其是它们对加工肉制品方面的作用了解得更少。一些次级调节蛋白可能与肉制品的功能性有关。

1.3.3.1 原肌球蛋白

原肌球蛋白（tropomyosin）是肌原纤维蛋白中含量最为丰富的调节蛋白，是一个二聚体分子，含有两个不同的亚基，这两个亚基为 α- 和 β-原肌球蛋白，分子质量分别为 34 000Da 和 36 000 Da。α- 和 β-亚基能结合形成三个可能的二聚体，如 αα、ββ 和 αβ。这三种二聚体在不同的肌肉中的分布不同。αα 同型二聚体在快收缩的白肌纤维骨骼肌中占优势，αβ 异型二聚体在慢收缩的红肌纤维和红白肌纤维混合的肉中占优势，而 ββ 同型二聚体只在心肌中发现[18]。原肌球蛋白是一个细丝状的分子，由一个含两个 α-螺旋组成的卷曲螺旋构成，每个分子大约 40nm 长。由于原肌球蛋白分子中缺乏脯氨酸，使得 α-螺旋结构（实际上 100%）存在于整个分子中。在生理状态下，原肌球蛋白结合到 F-肌动蛋白双螺旋结构的沟槽，每个分子结合 7 个 G-肌动蛋白，且与肌原蛋白 T（1∶1）相连，可以调节肌球蛋白 ATP 酶的活性。在肌肉松弛状态时，原肌球蛋白位于肌动蛋白双螺旋纤丝表面，隐蔽了肌动蛋白纤丝与肌球蛋白的结合位点；在肌肉收缩中，原肌球蛋白移动到 F-肌动蛋白的沟槽中，暴露出肌动蛋白与肌球蛋白的结合位点，允许肌球蛋白结合到肌动蛋白纤丝上。在肉制品加工过程中，高离子强度的盐溶液可以起到相似的作用。例如，采用 0.6 mol/L KCl 或者 NaCl，会使原肌球蛋白从肌动蛋白中分离。原肌球蛋白的水溶液有很高的黏性，这是由于它通过离子的相互作用形成较长对接的纤丝。盐浓度增加时黏性下降，但添加肌原蛋白时它的黏性增加。

1.3.3.2 肌原蛋白

肌原蛋白（troponin）是一个复合蛋白质，含有肌原蛋白 C、肌原蛋白 I 和肌原蛋白 T 三个亚基，即钙结合亚基（C）、抑制收缩亚基（I）、同原肌球蛋白结合亚基（T）。肌原蛋白是肌原纤维中第二种最丰富的调节蛋白，它们与钙相互作用共同调节肌肉的收缩和舒张。

　　与原肌球蛋白相似，肌原蛋白不直接参与交联桥的形成，但是它在肉的收缩和舒张周期中起着直接的作用。在钙存在时通过三个亚基之间的协同作用，肌原蛋白以一种奇特的方式调节肉的收缩。由冷收缩和解冻僵直收缩引起的肉质过硬，就与钙离子在胞液中的积累有关，尤其在红肌纤维中，由于储存钙的肌质网（sarcoplasmic reticulum）是多孔结构，通过与高浓度的钙离子结合，肌原蛋白复合体就会发生构象的变化，最终引发了僵直前肉的超收缩，导致肉硬度明显增加。

　　肌原蛋白 I 亚基能够抑制肌球蛋白和肌动蛋白之间的收缩，同时在原肌球蛋白存在时对肌球蛋白 ATP 酶的活性也有抑制作用。肌原蛋白 I 是一个多肽，等电点 pI 为 5.5，有 179 个氨基酸残基，在兔骨骼肌中其分子质量为 20 864 Da，在鸡的骨骼肌中其分子质量为 21 137 Da[19]。兔骨骼肌中肌原蛋白 I 肽链的排列顺序与心肌中肌原蛋白 I 几乎是相同的，但是心肌的肌原蛋白 I 在 N 端另外还有大约 20 个氨基酸残基[20]。

　　肌原蛋白 C 亚基在酸性溶液中有很高的溶解性，等电点 pI 为 4.1，含有大量的天门冬氨酸和谷氨酸残基。兔骨骼肌中的肌原蛋白 C 分子质量为 17 800 Da，含有 159 个氨基酸[1]。一个分子的肌原蛋白 C 含有四个钙结合位点，其中两个位点对钙有高度的亲和力，另外两个对钙的亲和力低。每一个钙结合位点由一个环组成，这个环由大约 12 个氨基酸并由两个 α-螺旋部分环绕而成。两个与钙离子有高度亲和力的结合位点也能与镁结合。两个低亲和力的位点则专门与钙结合，似乎能控制蛋白质的调节功能[20]。

　　肌原蛋白 T 亚基通过与肌动蛋白纤丝上的原肌球蛋白结合，以及通过与肌原蛋白 C 亚基和 I 亚基的结合，调节收缩过程。肌原蛋白 T 是肌原蛋白复合体中最大的一个亚基。兔骨骼肌中的肌原蛋白 T 含有 259 个氨基酸，分子质量为 30 503 Da，在鸡胸肉和腿肉的肌原蛋白 T 中分别含有 287 个和 263 个氨基酸，分子质量分别为 33 500 Da 和 30 500 Da[19]。肌原蛋白 T 的 N 端，通常称为肌原蛋白 T_1，能与原肌球蛋白发生特殊的和强烈的结合，而 C 端称为肌原蛋白 T_2，与肌原蛋白 I 和肌原蛋白 C 相互作用[20]。肌肉收缩过程可以用级联反应（cascade reactions）来描述。当肌原蛋白 C 亚基与钙离子（$>10^{-6}$ mol/L）结合，它的构象发生变化，这样就启动收缩循环。这种结合导致了三种肌原蛋白亚基之间更强的相互作用，进一步引起肌原蛋白 T 与原肌球蛋白之间的结合，从而暴露出肌动蛋白纤丝上肌球蛋白的结合位点，此外肌原蛋白 I 与肌动蛋白分离，使得肌动蛋白和肌球蛋白结合。与大多数的肌原纤维蛋白不同，肌原蛋白 T 在宰后成熟中易受酶的作用而分解，它的降解产物与分子质量为 30 000 Da 的多肽的出现有关，而且在宰后很快出现。

1.3.3.3　α-肌动蛋白素

在 Z 线中发现的主要蛋白质是 α-肌动蛋白素（α-actinin）。尽管 α-肌动蛋白素只占肌原纤维蛋白总量的 2%，但它在肌原纤维中起着重要的调节和结构作用。α-肌动蛋白素分子质量约 95 000 Da，位于 Z 线，并且从肌节相反的方向固定细丝[1]。另外，α-肌动蛋白素可能调控细丝的生长，甚至改变肌动蛋白的结构。α-肌动蛋白素含有大量的 α-螺旋结构（大约 75%）和相对高的带电残基。肉宰后成熟会导致 α-肌动蛋白素的部分释放，尤其在快缩肌纤维中，引起 Z 线的断裂并使肉的嫩度提高[6,8]。

1.3.3.4　C-蛋白

C-蛋白（C-protein）与粗丝中的肌球蛋白相连，在肌球蛋白的粗提液中可以得到。每个粗丝有大约 37 个 C-蛋白分子，每个 C-蛋白带含有 3~5 个分子。C 蛋白中脯氨酸含量相对较高（7.1%），这也是这种蛋白质含有极少或者不含 α-螺旋结构的原因。C-蛋白的大小随动物种类和肌肉类型而改变，白肌纤维、红肌纤维和心肌的 C-蛋白分子质量分别是 135 000 Da、145 000 Da、150 000 Da。C 蛋白呈伸长的椭圆形，长度大约 35nm。尽管已经表明 C-蛋白可以连接到粗丝轴的表面，并同肌球蛋白尾部的轻酶解肌球蛋白结合[1]，但对 C 蛋白的功能了解还不够深入。C-蛋白可能能够调控肌肉收缩过程中肌动球蛋白交联桥的相互作用和运动。另一种有争议的推测认为，C 蛋白可以沿着肌球蛋白纤丝轴周围的形成带，为肌球蛋白纤丝提供一种结构功能。C-蛋白可以在 0.6 mol/L 以上 NaCl 溶液中抽提出来[21-23]。

1.3.3.5　M-线蛋白

M-线蛋白（M-line proteins）存在于 M 线上，由三种蛋白质组成，即 myomesin、M-蛋白和肌酸激酶。myomesin 和 M-蛋白是 M 线的主要部分，myomesin 分子质量 185 000 Da，M-蛋白分子质量 165 000 Da。在骨骼肌和心肌的肌原纤维中，myomesin 都是紧密结合到 M 线上的。平滑肌没有 myomesin。myomesin 是个单一肽链，有 13% 的 α-螺旋和 35% 的 β-结构[19]。myomesin 和 M-蛋白可能是肌原纤维的功能性成分，在维持肌原纤维构型上起到支架的作用，这个支架有助于在横纹肌中对肌球蛋白纤丝的双极性定向。透射电镜已经揭示了 M 线的两种结构成分——M-纤丝和 M-桥[24]。M-纤丝平行于肌原纤维，而 M-桥垂直于肌原纤维并且连接邻近的肌球蛋白纤丝。因此，M-桥可能起着保持肌球蛋白纤丝横向和纵向的定位。有证据显示，肌酸激酶是 M-桥的主要结构成分，在活体组织中促进了能量的再生。

1.3.3.6　H-和 X-蛋白

之所以这样命名这些蛋白质是对应于它们在 SDS 凝胶电泳时所标记的带，因为对天然肌球蛋白的 SDS 凝胶电泳，这些带被标记为 H 和 X（H- and X-proteins）[21]。这两种蛋白质存在于粗丝表面，且与肌球蛋白有联系，它们能在粗丝 A 带两端与细丝发生重叠。X-蛋白结合在 C 蛋白上，因此它可能作为 C 蛋白的一部分环绕着肌球蛋白纤丝。X-蛋白在慢收缩的红肌纤维中出现，但在快收缩的白肌纤维中缺乏。H-和 X-蛋白仅占肌原纤维蛋白总量的一小部分（分别为 0.185% 和 0.20%）。与 X-蛋白相比，H-蛋白的分子质量要小一些，大约 69 000 Da，而 X-蛋白分子质量为 152 000 Da[21]。与 C 蛋白相似，H-蛋白和 X-蛋白含有高比例的极性氨基酸残基，因此它们具有亲水性。H-和 X-蛋白确切的功能性质还不知道，然而这两种蛋白被认为具有酶的活性，起着调节蛋白的功能，并且对粗丝的结构有稳定作用。

1.3.4　细胞骨架蛋白

到 20 世纪中叶，只发现肌球蛋白、肌动蛋白和一些调节蛋白，这些蛋白质在生物体中具有重要的功能，而且对肉的质量也有影响。然而在过去的 20 多年中，已经证实肌原纤维中含一些新的蛋白质，并对它们的特征进行了鉴定。大多数新发现的蛋白质具有维持细胞结构的作用，因此被称作细胞骨架蛋白（cytoskeletal proteins）。这一类蛋白对肌肉收缩起到调节和稳定的作用。这类蛋白质主要包括连接蛋白（titin）和伴肌动蛋白（nebulin），还伴随着一些次级的多肽（图 1.2、表 1.1），如肌间线蛋白（desmin）、细丝蛋白（filamin）和 zeugmatin 蛋白。

1.3.4.1　连接蛋白

肌原纤维的粗丝和细丝依靠一个高分子质量的蛋白质而发生重叠，这个蛋白质首先被 Maruyama 等[25]分离并命名为连接蛋白。该蛋白质后来被 Wang 等[26]纯化并称为连接蛋白（titin）。近来的研究已经指出连接蛋白是位于肌原纤维间隙的主要的纤丝成分，这个间隙位于肌动蛋白和肌球蛋白纤丝之间，连接蛋白在高度伸展的肌纤维中能够看到。由于这个原因，这种纤丝也称为间隙纤维（gap filaments）[4]。间隙纤维也称为中间纤维（intermediate filaments），平均直径 100Å，介于肌动蛋白纤丝（60Å）和肌球蛋白纤丝（150Å）之间。连接蛋白可将粗丝连接到 Z 线上，并且使粗丝相互交叉进入到肌节里。连接蛋白也是使粗丝和细丝有序排列的模板。在肌原纤维中连接蛋白的这种排列表明它本身的长度超过了整个肌节的长度。

连接蛋白是第三种最丰富的肌原纤维成分，占整个肌原纤维蛋白质量的 8% ~ 10%，在骨骼肌和心肌中含量较多，而在平滑肌中含量少。在 SDS 凝胶电泳中，连接蛋白出现一个双线的带，分子质量大约为 1 000 000 Da。由于连接蛋白的分子质量很大，它确切的分子质量很难测定。通常认为连接蛋白缺乏二级结构，包括 α-螺旋。然而从形态学上，连接蛋白类似于弹性蛋白和胶原蛋白，形成了具有高度弹性的微细的网络结构。连接蛋白纤维柔韧性很好，它们可能通过赖氨酸衍生物产生的共价键交联在一起。目前对天然连接蛋白分子的物理和化学性质了解得很少，因为在连接蛋白分离或纯化过程中，通常会发生变性或者蛋白酶解。在肉的成熟过程中连接蛋白易发生蛋白水解。在肉的内源性蛋白酶作用下，连接蛋白很易发生水解，这些内源酶包括钙激活酶（calpain）和羧基蛋白酶（car-boxyprotease）[6]。连接蛋白在冷藏温度下降解相对较慢，当加热温度达到 50℃ 或更高时会发生快速降解。连接蛋白对肉韧度（toughness）的贡献已经引起大量的争论，确切的作用还不够明确。

1.3.4.2　伴肌动蛋白

伴肌动蛋白（nebulin）最初是连接蛋白制备过程的一个杂蛋白。目前在组织学上确认的伴肌动蛋白形状为细长、云雾状、连续的横向排列的结构，也叫 N_2 线，存在于 A-I 带边界附近和 Z 线的每一侧[1]。事实上伴肌动蛋白是唯一一种已被证明能以 7 个 N-线形式出现的蛋白质，它包括一个 N_1 线、四个 N_2 线和两个 N_3 线。同连接蛋白相似，伴肌动蛋白有较大的分子质量，大约 600 000 Da，占肌原纤维蛋白总量的大约 5%。伴肌动蛋白的生理功能还不是很清楚，它出现在 A-I 带汇合处，似乎与肌动蛋白纤维的有序排列有关，因而有利于肌动蛋白纤丝和肌球蛋白纤丝的相互作用[27]。此外伴肌动蛋白可以附着在间隙纤丝的连接蛋白上，在肌原纤维中起到结构和调节的作用。伴肌动蛋白在宰后肉的最初成熟过程中迅速降解，特别是对钙激活酶很敏感。因此伴肌动蛋白与肉的成熟嫩化有关[8]。

1.3.4.3　肌间线蛋白

与连接蛋白和伴肌动蛋白一样，肌间线蛋白（desmin）也是一种新发现的蛋白质，它的分子质量为 55 000 Da，尽管在骨骼肌中肌间线蛋白的含量仅占肌原纤维蛋白总量的 0.18%，但它在肌原纤维定位和排列上所起的作用，引起人们很大关注。肌间线蛋白以丝状体形式排列在 Z 线的外围附近。这些纤丝占据相邻肌原纤维之间的空隙，将肌原纤维结合在一起，形成肌肉细胞的骨架。肌间线蛋白在平滑肌中的含量多达5%，要比在骨骼肌中的含量高得多。它将肌原纤维在Z线处连接到一起的作用似乎更重要。肌间线蛋白在动物宰后很易发生蛋白水解，这点与肌原蛋白T相似。由于在动物宰后Z线被破坏，尤其是在快缩肌纤维中，这是动物死后肌肉变化最显著的一个特征，所以肌间线蛋白的蛋白水解可能与动物死后肌肉的成熟嫩化有关。

1.4　基质蛋白

在肌肉细胞外间隙中含有3种细胞外蛋白，即胶原蛋白（collagen）、网状蛋白（reticulin）和弹性蛋白（elastin），它们起到肌肉支架的作用。这些蛋白质和类蛋白质的物质被称作基质蛋白或结缔组织蛋白（stromal proteins）。肌肉中有三种结缔组织膜，肌内膜（endomysium）、肌束膜（perimysium）和肌外膜（epimysium），它们分别包裹着肌纤维、肌束和整个肌肉。弹性蛋白存在于血管壁、毛细血管和神经系统，因此在肌肉中弹性蛋白含量较少。许多不溶性的蛋白质也属于基质蛋白，它们是细胞内细胞器的膜的组成部分。然而与结缔组织蛋白相比，膜蛋白的量极少，它们对肉质量的作用似乎可以忽略。

1.4.1　胶原蛋白

胶原蛋白（collagen）是一种糖蛋白，是肌肉细胞组织的主要成分。目前已经证实和描述的胶原蛋白遗传性变种至少有11种。根据宏观的分子结构，将胶原蛋白分为三类：①条纹形的纤维状胶原蛋白，包括Ⅰ、Ⅱ和Ⅲ型胶原蛋白；②非纤维状的胶原蛋白，它含有类型Ⅳ型或者形成膜的胶原蛋白；③微纤维胶原蛋白，它包含Ⅵ和Ⅷ（基质微丝）型胶原蛋白；Ⅴ，Ⅸ和Ⅹ型（细胞外周胶原蛋白）和Ⅷ与Ⅺ型胶原蛋白仍未被分类。Ⅰ型是最普遍存在的胶原蛋白，也是皮肤、筋腱、骨骼中存在的主要胶原成分。Ⅱ型胶原蛋白是软骨的主要成分，Ⅲ型胶原蛋白主要存在于血管壁、肠道和皮肤中。组成细胞基质的主要胶原蛋白是Ⅰ、Ⅱ和Ⅲ型。Ⅳ和Ⅴ型胶原蛋白可以形成细的网状结构，环绕在肌肉细胞周围。

每个胶原蛋白分子由三个多肽链组成，称为α-链，通过氢键连接形成一个三螺旋结构（图1.4）。这个α-螺旋链的独特之处在于，它富含脯氨酸和羟脯氨酸。胶原蛋白分子的这种组成与甘油三酯（triglycerides）有些类似，只是甘油三酯是由三个脂肪酸与甘油通过共价键相连。在同一类型的胶原纤维中，α1、α2和α3链的不同在于它们的氨基酸组成不同。在胶原蛋白分子中，α1、α2和α3

链分布的变化与遗传有关。例如，Ⅰ型胶原蛋白含有两个相同的α1（Ⅰ）和一个 α2（Ⅰ）链，Ⅱ型胶原蛋白由三个一样的 α2（Ⅱ）-链构成，而Ⅳ型胶原蛋白由三个不同的链构成，包括一个 α1（Ⅵ），一个 α2（Ⅵ）和一个 α3（Ⅵ）链[1,28]。

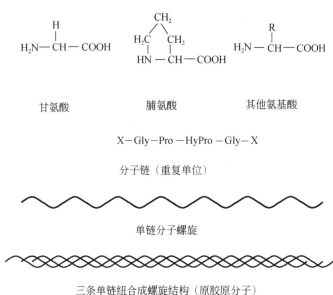

$$X-Gly-Pro-HyPro-Gly-X$$

分子链（重复单位）

单链分子螺旋

三条单链纽合成螺旋结构（原胶原分子）

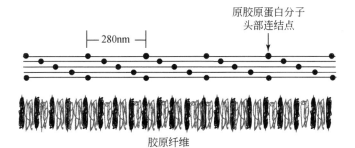

图 1.4 胶原蛋白和原胶原蛋白分子的氨基酸顺序和分子结构以及胶原纤维形成的示意图

新合成的一种原胶原蛋白分子（tropocollagen）（α-链）含有肽的延伸部分，在 N 端和 C 端延伸部分的分子质量大约各为 20 000 Da 和 35 000 Da。肽的延伸部分是一个球状的结构，是启动原胶原蛋白纤维合成所需要的，但是在细胞外间隙中，在螺旋纤维形成之前，它们可被限制性蛋白酶切掉。一个原胶原蛋白分子有多达五个明显的结构域，它们位于 N 端和 C 端区域，并且沿螺旋的长轴分布。在 N 端和 C 端末尾含有低聚糖，主要富含甘露糖（mannose）。胶原蛋白是目前为止所有已知蛋白质分子中最长的一个。它的原胶原蛋白单体长大约300nm，直径为1.5 nm。每个α-链由1 000多个氨基酸残基组成，分子质量约为100 000 Da，这样每个原胶原蛋白分子总分子质量约300 000 Da。α-链呈左手螺旋，每圈有3个氨基酸残基，但是α-链的三聚体（原胶原蛋白）呈右手超螺旋结构。胶原蛋白的另外一个特点是每个胶原蛋白分子含有约33%的甘氨酸，12%的脯氨酸，11%的羟基脯氨酸，并且缺乏色氨酸。一个胶原蛋白分子中心的三螺旋区域由三肽组成，这个三肽具有 –Gly–Pro–X– 或 –Gly–X–Hyp– 的重复片段。极性和非极性残基在X位置使得胶原蛋白有序地聚集成为纤维。这个区域主要含有离子型的氨基酸，当用电镜观察时作为暗带出现，是胶原蛋白纤维条形图案出现的原因。

　　肌肉中的三层结缔组织，包括肌内膜、肌束膜和肌外膜，是由不同类型的胶原蛋白组成的。Ⅰ型胶原蛋白是肌外膜的主要成分，Ⅰ型和Ⅲ型在肌束膜中含量多，而在肌内膜中主要是Ⅲ型、Ⅳ型 和Ⅴ型[28]。这些结缔组织共同赐予肌肉一定的韧度。因为肌肉间的肌外膜在加热煮制加工中通常被修整掉，所以Ⅲ、Ⅳ和Ⅴ型胶原蛋白对肉韧度的贡献要比Ⅰ型大一些。除了与胶原的含量有关外，影响肉韧度的重要因素还与构成胶原纤维的原胶原蛋白分子中α-链之间，以及原胶原蛋白单体之间形成的交联程度有关。两个α-链交联形成二聚体（β-组分），三个α-链交联形成三聚体（γ-组分）。通常α-链单体是盐溶性的，而它们以共价形式连接的二聚体β-组分和三聚体γ-组分则是酸溶性的或者碱溶性的。这种交联作用包括赖氨酸残基的氧化脱氨作用，导致对酸和热不稳定的脱氢羟基赖氨酸与正亮氨酸（dehydrohydroxyl lysinonorlecine）间键的形成和对热稳定的羟基赖氨酸-5-酮与正亮氨酸（hydroxylysino-5-keto-norlucine）间键的形成。并且可能还会形成一些其他共价键的连接，如脱氢组氨酸—开链赖氨素键（dehydrohistidino-hydroxymerodesmosine），所有这些都是可还原的。胶原蛋白中的交联程度随着动物年龄的增长而增加。当动物年龄增加时，胶原蛋白交联程度会从可还原形式转化为更稳定的不可还原形式。不可还原形式交联的本质还不清楚，然而对不可还原形式交联程度含量的差异已经有一些解释，如为什么来自年幼的动物的肉比来自成年动物的肉质更嫩，肉用母牛肉要比公牛肉嫩。胶原蛋白的交联的程度以及特有的组成和结构也受动物的种类、饲养、性别、营养状况等很多因素的影响[29]。

1.4.2　弹性蛋白和网状蛋白

　　肉中的弹性蛋白（elastin）和网状蛋白（reticulin）相对胶原蛋白在肉中的含量要小得多。然而它们也是结缔组织的成分，并对肉的韧度有一定的作用[30]。

1.4.2.1　弹性蛋白

弹性蛋白具有橡胶样弹性的性质，是弹性纤维中无定形的组分，分子质量约70 000 Da。弹性蛋白通常以收缩状态存在，但是它能延伸至它收缩时长度的两倍[31]。弹性蛋白纤维存在于可以连续变形的组织中，如项韧带、筋腱和大动脉血管壁。弹性蛋白也出现在肌肉间和肌肉内结缔组织中，尤其在半腱肌（semi-tendinosus）中含量较多。因此它可能对肉的硬度起一定的作用。由于它们的外表呈黄色，弹性组织也被称为黄色结缔组织。从形态学和化学的角度，将弹性蛋白纤维分成两类：纤维状和无定形基质状[32]。纤维状的弹性纤维组分富含极性氨基酸且含有许多二硫键，形成一个网状结构；无定形的组分（如弹性蛋白）主要由非极性的氨基酸构成，分子质量大约 70 000 Da。

弹性蛋白的氨基酸组成与胶原蛋白中的相似。每个弹性蛋白分子含有约33%的甘氨酸、40% ~ 50%的脯氨酸和缬氨酸，不含色氨酸和羟脯氨酸。然而不像胶原蛋白的规则的螺旋结构，弹性蛋白是由不规则的卷曲的网状结构构成。因而弹性蛋白和胶原蛋白的分子结构和构象明显不同。弹性蛋白也含有两个特殊的氨基酸即锁链（赖氨）素（desmosine）和异锁链（赖氨）素（isodesmosine），它们是靠交联的赖氨酸残基形成的[33]。这种化合物具有很大的疏水性和交联特性，使弹性蛋白具有高度的不溶性和异常的稳定性。基于这个原因，在肉及肉制品中弹性蛋白起不到任何明显的功能作用。一种可溶性的多肽，称作弹性蛋白原（tropoelastin），是从缺铜动物大动脉的弹性纤维中分离出的[1]。同规则的、不溶性的弹性蛋白相比，弹性蛋白原交联性较弱，并且赖氨酸含量高。但由于弹性蛋白原在动物体所处的解剖学位置，以及它的不规则性，所以对肉的质量影响也不大[34]。

1.4.2.2　网状蛋白

网状蛋白是一种黏蛋白。它含有大量的脂类，富含豆蔻酸。与胶原蛋白类似，网状蛋白在肉的肌内膜中形成细的、波纹状纤维[35]。网状蛋白早期被认为是一种独立的蛋白质，但目前认为网状蛋白是胶原蛋白的一种特殊形式。这是由于网状蛋白和胶原蛋白具有许多相似的物理与化学性质，如周期性的超微结构和纤维之间的交联等。

参 考 文 献

[1] Pearson A M, Young R B. Muscle and Meat Biochemistry [M] . San Diego : Academic Press, Inc. , 1989

[2] Livingston D J, Brown W D. The chemistry of myoglobin and its reactions [J] . Food

Technology, 1981, 35: 244

[3] Wang J H. Hemoglobin and myoglobin // Hayaishi O. Oxygenases [M]. New York: Academic Press, 1962: 469

[4] Locker R H. The non-sliding filaments of the sarcomere [J]. Meat Science, 1987, 20: 217

[5] King N L. Breakdown of connectin during cooking of meat [J]. Meat Science, 1984, 11: 27

[6] Koohmaraie M. The role of Ca^{2+}-dependent proteases (calpains) in postmortem proteolysis and meat tenderness [J]. Biochimie, 1992, 74: 239

[7] Dutson T R, Pearson A M, Merkel R A. Ultrastructural postmortem changes in normal and low quality porcine muscle fibers [J]. Journal of Food Science, 1974, 39: 32

[8] Taylor R G, Geesink G H, Thompson V F, et al. Is Z-disk degradation responsible for postmortem tenderization? [J]. Journal of Animal Science, 1995, 73: 1351

[9] Yates L D, Greaser M L. Quantitative determination of myosin and actin in rabbit skeletal muscle [J]. Journal of Molecular Biology, 1983, 168: 123

[10] Rayment I, Rypniewski W R, Schmidt-Base K, et al. Three-dimensional structure of myosin subfragment-1: A molecular motor [J]. Science, 1993, 261: 50-58

[11] Strehler E E, Strehler-Page M A, Perriad J C, et al. Complete nucleotide and encoded amino acid sequences of a mammalian myosin heavy chain gene. Evidence against intron-dependent evolution of the rod [J]. Journal of Molecular Biology, 1986, 190: 291

[12] Maita T, Yajima E, Nagata S, et al. The primary structure of skeletal muscle myosin heavy chain: IV. Sequence of the rod and the complete 1, 938-residue sequence of the heavy chain [J]. Journal of Biochemistry, 1991, 110: 75

[13] Robbins J, Horan T, Gulick J, et al. The chicken myosin heavy chain family [J]. Journal of Biological Chemistry, 1986, 261: 6606

[14] Pette D, Staron R S. Cellular and molecular diversities of mammalian skeletal muscle fibers [J]. Reviews of Physiology Biochemistry and Pharmacology, 1990, 116: 2

[15] Young O A, Davey C L. Electrophoretic analysis of proteins from single bovine muscle fibers [J]. The Biochemistry Journal, 1981, 195: 317

[16] Xiong Y L. Myofibrillar protein from different muscle fiber types: implications of biochemical and functional properties in meat processing [J]. CRC Critical Reviews in Food Science and Nutrition, 1994, 34: 293

[17] Galluzzo S J, Regenstein J M. Role of chicken breast muscle proteins in meat emulsion formation: myosin, actin and synthetic actomyosin [J]. Journal of Food Science, 1978, 43: 1761

[18] Bronson D D, Schachat F H. Heterogeneity of contractile proteins. Differences in tropomyosin in fast, mixed, and slow skeletal muscles of the rabbit [J]. Journal of Biological Chemistry, 1982, 257: 3937

[19] Asghar A, Samejima K, Yasui T. Functionality of muscle proteins in gelation mechanisms of structured meat products [J]. CRC Critical Reviews in Food Science and Nutrition, 1985,

22: 27

[20] Ohtsuki I, Maruyama K, Ebashi S. Regulatory and cytoskeletal proteins of vertebrate skeletal muscle [J]. Advances in Protein Chemistry, 1986, 38: 1

[21] Starr R, Offer G. H- protein and X- protein. Two new components of the thick filaments of vertebrate skeletal muscle [J]. Journal of Molecular Biology, 1983, 170: 675

[22] Xiong Y L, Lou X, Harmon R J, et al. Salt- and pyrophosphate-induced structural changes in myofibrils from chicken red and white muscle [J]. Journal of the Science of Food and Agriculture, 2000, 80: 1176-1182

[23] Xiong Y L, Lou, X., Wang, C., et al. Protein extraction from chicken myofibrils irrigated with various polyphosphate and NaCl solutions [J]. Journal of Food Science, 2000, 65: 96-100

[24] Knappeis G G, Carlson F. The structure of the M-line in skeletal muscle [J]. Journal of Cell Biology, 1968, 38: 202

[25] Maruyama K, Nayori K, Nonomura Y. New elastic protein from muscle [J]. Nature (London), 1976, 262: 58

[26] Wang K, McClure J, Tu A. Titin: Major myofibrillar proteis of striated muscle [J]. Proceedings of the National Academy of Sciences, 1979, 76: 3698

[27] Swartz D R, Lim S S, Fassel T, et al. Mechanisms of myofibril assembly [J]. Proceedings of 47th Annual Reciprocal Meat Conference, Collage Station, Pennsylvania, 1994: 141-161

[28] Sims T J, Bailey A J. Connective tissue // Lawrie R A. Developments in Meat Science- 2 [M]. London: Applied Science Publishers, 1981

[29] Lawrie R A. Meat Science. [M] 5th ed. New York: Pergamon Press, 1991

[30] Lagarga T, Hayes M. Bioactive peptides from meat muscle and by- products: generation, functionality and application as functional ingredients [J]. Meat Science, 2014, 98: 227

[31] Christensen L, Ertbjerg P, Hanne L. Relationship between meat toughness and properties of connective tissue from cows and young bulls eat treated at low temperatures for prolonged times [J]. Meat Science, 2013, 93: 787

[32] Panagopoulou A, Kyritsis A, Vodina M. Dynamics of uncrystallized water and protein in hydrated elastin studied by thermal and dielectric techniques [J]. Journal of Biochimica et Biophysica Acta (BBA) - Proteins and Proteomics, 2013, 1834: 977

[33] Heinz A, Baud S, Keeley F W. Molecular-level characterization of elastin-like constructs and human aoric elastin [J]. Journal of Matrix Biology, 2014, 38: 12

[34] Vidal B C. Fluorescence, aggregation properties and FT- IR microspectroscopy of elastin and collagen fibers [J]. Acta Histochemica, 2014, 116: 1359

[35] Sorapukdee S, Kongtasom C, Benjakul. S. Influences of muscle composition and stucture of pork from different breeds on stability and textural properties of cooked meat emulsion [J]. Food Chemistry, 2013, 138: 1892

2 肌肉蛋白质的功能特性

　　肌肉中的蛋白质主要有三种，其中肌原纤维蛋白是一类具有重要生物学功能特性的盐溶性结构蛋白群，主要包括肌球蛋白、肌动蛋白、原肌球蛋白、肌钙蛋白等。这一类蛋白质除在活体中参与肌肉的收缩、在胴体中影响肉的嫩度外，还与肉制品的功能特性，如流变学特性、保水性、乳化性等有密切关系。蛋白质的功能性是指蛋白质所具有的影响最终产品质量的特性。这些特性与活体组织中蛋白质的功能，如细胞膜的离子转运、酶的催化作用等有区别。蛋白质功能性包括蛋白质分子之间的相互作用和蛋白质分子与环境之间的相互作用，以此来提高终产品的质量。在肉的加工过程中，蛋白质功能性是指水合作用、表面性质、黏结能力和流变学性质。其中在溶液中的溶解、保水能力、形成凝胶和乳化等性质是肌肉蛋白质在肉加工过程中最重要的功能性，直接影响灌肠制品的产量、质构、黏着力、保油性及保水性。

2.1 肌肉蛋白质的溶解性

2.1.1 肌肉蛋白质溶解性的定义与作用

　　肌肉蛋白质溶解性的定义为：在一定条件下，肌肉中可以进入溶液的蛋白质量与总的肌肉蛋白质质量的比值，且这部分溶解的蛋白质在一定的离心力下不应发生沉淀。因此，肌肉蛋白质在饱和状态时的溶解性，代表了溶质（蛋白质）和溶剂（水）之间的一种平衡。然而目前还没有测定蛋白质溶解性的标准方法。蛋白质的溶解性，可以用水溶性蛋白质（water‐soluble protein，WSP）、水可分散性蛋白质（water dispersible protein，WDP）、蛋白质分散性指标（protein dispersibility index，PDI）和氮溶解性指标（nitrogen solubility index，NSI）来评价，其中 PDI 和 NSI 已是美国油脂化学家协会采纳的法定评价方法。溶解性测定会受一些因素影响，如蛋白质的浓度、离心力和离心时间等。因此同样的蛋白质，由于在不同研究中采用不同的离心条件，测定的溶解性的结果不同。

　　蛋白质的溶解性（solubility）在肉制品加工中起重要的作用，特别是对肉糜制品和重组肉的加工。这是因为肌肉蛋白质的大多数功能性质是与蛋白质的溶解性相关的，而蛋白质的功能性只有在蛋白质处于高度溶解状态时才能表现出来。例如，蛋白质的凝胶作用、乳化作用、保水作用，以及蛋白质的一些其他功能作用。

2.1.2　肌肉蛋白质溶解性分类

肌肉蛋白质根据其溶解性分为三类：盐溶性肌原纤维蛋白、水溶性肌浆蛋白和不溶性基质蛋白。

2.1.2.1　盐溶性肌原纤维蛋白

盐溶性肌原纤维蛋白主要包括：肌球蛋白、肌动蛋白和肌动球蛋白。肌球蛋白不溶于水或微溶于水，属球蛋白性质，在中性盐溶液中可溶解，等电点 5.4，在 50~55℃ 发生凝固，易形成黏性凝胶，在饱和的 NaCl 或 $(NH_4)_2SO_4$ 溶液中可盐析沉淀。肌动蛋白属于白蛋白类，能溶于水及稀的盐溶液中，在半饱和的 $(NH_4)_2SO_4$ 溶液中可盐析沉淀。肌动球蛋白是肌动蛋白与肌球蛋白的复合物，肌动球蛋白的黏度很高，具有明显的流动双折射现象，由于其聚合度不同，因而分子质量不定。肌动蛋白与肌球蛋白的结合比例在 1:2.5~1:4。总的来说，肌原纤维蛋白的溶解性通常需要相对较高的离子强度（>0.4）才能表现出来。因而，肉在有盐存在时进行斩拌和混合，会表现出肉的溶解性。

2.1.2.2　水溶性肌浆蛋白

水溶性肌浆蛋白主要包括：肌溶蛋白、肌红蛋白和肌浆酶等。肌溶蛋白属清蛋白类的单纯蛋白质，易溶于水，把肉用水浸透可以溶出。很不稳定，易发生变性沉淀，加饱和的 $(NH_4)_2SO_4$ 或乙酸可被析出。肌红蛋白是一种复合性的色素蛋白质，由一分子的珠蛋白和一个亚铁血素结合而成，为肌肉呈现红色的主要成分。肌浆中还存在大量可溶性肌浆酶，其中主要是解糖酶，占三分之二以上。

2.1.2.3　不溶性基质蛋白

不溶性基质蛋白为肉中结缔组织蛋白质，是构成肌内膜、肌束膜、肌外膜和腱的主要成分，包括胶原蛋白、弹性蛋白、网状蛋白及黏蛋白等，存在于结缔组织的纤维及基质中。

肌浆蛋白（sarcoplasmic protiens）是肌肉中存在的天然可溶性蛋白，而肌原纤维蛋白的溶解性通常需要在相对较高的离子强度（>0.4）下才能表现出来。而肌原纤维蛋白又是肌肉中最主要的蛋白质，因此肉在有盐存在时进行斩拌和混合，会表现出良好的溶解性。

2.1.3　影响肌肉蛋白质溶解性的因素

肌肉蛋白质的溶解性与许多因素有关，包括肌原纤维的结构、肌纤维类型、僵直时间、pH、添加到肉中的盐浓度（离子强度）、温度、肉和盐的混合时间（即蛋白质提取的时间）等，还有许多其他内在因素和外在的加工因素，都有可能影响肌肉蛋白质的溶解性。

2.1.3.1　肌肉蛋白质结构对溶解性的影响

首先，要提取肌原纤维蛋白，就必须克服其结构上的障碍和阻力才能获得蛋白质。Offer 和 Trinick[1] 研究发现，盐溶液中 Z 带（来自兔腰肌的肉）的弱化和膨胀，会使细丝（肌动蛋白）和粗丝（肌球蛋白）的提取量增加。此外，其他结构蛋白（如 M-蛋白、C-蛋白、H-蛋白和 X-蛋白）不同异构体的存在，会影响粗丝的稳定性，从而造成肌原纤维提取量的差异。其次，不同形态学的 α-肌动蛋白（异构形式）也会影响肌原纤维蛋白的提取量[2]。再次，已有证据表明，M-蛋白可以稳定肌球蛋白的横向结构，使其不易提取，并且对总肌原纤维蛋白的提取起着重要的作用。但是，C-蛋白和 X-蛋白对肌球蛋白和肌动球蛋白提取的影响尚不清楚。所以，不同的肌球蛋白异构形式和物理化学性质，以及形态学差异，决定了溶解性的差异。肌浆中的蛋白质大多数是球形结构，并且分子体积相对较小（绝大多数分子质量在 30 000 ~ 65 000 Da)[1-5]。尽管这些肌浆蛋白存在于相同的代谢过程中，但它们作为个体而单独存在。大多数肌浆蛋白具有单一的合作区域（cooperative domain），这种结构域通过分子内的疏水作用和氢键而稳定。蛋白质分子的表面由带电的和不带电的极性基团组成，并且它们的等电点接近中性 pH[1-5]。氨基酸的分布和三级结构使得肌浆蛋白和周围的水能自由地相互作用，使肌浆蛋白具有高度亲水性，并在水中或稀的盐溶液中呈可溶状态。而肌肉中的肌原纤维蛋白以有序的、完整的结构单位彼此相连，因此尽管许多肌原纤维蛋白有较平衡的氨基酸组成，但它们的等电点相对较低，大多数在 pH 5 ~ 6 [5-7]。低的 pH 等电点与蛋白质的结构的排列有关，且不同的多肽片段有相互作用的趋势。因此，肌原纤维蛋白在生理条件下或低离子强度下的溶解性很低。

影响肌原纤维蛋白溶解性和提取性的关键因素，可能与阻止肌原纤维结构分离的某些物理和化学因素有关。蛋白质既可以溶解在水中也可以溶解在一定的盐溶液中。引起蛋白质溶解性下降的因素主要包括：①在僵直后肉中肌球蛋白和肌动蛋白之间交联桥的形成；②一些结构蛋白的存在，如 M-线蛋白、Desmin（肌间线蛋白）和 N_2 线蛋白，这些蛋白质可以保持肌原纤维的完整性[1]。因此，肌原纤维结构蛋白破坏将导致蛋白质提取物和溶解性的增加。

2.1.3.2　离子强度和盐对溶解性的影响

蛋白质的溶解性与所提取缓冲液的离子强度有很大的关系。离子强度达到

0.5 就可以提取肌肉中的肌原纤维蛋白，并在离子强度为 1.0 时达到最大值[1]。因此将肉中的盐（NaCl）浓度增加到 0.5 mol/L（约为 2% 的食盐），也就是肉制品加工中广泛使用的盐的浓度，对于肌原纤维蛋白的溶解以及产生所希望的产品功能性很重要。肌肉中蛋白质的提取量对肌原纤维的粗丝和细丝的分离，以及最终 A 带的消失起着主要作用。其实，大多数肌原纤维蛋白也可溶解在纯水中或极稀的盐溶液中[8,9]。当离子强度在 0.0003～0.001 时，蛋白质的溶解性对盐的浓度特别敏感。这是因为极少量的离子化合物就可以提高蛋白质表面的电荷，因此提高了蛋白质与水的相互作用。对鳕鱼肌肉的肌原纤维蛋白，当离子强度在 0.01～0.20 时蛋白质的溶解性最小，在离子强度从 0.2 增加到 1.0 时蛋白质的溶解性随着离子强度的增大而增强，当离子强度进一步增大时溶解度降低。这种下降可能是由于盐的渗透压作用。

肉品加工中，经常通过在肉中添加食盐和焦磷酸盐等以增加提取缓冲液的 pH，来增加蛋白质的溶解性，也可以通过延长肉的混合与滚揉时间，来提高蛋白质的溶解性。焦磷酸盐和三聚磷酸盐对肌原纤维蛋白质的溶解性的影响最为显著。在 pH5.5、NaCl 浓度为 0.8 mol/L 时会使肌原纤维蛋白发生最大的结构变化（如膨胀），NaCl 浓度为 0.4 mol/L 时，同时焦磷酸盐浓度为 10 mmol/L 时会达到同样的效果[1,10]。在肌原纤维中蛋白质的提取量会伴随着肌原纤维结构的变化，然而在有或无焦磷酸盐的情况下提取方式是不同的。在不含焦磷酸盐时，对肌肉中肌球蛋白的提取是从肌节中 A 带的中心开始，当焦磷酸盐出现时提取则发生在 A 带的两端[11]。因为肌动球蛋白的交联桥不在 A 带的中心，而位于 A 带的两端，可以假想焦磷酸盐可以起到润滑剂作用，它表现得像 ATP 那样，它的水解会导致肌动球蛋白复合体的分离，因而导致粗丝和细丝分离。三聚磷酸钠和焦磷酸钠有着相似的效果，能引起肌肉纤维高度膨胀，以致持水或吸水增加[10,12]。通常认为三聚磷酸钠要先水解为焦磷酸钠才能发挥功能性作用。

2.1.3.3　pH 对溶解性的影响

pH 对蛋白质的溶解性有显著的影响。在 pH>5.9 时，僵直后的鸡肉中白肌纤维蛋白比红肌纤维蛋白有更大的溶解性，而在 pH<5.8 时前者溶解性却更小。在 pH>5.8 时，僵直前的白肌原纤维蛋白要比僵直后的白肌原纤维蛋白更不易溶解；在 pH5.5～6.6 时，僵直前的白肌原纤维蛋白溶解性要比无论僵直前的还是僵直后的红肌原纤维蛋白溶解性都要小。

2.1.3.4　二价阳离子对溶解性的影响

蛋白质的提取率也受肉中的二价阳离子影响，钙和镁对溶解性的影响相当复杂，而且对白肌原纤维蛋白和红肌原纤维蛋白的效果不同。当 $CaCl_2$ 或 $MgCl_2$ 的浓度为 $2.5 \sim 5$ mmol/L 时，白肌原纤维蛋白溶解性增加，但进一步增加二价盐浓度时溶解性下降。然而在 $CaCl_2$ 或 $MgCl_2$ 的浓度为 5 mmol/L 时，红肌原纤维蛋白的溶解性达到最大，这时进一步增加二价盐的浓度，蛋白质的溶解性不再增加[13]。

2.1.3.5　僵直对溶解性的影响

由于肌肉收缩的影响，在肌肉僵直前提取的肌原纤维蛋白的数量要比僵直后更大。因而肌球蛋白的提取物通常采用僵直前的肉进行提取。然而也有一些例外，Xiong 和 Brekke[14]发现鸡胸肉在僵直后（屠宰后24h）的肌原纤维蛋白与僵直前相比有更大的溶解性，更易于提取，提取采用 pH 6.0，0.6 mol/L NaCl 的缓冲液。对比而言，鸡腿肉的蛋白质在僵直前比僵直后更易于提取。这种不一致性可能是由在鸡胸肉中是白肌纤维占优势引起的，这种白肌纤维的 Z 线蛋白是溶解性的限制因素，可以被肌肉中内源性的蛋白酶，主要是钙激活酶所分解。相比来说，鸡腿肉在尸僵储藏后的 $1 \sim 2$d 内 Z 线结构的变化极小[15]。

2.1.3.6　肌纤维类型对溶解性的影响

在肌肉中白肌纤维和红肌纤维结构的不同使得蛋白质的提取率也不同。从发生冷收缩（收缩约29%）的牛胸骨肩胛肌肉（sternomemdipularis）中提取的蛋白质要比从未发生冷收缩的牛肉（收缩仅5%）中的提取率高[16]，这表明肌动球蛋白交联桥的含量可能不是影响蛋白质提取性的关键因素。因此，研究蛋白质溶解性时应该注意，对具体的试验条件来说影响溶解性的因素不止一个。提取的肌原纤维蛋白的量随着提取时间也会增加，这表明肌肉细胞的破坏和肌原纤维的分离是一个缓慢的过程。研究发现，僵直后白肌纤维和红肌纤维的蛋白质溶解性有差异。在 0.6 mol/L NaCl，pH 6.0 条件下，在白肌纤维（起始溶解性为23.4%）和红肌纤维（起始溶解性为18.7%）中，蛋白质的溶解性都会增加，但是增加的速度不同，表明不同类型纤维中肌原纤维的溶解性变化的速度不同[14]。这两种类型的肌肉在提取最初的 2h，蛋白质的溶解性几乎呈明显的线性增加趋势，然而白肌纤维的增加速度（每小时溶解性增加10%）要比红肌纤维（每小时溶解性增加4.3%）增加得更快。提取12h后蛋白质达到最大的溶解性，此时白肌纤维溶解性为57.7%，红肌纤维溶解性为37.8%。这些结果可能与组织学上红肌纤维比白肌纤维含有更宽的 Z 带有关。总之，红肌纤维蛋白和白肌纤维蛋白的提取程度和提取速度的差异，主要与 Z 线和 α-肌动蛋白以及某些附属结构蛋白的高级结构有关，这些附属结构蛋白包括 M-蛋白等。因此，即使粗丝被解聚，白肌球蛋白和红肌球蛋白溶解性的差异也是引起红肌肉和白肌肉溶解性差异的主要因素。

2.2 肌肉蛋白质的保水性

2.2.1 肌肉蛋白质保水性的定义与作用

肉的保水性（water holding capacity，WHC）也称为系水力或系水性，是指当肌肉受外力作用时，如加压、切碎、加热、冷冻、解冻以及腌制等加工或贮藏条件下保持其原有水分与添加水分的能力。它对肉的品质——色、香、味、营养成分、多汁性、嫩度等感官品质有很大的影响，是肉质评定时的重要指标之一。美国20世纪80年代因部分猪肉系水力较差（如PSE肉）而造成每年几亿美元的损失。

2.2.2 肌肉系水力的物理化学基础

蛋白质吸水并将水分保留在蛋白质组织中的能力，主要依靠水和蛋白质之间的电荷的相互作用、氢键作用和毛细管等作用。肌肉中的水是以化合水、不易流动水和自由水三部分形式存在的。其中不易流动水部分主要存在于肌细胞内、肌原纤维及膜之间，度量肌肉的系水力主要指的是这部分水，它取决于肌原纤维蛋白质的网格结构及蛋白质所带净电荷的多少。蛋白质处于膨胀胶体状态时，网格空间大，系水力就高，反之处于紧缩状态时，网格空间小，系水力就低。

结合水主要受蛋白表面电荷与极性的影响，如肌球蛋白的水合力跟带负电的天冬氨酸和谷氨酸残基有关[17]。由于肌原纤维储藏了大部分水分，其体积变化决定肌肉水分的得失，但是肌原纤维或者肌细胞体积的变化，未必导致肌肉体积发生变化，反之亦然。当肌细胞发生显著收缩时（如僵直期），肌细胞和肌内膜间（细胞间）、肌束与肌束膜间会产生明显的空隙，细胞中排出的水分会暂存在这些间隙中，此时整肉体积并不会发生明显变化。但是空隙中的水分与肌肉结合力不强，会在外力作用下被轻易排出，导致滴液损失[18]。如果将处于僵直期的肌肉浸泡在盐水中，肌纤维膨胀后会首先将肌内膜内的空隙填满，进一步膨胀会最终使肌束填满肌束膜内的空隙，此时不会导致肌肉体积变化，只有当肌纤维继续膨胀时，才会出现肌肉的膨胀[19]。熟咸肉制品中水分的保持，除了以上与肌原纤维相关的机理外，还存在另外的持水机理。当产品未经加热时，粗丝上部分肌球蛋白在高盐分作用下发生解聚；当产品被加热时，这些肌球蛋白分子变性聚集，并逐渐形成凝胶。这种蛋白质凝胶既可以起到防止水分流失的作用，又可以作为碎肉的胶黏剂，如0.8%的肌球蛋白热导凝胶，就可以保持水分抵抗约1000 g

的离心力[20]。此时，虽然肌肉中的粗丝发生部分溶解，但是多数肌原纤维仍然能够保持其结构，所以，熟肉制品中的大部分水分，一方面被肌原纤维结构所把持，另一方面也会被束缚在肌原纤维内部肌球蛋白的凝胶中[21,22]。此外，肌原纤维在加热后常会发生收缩等现象，其内部的凝胶又可能起到防止肌原纤维受热收缩、减少蒸煮损失的作用[23]。另外，在经过细切的肉制品中（如法兰克福香肠），肌原纤维结构被打碎，加热后主要由蛋白凝胶发挥其持水作用。

2.2.3　肌肉系水力的影响因素

保水性可以用系水潜能（water-binding potential）、可榨出水分（expressible moisture）、自由滴水（free drip）和蒸煮损失（cooking loss）等术语来表示。系水潜能表示肌肉蛋白质系统在外力影响下超量保水的能力，可表示在测定条件下蛋白质系统存留水分的最大能力。可榨出水分是指在外力作用下，从蛋白质系统榨出的液体量，即在测定条件下所释放的松弛水（loose water）量。自由滴水量则指不施加任何外力只受重力作用下蛋白质系统的液体损失量（即滴水损失，drip lose）。蒸煮损失是用来测量肌肉经适当的煮制后水分损失的多少。

1）蛋白质

水在肉中存在的状况也称为水化作用，与蛋白质的空间结构有关。蛋白质结构越舒松，固定的水分越多，反之则较少。

蛋白质分子所带的净电荷对蛋白质的保水性具有两方面的意义：其一，净电荷是蛋白质分子吸引水的强有力的中心；其二，净电荷使蛋白质分子间具有静电斥力，因而可以使其结构松弛，增加保水效果。净电荷如果增加，保水性就得以提高；净电荷减少，则保水性降低。

蛋白质分子是由氨基酸所组成的，氨基酸分子中含有氨基和羧基，它既能像酸一样解离，也能像碱一样解离，所以它是一种两性离子。可见，当pH>pI（等电点）时，氨基酸分子带负电荷，而当pH<pI时，带正电荷。肌肉pH接近等电点（pH5.0~5.4）时，静电荷数达到最低，这时肌肉的系水力也最低。

2）pH

添加酸或碱来调节肌肉的pH，当pH在5.0左右时，保水性最低。保水性最低时的pH几乎与蛋白的等电点一致。如果稍稍改变pH，就可以使保水性有很大变化。任何影响肉pH变化的因素或处理方法均可影响保水性。

3）食盐

食盐对肌肉系水力的影响与食盐的使用量和肉块的大小有关，当使用一定离子强度的食盐，增加肌肉中肌球蛋白的溶解性，会提高保水性，这主要是因为食盐能使肌原纤维发生膨胀。肌原纤维在一定浓度食盐存在下，会有大量氯离子被束缚在肌原纤维间，增加了负电荷引起的静电斥力，导致肌原纤维膨胀，使保水力增强。但当食盐使用量过大或肉块较大，食盐只用于大块肉的表面，则由于渗透压的原因，会造成肉的脱水。

4）磷酸盐

磷酸盐能结合肌肉蛋白质中的 Mg^{2+}、Ca^{2+}，使蛋白质的羟基被解离出来。由于羟基间负电荷的相互排斥作用使蛋白质结构松弛，提高了肉的保水性。焦磷酸盐和三聚磷酸盐可将肌动球蛋白解离成肌球蛋白和肌动蛋白，使肉的保水性提高。

5）尸僵和成熟

肌肉的系水力在宰后的尸僵和成熟期间会发生显著的变化。刚宰后的肌肉，系水力很高，但经几小时后，就会开始迅速下降，一般在 24～28h，过了这段时间系水力会逐渐回升。僵直解除后，随着肉的成熟，肉的系水力会徐徐回升，其原因除了 pH 值的回升外，还与蛋白质的变化有关。

6）加热

肌球蛋白是决定肉的保水性的重要成分。但肌球蛋白对热不稳定，肌球蛋白过早变性会使其保水能力降低。聚磷酸盐对肌球蛋白变性有一定的抑制作用，其可使肌肉蛋白质的保水能力稳定。

肉加热时保水能力明显降低，加热程度越高保水力下降越明显。这是由于蛋白质的热变性作用，使肌原纤维紧缩，空间变小，不易流动水被挤出。

7）动物因素

畜禽种类、年龄、性别、饲养条件、肌肉部位及屠宰前后处理等，对肉保水性都有影响：兔肉的保水性最佳，依次为牛肉、猪肉、鸡肉、马肉；就年龄和性别而论，去势牛>成年牛>母牛，幼龄>老龄，成年牛的保水性随体重增加而降低；不同部位的肉保水性也有显明差异，以猪肉为例，保水性大小依次是胸锯肌>腰大肌>半膜肌>股二头肌>臀中肌>半腱肌>背最长肌。还有，骨骼肌较平滑肌的保水性好，颈肉、头肉比腹部肉、舌肉的保水性好。

除以上影响保水性的因素外，在加工过程中还有许多影响保水性的因素，如滚揉按摩、斩拌、添加乳化剂、冷冻等，一般适当的滚揉按摩、斩拌、添加乳化剂可以提高保水性，而冻藏后肌肉蛋白质的保水性明显降低。冻藏时间越长、反复冻融次数越多，保水性越低。

2.3　肌肉蛋白质的凝胶性

2.3.1　肌肉蛋白质凝胶性的定义与作用

蛋白质的凝胶性（gelation）是食品加工过程中广泛存在的一个热动力学特

性。在结构上，凝胶是一种介于固体和液体之间的中间形式，它通过线状或链状的交联，产生一个可存在于液体介质中的连续的网状结构。在流变学上，凝胶不具有稳定的流动性[24]。总的来说，凝胶是一种肉眼可见的连续的网状结构，其浸没在液体的介质中不具有稳定的流动性[25]。肉类食品中蛋白质凝胶化的重要作用，已经在许多早期的研究中阐述了。已经证明肌肉中盐溶性蛋白的提取，对肉糜形成凝胶，以及对熟制香肠制品的质地起着主要作用。目前的研究表明，蛋白质凝胶在肉品加工中，除了可使蛋白质结合在一起，也有助于乳状液的稳定、保水能力的提高和嫩度的改善。

肌原纤维蛋白诱导凝胶的三维立体网状结构，有助于稳定脂肪和水，改善肉制品的品质。任何影响盐溶蛋白质热诱导凝胶形成的因素，都会影响蛋白凝胶的质量，从而影响肉制品的功能特性。因此，对肌原纤维蛋白质凝胶形成机制及凝胶影响因素的研究，对提高肉制品的加工特性具有重要的指导意义。

2.3.2 肌原纤维凝胶机制

蛋白质凝胶的形成可以定义为蛋白质分子的聚集现象，在这种聚集过程中，吸引力和排斥力处于平衡状态，以至于形成能保持大量水分的高度有序的三维网络结构或基体，如果吸引力占主导，水分从凝胶基体排除出来，则形成凝结物；如果排斥力占主导，则难以形成网络结构。Ferry 在 1948 年指出：蛋白质形成凝胶的机理是，肌原纤维蛋白受热使非共价键解离，引起构象改变，使反应基团暴露出来，特别是肌球蛋白的疏水基团有利于蛋白质之间的相互作用，使受热变性展开的蛋白质基团因聚合作用而形成较大分子的凝胶体。

在肌肉蛋白质中对凝胶起重要作用的是肌球蛋白。肌动球蛋白的热变性研究表明，在 30~35℃ 的温度范围内，原肌球蛋白从 F-肌动蛋白的骨架上解离；38℃时 F-肌动蛋白的超螺旋结构解离成单链；40℃时肌球蛋白的重链和轻链分离，随后重链的头颈接合部发生构型变化；40~50℃时肌动球蛋白解离；50~55℃时轻酶解肌球蛋白由螺旋结构变为盘绕结构；当温度超过 70℃时，G-肌动蛋白构型发生变化。热产生的肌球蛋白凝胶化作用至少要经过四步：①在 35℃肌球蛋白头部（S-1 片段）展开，通过头与头的相互作用导致二聚体和寡聚体的形成；②当温度增加到 40℃时，形成球状头部的聚集体，它是由紧密结合的头部团块和向外部辐射的尾部组成，类似蜘蛛的形状；③在 48℃时，由两个或多个单聚体连接形成低聚体；④50~60℃，低聚合体进一步聚集，包括尾-尾交联，形成颗粒体，组成了凝胶网络结构的每一股线。

食品蛋白凝胶大致可以分为：加热后再冷却形成的凝胶；在加热条件下形成的凝胶；与金属盐络合形成的凝胶；不加热而经部分水解或 pH 调整形成的凝胶

等。食品蛋白质胶凝作用不仅可以形成固态弹性凝胶，还能增稠，提高吸水性、颗粒黏结、乳浊液或者泡沫的稳定性。

2.3.3 影响肌原纤维蛋白凝胶的因素

蛋白质凝胶是一种介于固体和液体之间的连续的网状结构，在成胶过程中，肌原纤维蛋白会发生流变学特性变化。孔保华、胡坤、杨速攀、Westphalen、Riebroy、esiow 等对 pH、温度、蛋白质浓度、离子强度、各种盐类对肌原纤维蛋白凝胶的影响均做了相当详细的报道[6-10]。下面主要介绍高压、酶类、漂洗、肌肉种类和部位及冻藏对肌原纤维蛋白凝胶的结构、品质的影响。

2.3.3.1 高压对肌原纤维蛋白凝胶的影响

食品高压技术是美国物理学家 Bridgman 于 1914 年发明的，他提出：蛋白质在 500MPa 压力作用下凝固，在 700MPa 压力作用下变成硬的凝胶，这是因为高压处理可以解聚肌动蛋白和肌动球蛋白，并可提高肌原纤维蛋白的溶解性，所以高压处理可以改变肌动蛋白和肌动球蛋白的凝胶特性[25]。Hwang 等[26]研究高压对罗非鱼肉蛋白凝胶质构和流变学特性的影响，研究表明在 200MPa 的压力下，氢键和疏水性相互作用使罗非鱼肉蛋白形成松软的凝胶；如先 200MPa 高压再50℃加热处理会限制蛋白质的构象变化，不会改变蛋白质凝胶特性；先50℃加热再 200MPa 高压处理会明显提高蛋白质的凝胶形成能力，改善凝胶结构；而在50℃条件下进行 200MPa 的高压处理可形成富有弹性、较硬的、黏稠的凝胶，但G'（storage modulus，贮能模量，反映凝胶弹性）和 G''（loss modulus，耗能模量，反映凝胶黏性）与其他处理相比最小。高压引起肌肉蛋白凝胶的变化，是由于高压诱导肌球蛋白结构变化，增加表面疏水性，补偿了由热诱导引起肌球蛋白凝胶强度减少的结果。高压诱导条件下形成氢键和疏水性作用，比在加热诱导条件下形成二硫键更有利于肌原纤维蛋白形成稳定的蛋白凝胶，所以高压诱导形成的凝胶比热诱导形成的凝胶功能性更强。Sareevoravitkul 等[27]研究竹荚鱼类蛋白凝胶也得到同样的结果：在高压条件下形成的鱼类凝胶，会比在 90℃、20min 条件下形成的凝胶更加透明、更容易消化。

2.3.3.2 酶对肌原纤维蛋白凝胶的影响

酶类具有使蛋白质间形成稳定共价连接的作用，特别是在肉制品中添加非肉类蛋白（如大豆蛋白、乳蛋白、酪蛋白）时，为了防止凝胶分层的现象常添加各种酶类。在肉制品中常用的酶类有谷氨酰胺转氨酶和多酚氧化酶类。

谷氨酰胺转氨酶（microbialtransglutaminase，TGase；ε-谷氨酰胺酰肽-γ-谷

氨酰胺酰基转移酶）是一种硫醇酶，它通过诱导肽段之间（ε-（γ-谷氨酰）赖氨酸键）作用，催化蛋白的交链形成网状结构。肌原纤维蛋白中的主要蛋白质——肌球蛋白和肌动蛋白都是 TGase 作用的良好底物，在肉制品加工中加入谷氨酰胺转氨酶通过催化蛋白质分子内和分子间发生交联，使蛋白质和氨基酸之间连接，以及蛋白质分子内谷氨酰胺酰胺基的水解，从而提高蛋白质功能特性，同时也可引入赖氨酸等氨基酸类来提高制品的营养价值。TGase 可以催化许多蛋白质，如乳清蛋白、大豆蛋白、谷蛋白、肌球蛋白和肌动球蛋白等。在肌肉蛋白中 TGase 促进肌球蛋白重链的交联，提高肉制品的物理特性如弹性、硬度等。Dondero 等[28]研究了牛肉的凝胶，60℃ 条件下加热 2h 后再加入 0.5%（质量分数）TGase 处理会明显提高凝胶强度（比对照相提高 88%），增加出品率，SDS-PAGE 凝胶电泳的结果显示肌球蛋白链的含量明显减少、连接蛋白条带变宽，高效液相色谱分析结果表明 ε-（γ-谷氨酰）赖氨酸数量增加。Park 等[29]将微生物谷氨酰胺转氨酶添加到乌贼肉糜中，通过先 40℃、再 80℃ 两步加热过程，结果 TGase 促进肌球蛋白重链的交联，明显提高了腌制乌贼肉糜的热诱导凝胶的弹性。Ramírez-Suárez 等[30]研究用去离子水处理的 TGase 使肌球蛋白重链和肌动蛋白转化成低分子质量的多肽，同时增加了肌原纤维蛋白的热变性温度、提高了凝胶的弹性。

2.3.3.3　漂洗对肌原纤维蛋白凝胶的影响

为了去除富含脂肪的鱼类中脂肪、肌浆蛋白、血液、色素以及减少肌原纤维蛋白的损失，在鱼类制品加工过程中增加了漂洗工艺。不同的漂洗方法、漂洗液的组成、漂洗液与肉的比例、漂洗次数对肉中蛋白质均有明显的影响，进而影响肉的凝胶。常用漂洗方法有空气浮选漂洗法（air flotation washing，AFW）、冷水漂洗法（cold water washing，CWW）、碱溶液漂洗法（alkaline solution washing，ASW）等。正确的清洗方法会不同程度地提高肌原纤维蛋白的凝胶形成能力，用 AFW 法清洗的肉糜凝胶形成能力略低于 ASW 法，但 AFW 法脱色效果好、肌浆蛋白去除能力强、凝胶形成时间短（10 ~ 15min），而 CWW 法和 ASW 法漂洗后凝胶形成均要 60min 的时间。Hultin 等[31]研究 ASW 清洗法可明显提高沙丁鱼肉和鲭鱼的凝胶形成能力和凝胶颜色。Chaijan 等[32]研究了用 NaCl（0.2% ~ 0.5%）漂洗沙丁鱼肉和鲭鱼肉对凝胶形成能力的影响，结果表明用盐溶液清洗后鱼肉蛋白质的凝胶白度增加（沙丁鱼肉漂洗前后分别为 59.68、62.88；鲭鱼肉漂洗前后分别为 57.80、60.38）、凝胶可榨出水分明显减少（沙丁鱼漂洗前后分别为 23.83%、7.53%；鲭鱼漂洗前后分别为 55.47%、19.51%）、凝胶强度下降（沙丁鱼漂洗前后分别为 135g、80g；鲭鱼漂洗前后分别为 549 g、70g）。大量研究表明，用 3 倍体积的清洗液每次搅动 5min 漂洗 2 次就可达到清洗的目的，清洗次数超过 3 次会使肉中的营养物质损失 38%。Baxter 等[33]研究了清洗次数对螃蟹凝胶的影响，清洗次数不超过 3 次时，凝胶的保水性明显提高，螃蟹肉凝胶的强度增大。

2.3.3.4　肌肉种类和部位对肌原纤维蛋白凝胶的影响

肌肉类型对肌原纤维蛋白质热诱导凝胶特性的影响被广泛研究，鸡肉、火鸡肉、牛肉和兔肉的研究结果表明，不论肉的种类、蛋白质组成和介质条件如何，从白肉中提取的蛋白质有更高的凝胶形成能力。肉的类型不同，其化学特性和组成存在差异，蛋白质含量及形成凝胶的强度也不同。在相同工艺条件下，鸡胸肉形成凝胶的功能特性优于后腿肉。Liu 等[34]研究肌原纤维蛋白中的肌动球蛋白在蛋白质浓度为 4~25mg/mL、离子强度为 0~1.0mol/L、温度 5~45℃、pH 6.7~12.3 条件下的凝胶特性与蛋白质种类、蛋白质浓度有关，蛋白质浓度高时有更高的 K 值（consistency coefficient，黏度系数）和低的 n 值（flow index，流动系数），在同一浓度下猪肉比鲤鱼肉的肌动球蛋白有更高的 K 值，而且浓度增大越多 K 值增加得越明显。Chaijan 等[32]认为，在相同的处理条件下沙丁鱼比鲭鱼凝胶形成能力强，凝胶的白度值高，而鲭鱼比沙丁鱼有更高的切断力。

2.3.3.5　冻藏对肌原纤维蛋白凝胶的影响

冷藏是原料肉最方便、有效的贮藏方法之一，冻藏食品会因大块冰晶的形成，不仅破坏细胞膜、损伤组织结构，而且会引起蛋白质的变性，可溶性蛋白质的含量减少，蛋白质的凝胶形成能力下降等。冻藏 8 个月后金枪鱼糜的凝胶形成能力明显降低：在 80℃条件下诱导的凝胶，凝胶硬度降低 23%，凝胶形变从 0.63 cm 增加到 0.81cm，凝胶强度从 4.56N 增加到 6.14N。

肌原纤维蛋白热诱导凝胶的形成是一个复杂的动力学过程，还有很多因素在不同程度上会影响凝胶的形成，通过离子交换和拉曼光谱（Raman spectroscopy）技术可研究凝胶形成过程中蛋白质和水结构的变化。在以后的研究中可利用更新、更合适的技术，如差示量热扫描仪、流变设备、高效液相色谱、核磁共振、傅里叶转换红外显微镜、激光共聚焦显微镜以及原子力显微镜对肌原纤维蛋白结构变化、凝胶动态形成过程进行深入的研究，确定肌原纤维蛋白微观结构变化与凝胶形成之间的关系，为肉制品加工过程提供理论依据，进而提高肉制品的品质。

2.4　肌肉蛋白质的乳化性

乳化性是指两种以上的互不相溶的液体，如油和水，经机械搅拌或添加乳化液，形成乳浊液的性能。蛋白质是天然的两亲物质，既能同水相互作用，又能同脂质作用。在油/水体系中，蛋白质能自发地迁移至油–水界面和气–水界面，到达界面以后，疏水基定向到油相和气相，而亲水基则定向到水相并广泛展开和散布，在界面形成蛋白质吸附层，从而起到稳定乳状液的作用。乳化问题对于大多数肉制品（如香肠）非常重要，在肉制品加工过程中，借助斩拌机、滚揉按摩机等设备的作用，使肌肉中的盐溶性蛋白充分溶出，黏合脂肪，来防止脂肪分离、改善产品的组织状态和品质[35]。

2.4.1　肉的乳化

肉类乳化的定义是由脂肪粒子和瘦肉组成的分散体系，其中脂肪是分散相，可溶性蛋白、水、细胞分子和各种调味料组成连续相。

乳化肉糜是由肌肉和结缔组织纤维（或纤维片段）的基质悬浮于包含有可溶性蛋白和其他可溶性肌肉组分的水介质内构成的，分散相是固体或液体的脂肪球，连续相是溶解（或悬浮）盐和蛋白质的水溶液。在这一系统中，充当乳化剂的是连续相中的盐溶性蛋白。整个乳浊液是属于水包油型的（图2.1）。肉糜的乳化可以用图2.2来说明，乳化过程中肌球蛋白的物理化学变化及蛋白质对脂肪球的稳定作用。要形成一个肉的乳化物或肉糊，需要将冷却绞碎的瘦肉和肥肉同水、盐、非肉蛋白质及各种其他成分进行混合、粉碎后，再进行高速斩拌。斩拌过程会将脂肪破碎成小的球状粒子（直径在 $1 \sim 50\mu m$），同时将肌原纤维蛋白质从破碎的细胞中萃取出。可溶性肌原纤维蛋白分子会部分展开，同少量的肌浆蛋白一起吸附在脂肪球表面，在脂肪球周围形成一个半刚性的膜或被膜。这会显著降低水油间的界面张力，即降低自由能。

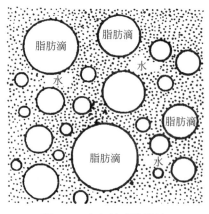

图2.1　水包油型乳浊液

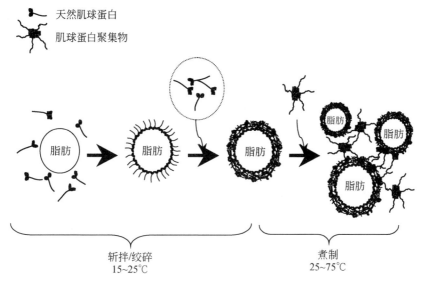

图 2.2　肌球蛋白与脂肪的乳化示意图

2.4.2　影响乳化的因素

影响肉乳化能力的因素很多，除和蛋白质种类、胶原蛋白含量有关外，还与斩拌的温度和时间、脂肪颗粒的大小、pH、可溶性蛋白质的数量和类型、乳化物的黏度和熏蒸烧煮等过程有关。

1）乳化时的温度

原料肉在斩拌或乳化过程中，由于斩拌机和乳化机内的摩擦产生了大量的热量，适当的升温可以帮助盐溶性蛋白的溶出、加速腌制色的形成、增加肉糜的流动性。但是如果乳化时的温度过高，一会导致盐溶性蛋白变性而失去乳化作用；二会降低乳化物的黏度，使分散相中密度较小的脂肪颗粒向肉糜乳化物表面移动，降低乳化物稳定性；三会使脂肪颗粒融化而在斩拌和乳化时容易变成体积更小的微粒，导致表面积急剧增加，以至于可溶性蛋白不能把其完全包裹，即脂肪不能被完全乳化。这样在随后的热加工过程中，会导致乳化结构崩溃，造成产品出油。

斩拌温度对提取肌肉中盐溶性蛋白有很重要的作用，肌球蛋白最适提取温度为 4~8℃，当肉馅温度升高时，盐溶性蛋白的萃取量显著减少，同时温度过高，易使蛋白质受热凝固。在斩拌机中斩拌时，会产生大量热，所以必须加入冰或冰水来吸热，防止蛋白质过热，有助于蛋白质对脂肪的乳化。

斩拌时间要适当，不能过长。适宜的斩拌时间，对于增加原料的细度，改善制品的品质是必需的,但斩拌过度,易使脂肪粒变得过小,这样会大大增加脂肪球的表面积,以致蛋白质溶液不能在脂肪颗粒表面形成完整的包裹状,未包裹的脂肪颗粒凝聚形成脂肪囊,使乳胶出现脂肪分离现象,从而降低了灌肠的质量。

2)原料肉的质量

为了稳定乳化,对原料肉的选择相当重要,对黏着性低的蛋白质应限定使用。在低黏着性蛋白质中,胶原蛋白的含量高,而肌纤维蛋白含量低。胶原蛋白在斩拌中能吸收大量水分,但在加热时会发生收缩。当加热到75 ℃时,会收缩到原长的1/3,继续加热变成明胶。当使用的瘦肉蛋白和胶原蛋白比例失调时,肌球蛋白含量少,这样在乳化过程中,脂肪颗粒一部分被肌球蛋白所包裹形成乳化,另一部分被胶原蛋白包裹。在加热过程中,胶原蛋白发生收缩,失去吸水膨胀能力,并使其包裹的脂肪颗粒游离出来,形成脂肪团粒或一层脂肪覆盖物,从而影响了灌肠的外观与品质。改进方法是调整配方,增加瘦肉的用量。

尸僵前的热鲜肉中能提出的盐溶性蛋白质(主要是肌原纤维蛋白)数量比尸僵后的多50%,而盐溶性肌纤维蛋白的乳化效果要远远好于肌浆蛋白,在原料肉质量相同的情况下,热鲜肉可乳化更多的脂肪,但工厂要完全使用热鲜肉进行生产有一定的难度。如果工厂只能使用尸僵后的肉进行生产,则应在乳化之前将原料肉加冰、盐、腌制剂进行斩拌,然后在 0 ~ 4℃放置 12h,这样可使更多的蛋白质被提出。

3)脂肪颗粒的大小

在乳化过程中,要想形成好的乳化肉糜,原料肉中的脂肪必须被斩成适当大小的颗粒。当脂肪颗粒的体积变小时,其表面积就会增加。例如,一直径为 $50\mu m$ 的脂肪球,当把它斩到直径为 $10\mu m$ 时,就变成了 125 个小脂肪球,表面积也从 $7850\mu m^2$ 增加到了 $39\ 250\mu m^2$,共增加了 5 倍。这些小脂肪球就要求有更多的盐溶性蛋白质来乳化。

在乳化脂肪时,被乳化的那部分脂肪是由于机械作用从脂肪细胞中游离出的,一般内脏脂肪(如肾周围脂肪和板油)由于具有较大的脂肪细胞和较薄的细胞壁,易使脂肪细胞破裂放出脂肪,这样乳化时需要的乳化剂的量就较多,因而在生产乳化肠时,最好使用背膘脂肪。如果脂肪处于冻结状态,在斩拌或切碎过程中,会使更多的脂肪游离出来,而未冻结的肉游离出的脂肪较少。

4)盐溶性蛋白质的数量和类型

在制作肉糜乳化物时,由于盐可帮助瘦肉中盐溶性蛋白质的提取,因此应在有盐的条件下先把瘦肉进行斩拌,然后再把脂肪含量高的原料肉加入进行斩拌。提取出的盐溶性蛋白质越多,肉糜乳化物的稳定性越好,而且肌球蛋白越多,乳化能力越大。提取蛋白质的多少,直接与原料肉的 pH 有关,pH 高时,提取的蛋白质多，乳化物稳定性好。

5）加热条件

如果香肠配方和工艺条件都适合，在熏蒸烧煮时加热过快或温度过高，也会引起乳化液脂肪的游离。在快速加热过程中，脂肪周围的可溶性蛋白质凝固变成固体，而在连续加热中，脂肪颗粒膨胀，蛋白质凝固受热趋于收缩，这样脂肪颗粒外层收缩而内部膨胀，导致凝固蛋白囊的崩解，脂肪滴游离，使产品肠衣油腻，灌肠表面也会有一些分离的脂肪。

2.4.3 乳化中常见问题及解决办法

1）斩拌时温度过高

为了防止在乳化过程中温度过高而造成蛋白质变性，就必须吸收掉因摩擦产生的热量。方法之一是在斩拌过程中加冰。加冰的效果远远优于加冰水，因为冰在融化成冰水时要吸收大量的热。1kg 冰变成水时大约要吸收 334.4kJ 热量，而 1kg 水温度升高 1℃只吸收 4.18kJ 热量，因此 1kg 冰转化成 1kg 水所吸收的热量足可使 1kg 水的温度升高 80℃。加冰除可以吸热外，还可使乳化物的流动性变好，从而利于随后进行的灌装。降低温度的另一种方法是在原料肉斩拌时加固体的二氧化碳（干冰）或在斩拌时加一部分冻肉。总之，要保证在斩拌结束时肉糜的温度不高于 12℃。

2）斩拌过度

乳化结构的崩溃主要是由分散的脂肪颗粒又聚合成大的脂肪球而致。如果所有的脂肪球都完全被盐溶性蛋白包裹，则聚合现象就很难发生。但斩拌过度时，溶出的蛋白质不能把所有脂肪球完全包裹住，这些没被包裹或包裹不严的脂肪球在加热过程中就会融化，而融化后的脂肪更容易聚合，造成成品香肠肠体油腻，甚至在肠体顶端形成一脂肪包。如果发生这种情况，就要对斩拌工艺和参数进行调整。

3）瘦肉量少、盐溶性蛋白提取不足

瘦肉量少主要指原料肉中肌球蛋白和胶原蛋白的组成不平衡，或是原料中瘦肉的含量太低。图 2.3 中，被肌球蛋白和胶原蛋白包裹住的脂肪球大小一样。然而在加热过程中，胶原蛋白遇热收缩，进一步加热则生成明胶液滴，从脂肪球表面流走，使脂肪球裸露（图 2.4）。这样最终的成品香肠顶端会形成一脂肪包，而底部则形成一胶冻块。生产中如果出现这种情况，就需要对原料肉的组成进行必要的调整，增加瘦肉含量，并应在斩拌时适当添加一些复合磷酸盐以提高肉的 pH，促进盐溶性蛋白的提取，同时还可适当添加一些食品级非肉蛋白，如组织蛋白、血清蛋白、大豆分离蛋白等以帮助提高肉的乳化效果。

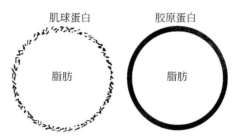

图 2.3　被肌球蛋白和胶原蛋白包裹的脂肪球

图 2.4　胶原蛋白转变成明胶后蛋白膜破裂使脂肪外流

4）加热过快或蒸煮温度过高

即使原料肉的组成合理，前段加工过程处理得当，如果加热过快或温度过高，也会产生脂肪分离现象。在快速加热过程中，脂肪球表面的蛋白质凝固并包裹住脂肪球。继续加热，脂肪球受热膨胀，而包裹在其表面的蛋白质膜则有收缩的趋势，这一过程继续下去，则凝固的蛋白质膜被撑破，内部的脂肪流出（图2.4）。法兰克福肠生产中遇到这种情况时，会使肠体表面稍显油腻，并在烟熏棒上产生油斑。这种情况虽不如斩拌过度或瘦肉不足造成的问题严重，但也应对烟熏和蒸煮的参数进行适当调整。

5）乳化物放置时间过长

乳化好的肉糜，应尽快灌装，因为乳化物的稳定时间是几小时，时间过长则乳化好的肉糜结构会崩溃，并在随后的加热过程中出现出油等现象。

总之，只要掌握了乳化香肠的乳化原理，当生产中出现问题时，就很容易找出原因，加以解决，避免给企业造成更大的损失。

2.4.4　乳化剂应用原理

乳化剂之所以具有乳化作用，与其自身的化学结构有关，灌肠加工中使用的乳化剂一般为植物性蛋白质、血粉和奶粉等，它们和肌肉中的蛋白质一样，也由氨基酸链组成，并带有各种亲水和亲油基的侧链。

灌肠加工中，在原料中的脂肪含量为 20% ~25% 时，所制得的产品的质量是比较好的。这种原料比例不需要添加任何乳化剂，就能充分利用肌肉蛋白质中的可溶性蛋白质的乳化性能。若原料中脂肪含量超过 30%，在不添加任何乳化剂的情况下，其制品质量不好，甚至恶劣。此时必须添加适当的乳化剂，才能达到理想的质量。

肉类在加工过程中，质量的变化是比较复杂的。从比较有代表性的加工方法来看，肉在煮熟过程中，温度升到 35~45℃ 时，肌肉中蛋白质开始凝固，继续加热到 60℃ 以上时，肌肉开始收缩，使水分含量下降，体积变小，质量减轻。这种现象的产生是由于肌肉蛋白质受热作用而变性的结果。这使得肌肉蛋白质持水性下降，使蛋白质中的部分结合水和自由水渗出到肌肉组织外部，由于水分的失去，而使肌肉失去弹性变硬。这使得肌肉中的蛋白质也失去了本身具有的乳化性和持水性。因此必须找到一种乳化剂，使肌肉中蛋白质不因加热的变化而受到质的影响，即肌肉中的蛋白质加热后仍然有良好的保水性和保油性，以及肌肉仍然具有良好弹性。在常态，脂肪细胞内的脂肪液滴是不会流出的，但在加热煮熟过程中，温度达到 80~85℃ 时，因细胞壁受高温作用而破坏，脂肪以微滴形式流出，致使产品质量受到很大影响。这是香肠加工中必须解决的问题，所以必须找到一种能耐高温，既有保水性又有保油性，而且适合香肠加工工艺要求的乳化剂。

选择乳化剂应注意以下几点：①首先要保证乳化液的稳定性和耐高温性；②食用后对人体健康无害和无任何副作用；③不会明显地影响灌肠制品的味道、颜色、气味和口感；④使用必须方便，并不显著增加产品成本；⑤不影响脂肪化学性质，不与其他配料有不良反应。

很多因素影响着蛋白质的乳化性质，包括内在因素，如 pH、离子强度、温度、低相对分子质量的表面活性剂、糖、油相体积分数、蛋白质类型和使用油的熔点等；外在因素，如制备乳状液的设备类型、几何形状、能量输入强度和剪切速度等。

测定蛋白质乳化性质常用的方法有乳化能力、乳化活性指数和乳状液的稳定性。肉的乳化（emulsification）是由绞碎或斩拌的脂肪颗粒、提取的蛋白质、各种水合物质及水不溶性物质（如肌肉纤维、纤维片段、肌原纤维、胶原纤维及非肉类蛋白部分）组成的一种多相复合体系。典型的乳化型肉类制品有：法兰克福香肠（Frankfurters）、维也纳香肠（Wieners）、博洛尼亚香肠（Bologna），以及乳化型火腿肠。这些产品中的脂肪颗粒直径范围在 1~50 μm，可被固定在蛋白质基质（protein matrix）中。

肉眼可见的脂肪粒子以球形存在，其表面包有一层蛋白质，整个脂肪颗粒被包埋在这种蛋白质中，一经加热就会形成稳定的三维凝胶结构。在蛋白质基质中存在着大量不易流动的水，这些水分是通过毛细管作用而被束缚。在乳化剂中存在各种可溶性及不溶性的成分，使肉糜乳化成为有黏性的半固体糊状，因此也称其为"肉糊"（meat batter）。肉类乳化与典型的"水包油型"乳化有区别。后者具有较大的流动性，在乳化体系中含有油滴，要通过具有表面活性作用的乳化剂来稳定，可悬浮在纯的或均匀的水相体系中。将肉粉碎（斩拌及绞碎），形成的蛋白膜（被膜）及蛋白凝胶基质，能使总自由能降低，由此形成稳定的肉糊乳化体系。肉乳化形成的肉糊状物是指由蛋白质和蛋白质的凝胶基质所固定的肉类成分，主要是指脂肪和水分。

　　肉类乳化的物理化学特性和稳定性受各种内在的和加工因素的影响。例如，肉的质量、脂肪和可溶性肌原纤维蛋白（乳化剂）的比率（质量比）、pH、离子强度（盐含量）、磷酸盐含量及非肉类蛋白黏着剂（大豆蛋白、酪蛋白）等都是较重要的影响因素。斩拌时所用的时间、生肉糜的温度、煮制时的速度及煮制温度等也对熟制的肉类乳化产品质量和稳定性有较大的影响。了解肉类乳化的物化性质及乳化产品制备的原理，对生产高质量稳定的肉类乳化产品具有关键作用。

　　肉品生产要面向消费者，近年来越来越多的消费者需求"健康安全"的食物，也促进了低脂肪、低钠乳化型肉类制品的发展，这种消费模式的改变就要求添加新的成分和改变加工方式，而这又需要进一步了解蛋白质及添加成分的功能性质。

　　蛋白质在肉类乳化的形成和稳定性上起着关键作用。存在于生肉糊水相中可溶性蛋白质的浓度及类型，会影响最终乳化产品的超微结构和组织特性。但一些不溶性蛋白质也会通过物理上的交互作用，以及对肉糊保水性的影响来影响乳化过程。

2.4.5　肉类乳化物稳定性评价

　　肉类乳化物的稳定性是指肉在加工和煮制过程中保留水和脂肪的能力，通过其黏结强度（binding strength）来评定。评价肉类乳化物的黏结能力的方法很多，其中最简单的方法可能就是"乳化稳定性测试"。该方法是将一定量的肉的乳化物装入试管中，从50℃加热至70℃，将加热释放出的液体轻轻倒出，再测定脂肪和水的含量。这种方法已用于肉制品加工企业，以确立肉类乳化时斩拌的最适终温。

　　如果乳化物的乳化效果不好，其中的脂肪就很容易被提取出来，由此可以应用"正己烷萃取法"来测试肉类乳化的稳定性。该方法是将乳化物在研钵中粉碎，脂肪从破裂的脂肪细胞中选择性地萃取出来，所萃取的脂肪量与煮制过程中分离的脂肪量有较好的相关性。乳化物稳定性也可通过在较高离心力下对生肉糜乳化物进行离心，或在相对较低的离心力下对煮熟的肉类乳化物离心来测定。"网状试验法（net test）"主要通过离心来测定肉的乳化能力。它是将煮熟的肉类乳化物样品置于一个网状离心管中，经离心后，记下所释放的液体体积，并测出脂肪和水的含量。所使用的离心力大小要适当，应该不破坏乳化物的凝胶结构。

几年前发明的一种"光纤探针法"可用于预测肉类乳化物的稳定性。肉类乳化物的稳定性一般在加工过程中并不容易观察，到煮熟时才能测出。而光传感器可在乳化组织达到断裂点时即可测定出其变化。这种"可视"的效果是在特定波长下，通过测定破碎原料的内在反射系数而实现的。以斩拌时间为变量，则光纤探针读数和猪肉乳化物稳定性间存在着明显的相关性。例如，将肉斩拌 4～8min 形成的肉类乳化物，在煮制后释放出的脂肪和水的量最小，这时有较高的传感读数，而斩拌不充分及斩拌过度的肉类乳化物则有较低的传感读数。这种技术为即时测定肉的乳化性提供了方便的方法。

2.4.6 乳化肉制品发展的趋势

消费者对健康肉类制品的需求，使得低脂和低盐的乳化型肉制品成为一种发展趋势。下面主要论述一些新的添加成分和特有的加工技术在乳化肉制品中的应用，为新型营养肉类乳化产品的开发提供一些思路。

人们对低热量、低胆固醇食物的需求，使得低脂肉类制品得以发展。当脂肪添加量降低时，常采用在肉类乳化物中加入水分来恢复产品的嫩度、多汁性和口感。这就对肉类加工者提出了较大的挑战，因为添加水后水相的离子强度会大大降低，从而导致提取的肌原纤维蛋白的浓度降低，这使得提取的可溶性蛋白不能在脂肪球表面形成完整的胶囊状蛋白膜以包埋住脂肪球，也就不能形成黏着的、富水的凝胶结构。肉品加工中经常使用增稠剂和乳化剂，如大豆蛋白、乳蛋白、淀粉及食物纤维。

用蛋白质代替脂肪有时会使乳化肉产品有一种橡胶样的感觉，为克服这种缺陷，在肉糜混合过程中让一定量的气体进入凝胶基质中可以减轻这种现象。另外还可以添加不能形成凝胶的一些成分，例如，未改性的大米淀粉颗粒具有膨胀作用，且在加热煮制后不形成胶状物。为降低脂肪和胆固醇的含量，也可以用植物油部分代替动物脂肪。植物油混入肉糜之前要先进行预乳化。消费者对添加植物油的乳化产品容易接受，但添加植物油会使产品组织结构软化。

对于"低脂"（脂肪含量<10%）、"极低脂"（脂肪含量<5%）及"无脂"（脂肪含量<1%）肉类乳化产品，与正常脂肪含量（脂肪含量>25%）的肉类乳化产品相比，蛋白基质形成的凝胶性质要比乳化界面膜的形成更为重要。事实上，低脂肉类乳化制品的稳定性主要取决于凝胶基质的持水能力，而不是脂肪聚集的趋势。研究表明，加入非肉蛋白和多糖可形成稳定的、组织细腻的产品。例如，大豆蛋白和部分水解的大豆蛋白可与盐溶性肌原纤维蛋白形成一种复合的凝胶体系，这种复合凝胶是由大豆蛋白和肌肉交互作用形成的。在低脂肉类制品中也经常添加无脂乳固体、酪蛋白及乳清蛋白浓缩物。

比较理想的非肉蛋白应该与肌原纤维蛋白有相近的变性温度，这样才有利于蛋白质之间交互作用形成凝胶网络结构。商业上使用的大豆蛋白浓缩物要先进行预热处理，以使球蛋白（大豆球蛋白和伴球蛋白）部分变性，这样加入到低脂肉糜制品中，可以在肉品加工的温度条件下增加蛋白质凝胶能力。同样，乳清蛋白在用于低脂肉类乳化产品前也要进行预热处理。

在低脂肉类乳化产品中也经常使用多糖，如改性的淀粉、食品胶、食物纤维以及谷物类（如小麦、大麦等）面粉，这些都可以有效地增加产品的保水性。此外由于黄原胶和卡拉胶含有较多的羟基及带电荷的结构，因而在低脂肉制品中有很强的保水能力。

2.5　肌肉蛋白质的起泡性

蛋白质起泡性的评价指标主要有：泡沫的密度、泡沫的强度、气泡的平均直径和直径分布、蛋白质起泡能力和泡沫的稳定性，最常使用的是蛋白质起泡性及其稳定性。蛋白质溶液经常会发生起泡现象，这种现象在商业上和实验室进行蛋白质分离和纯化时是不希望的。当泡沫体积超过容器的体积时，蛋白质会由于泡沫的形成而发生变性。然而通过蛋白质的起泡性可将空气包埋起来，这是许多食品制备时人们所希望的重要功能特性。以泡沫为基础的食品主要是非肉制品，典型的例子包括：蛋白与糖的混合物、蛋奶酥、人造黄油、冰淇淋和发酵的面包制品。尽管以肉为基础的起泡制品很少见，但也有一些，如法国生产的含肉奶油点心。

泡沫形成的机制与乳化作用形成的机制相似，但在泡沫中存在的不连续相是空气，而不是脂肪液滴，并且在泡沫界面的蛋白质结构变化，要比在乳化界面中的大。在泡沫形成过程中，蛋白质最初被分散到空气-液体（水）的界面，处于这种界面的蛋白质被吸收、浓缩、重新定向，导致了表面张力的减少（或者是表面压力的增加）。蛋白质在空气-液体界面的这种性能非常重要，因为蛋白质在气泡周围形成的柔韧而具黏性的薄膜，对于起泡能力和泡沫稳定性是非常必要的。蛋白质的起泡能力受蛋白质本身的性质和周围环境条件的影响。蛋白质分子的柔韧性、成膜性，以及泡沫稳定性之间存在一定的关系。排列无序的蛋白质要比交联在一起的稳定、球状的蛋白质具有更大的表面活性，也就是具有更好的柔韧性。因此α-酪蛋白能快速形成薄膜，而溶菌酶的成膜能力相对较差。

关于肌肉蛋白起泡性的研究还很少，因此，肌肉蛋白结构与起泡性之间的关系还不清楚。据推测，在足够稀的肌肉蛋白浓度下，蛋白质形成单层膜泡沫的可能性大，这样蛋白质分子可以充分地展开（即使不是完全展开）。因为肌球蛋白是高度的表面活性蛋白，在形成单层薄膜时，它可能起到非常关键的作用。然而，浓度高时肌肉蛋白可能会浓缩，或形成多层的薄膜，这样，蛋白质分子的很大一部分可能仍保持着它们天然的结构或构象，尤其是二级结构。另外，蛋白质的起泡性要求蛋白质具有一定溶解性。对于鱼肉蛋白浓缩物，只有蛋白质的可溶性部分才能形成泡沫，这可能与它分散和定位到界面的能力有关。不溶性部分对泡沫稳定性可以起到作用。尽管鱼肉蛋白浓缩物缺乏其他蛋白质所具有的一些功能性质，但是它却具有很好的起泡性，可以代替更昂贵的蛋白质，如蛋清粉和乳清蛋白分离物。

参 考 文 献

[1] Offer G, Trinick J. On the mechanism of water holding in meat: the swelling and shrinking of myofibrils [J]. Meat Science, 1983, 8: 245-281

[2] Schachat F H, Canine A C, Briggs M M, et al. The presence of two skeletal muscle α-actinins correlates with troponin-tropomyosin expression and Z-line width [J]. Journal of Cell Biology, 1985, 101: 1001-1008

[3] Xiong Y L Chemical and physical characteristics of meat: protein functionality // Knowles M. Encyclopedia of Meat Sciences [M]. New York: Academic Press, 2004

[4] Lawrie R A. The eating quality of meat // Lawrie R A. Meat Science. 6th ed. [M]. Cambridge: Woodhead Publishing, 1998

[5] King N L, Macfarlane J J. Muscle proteins, advances in meat research // Pearson A M, Dutson T R. Meat and Poultry Products [M]. New York: Van Nostrand Reinhold Company, 1978

[6] Xiong Y L, Anglemier A F. Gel electrophoretic analysis of the protein changes in ground beef stored at 2℃ [J]. Journal of Food Science, 1989, 52: 287

[7] Pearson A M, Young R B. Muscle and Meat Biochemistry [M]. San Diego: Academic Press, 1989

[8] Stanley D W, Stone A P, Hultin H O. Solubility of beef and chicken myofibrillar proteins in low ionic strength media [J]. Journal of Agricultural and Food Chemistry, 1994, 42: 863-867

[9] Stefansson G, Hultin H O. On the solubility of cod muscle proteins in water [J]. Journal of Agricultural and Food Chemistry, 1994, 42: 26-56

[10] Xiong Y L, Lou X, Wang C, et al. Protein extraction from chicken myofibrils irrigated with

various polyphosphate and NaCl solutions [J]. Journal of Food Science, 2000a, 65: 96-100

[11] Xiong Y L, Lou X, Harmon R J, et al. Salt- and pyrophosphate-induced structural changes in myofibrils from chicken red and white muscle [J]. Journal of Agricultural and Food Chemistry, 2000b, 80: 1176-1182

[12] Xiong Y L. Role of myofibrillar proteins in water-binding in brine-enhance meats [J]. Food Research International, 2004b, 38: 281-287

[13] Xiong Y L, Brekke C J. Gelation properties of chicken myofibrils treated with calcium and magnesium chlorides [J]. Journal of Muscle Foods, 1991a, 2: 21-36

[14] Xiong Y L, Brekke C J. Protein extractability and thermally induced gelation properties of myofibrils isolated from pre- and post-rigor chicken muscles [J]. Journal of Food Science, 1991b, 56: 210-215

[15] Hay J D, Currie R W, Wolfe F H. Effect of postmortem aging on chicken muscle fibrils [J]. Journal of Food Science, 1973, 38: 981-986

[16] Xiong Y L. Functional properties of myofibrillar proteins isolated from cold-shortened and thaw-rigor bovine muscles [J]. Journal of Food Science, 1993, 58: 720-723

[17] Lampinen M J, Noponen T. Electric dipole theory and thermodynamics of actomyosin molecular motor in muscle contraction [J]. Journal of Theoretical Biology, 2005, 4: 397-421

[18] Offer G, Knight P. The structural basis of water-holding in meat. General principles and water uptake in meat processing // Lawrie R A. Developments in Meat Science [M]. New York: Elsevier Applied Science, 1988

[19] Offer G, Cousins T. The mechanism of drip production: Formation of two compartments of extra-cellular space in muscle post mortem [J]. Journal of the Science of Food and Agriculture, 1992, 58: 107-116

[20] Tsai R, Cassens R G, Briskey E J. The emulsifying properties of purified muscle proteins [J]. Journal of Food Science, 1972, 37: 286-288

[21] Asghar A, Samejima K, Yasui T, et al. Functionality of muscle proteins in gelation mechanisms of structured meat products [J]. Critical Reviews in Food Science and Nutrition, 1985, 22: 27-106

[22] Lewis D F, Groves K H M, Holgate J H. Action of polyphosphates in meat products [J]. Food Microstructure, 1986, 5: 53-62

[23] Yasui T, Ishioroshi M, Nakano H, et al. Changes in shear modulus, ultrstructure and spin-spin relaxation times of water addociated with heat-induced gelation of myosin [J]. Journal of Food Science, 1979, 44: 1201-1204

[24] Ferry J D. Viscoelastic Properties of Polymers. 3 rd ed. [M]. New York: John Wiley and Sons, 1980

[25] Ziegler G R, Foegeding E A. The gelation of proteins [J]. Advances in Food and Nutrition Research, 1990, 34: 203-298

[26] Hwang J S, Lai K M, Hsu K C. Changes in textural and rheological properties of gels from

tilapia muscle proteins induced by high pressure and setting [J]. Food Chemistry, 2007, 104 (2):746-753

[27] Sareevoravitkul R, Simpson B K, Ramaswamy H. Effects of crude α_2-magroglobulin on properties of bluefish (Pomatomus saltatrix) gels prepared by high hydrostatic pressure and heat treatment [J]. Journal of Food Biochemistry, 1996, 20 (6): 49-63

[28] Dondero M, Figueroa V, Morales X, et al. Transglutaminase effects on gelation capacity of thermally induced beef protein gels [J]. Food Chemistry, 2006, 99 (3): 546-554

[29] Park S, Cho S, Yoshioka T, et al. Influence of endogenous proteases and transglutaminase on thermal gelation of salted squid muscle paste [J]. Journal of Food Science, 2003, 68 (8): 2473-2478

[30] Ramīrez-Suàrez J C, Xiong Y L. Transglutaminase cross-linking of whey/myofibrillar proteins and the effect on protein gelation [J]. Journal of Food Science, 2002, 67 (8): 2885-2891

[31] Hultin H O, Kelleher S D. High-effeciency alkaline protein extraction. US 6136959, 2000.

[32] Chaijan M, Benjakul S, Visessanguan W, et al. Characteristics and gel properties of muscles from sardine (Sardinella gibbosa) and mackerel (Rastrelliger kanagurta) caught in Thailand [J]. Food Research International, 2004, 37: 1021-1030

[33] Baxter S R, Skonberg D I. Gelation properties of previously cooked minced meat from Jonah crab (Cancer borealis) as affected by washing treatment and salt concentration [J]. Food Chemistry, 2008, 109: 332-339

[34] Liu R, Zhao S M, Xiong S B, et al. Rheological properties of fish actomyosin and pork actomyosin solutions [J]. Journal of Food Engineering, 2008, 85: 173-179

[35] 孔保华. 肉品科学与技术. 第2版 [M]. 北京: 中国轻工业出版社, 2011

3 氧化引起的肌肉蛋白质品质及功能性变化

蛋白质是肌肉组织中重要的成分之一，它在肌肉食品加工中起到至关重要的作用，如加工特性、营养特性和感官特性等[1]。肌肉蛋白质很容易受到外界氧化条件的影响而生成羰基化合物。利用活性氧（reactive oxygen species，ROS）来引发肉蛋白羰基化的体外研究发现，引起蛋白质氧化的途径主要有：金属催化氧化（metal-catalyzed oxidation，MCO）、肌红蛋白、脂质氧化体系引发的氧化[2]（表3.1）。另外，光照、辐照、环境的 pH、温度、水分活度和一些促氧化或抑制氧化因素的存在也会引起蛋白质和氨基酸氧化。肌肉蛋白发生氧化会使其天然的结构和完整性发生变化，这些变化会影响肉的品质及功能性，包括质构特性[3]、颜色[4]、风味[5]、保水性[6]和生物功能性[7]等。蛋白质氧化会使其发生许多物理、化学变化，包括氨基酸的破坏、蛋白消化性的丧失、酶活性的丧失和由于蛋白质的聚合而产生的溶解度下降等[8]。鉴于这些剧烈的变化，可以设想肉蛋白的氧化将会引起肉品质的变化。

表 3.1　能够引发肌肉蛋白氧化的体系[2]

模型体系	氧化诱发剂	氧化条件
SSP (6 mg/mL)	$25 \mu mol/L$ $FeCl_3$ + $(0 \sim 25m mol/L)$ A	$0.12 mol/L$ KCl, pH 6, 23 ℃, 6 h
SSP (6 mg/mL)	$25 \mu mol/L$ $CuCl_2$ + $(0 \sim 25m mol/L)$ A	$0.12 mol/L$ KCl, pH 6, 23 ℃, 6 h
MPI (5 mg/mL)	$2.5m mol/L$ $FeSO_4$ + $2.5m mol/L$ H_2O_2	$50 m mol/L$ KCl, pH 7.4, 37 ℃, 5 h
MPI (5 mg/mL)	$0.1m mol/L$ $FeCl_3$ + $2.5 m mol/L$ H_2O_2	$50 m mol/L$ KCl, pH 7.4, 37 ℃, 5 h
火鸡肌肉提取物 (0.1 g/mL)	$0.11m mol/L$ $FeSO_4$ + $2.19 m mol/L$ NADPH + $2.63 m mol/L$ ADP	pH 7.4, 20 ℃, 5 h
火鸡肉微粒体 (1 mg/mL)	$0.1 m mol/L$ $FeCl_3$ + $0.5 m mol/L$ A	pH 7.4, 37 ℃, 5 h
火鸡肉微粒体 (2 mg/mL)	$50 \mu mol/L$ MetMb + $50m mol/L$ H_2O_2	pH 7, 37 ℃, 24 h
猪肉匀浆物 (0.1 g/mL)	$2.5 m mol/L$ $FeSO_4$ + $1 m mol/L$ H_2O_2	pH 7, 37 ℃, 5 h
MPI (40 mg/mL)	$(0.01 m mol/L$ 和 $0.1 m mol/L)$ $FeCl_3$ + $(0.00 \sim 10 m mol/L)$ H_2O_2	0.6 NaCl, pH 6, 4 ℃, 24 h

续表

模型体系	氧化诱发剂	氧化条件
MPI (30 mg/mL)	10 μmol/L FeCl₃+0.1 m mol/L AA+ (0.05~5.0 m mol/L) H₂O₂	0.6 NaCl, pH 6, 4 ℃, 24 h
MPI (30 mg/mL)	(0.05~5.0m mol/L) LA+3750u. 脂肪氧化酶/mL	0.6 NaCl, pH 6, 4 ℃, 24 h
MPI (30 mg/mL)	(0.05~0.5 mmol/L) MetMb	0.6 NaCl, pH 6, 4 ℃, 24 h
MPI (20 mg/mL)	10 μmol/L FeCl₃+0.1 m mol/L AA +1 m mol/L H₂O₂	0.6 NaCl, pH 6, 37 ℃, 14 d
MPI (25 mg/mL)	10 μmol/L FeCl₃+0.1 mmol/L AA +1 mmol/L H₂O₂	0.1 mol/L NaCl, pH 6.2, 4 ℃, 6 h
MPI (20 mg/mL)	10 μmol/L FeCl₃+1 m mol/L H₂O₂	0.6 NaCl, pH 6, 37 ℃, 20 d
MPI (20 mg/mL)	10μmol/L 乙酸铜+1 mmol/L H₂O₂	0.6 NaCl, pH 6, 37 ℃, 20 d
MPI (20 mg/mL)	10 μmol/L MetMb+1 mmol/L H₂O₂	0.6 NaCl, pH 6, 37 ℃, 20 d
猪腰肉片	10 μmol/L FeCl₃+0.1 mmol/L AA + (1~20 m mol/L) H₂O₂	0.1 mol/L NaCl, pH 6.2, 4 ℃, 40 min

注：SSP，盐溶蛋白（salt soluble proteins）；MPI，肌原纤维分离蛋白（myofibrillar protein isolate）；A，抗坏血酸盐（ascorbate）；AA，抗坏血酸（ascorbic acid）；LA，亚油酸（linoleic acid）；MetMb，高铁肌红蛋白（metmyoglobin）。

3.1 蛋白质氧化的机制

肌肉组织中含有高浓度的易被氧化的脂类、亚铁血红素、过渡态的金属离子和各种氧化酶。这些物质或者作为产生活性氧（ROS）和非氧自由基的前体物质或者作为它们的催化剂。通常情况下，ROS 自由基包括：·OH，$O_2^{·-}$，RS· 和 ROO·，非自由基物质有 H_2O_2 和 ROOH，还有其他一些活性的醛基和酮基[9]。因此，在肉制品中，蛋白氧化能与任何一种氧化促进因素相联系。已经证实，脂类氧化和蛋白氧化一样都是由自由基链式反应引起的，这与脂肪氧化是相似的，同样包括：起始、传递、终止三个阶段。图 3.1 表示了蛋白质自由基、聚合物和蛋白质-脂类复合物出现的一些可能的氧化作用机制。自由基对蛋白质进攻的位置既包括氨基酸侧链，也包括肽链骨架，这种攻击通常会导致蛋白质发生聚合作用和片段化。

引发   L ——→ L·

传递   L· + O_2 ——→ LOO·

抽氢   LOO· + P ——→ LOOH + P· (–H)

延伸   LOO· + P ——→ ·LOOP

复合   ·LOOP + P + O_2 ——→ ·POOLOOP

聚合   P—P· + P· + P ——→ P—P—P· + P—P—P

图 3.1 脂类催化蛋白质氧化的可能作用机制

L = lipid；P = protein

3.1.1 氨基酸残基侧链的改变

从理论上讲，所有氨基酸侧链都易遭受自由基和非自由基 ROS 的攻击。事实上，不同的氨基酸对 ROS 都有不同的敏感性。表 3.2 列出了一些蛋白质中可氧化的氨基酸残基和它们相应的氧化产物。半胱氨酸可能是最易受影响的氨基酸残基，通常它是第一个被氧化的。肌球蛋白含有 40 个自由巯基，在冷藏或冻藏过程中，处于氧化条件下的牛肉心肌肉糜（一种肌原纤维蛋白浓缩物）将失去多达 1/3 的巯基。其他含硫氨基酸，如蛋氨酸也易被氧化形成蛋氨酸亚砜衍生物。有活性侧链的氨基酸（如巯基、硫醚、氨基、咪唑环、吲哚环）尤其易受一些氧化的脂类和其衍生物的氧化而引发。因此，半胱氨酸、蛋氨酸、赖氨酸、精氨酸、组氨酸和色氨酸等残基，通常是经脂氧化产生的 ROS 攻击的目标。

表 3.2 氨基酸残基侧链的氧化及产物

氨基酸	氧化产物
精氨酸	谷氨酸半醛
半胱氨酸	—S—S—，—SOH，—SOOH
组氨酸	2-氧-组氨酸，4-OH-谷氨酸，天冬氨酸，天冬酰胺
亮氨酸	3-，4-和5-OH 亮氨酸
蛋氨酸	蛋氨酸亚砜，蛋氨酸砜
苯丙氨酸	2-，3-和4-羟基苯丙氨酸，2，3-二羟基苯丙氨酸
酪氨酸	3，4-二羟基苯丙氨酸，酪氨酸-酪氨酸交联，3-硝基酪氨酸
色氨酸	2-，4-，5-，6-和7-羟基色氨酸，甲酰犬尿氨酸，3-犬尿氨酸，硝基色氨酸
苏氨酸	2-氨基-3-酮基丁酸
脯氨酸	谷氨酰半醛，2-比咯烷，4-和5-OH 脯氨酸，焦谷氨酸
谷氨酸	草酸，丙酮酸络合物
赖氨酸	α-氨基己二酰基半醛

其他易受影响的氨基酸包括：缬氨酸、丝氨酸和脯氨酸。目前，常用电子自

旋共振（ESR）来检测蛋白质和氨基酸自由基，作为蛋白质氧化的直接证据。

除脂肪氧化引发的情况外，特定位置的金属催化的蛋白质氧化也经常发生，这种氧化通常是通过羟基自由基（·OH）发生的，·OH 通常是由 H_2O_2 在蛋白质上特定的铁离子结合位置产生的，见式（3.1）。

$$H_2O_2 + Fe（II）/Cu（I）\longrightarrow ·OH + OH^- + Fe（III）/Cu（II）\qquad (3.1)$$

据报道，金属催化的氨基酸氧化是一个动态的过程。一些天然蛋白质中的氨基酸残基（如脯氨酸、精氨酸），通过多步的氧化过程也可能被转化为其他氨基酸。

3.1.2　羰基衍生物的产生

羰基的形成（醛基和酮基）是氧化蛋白质中的一个显著变化。因为羰基基团的浓度是蛋白质被氧化的明显标记，且相对较容易测量[10]，因此，在不同的氧化胁迫下，蛋白质被氧化破坏的程度，一般采用羰基含量来表示。

蛋白质的羰基能够通过以下四种途径产生：①氨基酸侧链的直接氧化；②肽骨架的断裂；③与还原糖反应；④结合非蛋白羰基化合物（图3.2）。如表3.2所示：精氨酸、赖氨酸、脯氨酸和苏氨酸等残基的侧链氧化能够产生羰基衍生物。尤其是脱氨反应，可能是产生蛋白质羰基的主要反应。在 Fe（II）/抗坏血酸氧化火鸡肌肉蛋白体系中羰基的含量与非氧化的对照组相比明显增加，这与被氧化蛋白质中 $\varepsilon\text{-}NH_2$ 含量的减少（达到24%）是一致的。这些数据与 Levine 等[10]的研究结果相一致，他们研究发现：在一个独立的金属催化氧化体系中，由于羟基自由基的形成，一些氨基基团向羰基衍生物的转化能够被加速。当被暴露在自由基时，如·OH，能在碳中心形成蛋白质自由基，蛋白质自由基很容易与 O_2 发生反应产生过氧自由基加合物，再通过一系列的中间步骤，也可能与金属离子或 ROS 作用，然后产生羰基基团。

除了直接攻击蛋白质侧链或者肽键外，外源的羰基靠 4-OH-2 壬烯（HNE）的 Michael 添加反应也能被引进到蛋白质中，HNE 作为脂肪酸（PUFA）氧化的一个产物，通常与赖氨酸的 ε-氨基、组氨酸的咪唑部分或者是半胱氨酸的巯基部分发生作用引进羰基。蛋白质也能与还原糖反应生成希夫碱衍生物，这些中间的糖基化产物可能经历 Amadori 重排，形成酮氨衍生物，它对金属催化的氧化是非常敏感的，能够产生二羰基化合物。其他可能产生蛋白质结合的羰基基团的途径还包括蛋白质（赖氨酸）与被氧化的抗坏血酸（脱氢抗坏血酸）以及脂肪的降解产物丙二醛（MDA）之间的反应而产生。下面将详细地分析近年来蛋白羰基化产生的原因及研究情况。

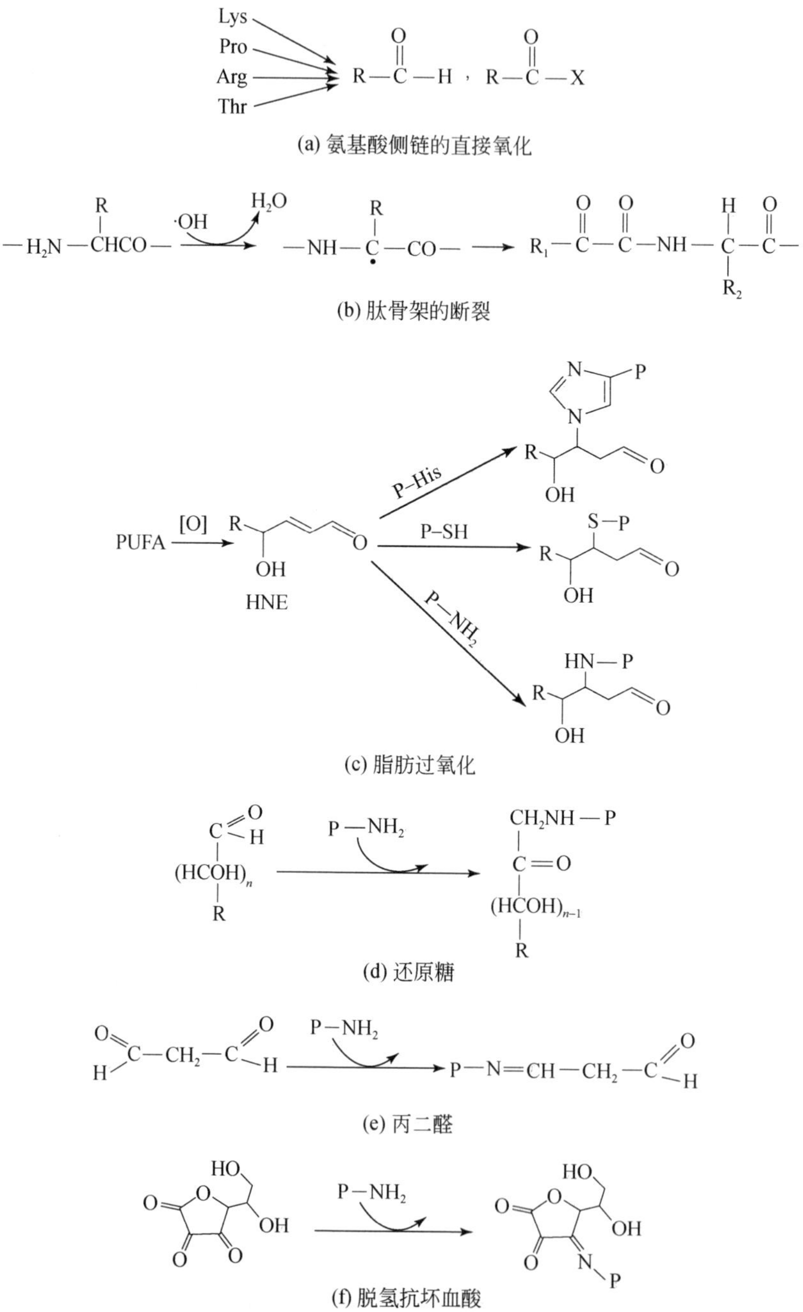

(a) 氨基酸侧链的直接氧化

(b) 肽骨架的断裂

(c) 脂肪过氧化

(d) 还原糖

(e) 丙二醛

(f) 脱氢抗坏血酸

图 3.2　肉制品中肌肉蛋白结合羰基的产生机制

3.1.2.1 金属催化氧化（MCO）引起的蛋白羰基化

大量研究已经表明，过渡金属与 H_2O_2 结合能够有效地促进肌肉蛋白的氧化，这与医学领域的研究结论相一致[11]。Decker 等[12]发现，金属离子（Fe^{3+}/Cu^{2+}）与抗坏血酸结合能够有效地引发肌原纤维蛋白的体外氧化并产生羰基，并发现，当有氧（气）或 H_2O_2 存在时，过渡金属催化产生活性自由基不需要额外添加 H_2O_2。自由基的产生是由于抗坏血酸能够将金属离子从氧化态还原至还原态，从而产生一个氧化-还原循环，这样就维持了 ROS 的不断形成[13]。另外，在促蛋白羰基化方面 Fe^{3+} 比 Cu^{2+} 更有效。Xiong 等[14]发现，在 Fe^{2+}/抗坏血酸盐中，肌肉蛋白羰基的显著增加与 ε-氨基的大量损失同时发生，从而推断氨基酸侧链的氧化脱氨作用是肌肉蛋白羰基形成的一个主要途径。Uchida 和 Kato 等[15]也报道了胶原蛋白体外氧化过程中，碱性氨基酸会减少，还发现 Cu^{2+}/H_2O_2 比 Fe^{2+}/H_2O_2 的促氧化作用强。Park 等[16,17]也证实了三价铁和二价铁与 H_2O_2 结合，可以促使肌肉蛋白羰基的形成。

Estévez 等[18]利用 MCO 体系发现，食品蛋白氧化过程中，AAS 和 GGS 是最主要的蛋白羰基，最近的一项研究也表明，在适度氧化的肉制品中 AAS 和 GGS 占总蛋白羰基量的 70%。Estévez 和 Heinonen[19]通过对这些特定羰基的分析发现，在促进肌原纤维蛋白（myofibrillar protein，MP）氧化形成 AAS 和 GGS 方面 Cu^{2+} 比 Fe^{3+} 更有效。Hawkins 等[20]也得出了同样的结论，并发现胶原蛋白氧化过程中，由于铜能够和蛋白氨基酸侧链上的特异位点相结合，从而加强并锁住促氧化剂，因此，铜比铁具有更高、更专一的促氧化作用。Letelier 等[21]也利用这个机制来解释铜离子对不同动物蛋白促氧化作用的原因。但是 Letelier 等[21]认为，铜与大分子作用的位点结合机制可能并不是唯一的机制，因为铜是酶的辅因子，如赖氨酰氧化酶等，能够催化胶原蛋白和弹性蛋白中赖氨酸残基形成羰基。

3.1.2.2 肌红蛋白引起的蛋白羰基化

除过渡金属外，肌肉中另一个天然的成分——肌红蛋白（myoglobin，Mb），也具有促氧化作用，尤其是促蛋白的羰基化。Estévez 等[19]发现，H_2O_2 活化的 Mb 比 Cu^{2+}/H_2O_2 和 Fe^{3+}/H_2O_2 更能促进 MP 中 AAS 和 GGS 的形成。同样，Park 等[16,17]也报道了高铁肌红蛋白（MetMb）促进 MP 形成羰基的能力强于金属催化氧化体系（Fe^{3+}/抗坏血酸/H_2O_2）。Park 等[22]发现，在氧化降解赖氨酸等氨基酸时，MetMb 氧化体系（MetMb/H_2O_2）比金属催化氧化体系更有效。

当有 H_2O_2 存在的条件下，Mb 就会转化成可以引发脂质氧化和蛋白氧化的高价形式[23]，H_2O_2 能够使铁从血红素分子中释放出来，然后铁就会催化氧化反应发生[24]。另外，氧合肌红蛋白被氧化生成高铁肌红蛋白的过程中可形成超氧自由基，再通过歧化反应生成过氧化氢来加速氧化过程。Promeyrat 等[25]最近应用蛋白质组学的方法发现，肌红蛋白可以作为肌肉中预测羰基形成的重要指标。尽管每一种形式的铁对肉和肉制品蛋白氧化的促进程度还没有确切的报道，但在肌肉体系中，血红素、非血红素铁和铜能够促进蛋白的羰基化已经得到证实。

$$M^{n+}+O_2 \longrightarrow M^{(n+1)+}+O_2^{\cdot-} \tag{3.2}$$

$$2O_2^{\cdot-}+2H^+ \longrightarrow H_2O_2+O_2 \tag{3.3}$$

$$O_2^{\cdot-}+H_2O_2 \longrightarrow O_2+HO^-+HO^\cdot \tag{3.4}$$

3.1.2.3　脂质氧化引起的蛋白羰基化

过氧化物自由基（ROO·）等脂质衍生的自由基也是蛋白羰基化潜在的引发剂。Park 等[17]研究发现，MP 在亚油酸和脂质氧化酶中发生的生物化学变化就包括羰基复合物的形成，其他学者也发现，MP 在体外用金属和脂质氧化体系催化时，脂质氧化与蛋白质氧化的过程是偶联的，但在没有脂质的条件下，蛋白质的羰基化仍然能够发生[26]，在肉体系中，脂质和蛋白质氧化偶联的发生，表明两个现象之间会相互影响[27,28]，这些影响主要是脂质与蛋白质之间的活性和非活性基团的相互转化。根据 Davies[29]报道的速率常数，·OH 自由基和某些蛋白质，如白蛋白（$8×10^{10} dm^3/(mol \cdot s)$）或胶原蛋白（$4×10^{11} dm^3/(mol \cdot s)$）的反应速率快，且优先于不饱和脂类，如亚油酸（$9×10^9 dm^3/(mol \cdot s)$）。

另外，有研究发现 MP 氧化中，易氧化的含硫基团的分解能够作为一种内在抵御 ROS 的保护机制，在这种抗氧化防御方面，对蛋白质和脂质可能是有利的。Estévez 等[27]发现，在水包油乳浊液中，MP 对脂质氧化具有保护作用，当氧化作用强于蛋白质的抗氧化能力时，脂质和蛋白质都会通过自由基链式反应遭受氧化破坏。对氧化过程的研究还发现，一旦氧化反应开始，脂质氧化的进程往往要快于 MP 的氧化分解[27]，所以，不饱和脂质形成的自由基和氢过氧化物将攻击敏感的氨基酸侧链，从而产生羰基[17]。

3.1.2.4　其他因素引起的蛋白羰基化

除了过渡金属、血红蛋白和脂质氧化之外，许多环境因素，如 pH、温度、水分活度和其他的促氧化或抑制氧化因素的存在都会影响蛋白质和氨基酸的氧化[19]。另外，光照和辐照也能引发蛋白质的氧化，但目前就物理因素对肉蛋白氧化影响的研究还很少。其次，蛋白对于氧化反应表现出一种内在的敏感性，从而产生羰基化合物[13]，如在 Fe^{3+}/H_2O_2 的引发下，MP 和牛血清蛋白（BSA）、乳清蛋白等动物蛋白比大豆蛋白更易发生羰基化[18]。再次，蛋白质的三级结构、蛋白的大小、氨基酸的组成和顺序以及氨基酸在蛋白结构中的分布等都能影响蛋白羰基化的过程[18,27]。

无论这些羰基基团来自蛋白质还是非蛋白质物质，它们都是高度活性的基团。当来自氧化蛋白的羰基基团被引进到来自其他蛋白质的（如来自赖氨酸残基的自由氨基）电子密度紧密靠近的基团时，它能与亲核物质反应生成共价交联，通过羰基-氨基反应生成的席夫碱。蛋白质分子之间的交联促进了蛋白质的聚合作用、聚集作用、被氧化蛋白的不溶性和其他一些剧烈的变化，这些变化尤其在浓缩的（低水分活度）肉制品中更为明显[14]。

3.1.3 蛋白质聚合物的形成

如前所述，由 ROS 或其他氧化试剂引起蛋白氧化的一个主要结果，就是通过共价和非共价作用，形成蛋白质的聚合物。氧化诱导的蛋白质分子的展开，使非极性残基不断暴露，导致蛋白质的疏水性受到影响。另外，在氧化体系中，和蛋白质-脂肪的复合物一样，氢键也有助于蛋白质聚合物的形成。另一方面，通过自由基链式反应形成的蛋白质聚合物可能被共价结合。这可能是因为氨基酸残基侧链易遭受自由基攻击，和邻近的来自其他蛋白质的活性氨基酸残基产生共价交联。因此，在肉中 ROS-调节的蛋白质-蛋白质的交联衍生物的形成，通常遵循以下机制：①靠半胱氨酸的巯基氧化形成二硫键连接；②靠两个氧化的酪氨酸残基的络合作用；③靠一个蛋白质的醛基和另一个蛋白质赖氨酸残基的 $\varepsilon-NH_2$ 相互作用；④靠二醛（一种双功能试剂，如丙二醛和脱氢抗坏血酸）的形成，在两个蛋白质中两个 $\varepsilon-NH_2$（赖氨酸残基的）交联的产生；⑤靠蛋白质自由基的浓缩，形成蛋白交联。许多研究报道的试验数据，都支持以上几种可能产生蛋白交联的途径[30]。肌肉蛋白的许多功能性质都依赖于个体蛋白之间的相互作用，蛋白质的聚合和聚集靠氧化过程促进，这在肉制品加工中具有很重要的意义。

3.1.4 肽的分裂

许多由 ROS 体系引发的蛋白氧化的研究已经显示，聚合物形成的同时，也发生肽键的断裂[31]。一些由氧化诱导的肽键断裂机制已经提出，根据 Garrison[32] 的报道，靠羟自由基（·OH）对谷氨酸和天门冬氨酸残基的攻击，能够引发肽键的断裂，从上面两个氨基酸残基的侧链碳原子中提取氢，最终导致肽片段的形成。在·OH 诱导的脯氨酸残基向 2-吡咯烷酮转换过程中，也能发生蛋白质的断裂[15]。Stadtman 等[33]提出了，ROS 引发肽键断裂的一个大致途径。在这个复杂模型中，羟自由基或者由水的辐照分解产生，或者由金属催化 H_2O_2 断裂产生（Fenton reaction），它们能从多肽骨架上的 α-碳原子中提取氢原子［如图 3.2 反应（b）］。烷基自由基因此被形成，接着可能与氧反应形成烷基过氧自由基，然后与过氧自由基反应，或者与 Fe^{2+} 反应，也或者从其他来源中提取氢原子，依次被转化为烷基过氧化物。靠歧化反应、或者过氧自由基反应、或者与 Fe^{2+} 反应，蛋白质的烷基过氧化物，能被进一步转化为烷氧基蛋白质衍生物。烷氧自由基随后被转化为羟基衍生物，这些衍生物或者靠 α-酰胺化途径，或者靠二酰胺途径发生肽键的断裂。

3.2　氧化对蛋白质品质及功能性的影响

自从提出蛋白氧化（POX）以来，对肉体系中蛋白氧化的认识已经成为一个重要的课题[11]。肌肉蛋白在体系中氧化，最初研究的是蛋白功能性的丧失，包括以下变化：溶解度、黏度、凝胶性、乳化性和保水性。在最近的一篇综述中，Lund 等[34]概括了肌肉食品发生蛋白氧化后带来的问题，并且概括了其对质构特性和营养价值的消极影响。Xiong[8]提出，氧化对肌肉蛋白功能性的影响以及对肉品质的影响，并指出在蛋白分子之间和分子内部会发生一些物理、化学反应。近期对蛋白氧化机制认识的研究主要是肉蛋白羰基的形成，这有利于阐明蛋白羰基对肉品质可能产生的影响。

3.2.1　对蛋白质构象和功能性的影响

MP（肌动蛋白和肌球蛋白）是肌肉中最丰富的蛋白质，作为肌纤维的组成成分，它在肌肉收缩中起着重要的作用，占肌细胞体积的 82% ~ 87%，大约 85% 的水分保持在 MP 结构中。保水性是肉体系中 MP 重要的功能特性之一，主要决定鲜肉的品质，并决定肉制品加工中许多工艺过程的合理性。MP 中特定的氨基酸构成和顺序，会影响它们的二级和三级结构，这些结构决定它们的功能性，所以功能特性与氨基酸侧链的分布有很高的相关性。当肌肉食品周围的环境为水相时，极性残基就会暴露于水相，而非极性基团通常被闭合于分子的内部，因此，MP 中极性基团与水之间的化学作用就会影响和水相关的功能特性，主要包括凝胶性、乳化性和保水性。

像赖氨酸和精氨酸这些侧链上的碱性氨基酸，极性残基就会朝向外面的自由水，这些极性氨基酸侧链也更加暴露并接近金属离子等氧化引发剂，从而对氧化反应更加敏感。已经在牛血清蛋白和其他动物蛋白中发现，当赖氨酸或精氨酸这类氨基酸在金属离子存在的条件下，会产生氧化应激作用，然后，蛋白羰基将通过氧化脱氨途径使可质子化的氨基损失掉，导致电荷分布发生变化。在剧烈的氧化条件下，作为蛋白羰基主要组成之一的 AAS 会发生另一个氧化分解反应，产生一个羧基部分[2]，这种进一步的变化会加剧肉蛋白电子分布的进一步恶化，包括等电点的偏移。Stadtman[23]研究氧化引起蛋白质等电点改变时发现，这种偏移主要归因于碱性氨基酸的氧化修饰，致使在蛋白质分子内相互作用和蛋白质-水相互作用之间发生平衡转变，导致蛋白质溶解度下降，有助于蛋白-蛋白相互作用并最终发生蛋白质变性。蛋白质氧化引起的三级结构的变化会导致蛋白质结构展开、表面疏水性增加，并且形成聚集体，最后导致不可逆的变性[8]。同样，氧化比未氧化的蛋白质更易发生热变性和溶解度变差，并且蛋白羰基在结构和生化变化中起到相当重要的作用[13,14]。因此，蛋白质的羰基化显著地影响了氧化蛋白的理化特性，从而改变了肌肉食品的凝胶性、乳化性、黏性和水合性[35]。

蛋白羰基也能通过形成交联的方式，来加速蛋白功能性的丧失。氧化蛋白质的分子内和分子间交联也是导致结构变化，进而使功能性丧失的一个重要原因[8]。交联有助于蛋白聚集体的形成和稳定，聚集体可使肌纤维收缩。另外，MP 的一些功能特性依赖于蛋白之间的联系，氧化导致的聚合和大量聚集体的产生，可以对肌肉食品产生明显的有害作用。尽管多肽链之间交联的发生有很多机制[8]，但是对肌肉食品的研究发现，二硫键和二酪氨酸的形成是肌肉食品中蛋白交联的主要形式[34]，Liu 等[36]认为，来自相邻氨基酸的带有氨基和蛋白羰基的聚集，是交联发生的另一个机制，但这类反应的确切机制还不清楚。Estévez[2]概括了特定醛类（AAS 和 GGS）在肉类体系中发生的交联和它们可能对肉功能性带来的消极影响，据研究，猪肉冷藏时最初产生 AAS 和 GGS，冷藏过程中 AAS 和 GGS 开始增加，随着两种醛的增加，肉的保水性明显下降。另外，POX 对 WHC 的消极影响，可能影响具体的加工过程，如盐水注射、腌肉、烹调过程，以及多汁性等具体的食用品质（图 3.3）。

一些研究发现，在肉加工中，温和氧化和特定蛋白羰基的产生，可能对 MP 的凝胶性和乳化活性有改善作用[8]，并且通过控制氧化酶引起的鸡肉 MP 氧化，已经成功地应用在改进肉糜类产品的组织特性上[37]。Xiong[8]设想，MP 缓慢的或者说温和的氧化能够通过羰氨缩合形成交联，来改善凝胶的稳定性和流变学特性，相反，剧烈的 POX 产生大量的、混乱的聚合现象，这将导致功能特性的下降。

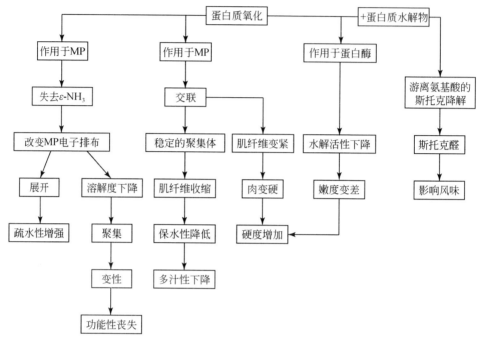

图 3.3　蛋白质氧化对肉与肉制品产生的工艺和感官特性的影响[2]

3.2.2　对蛋白质溶解性的影响

在肉制品体系中，水是含量最丰富的成分（高水分活度），蛋白质之间的交联形成低聚物、多聚物，最终形成肉眼可见的聚集体而不是形成分子断裂物，这已经得到证实。因此，蛋白质溶解性的降低，经常被作为肌肉蛋白品质遭受氧化破坏的标记。从热力学角度上，蛋白溶解性的降低是一种平衡移动的结果，即蛋白质分子内相互作用和蛋白质-水相互作用的平衡移动，这已经得到证实，在这里蛋白质分子间相互作用被促进，与此同时蛋白-水的相互作用被削弱。因此，在自由基攻击下，蛋白质有序的三级结构被破坏，蛋白质间发生交联，既导致了表面疏水性的增加，也加速了蛋白质溶解性的降低。也就是涉及被氧化蛋白质的交联的作用力，包括共价键和非共价键。尤其是，已经发现蛋白质-蛋白质之间通过双功能的丙二醛的相互作用，是肉和肉制品中蛋白溶解性降低的主要原因。

肌球蛋白，肌原纤维结构中最丰富的蛋白质，对氧化试剂是非常敏感的，尤其是在肉的加工和储藏过程中产生的 ROS。在鸡肉中，肌球蛋白是极易被脂自由基氧化，并且形成大规模的、不溶的聚合物。尤其是肌球蛋白的两个重链和轻链的消失要比肌动蛋白和原肌球蛋白更加显著。类似的研究结果也已经由 Björntorp 等[38]在对鱼的肌原纤维蛋白在脂的氢过氧化物培养中得出，并发现亚油酸氢过氧化物能够对肌原纤维的结构产生高度的破坏作用，它们引起肌球蛋白 A 带的变性和沉淀，从而导致了较差的被提取性。每克肉中 1.5μmol 氢过氧化物，培养 2.5h，蛋白质的溶解性下降 90%[38]。火鸡的肌原纤维蛋白在铁离子/抗坏血酸，或者铜/抗坏血酸的氧化体系中，培养 6h 溶解性降低 32%~36%[12]。在冷藏条件贮藏 5 天后，用氧化脂肪催化牛肉心肌碎肉肌原纤维蛋白氧化，将导致溶解性降低 20%[39]。蛋白质的不溶性和沉淀是直接与自由脂肪酸的不饱和度有关的（双键的数量）。在肌红蛋白和 H_2O_2 同时存在时，肌球蛋白形成共价聚合物，在还原剂作用下不可分离，可能是由于肌红蛋白自由基充当了一种交联剂。

与肌原纤维蛋白类似的是，肌浆蛋白对氧化也是高度敏感的。尤其是肌红蛋白容易受脂自由基攻击而变性，导致溶解性下降。Nakhost 等[40]已经从一个冻干的牛肉肌红蛋白-甲基亚油酸乳化体系中，分离出各种共价结合的多聚物（聚合物），也有一些蛋白质片段（来自分子的断裂）。蛋白质溶解性的损失是与蛋白质结构发生氧化改变的程度紧密相关的，因此，被氧化肉制品的变色可能包括或者是血红素铁，或者是多肽部分，或者是二者皆有的氧化所引起的。

3.2.3　对蛋白质营养价值的影响

近年来，食品蛋白氧化对营养方面和消费者健康方面的潜在危害，已经逐渐被重视起来，但目前对该领域的研究还很有限[34]。前人曾研究了乳蛋白必需氨基酸的氧化变化和氧化衍生物的生物利用率等。

肉类消费保证了足够的氨基酸来源，这要比植物源的蛋白多或者说生物利用率远高于后者。肉蛋白质的氧化致使一些氨基酸损失，并使大量的氨基酸侧链结构发生变化[22]。由于蛋白羰基的形成包括了不可逆的必需氨基酸（赖氨酸、精氨酸和苏氨酸）的氧化修饰，所以，蛋白羰基化是蛋白氧化对食品蛋白营养损害的一个直观表现。但对肉中蛋白羰基形成到什么程度，才对食品产生显著的影响，目前还不清楚。

除了必需氨基酸的损失之外，蛋白氧化对其消化率的影响也将削弱它的营养价值。据 Grune 等[41]报道，温和的氧化引起较小的蛋白结构变化，这有助于蛋白酶的识别，从而增加蛋白质对水解的敏感性。但剧烈的氧化会引起蛋白聚集体的形成和特定氨基酸侧链的氧化分解，这将会改变识别位点，从而使蛋白水解敏感性下降。这两种现象已经在肉类模拟体系中得到了证实，最新的研究还证实了 MP 剧烈的氧化修饰会导致蛋白质水解敏感性的下降，从而影响蛋白质的消化率。例如，木瓜蛋白酶水解化学键包含精氨酸和赖氨酸这类氨基酸，所以氧化的 MP 对木瓜蛋白酶敏感性的下降，是因为精氨酸和赖氨酸的羰基化。因此，与胰蛋白酶具有相同水解模式的胰酶的活性也会受 MP 羰基化的影响。Santé-Lhoutellier

等[42]设想，蛋白质羰基化与胰蛋白酶/胰凝乳蛋白酶的水解活性之间存在显著的消极作用。另外，蛋白质羰基化通过羰氨缩合促使交联和聚集体形成，会影响MP的消化率（图 3.4），蛋白质聚合导致的氨基酸消化率降低，会对人体健康产生不良影响。据研究，未水解蛋白会被结肠的菌群发酵产生苯酚和甲酚，这些物质是致突变物质，会增加患结肠癌的风险[43]，但吸收氧化蛋白对人体健康的确切影响还不清楚。

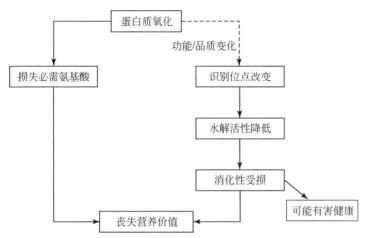

图 3.4　蛋白质氧化对肉与肉制品营养价值的影响[2]

3.2.4　对肉与肉制品感官特性的影响

3.2.4.1　对组织结构的影响

POX 对鲜肉和各种肉制品的多汁性、嫩度和硬度等组织结构特性的影响，近年来已有许多报道[34]。最初的研究基于氧化肉蛋白对蛋白酶敏感性的影响，进而影响成熟期间牛肉的嫩度[12]。Rowe 等[44]发现总蛋白质羰基与牛肉的剪切力值显著相关。大量的研究也已经证明，POX 降低了牛肉的嫩度，但是，蛋白羰基和肉嫩度之间的确切机制还不是十分明晰。目前来看，POX 对肉嫩度的影响主要包括两个方面：①成熟期间降低了肉蛋白水解能力；②通过二硫键引发蛋白交联。第一个机制可能包含两个蛋白质氧化作用的共同影响：第一，MP 的氧化转变降低蛋白水解敏感性[45]；第二，由于 μ-calpain 和 m-calpain 酶的活性部位包含组氨酸和半胱氨酸残基，这些基团的氧化分解可能致使酶失活。根据第二个机制，蛋白质交联将加强肌原纤维蛋白的结构，致使肌肉组织变硬。蛋白羰基化可产生大量的蛋白交联，进而使嫩度下降，但具体的影响程度还不清楚（图 3.3）。

POX 与组织状态改变之间的联系已在许多肉制品中有报道，如法兰克福香肠

和乳化肉饼等，发现在产品硬度和蛋白氧化程度之间存在显著的相关性。Fuentes
等[46]在研究高静水压力对干腌肉蛋白氧化起始的影响和对特定组织特性的影响
时，得到了相同的结论，如嫩度和多汁性，并发现蛋白羰基化的影响是由交联而
造成的。

3.2.4.2　对风味的影响

Estévez[2]强调了某些特定羰基 AAS 和 GGS 对亮氨酸和异亮氨酸的 Strecker
醛形成的影响。氨基酸的 Strecker 降解是美拉德反应中产生风味最重要的反应之
一，包括氧化脱氨和在美拉德反应中游离氨基酸的脱缩。某些二烯烃和烯酮等来
源于脂质过氧化作用的醛，能够促进氨基酸的氧化分解，并且通过 Strecker 反应
产生相应的 Strecker 醛[47]。据 Estévez[2]的研究，AAS 和 GGS 的醛基部分能与亮
氨酸和异亮氨酸等游离氨基酸发生反应，形成席夫碱结构，并且最终引发产生相
应的 Strecker 醛。研究还发现 AAS 比 GGS 反应活性更强，并且半醛促进 Strecker
醛形成的活性受羰基部分和介质 pH 的影响，所以，蛋白降解产物——游离氨基
酸和游离氧化的氨基酸，将成为肉类体系中 Strecker 醛的来源，因而会影响风味
（图 3.3）。

　　尽管在食品体系中 AAS 和 GGS 对游离氨基酸 Strecker 降解的影响还尚不明
确，但作为风味物质的来源，这些蛋白半醛会起到相当重要的作用，尤其是像干
腌肉制品等需成熟的产品。Armenteros 等[48]报道了，干腌肉制品中 AAS 和 GGS
的含量显著高于其他肌肉食品。Strecker 醛是干腌肉的常见成分，是产品风味产
生的主要物质，在肉制品成熟期间，高比例的蛋白分解，蛋白氧化反应和
Strecker 醛的形成是同时发生的，说明蛋白半醛会受其相邻氨基酸反应形成
Strecker 醛的影响。

3.3　抗氧化剂对蛋白质氧化的保护作用

　　从逻辑上推测，抗氧化剂应该能够阻止蛋白功能性的变化或者提高其功能
性。事实上，肌肉蛋白结合抗氧化剂（0.02% PG，0.2%抗坏血酸钠和 0.2%三
聚磷酸钠）对功能性劣变的控制作用已经得到证实。与水洗的对照组相比，抗氧
化剂洗过的牛肉心肌碎肉的悬浮物，表现出更大的剪切应力值[39]。在贮藏过程
中，尽管抗氧化剂不能完全阻止对蛋白流变学性质（如剪切稀释）产生的有害
影响，但是抗氧化剂洗过的蛋白质要比水洗过的蛋白保持着明显高的黏性。值得
一提的是，对于抗氧化剂洗过的碎肉，其脂肪氧化程度在整个贮藏过程中，都能
保持最低的水平。恰恰相反，水洗过的碎肉 TBARS 值从第 0 天的 0.20μg/g 增加

到第 7 天的 0.50μg/g。

与对照组相比，PG/抗坏血酸/三聚磷酸盐处理的肌原纤维蛋白，能产生更具黏弹性的凝胶网络结构，因为该凝胶在温度低于60℃时有较高的 G' 值[39]。贮藏过程中蛋白功能性的损失程度，依赖于脂肪氧化被抑制的程度，同时，抗氧化剂的效果也依赖于 pH，在 pH6.0 时，产生最大的凝胶强度[49]。研究发现，抗氧化剂洗过的肌原纤维在 pH>5.8 时，比对照组的肌原纤维形成更强的凝胶，而在 pH<5.7 时，凝胶形成质量差。这表明，一些带电荷的氨基酸可能被氧化所改变，或者与脂肪的降解产物，或者与脱氢抗坏血酸相互作用，导致多肽之间不同静电荷的相互作用，致使肌球蛋白等电点发生移动。

抗坏血酸是一个常见的还原剂，并且被认为能抑制脂肪和蛋白的氧化（如 SH→S—S 的转变）。然而，将抗坏血酸加入到牛心肌碎肉的洗液洗涤后发现，它能够促进蛋白质的氧化，并且有助于蛋白羰基或蛋白结合羰基物质的产生[50]。这个发现可能解释，为什么具有一定抑制脂肪氧化的牛心肌碎肉和在氧化条件下发生一定程度脂肪氧化的碎肉，都可以显示出较好的功能性质，尤其是胶凝作用。如图 3.2 所示，蛋白结合的羰基可能有许多来源，包括被氧化的抗坏血酸（脱氢抗坏血酸）和丙二醛，因此，容易使蛋白质形成交联的凝胶网络。

包括构成肌原纤维蛋白的绝大多数肌肉蛋白，在水相中洗涤后，都会增加蛋白质对周围水溶性自由基的敏感性。为了研究肌肉蛋白氧化修饰的机制，在混合和洗涤之前将脂溶性和水溶性的抗氧化剂添加到牛肉心肌碎肉中，当使用 PG（0.02%）、α-生育酚（0.02%）或者单独使用三聚磷酸钠（0.02%）时，脂肪氧化（TBARS，共轭二烯烃）和蛋白氧化（羰基和二硫键）程度显著下降，甚至在2℃贮藏7天后[50]，或者在-15℃或-29℃贮藏 1 个月都能明显抑制氧化。因此，脂肪和蛋白质的氧化最可能发生在油-水界面或者是破裂的脂肪球膜，从而靠清除自由基和螯合金属离子抑制氧化作用。尽管用 PG 和 α-生育酚能够抑制氧化作用，但这两种抗氧化剂都不能提高洗涤过的肌原纤维蛋白的凝胶形成能力。

另一方面，在牛肉心肌碎肉中添加抗坏血酸，尽管很大程度上抑制了脂肪氧化，但蛋白羰基的含量会有一个明显的增加。羰基化合物可能是来自被氧化的蛋白质分子，也可能是来自脱氢抗坏血酸。Wan 等[39]的报道，进一步表明了结合抗氧化剂（PG/抗坏血酸/三聚磷酸）所产生的有益效果，因为在抗坏血酸出现时，一些蛋白多聚物被形成，并且不被一些还原化合物所分离（如二硫苏糖醇）[30]。抗坏血酸洗涤的牛肉心肌碎肉贮藏 7 天后，其凝胶强度要比用其他抗氧化剂洗涤过的更大，并且略低于水洗碎肉形成的凝胶强度[50]。

肉中含有少量的维生素 E，它能够降低肉中脂肪氧化的程度。Grau 等[51]研究用动物脂肪、葵花籽油、亚麻籽油、α-生育酚和维生素 C 喂鸡，以增加肉中脂肪的含量，然后，评价它们对真空包装的贮藏在 -20℃、7 个月的生鸡肉和熟鸡肉中胆固醇氧化产物和硫代巴比妥酸酯（TBARS）值的效果，发现维生素 E 能有效地保护生鸡肉和熟鸡肉不受胆固醇和脂肪酸氧化。但是，α-生育酚是抗氧化还是助氧化，也与它的含量有关。Tume 等[52]研究，通过饲料中添加维生素 E 以增加牛肉中维生素 E 的含量，得到的牛肉中 α-生育酚含量分别为 4.92μg/g 和 7.30μg/g，然后使用 200 MPa 或 800MPa 压力在 60℃处理 20 min，在暗处 4℃ 贮藏 6d，测定 TBARS 值和脂肪过氧化物值，发现 α-生育酚含量高的组 （7.30μg/g）更易于氧化，而低浓度组（4.92μg/g）则显示在高压处理过程中具有抗氧化作用。

3.4 植物提取物对蛋白质氧化的调控作用

3.4.1 植物提取物在肉制品中的应用现状

目前，最有效且实用的预防氧化和品质劣变的方法，就是直接在肉制品中添加抗氧化剂。常用的抗氧化剂包括天然的和合成的抗氧化剂，与合成抗氧化剂相比，天然抗氧化剂由于具有安全性和健康特性而占有巨大的优势。从植物中提取的提取物，如水果、蔬菜、草药、香料和它们的组分都是很好的天然抗氧化剂来源，由于这些植物提取物能够作为还原剂、自由基终止剂、金属螯合剂和单线态氧猝灭剂，所以可以终止氧化反应[53]。

许多植物提取物，已经被已经成功地应用在控制肉制品的脂质氧化中[54]，例如，茶叶、迷迭香、丁香、鼠尾草和牛至，抑制熟肉制品中脂质氧化能力与合成抗氧化剂一致[55]。Formanek 等[56]在研究迷迭香提取物对辐照碎牛肉抗氧化作用中发现，迷迭香提取物能够抑制脂质氧化，并能延缓颜色变化。Yoo 等[57]在检测 17 种中草药时，发现一些草药提取物具有较高的 DPPH 自由基清除能力，增强了细胞的生存能力，抑制了 H_2O_2 诱发的氧化应激，并且增强了超氧化物歧化酶和过氧化氢酶的活性。

植物提取物中含有的多酚类，具有很好的抑制脂肪氧化的作用，但在食品蛋白氧化中，多酚作为抗氧化剂的作用还很少报道。已有的研究主要包括，迷迭香提取物[58]，橄榄叶提取物[59]，油菜子、松树皮的酚类化合物[60]对肉类蛋白氧化的控制作用。Mercier 等[61]发现喂食维生素 E 火鸡的肌肉中，蛋白羰基的形成有所下降。Viljanen 等[62]发现在脂质体中，浆果多酚对脂质和蛋白质的氧化，均具有抑制作用。近年来，水果提取物也被添加到肌肉食品中，用来延缓脂质和蛋白氧化，并抑制产品褪色，这些提取物包括石榴汁多酚类[63]，白葡萄提取物[64]和草莓提取物、犬蔷薇、山楂、杨梅和黑莓[65]。

3.4.2　植物提取物控制蛋白质氧化的复杂性

最近的研究发现，作为氧化反应抑制剂的香辛料或植物提取物的应用具有一定的复杂性[66]。Kähkönen 等[66]认为，植物多酚对食品体系氧化稳定性的影响是很难确定的，因为它受氧化条件、体系的脂质特性、生育酚类的存在和其他一些活性物质产生的抗氧化或促氧化作用的影响。Viljanen 等[62]在研究乳清蛋白-卵磷脂体系中发现，浆果多酚抑制了蛋白羰基的形成，并减少了色氨酸的损失。然而，在另一个以浆果为原料富含多酚和浆果碎片的研究中，发现浆果在一定程度上有促氧化作用，相反，浆果碎片表现出抗氧化作用，这表明，不同多酚化合物的混合可能产生促氧化作用[67]。

Jongberg 等[68]在研究绿茶提取物和迷迭香提取物，对波洛尼亚香肠中肉蛋白氧化中发现，迷迭香提取物，尤其是绿茶提取物，在巯基氧化生成二硫键中有促氧化作用。酚类反应与氧还原成活性氧系列是偶联的，如过氧化氢和羟自由基，均能够引起脂质和蛋白质的氧化损伤[69]。迷迭香提取物中的酚类物质，主要是二萜类的鼠尾草酸和鼠尾草酚。Fujimoto 等[70]在一个模型体系中，证实了鼠尾草酸能够保护巯基氧化，相反，鼠尾草酚则促进二硫键形成，有趣的是，他们也证实了，儿茶素和它的异构体表儿茶素，是绿茶提取物中主要的多酚化合物。如图3.5所示，在酚到醌的起始氧化后，便可与 N-苯甲酰半胱氨酸甲酯结合，生成单、二和三巯基加成物。巯基-醌加成物的形成，可能解释添加绿茶提取物到波洛尼亚香肠中，发生性质不同的巯基损失的原因，如图3.5反应1所示（儿茶素和蛋白巯基间的反应）。与儿茶素不同，鼠尾草酸和鼠尾草酚不能与巯基形成加合物[70]，这解释了对照组香肠添加迷迭香提取物后，巯基并未发生变化的原因（图3.6）。

如图3.5所示，儿茶素的邻苯二酚部分（B 环）可能在三个不同的位置被巯基取代（a, b, c）[71]，巯基的再生能够使邻苯二酚再被氧化一次，并参与第二个亲核攻击（图3.5反应2），Fujimoto 等[70]用甲基二氢咖啡盐作黄酮类化合物的模型，证实了巯基的加成最初发生在 5′位上，然后是 2′位，最后在黄酮类化合物 B 环的 6′位。从这个意义上讲，二或三巯基加成物的形成，是由于酚类氧化介导而产生的蛋白聚合。这些机制解释了两种截然不同的蛋白巯基损失，也解释了添加绿茶提取物后，波洛尼亚香肠中肌球蛋白重链（MHC）和肌动蛋白发生了显著聚合的原因。如图3.6所示，鼠尾草酸和鼠尾草酚只含有一个巯基结合位点，一旦发生结合就不能与其他的蛋白巯基相结合，因此，基于这些机制，添加迷迭香香肠的蛋白质就不会发生聚合。

Jongberg 等[64]发现这种蛋白质与酚的共价结合，可被硼氢化合物还原，还原

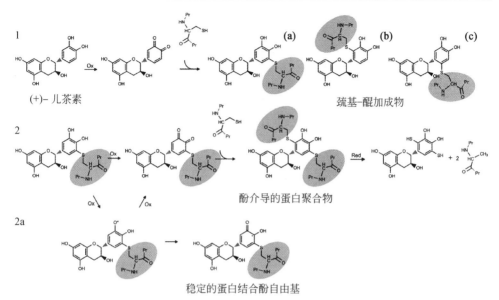

图3.5 植物提取物中酚介导的蛋白聚合机理[68]

1. （a）（+）–儿茶素被氧化成醌，随后与蛋白巯基的5′位发生取代反应生成巯基–醌加成物；（b）2 位取代生成巯基–醌加成物；（c）6′位取代生成巯基–醌加成物；2. 蛋白质与儿茶素结合物氧化生成相应的醌，而后与另一个蛋白巯基加成，生成一个二巯基加成物，它能够促进蛋白质的聚合，随后的还原可能在蛋白质上生成丙氨酸残基和一个游离的2′，5′–二硫代儿茶素。2a. 中间反应步骤产生与蛋白质结合的半醌基团，再被夺走一个氢原子，生成蛋白质结合的苯氧自由基。灰色区域表示酚结合的蛋白质

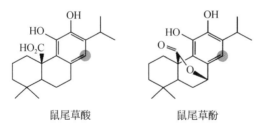

图3.6 鼠尾草酸和鼠尾草酚的化学结构[68]

灰色区域表示可能与亲核化合物结合的位点

产物是蛋白结合丙氨酸残基和一个游离的硫代苯酚（图3.5反应2），这解释了还原后的 MHC 和肌动蛋白可以完全恢复的原因。在现有的研究报道中，关于巯基损失和蛋白质聚合的增加，是由于酚添加的促氧化作用，还是由于巯基醌加合物的形成，还是不能确定的。

3.5 展 望

　　肉中蛋白质的氧化变化，主要包括蛋白侧链基团和次级结构/四级结构的改变，氧化修饰会引起蛋白质功能性的变化，这会引起蛋白质凝胶形成能力、肉的结合能力、乳化能力、溶解性、黏度和持水能力的变化。通过对蛋白质氧化机制的了解，可以采取一些方法来控制蛋白质修饰的程度和类型，以此取得较好的蛋白功能性。植物提取物作为天然的脂质抗氧化剂，已有广泛的应用，但其对蛋白质氧化的调控还是一个新兴的领域，由于植物提取物对氧化的影响具有一定的复杂性，所以需要更深入地了解其作用机制，以达到其对蛋白功能性的合适调节。总之，利用植物提取物对蛋白质氧化进行调控，以提高肌肉食品品质和功能性的研究方兴未艾。

参 考 文 献

[1] Lawrie R A. The eating quality of meat // Lawrie R A. Meat Science. 6 th ed. [M]. Cambridge：Woodhead Publishing, 1998

[2] Estévez M. Protein carbonyls in meat systems：A review [J]. Meat Science, 2011, 89：259-279

[3] Kemp C M, Sensky P L, Bardsley R G, et al. Tenderness-An enzymatic view [J]. Meat Science, 2010, 84：248-256

[4] Kazemi S, Ngadi M O, Gariépy C. Protein denaturation in pork longissimus muscle of different quality groups [J]. Food and Bioprocess Technology, 2011, 4：102-106

[5] Toldrá F. Proteolysis and lipolysis in flavour development of dry-cured meat products [J]. Meat Science, 1998, 49：101-110

[6] Van Laack R L J M, Liu C H, Smith M O, et al. Characteristics of pale, soft, exudative broiler breast meat [J]. Poultry Science, 2000, 79：1057-1061

[7] Ahhmed A M, Muguruma M. A review of meat protein hydrolysates and hypertension [J]. Meat Science, 2010, 86：110-118

[8] Xiong Y L. Protein oxidation and implications for muscle foods quality // Decker E A, Faustman C, Lopez-Bote C J. Antioxidants in Muscle Foods [M]. New York：Wiley, 2000

[9] Butterfield D A, Stadtman E R. Protein Oxidation Processes in Aging Brain [J]. Advances In Cell Aging and Gerontology. 1997, 2：161-191

[10] Levine R L, Garland D, Oliver C N, et al. Determination of carbonyl content in oxidatively modified proteins [J]. Methods in Enzymology, 1990, 186：464-478

[11] Martinaud A, Mercier Y, Marinova P, et al. Comparison of oxidative processes on myofibrillar proteins from beef during maturation and by different model oxidation systems [J]. Journal of Agricultural and Food Chemistry, 1997, 45：2481-2487

[12] Decker E A, Xiong Y L, Calvert J T, et al. Chemical, physical, and functional-properties of oxidized turkey white muscle myofibrillar proteins [J]. Journal of Agricultural and Food Chemistry, 1993, 41: 186-189

[13] Kanner J, Hazan B, Doll L. Catalytic "free" iron ions in muscle foods [J]. Journal of Agricultural and Food Chemistry, 1988, 36: 412-415

[14] Xiong Y L, Decker E A. Alterations of muscle proteins functionality by oxidative and antioxidative processes [J]. Journal of Muscle Foods, 1995, 6: 139-160

[15] Uchida K, Kato Y, Kawakishi S. Metal-catalyzed oxidative degradation of collagen [J]. Journal of Agricultural and Food Chemistry, 1992, 40: 9-12

[16] Park D, Xiong Y L, Alderton A L. Concentration effects of hydroxyl radical oxidizing systems on biochemical properties of porcine muscle myofibrillar protein [J]. Food Chemistry, 2006a, 101: 1239-1246

[17] Park D, Xiong Y L, Alderton A L, et al. Concentration effects of hydroxyl radical oxidizing systems on biochemical properties of porcine muscle myofibrillar protein [J]. Food Chemistry, 2006b, 101: 1239-1246

[18] Estévez M, Ollilainen V, Heinonen M. Analysis of protein oxidationmarkers $-$ α-aminoadipic and γ-glutamic semialdehydes-in food proteins by using LC-ESI-multi-stage tandem MS [J]. Journal of Agricultural and Food Chemistry, 2009, 57: 3901-3910

[19] Estévez M, Heinonen M. Effect of phenolic compounds on the formation of α-aminoadipic and γ-glutamic semialdehydes from myofibrillar proteins oxidized by copper, iron and myoglobin [J]. Journal of Agricultural and Food Chemistry, 2010, 58: 4448-4455

[20] Hawkins C L, Davies M J. Oxidative damage to collagen and related substrates bymetal ion/hydrogen peroxide systems: Randomattack or site-specific damage? [J]. Biochimica et Biophysica Acta, 1997, 1360: 84-96

[21] Letelier M E, Sánchez-Jofré S, Peredo-Silva L, et al. Mechanisms underlying iron and copper ions toxicity in biological systems: Pro-oxidant activity and protein-binding effects [J]. Chemico-Biological Interactions, 2010, 188: 220-227

[22] Park D, Xiong Y L. Oxidative modification of amino acids in porcine myofibrillar protein isolates exposed to three oxidizing systems [J]. Food Chemistry, 2007, 103: 607-616

[23] Baron C P, Andersen H J. Myoglobin-induced lipid oxidation. A review [J]. Journal of Agricultural and Food Chemistry, 2002, 50: 3887-3897

[24] Rhee K S, Ziprin Y A, Ordóñez G. Catalysis of lipid oxidation in raw and cooked beef bymet-myoglobin-H_2O_2, nonheme iron and enzyme systems [J]. Journal of Agricultural and Food Chemistry, 1987, 35: 1013-1107

[25] Promeyrat A, Sayd T, Laville E, et al. Early post-mortem sarcoplasmic proteome of porcine muscle related to protein oxidation [J]. Food Chemistry, 2011, 127: 1097-1104

[26] Stadtman E R, Oliver C N. Metal-catalyzed oxidation of proteins. Physiological consequences [J]. Journal of Biological Chemistry, 1991, 266: 2005-2008

[27] Estévez M, Kylli P, Puolanne E, et al. Fluorescence spectroscopy as a novel approach for the assessment of myofibrillar protein oxidation in oil- in- water emulsions [J]. Meat Science, 2008a, 80: 1290-1296

[28] Estévez M, Kylli P, Puolanne E, et al. Oxidation of skeletal muscle myofibrillar proteins in oil-in-water emulsions: Interaction with lipids and effect of selected phenolic compounds [J]. Journal of Agricultural and Food Chemistry, 2008b, 56: 10933-10940

[29] Davies M J. The oxidative environment and protein damage [J]. Biochimica et Biophysica Acta, 2005, 1703: 93-109

[30] Srinivasan S, Xiong Y L. Sulfhydryls in antioxidant–washed beef heart surimi [J]. Journal of Muscle Foods, 1997, 8: 251-263

[31] Liu G, Xiong Y L. Thermal denaturation and in vitro digestibility of oxidized myosin. 1997 IFT Annual Meeting, Book of Abstracts, Abst: 56-64

[32] Garrison W M. Reaction mechanisms in the radiolysis of peptides, polypeptides, and proteins [J]. Chemical Reviews, 1987, 87: 381-398

[33] Stadtman E R, Berlett B S. Reactive oxygen- mediated protein oxidation in aging and disease [J]. Chemical Research in Toxicology, 1997, 10: 485-494

[34] Lund M N, Heinonen M, Baron C P, et al. Protein oxidation in muscle foods: A review [J]. Molecular Nutrition and Food Research, 2011, 55: 83-95

[35] Bertram H C, Kristensen M, Østdal H, et al. Does oxidation affect the water functionality of myofibrillar proteins? [J]. Journal of Agricultural and Food Chemistry, 2007, 55: 2342-2348

[36] Liu Z, Xiong Y L, Chen J. Protein oxidation enhances hydration but suppresses water- holding capacity in porcine longissimus muscle [J]. Journal of Agricultural and Food Chemistry, 2010, 58: 10697-10704

[37] Lantto R, Puolanne E, Kalkkinen N, et al. Enzyme- aided modification of chicken- breast myofibril proteins: Effect of laccase and transglu- taminase on gelation and thermal stability [J]. Journal of Agriculture and Food Chemistry, 2005, 53: 9231-9237

[38] Björntorp P, Liljemark A, Angervall L. Fatty acid composition of lipids of serum and aorta in the chicken on different diets [J]. Journal of Atherosclerosis Research, 1963, 1: 72-79

[39] Wan L, Xiong Y L, Decker E A. Inhibition of oxidation during washing improves the functionality of bovine cardiac myofibrillar protein [J]. Journal of Agricultural and Food Chemistry, 1993, 41: 2267-2271

[40] Nakhost Z, Karel M, Krukonis V J. Non-conventional approaches to food processing in CELSS. I- algal proteins characterization and process optimization [J]. Advances in Space Research, 1987, 7: 29-38

[41] Grune T, Jung T, Merker K, et al. Decreased proteolysis caused by protein aggregation, inclusion bodies, plaques, lipofuscin, ceroid, and 'aggresomes' during oxidative stress, aging and disease [J]. International Journal of Biochemistry & Cell Biology, 2004, 36: 2519-2530

[42] Santé-Lhoutellier V, Aubry L, Gatellier P. Effect of oxidation on in vitro digestibility of skeletal

muscle myofibrillar proteins ［J］. Journal of Agricultural and Food Chemistry, 2007, 55:
5343-5348

［43］ Evenepoel P, Claus D, Geypens B, et al. Evidence for impaired assimilation and increased
colonic fermentation of protein related to gastric acid suppression therapy ［J］. Alimentary
Pharmacology and Therapeutics, 1998, 12: 10-11

［44］ Rowe L J, Maddock K R, Lonergan S M, et al. Influence of early postmortemprotein oxidation
on beef quality ［J］. Journal of Animal Science, 2004, 82: 785-793

［45］ Huff-Lonergan E, Zhang W G, Lonergan S M. Biochemistry of postmortem muscle—Lessons on
mechanisms of meat tenderization ［J］. Meat Science, 2010, 86: 184-195

［46］ Fuentes V, Ventanas J, Morcuende D, et al. Lipid and protein oxidation and sensory properties
of vacuum-packaged dry-cured ham subjected to high hydrostatic pressure ［J］. Meat Science,
2010, 85: 506-514

［47］ Zamora R, Hidalgo F J. Coordinate contribution of lipid oxidation and Maillard reaction to the
nonenzymatic food browning ［J］. Critical Reviews in Food Science and Nutrition, 2005, 45:
49-59

［48］ Armenteros M, Heinonen M, Ollilainen V, et al. Analysis of protein carbonyls in meat products
by using the DNPH method, fluorescence spectroscopy and liquid chromatography-electrospray
ionization-mass spectrometry (LC-ESI-MS) ［J］. Meat Science, 2009, 83: 104-112

［49］ Xiong Y L, Dawson K A, Wan L. P. Thermal aggregation of β-lactoglobulin: effect of pH,
ionic environment, and thiol reagent ［J］. Journal of Dairy Science, 1993, 76: 70-77

［50］ Srinivasan S, Xiong Y L. Gelation of beef heart surimi affected by antioxidants ［J］. Journal of
Food Science, 1996, 61: 707-711

［51］ Grau A, Codony R, Grimpa S, et al. Cholesterol oxidation in frozen dark chicken meat:
influence of dietary fat source, and α-tocopherol and ascorbic acid supplementation ［J］. Meat
Science, 2001, 57: 197-208

［52］ Tume R K, Sikes A L, Smith S B. Enriching *M. sternomandibularis* with α-tocopherol by
dietary means does not protect against the lipid oxidation caused by high-pressure processinga
［J］. Meat Science, 2010, 84: 66-70

［53］ Kong B H, Zhang H Y, Xiong Y L. Antioxidant activity of spice extracts in a liposome system
and in cooked pork patties and the possible mode of action ［J］. Meat Science, 2010, 85:
772-778

［54］ Estévez M, Cava R. Lipid and protein oxidation, release of iron from heme molecule and colour
deterioration during refrigerated storage of liver pâté ［J］. Meat Science, 2004, 68: 551-558

［55］ Tang S, Kerry J P, Sheedan D, et al. Antioxidative effect of added tea catechins on
susceptibility of cooked red meat, poultry and fish patties to lipid oxidation ［J］. Food
Research International, 2001, 34: 651-657

［56］ Formanek Z, Lynch A, Galvin K, et al. Combined effects of irradiation and the use of natural
antioxidants on the shelf-life stability of overwrapped minced beef ［J］. Meat Science, 2003,

63: 433-440

[57] Yoo K M, Lee C H, Lee H, et al. Relative antioxidant and cytoprotective activities of common herbs [J]. Food Chemistry, 2008, 106: 929-936

[58] Lund M N, Hviid M S, Skibsted L H. The combined effect of antioxidants and modified atmosphere packaging on protein and lipid oxidation in beef patties during chill storage [J]. Meat Science, 2007, 76: 226-233

[59] Hayes J E, Stepanyan V, Allen P, et al. The effect of lutein, sesamol, ellagic acid and olive leaf extract on lipid oxidation and oxymyoglobin oxidation in bovine and porcine muscle model systems [J]. Meat Science, 2009, 83: 201-208

[60] Vuorela S, Salminen H, Mákelá M, et al. Effect of plant phenolics on protein and lipid oxidation in cooked pork meat patties [J]. Journal of Agricultural and Food Chemistry, 2005, 53: 8492-8497

[61] Mercier Y, Gatellier P, Viau M, et al. Effect of dietary fat and vitamin E on colour stability and lipid and protein oxidation in turkey meat during storage [J]. Meat Science, 1998, 48: 301-318

[62] Viljanen K, Kivikati R, Heinonen M. Protein-lipid interactions during liposome oxidation with added anthocyanin and other phenolic compounds [J]. Journal of Agricultural and Food Chemistry, 2004a, 52: 1104-1111

[63] Vaithiyanathan S, Naveena B M, Muthukuymar M, et al. Effect of dipping in pomegranate (*Punica granatum*) fruit juice phenolic solution on the shelf life of chicken meat under refrigerated storage (4 ℃) [J]. Meat Science, 2011, 88: 409-414

[64] Jongberg S, Skov S H, Torngren M A, et al. Effect of white grape extract and modified atmosphere packaging on lipid and protein oxidation in chill stored beef patties [J]. Food Chemistry, 2011, 128: 276-283

[65] Ganhão R, Morcuende D, Eetévez M. Protein oxidation in emulsified cooked burger patties with added fruit extracts: Influence on colour and texture deterioration during chill storage [J]. Meat Science, 2010, 85: 402-409

[66] Kähkönen M P, Hopia A I, Vuorela H J, et al. Antioxidant activity of plant extracts containing phenolic compounds [J]. Journal of Agricultural and Food Chemistry, 1999, 47: 3954-3962

[67] Viljanen K, Kylli P, Kivikari R, et al. Inhibition of protein and lipid oxidation in liposomes by berry phenolics [J]. Journal of Agricultural and Food Chemistry, 2004b, 52: 7419-7424

[68] Jongberg S, Torngren M A, Gunrig A, et al. Effect of green tea or rosemary extract on protein oxidation in Bologna type sausages prepared from oxidatively stressed pork [J]. Meat Science, 2013, 93: 538-546

[69] Zhou L, Ellas R J. Investigating the hydrogen peroxide quenching capacity of proteins in polyphenol-rich foods [J]. Journal of Agricultural and Food Chemistry, 2011, 59: 8915-8922

[70] Fujimoto A, Masuda T. Chemical interaction between polyphenols and a cysteinyl thiol under radical oxidation conditions [J]. Journal of Agricultural and Food Chemistry, 2012, 60:

5142-5151

[71] Nikolantonaki M, Jourdes M, Shinoda K, et al. Identification of adducts between an odoriferous volatile thiol and oxidized grape phenolic compounds: Kinetic study of adduct formation under chemical and enzymatic oxidation conditions [J]. Journal of Agricultural and Food Chemistry, 2012, 60: 2647-2656

4 肉及肉制品中亚硝胺的形成及控制技术

在肉制品加工过程中，通常需要添加适量的发色剂，使制品呈现良好的色泽。硝酸盐和亚硝酸盐则是肉类腌制过程中最常使用的发色剂。我国在腌肉中少量使用硝酸盐已有几千年的历史。在肉制品中，亚硝酸盐仍是不可替代的添加剂。亚硝胺是一类含氮的化学致癌物质，能够诱发人类癌症。目前国内外对亚硝胺的生成机理进行了研究，通过控制肉制品的加工条件来达到减少亚硝胺生成的目的，减少其对人体可能造成的危害。

4.1 亚硝胺的结构和致癌性

亚硝胺是一类含氮的化学致癌物质。亚硝胺类化合物按化学结构分为亚硝胺和亚硝酰胺两类。它们的化学通式为：R_1（R_2）$N—N =\!= O$。当 R_1、R_2 均为烷基时，称为亚硝胺；当 R_1（或 R_2）为酰基时，称为亚硝酰胺[1]。亚硝胺比亚硝酰胺稳定，不易分解，两者都是强致癌物质并有致畸作用和胚胎毒性。随着取代 R_1 和 R_2 的不同，其致癌的表现也不同。一般，烃基较复杂的致癌性和致突变性更强。亚硝胺化合物（主要是亚硝胺）日益成为人们十分重视的致癌物，常见的亚硝胺有亚硝基二甲胺（nitrosodimethylamine，NDMA）、亚硝基二乙胺（nitrosodiethylamine，NDEA）和亚硝基吡咯烷（nitrosopyrrolidin，NPYR）等。

亚硝胺由于相对分子质量不同，可以表现为蒸气压不同，能够被水蒸气蒸馏出来并不经衍生化直接由气相色谱测定的为挥发性亚硝胺，否则称为非挥发性亚硝胺[1]。低相对分子质量的亚硝胺（如 NDMA）在常温下为黄色液体，高相对分子质量的亚硝胺多为固体。除少量的 N-亚硝胺可溶于水外（如 NDMA、NDEA 及某些 N-亚硝基氨基酸），大多数都不溶于水。N-亚硝胺均可溶于有机溶剂。N-亚硝胺比 N-亚硝基酰胺稳定，在通常情况下不发生自发性水解、氧化。在紫外光照射下，亚硝胺可发生光解，参与体内代谢后有致癌性。

亚硝胺是毒性和危害作用很强的一类化学致癌物质。在已检测的 300 种亚硝胺类化合物中，已证实有 90% 可以诱导动物不同器官的肿瘤，其中乙基亚硝胺、二乙基亚硝胺和二甲基亚硝胺至少对 20 种动物具有致癌活性。通过动物实验得出亚硝胺可以引起动物的所有器官发生肿瘤，且消化系统的肿瘤最为严重。N-亚硝基化合物的致癌性存在着明显的器官特异性，并与其化学结构有关，如二甲基亚硝胺是一种肝脏的活性致癌物，同时对肾脏也表现有一定的致癌活性；二乙基亚硝胺对肝脏和鼻腔有一定的致癌活性；当 R_1 和 R_2 为不对称基团时，主要引起食道癌；当 R_1 和 R_2 为对称基团时主要引起肝癌。亚硝基化合物不仅能致癌，还可通过胎盘使子代受损，在妊娠初期可使胚胎死亡，妊娠中期可使胚胎发生畸形，妊娠后半期可使子代发生肿瘤，亚硝基化合物尚可通过乳汁对子代诱发肿瘤[2]。

亚硝胺对人类的致癌作用，目前无直接的材料证实，但是通过大量流行病的调查资料，证明了人类的某些癌症具有明显的区域性。人们推测这和当地的居住环境和饮食习惯有关。例如，在习惯吃熏鱼的冰岛、芬兰、挪威等国，胃癌的发病率非常高，我国胃癌和食道癌高发地区的居民也有喜爱烟熏和腌渍制品的习惯。

N-亚硝基化合物对人和动物具毒性、致畸致突变性和致癌性[2]。迄今为止，在已经发现的近 300 种 N-亚硝基化合物中 80% 以上有致癌作用，已证实有 90% 可以诱导动物不同器官的肿瘤。通常膳食中的亚硝酸盐不会对人体健康造成危害，在人体内像"过客"一样随尿排出体外，只有过量摄取，人体内又缺乏维生素 C 的情况下，才能对人体引起危害。亚硝胺对人类的致癌作用，目前无直接的材料证实，但是大量的人群中流行病调查表明，人类某些癌症，如肝癌、食道癌、胃癌、结肠癌、膀胱癌、肺癌等可能与 N-亚硝胺有关。

亚硝酰胺是直接致癌物，亚硝胺是间接致癌物。亚硝胺需要经过或体内的酶促活化（羟化），最终才变成一种致癌物。亚硝胺的致癌机理是：在微粒体羟化酶的作用下，NADPH 和分子氧参与，先在一侧烷基的 α-碳原子上进行羟基化，形成羟基亚硝胺，然后经脱醛作用，生成单烷基亚硝胺，再转化为重氮羟化物，经脱氮作用，形成亲电子的烷基正离子，使核酸烷基化，此作用多发生在鸟嘌呤的 7 位氮上，生成 7-烷基鸟嘌呤。核酸的烷基化改变了细胞的遗传性，使 DNA、RNA 复制错误，体内蛋白质合成受到干扰，引起细胞遗传突变，从而引起致癌发生[3,4]。

4.2　亚硝胺的形成机理

在肉制品中普遍存在的挥发性 N-亚硝胺有三种，即 N-亚硝基六氢吡啶、N-亚硝基二甲胺、N-亚硝基吡咯烷。另外，在牛肉香肠、烟熏肉和培根中还含有 N-亚硝基噻唑烷和 N-亚硝基噻唑烷-4-羧酸[5]。N-亚硝基化合物的来源主要是亚硝酸盐添加到肉制品中产生；烟熏产生 NO_x 化物气体进入肉中产生；微生物和包装材料污染产生。

4.2.1　亚硝胺的形成过程

亚硝胺的形成途径很多，主要是由仲胺和芳香族的叔胺在酸性条件下与亚硝酸经亚硝基化作用生成。亚硝化反应过程为

$$NaNO_2 + H^+ \longrightarrow HNO_2 + Na^+$$

$$HNO_2 + H^+ \longrightarrow NO^+ + H_2O$$

$$2HNO_2 \longrightarrow N_2O_3 + H_2O$$

$$N_2O_3 \longrightarrow NO + NO_2$$

$$NO + M^+ \longrightarrow NO^+ + M$$

初级胺　$RNH_2 + NO^+ \longrightarrow RNH—N = O + H^+ \longrightarrow ROH + N_2$

二级胺　$R_2NH + NO^+ \longrightarrow R_2N—N = O + H^+$

终极胺　$R_3N + NO^+ \longrightarrow$ 无亚硝胺生成

（M/ M$^+$是如同 Fe^{2+}/Fe^{3+} 或其他的过渡金属离子）

硝酸盐可以被还原为亚硝酸盐，在酸性环境中亚硝酸盐转变为亚硝酸，亚硝酸不稳定，分解为亚硝酐（N_2O_3），N_2O_3是活性亚硝化化合物，可以与胺类物质亚硝化反应生成亚硝胺。因此，胺盐和亚硝酸盐是两个必要的前提物，酸性 pH 是必需的反应条件。pH、胺盐的碱性和反应温度是影响反应程度的重要因素[4,5]。仲胺是蛋白质代谢的一种中间产物，广泛存在于自然界中：普遍存在于肉食品中；食物在烹调、烟熏、制罐等加工过程中，由于蛋白质的分解而使仲胺量增加，食物发生霉变后仲胺可增加数十倍以至数百倍。

人体硝酸盐和亚硝酸盐的来源主要有饮食、吸入氮氧化物和内源性合成三个途径。饮食中的亚硝酸盐和硝酸盐主要来自蔬菜、加工肉制品以及某些地区的饮水[6]。蔬菜本身在生长过程中积累一定量的硝酸盐或亚硝酸盐[7]，存放相当长时间[8]或经过腌制的蔬菜，也含有很高量的硝酸盐。在腌制肉、鱼或制作香肠、火腿时，亚硝酸盐常作为发色剂和防腐剂来使用，这是人体摄入亚硝酸盐的一个渠道。亚硝酸盐又可从环境中的 NO_x 和盐转化而来，当环境中的 NO_x 遇到强还原物很容易形成硝酸盐和亚硝酸盐[3]。硝酸盐的化学性质很不稳定，在化学作用下或微生物的作用下，很快被还原成亚硝酸盐。当硝酸盐随食物进入口腔内，由于口腔中常常带有某些细菌，这些细菌使硝酸盐迅速还原成亚硝酸盐，随唾液进入体内。当仲胺和亚硝酸盐随食物进入人体或动物体内后，在体内便可形成亚硝胺。

4.2.2　亚硝胺对人体危害的途径

亚硝胺可通过多种途径对人体进行危害，主要分为直接摄入和体内合成两大

途径。外环境中亚硝胺类化合物的含量一般并不高，值得注意的是亚硝胺可在动物及人体内合成，这可能是人类接触亚硝胺的主要方式[9]。

人体摄入的食物中，有些直接含有亚硝胺。大量实验证明某些食品中存在一定量的亚硝胺，其中有些是食品加工和贮藏过程中形成的，如腌肉、啤酒及发酵食品中含有亚硝胺[10]；有些是生产过程中需要添加的，如食品的包装材料或容器中也可能含有挥发性的亚硝胺，欧美一些国家在过去采用橡胶网包装咸肉，橡胶在生产中内部有少量的二丁基胺，与氮氧化物接触最终产生 NDBA，在和肉的接触中可以逐步迁移到肉制品中，人体可经消化道、呼吸道等途径接触这些致癌物[11]。

胃可能是动物及人体体内形成亚硝胺的主要部位，口腔及膀胱内（特别是在感染时）也可能形成，肠道内形成亚硝胺的可能性不能排除[12]。人体摄入生成亚硝胺的前体物质，在胃肠道中能内源性合成 N-亚硝胺。胃中有适合亚硝基化反应的酸性环境，还含有能加速反应进行的卤素离子、硫氰酸根离子等。口腔中 pH 为中性，唾液中含有的羰基化合物在中性环境中能催化亚硝化反应；另外，当口腔卫生不好时，食物腐败能形成一个酸性环境，饮食和新陈代谢产生的硝酸盐可以从血液中被唾液腺主动摄取，然后分泌到口腔，唾液硝酸盐在口腔内经硝酸盐还原菌还原成亚硝酸盐，唾液中的卤素离子、硫氰酸根离子等又可催化亚硝化反应的进行[13]。在膀胱和尿道感染时，有硝酸盐还原菌的存在，可能合成亚硝胺，在略微偏酸的肠道如盲肠及结肠也有可能形成亚硝胺。

4.3 影响肉制品中亚硝胺生成的因素

影响肉制品中 N-亚硝胺生成量的因素有很多，包括前体物质的浓度、氢离子浓度、亚硝化反应的促进剂和抑制剂、肉制品的加工条件（加热方式、加热温度和时间、辐照作用和包装材料等）、所添加的一些添加物（如亚硝酸盐、氯化钠、抗坏血酸钠、多聚磷酸盐等）、微生物（真菌、霉菌）的作用等。此外，脂肪的含量、种类以及氧化程度也与 N-亚硝胺的生成有关[14]。关于蛋白质氧化对肉制品中亚硝胺生产量的影响也已开始引起人们的注意。目前对于肉制品加工过程及使用添加剂对亚硝胺生成的影响进行的研究比较系统。尹立辉等[15]对肉制品中反应条件对 NDMA 生成的影响进行了研究，讨论了底物（亚硝酸钠与二甲胺）浓度、反应体系的 pH、反应温度和反应时间对 N-亚硝基二甲胺（NDMA）生成量的影响，在所考察的 4 个反应条件中，pH 和温度对 NDMA 生成量的影响明显，其次是底物的浓度，影响最小的是反应时间。

4.3.1　pH 对亚硝胺生成的影响

pH 为亚硝基化反应中的重要参数。亚硝酸盐不能直接同胺类作用形成相应的产物。在酸性条件下，亚硝酸盐所形成的亚硝酸首先转化为氮氧化物 N_2O_3 才能形成亚硝胺。对于仲胺和叔胺，反应最快的环境是酸性 pH3 ~ 3.4，然而反应最有效的 pH 是在 4 ~ 4.5 范围内[16]。在较低 pH 环境中离解出 NO^+ 使得亚硝基化反应得以进行。尹立辉等[15]在研究反应条件对 NDMA 生成的影响时发现，在 pH 较低范围内，最初 NDMA 的量逐渐增大，pH 为 3.0 时达到最大值 52.2μg/mL。随后迅速下降，pH 为 5.0 时下降到 1.9μg/mL，降幅达 96.4%。原因是当 pH 较低时，N_2O_3 容易生成。但是当 pH 很低，H^+ 离子浓度较高时，会导致胺类化合物的质子化，使其不能够和氮氧化物作用，亚硝胺的量就较低。当 pH 较高时，亚硝酸盐很难形成亚硝酸，NDMA 的量就大大下降了。

4.3.2　温度对亚硝胺生成的影响

有研究认为，在一些肉制品中亚硝胺水平的增加是由于热加工导致。加热温度越高，产生的 N-亚硝胺越多。在肉品工业中，加热常被用来作加工目的（如蒸煮、焙烤或烧烤），同时也是为了保证产品安全（如巴氏杀菌或灭菌）。然而，加热同时也影响亚硝胺类物质的产生。Rywotycki[16]，Honikel[17]，Sen 等[18]研究发现，肉中肥肉部分亚硝胺比瘦肉组织的含量更高，因为腌肉的脂肪组织在加热过程中比瘦肉达到的温度要高。当硝酸盐和亚硝酸盐存在的时候，高温会促进亚硝胺类的合成。大部分腌制过的肉中的 N_2O_3 与不饱和脂质结合形成加合物，当温度升高时这些衍生物降解并且释放氮氧化物，后者与存在的自由胺类反应。巴氏杀菌时的温度对亚硝胺类含量作用明显，对食品中 NDMA 和 NEDA 的形成具有较强的抑制作用。另外，不同加热方式所产生的效果也是有区别的，微波炉加热比电热锅制作的油煎咸肉含有的 NPYR 和 NDMA 更少[19]，因为微波加热不出现油炸那样的高温。所以对含有亚硝酸盐的肉制品采用不同的烹饪方式可以直接影响最终产品中挥发性 N-亚硝胺的含量。

4.3.3　微生物对亚硝胺生成的影响

微生物也在许多方面参与了 N-亚硝胺的形成。目前实验证明肠菌属和梭菌属细菌具有合成亚硝胺的能力，有一些细菌能影响亚硝胺的形成。细菌能够影响硝酸盐转变为亚硝酸盐，以及蛋白质降解为胺和氨基酸的程度，通过生成酶清除亚硝基，为亚硝基化作用形成适宜的 pH。亚硝胺的合成反应中一些霉菌如青霉菌和根霉菌，有生物催化活性。在发酵肉制品中，由于微生物脱羧酶的作用，能将游离氨基酸经脱羧作用形成相应的生物胺[20]。发酵香肠中肠杆菌具有较高的脱羧酶活性，肠杆菌中的阴沟肠杆菌和沙门氏菌具有极强的产生尸胺和腐胺的能力。尸胺和腐胺均为二元胺，能与亚硝酸盐反应生成杂环类亚硝胺。

4.3.4   添加剂对亚硝胺生成的影响

肉制品中的添加剂会对亚硝胺的形成有潜在的影响，主要包括：$NaNO_2$（$NaNO_3$）添加量、食盐添加量、抗坏血酸钠水平、多聚磷酸钠水平和蔗糖含量及其他辅料等[21-23]。

肉制品的腌制过程中，常添加硝酸盐和亚硝酸盐，用作发色、防腐和形成肉制品特有风味的目的，但是在随后的加热过程中（如油炸、蒸煮、煎烤等），它们会与蛋白质分解产生的胺反应，形成亚硝胺类化合物。对添加的 $NaNO_2$ 与$NaNO_2$ 残留量和亚硝胺形成之间的含量关系的研究表明，$NaNO_2$ 添加量的降低会伴随着亚硝胺含量的降低。在研究添加不同的 $NaNO_2$ 浓度和山梨酸钾对亚硝胺形成的影响时总结出 $NaNO_2$ 添加量升高 NPYR 会相应增加。腌制液中高浓度的钠盐对 DMNA 和 DENA 有抑制效果，而多聚磷酸盐则有增加作用。异抗坏血酸和抗坏血酸能有效降低亚硝胺水平，目前已发现多种天然或合成的食品中的组分对 N-亚硝胺的形成有重要的影响。抗坏血酸是最大的阻断者（阻断率能达到90%），其次是异抗坏血酸、山梨酸、羟基丁酸、没食子丙酸、咖啡酸和单宁酸。这七种成分对 N-亚硝胺的阻断率均高于50%。

4.3.5   脂肪对亚硝胺生成的影响

脂肪对肉制品加工中引起的亚硝化反应的影响是复杂的。脂肪氧化可以产生过氧化物、游离脂肪酸及小分子的醛、酮、酸等许多物质，其中丙二醛可以促进亚硝胺的形成[24]，游离脂肪酸氧化释放出的自由基能促进亚硝胺的形成。由于不饱和脂肪酸具有较多的碳碳双键，在氧化剂的作用下更容易被破坏，Skrypec等[14]报道不饱和脂肪酸在肉中的比例越大，制成的腊肠中 NPYR 的含量越高。对于这一现象有人提出了不饱和脂类能够与一氧化氮以类似方式反应产生不饱和的伪亚硝酯肟酸甘油三酸酯，这一复杂化合物再进一步进行亚硝化反应产生 N-亚硝胺。而另一实验采用各种油脂分别油煎同一种肉，最终以含有不饱和脂肪酸较多的油煎肉所产生的 N-亚硝胺较少[25]。

4.3.6   蛋白质对亚硝胺生成的影响

蛋白质受到游离基的作用，对氧化也非常敏感，而蛋白质氧化产物可能直接作为 N-亚硝胺形成的前体物，或间接影响含氮化合物与硝化剂形成亚硝胺的反应。Ender 等[26]研究表明，用蛋白质氧化降解产物谷氨酸、丙氨酸、缬氨酸等以及生物胺在有足够量的硝酸盐存在和高温条件下都可以产生亚硝胺。对于 NPYR 来说，其前体的胺类物质是脯氨酸[27]，脯氨酸首先亚硝基化形成亚硝基脯氨酸，再脱羧形成 NPYR。游离氨基酸如脯氨酸、氨基乙酸、丙氨酸、缬氨酸以及肉在微生物和酶作用下产生的腐胺和尸胺都会参与 NDMA 和 NDEA 的形成，肌肉蛋白质氧化转变成亚硝基化合物的程度主要依赖于肌原纤维蛋白和肌红蛋白的含量以及硝酸盐和亚硝酸盐的浓度[28,29]。Drabik-Markiewicz 等[30]研究报道，NPYR 的形成与亚硝酸盐的浓度关系不大，却直接与处理温度（>200℃）和脯氨酸的含量有关，同时研究表明羟脯氨酸对亚硝胺的形成没有影响。蛋白氧化产生的某些氨基酸或胺类物质，可能会与肉制品中加入的亚硝酸盐发生亚硝化反应，而目前对肌肉蛋白质氧化与亚硝胺形成关系的研究进行得还非常少。

4.4　减少肉制品中亚硝胺的措施

4.4.1　降低亚硝酸盐残留量

肉制品中使用的亚硝酸盐具有良好的呈色作用、抗氧化作用及增味作用，同时还可以抑制肉毒梭状芽孢杆菌及许多其他类型腐败菌的生长。亚硝酸盐是唯一能同时起到上述几个作用的物质，现在仍没有发现一种物质能完全替代它。然而，亚硝酸盐可能会形成致畸、致癌、致突变的 N-亚硝胺、仲胺和叔胺[31]。因此，肉制品厂已经研发了能够替代亚硝酸盐的物质，主要目的是保留添加亚硝酸盐腌肉制品的颜色特征[32,33]及抗氧化能力。已经开发出了一些天然的或合成的亚硝酸盐替代物。例如，红曲霉素[31]、胭脂树红[34]、番茄汁[35]等添加剂添加到肉制品中，从而降低亚硝酸盐的残留量。

胭脂树红是从热带红树木种子的果皮中分离得到的。研究表明，胭脂树红无任何致畸、致癌、致突变作用，因此适合日常食用[36]。Zarringhalami 等[34]分别将 1% 的胭脂树红按 20%、40%、60%、80% 及 100% 不同比例添加到香肠中替代亚硝酸盐，以减少在加工过程中亚硝酸盐的使用量。在储存的第 2 天、10 天、20 天、30 天，对样品微生物污染情况、颜色特征（L^*、a^*、b^* 值）和感官特征（风味和气味）进行了定量和比较。统计结果分析得到：替代亚硝酸盐 60% 组 a^*、b^* 值都相对较高，色泽最佳；与对照组相比，其微生物污染情况和感官品质差别并不显著。

番茄和番茄制品是番茄红素的主要来源，其被认为是人类饮食健康中类胡萝卜素的重要贡献者[37]。食用番茄制品能降低发生消化道和前列腺癌的风险。很少有关于将番茄制品应用于肉制品中的报道。人们可以利用番茄酱来制造法兰克福 Frankfurters 香肠，如 Deda 等[38] 将番茄酱应用于法兰克福香肠中，当含有 12% 可溶性固体物的番茄酱浓度达到 12% 时，不仅香肠的红色增强，而且也吸引消费者购买。番茄酱的加入使亚硝酸盐的添加量由 150 mg/kg 降低到 100 mg/kg，而且在整个贮存期间番茄酱的加入没有对法兰克福香肠的加工和品质特性产生任何负面的影响。从营养的角度考虑，这样的产品应当是非常受欢迎的，因为它们不仅含有番茄红素，而且还含有少于普通法兰克福香肠 33% 的亚硝酸盐的含量。

茶多酚是茶叶的主要成分，是茶叶中多酚类物质的总称。茶多酚占茶叶干质量的 10% ~ 15%，主要包括儿茶素、黄酮、花青素和酚酸 4 类化合物，其中以儿茶素的数量为最多，占茶多酚的 60% ~ 80%，它是抗氧化作用的主要成分。茶多酚是国内外食品科学家公认的一种优质的天然食品抗氧化剂，经试验，它具有十分优异的抗氧化功能，是比 BHA、BHT、PG 和维生素 C、维生素 E 等都有效的一种天然食品抗氧化剂。瞿执谦等[39] 将不同浓度（0.02% ~ 0.05%）的茶多酚应用到香肠中，样品在贮藏 3 个月时色泽气味仍为正常，TBA 值在 0.41 ~ 0.44 mg/kg；样品贮藏到第 5 个月时脂肪才开始变黄，有哈味，TBA 值为 0.60 ~ 0.67 mg/kg；而对照组在贮藏 2 个月时已出现轻微氧化酸败现象，贮藏到 3 个月时脂肪氧化较严重，有不良气味，TBA 值达到 0.83 mg/kg。杜伟等[40] 研究表明，添加一定量的茶多酚在火腿肠中，不仅有效防止其中脂肪的氧化酸败，还可使产品亚硝酸钠的相对残留量低至 57.54%，从而为研制更为健康的肉制品提供了依据。

4.4.2　阻断亚硝胺生成

蔬菜和水果中富含多种抗氧化成分，如维生素 C、维生素 E、半胱氨酸、还原糖酚类和黄酮类化合物等。它们通过直接与亚硝酸盐发生氧化还原反应降低食物和人体内亚硝酸盐的含量，从而减少或阻止亚硝胺的合成。

于世光等以维生素 C 为对照品，在模拟胃液的条件下研究了茄子、黄瓜、球叶甘蓝、葱头、大白菜、灯笼椒、扁豆、菠菜和芹菜等 11 种蔬菜对亚硝胺合成的阻断作用。发现除胡萝卜和芹菜外，其余蔬菜均表现出不同程度的阻断作用，并且该作用与其维生素 C 含量具有一定的相关性。11 种蔬菜中灯笼椒的阻断作用最大，球叶甘蓝的阻断作用最小，其阻断率分别为 97.61 % 和 32.01%；胡萝卜对亚硝胺的合成无影响，芹菜则能促进亚硝胺的合成。分析其可能原因是，灯笼椒中维生素 C 含量最高且最稳定，维生素 C 是其主要阻断作用成分。虽然新鲜胡萝卜中含有一定量的维生素 C，但极不稳定，取汁后损失殆尽。这说明除维生素 C 外，胡萝卜中含有的其他抗氧化成分对亚硝胺合成的阻断作用甚微或无作用。芹菜的促进作用可能是由于芹菜中含有邻位或对位无取代基的多酚类物质

（如丁基苯酚），它们可与亚硝酸根离子作用生成亚硝基酚类，当其浓度达到一定值时则可促进亚硝胺的合成。与维生素 C 相比，大白菜的阻断作用相对较小，黄瓜、球叶甘蓝和灯笼椒对亚硝胺合成的阻断作用与其接近；扁豆、菠菜和茄子对亚硝胺合成的阻断作用更大，扣除其所含抗坏血酸的阻断作用后该 3 种蔬菜的阻断率分别为 73.40%、57.48%、和 30.75%。这说明除维生素 C 外，这些蔬菜中含有的其他抗氧化成分如酚类、氨基酸、草酸盐和还原糖等也参与了其对亚硝胺合成的阻断作用。此外余华等研究显示，萝卜、香菇、豆荚和番茄在模拟胃液的条件下对亚硝胺的合成表现出一定的阻断作用，浓度为 1% 时其阻断率分别为 54.63%、56.85%、39.73% 和 21.92%。

4.4.3　降解亚硝胺

γ 辐照是一种有效的去除肉和肉制品的异味和控制致病菌和腐败菌的方法。最近，辐照使用有了突破性的进展，可以降低有害化学物质的浓度，如在意大利辣肠中的生物胺，以及在香肠中易挥发的 N-亚硝胺和亚硝酸盐。然而，关于干熏肉制品中易挥发的 N-亚硝胺以及辐照干熏火腿中生物胺和亚硝酸盐残留动态变化的研究还很少。

在干腌如皋火腿中，γ 辐照可以立即分解挥发性 N-亚硝胺。γ 辐照后，如皋火腿中的所有挥发性亚硝胺迅速下降。甚至 NDEA 在第 55 和第 135 天时没有检出。这些事实说明，γ 辐照可以分解干腌肉制品中的挥发性亚硝胺。然而，辐照后在成熟期间，挥发性亚硝胺的含量却显著升高。甚至在整个成熟和后熟阶段 NDMA 在辐照组和对照组中的含量没有显著的差异，但是在成熟阶段，辐照样品中总的挥发性 N-亚硝胺浓度、NDEA 和 NPYR 的含量低于在对照组样品中的含量。γ 辐照在如皋火腿成熟期间对挥发性 N-亚硝胺含量降低是很有效的，同样，γ 辐照减少了真空包装和气调包装蒸煮猪肉香肠中的 NDMA 和 NPYR。然而，在本研究中，γ 辐照也分解了如皋火腿中的 NDEA。那么，γ 辐照至少有能力降解 3 种挥发性亚硝胺：NDMA、NDEA 和 NPYR。

γ 辐照处理后，如皋火腿中的挥发性亚硝胺的含量在成熟期间有反弹现象，这可能是由火腿中残留的亚硝酸盐和一些次级胺类物质引起的。尽管 γ 辐照可以降解亚硝酸盐为非亚硝化物的无害物质，但是在火腿样品中还有亚硝酸盐残留。此外，有研究暗示了 γ 辐照能把挥发性亚硝胺分解为相应的胺类物质和其他的非亚硝化试剂。于是，如皋火腿经 γ 辐照后，相应的胺类物质还存在于火腿中。并且火腿经辐照后继续在天然条件下进行发酵成熟，难免会被微生物污染。所以微生物会导致次级胺的产生。残留亚硝酸盐的存在以及相应生物胺含量的增加就会导致成熟期间如皋火腿中的挥发性亚硝胺含量升高，辐照后出现反弹现象。

4.4.4 N-亚硝胺分解的促进

通过促进 N-亚硝胺分解也是减少人体摄入 N-亚硝胺的一种方法，但是目前的研究不如对 N-亚硝胺的研究充分，有待进一步研究。N-亚硝胺在紫外光照射下可发生光解反应，N＝O 基裂解，破坏了其致癌性。所以可以利用光解作用分解亚硝胺。通过改进生产加工技术也可以减少 N-亚硝胺的含量。运用辐照技术对肉制品进行处理可以破坏 N-亚硝胺，使用微波加热技术也比电热锅制作的油煎咸肉产生的 N-亚硝胺少。

4.4.5 减少 N-亚硝胺及其前体物的摄入

目前，亚硝酸盐仍是肉制品中不可替代的添加物。肉制品的腌制过程中，常添加硝酸盐和亚硝酸盐，用作发色、防腐和形成肉制品特有风味的目的。人们积极寻找一种亚硝酸盐的替代品，但目前只发现有些物质可以部分替代亚硝酸盐在肉制品中的作用，仍未发现有一种物质能够完全替代亚硝酸盐的作用[30]，所以，制定肉制品中硝酸盐和亚硝酸盐使用量及残留量标准，控制亚硝酸盐的添加和残留也是一个重要途径。要严格按照国标的规定使用亚硝酸盐、硝酸盐及执行残留量标准。我国规定肉类制品及肉类罐头中该类物质的使用量，硝酸钠<0.5 g/kg。亚硝酸钠<0.15 g/kg。残留量以亚硝酸钠计，不超过 0.03 g/kg[41]。欧洲海关的化学物质清单规定了亚硝酸钠的添加限量为 120 mg/kg。通过制定亚硝酸盐的使用量及残留量的标准，可以有效防止使用过量，减少 N-亚硝胺前体的摄入。

含蛋白质丰富的易腐食品，如肉类、鱼类，以及含硝酸盐较多的蔬菜尽量低温贮存以减少胺类及亚硝酸盐的形成。食品低温保藏，可减少硝酸盐还原为亚硝酸盐，就可控制亚硝胺的形成[42]。

参 考 文 献

[1] 魏培德. 亚硝胺在食物中的致癌性 [J]. 食品科技，1980，3：14-15
[2] 马俪珍，南庆贤，方长发. N-亚硝胺类化合物与食品安全性 [J]. 农产品加工，2005，12：8-14
[3] 李欣，孔保华，马俪珍. 肉制品中亚硝胺的形成及影响因素的研究进展 [J]. 食品工业科技，2012，10：353-357
[4] 顾维维. N-亚硝基化合物与癌 [J]. 化学教育，1992，5：9-13
[5] 朱秋劲，李洪军. 亚硝酸钠在腌肉中的应用现状 [J]. 肉类研究，1998，3：25-27
[6] 聂国，张文敏. 人体亚硝酸盐、硝酸盐的来源、代谢及体内亚硝化作用 [J]. 国外医学. 卫生学分册，1987，2：72-76
[7] 刘卫红，高素红. 浅谈果品、蔬菜盐酸盐来源及控制途径 [J]. 北京农业，2008，13：

31-32

[8] 林周孟，吴叶仙，李建勇，等. 存放时间及存放温度对蔬菜亚硝酸盐含量的影响 [J]. 职业与健康，2008，24：2676-2678

[9] 徐欣. 食品中的自然致癌物——N-亚硝基化合物 [J]. 预防医学文献信息，1996，2：136-138

[10] 李庆杰. N-亚硝基化合物的危害及预防对策 [J]. 泰安师专学报，2001，23：74-75

[11] Sen N P, Baddo P A, Seaman S W. Nitrosamines in cured pork products packaged in Elastic rubber nettings: An update [J]. Food Chemistry, 1993, 47: 387-390

[12] 张文敏. N-亚硝基化合物在动物及人体内的合成 [J]. 国内外医学. 卫生学分册，1981，2：78-81

[13] 夏登胜，王松灵. 唾液硝酸盐、亚硝酸盐代谢及其对人体影响的研究 [J]. 北京口腔医学，2005，13：57-59

[14] Skrypec D J, Gray J I, Mandagere A K, et. al. Effect of bacon composition and processing on N-nitrosamines formation [J]. Food Technology, 1985, 1: 74-79

[15] 尹立辉，马俪珍. 反应条件对N-亚硝基二甲胺生成影响的研究 [J]. 中国农学通报，2011，27：457-460

[16] Rywotycki R. The effect of selected functional additives and heat treatment on nitrosamine content in pasteurized pork ham [J]. Meat Science, 2002, 60: 335-339

[17] Honikel K. The use and control of nitrate and nitrite for the processing of meat products [J]. Meat Science, 2008, 78: 68-76

[18] Sen N P, Seaman S, Miles W F. Volatile nitrosamines in various cured meat products: Effect of cooking and recent trends [J]. Journal of Agricultural and Food Chemistry, 1979, 27: 1354-1357

[19] Yurchenko S, MoIder U. The occurrence of volatile N-nitrosamines in Estonian meat products [J]. Food chemistry, 2007, 100: 1713-1721

[20] 何健，李艳霞. 发酵肉制品中生物胺研究进展 [J]. 肉类工业，2009，2：47-50

[21] Miller B J, Billedeau S M, Miller D W. Formation of N-nitrosamines in microwaved versus skillet-fried bacon containing nitrite [J]. Food and Cosmetic Toxicology, 1989, 27: 295-299

[22] 马俪珍，王瑞，方长发，等. 金华火腿制作及储藏中N-亚硝胺类化合物的含量变化 [J]. 肉品卫生，2005，11：19-21

[23] 马俪珍，杨华，阎旭，等. 盐水火腿加工中影响亚硝基化合物生成因素的研究 [J]. 食品科学，2007，28：82-85

[24] Kurechi T, Kikugawa K, Kaio T. Effect of alcohols on nitrosamine formation [J]. Food and Cosmetic Toxicology, 1980, 18: 591-595

[25] Byun M W, Ahn H J, Kim J H, et al. Determination of volatile N-nitrosamines in irradiated fermented sausage by gas chromatography coupled to a thermal energy analyzer [J]. Journal of Chromatography A, 2004, 1054: 403-407

[26] Ender F, Ceh L. Conditions and chemical reaction mechanisms by which nitrosamines may be formed in biological products with reference to their possible occurrence in food products [J]. Z Lebensmittell-Untersuch, 1971, 145: 133-142

[27] Keki R B, Charles K C, Leon J R. Mechanism of N-nitrosopyrrolidine formation in bacon [J]. Journal of Agriculture and Food Chemistry, 1979, 27: 63-69

[28] Ryszard R. The effect of baking of various kinds of raw meat from different animal species and meat with functional additives on nitrosamine contamination level [J]. Food Chemistry, 2007, 101: 540-548

[29] Qstdal H, Bjerrum M J, Pedersen J A, et al. Lactoperoxidase-induced protein oxidation in milk [J]. Journal of Agriculture and Food Chemistry, 2000, 48: 3939-3944

[30] Drabik-Markiewicz G, Vanden M K, De M E, et al. Role of proline and hydroxyproline in N-nitrosamine formation during heating in cured meat [J]. Meat Science, 2009, 81: 479-486

[31] Liu D C, Wu S W, Tan F J. Effects of addition of anka rice on the qualities of low-nitrite Chinese sausages [J]. Food Chemistry, 2010, 118: 245-250

[32] Krause B L, Sebranek J G, Rust R E, et al. Incubation of curing brines for the production of ready-to-eat, uncured, no-nitrite-or-nitrate-added, ground, cooked and sliced ham [J]. Meat Science, 2011, 89: 507-513

[33] Møller J K S, Jensen J S, Skibsted L H, et al. Microbial formation of nitrite-cured pigment, nitrosylmyoglobin, from metmyoglobin in model systems and smoked fermented sausages by Lactobacillus fermentum strains and a commercial starter culture [J]. European Food Research and Technology, 2003, 216: 463-469

[34] Zarringhalami S, Sahari M A, Hamidi-Esfehani Z. Partial replacement of nitrite by annatto as a colour additive in sausage [J]. Meat Science, 2009, 81: 281-284

[35] 梁鹏, 马俪珍, 王艳梅. 添加物对香肠中亚硝酸钠残留量的影响 [J]. 肉类工业, 2007 (3): 22-26

[36] Galindo-Cuspinera V, Westhoff D C, Raikin S A. Antimicrobial properties of commercial annatto extracts against selected pathogenic, lactic acid, and spoilage microorganisms [J]. Journal of Food Protection, 2003, 66: 1074-1078

[37] Tapiero H, Townsend D M, Tew K D. The role of carotenoids in the prevention of human pathologies [J]. Biomedecine and Pharmacotherapy, 2004, 58: 100-110

[38] Deda M S, Blouka J G, Fista G A. Effect of tomato paste and nitrite level on processing and quality characteristics of frankfurters [J]. Meat Science, 2007, 76: 501-508

[39] 瞿执谦, 唐玉凤. 茶多酚在中国香肠保鲜中的应用 [J]. 肉类工业, 2000, 4: 26-27

[40] 杜伟, 张振中, 郭海英. 降低火腿肠中亚硝酸钠含量的研究 [J]. 肉类研究, 2003, 4: 6-8

[41] 郝利平. 食品添加剂 [M]. 北京: 中国农业大学出版社, 2002

[42] 吴素萍. 食品中 N-亚硝基化合物的危害性及预防措施 [J]. 中国调味品, 2008, 8: 84-87

5 冷冻和解冻对原料肉质量、蛋白质结构和功能特性的影响

肉品的保藏方法很多，如腌制、化学防腐剂、抗生素、脱水干制、低温处理等。目前，应用最广泛、效果最好、最安全的是低温处理，即肉的冷冻。从肉的温度处理状况来看，冷冻工艺过程可分为冷却、冻结、冷藏、解冻四个环节，作为冻结逆过程的解冻是冻结肉在食用或深加工前必需的步骤。尽管冻藏是目前最好的保鲜肉类食品的方法，它抑制了酶的活性、微生物的生长繁殖，但在肉类食品冻藏的所有工艺过程中也会发生质量的变化。为了保证肉制品加工业稳定，并获得高质量的原料肉，使质量好的冻结肉在解冻后仍然保持良好的品质，就必须选择适当的冻结、解冻方法。

5.1 常用冻结、解冻方法和特点

5.1.1 冻结方法和特点

肉的冻结是使肉中的水分形成冰的过程，在低温下抑制微生物生长繁殖、酶的活性，从而延长食品的货架期，是一种应用广泛、效果较好的保藏肉及其制品的方法。目前冻结肉的方法有以下几种：

空气冻结法：在冻结过程中，冷空气以自然对流或强制对流的方式与食品换热。由于空气的导热性差，与食品间的换热系数小，故所需的冻结时间较长。但是空气资源丰富，无任何毒副作用，其热力学性质早已为人们熟知，所以用空气作介质进行冻结仍是目前最广泛的一种冻结方法。空气式冻结装置是以空气为中间媒体，冷热由制冷剂传向空气，再由空气传给食品的冻结装置。其类型有鼓风、流态化、隧道、螺旋等多种。目前，冷冻食品推荐常用的空气式冻结装置有隧道式连续冻结装置、流态化单体连续冻结装置、螺旋式连续冻结装置等。

间接接触冻结法：间接冻结法是指把食品放在制冷剂（或载冷剂）冷却的板、盘、带或其他冷壁上，与冷壁直接接触，但与制冷剂（或载冷剂）间接接触。对于固态食品，可将食品加工为具有平坦表面的形状，使冷壁与食品的一个或两个平面接触；对于液态食品，则用泵送方法使食品通过冷壁热交换，冻成半融状态，如有用盐水等制冷剂冷却空心金属板的方式进行冻结等，金属板与食品的单面或双面接触降温的冻结装置。由于不用鼓风机，因此动力消耗低、食品干耗小、品质优良、操作简单，适用于水果、蔬菜、鱼、肉、冰淇淋等的冷冻，水

产冷冻工厂对小型鱼虾类的应用特别普遍，其缺点是冻结后食品形状难以控制。

直接接触冻结法：该方法要求食品（包装或不包装）与不冻液直接接触，食品在与不冻液换热后，迅速降温冻结。食品与不冻液接触的方法有喷淋、浸渍法，或者两种方法同时使用。某些形式的间接接触冻结法易与直接接触法混淆，二者的区别点在于食品或其包装是否直接与不冻液接触。例如，把食品或经包装后的食品浸入盐水浴内或用盐水喷射，就是直接接触冻结；若同样的食品放在金属容器内，再把容器浸在盐水中，就是间接接触冻结。

新兴的冻结方法：目前冻结技术发展较快，较新兴的冻结技术有被膜包裹冻结法（capsule packed freezing，CPF）、均温冻结法（homomizing proeess freezing，HPF）、高压冷冻法（high-pressure-freezing）等。这些冻结的方法优点很多，如HPF是用-40℃以下的液态冷媒将食品冷却至终温，使食品在冻结过程中产生的食品内部的膨胀压进行扩散，可防止大型食品龟裂、隆起，适用于大型食品的冷冻，在日本已应用在鱼、火腿等的贮藏。

无论冻结的方式如何，冻结的实质是食品中的水分从液态变成冰结晶的过程。冰结晶形成过程分两步：一是冰核的形成，二是冰核增长形成大的冰晶。成核现象是被过冷所活化，过冷现象严重就会形成大量的冰核，冰核形成后冰结晶开始增加，在最小的过冷情况下冰晶就可以增加[1]。缓慢冻结时肉的冷冻温度长时间与固定平衡点相接近，形成晶核的数量少，最后形成大块的冰晶。快速冻结则相反，会形成小而多的冰晶。缓慢冻结冰晶在细胞外形成，随着冰结晶的形成未冻结部分溶液浓度不断增加，使蒸气压减小，由于在相对高的冻结温度下冻晶不能渗透细胞膜，细胞内的液体仍然保持超冷状态，它的蒸气压高于细胞外和冰晶。因此由于细胞内外蒸气压的不同，细胞内的水分发生渗透引起细胞变性。因此缓慢冻结使细胞发生收缩、水分在细胞外沉积使冰晶体不断增大。

肉中的水分并非纯水，分为三种形式：自由水、结合水和不易流动水，根据Raoult稀溶液定律，质量摩尔浓度每增加 1 mol/kg，冻结点就会下降 1.86℃。因此肉温要降到0℃以下才产生冰晶。肉中的大部分水分（80%）在-5～-1℃的温度范围就能形成结晶。在-30～-18℃时，食品中绝大部分水分已冻结，能够达到冻藏的要求。低温冷库的贮藏温度一般为-25～-18℃。温度在-60℃左右，食品内水分全部冻结。

5.1.2 解冻方法和特点

解冻是使冻结肉及其制品中的冰晶融化成水并被肉吸收而恢复到冻结前的新鲜状态的过程。从热量的吸收与释放来看，冻结是放出热量，而解冻是吸收热量的过程。当前在解冻肉类产品时最常见的方法有：

　　空气解冻：空气解冻是我国解冻肉类最常用、最简便的方法，它通过控制空气的温湿度、流速和风向而达到不同的解冻工艺要求。一般要求空气温度为14~15℃，相对湿度为90%~98%，风速为1 m/s左右。目前常用于冻结肉解冻的设备主要有连续式送风解冻器、加压空气解冻器，前者是采用一定气流速度来融化肉，与静止空气相比，解冻时间短，效果好；后者利用压力升高，冰点降低的原理，使冻结品在同样解冻介质温度下易于融化，解冻时间短，产品质量好。但二者共同的缺点是占地面积大，投资费用高。

　　水解冻：水解冻具有解冻速度快的特点，而且避免了质量损失，但存在解冻水中的微生物污染冻结品和可溶性物质流失等问题，因此水解冻主要用于已包装肉品的解冻，常采用的方法有喷淋解冻、喷淋浸渍结合解冻、碎冰解冻等，一般要求水温不超过20℃。解冻结束之后立即放在0℃左右的温度下冷藏。

　　微波解冻：微波解冻（915~2450MHz）是在交变电场作用下，利用物质本身的电性质来发热使冻结品解冻。微波解冻的原理是肉在微波场的作用下，极性分子以每秒915 MHz的交变振动摩擦而产生热量，而达到解冻的目的。微波解冻应用于冻结肉的解冻工艺可分为调温和融化两种。调温一般是将冻结肉从较低温度调到正好略低于水的冰点，即-4~-2℃，这时的肉尚处于坚硬状，更易于切片或进行其他加工；融化是将冻肉进行微波快速解冻，原料只需放在输送带上，直接用微波照射。微波解冻肉样的示意图如图5.1所示。

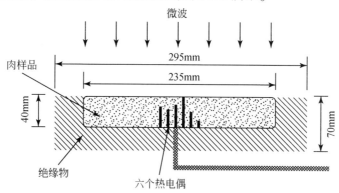

图5.1　微波解冻肉样的示意图[3]

　　利用微波解冻，最大的优点是速度快，效率高，从冷库中取出的冻肉25~50 kg（-18~-12℃），采用传统的解冻方法解冻要用5h，而利用微波处理，一块厚20 cm、重50 kg的冰冻牛肉块可在2 min内将温度从-15℃升高到-4℃。所以，微波工艺为肉品工业带来了极大的方便和经济利益。此外，微波解冻还可以防止传统方法在长时间解冻过程中造成的表层污染与败坏，提高了场地与设备的利用率，肉品营养物质的损失也降到最低程度。因此，冻肉的微波解冻技术普及得相当快。这方面最成功的是日本肉食加工协会，他们采用915 MHz微波发生器和解冻容器组合起来的微波解冻设备，取得了理想的效果。欧美国家饮食中动物性食品所占比重较大，因此他们的冷冻业相当发达，将冷冻制品–超级市场–微波解冻三者联系起来显示出了极大的优越性。微波解冻缺点有，因为微波对水和冰的穿透和吸收能力有差别（微波在冰中的穿透深度比水大，但水吸收微波的速度比冰快，并且对于受热而言，吸收的影响大于穿透影响），因此，已融化的区域吸收的能量多，容易在已融化区域造成过热效应。

在解冻过程中食品会受到物理、化学和微生物等多种因素的影响。冻结肉在解冻过程中解冻速度快，肉内部的汁液会大量流失，解冻速度慢，会导致肉的氧化分解，影响肉的品质和食用效果。据Karel报道：微波解冻具有解冻速度快、解冻均匀度高、对肌肉组织损失少等优点。Jul研究对于新鲜食品，在冷藏条件下的缓慢解冻是可取的，因为冻结的水分有充分的时间返回到冻结前新鲜肉的组织状态[2]。

5.2 冷冻和解冻过程引起原料肉质量的变化

虽然冷冻是比较有效的保藏食品的方法，但在冻藏过程中食品质量也会变坏。食品质量损失程度由许多因素来决定，包括冻结、解冻的速率，冻藏温度，冻藏过程中温度的波动，运输零售和消费过程中的冻融循环等[4,5]。冻藏过程中产品质量的改变主要是由冰结晶的升华和重结晶形成引起蛋白质的氧化、变性，主要表现在食品的酸败、风味变坏、脱水、质量损失、汁液流失、变硬、微生物污染和自溶等[4]。Benjakul等[6]研究了蟹冻藏在−20℃条件下的物理和化学变化：在冻藏过程中APTase活性、表面疏水性、蛋白质溶解性、pH均不断降低，并随着巯基含量的减少，二硫键和甲醛的含量不断地增加。

不同温度下肉的冻结速度不同，一般温度越低冻结速度越快。冻结速度快，食品组织内冰层推进速度大于水移动速度，冰晶的分布接近天然食品中液态水的分布情况，冰晶数量极多，呈针状结晶体。冻结速度慢，细胞外溶液浓度较低，冰晶首先在细胞外产生，而此时细胞内的水分是液相。在蒸气压差作用下，细胞内的水向细胞外移动，形成较大的冰晶，且分布不均匀。除蒸气压差外，因蛋白质变性，其持水能力降低，细胞膜的透水性增强而使水分转移作用加强，从而产生更多更大的冰晶大颗粒。

速冻形成的冰结晶多且细小均匀，水分从细胞内向细胞外的转移少，不至于对细胞造成机械损伤。冷冻中未被破坏的细胞组织，在适当解冻后水分能保持在原来的位置，并发挥原有的作用，有利于保持食品原有的营养价值和品质。缓慢冻结形成的较大冰结晶会刺伤细胞，破坏组织结构，解冻后汁液流失严重，影响食品的价值，甚至不能食用。不同的冻结方法有不同冻结速度，表5.1是冻结速度与冰晶的大小和分布之间的关系[7]。

表 5.1 冻结速度与冰晶状态的关系

冻结速度	冰晶的状态			冰峰前进速度（$v_冰$）和
	形状	数量	大×小	水分移动速度（$v_水$）的关系
数 秒	针状	无数	（1~5）μm×（5~10）μm	$v_冰 \gg v_水$
1.5 min	针状	很多	（0~20）μm×（20~50）μm	$v_冰 > v_水$
40 min	柱状	少数	（50~100）μm×100μm	$v_冰 < v_水$
90 min	块粒状	少数	（50~200）μm×200μm 以上	$v_冰 \ll v_水$

在实际生产中，新鲜肉类在食用之前不断进行着冻结-解冻的循环。这些行为过程中存在货物温度的波动，这些波动如何影响肌肉的品质已得到国外一些学者的关注。一些学者研究反复冷冻-解冻循环发现，波动越剧烈，肉样中冰晶的重结晶越严重。重结晶是指冻藏过程中，由于冻藏温度的波动，反复解冻和再结晶后出现的结晶体积增大的现象。重结晶的程度直接取决于单位时间内温度波动的次数和程度，波动幅度越大，次数越多，重结晶的程度也越深，就会促使冰晶体颗粒迅速增大，其数量迅速减少，以致严重破坏速冻食品的组织结构，使其解冻后失去弹性，食品像慢冻那样受到损伤。

5.2.1 冷冻和解冻过程引起原料肉嫩度的变化

肉的嫩度（meat tenderness）是消费者最重视的食用品质之一，它决定了肉在食用时口感的老嫩，是反映肉质地（texture）的指标，嫩度是最能影响消费者购买力的感官特性，在实际生产中通常用剪切力值表示肉嫩度的高低，一般剪切力值大于 39.2N 肉就比较老了，难以被消费者所接受。影响肉嫩度的因素包括肌肉的收缩、结缔组织和脂肪的含量等。冻藏过程中嫩度的变化还与冻结温度和时间密切相关，当低温冻结（-35℃、-70℃）时肉的嫩度随着冻藏时间的延长而增加，这主要是由于冻藏过程中肌纤维发生变性收缩。研究报道在室温下解冻时牛肉可缩短其原来长度的 40%，使肉的嫩度降低。这一结果与肌肉的微观结构变化情况相一致，肉在经过多次冷冻-解冻后肌纤维发生明显收缩，肉肌纤维切断需要更大的力，即肉的剪切力增加、嫩度降低。在较高温度（-5℃、-18℃）下冻藏肉的嫩度先增加后降低，增加是由肌肉收缩引起的，降低主要是由于长时间冻结形成大块冰晶而使肌纤维断裂，破坏肌肉结构的完整性。

无论哪一种解冻方法，对肌肉的嫩度均有明显的影响，特别是微波解冻和室温解冻。解冻后的肉比未冻结的肉有更高的剪切力，是由于解冻僵直引起肌节收缩。

多次冻融后肌细胞膜受到机械损伤，肌肉中的结缔组织膜被破坏，同时冰结晶使肌纤维断裂，使肉的嫩度减少。Sriket 等[8]研究得出反复冻融虾剪切力降低，新鲜黑白虾的 26.42N、22.26N,冻融 5 次后分别为 20.56N 和 16.52N,剪切力降低表明肌肉的完整性被破坏,使肌肉变嫩,反复解冻、冰结晶的重新形成破坏了细胞、细胞器和肌肉的结构。随着冷冻-解冻次数的增加,肌纤维明显断裂、结缔组织膜严重破坏,肉的完整性丧失,肉的嫩度降低,这与 Shanks 等的结果相一致,即反复冷冻-解冻破坏了结缔组织结构的完整性,使牛肉背最长肌有更低的剪切力。Pornrat 等[9]报道,冻藏破坏了肌原纤维蛋白结构的完整性,使虾肉的质地变软,剪切力变小。Yu 等[10]研究不同的解冻温度对鸡肉生化特性的影响时得出:在-18℃条件下解冻的鸡肉长度缩短了 18%~20%,在 0℃和 2℃条件下解冻肌肉缩短没有明显差异,分别缩短 7.47%、7.72%;肌纤维断裂指数(muscle fiber fragmentation index,MFI)、剪切力与肉的嫩度相关,在 0℃、2℃、18℃条件下的鸡胸肉的 MFI 分别为 88.13、96.27 、61.19,剪切力分别为 36.41N、34.84 N、63.83 N,18℃条件下解冻时的剪切力明显高于冷藏条件。冻藏对肌肉嫩度的影响情况为:在较高的冻结温度下(-5℃,-18℃)短时间内冻藏(6 个月),肌肉的嫩度随着冻藏时间的延长而增加,冻藏时间继续延长(12 个月),肌肉的嫩度会降低;在较低的冻结温度下(-35℃,-70℃),肌肉的嫩度随着冻藏时间的延长而增加。肌肉经过解冻后肉的嫩度下降,其中室温解冻和微波解冻影响更为明显。冻融次数增加到三次时,肌肉嫩度随冻融次数的增加而增大,但冻融次数增加五次后肌肉嫩度出现下降趋势。

5.2.2 冷冻和解冻过程引起原料肉颜色的变化

肉的颜色本身对肉的营养价值和风味并无多大影响,其重要意义在于它是肌肉生理学、生物化学和微生物学变化的外部表现,通过感官给消费者以好或坏的影响。Faustman 等[11]指出,肉的颜色是影响消费者购买力的最重要因素。肌肉经过冻藏后 a^* 值下降、L^* 值和 b^* 值增加,冻藏时间越长、冻结温度越高,变化越明显。肉在冻藏过程中表面颜色会由于一系列反应而发生变化,一方面样品在冻结后失去了更多的水分,这引起表面光线反射率的降低;另一个原因是样品表面发生了化学变化,如组织表面的水分会由于冷冻升华逐渐减少,增大了肌肉组织与空气接触发生氧化还原反应的概率,从而降低了表面的亮度。在冷冻贮藏条件下,高铁肌红蛋白还原酶的活力被抑制,这使得高铁肌红蛋白得到足够的积累,表现为红色度的下降。Privalov 等[12]则认为,肌红蛋白的冷冻变性也可引起红色下降。b^* 值的增大说明了冷藏过程中,也可能是由脂肪成分氧化引起的。Akamittath 等[13]研究认为,蛋白质变性和脂肪氧化会引起样品表面 L^* 和 b^* 值的增大、a^* 值的降低,同时组织间自由水分增多,这些变化是由于蛋白质的变性或脂肪氧化增加了自由水含量增大的解冻肉的反射能力。反复冻融次数越多肌肉颜色的变化也越明显，使肉红度值减小、黄度值增大，肉的可接受程度也逐渐降低。Benjakul 等[14]研究表明，随着冻藏次数的增加高铁肌红蛋白含量显著增加，这说明鲶鱼中肌红蛋白发生氧化形成高铁肌红蛋白，高铁肌红蛋白增多，肉中氧合肌红蛋白含量减少，使肉红度值降低。另外，有研究表明冻结过程中，肉的颜色的变化主要是由脂肪和色素氧化引起[15]。Thanonkaew 等[16]研究猪肉在反复冻融过程中脂肪氧化增加程度与黄度值的增加相一致。Yu 等[10]研究火鸡肉时也得到同样的结果：脂肪氧化值 TBARS 增加与黄度值增加和红度值降低相一致。

肌肉的颜色主要是由肌红蛋白决定，a^* 值下降和 L^* 值的增加主要是肌红蛋白中珠蛋白发生变性形成高铁肌红蛋白的结果。肉在冻藏过程中颜色的变化可能是由肌红蛋白冷变性引起的[17]。Akamittath 等[13]发现猪肉冻藏在 108 周后肉的 TABRS 值增加而红度值降低。肌肉颜色的变化与 TBARS 值和过氧化值增高相关[18]。乌贼肉糜中脂肪氧化加速黄色物质的形成[16]。冻藏过程中肉颜色的改变通常由脂肪氧化和色素物质的降解引起[15]。Faustman 等[11]指出，冻藏时间延长增加牛肉褐变（*Hue angle* 从 33.9 下降到 22.7）。Farouk 等[19]得出结论：褐变的增加是由于冻藏降低了高铁肌红蛋白的活性[20]或增加了脂肪氧化[13]。对于冻藏引起肌肉颜色变化也有不同的意见，如 Farouk 等[21]观察到羊肉和牛肉在冻藏过程中 L^* 值的降低。冻藏明显降低肌肉的红度值，冻结温度越高降低越明显，冻藏时间越长下降越多；肌肉经过解冻后肉的颜色下降，其中室温解冻和微波解冻影响更为明显。反复冻融后肌肉红度值下降，黄度值和亮度值增加。

5.2.3　冷冻和解冻过程引起原料肉保水性的变化

肉中的水分有自由水、结合水和不易流动水，其中大部分（80%）水分存在于肌原纤维内细丝和粗丝间隙，小部分在肌原纤维细胞外。肉的保水性（water holding capacity，WHC）是指在外力作用下，如在加压、切碎、加热、冷冻、解冻、腌制等加工或贮藏条件下肌肉保持其原有水分与添加水分的能力。它的高低可直接影响到肉的风味、颜色、质地、嫩度、凝结性等[22]，是肌肉食用品质评定的重要指标之一。

实践性生产中可用解冻损失、蒸煮损失表示肌肉保水性的变化情况，肌肉冻藏后解冻损失、蒸煮损失明显增多，表明肌肉保水性下降。关于冻藏引起保水性下降的报道有很多，Srinivasan 等[23]研究淡水虾在 -18℃条件下，180 天后可榨出水分明显增加，肌肉蛋白质的热稳定性明显降低，反复冻融增加了虾肉的蒸煮损失。Siddaiah 等[24]得出冻结过程中因蛋白质聚集和变性（主要是肌球蛋白变性）使肉的保水性降低，也可能是由于肌肉中蛋白质变性后形成肌原纤维蛋白网络结构的能力变弱使肌肉保持原有水分的能力下降。同时，由于冻藏过程使肌纤维收缩、各种结缔组织膜破裂，肌肉在解冻时也会有更多的水分流失，也就是说明反复冻结解冻过程破坏肌肉组织的完整性，使肌纤维保水能力降低[23]。

　　关于冻藏过程使肌纤维发生收缩，引起肌肉保水性下降的报道还有很多，例如，Xiong 等[25]报道，牛肉在 20℃ 条件下解冻肌纤维会发生强烈的收缩（51%），肌纤维收缩后保水能力降低。冻结解冻使肌浆和线粒体系统无法恢复释放出钙离子的能力，使肌肉发生严重收缩[26]。Pan 等[27]提出保水性降低也可能是由于冻结使肌肉发生收缩、蛋白质分子发生降解。

　　解冻方式也会引起肌肉保水性的降低，肉解冻后比新鲜肉有更高的剪切力[28]。但不同解冻方式对肌肉保水性影响存在差异性，冷藏解冻水分损失最少（8%），这是由于缓慢解冻水分有充分的时间通过渗透的作用迁移到冻结前的组织中，因此冷冻食品在冷却环境下是非常必要的；微波解冻有更高的水分损失（25.64%），这是由于微波解冻加快了肉表面水分的蒸发，同时由于肉中脂肪分布是不均匀的，接收无线电频的能力不同，使同一块肉解冻的速率不同，解冻均匀度不高，引起部分蛋白质的变性和不稳定[4]；室温解冻时肉会发生解冻僵直，使肉变硬、水分损失和缺乏多汁性。Yu 等[10]研究高温条件下解冻鸡肉的肌纤维会发生明显的收缩。Boonsumrej 等[4]研究了不同风速冻结、液氮冻结等冻结方法引起老虎虾的质量损失：冻结风速 4 m/s、6 m/s、8 m/s（−28℃ ± 2℃）时的冻结损失分别是 2.14%、2.71% 和 3.43%，即一般冻结风速越大冻结损失越多；−70 ℃、−80 ℃、−90 ℃、−100℃液氮冻结损失分别为 1.83%、1.81%、1.75%、1.75%，不同冻结温度间差异不显著，但均低于风速冻结法，即超低温度贮藏可有效地控制冻结损失；在第三次反复冻融过程中由微波解冻、冷藏解冻肌肉引起的质量损失分别为 7.87%、5.63%，微波解冻方法虽然解冻时间短，但解冻损失明显高于冷藏解冻；对于相同的冻融方法冻融次数越多，解冻损失越多，当冻融次数到 4 次时，损失最高可达 8.86%。冻藏明显降低肌肉保水性，冻结温度越高降低越明显，冻藏时间越长下降越多；肌肉经过解冻后肉的保水性下降，其中室温解冻和微波解冻影响更为明显。反复冻融后肌肉的保水性也下降，冻融次数越多下降越明显。

5.2.4　冷冻和解冻过程引起原料肉微观结构的变化

　　新鲜肌肉微观结构是肌纤维排列紧密、结缔组织完好、肌束间界限分明、肌肉的大理石样纹理清晰；冻藏后肌束间边界已模糊，肌纤维被明显挤压、扭曲、断裂，有空泡出现，结缔组织破损，肌肉的大理石纹理模糊难辨，严重影响肌肉的质地，降低了肌肉的保水性。冻藏温度越高、冻藏时间越长、冻融循环次数越多，肌肉微观结构的变化越明显，如图 5.2 所示。Hurling 等[29]指出，冻结和冻藏过程中水分运动到细胞外间隙，随着冻藏时间的延长细胞外冰晶的增大使肌原纤维压缩，使肌纤维收缩甚至断裂，改变了肌肉的结构。徐泽智等[30]用电镜观察了石斑鱼冻结后的组织变化，发现冻结 10 h 后石斑鱼肌原纤维边界模糊，排列紊乱，部分肌球蛋白与肌动蛋白溃散、偏聚，被挤压和断开，组织中出现大小不一的空泡。缓慢冻结形成大量的细胞外冰晶，解冻后会严重影响肉组织结构，冻藏过程中肌纤维收缩、蛋白质变性、增加了鱼肉的硬度[31]。肌球蛋白和肌动蛋白是肌肉功能特性最主要的蛋白质，在冻藏过程中特别是肌动蛋白发生聚集反应使肌肉变硬、保水性降低[32]。肌纤维收缩和蛋白质的交联破坏了肌肉在解冻过程重新吸收水分的能力[33]。缓慢冻结对肌肉组织的影响比快速冻结更严重[34]。

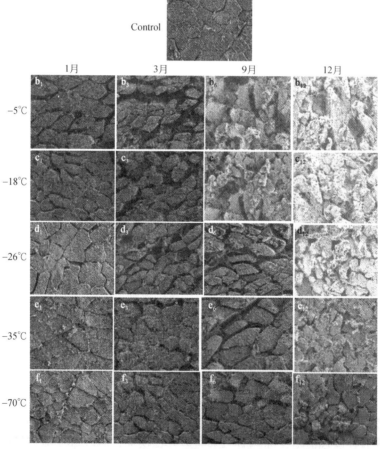

图 5.2　不同冷冻温度、冻藏时间对猪肉微观结构的影响

Control 是新鲜肉的扫描电镜图，b，c，d，e，f 分别代表−5℃、−18℃、−26 ℃、−35℃、−70℃的贮藏温度；1月，3月，6月，12月分别代表冻藏时间

5.3 冷冻和解冻过程引起原料中肌原纤维结构的变化

5.3.1 肌原纤维蛋白 ATPase 活性的变化

ATPase 活性的变化是肌球蛋白结构发生变化的反映。冻藏过程中 Ca^{2+} - ATPase 活性和 K^+-ATPase 都明显下降，说明了肌动球蛋白发生了变性，尤其是球状头部的变性[35]。Scottal [36] 等指出在冻藏过程中阿拉斯加青鳕鱼的 Ca^{2+} - ATPase 呈下降趋势。Benjakul 等[6] 研究得出蟹肉在 $-20℃$ 冻藏 12 周，ATPase 活性逐渐降低。ATPase 活性的下降可能是由于肌球蛋白的球状头部的构形发生改变，以及蛋白质分子聚集[37]。Takahashi 等认为肌原纤维蛋白的变性是由于解冻过程中盐浓度的升高。蛋白质与蛋白质相互之间的重排也被认为导致了 ATPase 活性的丧失。ATPase 活性与肉制品质量有很大系，Ca^{2+}-ATPase 和 K^+-ATPase 活性与肉类蛋白质凝胶强度呈较好的线性正相关作用。肌肉冻结过程中冻结晶的形成、离子强度的增加，诱导肌球蛋白的变性、使肌动球蛋白的复合物破裂，致使 ATPase 活性降低。Ang 等[38] 报道肌肉冻融在 $-20 \sim -80℃$ 条件下，肌球蛋白头部的交联与 ATPase 活性降低是一致的，特别是冻藏前期，降低更为明显。猪肉在 $-5℃$，$-18℃$，$-26℃$、$-35℃$、$-70℃$ 条件下冻藏 12 个月后，蛋白质 Ca^{2+}-ATPase 活性下降了 63.9%、55.6%、42.3%、41.8% 和 30.2%，K^+-ATPase 活性下降了 63.9%、55.6%、60.9%、59.2% 和 50.3%，说明冻结温度越高、冻藏时间越长，蛋白质结构变化越明显；不同的解冻方式中，室温解冻和微波解冻对肌原纤维蛋白结构影响较大，其次是静水解冻和流水解冻，冷藏解冻影响最小；反复冻融也明显降低肌原纤维蛋白的 ATPase 活性，其中 Ca^{2+}-ATPase 活性下降了 44.0%、K^+-ATPase 活性下降了 77.3%。

5.3.2 肌原纤维蛋白巯基含量的变化

巯基对于稳定肌原纤维蛋白的空间结构有着重要的意义，巯基氧化形成二硫键是引起蛋白质分子间交叉、联结、聚合，进而导致肌原纤维蛋白空间构造发生变化的主要原因。Buttkus[39] 等认为，肌原纤维蛋白的聚合变性开始于二硫键的形成，然后蛋白质的疏水键、亲水键再在分子内和分子间发生重排形成稳定的结构。从我们试验中得出：冻藏过程使总巯基含量和活性巯基含量呈下降趋势，这一趋势与 ATP 酶活性下降相一致。Buttkus[40] 等提出肌原纤维蛋白的聚合、变性、溶解性下降、ATP 酶活性下降均是由巯基氧化引起的。总巯基含量减少也是由巯基的氧化形成双硫键引起的[39]。在肌原纤维蛋白中巯基的氧化也表现在 ATP 酶活性的降低和肌球蛋白与肌动蛋白结合机会变少[41]。Chan 等[42]报道肌球蛋白有 42 个巯基，在肌球蛋白头部有两类巯基 SH_1 和 SH_2，有 ATP 酶活性[43]。另外的巯基 SHa 在肌球蛋白轻链中，负责 Mg–ATPase 的活性。Sompongse 等[44]报道 SHa 与肌球蛋白重链的氧化和二聚体的形成有关，巯基含量的减少很可能是由肌球蛋白头部的 SHa 的氧化引起的。

巯基转化为二硫键是最早被观察的以自由基为媒介的蛋白质氧化反应[45]。巯基含量的减少可能是多肽内部或多肽间形成二硫键；巯基含量的减少也可能是由于蛋白质发生了聚集反应。有研究报道活性巯基位于肌球蛋白的活性部位，它也是 Ca^{2+}–ATPase 和 K^+–ATPase 酶的活性中心，巯基如 N–基顺丁烯二酰亚胺改变了 ATPase 酶的活性。

通常游离巯基含量的降低意味着反应后的蛋白质发生了变性，或者通过形成分子间的二硫键而聚集，或者发生了氧化。Lund 等指出，巯基含量的降低在一定程度上代表了蛋白质氧化变性的程度。在 Dean 等[45]的研究中也指出，自由基对蛋白质的氧化过程中，巯基转换成二硫键是初期的一个反应产物。巯基的降低可能是因为形成了多肽分子之间的或多肽内部的二硫键，或者是进一步氧化成磺酸类或其他氧化产物，从而导致蛋白质结构表面巯基含量的下降。由本试验的结果可知，冻藏过程致使分子表面的游离巯基和部分二硫键都发生了较强的氧化反应，从而引起活性巯基和总巯基含量都发生显著降低。Jiang 等[36]报道在冻藏过程中活性巯基含量会减少，减少的巯基或是发生了氧化或是形成氢键。Ramirez 等[46]报道罗非鱼冻藏在 -80℃，15d 总巯基含量降低 33%。肌原纤维蛋白的活性巯基和总巯基含量与蛋白质的结构稳定性相关，冷冻变性后的鱼肉蛋白中两种巯基数量均会减少[47]。猪肉在 -5℃、-18℃、-26℃、-35℃、-70℃条件下冻藏 12 个月后，蛋白质总巯基含量分别下降了 47.0%、37.2%、35.2%、24.1% 和 13.4%，活性巯基含量下降了 71.7%、62.6%、51.4%、45.6% 和 32.6%。反复冻融也明显降低肌原纤维蛋白的巯基含量，其中总巯基下降了 20.3%、活性巯基下降了 64.3%。

5.3.3 肌原纤维蛋白 SDS–PAGE 图谱的变化

冻藏过程中冰晶反复形成、体积的增大会使肌纤维发生收缩或断裂、引发肌原纤维蛋白变性、肌细胞组织结构破裂，诱使肌原纤维蛋白中主要蛋白发生变性降解，使电泳条带变淡，特别是在 -5℃冻结变化更为明显，贮藏 12 个月后只剩下肌球蛋白和肌动蛋白两条条带，而且条带非常浅，其他蛋白质如肌钙蛋白、副肌球蛋白和原肌球蛋白消失，严重破坏肌原纤维蛋白的完整性，使蛋白质功能特性（凝胶特性、乳化特性等）也明显降低。

冻融循环增加，肌原纤维中蛋白质条带依次变淡，说明冻融过程加速了蛋白质的降解。Benjakul 等[47]报道黑鳕鱼在冻藏过程中大分子的蛋白质（肌球蛋白的重链）电泳条带没有发生明显的变化，而一些连接蛋白发生了明显的降解。冻藏过程中蛋白质发生降解主要是由于巯基氧化形成二硫键，加速蛋白质分子间的交联。Ragnarsson 等[48]发现肌肉在冻藏过程中肌球蛋白重链通过共价键和非共价键发生交联。蛋白质的交联影响会增加肌肉的水分损失和降低肌肉的嫩度。同时肌肉在冻藏过程中蛋白质巯基降低和羰基增加也能证实蛋白质发生降解[49]。

5.3.4 肌原纤维蛋白热稳定性的变化

蛋白质变性是指天然蛋白质因受物理或化学的因素影响，其分子内部原有的高度规律性结构发生变化，使蛋白质的生物活性丧失，理化性质改变，但并不导致蛋白质一级结构破坏的现象。蛋白质发生变性，暴露了蛋白质天然结构内部的活性基团，使蛋白质的热稳定性明显降低。冻藏会明显降低猪肉肌原纤维蛋白热转变温度和焓值，冻藏时间越长冻结温度越高，降低越明显，反复冻融也会明显降低蛋白质的热转变温度和焓值，解冻方式对蛋白质的热稳定性也有影响，这一结果与 Subramanian[50]一致，他们用差式热量扫描仪研究了冻结、解冻的方法和贮藏的温度对淡水虾热力学特性的影响：当冻融次数增加时，肌球蛋白热变性的起始温度、最高温度、焓值均变小；快速冻结、缓慢冻结对虾肌肉蛋白热稳定性没有明显的影响；解冻方式对热稳定性有明显的影响，微波解冻、流水解冻与冻藏解冻的蛋白质相比热稳定性更低；不同的冻藏时间蛋白质的热稳定性变化不同，冻藏时间越长，蛋白质的热力学（变性温度、焓值）稳定性越低，但在冻藏到 30 d 时淡水虾肌肉蛋白质对冻结、解冻过程非常敏感，特别是肌球蛋白的变性。

对于蛋白质分子，维持其构象的化学键主要是共价键，有范德华力、氢键、疏水键作用，以及离子键、二硫键、配位键。当蛋白质发生氧化时，维持其构象的化学键和分子间作用力发生了极大改变。冻藏整体上削弱了蛋白质结构中的化学键和分子间作用力，并导致蛋白质高级结构的改变，从而提高了多肽链的移动性和柔性，使蛋白质分子可以采取动力学上更为熔融的结构，此动力学上柔性结构能提供更多的机会接近盐桥和肽的氢键，于是造成较低的变形温度（T_{max}）和焓值（ΔH），因此降低了蛋白质的热稳定性。冻藏过程中肌肉蛋白质的热转变温度和焓值均降低，冻结温度越高、冻藏时间越长、冻融次数越多，降低得越明显，表明蛋白质热稳定性越差；蛋白质的 SDS-PAGE 电泳图谱结果显示，冻藏过程使蛋白质发生不同程度的降解，冻藏时间越长、冻藏温度越高、反复冻融次数越多，蛋白质分子降解越明显。

5.4 冷冻和解冻过程引起原料肌原纤维功能特性的变化

冻藏过程破坏了蛋白质的结构完整性，从而会改变蛋白质的功能特性：冻藏时间越长、温度越高、冻融次数越多，蛋白质溶解性下降越明显、表面疏水性和浊度增加越多。此外，冻藏过程明显降低肌原纤维蛋白的乳化特性和和凝胶特性，导致凝胶硬度、弹性、等质构参数和流变学参数 G' 值均有明显降低，同时凝胶的保水性和白度值也明显降低。优质肌肉蛋白质形成致密、均匀的三维立体网络结构，冻藏后肌肉凝胶结构疏松、网络孔径增大、粗糙、断裂，甚至出现小团块的现象，这样的凝胶保水性差、白度值低，从而降价蛋白质的营养价值，失去了为消费者食用肉类提供优质蛋白质的真正意义。

5.4.1 肌原纤维蛋白溶解性的变化

冻结作为保藏食品的一种方式，因冰晶的形成不仅破坏细胞膜、损伤肌肉组织，而且引起蛋白质的变性，其中蛋白质的变性是肌纤维收缩使离子强度增加引起的，冰晶的大小和分布决定冻结食品在解冻时渗出物的多少，直接影响制品的质量[51]。Miller 等[52]研究在 $-18℃$ 冻藏，25 周后测试蛋白质的溶解性，猪肉下降 50%、牛肉下降 36%。蛋白质溶解性降低与巯基发生氧化含量降低、表面疏水性的增加相一致。蛋白质溶解性降低主要是由于肌肉在冻藏过程中发生聚集。

冻藏过程中引起肌原纤维蛋白溶解性下降的因素可能有，一是在肌原纤维蛋白中部分结晶水形成的冰晶在解冻时析出，使肌原纤维蛋白中的肌球蛋白分子相互作用形成共价键，进而形成大分子的不溶性凝聚体使溶解性下降；二是肉中的水分形成冰晶后使离子强度增加，进一步加速蛋白质的变性，使溶解性降低；三是肌原纤维蛋白中最重要的蛋白质肌球蛋白变性后会产生一种在低离子强度下不溶而在碱性液中可能溶解的蛋白质，从而导致肌原纤维蛋白在冻藏过程中溶解性下降。Sompongse 等[44]认为，巯基氧化形成的二硫键会导致肌球蛋白重链的聚合，降低肌原纤维蛋白的溶解性。蛋白质的溶解性在肉制品中起重要的作用，特别是对肉糜类制品和重组肉，因为肌肉蛋白质的功能特性只有在蛋白质处于高度溶解状态时才能表现出来。

蛋白质的溶解性是肌肉中可以进入溶液的蛋白质量与总的肌肉蛋白质量的比值，且这部分溶解的蛋白质在一定的离心力下不会发生沉淀。肌原纤维蛋白盐溶性的损失是由冻藏诱导蛋白质变性引起的。蛋白质溶解性的降低可作为评价肌肉蛋白质氧化变性的标志。从热力学角度来讲，蛋白质溶解性的降低是蛋白质分子间的作用力强于蛋白质与水分子间作用力的结果。自由基攻击也会引起蛋白质溶解性下降。在蛋白质中二硫键形成也会引起溶解性降低。Thanonkaew 等[53]的研究结果是，乌贼肉糜肌球蛋白的溶解性在冻藏（-18℃）期间不断下降，从93.33%贮藏16周后下降到71.08%。蛋白质溶解性降低与表面疏水性增加、巯基含量减少、二硫键增加相一致。Wagner 等[54]冻结温度高肌原纤维蛋白有更严重的蛋白质变性，这是由于蛋白质分子不完全打开暴露疏水基团。冻结肉与冷却肉相比有更高的水分损失、更差的颜色稳定性，加工成肉饼后有更低的可压缩性和强度。牛肉冻结时在-18℃肌原纤维蛋白溶解性随着冻藏时间的延长而减小（从12.4%到11.9%）[55]。鲢背肌在-18℃下慢冻时，盐溶性蛋白溶解度下降的幅度比在-40℃下速冻时增加5.1%，而碎鱼肉、鱼糜在两种冻结速率下的蛋白质溶解度下降幅度基本相同，相差仅为1%左右。

除了冻藏过程对蛋白质的溶解性有影响外，不同解冻方式对蛋白质的溶解性也有明显的影响。蛋白质溶解性降低与冻结-解冻诱导形成的大蛋白质分子聚集物相一致。新鲜肉的肌原纤维蛋白盐溶液中溶解度增加，凝胶形成能力增强，其超微结构变得致密均匀。粗糙有大直径孔洞且极不均匀的粗丝状结构，这是由于在冷冻条件下肌原纤维蛋白发生变性，失去其凝胶形成能力，在加热凝胶化过程中不再凝胶化。

5.4.2 肌原纤维蛋白表面疏水性的变化

蛋白质氨基酸残基的疏水性是影响蛋白质理化和功能性质的一项重要性质。蛋白质的表面疏水性反映的是蛋白质分子表面疏水性氨基酸的相对含量，也可以用它来衡量蛋白质的变性程度，对某种蛋白质来说，如果表面疏水性增加则说明它的变性程度增加[56]。鉴于它能够观察出蛋白质位点在化学上或物理上的微妙变化，疏水性被作为评价蛋白变性的一个重要参数。在许多关于蛋白质变性的研究中，蛋白质疏水性已经成为一个广泛研究的指标，通常认为蛋白质变性提高了蛋白质表面的疏水性，主要是由埋藏在蛋白质空间构象内部的疏水性氨基酸残基的暴露引起的。冻藏过程引起蛋白质氧化质变性，可能导致蛋白二级结构和三级结构的改变，导致溶液中极性和非极性基团数量的改变，因此可能增加蛋白质的表面疏水性[57]。肌原纤维蛋白的表面疏水性也可作为评价肉类蛋白质冷冻变性的指标，疏水性增大则表明蛋白质发生了变性。

蛋白质的空间结构发生变化时，亲水基团和疏水基团的相对位置发生变化，使蛋白质的表面层疏水性发生了显著变化，同时氨基酸和—SH 氧化残基间的疏水性作用影响表面疏水性。由于蛋白质分子的氧化变性使表面疏水性增加，暴露蛋白质分子的内部结构，可能会引起肌肉保水性、蛋白质溶解性降低，以及更低的凝胶形成能力。正常情况下蛋白质的极性基团（亲水基）暴露在表面而非极性基团（疏水基）在分子的内部。无论是什么原因引起表面疏水性增加，蛋白质结构的变化是非极性基团暴露在分子表面引起的，而且这个构象的变化是不可逆的[8]。这也进一步说明表面疏水性降低与蛋白质溶解性降低是一致的。

在试验中肌原纤维蛋白的表面疏水性随着冻藏时间的延长而增加，随着冻藏温度的升高而增加；冻融循环次数增加，表面疏水性明显增加，解冻方式也不同程度地增加了蛋白质的表面疏水性。Thanonkaew 等[16]的研究表明，乌贼在-18℃冻藏，肌球蛋白表面疏水性不断增加，荧光强度从最初的 88.62 增加到 128.06（贮藏 16 周），这是由于冻藏诱导蛋白质构象发生变化，表面疏水性增加。Benjakul 等[6]研究蟹肉在-20℃冻藏 12 周时，前 8 周表面疏水性增加，后四周出现了下降的趋势，这与本试验结果不一致，可能是由于蛋白质疏水性变化，还与蛋白质的种类密切相关，这也是以后的试验中要进一步证实的。

冻藏过程中肌原纤维蛋白疏水性增加、ATPase 活性逐渐降低也是蛋白质冻结变性的主要表现。表面疏水性的增加也与脂肪氧化值 TBARS 增加相一致，因为脂肪氧化形成的脂肪自由基和脂肪酸式分解产物蛋白质分子中的氨基酸侧链残基使蛋白质结构发生改变。暴露的疏水性残基的相互作用使蛋白质分子发生聚集，因此冻结过程可直接改变蛋白质分子的结构。冻藏过程中表面疏水性的增加可能是由于蛋白质肽链的打开暴露了疏水性脂肪酸和氨基酸。

5.4.3 肌原纤维蛋白乳化特性的变化

在食品乳化体系中，蛋白质能够降低油水界面的界面张力，从而阻止体系中油滴的聚集，提高体系的稳定性。常用乳化活性指数（emulsifying activity index，EAI）、乳化稳定性指数（emulsifying stability index，ESI）来评价蛋白质的乳化能力（emulsion capacity）[56]。本试验就是通过测定 EAI 和 ESI 值来考察冻藏对肌原纤维蛋白乳化性的影响。通常乳化能力是衡量在一定的条件下，一定量的蛋白质溶液所能乳化油的量。乳化活性指数的理论依据是蛋白质乳化液的浊度和乳化微粒的界面面积呈线性关系，涉及蛋白质在油-水界面的吸附、扩散和定向排列。乳化稳定性与时间和乳化液微粒直径（或颗粒度）有关，通常粒径越小稳定性越好。乳化特征和乳状液的稳定性要依赖于体系中表面活性物质的性质，而食品中最重要的表面活性物质就是蛋白质和低相对分子质量表面活性剂。表面疏水性和分子的柔性是决定乳状液形成的因素，表面疏水性是静态因素，而分子的柔性则是动态因素。

蛋白质的溶解度和乳化能力之间通常为正相关。冻藏过程使蛋白质分子发生氧化变性，形成较大分子的蛋白质聚集体，而不能再形成稳定的界膜，因此在很大程度上降低了肌原纤维蛋白的 EAI 值和 ESI 值。此外，表面疏水性的增加使蛋白质分子间的疏水相互作用增加，以及溶解性的降低，这些都能降低蛋白质的乳化作用。

　　从本试验的结果可知，随着冻结温度的升高、冻藏时间的延长，肌肉蛋白质的乳化性和乳稳定性降低，冻结-解冻次数越多乳化性和稳定性越差，解冻方式也不同程度降低了肌原纤维蛋白的乳化特性。在快速冻结和慢速冻结的对比中，我们可以看到在本次试验所涉及的冻结速率下，快速冻结形成的冰晶细胞内和细胞外均有，大多分布于细胞内，相对而言形成的冰晶较小，且较均匀；慢速冻结很少形成细胞内冰晶，冰晶形成于细胞外且相对较大。相比较来讲冻结温度越低冻结速度越快，解冻后水分充分恢复到冻结前的状态，对肌肉蛋白质损失小，蛋白质乳化特性降低少。这就是冻藏在-70℃的肌肉比-5℃肌肉有更高的乳化性和乳化稳定性的原因。

5.4.4　肌原纤维蛋白浊度的变化

　　蛋白质作为一种水性介质，它能形成纯溶液、胶体溶液或不溶性颗粒。蛋白质溶解性可作为加热后蛋白质稳定性的指示剂[58]。蛋白质溶液加热后蛋白质单体损失，形成聚集物，使蛋白质浊度增大，聚集物太大不能进入凝胶中。吸光值可以用来监控蛋白质聚集的程度，吸光值增加表示形成了大的聚合物[42,59]，肌肉中肌原纤维蛋白是由许多长的细丝组成的，包括肌动蛋白细丝、原肌球蛋白、肌钙蛋白等，它们与肌球蛋白头部共轭[60]。肌肉经过冻藏后使肌纤维收缩、断裂，完整性被破坏，暴露出内部的基团，增加了蛋白质聚合的机会。Chan 等认为肌原纤维蛋白的浊度不同可能是由于蛋白质分子聚集的大小和程度不同。蛋白质分子之间可能通过疏水键、静电引力、氢键、范德华力及二硫键进行连接，这些作用力对蛋白质聚集形成所起的作用是不同的，如当 pH 低于等电点时，蛋白质聚集主要是通过静电引力。pH 降低引起蛋白质发生变性，形成网络结构。很多研究得出肌肉在冻藏过程中 pH 有下降的趋势。浊度是粗略评价蛋白质分子受环境因素（如 pH 和离子强度等）影响后蛋白质聚集程度，蛋白质聚集程度不同可能是由于冻藏引起疏水性区域变化不同。更低的温度冻藏比较高的温度冻藏使肌肉蛋白质分子间二硫键交联少。蛋白质的凝胶特性直接影响着肉类制品的组织特性、持水性、黏结性、外观及产品的得率。因为在 40℃ 以上时肌球蛋白解旋变性伸展，疏水性残基暴露增加了疏水相互作用，SH 氧化形成了二硫键，这些化学相互作用导致肌球蛋白分子间相互聚集，发生光散射，所以浊度升高[61]。

5.4.5　肌原纤维蛋白凝胶特性的变化

　　凝胶是介于固体和液体之间的一个中间相。在技术上它被定义为"无稳定状态流动的稀释体系"。它是由聚合物经共价和非共价键交联而形成的一种网状结构，可以截留水和其他低相对分子质量的物质，形成良好的三维立体结构。蛋白质凝胶化作用是指热或其他试剂使蛋白质从溶液或分散液转变成凝胶网络结构，在凝胶化过程中蛋白质分子相互作用形成一个三维网状结构。疏水相互作用、静电作用力、氢键和二硫键都参与了凝胶化过程。

蛋白质结构发生变化会明显改变凝胶形成能力，冻藏过程中冰晶的形成、使蛋白质的表面疏水性增加、溶解性下降，破坏了蛋白质-蛋白质分子、蛋白质分子-水之间的作用力，明显降低凝胶特性，包括流变学特性、保水性、白度值和微观结构。新鲜肉在低于40℃条件下天然肌球蛋白从肌原纤维蛋白分离出来，如原肌球蛋白从F-肌动蛋白高级螺旋结构中分离出来。肌球蛋白的轻链在蛋白质结构部分伸展时从重链中分离开来，形成三维结构[14]。继续加热 G' 迅速降低到58.9，然后又增加直到90℃，G' 的增加是由于形成了不可逆的凝胶网络结构，由于螺旋结构的展开，使表面疏水性作用和二硫键连接增多，导致有更高的凝胶强度。G' 的降低可能是由于肌动球蛋白复合物的分离和肌球蛋白尾部的变性[62]。这可以认为螺旋卷曲作用使半凝胶的流动性增加也可能使已经形成的蛋白质网络结构发生断裂。在最后凝胶强度增加是由于蛋白质聚集间的交联增加和变性蛋白在凝胶网络结构中的沉积。G' 作为测量每一正弦剪切变形循环能量的恢复度，它的增加表示弹性凝胶结构硬度的增加。

冻藏过程明显降低了凝胶的 G'，且 G' 在较低的温度下出现最大值，这说明冻藏降低了蛋白质的凝胶流变学特性。Xiong[63]指出较低的 G' 可能是由于蛋白质网络结构的破裂，也可能是由于维持的断裂 α-螺旋结构氢。Xiong 也指出蛋白结构破裂后，会引起蛋白质 G' 降低。Lin 等[64]研究鲭鱼蛋白凝胶的硬度和强度随着冻藏时间的延长而降低。

通过凝胶的扫描电镜也观察到冻藏后蛋白热凝胶的微观结构明显不同于新鲜蛋白的凝胶，前者表现为凝胶胶束变得更加粗糙、形状不规则、孔径大而不均匀，而后者表现为孔隙均匀且较小、形状规则、胶束较多、网状结构结实致密。电镜试验的结果也进一步证实，氧化后蛋白热凝胶具有更小的硬度、弹性，以及流变学上的各种参数（如 G' 值）。试验结果充分表明了冻藏导致了蛋白质分子的变性，改变了原有蛋白质结构变得更加松散无序，导致在凝胶网络结构形成过程中氢键、疏水和静电相互作用等各种作用力发生改变，整体上降低了形成凝胶三维网状结构的作用力，从而产生了弱凝胶网络结构。

在凝胶保水性的试验中我们也发现，所有冻藏的蛋白质其凝胶保水能力均有显著降低。这可能与上面谈到的凝胶结构上的变化是密不可分的。蛋白凝胶是高度水合体系，它们能含有高达98%的水。被截留在凝胶中的水缺少流动性，并且不易被挤出。水之所以能被保持在凝胶中的确切机制还没有完全搞清楚。但发现主要通过氢键相互作用而形成的半透明凝胶比凝结块类凝胶能保持较多的水，并且脱水收缩的倾向也较小。根据这一事实可推测，很多水是通过氢键结合至肽键的 C＝O 和 N—H 基团，以水合的形式与带电基团缔合，或广泛地存在于通过氢键形成的水–水网。由我们的试验结果可知，一些 C＝O 和 N—H 基团在氧化中发生了羰氨反应，从而冻藏过程使蛋白质氧化后所成凝胶的氢键作用降低，进而降低了凝胶的持水能力。

通常较低冻藏条件下（–70℃），相应蛋白质的凝胶质地、黏弹性以及凝胶持水性均较好，明显高于较高冻藏温度下（–5℃）的蛋白凝胶，且电镜结果也验证了此结论。这可能是因为，较高冻藏温度使蛋白质变性的程度增加，高级结构破坏严重，可能使一些能够形成二硫键的巯基被氧化成非二硫键形式，导致凝胶形成过程中—SH 和—S—S—相互交换反应降低，从而降低了凝胶网状结构的形成。另外，较高冻藏条件下引起的蛋白聚集也会明显降低蛋白质的热凝胶形成能力。

另外，冻藏也明显降低了肌原纤维蛋白凝胶的白度值。Benjakl 等[65]研究了 Threadfin bream，Bigeye snapper，Lizardfish 和 Croaker 四种鱼贮藏在–18℃时鱼肉凝胶蛋白的白度值也随着贮藏时间的延长而降低。Hwang 等[66]实验表明，鱼糜凝胶的白度变化是与蛋白质变性程度相关联的。凝胶白度值的降低是由于在冻藏过程中肌肉蛋白质发生氧化，也可能是由于脂肪氧化引起色素蛋白与肌肉蛋白质交联，在肌原纤维蛋白提取过程由于冻结使蛋白质发生不同程度的变性，蛋白质分子间相互作用，色素蛋白去除不完全而保留在肌原纤维蛋白中。

5.5　冷冻和解冻过程原料肉发生的氧化反应

5.5.1　蛋白质氧化

肌原纤维蛋白羰基的形成（醛基和酮基）是蛋白质发生氧化后一个显著变化，被广泛地用于测量蛋白质的氧化程度。蛋白质的羰基物质能够通过以下四种途径产生：①氨基酸侧链的直接氧化；②肽骨架的断裂；③和还原糖反应；④结合非蛋白羰基化合物。在侧链上带有—NH 或—NH_2 的氨基酸对羟基自由基（OH·）非常敏感。在蛋白质氧化过程中，这些基团被转化成羰基基团[67]。

冻藏使肌肉蛋白质中的羰基含量增加，特别是较高温度（–5℃）下冻藏 12 月时增加了近 70%。一些文献资料也报道了，反复冻融明显增加了羰基含量，微波解冻与其他解冻方式相比有更高的羰基含量，这些试验结果说明冻结、解冻使蛋白质发生了不同程度氧化，蛋白质发生氧化使蛋白质的热稳定性降低，功能特性损失。

5.5.2　脂肪氧化

冻藏过程脂肪会发生氧化形成自由基和过氧化氢，它们使色素、风味物质和维生素氧化。不饱和脂肪酸氧化形成析酮、醛、醇、碳水化合物和环氧化物，可直接或与蛋白质反应形成不良风味，引起褐色、水分损失，甚至产生潜在的毒性成分。肌肉冻藏过程中发生的脂肪氧化会对蛋白质的结构和功能性产生不利的影响[68]。

一般情况下畜禽屠宰后（甚至在屠宰前）细胞失去控制脂肪氧化机制时肉类食品的氧化现象就会发生[69]。氧化现象引起的食品的质量损失包括风味的劣变、褐色、营养物质的损失，甚至可能形成一些有毒的物质[70]。Shenouda[71]也指出蛋白质和脂肪的氧化损害了食品的品质。

肌肉冻藏温度较高、冻藏时间长或经过多次的冻融循环都会加速脂肪的氧化，使 TBARS 值明显增加。脂肪氧化速度还与黄度值增加呈正相关，在肌内膜上脂肪酸氧化形成的自由基、羰基可以与肌肉蛋白褐色素中的自由氨基发生反应，加速褐色物质的形成，使肌肉的黄度值增加、红度值下降。Yu 等[10]研究发现，随着火鸡肉脂肪氧化的增强，肌肉的 a^* 值减少、b^* 值增大，这可能是由于肉在冷冻-解冻时脂肪氧化过程中发生了非酶褐变，生成了黄色素、磷脂氧化生成胺类物质。Aubourg[72]发现鱼肉随着冻藏时间的延长会发生脂肪氧化和脂肪水解。Subramanian[50]也发现生蟹肉在-41℃冻藏 120 天会发生脂肪氧化和脂肪水解，使 TBARS 值明显增加。Benjakul 等[6]指出蟹肉在-20℃冻藏 12 周脂肪氧化值逐渐增加。

不同的解冻方式对肌肉脂肪氧化也有明显影响，其中微波解冻肉有一个更高的 TBARS 值，这是由于高能量的微波对肉进行解冻，加速了脂肪的氧化过程。肌肉在高温下更容易发生解脂作用。

猪肉在-5℃、-18℃、-26℃、-35℃、-70℃条件下冻藏时间 12 月时，肌肉的 TBARS 分别是新鲜肉的 2.71、2.42、2.29、2.09 和 1.72 倍；冷藏解冻、室温解冻、静水解冻、流水解冻、微波解冻时脂肪氧化值是新鲜肉的 1.14、1.56、1.18、1.13 和 1.71 倍；冻融次数越多 TBARS 值越大，冻融 1、3、5 次 TBARS 值分别为新鲜肉的 1.49、2.21、2.76 倍。冻藏脂肪氧化的产物醛、酮类似物，促进蛋白质氧化变性形成羰基，-5℃、-18℃、-26℃、-35℃、-70℃条件下冻藏时间 12 个月时羰基分别增加了 9.2%、8.5%、6.6%、6.7% 和 6.1%；冷藏解冻、室温解冻、静水解冻、流水解冻、微波解冻使羰基含量分别增加了 2.3%、4.4%、3.4%、2.1% 和 3.0%；冻融次数越多蛋白质氧化程度越严重，冻融1、3、5次羰基含量分别增加了1.8%、5.2%和6.3%。

参 考 文 献

[1] Fennema O R. Nature of freezing process // Fennema R, Powrie W D, Marth E H. Low temperature preservation of foods and living matter [M]. New York: Marcel Dekker, 1973: 151-222

[2] Karel M, Lund D B. Physical Principles of Food Preservation [M]. New York: Marcel Dekker, Inc, 2003, 25: 398-421

[3] Taher B J, Farid M M. Cyclic microwave thawing of frozen meat: experimental and theoretical investigation [J]. Chemical Engineering and Processing, 2001, 40: 379-389

[4] Boonsumrej S, Chaiwanichsiri S, Tantratian S, et al. Effects of freezing and thawing on the quality changes of tiger shrimp (*Penaeus monodon*) frozen by air-blast and cryogenic freezing [J]. Journal of Food Engineering, 2007, 80: 292-299

[5] Goncalves A A, Candido S. The effect of glaze uptake on storage quality of frozen shrimp [J]. Journal of Food Engineering, 2009, 90: 285-290

[6] Benjakul S, Sutthipan N. Muscle changes in hard and soft shell crabs during frozen storage [J]. Food Science and Technology, 2009, 42: 723-729

[7] 曾名湧，刘尊英，董士远，食品保藏原理与技术普通高等教育"十一五"国家级规划教材. 化学工出版社. 2007

[8] Sriket P, Benjakul S, Visessanguan W, et al. Comparative studies on the effect of the freeze-thawing process on the physicochemical properties and microstructures of black tiger shrimp (*Penaeus monodon*) and white shrimp (*Penaeus vannamei*) muscle [J]. Food Chemistry, 2007, 104: 113-121

[9] Pornrat S, Sumate T, Rommanee S, et al. Changes in the ultrastructure and texture of prawn muscle (*Macrobrachuim rosenbergii*) during cold storage [J]. Journal of Food Science and Technology, 2007, 40: 1747-1754

[10] Yu L H, Lee E S, Jong J Y. Effects of thawing temperature on the physicochemical properties of pre-rigor frozen chicken breast and leg muscles [J]. Meat Science, 2005, 71: 375-382

[11] Faustman C, Cassens R G. The biochemical basis for discoloration in meat: a review [J]. Journal of Muscle Foods, 1990, 1: 217-243

[12] Privalov P L, Griko Y V, Venyaminov S Y, et al. Cold denaturation of myoglobin [J]. Journal of Molecular Biology, 1986, 190: 487-498

[13] Akamittath J G, Brekke C J, Schanus E G. Lipid oxidation and color stability in restructured meat systems duringfrozen storage [J]. Journal of Food Science, 1990, 55: 1513-1517

[14] Benjakul S, Visessanguan W, Ishizaki S, et al. Differences in gelation characteristics of natural actomyosin from two species of bigeye smapper, *Priacanthus tayenus* and *Priacanthus macracanthus* [J]. Journal of Food Science, 2001, 66: 1311-1318

[15] Dias J, Nunes M L, Mendes R. Effect of frozen storage on the chemical and physical properties

of black and silver scabbard fish [J]. Journal of the Science of Food and Agriculture, 1994, 66: 327-335

[16] Thanonkaew A, Benjakul S, Visessanguan W, et al. The effect of metal ions on lipid oxidation, color and physicochemical properties of cuttlefish (Sepia pharaonis) subjected to multiple freeze-thaw cycles [J]. Food Chemistry, 2006, 95: 591-599

[17] Zhang X, Kong B, Xiong Y L. Production of cured meat color in mitrite-free Harbin red sausage by lactobacillus fermentum fermentation [J]. Meat Science, 2007, 77: 593-598

[18] Hamre K, Lie O, Sandnes K. Development of lipid oxidation and flesh color in frozen stored fillets of Norwegian spring-spawning herring (Clupea Harengus L.): Effects of treatment with ascorbic acid [J]. Food Chemistry, 2003, 82: 445-453

[19] Farouk M M, Wieliczko K J. Effect of diet and fat contenton the functional properties of thawed beef [J]. Meat Science (in press), 2002

[20] Ledward D A. Post-slaughter influences on the formation of metmyoglobin in beef muscles [J]. Meat Science, 1985, 15: 149-171

[21] Farouk M M, Swan J E. Effect of muscle condition before freezing and simulated chemical changes during frozen storage on protein functionality in beef [J]. Meat Science, 1998, 50: 235-243

[22] Lonergan H E, Lonergan S M. Mechanisms of water-holding capacity of meat: Mechanisms of water-holding capacity of meat: The role of postmortem biochemical and structural changes [J]. Meat Science, 2005, 71: 194-204

[23] Srinivasan S, Xiong Y L, Blanchard S P. Effects of freezing and thawing methods and storage time on thermal properties of freshwater prawns [J]. Journal of the Science of Food and Agriculture, 1997, 75: 37-44

[24] Siddaiah D, Sagarreddy G V, Raju C V, et al. Changes in lipids, proteins and kamaboko forming ability of silver carp (Hypophthalmichthys molitrix) mince during frozen storage [J]. Food Research International, 2001, 34: 47-53

[25] Xiong Y L, Blanchard S P. Functional properties of myofibrillar proteins from cold-shortened and thaw rigor bovine muscles [J]. Journal of Food Science, 1993, 58: 720-723

[26] Buege D R, Marsh B B. Mitochondrial calcium and postmortem muscle shortening [J]. Biochemical and Biophysical Research Communications, 1975, 65: 478-482

[27] Pan B S, Yeh W T. Biochemical and morphological changes in grass shrimp (Penaeus monodon) muscle following freezing by air blast and liquid nitrogen methods [J]. Journal of Food Biochemistry, 1993, 17: 147-160

[28] Hale M B, Waters M E. Frozen storage stability of whole and headless freshwater prawns, Machrobranchium rosenbergii [J]. Marine Fish Review, 1981, 42: 18-21

[29] Hurling R, Arthur M H. Thawing, refreezing and frozen storage effects on muscle functionality and sensory attributes of frozen cod (Gadus morhua) [J]. Journal of Food Science, 1996, 61 (6): 1289-1296

[30] 徐泽智，刘晓华．鱼类吹风冻结保鲜的组织变化研究 [J]．湛江海洋大学学报，18 (3)：49-53

[31] Ngapo T M, Babare I H, Reynolds J, et al. Freezing and thawing rate effects on drip loss from samples of pork [J]. Meat Science, 1999, 53: 149-158

[32] Mackie J M. The effects of freezing of flesh proteins [J]. Food Review International, 1993, 9: 575-610

[33] Lampila L E. Comparative microstructure of red meat, poultry and fish muscle [J]. Journal of Muscle Foods, 1990, 1: 247-267

[34] Sigurgisladottir S, Ingvarsdotti H, Torrissen O J, et al. Effects of freezing/thawing on the microstructure and the texture of smoked Atlantic salmon (*Salmo salar*) [J]. Food Research International, 2000, 33: 857-865

[35] Ruiz-Capillas C, Moral A, Morales J, et al. The effect of frozen storage on the functional properties of the muscle volador (*Illex coindetti*) [J]. Food Chemistry, 2002, 78: 148-156

[36] Jiang S T, Wang F J, Chen C S. Properties of actin and stability of the actomyosin reconstituted from milkfish (*Chanos chanos*) actin and myosin [J]. Journal of Agriculture and Food Chemistry, 1989, 37: 1232-1235

[37] Okada T, Inoue N, Akiba M. Electron microscopic observation and biochemical properties of carp myosin B during frozen storage [J]. Bulletin of the Japanese Society of Scientific Fisheries, 1986, 52: 345-353

[38] Ang J F, Hultin H O. Denaturation of cod myosin during freezing after modification with formaldehyde [J]. Journal of Food Science, 1989, 54: 814-818

[39] Buttkus H. Accelerated denaturation of myosin in frozen solution [J]. Journal of Food Science, 1970, 35: 558-562

[40] Buttkus H. On the nature of chemical and physical bonds which contribute to some structural properties of protein foods: a hydrothesis [J]. Journal of Food Science, 1974, 39 (2): 484-489

[41] Seki N, Ikeda M, Narita N. Changes in ATPase activities of carp myofibril during ice-storage [J]. Bulletin of the Japanese Society of Scientific Fisheries, 1979, 45: 791-799

[42] Chan J K, Gill T A, Thompson J W, et al. Herring surimi during low temperature setting, physicochemical and textural properties [J]. Journal of Food Science, 1995, 60: 1248-1253

[43] Benjakul S, Seymour T S, Morrissey M T, et al. Physicochemical changes in pacific whiting muscle proteins during iced storage [J]. Journal of Food Science, 1997, 62: 729-733

[44] Sompongse W, Itoh Y, Obatake A. Role of SHa in the polymerization of myosin heavy chain during ice storage of carp actomyosin [J]. Fisheries Science, 1996, 62: 110-113

[45] Dean R T, Fu S, Stocker R, et al. Biochemistry and pathology of radical-mediated protein oxidation [J]. Journal of Biological Chemistry, 1997, 324: 1-18

[46] Ramirez J A, Martin-Polo M O, Bandman E. Fish myosin aggregation as affected by freezing and initial physical state [J]. Journal of Food Science, 2000, 65: 556-560

[47] Benjakul S, Bauer F. Biochemical and physicochemical changes in catfish (*Silurus glanis* Linne) muscle as influenced by different freeze-thaw cycles [J]. Food Chemistry, 2001, 72: 207-217

[48] Ragnarsson K, Regenstein J M. Changes in electrophoretic patterns of cadoid and non-gadoid fish muscle during frozen storage [J]. Journal of Food Science, 1989, 62: 123-127

[49] Park D, Xiong Y L, Alderton A L, et al. Biochemical changes in myofibrillar protein isolates exposed to three oxidizing systems [J]. Journal of Agricultural and Food Chemistry, 2006, 54: 4445-4451

[50] Subramanian T A. Effect of processing on bacterial population of cuttle fish and crab and determination of bacterial spoilage and rancidity development on frozen storage [J]. Journal of Food Processing and Preservation, 2007, 31: 13-31

[51] Sanza P D, Elvira C, Martinob M, et al. Freezing rate simulation as an aid to reducing crystallization damage in foods [J]. Meat Science, 1999, 52: 275-278

[52] Miller A J, Ackerman S A, Palumbo S A. Effect of frozen storage on functionality of meat for processing [J]. Journal of Food Science, 1980, 45: 1466-1468

[53] Thanonkaew A, Benjakul S, Visessanguan W, et al. Gelling properties of white shrimp (*Penaeus vannamei*) meat asinfluenced by setting condition and microbial transglutaminase [J]. Food Science and Technology. 2007, 40: 1489-1497

[54] Wagner J R, Añón M C. Effect of freezing rate on the denaturation of myofibrillar proteins [J]. Journal of Food Technology, 1985, 20: 735-744

[55] Farouk M M, Wieliczko K J. Ultra-fast freezing and low storage temperatures are not necessary to maintain the functional properties of manufacturing beef [J]. Meat Science, 2003, 66: 171-179

[56] 莫重文. 蛋白质化学与工艺学. 北京: 化学工业出版社, 2007

[57] Morzel M, Gatellier P, Sayd T, et al. Chemical oxidation decreases proteolytic susceptibility of skeletal muscle myofibrillar proteins [J]. Meat Science, 2006, 73: 536-543

[58] Vardhanabhuti B, Foegeding E A. Effects of dextran sulfate, NaCl, and initial protein concentration on thermal stability of β-lactoglobulin and α-lactalbumin at neutral pH Food Hydrocolloid, 2008, 22: 752-762

[59] Visessanguan W, Ogawa M, Nakai S, et al. Physicochemical changes and mechanism of heat-induced gelation of arrowtooth flounder myosin [J]. Journal of Agricultural and Food Chemistry, 2000, 48: 1016-1023

[60] Sano T, Noguchi S F, Tsuchiya T, et al. Dynamic viscoelastic behavior of natural actomyosinand myosin during thermal gelation [J]. Journal of Food Science, 1988. 53: 924-928

[61] Chan J K, Gill T A, Paulson A T. Cross-linking of myosin heavy chains from cod, herring and silver hake during thermal setting [J]. Journal of Food Science, 1992, 57: 906-912

[62] Egelandsdal B, Fretheim K, Samejima K. Dynamic rheological measurement on heat-induced

myosin gels: Effect of ionic strength, protein concentration and addition of adenosine tripolyphosphate or pyrophosphate [J]. Journal of the Science of Food and Agriculture, 1986, 37: 915-926

[63] Xiong Y L. Myofibrillar protein from different muscle fiber types: implications of biochemical and functional properties in meat processing [J]. Critical Reviews in Food Science and Nutrition, 1994. 34: 293-320

[64] Lin S B, Chen L C, Chen H H. The change of thermal gelation properties of horse mackerelmince led by protein denaturation occurring in frozen storage and consequential air floatation wash [J]. Food Research International, 2005, 38: 19-27

[65] Benjakl S, Visessanguan W, Thongkaew C, et al. Effect if frozen stirage in chemical and gel-forming proterties of fish commonly used fir surimi production in Thailand [J]. Food Hydrocolloids, 2005, 19: 197-207

[66] Hwang J S, Lai K M, Hsu K C. Changes in textural and rheological properties of gels from tilapia muscle proteins induced by high pressure and setting [J]. Food Chemistry, 2007, 104: 746-753

[67] Stadtman E R. Oxidation of free amino acids and amino acids residues in proteins by radiolysis and by metal-catalyzed reactions [J]. Annual Review of biochemistry, 1993, 62: 797-821

[68] Saeed S, Howell N K. Effect of lipid oxidation and frozen storage on muscle proteins of Atlantic mackerel (Scomber scombrus) [J]. Journal of the Science of Food and Agriculture, 2002, 82: 579-586

[69] Morrissey P A, Sheehya P J A, Galvina K, et al. Lipid stability in meat and meat products [J]. Meat Science, 1998, 49: 73-86

[70] Kong B H, Xiong Y L, Chen G, et al. Influence of gender and spawning on thermal stability and proteolytic degradation of proteins in Australian red claw crayfish (Cherax quadricarinatus) muscle stored at 2℃ [J]. International Journal of Food Science and Technology, 2007, 42: 1073-1079

[71] Shenouda S Y K. Theories of protein denaturation during frozen storage of fish flesh [J]. Adeances in Food Research, 1980, 26: 275-311

[72] Aubourg S P. Lipid damage detection during the frozen storage of an underutilized fish species [J]. Food Research International, 1999, 32: 497-502

6 肌肉中的小热休克蛋白及其对肌肉品质的影响

肉品品质一直是肉类行业及消费者所关注的重点，对于肉类生产及加工企业而言，如何培育出高品质的畜禽类和生产出高品质的肉制品是他们面临的挑战。肉品品质特性主要包括其色泽、保水性、嫩度及风味等方面[1]，加工者和消费者也是根据这些表观的品质特性来评价肉质的优劣。随着分子生物学的不断发展，肉类研究者对影响肉品品质形成的相关机理进行了深入的研究[2]。肌肉的品质主要由胴体发生尸僵所引起的生物学性状变化与贮藏过程中肌肉的生化反应两者相互作用所决定的[3]。尽管现有大量的研究用以改良肉品品质[4-6]，但关于肌肉的品质形成及劣变的机理仍需进一步探索。

肌肉蛋白质与肉品品质的形成密切相关，无论是对肌肉颜色起决定作用的肌红蛋白[7]，还是对肌肉嫩度和保水性起作用的肌原纤维蛋白[8]以及对风味形成有贡献的肌浆蛋白[9]，都是肌肉中的重要组成成分。屠宰及贮藏过程中这些蛋白的状态及变化可以更好地揭示发生在肌肉中的生化反应是如何影响肌肉品质的。其中伴侣蛋白，特别是小热休克蛋白的表达差异与肌肉的颜色、保水性、嫩度及风味产生有密切的关系。本章主要介绍小热休克蛋白的基本结构及功能，以及其对肌肉品质的影响。

6.1 小热休克蛋白简介

早在 1962 年 Ritossa 观察果蝇时发现，热环境下会诱发果蝇产生特异性糖蛋白[10]，随后的研究发现几乎所有的生物体内都存在热应激反应，而在这一过程中起作用的蛋白质被称作热休克蛋白（heat shock protein, HSP）[11,12]。按相对分子质量可将 HSP 分为 5 个家族，分别为 HSP100、HSP90、HSP70、HSP60 和小热休克蛋白。小热休克蛋白（small heat shock proteins, sHSPs）是 HSP 家族中相对分子质量最小的，其分布范围广，分子质量从 12 kDa 到 43 kDa 都有分布[12,13]。在已发现的 sHSPs 中，HSP20、HSP27 和 α、β-晶体等与肌肉的品质相关[12]，因此下面将主要介绍肌肉组织中这些 sHSPs 的结构和功能。

sHSPs 的结构如图 6.1 所示。sHSPs 单体由几个分离的域组成，α-晶体结构域位于 sHSPs 单体的 C 端。它是所有小热休克蛋白家族成员所共有的结构域，此结构域由 80~100 个氨基酸残基组成，包含 9 个 β 折叠片层。α-晶体结构域有弯曲折叠的尾部，这些尾部主要由长度不一的氨基酸构成。而在一些 sHSPs 单体的 N 端会含有 WDPF 域，这种 WDPF 域主要由长短可变的氨基酸残基序列构成，正是 WDPF 和 α–晶体结构域中的位点长度差异造成了 sHSPs 的相对分子质量的变化[13-15]。

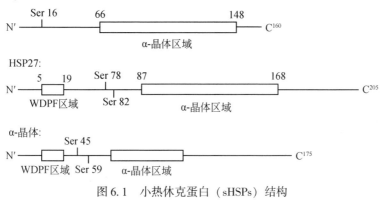

图 6.1　小热休克蛋白（sHSPs）结构

6.2　小热休克蛋白在细胞中的功能

6.2.1　小热休克蛋白在正常细胞中的功能

6.2.1.1　sHSPs 为分子伴侣

分子伴侣是细胞中一大类蛋白质，是由不相关的蛋白质组成的一个家系，它们介导其他蛋白质，帮助其正确装配，但自己不成为最后功能结构中的组分[16]。分子伴侣的功能简单而言，就是通过催化或者非催化的方式，加速或减缓蛋白质组装过程，传递空间信息，抑制组装中的不正确的副反应。帮助新生肽折叠，并帮助其成熟为活性蛋白，辅助蛋白质跨膜定位[17]。sHSPs 家族中的 HSP60 和 HSP70 可作为分子伴侣促进蛋白质在合成过程中的正确装配和折叠[18]。同时，在 ATP 绑定过程中，sHSPs 可以将异常折叠或者变性蛋白质适当地重新装配和迁移到细胞的正确位置，从而阻止了蛋白质的不可逆集聚[19-22]。

6.2.1.2　sHSPs 调节肌动蛋白聚合

sHSPs 通过抑制肌肉组织中肌动蛋白的聚合作用，从而调节微细纤维的结构。sHSPs 中 α–晶体区域的 C 端尾部的保守序列和 α–晶体区域的谷氨酸–甘氨酸序列共享同一位点，而这些位点就是肌动蛋白聚集时的结合位点。因此，sHSPs 可以替代肌动蛋白单体并结合到这些肌动蛋白–肌动蛋白结合位点上，有效阻止肌动蛋白的聚集[12]。另外，sHSPs 的磷酸化状态也会抑制肌动蛋白的聚合作用。而 HSP27 是唯一可以以非磷酸化单体状态来抑制肌动蛋白聚合，并且其表达与 F-肌动蛋白的浓度有关[23]，一般认为，sHSPs 对肌动蛋白丝的细胞骨架网络起调节组装和维护的作用。

6.2.2　小热休克蛋白在应激细胞中的功能

在应激作用下细胞内蛋白质的转录、翻译和修饰作用也会发生相应的变化，同时会破坏蛋白质三维结构的完整性，导致功能的丧失，表现为细胞的生理发生改变，严重时这些应激会导致细胞成分的破坏，进而导致细胞的死亡[24]，sHSPs 在热应激过程中会对细胞起到一定的保护作用。

sHSPs 作为分子伴侣，在应激期天然蛋白质和大分子 sHSPs 会解离成较小的复合物，同时 sHSPs 结构展开[25,26]。在该过程中 sHSPs 的结构会发生重组，暴露出疏水基团，从而被动地与变性的蛋白底物结合，形成一种稳定的、水溶的 sHSPs 蛋白底物复合物[25]。sHSPs 分解为低聚物是蛋白质分子保护伴侣的一个关键过程。虽然 sHSPs 寡聚体的解离机制还不清楚，但在解离过程中 sHSPs 的丝氨酸残基的磷酸化已得到了证实[27]。

6.3　sHSPs 对肌肉品质的影响

动物体屠宰过程中肌细胞不可避免地发生凋亡现象，而凋亡的肌细胞会对肌肉的品质产生不良影响。sHSPs 的聚集可阻碍凋亡性细胞的死亡，并且 sHSPs 的分子伴侣功能会促使肌肉蛋白质展开，从而维持肌细胞的稳态。另外，sHSPs 的保护作用还体现在延缓肌肉衰老的速度，同时减弱肌原纤维蛋白的降解[28]等方面。肌肉的质量关键在于蛋白质性质，研究相关标志性蛋白，即 sHSPs，有利于更好地评价判断肉品品质的质量。因此下面主要讨论在贮藏过程中 sHSPs 对肌肉品质的影响。

6.3.1　sHSPs 对肌肉颜色的影响

肌肉的颜色是衡量肉的食用品质之一，也是消费者评价肉品新鲜度及品质质量的一个直观指标。sHSPs 表达和含量与肉的颜色之间有相关性，经分析发现 HSP27 或者 α、β-晶体水平较高的猪肉和牛肉的肉色较深，另外，也有研究表明 HSP27 和 α、β-晶体的表达和 L^* 值呈负相关[29-31]。此外，研究表明猪肉和牛肉的亮度（L^* 值）与 pH 呈负相关。肌肉颜色较深与肉中较高的 pH 有关，这主要是因为高 pH 会使肌肉保持在脱氧肌状。屠宰前动物的应激反应，容易造成 pH

升高，并诱导 sHSPs 含量上升[32]。虽然 sHSPs 对肌肉颜色影响的作用尚不清楚，但普遍认为是 sHSPs 的抗凋亡功能，阻碍了肌肉 pH 下降的速率，进而更容易产生颜色较暗的肉。

6.3.2　sHSPs 对肌肉嫩度的影响

动物屠宰后，肌肉中 sHSPs 含量丰富，其可以调节肌动蛋白聚合并参与控制肌肉的粗丝细丝的正确装配[33,34]。此外，sHSPs 可以稳定宰后肌原纤维蛋白，并可以防止在应激阶段肌肉蛋白的聚集[35]。这些作用都与肉的嫩度紧密相联。

目前，sHSPs 的表达与肌肉嫩度之间的关系存在两种相互矛盾的观点。Hwang 等用蛋白质组学分析的方法，经实验研究认为 HSP27 含量和肌肉嫩度呈负相关[36]。他认为 sHSPs 对肌肉嫩度作用的机理是由于 sHSPs 是一种分子伴侣，从而具有维持蛋白质完整性的功能，故肌肉中 HSP27 和 α、β-晶体含量的下降，有利于肌动蛋白和肌球蛋白的降解，进而使得肌肉的嫩度上升。除此之外，Bernard 等对牛肌肉进行研究时发现，HSP27 和 α、β-晶体蛋白含量与肌肉的嫩度和持水性呈显著负相关，其实验数据表明 HSP27 和 α、β-晶体蛋白含量增加 19%，肌肉的嫩度下降 63%。而 Morzel 等[37]的研究结果与此理论相反，他认为肌肉中 HSP27 表达和肉的嫩度之间呈正相关。Morzel 对牛胸最长肌的研究表明，HSP27 和 HSP20 在牛胸最长肌的含量显著高于半腱肌的，并且牛胸最长肌的嫩度显著高于半腱肌。他认为这种情况的发生主要是因为肌肉在贮藏过程中蛋白质聚集，从而改变骨骼肌肌原纤维蛋白的化学物理的识别位点，并降低其易感性蛋白的水解，在 sHSPs 含量较高的背最长肌中可以防止蛋白聚集体的形成，从而促进肌原纤维蛋白的蛋白质水解，进而导致肉嫩度上升[38]。然而，sHSPs 是如何改变肉的质量性质的机制还有待进一步研究。

6.3.3　sHSPs 对肌肉持水性的影响

肌肉的持水性是其品质特性之一，它不仅会影响到肉色，并且对肌肉嫩度有一定影响。相关研究表明，在猪肉背最长肌中，随着 HSP27 和 α、β-晶体蛋白含量的减少，其失水程度上升，也就是持水能力下降。与之相反，Kwasiborski 等[39]研究认为，α、β-晶体含量和蒸煮损失之间存在正相关关系。此外，Bernard 等[40]研究认为，在牛肉背最长肌中，α、β-晶状体以及 HSP27 含量的降低，可以增加牛肉的多汁性，促进风味的形成。

6.4　结　　论

本章从 sHSPs 对肌肉品质的影响角度出发，阐述了动物体在屠宰、尸僵的过程中，肌肉细胞凋亡会造成生化变化，进而影响肉质的形成。sHSPs 通过结合不稳定蛋白质、抑制细胞凋亡，协同调解肌肉收缩从而增加细胞存活，提高肌肉的品质。本文综述了 sHSPs 对肌肉品质的影响，特别是对肌肉类嫩度、色泽、持水性的作用。随着对 sHSPs 研究的深入，其可作为一种生物性标志来评价肉品品质，并且通过蛋白质组学相关技术预测肉品质量。

参 考 文 献

［1］孔保华. 肉品科学与技术［M］. 北京：中国轻工业出版社，2011：135

［2］Bendixen E. The use of proteomics in meat science［J］. Meat Science, 2005, 71（1）：138-149

［3］Hwang I H, Park B Y, Kim J H, et al. Assessment of postmortem proteolysis by gel – based proteome analysis and its relationship to meat quality traits in pig longissimus［J］. Meat Science, 2005, 69（1）：79-91

［4］朱卫星，王远亮，李宗军. 蛋白质氧化机制及其评价技术研究进展［J］. 食品工业科技，2011, 32（11）：483-486

［5］崔旭海，孔保华. 蛋白氧化及对肉制品品质和功能性的影响［J］. 肉类研究，2008, 5（11），27-31

［6］孔保华. 抗氧化剂对羟自由基引起的乳清分离蛋白氧化抑制效果的研究［J］. 食品科学，2010, 31（3）：5-10

［7］马汉军，周光宏，徐幸莲. 高压处理对牛肉肌红蛋白及颜色变化的影响［J］. 食品科学，2004, 25（12）：36-39

［8］夏秀芳，孔保华，张宏伟. 肌原纤维蛋白凝胶形成机理及影响因素的研究进展［J］. 食品科学，2009, 30（9）：50-94

［9］张波，李开雄，卢士铃. 发酵剂对风干羊肉理化特性变化和蛋白质降解的影响［J］. 食品工业科技，2013, 34（14）：197-204

［10］杨官品，张蕾. 热休克蛋双结构和功能研究进展［J］. 中国海洋大学学报，2009, 39（5）：965-970

［11］吴俣，陈歆悦，曹宇. 热休克转录因子的生理特征［J］. 现代医院，2007, 7（8）：11-13

［12］曹傲能. 小热休克蛋白 Mj HSP165 对多肽纤维生长的抑制及对成熟纤维的解聚作用［J］. 物理化学学报，2010, 26（7）：2015-2020

［13］夏佳音，张耀洲. 小热休克蛋白的结构和功能［J］. 中国生物化学与分子生物学报，2007, 23（11）：911-915

［14］de Jong W W, Caspers G J, Leunissen J A M. Genealogy of the α-crystallin-small heat-shock protein superfamily［J］. International Journal of Biological Macromolecules, 2005, 22（3-4）：151-162

［15］Van M R, Slingsby C, Vierling E. Structure and function of the small heat shock protein α-crystallin family of molecular chaperones［J］. European Journal of Biochemistry, 2001, 59：

105-156

[16] Ellis R J, Vies S M. Molecular chaperones [J]. Annual Review of Biochemistry, 1991, 60 (1): 321-347

[17] 罗靖旻. 热休克蛋白免疫作用的研究进展 [J]. 医学综述, 2013, 19 (17): 1179-1181

[18] Georgopoulos C, Welch W J. Role of the major heat shock proteins as molecular chaperones [J]. Annual Review of Cell Biology, 1993, 9: 601-634

[19] Hendrick J P, Hartl F U. Molecular chaperone functions of heat-shock proteins [J]. Annual Review of Biochemistry, 1993, 62: 349-384

[20] Miron T, Wilchek M, Geiger B. Characterization of an inhibitor of actin polymerization in vinculin-rich fraction of turkey gizzard smooth muscle [J]. European Journal of Biochemistry, 1988, 78 (2): 543-553

[21] 曲凌云, 孙修琴, 相建海. 热休克蛋白研究进展 [J]. 海洋科学进展, 2004, 22 (3): 385-390

[22] 郭爱疆, 才学鹏. 小热休克蛋白家族的研究进展 [J]. 中国兽医科技, 2004, 34: 33-37

[23] Lavoie J N, Hickey E, Weber L A. Modulation of actin microfilament dynamics and fluid phase pinocytosis by phosphorylation of heat shock protein 27 [J]. Journal of Biological Chemistry, 1993, 268 (32): 24210-24214

[24] Thompson C B. Apoptosis in the pathogenesis and treatment of disease [J]. Science, 1995, 267 (5203): 1456-1462

[25] Haslbeck M. sHsps and their role in the chaperone network [J]. Cellular and Molecular Life Sciences, 2002, 59 (10): 1649-1657

[26] Narberhaus F. α-Crystallin-type heat shock proteins: Socializing minichaperones in the context of a multichaperone network [J]. Microbiology and Molecular Biology Reviews, 2002, 66: 64-93

[27] Raman B, Rao C M. Chaperone-like activity and quaternary structure of alpha-crystallin [J]. The Journal of Biological Chemistry, 1994, 269 (44): 27264-27268

[28] Ito H, Okamoto K, Nakayama H. Phosphorylation of alpha B-crystallin in response to various types of stress [J]. The Journal of Biological Chemistry, 1997, 272 (47): 29934-29941

[29] Ouali A. Proteolytic and physicochemical mechanisms involved in meat texture development [J]. Biochimie, 1992, 74 (3): 251-265

[30] Herrera-Mendez C H, Becila S. Meat ageing: Reconsideration of the current concept [J]. Trends in Food Science and Technology, 2006, 17 (8): 394-405

[31] Kim N K, Cho S, Lee S H. Proteins in longissimus muscle of Korean native cattle and their relationship to meat quality [J]. Meat Science, 2008, 80 (4): 1068-1073

[32] Bouton P E, Harris P V, Shorthose W R. Effect of ultimate pH upon the water-holding capacity and tenderness of mutton [J]. Journal of Food Science, 1971, 36 (3): 435-439

[33] Jia X, Ekman M, Grove H. Proteome changes in bovine longissimus thoracis muscle during the early postmortem storage period [J]. Journal of Proteome Research, 2007, 6 (7):

2720-2731

[34] Jia X, Hollung K, Therkildsen M. Proteome analysis of early post-mortem changes in two bovine muscle types: *M. longissimus* dorsi and *M. Semitendinosis* [J]. Proteomics, 2006, 6 (3): 936-944

[35] Miron T, Vancompernolle K, Vandekerckhove J. A 25-kD inhibitor of actin polymerization is a low molecular mass heat shock protein [J]. The Journal of Cell Biology, 1991, 114 (2): 255-261

[36] Hwang I H, Thompson J M. The interaction between pH and temperature decline early postmortem on the calpain system and objective tenderness in electrically stimulated beef longissimus dorsi muscle [J]. Meat Science, 2001, 58 (2): 167-174

[37] Morzel M, Gatellier P, Sayd T. Chemical oxidation decreases proteolytic susceptibility of skeletal muscle myofibrillar proteins [J]. Meat Science, 2006, 73 (3): 536-543

[38] Guillemin N, Jurie C, Micol D. Prediction equations of beef tenderness: Implication of oxidative stress and apoptosis [J]. Proceedings 57th International Congress of Meat Science and Technology (Ghent), 2011, 5 (6): 885-894

[39] Kwasiborski A, Sayd T, Chambon C. Pig longissimus lumborum proteome: Part II: Relationships between protein content and meat quality [J]. Meat Science, 2008, 80 (4): 982-996

[40] Bernard C, Cassar-Malek I, Cunff M. New indicators of beef sensory quality revealed by expression of specific genes [J]. Journal of Agricultural and Food Chemistry, 2007, 55 (13): 5229-5237

第二篇　肉制品加工新技术

7 肉制品加工中关键加工工艺及添加物对质量的影响

香肠类制品是我国肉类制品中品种最多的一大类制品。它以畜禽肉为主要原料，经腌制（或未经腌制）、绞碎或斩拌乳化成肉糜状，并混合各种辅料，然后充填入天然肠衣或人造肠衣中成型，根据品种不同再分别经过烘烤、蒸煮、烟熏、冷却或发酵等工序制成产品。由于所使用的原料、加工工艺及技术要求、调料辅料的不同，各种香肠不论在外形上和口味上都有很大区别。现代肠类制品的生产，无论种类还是生产技术都有巨大发展，许多工厂的肠制品生产已实现了高度机械化和自动化，大大提高了生产效率。

由于香肠类制品丰富的营养和良好的口感，它以丰富的营养、独特的风味以及便于携带、保存并适应当代快节奏生活需要而深受人们的欢迎。一般来说，在香肠类制品加工过程中，斩拌、加热以及外源添加物是影响其质量的最主要因素，因为这些因素决定着产品的产量、质构、黏着力、脂肪含量及保水性等一系列指标。

7.1 斩拌工艺对肉制品质量的影响

香肠类制品在加工中基本上通过斩拌肉、脂肪组织和冰或水制成。斩拌机在利用斩刀高速旋转的斩切作用，将肉及辅料在短时间内斩成肉馅或肉泥状，还可以将肉、辅料、水一起搅拌成均匀的乳化物。斩拌的过程不仅仅是斩细的过程，更重要的是使肉馅中各种成分充分结合乳化的过程。

7.1.1 斩拌的作用及机理

斩拌对产品的出品率、质构、颜色、持水力和整体质量都有直接的关系。原辅料经过恰当的斩拌，可使产品呈良好的色泽、保水性、保油性、感官特性、质构特性（硬度、弹性、黏聚性）等。而实际生产中若凭经验加以控制，会导致加工温度过高或原料斩切不当等，以至出现产品析油、结构疏松、粘皮、胀袋等问题。斩拌质量的优劣受到诸多因素的影响，主要因素包括原辅料的选择、加料次序、斩拌时间、温度、斩拌程度、操作经验、斩拌机性能等，在实际操作中需综合考虑。只有在充分了解斩拌机理，把握好斩拌要点，认真执行斩拌中各工艺参数的前提下，才有可能生产出高合格率、高品质的产品来。

在全部的肉蛋白中，大约有40%是肌动球蛋白，其中肌球蛋白占很大部分，其在斩拌过程中可以被水或盐溶液从肌肉中萃取出来，形成一种黏性物质，成为乳化液的基础，在稳定肉、脂肪乳化物中起重要的作用。尽管瘦肉中的其他种类蛋白质也有结合性，但它们的作用很有限。因此通过斩切将肌动蛋白和肌球蛋白从肌肉细胞中释放出来，然后充分地膨润和提取是至关重要的[1]。肌动蛋白和肌球蛋白是嵌在肌肉细胞中的丝状体，肌肉细胞被一层结缔组织膜包裹，只要这层膜保持完整，肌动蛋白和肌球蛋白只能结合本身的水分，不能结合外加水，因此斩切时要求必须切开细胞膜，以便使结构蛋白的碎片游离出来；吸收外加水分并通过吸水膨胀形成蛋白凝胶网络，从而包容脂肪并且在加热时防止脂肪粒聚焦，才能得到较好的系水性、脂肪结合性以及结构组织特性[2]。

盐溶性蛋白质，可以是肌原纤维蛋白或肌浆蛋白，但肌原纤维蛋白的乳化性更好。肌原纤维蛋白（即肌动蛋白和肌球蛋白）是不溶于水和稀盐溶液的，但可溶于较浓的盐溶液中。故在乳化香肠加工中，斩拌时必须加盐来帮助这些蛋白质溶出，使其作为乳化剂把分散的脂肪颗粒完全包裹住，从而保持肉糜乳化物的稳定。在有盐的条件下应该先斩拌瘦肉，然后再把脂肪含量高的原料肉加入斩拌。提取出的盐溶性蛋白质越多，肉糜乳化物的稳定性越好，而且肌球蛋白越多，乳化能力越大。提取蛋白质的多少，直接与原料肉的 pH 有关，pH 高时，提取的蛋白质多，乳化物稳定性好[3]。

斩拌是在斩拌机中完成的，将肉及辅料、冰水一起用斩拌机高速斩拌均匀，将原料肉的肌纤维切断打碎，将肉中的肌球蛋白和水溶性蛋白质大量释放出来。斩拌是强化灌肠风味、结构、黏结性的重要工序。它不仅起制细和拌料的作用，还使足量的水分与肉馅充分结合，增强制品在蒸煮时肉馅的凝固力，提高制品的出品率和质量[4]。另外，通过斩拌可使肉中的蛋白质和添加的植物蛋白等乳化剂与脂肪更好地结合，形成脂肪的乳化作用，从而形成较强的持水作用。

斩拌的目的一是提取瘦肉中的蛋白质，使其和肠馅中的脂肪发生乳化作用，增加肉馅的保水性，提高其成品率，减少油腻感，防止烘烤时出油；二是改善肉馅的结构状况，增加其黏稠度和均匀度，提高制品的弹性；三是破坏肌肉结缔组织薄膜，使肌肉中蛋白质分子的肽键断裂，极性基团增多，从而提高吸收水分的能力，提高乳化肠的嫩度[1]。

7.1.2　肌肉蛋白质对斩拌效果的影响

虽然热鲜肉的保水性等加工性能较好，但一般加工厂完全使用热鲜肉进行生产有一定的难度。所以与热鲜肉相比更宜采用冷鲜肉。因为虽然热鲜肉有更好的保水和保油性，且能多提供50%左右的盐溶性蛋白质，但其容易造成加工中微生物的污染，且当斩拌处理是在屠宰后三个小时或更长时间完成时，肉中原来带有的磷酸盐基本上被代谢完，同时会形成肌动球蛋白，可以被抽提出来的肌球蛋白数量将减少，从而影响肉馅的保水和保油性能，并导致最终产品起皱或是出油。而冷鲜肉经过预处理（在斩拌前，将冷鲜肉混合冰水和盐腌制剂粗斩拌后，在 0 ~ 4℃下腌制 12h），也能使蛋白质更有效地提取出来，具有热鲜肉的加工优势[5]。

蛋白质在肉类乳化的形成和稳定性上起着关键的作用。存在于生肉糊水相中可溶性蛋白质的浓度及类型，会影响最终乳化产品的超微结构和组织特性。但一些不溶性蛋白质也会通过物理上的交互作用，以及对肉糊保水性的影响来影响乳化过程。肉类乳化也经常使用含有大量结缔组织的肉，结缔组织中富含胶原蛋白，胶原在斩拌时，会吸收大量的水分，但在后续的加热过程中遇热收缩（约72℃），把水分挤出。这会引起蛋白凝胶结构和界面蛋白质膜结构被破坏，而使脂肪转移到产品表面[6]，同时降低保水性。因而应注意控制肉中胶原蛋白的含量。

从新鲜的未冻结的肉中提取出的肌原纤维蛋白要比冻结及解冻肉中提取出的多，这是由于肉经冷冻会使蛋白质发生部分变性[7]。从瘦的骨骼肌中提取的肌原纤维蛋白比从心肌提取的多、从鸡胸肉（糖酵解型快速肌纤维）提取的肌原纤维蛋白会比鸡腿肉（氧化型慢速纤维）提取的多[8]。

7.1.3　脂肪对斩拌效果的影响

脂肪是肉类产品中很重要的原料之一。其主要作用是提供给产品良好的风味，并且影响着乳化产品的口感。减少脂肪添加量会使肉制品感官品质变劣，如多汁性下降、切片性差、质地不均、嚼如橡胶、制品色泽加深等。例如，当脂肪含量低于 15% 时，香肠可能变得比较韧，而不是柔软多汁。当脂肪含量过高时，作为乳化肉糜中的分散相，没有被完全乳化的脂肪颗粒会造成很多问题。例如，热狗肠成品会出现"脂肪帽"（最终产品一端无法烟熏上色），或产品表面出现过多油脂[5, 9]。

脂肪在稳定肉馅体系方面还起着重要作用。脂肪分布于蛋白质网膜中，能够缓解蛋白质结构因加热变性导致的收缩。脂肪随蛋白质分布于产品结构中，可防止产品老化，提高产品的鲜嫩程度，提高产品的热稳定性。然而，当脂肪含量太高时，所要求的蛋白质网膜要强，而这往往办不到，所以应科学地配置脂肪在产品肉馅中的比例[1]。

脂肪的乳化性同原料肉的不同部位和脂肪的热溶性有关。用脂肪含量高的低等级肉制成的肉馅，其黏性往往不够。根据热差分析，猪脂肪在 8 ~ 12℃时乳化效果最好,温度高于 18.5℃ 时斩拌乳化不稳定,而且脂肪最佳添加量为 14% 时乳化效果最好,当添加量高于 22% 时对高熔点脂肪乳化效果好,而对低熔点脂肪则不好,在这种情况下应采取少加脂肪来稳定乳化[4]。

7.1.4 水对斩拌效果的影响

为保持结合水和游离水的最适比例,应向肉馅中加一定量的水,它可提高肉馅的黏稠性和结着力,使灌肠具有较好的弹性。斩拌时肉馅的吸水量与加水量有一定关系:加水越多,肉馅的水分含量越大,成品的出品率越高,但是过多的加水使得肉馅与水分分离,直接影响制品的黏结力。为了达到组织结构的机械破坏,肉馅必须有足够大的正面阻力,因此,只有经过 1 ~ 2min 后才能加水,否则会因为正面阻力降低而达不到组织的必要程度的破坏[4]。适当的水分含量(或添加的冰屑)还可以在斩拌时降低肉馅温度;提供给产品嫩滑和多汁的口感;另外,提高出品率可以给厂家带来更多利润。但如果水分含量过高,在蒸煮时候也可能造成胶原肠衣的断裂或掉落[5]。水的添加量一般为原料肉的 10% ~ 25%。通常建议将水分三批加入,40% 于肌肉与食盐、磷酸盐等腌制剂斩拌时加入;30% 于脂肪斩切时加入;30% 最终与淀粉等加入[1]。

7.1.5 辅料对斩拌效果的影响

斩拌时添加某些辅料,不仅可提高灌肠成品的色、香、味,也有助于提高质量。某些产品可在最后添加柠檬酸,不可与混合盐一起加,否则起不到发色的作用。添加 0.3% ~ 0.5% 的磷酸盐可改善肠馅的结构、稠度及成品的色泽和滋味,使制品在蒸煮时避免出水现象的发生。适当添加一些复合磷酸盐以提高肉的 pH,帮助盐溶性蛋白质的提取,同时还可适当添加一些食品级非肉蛋白,如组织蛋白、血清蛋白、大豆分离蛋白等以帮助提高肉的乳化效果。斩拌时添加辅料决定了肠馅的组成比例、性质状态以及加水量、成品质量和出品率。应该较为科学地控制原辅料的比例[3, 4]。

7.1.6 添料顺序对斩拌效果的影响

在原料的添加顺序上最主要的是先斩拌原料肉,且在预腌时或斩拌最初阶段加入盐和磷酸盐等,让盐溶性蛋白质充分溶解出来(盐浓度按瘦肉量计达到 5% ~ 6% 时溶解度达到最大值),即干斩 30s,干斩的作用是将所有肌膜切开,把游离的结构蛋白斩碎,最大限度地提取出盐溶性蛋白质与水和脂肪等很好地乳化,这对形成良好的质构具有很重要的作用,一方面其具有乳化性,可以将脂肪稳定下来,另一方面是盐溶性蛋白质有热凝胶性,形成的胶体具有良好的弹性、咀嚼感、嫩度和一定的硬度[1, 10, 11]。然后逐渐加入部分冰水，斩拌后加入脂肪和调味料、香辛料。因为淀粉和大豆分离蛋白会加速斩拌机中肉馅温度的上升，因此，为避免超过适宜的最终温度，在大部分情况下，都必须把淀粉和大豆分离蛋白作为最后的原料与剩余的冰水一起加入[1]。另外，为达到均匀一致的斩拌效果，应根据肉的硬度，从硬到软，依次加入。加肉和料时不要集中一处，要全面铺开。斩拌过程中必须合理安排时间，有序地准备好原辅料，防止不必要的停机和错加、漏加等现象的发生[11]。

7.1.7　温度对斩拌效果的影响

斩拌温度在乳化中起着重要作用。首先应严格控制原辅料温度。斩碎瘦肉提取盐溶性蛋白质最好在 4 ~ 8℃ 条件下进行，当肉馅温度升高时，盐溶性蛋白质的萃取量显著减少，同时温度过高，易使蛋白质受热凝固，致使其保油保水能力下降。与此相反，最佳的脂肪结合则需在稍高温度下进行[12, 13]。但如果斩拌时的温度过高，一会导致盐溶性蛋白质变性而失去乳化作用；二会降低乳化物的黏度，使分散相中密度较小的脂肪颗粒向肉糜乳化物表面移动，降低乳化物稳定性；三会使脂肪颗粒融化而在斩拌和乳化时更容易变成体积更小的微粒，表面积急剧增加，以至可溶性蛋白质不能把其完全包裹，即脂肪不能被完全乳化。这样肠体在随后的热加工过程中，乳化结构崩溃，凝胶结构破坏，弹性下降，持油持水性能降低，最终导致产品感官发散，出油析水[13]。Thomas 等[14]通过质地剖面分析（texture profile analysis，TPA）测定研究斩拌温度对产品质构的影响，结果证明斩拌温度越高，产品的硬度和咀嚼性越差，剪切力也越小。温度升高，蛋白质发生变性，从而使得蛋白质、水分和脂肪的结合性变差。另外，伴随温度的升高，脂肪融化和部分融化也促使三者的结合性变差[15]。

雅昊[5]通过实验得到理想最终斩拌温度，当脂肪含量为 25% ~ 35% 时，温度为 12 ~ 16℃；低于 20% 脂肪含量时，温度为 10 ~ 12℃；如果使用了一定比例鸡肉，斩拌温度则为 8 ~ 10℃。周伟伟等[15]的研究表明，随着斩拌温度的升高，蒸煮损失逐渐增加，水分含量逐渐下降，红度值（a^* 值）减小，黄度值（b^* 值）增加。Thomas 等[14]也得出了同样的结论。这可能是由于斩拌终温高时，高铁肌红蛋白的形成速度加快。斩拌温度升高，脂肪颗粒减小，并有部分融化，因此香肠的硬度、咀嚼性降低。香肠的弹性和剪切力与斩拌终温密切相关。随着斩拌终温的升高，弹性逐渐增加，剪切力逐渐减小，斩拌温度为 12℃ 时，乳化香肠的保水保油性最好。斩拌温度的不同，提取的盐溶性蛋白质的含量不同。斩拌温度为 12℃ 的肉糜基质分布均匀紧密细腻，脂肪球周围形成了网状稳定的乳化体系，这是由于 12℃ 时提取的盐溶性蛋白质比较多，使蛋白质–脂肪–水体系得到加强，使其混合更均匀，结合更紧凑，体系更稳定，改善了乳化香肠制品的质构，使乳化肠制品的弹性、保水保油性、肉糜乳状液的稳定性等方面有所提高。斩拌温度为12℃的肉糜脂肪球周围形成的网状结构不明显；斩拌终温为12℃时，香肠的乳化体系比较稳定，质构较好；可溶性蛋白质的提取率大，蛋白质、脂肪、水分三者结合性较好，保水保油性好。

因此在实际操作中采取斩拌最初阶段加冰屑后期加冷水的方法，并把斩拌的最终温度控制在8~12℃，有时为了控制水的加入量并达到更迅速有效的降温效果可以在斩拌过程中加入干冰或液氮。这样不仅可以很好地提取出盐溶性蛋白质增强乳化效果，而且也使脂肪乳化效果更佳。而且在斩拌过程中加冰除可吸热外，还可使乳化物的流动性变好，从而利于随后进行的灌装[12]。

7.1.8　斩拌时间和斩拌程度对斩拌效果的影响

斩拌时间要能保证形成最好的乳化结构和乳化稳定性，一般斩拌时间为3~10min，应将所有原料斩到均匀一致。其中先低速后高速干斩30s，然后再加入冰屑干斩30s后，加入辅料肥肉，先低速后高速斩2~5min，最后加入大豆分离蛋白和淀粉高速乳化斩拌2~4min，充分有效的斩拌能切开结缔组织膜，将肌动蛋白和肌球蛋白等蛋白质碎片游离出来，从而能充分地吸收外加的冰水，并通过吸收水分膨胀形成蛋白凝胶网络，从而包容脂肪，并防止了加热时脂肪粒聚集[11]。

另外，斩拌时间还受其他几种因素的影响，主要是脂肪含量、脂肪类型（熔点）及水相的离子强度（盐量）。适当的斩拌时间可提取出乳化脂肪所需要的足够量的盐溶性肌原纤维蛋白，这些蛋白质可以包在脂肪球表面并形成稳定的凝胶基质。要注意斩拌时间不能太短，否则会使脂肪分布不均匀，肌原纤维不能充分起到乳化的作用，盐溶性蛋白质的溶解性低，肉糜制品的凝胶特性不好；斩拌时间过长，会使脂肪球过小，产生过大的表面积，这样就没有充足的盐溶性蛋白质将脂肪球覆盖。蛋白质被过分搅拌、研磨，部分发生变性，会影响肌原纤维蛋白的乳化力和黏着力，所以凝胶硬度、弹性、黏聚性减小，而且产品易缺乏咀嚼感[10]。以上乳化不当的任何一种情况，都会使加热熟制时乳状液和凝胶结构被破坏。过度斩拌的肉类乳化物生产的肉糜制品，在产品内部和产品表面都会有脂肪析出，使产品看起来很油腻。而且乳化结构的破坏也会使产品在加热中析出水分，使产品的出品率降低[16]。

7.1.9　pH对斩拌效果的影响

肉的pH影响肌肉蛋白质的持水性。在pH接近肌动球蛋白的等电点5.4时，即肌肉蛋白中的正电荷被肌肉因死亡而僵直产生的负电荷中和，没有多余的正电荷来保持水分子，此时肌肉的持水性、泡胀性最小[5]。从技术保险的角度讲，应该使用 pH5.7 以上的肉来制作乳化型香肠（火腿），添加食盐和磷酸盐或含有磷酸盐的腌制剂可稍稍提高 pH，因而改善保水能力。以 pH 为基准选择原料肉在工艺上相当重要，特别适合生产乳化型香肠（火腿）的原料是具有正常的宰后成熟模式、没有 PSE 肉（肉色灰白、肉质柔软、表面潮湿或有水分渗出的肉）和 DFD 肉（肉色黑、肉质硬、表面发干的肉）特征、但具有标准 pH 的肉。可以这样说，原则上必须用低 pH 的肉加工脱水型干香肠，而用高 pH（牛肉5.8，猪肉6.0）的肉加工乳化型香肠[1]。Faustman 等[17]指出，pH 在 6.5～7.6 有较好的凝胶特性，选择 pH 小于 5.6 的肉为原料，可影响肉的黏结性和持水性，直接影响斩拌效果。

7.1.10　加工机械对斩拌效果的影响

斩拌的刀速、刀离锅底的距离等，都会影响斩拌出来的肉泥的细腻程度，形成的凝胶的完好和稳定程度等[10]。斩拌机的刀速越快、刀刃越利，斩拌效果越好，肉馅的黏结性、保水性、乳化效果好，制品中脂肪不易分离。

刀速一般在 2000r/min，有的机器刀具速度分成几挡，如德国塞德曼公司斩拌机就有六挡转速：第一挡 60r/min，用于搅拌与混合（无斩拌功能）；第二挡 120r/min，用于搅拌加斩拌，如生产火腿粒香肠；第三挡 1500r/min，用于粗斩和排气；第四挡 2300r/min，用于生产干香肠和获得细肉末；第五挡 4300r/min，用于生产精细灌肠；第六挡 6300r/min，用于生产最精细香肠和乳化香肠[18]。

另外，着重介绍一下真空斩拌机的优点：

（1）真空斩拌大大降低了肉浆中空气量。采用真空操作，隔绝了与空气的接触，并将其中的残余气体抽出，使肉浆中化学的和细菌学性质的消极影响降低到最低程度。蒸煮时间缩短，因热阻很大的气泡非常少，使热传递迅速。

（2）可以减少脂肪和肌红蛋白（亚硝基肌红蛋白）的氧化，从而保持腌制肉特有的颜色和风味[19]。利用真空乳化制得的产品乳化能力高，香肠制品的物理稳定性好，这主要是由于在真空条件下，可从肌肉组织中萃取出更多的蛋白质（乳化剂），而且除去的气泡可以减少空气竞争性地与蛋白质结合，使得脂肪可利用的蛋白质增多。

（3）生产的肉馅密度高，无气泡，改善了产品的外观（真空减少气泡的产生）。比用普通法生产的肉馅体积要小，所以同样质量肉馅所耗费包装材料也较少；因肉馅密实，所以各种筋腱和硬的肉块均能被斩碎；使肌肉发色迅速和稳定，且色泽持久。

（4）假若因为真空度过高，使肉馅变得过于密实，可以迅速用氮气回充。

目前，许多工厂采用真空高速斩拌技术，有利于提高产品的质量，特别是色泽和结构有所改善[18]。

7.2 加热对肉制品质量的影响

肉制品因其丰富的营养和良好的口感，受到越来越多的重视。对方便速食的肉制品的需要也更高。这就涉及肉制品一个关键的性质——凝胶性，而凝胶性又与加热手段息息相关。一般来说，加热是影响肉制品质量的最主要因素，因为加热会引发一系列的化学物理反应，如质构变化、风味形成等，同时也能够杀死病原体保证食品安全。加热还有一个作用就是能使肌肉蛋白质（主要是肌原纤维）形成凝胶。肌肉盐溶蛋白热诱导凝胶的功能特性对于肉制品的品质改善和创新起着举足轻重的作用，其凝胶的性能决定着产品的产量、质构、黏着力、脂肪含量及保水性等。而且加热的时间和温度大大影响了肉制品最终的柔软程度、含汁量、颜色和风味等一系列因素。

肌原纤维蛋白的主要成分是肌球蛋白，肌球蛋白加热后二级结构的变化通过圆二色（circular dichroism，CD）测定酶解肌球蛋白轻链（light meromyosin，LMM）α-螺旋含量来进行研究。CD 法是一种简单和快捷的获得生物大分子结构的手段。圆二色现象是由光学活性物质对左右圆偏振光的吸光率之差引起的。蛋白质或多肽是由氨基酸通过肽键连接而成的，其主要的光学活性生色基团是肽链骨架中的肽键、芳香氨基酸残基及二硫键。其 CD 谱远紫外区段（190 ~ 250 nm），主要生色团是肽链，这一波长范围的 CD 谱包含着生物大分子主链构象的信息；在近紫外区（250 ~ 300 nm），占支配地位的生色团是芳香氨基侧链，这一区域可以给出"局域"侧链间相互作用的信息[19]。

研究人员研究了兔 LMM 中 α-螺旋在温度达到 30℃开始降解，在 70℃降到最低值[20]。同时，加热到 65℃的过程中，表面疏水性在逐渐增加，当升到更高温度时，表面疏水性又开始下降。表面疏水性在高温下降的现象说明，部分疏水残基参与了蛋白质相互作用导致其网络形成聚合体，即形成凝胶。

蛋白质的热变性对于肌肉的品质，如保水性、嫩度以及颜色都有很大的影响。在低于 40℃的条件下，如从 25℃到 35℃的升温过程中，蛋白质没有任何的变化；在 40℃附近的温度范围内，温度对蛋白质最终的结构有了明显的影响[21]。还有人研究了在三种加热速率下用磷酸盐缓冲液溶解肌球蛋白、纤维蛋白和白蛋白，经过加热制备凝胶，通过测定浊度（A_{660nm}）、溶解度、凝胶强度来研究不同温度和升温速度对凝胶的影响。肌球蛋白和纤维蛋白悬浊液的浊度和溶解度降低，因为温度控制着凝胶的形成。肌球蛋白和胶原纤维蛋白在 12℃/h 和 50℃/h

的升温速度下，终点温度为70℃形成的凝胶最佳，然而白蛋白以12℃/h的速度和95℃的终点温度形成的凝胶与连续加热20min形成的凝胶没有显著的区别[22]。

Tornberg[23]研究了球状蛋白和纤维蛋白在受热条件下的不同结构变化情况，发现球状蛋白遇热会展开，纤维蛋白分子遇热会凝集。肌肉中的肌浆蛋白在40~60℃时发生聚合，但是这些聚合物的一部分在温度达到90℃时会发生分解。肌原纤维蛋白溶液在30~32℃时发生解螺旋作用，接着在36~40℃发生蛋白质和蛋白质的交联现象，随后在45~50℃生成凝胶。温度达到53~63℃时，胶原蛋白发生变性，胶原纤维发生收缩。如果胶原纤维没被耐热的分子键支撑，胶原分子就会在进一步的加热中溶解并最终形成凝胶。Cofrades等[24]研究了在冷藏条件下（2℃），不同升温速度（0.55℃/min、1.10℃/min和1.90℃/min）对高脂肪含量（23%）和低脂肪含量（9%）法兰克福香肠的结合特性和组织结构的影响。结果发现，低脂肪样品和高脂肪样品相比，结合特性较低，硬度和咀嚼性不够，但是黏结性和弹性更好。加热速度对结合特性的影响较小，升温速度慢的样品的硬度、黏结性、弹性和咀嚼性比升温速度快的样品要好，1.10℃/min和1.90℃/min的升温速度的效果几乎相同。

Foegeding等[22]研究发现，加热温度低于40℃时，肌球蛋白变性凝聚程度较低；高于40℃时，肌球蛋白凝聚成聚合体，温度升高，聚合程度加深；到60℃时已形成直径大于500nm的聚合体。头–头连接是主要的连接方式，没有发现尾–尾相连。一些学者研究了温度对肌原纤维蛋白凝胶过程中肌球蛋白分子的影响，当pH 6.5、30℃加热30 min时，肌球蛋白分子形状不发生变化。在35℃加热30min，肌球蛋白分子发生头–头聚集，聚集成直径约为20nm的小聚合体。在40℃加热30min，肌球蛋白分子以二聚体为主，同时也有寡聚体。在44℃加热30min，主要以寡聚体形式存在，偶有单体的肌球蛋白。在46~60℃加热30min，寡聚体之间发生聚集，形成复杂的空间网络结构。牛肉从55℃到66℃加热时凝胶类型没有影响，但加热温度升高会使凝胶收缩变形，特别是对链状凝胶结构。Foegeding等[22]认为，加热速率对肌球蛋白凝胶的强度没有影响，而他同时指出50℃到70℃之间升温加热到70℃比恒温加热时形成的凝胶强度刚性率要大，其原因是线性升温给蛋白质变性提供了足够的时间。

7.3 不同添加成分对肉制品质量的影响

随着人们生活水平的提高，消费者对食品的要求不仅局限在营养价值丰富和合理方面，还要求食品在外观、颜色、口味、香味、稠度、新鲜度感官特征等方面具有让人满意的品质。为了满足广大消费者的需求，一方面要控制和改良食品原料、加工设备、加工工艺、包装及保藏方法，另一方面就是采用新型、高效、安全、优质的食品添加剂。

在肉制品生产中使用乳化剂能使配料充分乳化，均匀混合，防止脂肪离析，而且还能提高制品的保水性，防止产品析水，避免冷却收缩和硬化，改善制品的组织状态，使产品更具弹性，增加产品的白度，提高产品的嫩度，改善制品的风味，提高产品质量，还能降低生产成本；同时，加入乳化剂还能够提高包装薄膜（肠衣）易剥性。此外，有的乳化剂还有改进食品风味、延长货架期等作用。目前，在肉制品生产中应用较多的是非肉蛋白（包括大豆蛋白、蛋清蛋白和乳清蛋白等）、食用胶（包括卡拉胶、亚麻籽胶、黄原胶和魔芋胶等）等。

7.3.1　大豆蛋白

大豆蛋白是一种重要的植物来源蛋白，有很好的营养性，不仅蛋白质含量高、质量好，而且营养均衡价值高，富含人体所需的8种必需氨基酸，达到或超过了世界卫生组织推荐的理想蛋白质含量，蛋白质含量高于其他动植物蛋白制品，氨基酸分数高于其他植物蛋白，接近于动物蛋白，是人类取代动物蛋白最好的植物蛋白质之一[25]。并且其具有防治心血管疾病、增强免疫力和记忆力等功效。

大豆分离蛋白是从脱脂豆粕中制取的一种高纯度的大豆蛋白产品，其蛋白含量（以干基计）在90%以上，是大豆蛋白产品中蛋白质含量最高的产品。大豆分离蛋白还具有很好的功能特性，如吸水性、吸油性、乳化性和凝胶性等。在肉制品加工中，它能够保留或乳化肉制品中的脂肪、结合水分，并改进组织结构[26]，增加产品的硬度、弹性，使产品的结构致密，口感更好，防止肉制品的出油出水现象，缩短蒸煮时间，改善肉制品的风味和加工特性，提高产品得率，增加蛋白质含量，达到最终提高质量、降低成本的目的。其可以满足消费者对产品价格和质量的双重要求，因此，大豆分离蛋白得到了广泛的应用[27]。

在乳化类肉制品中添加大豆分离蛋白主要是利用其结合脂肪和水的能力，并与盐溶性肉蛋白形成稳定的乳化系统和填充性，在保持成品质量不变的前提下，减少淀粉等物料添加，降低瘦肉比率，提高产品质地、得率和蛋白质指标，增加脂肪添加量和产品热加工稳定性，降低成本。大豆蛋白含有少量的脂肪酸和碳水化合物，在加热之后会产生独特的豆香气，可以掩蔽肉制品加工中原料肉或辅料所具有的以及由加工工艺所产生的一些不愉快气味，因而对肉制品还具有一定的调味作用。通常采用高速斩拌方式加入，添加量主要受大豆分离蛋白质量、品种及热加工后的滋味气味和色泽影响。实验表明，添加大豆分离蛋白的火腿肠与不添加大豆分离蛋白的火腿肠相比，产品蒸煮收缩程度小得多，产品更加多汁，肉质更加细嫩、口味细腻。添加量小会导致产品结构松散、口感发软等不良结果，而且会造成产品风味不协调、无法掩蔽不良气味和达到增香的效果；反之，使用量过大会造成产品豆香味过浓、口感发硬等不良现象[27]。

总之，在肉制品加工过程中，大豆蛋白制品既可作为非功能性填充料，又可作为功能性添加剂应用于肉制品中。目前大豆蛋白在肉制品中表现的功能特性可归纳为以下几点：

(1) 促进均匀乳化系统的形成和稳定；

(2) 通过结合脂肪和水，减少蒸煮损失及收缩率，提高出品率；

(3) 防止肉制品中脂肪的离析；

(4) 增加肉块之间的黏结力；

(5) 改善肉制品的持水性和口感；

(6) 形成凝胶，改善肉制品的硬度、弹性、片性和质构。

7.3.2　蛋清蛋白

卵类蛋白质主要由蛋清蛋白和蛋黄蛋白组成。蛋黄蛋白的主要功能是乳化及乳化稳定性，对保持焙烤食品的网状结构具有重要意义。加工过程中，它是亲水性的胶体，常常被吸附在油水界面上，促使产生并稳定水包油乳化体系。乳化性作为蛋黄蛋白最重要的性质，在卵黄中加入食盐和糖时，由于对脂磷蛋白的盐溶效应，形成均匀乳化的乳化体系；但添加浓度过大时，卵黄发生凝胶化，无法制成蛋黄酱。蛋黄蛋白质具有凝胶性质，这在煮蛋和煎蛋中最重要。鸡蛋还可作为黏结剂和涂料，把易碎食品（如油炸丸子）联结在一起使其在烹调时不至散裂[28]。

蛋清是一种重要的食品加工原料，因为蛋清蛋白具有多种功能特性，如凝胶作用、持水性、起泡性和乳化性等，尤其是凝胶作用在食品的制造中有重要的作用。凝胶作用是指适度变性的蛋白质分子聚集，形成一个有规则的蛋白质网状结构的过程[29]。凝胶的形成不仅可以改进食品形态和质地，而且在提高食品的持水力、增稠、使粒子黏结等方面有诸多应用，如添加到西式火腿、火腿肠等肉类制品中。鸡蛋清中存在溶菌酶等，能抑制微生物的生长，这对鸡蛋的贮藏十分有利。鸡蛋清中的卵黏蛋白和球蛋白分子具有良好的搅打起泡性，食品中常用鲜蛋清来形成泡沫[30]。同时，蛋清粉作为鲜蛋的替代品，具有易储藏、运输方便等特点。

7.3.3　乳清蛋白

乳清蛋白是由干酪生产过程中所产生的副产品乳清，经过特殊工艺浓缩精制而得的一类蛋白质，乳清蛋白中主要成分为乳球蛋白 48%，乳白蛋白 19%，蛋白酶胨 20%，牛血清白蛋白 5% 和免疫球蛋白 8%；存在少量其他组分，如乳铁蛋白和乳过氧化物酶等，具有促进营养素（维生素 A）的吸收、抗癌、促进细胞免疫等生理活性，广泛用于医疗保健、食品工业中[31]。

乳清蛋白与酪蛋白在很多方面是不同的，前者是一些更小的、紧密的球状蛋白质。独特的氨基酸序列和三维结构赋予了它们广泛的功能特性。通过比较，乳清蛋白的营养价值比酪蛋白、大豆浓缩蛋白、鸡蛋蛋白等蛋白质来源更优越。乳清蛋白在肉制品加工过程中受热发生热变性，使得物料黏度增加，而这类黏度的增加可以更多地黏附肉糜、鱼糜，使其在切片过程中不易脱落。

乳清蛋白中含有健康食品所要求的所有氨基酸，能赋予肉制品卓越的营养价值。乳清蛋白中所有的氨基酸易于消化，并能够完全利用；乳清蛋白含有很多的钙质和微量元素，在一定程度上补充了大豆蛋白在肉制品应用中的不足。例如，在优质肉短缺或昂贵、顾客消费能力有限的地区，可以当做增加蛋白质的肉类替代品[32]。

乳清蛋白的凝胶性是其在食品工业中应用的主要功能之一，应用于蛋奶冻、酸奶和其他凝胶状的食品[33]。当今，利用乳清蛋白冷凝胶形成的颗粒或网络结构在替代脂肪和提高禽肉的黏弹性方面都收到了很好的效果，而且对维生素E、益生菌和其他生物活性物质也有较好的包埋效果和携带作用[34]。纯的乳清蛋白没有特别味道，但乳清蛋白可以与风味物质结合使蛋白质具有发酵味、酸味、苦味等不良风味，从而限制乳清蛋白制品的使用[35]。乳清蛋白特有的延伸三维网络结构，能形成不可逆的凝胶，将水分锁在凝胶的毛细管内，从而提供肉制品的持水能力。吸水率一般在 1∶8~1∶11（质量比），并且比大豆蛋白在水中分散快且容易溶解。此外乳清蛋白防止水分损失的特性可明显提高产量并降低成本。而肉制品的含水量使得肉制品的多汁性得到保证，水分的充足和产品的多汁使得肉制品口感更具有弹性，更为鲜嫩，保持持久的柔性和弹性。而上述功能特性是其他蛋白质来源所不具备的[36]。在对肉制品风味的改善上，乳糖的存在还可以掩盖盐类和磷酸盐的苦味，乳清蛋白也可以作为挥发性风味物质的载体来改善肉制品的风味成分。

应用新的乳清蛋白配料，能赋予火腿肠、鱼丸、肉丸等肉制品有利于健康的形象和"绿色"标签，受到了生产者和消费者的关注。其主要的功能表现如下：提高肉制品的营养价值；蛋白质含量高，生产成本低；有良好的黏着性，可提高出品率；可作为肉制品的乳化剂；可加工低脂肉制品，增加产品弹性和液汁感[32]。

在肉制品中添加动物性蛋白质，从而提高产品固有的营养价值和健康形象有利于为肉制品提供更高的附加值。今后的肉制品产品标准可能将从单纯追求蛋白质含量转向衡量蛋白质的生物活性上来，而添加乳清蛋白原料更符合这样的发展趋势[37]。把乳清制品应用于肉制品当中在国内研究的较少，在欧美发达国家却已经实现了产业化生产，由此可见，我国肉制品行业应用乳清制品也是未来几年的必然趋势。

7.3.4 卡拉胶

卡拉胶主要是从红藻的角叉菜属、麒麟菜属、杉藻属及沙菜属等品种海藻中获得，这些红藻生长于世界上不同的海洋区域，由于提取时品种来源不一，所得到的卡拉胶类型和品种也不同。即使同一品种来源，不同的工艺提取条件也会导致分子质量的降解程度不同，产品性质也有差异。卡拉胶是一种阴离子多聚糖，从化学性质上来讲，这种聚合物由 3-连接 β-D-吡喃半乳糖（G 单位）和 4-连接 α-D-吡喃半乳糖（D 单位）或 4-连接 3,6-无水-α-D-吡喃半乳糖（DA 单位）两种交替出现的双糖重复单位组成，是一种线性硫酸酯半乳聚糖，可以作为保水剂、增稠剂和胶凝剂广泛应用于食品工业中。根据硫酸酯基团的数量和位置的不同，鉴定出了三种常见的卡拉胶：ι-、κ-、λ-卡拉胶。κ-和 ι-卡拉胶溶液在加热冷却过程中及添加 Na^+、K^+ 和 Ca^{2+} 等阳离子的情况下，均可形成可逆凝胶。在特定温度下，当存在碱性离子时，形成凝胶所需的临界聚合物浓度非常低。卡拉胶具有多种物理化学性质，主要包括胶凝性、增稠性、乳化性、成膜性等，可作为胶凝剂、增稠剂、乳化剂或悬浮剂应用于多个领域中；且卡拉胶安全无毒，已得到世界粮农组织和世界卫生组织食品添加剂联合专家委员会（JECFA）的确认。尤其在食品工业中，卡拉胶是应用于肉制品加工中最广泛的食用胶之一[38]。

不同类型的卡拉胶溶解在水中后表现出三种不同的性状：溶于水后，提高卡拉胶在水溶液中的浓度，形成可逆的、硬而脆的凝胶；溶于水后加热形成热可逆的、凝胶强度弱而弹性强的凝胶；不形成凝胶，只起到增稠的效果。卡拉胶也是天然胶体中唯一能够与蛋白质发生反应的胶体，与蛋白质分子中的氨基或羧基结合，形成络合物。卡拉胶耐热、耐碱，在中性或碱性溶液中很稳定，但在酸性溶液中易发生水解作用。

肉制品中卡拉胶的使用方法是，将卡拉胶融入盐水中，借助盐水注射器和滚揉加工，使它与盐水溶液共同进入肌肉组织中。一般推荐的添加量为成品质量的 0.1%～0.6%，适当的添加量取决于所用磷酸盐的添加量和种类、肉的质量、期望的增重量等。卡拉胶既能降低蒸煮损失，提高产品出品率，改善肉制品的韧性、成型性和切片性，同时又不影响肉制品的色、香、味等感官指标。在肉制品加工中，卡拉胶可以作为胶凝剂用于罐头食品和宠物食品中，还可作为脂肪替代物添加到肉糜制品中，如法兰克福香肠。在熟制切片肉制品中，卡拉胶可用于提高产品的保水性、出品率、切片性、口感和多汁性。在这些产品中，均应用了卡拉胶在盐溶液中具有较低的黏度，将卡拉胶注射到肉中时，先加热并在随后的冷却过程中，其水合作用可形成凝胶。关于卡拉胶在肉制品中的应用，已有多位学者进行了研究：0.25% 的卡拉胶与磷酸盐（添加量 <0.4%）可显著提高香肠质构特性和保水性，且卡拉胶与磷酸盐混合使用还可以提高肉糜制品的出品率。卡拉胶具有提高肉制品的出品率、脂肪利用率的效果，而且可以改善产品的质构特性，降低水分活度，达到延长产品货架期，提高经济效益的作用[39]。

7.3.5　亚麻籽胶

亚麻是最古老的作物之一，在一些欧洲和亚洲国家，亚麻籽和亚麻油被作为食物。亚麻籽胶又名富兰克胶，在亚麻籽总质量中约占 8%。亚麻籽胶是亚麻籽油工业中生产出的副产物，是从油粕或油粕饼中制得的，具有一定的商业价值。亚麻籽胶的主要成分为多糖（约 80%）和蛋白质（约 9%）。亚麻籽胶是由木糖、阿拉伯糖、葡萄糖、半乳糖、半乳糖醛酸、鼠李糖和岩藻糖等组成的一种杂多糖聚合物，这些多糖主要为酸性多糖和中性多糖。亚麻籽胶是一种具有高保水能力的水状胶体，在水溶液中具有极高的溶胀率和黏度。亚麻籽胶成品为淡黄色粉末，在食品工业、日用化学工业和制药工业中，可以作为一种有效的增稠剂、稳定剂、胶凝剂、乳化剂和发泡剂。从功能上来说，亚麻籽胶的性质最接近阿拉伯胶，因此，在乳化体系中，可用亚麻籽胶代替阿拉伯胶。

亚麻籽胶具有弱凝胶的相似性质，可以替代食品中的非凝胶胶体及非食品应用。且亚麻籽胶的成分除多糖外，还有少量的蛋白质，因此具有蛋白质的功能性质，如表面活性、乳化活性和乳化稳定性等。且天然亚麻籽蛋白（含有亚麻籽胶液）具有极好的吸水性、吸油性和乳化活性及乳化稳定性，因此亚麻籽胶也可作为有效的乳化剂应用到食品当中，且对 O/W 型乳状液具有很好的乳化稳定效果。亚麻籽胶的乳化能力优于阿拉伯胶，因此可作为乳化剂代替阿拉伯胶用于巧克力牛奶中，有研究表明，添加 0.5% ~1.5%（质量浓度）的亚麻籽胶在乳化体系中，可取得良好的增稠和乳化稳定效果[40]。除此之外，亚麻籽胶还具有高于瓜尔豆胶和角豆胶的水溶性，良好的泡沫稳定性、触变稳定性和悬浮稳定性[41，42]。

亚麻籽胶的多种理化和功能性质可应用于食品工业当中[43]。在肉类生产中，亚麻籽胶具有用量低的特点，用于低温肉制品，亚麻籽胶的用量仅为卡拉胶的一半，即可达到提高产品的质构特性，延长产品在冷冻条件下的保存期等效果。亚麻籽胶也可用于生产冷冻食品类、糕点类、挂面、方便面、果汁饮料等，既可作为增稠剂，还具有很好的乳化作用。

亚麻籽胶中的多糖成分是一种可溶性的膳食纤维，可降低糖尿病、结肠癌、直肠癌及肥胖病的发病率[44]。近期对亚麻籽的研究表明，亚麻籽中主要有两种蛋白质成分：一种是高分子质量的盐溶蛋白（11～12S 球蛋白），一种是低分子质量的水溶蛋白（1.6～2S 球蛋白），分子质量分别为 29400 kDa 和 16000 kDa。亚麻籽蛋白对多种疾病有益，如冠心病、肾脏疾病和癌症等，在美国已被确定为预防癌症的有效保健食品[45]。

7.3.6 黄原胶

黄原胶（xanthan gum）是 20 世纪 50 年代美国农业部的北方研究室（Northern Regional Research Laboratories，NRRL）从野油菜黄单孢菌（*Xanthom onas cam pestris*）NRRLB-1459 中发现的分泌的中性水溶性多糖，又称为汉生胶。黄原胶是一种阴离子多糖，具有与纤维素相似的主链，主链由五糖单位重复构成，即由以 β-1，4 糖苷键相连的葡萄糖构成，在 C-3 原子上有一个三糖侧链，由三个单糖组成：甘露糖→葡萄糖→甘露糖，如图 7.1 所示。末端的甘露糖残基是 4，6-丙酮酸酯，可以螯合金属离子促氧化剂防止脂肪酸氧化。同许多大分子物质一样，黄原胶具有一级结构、二级结构和三级结构。经 X 射线衍射和电子显微镜测定，黄原胶的二级结构是氢键作用而使分子间形成规则的螺旋结构，而黄原胶的三级结构则是螺旋结构之间靠相互作用力形成立体网状结构，在水溶液中以液晶形式存在[46]。

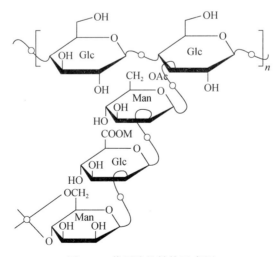

图 7.1 黄原胶的结构示意图

　　黄原胶的物理性状是类白色或浅黄色的粉末，可作为增稠剂、悬浮剂、乳化剂、稳定剂等多效用的添加剂用于多个领域中，是目前国际市场上性能较为优越的一种生物胶[47]。黄原胶最重要的特性是具有较高或较低的剪切黏度和极强的剪切稀化特征，在较高的剪切速率下具有相对较低的黏度，使其易于混合灌注及吞咽；在较低的剪切速率下具有较高的黏度，使其胶体的悬浮液具有较好的悬浮性且增加了稳定性[48]。

　　黄原胶是一种非吸附性多糖，并不会包裹在蛋白质颗粒的表面，而是通过增加体系的黏度以形成弱凝胶结构来提高 O/W 乳状液的稳定性。乳化体系中的颗粒由于布朗运动聚集到一起，局部会因为缺少黄原胶而只剩下溶剂。这促使黄原胶在中间颗粒与溶液总体之间形成一定的浓度梯度，因此存在一定的渗透压。颗粒周围的溶剂向外扩散以降低黄原胶的浓度梯度，因此造成了颗粒的聚集。麻建国对黄原胶的量化作用做了详细研究，结果表明，只有当黄原胶在溶液中的质量分数高于 0.25% 时，才能对乳化体系起到提高其乳化稳定性的作用[49]。除此之外，黄原胶具有良好的水溶性，甚至在冷水中无需加热也能快速溶解，且耐热、耐酸和碱，在有酶存在或在盐溶液中，性质也很稳定[50]。

　　黄原胶作为增稠剂、悬浮剂、乳化剂、稳定剂等广泛应用于食品工业的各个领域，如用于焙烤食品中，可以起到增大体积、改善结构、提高保水性的作用；用于果肉饮料中，可有效延长果肉的悬浮时间[51]。在罐头食品中，可以应用黄原胶在较高的剪切速率下具有相对较低的黏度的特性，在原料中加入适量黄原胶可使其易于混合灌注，且可赋予产品更好的感官特性[52]。黄原胶还可用于生产肉制品，可以提高产品的保水性、保油性，改善产品的质构特性，使产品具有柔韧的口感且具有更好的切片性[53]。

7.3.7　魔芋胶

　　魔芋（konjac）是一种多年生草本植物，属于天南星科魔芋属，又名磨芋或蒟蒻。魔芋的种植地区主要分布在亚洲和非洲的热带及亚热带地区，在我国云南、陕西、四川、湖北、贵州、福建和台湾等地区有魔芋出产，总体分为白魔芋和花魔芋两大类，共有 21 个品种，其中至少有 13 种为我国特有[54, 55]。魔芋的主要成分是葡甘聚糖（konjac glucomannan，KGM），它已成为一种重要的工业用糖，在魔芋粉中含有 60% ~ 70% 的魔芋葡苷聚糖。魔芋葡苷聚糖是一种中性高分子多糖，它的主要成分是由 β-1-4 键连接的葡萄糖和甘露糖单元，葡萄糖与甘露糖的比例大概为 1 : 1.5。在甘露糖的 C-3 上有一些支链，这些支链的长度大概在 11 ~ 16 个甘露糖单位的范围内，有 5% ~ 10% 的主链残基被乙酰化，这些乙酰基团对魔芋胶的溶解性质有极大的影响[56]。

魔芋胶一般为白色或淡黄色粉末，颗粒有光泽，具有较好的溶解性、增稠性和稳定性，作为一种天然安全的食品添加剂，可广泛应用于肉制品、饮料等食品中。在碱性条件下，魔芋葡苷聚糖会脱乙酰化，形成热稳定性的凝胶，这也是许多传统的东方式食品的制作基础。也有研究表明非脱乙酰化的魔芋葡苷聚糖在浓度达到7%以上时也可形成凝胶，推测其原因是在高浓度系统中，有足够的带有非乙酰化区域分子以形成网络结构。由魔芋葡苷聚糖的化学结构可知，其分子中带有多个羟基（—OH），具有良好的亲水性，且所形成溶液黏度极高，可以作为一种有效的增稠剂应用于食品中，改善食品的质构特性、赋予食品更佳的口感，并且具有一定的提高乳化稳定性的作用[57]。在凝胶食品中，加入魔芋胶，其中的魔芋葡苷聚糖吸收大量水分形成凝胶网络结构，其持水量可达到魔芋胶本身质量的40~150倍[58]。

魔芋葡苷聚糖是一种可食用植物纤维，热量低，膨胀率高，因此作为食物进入胃中后吸收胃液可膨胀20~100倍，产生饱腹感，可以用作理想的减肥保健食品；魔芋葡苷聚糖还可以吸收肠内的胆固醇，并对胆汁分泌有一定影响，具有抑制人体吸收胆固醇的效果，还能有效干扰癌细胞的代谢过程，因此还有预防癌症的作用。魔芋葡苷聚糖与卡拉胶和黄原胶存在协同增效作用，可将几种食用胶共同使用起到更好的改善食品品质的作用。

参 考 文 献

[1] 霍景庭. 乳化型肉产品的理论和实际应用 [J]. 中外食品, 2006, 5: 64-66

[2] 尹继忠, 伍广智. 斩拌对火腿肠质量的影响 [J]. 肉类工业, 1997, 11: 27

[3] 戴瑞彤, 吴国强. 乳化型香肠生产原理和常见问题分析 [J]. 食品工业科技, 2000, 5: 21-23

[4] 谢文. 在灌肠生产中影响斩拌效果的因素 [J]. 肉类工业, 1996, 10: 23-24

[5] 雅昊. 低温乳化肉制品的加工工艺 [J]. 肉类研究, 2007, 9: 21-24

[6] Samejima K, Lee N H, Ishioroshi M, et al. Protein extractability and thermal gel formability of myofibrils isolated from skeletal and cardiac muscles at different post- mortem periods [J]. Journal of the Scicence of Food and Agriculture, 1992, 58: 385-393

[7] Xiong Y L. Protein denaturation and functionality losses // Erickson M C, Hung Y G. Quality in Frozen Food [M]. New York: Chapman & Hall Press, 1997

[8] Xiong Y L, Brekke C J. Protein extractability and thermally induced gelation properties of myofibrils isolated from pre−and postrigor chicken muscles [J]. Journal of Food Science, 1991, 56: 210-215

[9] 彭增起, 周光宏, 徐幸莲. 磷酸盐混合物和加水量对低脂牛肉灌肠硬度和保水性的影响 [J]. 食品工业科技, 2003, 3: 38-43

[10] 殷露琴. 火腿肠质构影响因素 [J]. 肉类工业, 2007, 6: 13-15

[11] 王飞. 斩拌工序与火腿肠质量关系探讨 [J]. 肉类工业, 2001, 1: 13-15

[12] 阚健全. 食品化学 [M]. 北京: 中国农业大学出版社, 2002

[13] 孔保华. 斩拌时间和 pH 值对牛肉凝胶特性的影响 [J]. 食品与发酵工业, 2003, 9: 13-16

[14] Thomas R, Anjaneyulu A S R, Gadekar Y P, et al. Effects of comminution temperature on the quality and shelf life of buffalo meat nuggets [J]. Food Chemistry, 2007, 103: 787-794

[15] 周伟伟, 刘毅, 陈霞, 等. 斩拌条件对乳化型香肠品质和微结构的影响 [J]. 肉类研究, 2007, 3: 38-40

[16] 孔保华. 畜产品加工贮藏新技术 [M]. 北京: 科学出版社, 2007

[17] Faustman C, Specht S M, Malkus L A, et al. Pigment oxidation in ground veal: Influence of lipid oxidation, iron and zinc [J]. Meat Science, 1992, 31: 351-362

[18] 张坤生. 法兰克福香肠乳化及工艺技术 [J]. 食品科技, 2006, 8: 130-133

[19] Mcphie P. Circular dichroism studies on proteins in films and in solution: Estimation of secondary structure by g-factor analysis [J]. Analytical Biochemistry, 2001, 293: 109-119

[20] Morita J I, Sugigama H, Kondo, K. Heat-induced gelation of chieken gizzard myosin [J]. Journal of Food Science, 1994, 59: 720-724

[21] Gratacós-Cubarsí M, Lametsch R. Determination of changes in protein conformation caused by ph and temperature [J]. Meat Science, 2008, 80: 545-549

[22] Foegeding E A, Allen C E, Dayton W R. Effect of heating rate on thermally formed myosin, fibrinogen and albumin gels [J]. Journal of Food Science, 1986, 51: 104-108

[23] Tornberg E. Effects of heat on meat proteins- implications on structure and quality of meat products [J]. Meat Science, 2005, 70: 493-508

[24] Cofrades S, Carballo J, Jiménez-Colmenero F. Heating rate effects on high-fat and low-fat frankfurters with a high content of added water [J]. Meat Science, 1997, 47: 105-114

[25] Lin W, Mei M Y. Influence of gums, soy protein isolate and heating temperatures on reduced-fat meat batters in a model system [J]. Journal of Food Science, 2000, 65: 48-52

[26] 马宇翔, 周瑞宝, 黄贤校, 等. 大豆分离蛋白在火腿肠中的应用研究 [J]. 郑州工程学院学报, 2004, 25: 55-57

[27] 张福, 杨艳敏. 大豆蛋白在肉制品中的重要作用 [J]. 肉类工业, 2005, 1: 34-36

[28] 孙敬, 董赛男. 食品中蛋白质的重要性 [J]. 肉类研究, 2009, 4: 70-71

[29] 江志伟, 沈蓓英, 潘秋琴, 等. 蛋白质加工技术 [M]. 北京: 化学工业出版社, 2002

[30] 车永真, 范大明, 陆建安, 等. 微波法快速提高蛋清粉凝胶强度及其机理的研究 [J]. 食品工业科技, 2008, 29: 79-86

[31] Huffman L M. Processing whey protein for use as a food ingredient [J]. Food Technology, 1996, 50: 49-52

[32] 刘国信. 乳清蛋白在肉类加工中的新应用 [J]. 山东食品发酵, 2005, 4: 45-46

[33] 薛效贤, 薛芹. 乳品加工技术及工艺配方 [M]. 北京: 科学技术文献出版社, 2004

[34] Reid A A, Champagne C P, Gardner N, et al. Survival in food systems of *Lactobacillus*

rhamnosus R011 microentrapped in whey protein gelparticles［J］. Journal of Food Science, 2007, 72: 31-37

［35］ Carunchia-Whetstine M E, Croissant A E, Drake M A. Characterization of dried whey protein concentrate and isolate flavor［J］. Journal of Dairy Science, 2005, 88: 3826-3839

［36］ 张佳程. 乳清蛋白的热变性及其在酸奶生产中的应用［J］. 食品科学, 1997, 18: 55-59

［37］ 李锋, 徐宝才, 赵宁, 等. 新型复合乳化剂及其在肉制品中的应用特性研究［J］. 肉类工业, 2005, 8: 26-28

［38］ 胡国华, 马正智, 李慧. 卡拉胶的复配特性及其在肉制品中的应用［J］. 肉类工业, 2007, 9: 30-33

［39］ 浮吟梅, 崔惠玲. 增稠剂在肉制品加工中的应用［J］. 肉类研究, 2008, 10: 23-27

［40］ Bemiller J N. Industrial Gums［M］. NewYork: Academic, 1993

［41］ Fedeniuk R W, Biliaderis C G. Composition and physicochemical properties of linseed mucilage［J］. Journal of Agriculture and Food Chemistry, 1994, 42: 240-247

［42］ Mazza G, Biliaderis C G. Functional properties of flaxseed mucilage［J］. Journal of Food Science, 1989, 54: 1302-1305

［43］ 黄海浪, 张水华. 亚麻籽的营养成分及其在食品工业中的应用［J］. 食品研究与开发, 2006, 27: 147-149

［44］ Oomah B D, Mazza G. Optimization of a spray drying process for flaxseed gum［J］. International Journal of Food Science and Technology, 2001, 36: 135-143

［45］ Caragay A B. Cancer-preventive foods and ingredients［J］. Food Technology, 1992, 46: 65-68

［46］ Morris E R. Molecular Microbial Properties ACA Symp, Ser. 45［M］. Washington, DC: Washington. DC Press, 1997

［47］ 石宝忠. 黄原胶调研报告［J］. 化工科技市场, 2003, 11: 23-24

［48］ 胡国华. 功能性食品胶［M］. 北京: 化学工业出版社, 2004

［49］ 麻建国. 黄原胶体系的流变性及糖和盐对体系的影响［J］. 无锡轻工业大学学报, 1998, 17: 1-7

［50］ 郭瑞, 丁恩勇. 黄原胶的结构、性能与应用［J］. 日用化学工业, 2006, 36: 42-45

［51］ 中国食品添加剂生产应用工业协会. 食品添加剂手册［M］. 北京: 中国轻工业出版社, 1999

［52］ 聂凌鸿, 周如金, 宁正祥. 黄原胶的特性、发展现状、生产及其应用［J］. 中国食品添加剂, 2003, 3: 82-85

［53］ Barbara K. Properties and applications of xanthan gum［J］. Polymer Degradation and Stability, 1998, 59: 81-84

［54］ 刘佩瑛. 魔芋学［M］. 北京: 中国农业出版社, 2003

［55］ 陈运忠, 侯章成. 魔芋胶（魔芋葡甘聚糖）在食品和食品添加剂工业中的应用［J］. 食品工业科技, 2003, 24: 83-88

［56］ 姜竹茂. 食品添加剂实用手册［M］. 北京: 中国农业出版社, 2004

［57］朱恩俊. 我国魔芋食品加工现状［J］. 食品研究与开发, 1998, 19: 8-10

［58］杨湘庆, 沈悦玉. 魔芋胶的理化性、功能性、流变性及其在食品中的应用［J］. 冷饮与速冻食品工业, 2002, 8: 29-34

8　微波肉类食品的研究与开发

随着现代人们生活节奏的加快，繁忙的工作使得人们消耗在烹饪上的时间日益减少，而随着人们生活水平的提高、消费者观念的改变，人们对食物的追求更趋向于营养、方便和安全。这一态势的发展极大地促进了方便食品的发展，微波烹调加热时间短、效率高、操作简单，十分符合现代人快节奏的生活，因此得到人们的广泛使用。近年来市场上对于方便食品特别是可微波食品的需求日益增多，数量越来越大，有报道显示，未来几年内微波方便食品特别是微波方便肉类食品将成为我国方便食品发展的主流[1]。

8.1　微波加热特点

微波加热与传统加热相比有显著的差异，主要是加热形式、加热速度的不同，造成食物热能以及水分分布的不同，从而影响了食品的内在品质。食品放入微波炉，启动开关后，炉膛内充满了 2450 MHz 的微波，在微波的作用下，会造成食品中带电荷的盐分与具偶极距的成分如水、蛋白质、脂肪、糖类等分子，因电场的快速变换，其离子与分子的线性加速碰撞摩擦与旋转振荡摩擦，最后因为高速碰撞摩擦而产生热能加热食品。物质吸收微波能的作用可以下列方程式表示[2]：

$$P_v = KfE^2 \varepsilon^* \tag{8.1}$$

式中：P_v 为单位体积所吸收的能量（w/cm³）；$K = 5.56 \times 10^{-4}$；f 为频率（GHz）；E 为电场强度（V/cm）；ε^* 为介电损失。

因此食品的微波加热称为"内部加热"，同一般利用热传导的"外部加热"方式完全不同。其特点如下：

（1）加热速度快、所需时间短、所得产品质量高。微波能够深入到食品的内表面，而不只靠物料本身的热传导，因此可大大加快加热的速度，所需加热时间只是一般方法的 1/10～1/100 就足以完成整个加热过程。所得产品维生素等热敏性营养成分的损失较少。

（2）加热效率高。微波加热是在物料的内部进行，并只对特定的需要加热的物体进行加热。热效率可达 60% 以上。

（3）加热过程具有自动平衡性能。当频率和电场强度一定时，物料在加热过程中对微波功率的吸收，主要取决于物质的耗损常数，不同物质的耗损常数是不同的。水的耗损常数比干物质大，水分多的时候，吸收能量也多，水分蒸发就快。因此微波不会集中在已干的物质部分，避免了已干物质的过热现象，具有自动平衡的性能。

（4）设备操作简单，适应性强，且占地面积小，工作环境良好。

8.2 微波在食品工业中的应用

微波技术在食品加工中的应用日益增多，目前在国内主要用于食品脱水干燥、杀菌、膨化、萃取、催熟以及烧结、合成等方面。①干燥的基本目的是除去物料中的水分；②杀菌的目的是限制微生物和酶引起的腐败；③催熟、萃取等是根据加工的对象，利用微波的一些特殊效果（如催熟、强化萃取和解冻）进行加工；④焙烤和膨化是利用微波所产生的较高温度直接达到加工的目的；⑤微波烧结技术是利用微波具有的特殊波段与材料的基本细微波结构耦合而产生热量，材料的介质损耗使其材料整体加热至烧结温度而实现致密化的方法，是快速制备高质量的新材料和制备具有新性能的传统材料的重要技术手段。它具有烧结温度低、烧结时间短、能源利用率和加热效率高、安全卫生无污染等优点。

8.2.1 微波技术在食品脱水干燥中的应用

当前食品脱水干燥方法主要有热风干燥、冷冻真空干燥、微波干燥 3 大类。微波真空冻干技术是目前世界上最先进的一种脱水干燥技术，是对食品中的热敏物质做不变性脱水干燥技术。它是集电子、真空、制冷、机械、电器等多学科、多种技术的一项高新技术。它先把被干燥的物品速冻，然后抽真空，使物料中的水分在真空条件下由冰直接升华为水蒸气，达到干燥去水的目的。经微波技术脱水的食品与其他干燥方法比较，具有独特的优点：①最好地保存原料的色、香、味和营养成分，使食品不变质、不氧化，营养素损失少。因冻干食品是在低温真空（缺氧）条件下完成，酶和细菌不滋生，食品不变质、不氧化，特别是那些遇高温会分解的维生素，缓化时与水一起流失的水溶性营养成分损失少。据美国陆军委托食品容器研究所测定：冻干干燥法对肉、蛋、豆类、青菜、甜玉米等食品中的蛋白质无损害，维生素 C、β-胡萝卜素和其他水溶性维生素仅损失 5%，脂溶性维生素（维生素A，维生素 D，维生素E，维生素K）则完全不受损失。微波升华脱水能够最大限度地保留物料中原有的营养成分。例如，晒干青菜的维生素、叶绿素等营养成分只能保留原有的 3%；茎干可以保留 17%；热片快速干燥可保留 40%；而真空冷冻干燥可以保留到 70% 以上；微波升华干燥的有效成分可以保留到97%。因此称为不变性脱水。②干燥速度快，不受形状、厚度影响。微波的穿透性加热和选择性加热能均匀地、快速地干燥物料。微波处理5～10 cm厚度制品时，干燥时间可节省原来的30%；若厚度增加到20～30 cm时，则可节省时间60%以上。例如，用常规热传导给小香葱做冷冻干燥，需18～21 h；而用微波仅8～9 h。③完好保持原物料的体积、形状及口感风味。形状不变、颜色不变、味道不变、营养价值不变。④复水性好，复水时间短。热风干燥的复水时间，胡萝卜为110 min，洋葱为41 min。而冻干的为11 min和10 min。⑤产品质量小，为原重的1/3～1/10，便于运输和流通。⑥节能降耗，热效率高，理论计算可达94%。⑦产品品质高：常规热传导升华脱水时，有用温度载热油，或用密封增压技术把水加热，在加热板中强制循环，传递热量给盛料盘和物料，底部物料中热敏物质因长时间过热而变性、变色、变味，严重的变焦黄，就是进口设备正品率也不超过90%，国产只达60%上下，而微波独特的加热方式使物料内外同时升温气化，脱水后的产品上、下质量一致，可达到100%合格率。⑧常温储存，不需低温冷藏，一般可保存5年，最长可达10年不变质。而一般的保鲜冷藏至多几个月，最多不会超过1年。这是因为微波兼有杀菌、灭酶功效。⑨干燥温度低，适合加工高档、热敏性产品。目前广泛应用在对温度敏感的药物、饮料、果汁或富含维生素的物料上。微波真空干燥速溶橘粉装置，真空室直径为1.5 m，长12 m，微波功率48 kW，使用玻璃增强聚乙烯传送带连续传递，具有膨化作用。它先将含有63%固形物的橘浆抽吸并涂抹在宽1.2 m的传送带上，堆高厚度为3～7 mm，在10.67～13.38 kPa的低压下输入微波能量，加热40 min，可膨化到厚度为80～100 mm，制成含水率为20%的速溶橘粉，生产能力50 kg/h。产品不仅保持橘汁原有色、香、味，而且所保留的维生素C量是喷雾干燥法不可能达到的。

8.2.2 微波技术在休闲食品生产中的应用

利用微波对食品进行膨化、烘干、保鲜处理。目前已用于糕点、牛肉干、土豆片、鱼片干、盐水鸭、花生米、瓜子、大豆等脱腥方面的生产。微波可迅速加热食品，并使得内部压差急剧变化，这种特性使得微波在食品的膨化干燥领域占有一席之地。微波苹果膨化生产技术，是一重大科技创新技术。通过对苹果进行系列加工和微波膨化干燥，制成一种新颖独特的休闲食品——苹果脆片。它保持了原有水果的风味和色泽，不添加任何添加剂，是地道的天然绿色食品，该产品口感酥脆、酸甜适口、风味独特浓郁、营养丰富、复水性好，且便于贮存、运输携带，是老少皆宜的高级休闲食品。它的成功研制是苹果加工技术上一个重大突破，微波膨化技术还可生产其他果蔬产品，如薯条、薯片的膨化过去都是用油炸，这不但增加了食品的热量，还破坏了其原有的营养成分。用微波膨化薯条、薯片，不但保持了食品原汁原味，还省去油炸工艺，口感好，风味独特，加工成本较低，是农副产品深加工极好的项目。微波加工方便面的技术近来又有所突破，用高场强微波使方便面在加工中产生膨化，生产出的产品复水性极好，对冲泡方便面的水温要求降低，冲泡时间缩短，口感更好。此技术还降低了棕榈油的损耗。

8.2.3　微波技术在冷冻食品中的应用

纵观国内外市场上的冷冻微波食品，大致可分为 3 类：第一类是经选料、调配后冷冻或冷却的冷冻冷藏肉类制品，食用时只需打开包装或直接连同包装放入微波炉解冻、加热即可；第二类是面点类主食，经微波炉加热即可食用；第三类是休闲风味食品。冷冻微波食品加热烹调时，微波从各个方面穿透食物，直接使食品内部极性分子碰撞而产生摩擦热，这是一种瞬间穿透式加热，速度极快，加热均匀，因而冷冻微波食品的加热烹饪方法简单、方便，而且营养损失小。

8.3　微波食品的概念

自进入 21 世纪以来，方便食品的出现是食品工业的一场革命，使人们生活方式发生了变化[3]，它以其方便、快捷的特点而深受消费者的喜爱。美国和日本的方便食品起步比较早。在这其中，微波方便食品以其加热媒介方便、加热速率高、使用安全方便的特点占有最重要的比重。随着食品科学化、加工工业化、生活社会化及科学技术的发展，方便微波食品应运而生[4]，它适应了家庭饮食社会化和食品构成营养化的发展趋势，利用微波炉加热或调制，在方便食品的发展中方兴未艾[5]。微波食品是应用现代加工技术，对食品原料采用科学的配比和组合，预先加工成适合微波炉加热或调制，便于食用的食品，即可用微波炉加热烹制的食品[2]。自 20 世纪 80 年代以来，微波食品在发达国家发展很快。在美国、日本的食品市场上微波食品的种类繁多。微波食品通常可分为两大类：第一类是在常温下流通的食品，一般采用杀菌釜杀菌、热包装或无菌包装，常温下可贮藏半年到一年左右；第二类是低温贮运食品，大都选用对微波炉适用的容器来包装，又可分冷藏和冻藏两种，食用时只需带包装将食物一起放入微波炉解冻和加热，即可食用。

8.4　微波食品的发展

8.4.1　消费观念的发展与微波食品发展的关系

20 世纪 70 年代，研究微波方便食品的消费始于对妇女的职业地位与微波方便食品购买之间的联系。给出的理由则是从事工作的妻子人数越多，花费在准备食物上的时间就会越少，而依赖微波方便食品的潜在就会越高[6]。使研究者疑惑的是，研究中并没有发现期待的正相关性。因此，研究者开始使用态度变化进行测量。这些测量方法强调了感受对于客观存在的重要性[7]。Candel[8]给出了明确的方便性的定义并延伸了其省时节能的注释。他发现方便性与烹饪食物的乐趣、投入的食物质量、用到的食物种类、家庭面积和拥有的孩子数量成反比，而与承担的工作量成正比。运用这些更为客观的测量尺度，Candel[8]还发现了使用微波方便食品与方便的正相关性，以及因工作影响选择方便食品的证据。

另一些研究则将微波方便食品消费的相关性引入到概念中。Buckley 等[9]使用了一种分阶段研究微波方便食品的方法。他们用不同阶段来对应生活方式变量，并找出了其中有影响的 20 种相关变量。另一些研究则寻求从健康动机出发联系方便食品消费[10,11]。交际活动更是改变了微波方便食品的消费程度。Verlegh 等[12]分析了单独食用、亲朋聚餐等不同情况对订餐的影响。订餐趋势从单独食用到亲朋聚餐逐渐下降。当研究微波方便食品时，价格的变动也应该是考虑的范畴。研究人员也发现购买微波方便食品的人明显不如非微波方便食品购买者对价格敏感[13]。看来微波方便食品的消费者更愿意付出额外的钱。微波方便食品的消费还与年龄、抚养孩子的数量和家庭面积成反比，与受教育程度成正比。男性更愿意购买微波方便食品。研究还发现收入与微波方便食品的购买无相关性。

8.4.2 微波炉的发展与微波食品发展的关系

微波食品的发展和微波炉的普及也有一定的关系。微波炉于 1954 年首先在美国上市，1961 年在日本上市。微波炉在当时由于具有加热迅速同时兼有卫生的优点而受到消费者的欢迎。但由于当时售价昂贵，很难进入普通家庭，在家庭中的普及经历了很长的时间。例如，在日本，微波炉由 1970 年 2.1% 的普及率上升至 1997 年 93% 的普及率[14]。但是微波调理食品的发展也并不是一帆风顺的。它是随着微波炉普及率的提高，主要以调理冷冻食品的形式发展起来的。在日本，随着微波炉进入家庭，食品调理方式也发生了很大的改变，如将原先用蒸煮方法加热的烧卖开发成带托盘包装、可微波加热和在短时间内完成加热调理的微波冷冻食品。这种简易调理法作为传统蒸煮法的替代方法为广大消费者所接受。进入 20 世纪 80 年代中期，日本微波炉普及率已达 50% 以上，食品界对微波食品的开发产生了极大的热情。在这一时期，微波炉作为调理器具广为人们使用。好侍食品公司开发了"微波美食家"的产品并一举获得成功。此后，以常温和冷冻流通为主要类型的微波调理食品不断开发并推向市场。随后，味之素公司于

1987 年春也开发出了"Hot 微波"系列产品、加藤吉公司生产的"嗨微波"微波碗饭产品、日冷公司的"洋食屋"系列产品、日本水产公司生产的"Cook for me"系列产品以及卡可美公司生产的微波午餐类产品，等等。这些公司如雨后春笋般地相继发展各类微波食品，从而促进了微波食品行业大踏步地前进发展起来。在我国微波食品的生产几乎是空白，主要原因是在过去的 20 年中，我国的家用微波炉普及率很低，对微波食品的需求量很小。随着微波炉家庭普及率的迅速上升，市场上对微波食品的需求逐渐加大。现在我国微波食品只有点心类品种，如速冻包子、烧卖和少量烹调用的肉类预制品。家用微波炉在大多数家庭中只用于加热牛奶和冷饭冷菜。我国专门生产微波食品的厂家几乎没有，有些冷冻食品虽然在外包装上注明可用微波炉加热后食用，但可能没有认真探究这些食品及包装在微波作用下的变化，我国微波食品的研究也同样滞后。

8.4.3　微波食品国内外发展现状

美国微波方便食品的投入额于 1996 年就达 60 亿美元，"可微波"食品品种繁多，如冷冻式、冷藏式，包括诸如蔬菜、点心、餐后甜品、快餐食品以及薯条等休闲食品的一系列产品。例如，美国的康拜尔（Cambell）企业的速冻快餐食品，斯坦德（Standard）企业的炖肉类和牛排类产品，美国奥赫姆（Oheme）公司的水果"派"以及皮利斯伯（Pillsberry）公司的可微波披萨等[15]。通用公司生产的一种奶酪涂抹食品，经微波加热 1 min 后即可食用。坎宝尔肉汤公司等推出了冷冻三明治、冷冻汉堡包等，这些产品经微波加热几分钟后即可食用。这些冷冻食品面市后每年以 10% ~30% 的速度增长。目前美国大中型生产方便冷冻食品的工厂近 200 家，开发出的一些微波食品包括耐贮精制小菜、冷藏小包装速熟小菜、蔬菜、配菜和甜食、耐贮预煮汤料、冷冻快餐、法国炸土豆食品、脆花生糖、爆玉米花、冷冻薄烤饼，等等。这些微波食品大致可分为三类：一类是微波灭菌可常温贮藏的熟制品；一类是经选料、预制、调配后的冷冻制品，消费者食用时仅需打开包装放入微波炉，先解冻再加热即可；还有一类是风味小食品。

日本早在 20 世纪 80 年代，就开始着手研发出一系列可微波方便食品，之后便迅速投入生产，由于可微波方便食品的方便性和创新性，在日本曾开拓了一个全新的市场，并命以"微波食品"[1]。目前方便食品中的冷冻食品和高温杀菌食品，以其方便、快捷的特点，得到广泛的应用。在日本，微波炉的家庭普及率达 88.4%，有 20 多家企业生产 200 多种微波调理食品，共分为 5 大类品种：油炸肉饼、米饭类、面食类、汉堡馅饼和炸肉排。

我国台湾市场上销售的微波加热和烹调食品有 30 多种，包括主食类炒饭、烩饭、炒面、水饺、春卷、烧卖、馒头、胡椒牛肉、扣肉、鸡丁、牛肉汤面、海鲜煲、牛肉煲、沙拉和葱油派等。我国内地微波食品起步较晚，目前只有点心类品种和少量的烹调用的肉类预制品。我国专门生产微波食品的厂家几乎没有，有些产品的外包装上虽然标有可微波字样，但实际上可能并未达到微波食品的要求。目前我国微波方便食品中发展较为成熟的集中在冷冻食品和高温杀菌食品，它们以其方便、快捷的特点，得到广泛的应用。而目前发展方兴未艾的微波方便食品主要集中在方便米饭这一类，如冷冻方便米饭以及脱水的膨化方便米饭和干燥方便米饭等。但是我国的方便米饭与国外的同类产品相比还存在一定程度上的差距，主要体现在工艺、品质等方面[16]。邓丹雯[17]将加入有 1.0% 乙醇稀溶液的稻米进行浸泡，之后加入蔗糖脂肪酸酯、β-环状糊精、食用油脂并直接煮制糊化，最后热风干燥为方便米饭，可以提高市售方便米饭的品质。陈海军[18]介绍了两种速食方便食品生存工艺，包括方便米粉和即食面，原料经预加热处理后，进行干燥脱水最终制成产品。近年来，一些方便酱卤制品和方便主食类食品逐渐进入内地市场，并且具有良好的增长趋势。张晓天等[19]将鸡肉腌制整形后穿串进行预油炸处理，半成品经速冻、冷冻保藏后制成成品，成品经微波复热后即可食用。这种方法解决了以往的生肉串直接微波后色泽、风味、滋味不足的情况，为新型方便食品设计了路线。

为适应微波食品的发展趋势，国家科技部将微波食品技术的研究开发列入国家科技攻关计划，重点解决微波食品的风味、品质、包装及微波食品在家庭使用中的"后制"问题。当前，大力开发我国微波食品的条件日趋成熟，人们的食品消费正从"吃饱"向"吃好"转变，对食品"量"的要求已经转变为对"质"的要求，考虑的更多的是产品的"质量、外观、新颖、享受、保健、天然和方便"，微波食品正好完全满足了这种消费需求。随着微波炉的普及，部分发达地区和大中城市中微波食品的生产、贮运、家庭或社会团体消费的整个"冷链"系统基本形成，这是发展微波食品的最好条件。微波食品的生产可以充分利用现有速冻食品厂的生产装备，经过适当改造和配套，即可投入微波食品的生产，有利于迅速占领市场。因此纵观美国、日本等发达国家微波食品的品种，大多数是符合市场消费习惯的传统食品，发展我国微波食品首先应该结合我国消费市场的实际情况，考虑到我国当前的饮食结构、消费特点、习惯及现有的生产手段和消费水平，应把大众喜爱的主食、点心和各式风味菜肴，作为重点开发的主攻方向。

8.5　微波食品的分类

微波食品大致可分为三类：第一类是采用微波灭菌后，可以常温贮存的熟制食品；第二类是经过选料、调制后冷冻或冷藏的制品，食用时只需将食物连同包装一起放入微波炉解冻和加热，即可食用；第三类是风味点心类小食品[2]。

目前国内方便食品的消费市场中冷冻方便肉食品品种繁多，对于可微波食品而言，最难的就是油炸类和焙烤类食品的可微波化工艺。在上述分类中，第二类微波食品在方便食品市场占有量正逐年递增，在此类微波食品中多为肉类油炸和焙烤的可微波化食品，再者就是速冻发酵可微波肉类食品。

其中油炸食品因其外酥里嫩的口感，以及金黄色的色泽深受消费者喜欢。焙烤食品以其浓郁的风味、独特的口味，以及局部焦煳的表观特性具有庞大的消费群体。传统的油炸、焙烤类食品包括面拖类、裹粉类以及没有进行裹涂加工的各种油炸畜、禽、水产等特色食品，其中尤以肉串的消费群体最大。油炸食品也是西方人钟爱的食品，市场销售额达几十亿美元。但是油炸和焙烤类食品也存在明显的缺点：一是家庭油炸、焙烤污染大；二是熟制食品冷却后缺乏恢复新鲜烹制效果合适的复热方式；三是油炸与焙烤食品的油脂含量比较高。针对此类食品加工方面的缺陷，国外一些食品公司设计出一种产品形式，即将食品先在工厂中预油炸、预焙烤，然后在家庭以及公共场所用微波炉来加热。采用微波炉加热方便快捷卫生，家庭污染比较小，所以被大多家庭所接受，是目前理想的家庭复热技术。但是预油炸、焙烤产品经过微波加热后，表层脆性与焦煳感会部分丧失，产生浸湿现象，使得此类产品的品质大打折扣，因此可微波预制产品的微波加热质构问题一直是研究的热点。

国内外一些公司近两年也开发出了一系列预油炸类产品，如日本日水公司的"咖喱男爵"；加卜吉公司推出的适合微波炉加热的"炸虾"；旭日食品公司以及日冷的"微型春卷"；Treasure Isle 公司推出一种可微波的面拖虾，这种面拖虾可以直接从冷冻状态下取出放入微波炉中加热，外壳不会变软；在国内冠生园集团的"转转脆"，微波后有一定脆性。国内生产的预焙烤食品如潮香村的"咖喱比萨饼"、"叉烧酥"，微波加热后风味尚可，但表面浸湿严重。总体来说产品种类不是很多，许多产品的质量也并未达到消费者满意的程度，市场上大部分预油炸、预焙烤冷冻食品也并不适合微波调理。因此可微波预制食品的研制尤其是表面浸湿问题的解决，在国内外都具有很大的挑战，从 20 世纪 90 年代开始，国内外许多课题组都致力于可微波预油炸肉类食品的研究。

发酵肉制品是指在自然或人工控制条件下，利用微生物（细菌、酵母和霉菌等）或酶产生发酵作用，使原料肉发生一系列的生物化学变化及物理变化，而生成具有特殊风味、色泽、质地以及较长保存期的肉制品。其是世界上最原始、最古老的肉和肉制品的贮藏方法，并具有工艺考究、色香浓郁和风味独特的特点。如今人们已经认识到微生物在发酵肉制品中呈色、呈味以及增加保存期的重要作用，在欧美等国，一些发酵性能好的发酵剂已投入生产，因此在西式发酵香肠的基础上，结合我国传统发酵的加工技术，制作出质量稳定、风味独特、发酵周期短的发酵微波肉制品，发展前景广阔。随着生活和工作节奏的加快，人们花费在厨房里的时间越来越少，但对菜肴风味和营养的要求却越来越高，这就迫切需求传统风味菜肴的工业化生产。同时，中国菜肴丰富多彩，中华美食更是名扬天下。我们运用新技术，突破现有的加工方式，让炒、炸等美食均能以冷冻菜肴形式奉献给消费者，完成中华美食由手工作坊式的加工向现代食品加工模式的转换，让各地风味美食"走出去"，也使得速冻微波肉类菜肴大有可为。

8.6 微波加热对微波肉制品的品质影响

食品的加工烹调方式可能会改变食品的物理性质（如结构及形态改变以及水分的渗出）和化学性质（如蛋白质、维生素、芳香物质等热敏性营养素的降解及损失）[2]，微波加热也不例外，但是许多研究表明，微波相比于其他加工烹调方式，其对挥发成分损失、风味及营养成分损失、色泽及质地改变比较小，微波加工对食品营养成分的影响一直都是人们关注的问题，国内外许多科技工作者对此做了大量的研究工作。

（1）对蛋白质的影响。微波处理对牛乳中蛋白质含量的影响并不大，对酱油中氨基酸态氮也无破坏分解作用，而且适当的微波处理还能提高大豆蛋白的营养价值。相对于传统焙烤方法而言，微波焙烤面包可以提高其蛋白质的营养价值。但微波长时间加热蛋白质可以引起美拉德反应，造成蛋白质利用率下降。

（2）对脂肪的影响。牛乳经微波处理可减缓脂肪分离现象，这是由于牛乳在电磁波的作用下，脂肪球变小，表面积增大，吸附酪蛋白量增加，使脂肪球密度增加。微波加热较传统加热快，受热均匀，因而对油脂的破坏也相对小一些。此外，适当的微波处理也不会影响脂肪酸的营养价值。

（3）对碳水化合物的影响。微波环境中，食品中的碳水化合物会发生一系列变化，如美拉德反应、糖的焦化等。微波作用下美拉德反应模拟系统的挥发性风味及褐变程度会因 $CaCl_2$、$NaCl$ 和 $FeCl_2$ 等电解质的加入而增加，且其中的挥发性成分也会因系统值的不同而异。

（4）对维生素的影响。由于微波加热的时间短而效率高，有利于最大限度地保留食品的维生素，尤其对于维生素 B_1、维生素 B_6、维生素 C 等热敏性维生素更是有效。而维生素的保存率又因微波处理时间、食品内部温度和产品类型的不同而不同。研究表明，适宜的微波加工能保留大豆种子中约 90% 的维生素 E，明显优于传统加工方法。

（5）对酚类物质的影响[20]。食品中酚类物质主要包括酚酸、类黄酮、木聚素和木酚素。微波加热能够使食品中总酚含量和结合酚酸含量显著减少，但是食品中的小分子酚类物质（如游离酚酸）却会增加，这些小分子的酚类物质和食品的抗氧化性密切相关。微波加热使大多数的类黄酮类物质减少，但是一些水分含量较低的食品如果渣，在微波加热后类黄酮类物质增加。一般来说，食品中的总酚含量会随着微波加热时间增加而减少，但是微波加热功率对酚类物质的影响主要取决于食品的种类，微波加热可以使大多数食品中的抗氧化性增强。总的来说，微波加热对食品中酚类物质的不利影响较小。

8.7 微波肉类食品包装

微波食品的包装壳分为外包装和内包装，两种包装差异较大，所选用的材料及其包装技术也不尽相同。常用的外包装材料组合有尼龙、黏合层、低密度聚乙烯复合材料；聚丙烯、黏合剂、低密度聚乙烯复合材料等。微波食品内包装需要和内装食品一起放入微波炉中加热处理，所以内装容器除了良好的耐低温性外，还需直接承受微波产生的大于130℃的高温，同时，还应具备的条件有内容物的保存性、微波穿透性、隔热性、环境保护性、低成本等。内包装是指盘式或盒式塑料容器，便于微波炉直接加工处理。通常所说的微波食品包装主要是指内包装，根据材料与微波加热作用机理的不同，微波食品包装材料可分为微波穿透材料、微波吸收材料和微波反射材料。常用的内包装材料有结晶再聚酯材料、耐热纸包装材料、聚丙烯材料、聚甲基戊烯包装材料及磁性容器和铝箔容器等。由于玻璃、塑料和纸板都是优良的微波穿透材料，因此目前微波食品包装容器大多是由这些材料制成的，其中又以塑料制品轻便耐用、综合性能好而应用更加广泛。微波食品包装中常见的微波穿透材料是塑料容器，如填充型聚丙烯容器，填料多采用滑石粉，因为滑石粉具有提高耐热性和刚性的双重功能，并缩短生产周期，从而降低容器成本。滑石粉的用量一般在30%左右，这种容器一般可耐130℃的高温；个别填充型聚丙烯微波容器甚至可耐140℃的高温和-30℃的低温。填充型聚丙烯容器的另一个特点是废弃物易燃烧处理，大量填料的加入使塑料的燃烧热大大下降，和木材燃烧值相近，燃烧时不易损坏焚火炉。但这种容器不透明，不能透过容器观察容器中所盛装的物品。此外，聚酯容器也是微波食品包装容器，已实用化的聚酯微波炉容器是由结晶型聚对苯二甲酸乙二醇酯片材制得的热成型容器——CPET容器，该容器的最高耐热温度可达230℃，是常见塑料制品中极其少见的。CPET具有耐油、耐化学药品性、耐低温、卫生安全及废弃物易回收处理等优点，是一种十分理想的微波炉用塑料容器，但制作该产品的技术难度较大，且成本较高。

新型绿色微波食品包装材料是国内外包装技术发展的一个方向。目前，国内微波肉制品包装材料市场需求非常广阔，虽然生产厂家较多，但由于受包装材料和研发能力的限制产品技术水平仍有待提高，很多时候无法满足客户的特殊需求，因此，开发新型微波食品包装材料很有必要。对于包装材料直接应用于微波加热要满足以下基本条件[21]：

（1）包装的安全性，即在高温高湿的状态下包装本身不能有任何有害物质及异味迁移到食物内。

（2）包装材料的介电系数要小，要有很好的微波透过性。

（3）包装材料满足食品包装、储存、运输、加热稳定性等的要求，既能保持低温冷冻的性能，又要满足高温加热的要求。

（4）微波加热时，在一定压力下，包装应能自动排气，避免压力太高而爆袋。

（5）成本因素，大量应用的前提是包装成本不能过高。

随着科技的发展，在未来的微波肉制品包装中，会有更多新的微波材料研制生产，多层复合材料将成为主流，聚酯膜材料将成为微波肉制品包装材料的主要材料，新型的微波感受膜成为微波食品包装的新秀，传统的玻璃包装容器也将发挥作用。

8.8 微波肉类食品相关配料

微波食品克服了家庭制作繁琐复杂的加工步骤，满足现代人们高效率的生活方式。但是由于微波加热与传统加热方式存在着显著差异，微波复热过程中食品表皮丧失香酥松脆的良好口感，严重影响到产品品质以及消费者的购买欲望[22,23]。可微波预油炸食品的研究尤其是表皮失脆问题的解决在国内外都是一个很大的挑战。

微波肉类食品如果要达到"可微波"的目的，要解决的最大问题就是如何防止它在微波加热中产生的"浸湿"感，即要保证油炸肉类食品其外壳的松脆或焦熘感，控制其内芯水分的外逸。要解决这一问题，主要依靠专用配料和配料系统，不同的产品需要不同的配料和配料系统。

8.8.1 微波肉类食品的表面"浸湿"现象

微波复热过程中食品内芯水分的不断迁移外逸以及表层水分不断蒸发产生表面"浸湿"现象，致使可微波预油炸冷冻食品外皮品质下降，粗糙而且缺乏细腻感和松脆的口感。根据对可微波预油炸食品表皮"浸湿"现象的研究分析，总结出这种不良现象的发生主要是由于以下几个方面的原因：

一是微波加热物料时，微波能够穿透并深入物料内部，并被物料吸收转换成热能，物料表面和中心同时被加热。水分子因具有特殊的极性结构，在微波作用下，它是影响食品材料升温的最主要因素，因此水分含量对微波的吸收能力影响很大[24,25]。由于表层水分不断蒸发，水分含量变低从而微波吸收能力变弱，因此表层温度低于里层温度，物料表面温度难以升高到理想温度，不能产生松脆的口感[26]。另外，温雪馨等[27]的研究表明，表皮中所含有的大量油脂组分也是微波复热时影响表皮升温速度，决定食品内部水分是否向表皮迁移及迁移量的多少，进而影响表皮脆性的重要因素。

二是在微波加热过程中，从高温的内部到较低温度的外表面形成了温度梯度，而且因为内部蒸气压引起的"微波泵"现象，加速内芯水分迁移至较低温的表面，但是微波炉的冷空气却限制了表层水分的进一步散失，导致表层含有大量的水分而不断浸湿[28]。

8.8.2　微波肉类食品的表面"浸油"现象

"浸油"现象是与食品表面性质相关的一种现象。Bouchon 等[29]的研究表明，油炸过程中与内芯水分外逸相关而形成的内部蒸气压阻止了油汁浸入到预油炸食品的裹粉内部，因此油汁会集中在外壳的某些特定部位。但是在油炸过后的冷藏期间，存留在产品外壳中的油汁就会渗入到食品内部。Moreno 等[30]研究表明，微波食品饼皮表面质地的均匀性对"浸油"现象的影响很大，即对于同种制品而言，制品外表面质地越粗糙，表皮预油炸后存油率越高，"浸油"现象越严重。但是此结论并不能用于比较不同产品间表皮质地的粗糙程度与存油率及"浸油"现象之间的关系。当研究人员对马铃薯制品和面筋制品两者进行对比研究时，发现虽然马铃薯制品比面筋制品表面粗糙，但是马铃薯制品的表皮油汁存留量却相对较低、油炸过程中制品吸入的油汁量较少，但是冷藏过程中"浸油"现象却比较明显。研究人员还指出，制品表面的粗糙程度确实是影响油汁吸入量的一个关键因素，但是食品的其他相关特性如微观结构等也可能对最终结果产生影响。

8.8.3　改善可微波预油炸食品表皮脆性的方法

借鉴国外的研究经验，可从配料角度解决这个问题。研究发现，对于以淀粉为主要成分的面糊来说，表层失水干燥促使淀粉形成淀粉膜，此膜的强度与表层淀粉中直链与支链淀粉的比例有关。研究表明，直链淀粉含量越高，淀粉膜强度越大，表皮脆性越好。直链淀粉比例越高，淀粉膜的阻油、阻水性越好。除此之外，在畜禽水产品表面添加高微波感受材料使表面水分快速挥发，无法形成传统的由表面水分的缓慢蒸发引起的内部水分向外迁移的温度梯度（"微波泵"现象），保证表面质构的焦煳特征。除此之外，还可以在畜禽水产品滚揉的过程中添加增稠剂以形成肉与多糖复合强凝胶体系来抑制水分的外逸，降低油的吸收量。羟甲基丙基纤维素钠涂在鸡肉球表面，使鸡肉球在油炸后水分的滞留量升高了16.4%，油吸收量降低了33.7%。另外，黄原胶和瓜尔豆胶也有此类作用。羟甲基丙基纤维素钠显示出最有效的水分和脂肪阻隔作用，将它们应用在预油炸畜禽水产品中，在微波加热时，也能阻止水分的外逸。大豆分离蛋白、面筋蛋白等亲水性差的蛋白质物质也可以克服"浸湿"问题，这些疏水性蛋白可以在油炸中于畜禽水产品表面形成一层凝胶，阻止水分的外逸。

8.8.3.1　采用可食用涂层材料作为阻水屏障

对制品直接涂布涂层材料是解决可微波预油炸制品表皮失脆的一个主要措施。理想的涂层材料是可食用的、成膜性和阻水性较好的单一或复合材料。在过去的四十年里，亲水胶体一直被广泛使用，一方面它自身可以形成一个"不可见"的膜衣，另一方面它可与面糊体系中的其他成分共同作用，形成空间网状结构，二者都可以阻止油炸过程中食品吸入过量的油汁[31]。Chen 等[32]研究在鲭鱼糜的外表面涂布含有2%羟丙基甲基纤维素（HPMC）的面糊，可以形成一个热的凝胶屏障阻碍微波复热过程中水分从肉糜迁移至外壳，从而提高了微波复热后鲭鱼糜制品外壳的脆性。Chen 等[33]研究得出向面糊中添加1%的 CMC（羧甲基纤维素钠）或是1%的 HPMC 时，微波后的油炸鱼肉块的保水性最强，含油量最低，并且添加含有1%的 HPMC 时，制品嫩度最好。

8.8.3.2　添加一些食品成分和添加剂抑制微波食品内芯水分的外逸

预油炸过程中，食品内芯中的水分大量迁移至表面，造成表皮失脆。因此，如果能有效地控制水分从内芯向表皮迁移，则可以在一定程度上改善微波后制品表皮失脆现象。严青[34]研究得出，在肉制品中加入磷酸盐可以改善肉品质构，多种磷酸盐（焦磷酸钠、三聚磷酸钠、六偏磷酸钠）按一定比例复合使用效果更好，不同种的肉制品对混合磷酸盐要求的最佳配比是不同的。但有研究表明，大量添加磷酸盐会导致产品风味恶化及组织结构粗糙[35]。马申嫣等[36]针对可微波预油炸鸡肉串加工工艺，选用卡拉胶、变性淀粉、枸橼酸钠复配以替代复合磷酸盐的使用，在最佳配比条件下，添加无磷保水剂会使肉制品微波失水率显著低于添加复合磷酸盐保水剂的肉制品，并且添加无磷酸保水剂的肉制品在长时间冻藏后依然具有较好的持水能力。周颖越等[37]研究得出在鱼糜–大豆蛋白复合物中加入分子蒸馏单硬脂酸甘油酯（单甘酯）有助于增强阻水性，微波复热过程中失水率显著下降。常俊晓等[38]得出向微波熟制速冻汤圆中以一定比例添加单甘酯、复合磷酸盐、羧甲基纤维素钠（CMC）和黄原胶后，汤圆微波熟制后颗粒饱满、口感细腻、黏弹性好。周颖越等[39]研究得出甲基纤维素（MC）有效地提高了油炸冷冻微波复热鱼糜的大豆蛋白复合制品的阻水性，减少微波加热时内部水分的散失量，达到锁住水分的目的。

8.8.3.3　采用微波吸收材料作为微波食品的包装

微波吸收材料是常用的微波包装材料，也叫微波感受材料。通常是将微波感受材料与常规包装材料结合，以改善表皮升温特性，控制预油炸食品内芯水分向表皮的迁移。常用的薄涂层材料是在塑料薄膜（如PET）表面蒸镀或喷镀上适当厚度（大约10 nm）的金属粒子，再与具有热稳定性的牛皮纸以层压的方式复合在一起，如蒸镀铝层、氧化锡涂布玻璃等技术。此类薄膜在微波场中几秒内就可以达到250℃左右的高温。其吸收能量的原理具体为：金属涂层的厚度影响着材料的表面电阻性能，即涂层越厚，表面电阻越小，随着金属涂层厚度的减小，表面电阻逐渐增加，吸收微波的量也增加，当达到某一最佳厚度时，能够吸收大约50%左右的微波能量，类似于第二加热源，使食品表面产生类似油炸工艺所形成的焦黄色泽[40]。广义的微波吸收包装材料还包括在表皮中添加微波感受材料，其目的是使微波过程中，表皮迅速升温，减少微波肉类食品内芯和表皮之间的温差，理想的状态是使表皮比内芯升温更迅速，形成从表皮到内芯的正向温差，阻止内芯水分向表皮的迁移。范大明等[41]研究得出涂布大豆蛋白膜能提高春卷外皮对微波的感受能力，缩小春卷表皮和馅心之间的温度梯度，进而可缩短微波复热时间，有效地保持了微波复热后的脆性。但是廖彩虎等[42]在可微波预油炸鸡块的表皮脆性研究中，将具有很强微波吸收特性的丙三醇和羰基铁添加到制品中，实验却未得到预期效果，可见在制品表皮中添加微波感受材料还有待于进一步研究。

8.8.3.4　对可微波预油炸食品的面糊外壳进行微波真空膨化

使用外裹粉的可微波预油炸食品，其外壳可产生不同的鳞片或颗粒外观及颜色，既丰富了产品的形式、增加了产品脆性，又激发了消费者的购买欲，促进消费。但是微波复热常导致外壳发硬失脆。随着近年来微波膨化替代传统油炸膨化方法研究的深入，得出微波真空膨化果片，可以防止营养素的大量破坏，以及在不用护色剂的条件下，也能有效保留水果原有的色、香、味，最终制成松脆可口的果片[43,44]。基于这一理论与现象，可以将外裹粉制成浆液，然后进行微波真空膨化，提高外裹粉的脆性；或者选用微波真空膨化部分或全部替代预油炸工艺。

8.9 微波肉类食品的市场制约问题

2013 年 1 月 8 日，我国首家微波肉类食品研究领域的院士工作站在美的厨房电器事业部成立，该工作站填补了国内此领域的空白，并设定了"不同微波条件对食品品质影响的研究"等六大核心科研课题[45]。格兰仕和美的这两个全球最大的微波炉制造商的跨界行为牵引了我们的目光，投射向"微波肉类食品"这个一直被忽视的角落。1998 年，领先食品公司推出伊妹方便米饭，可看作微波肉类食品发展的雏形，至今已有 17 年。在这十多年间，微波肉类食品发展受到各种因素的制约，使其一直不温不火，难成主流。说到微波肉类食品，不得不将它与方便食品进行比较，拿方便面来说，它更早进入中国市场，以合适的价格迅速成为大众方便食品的第一选择，甚至成为习惯。微波肉类食品是近年来微波肉类食品的主要种类，平均价格是桶装面的 4 倍左右。如果仅仅是"填饱肚子"的需要，微波肉类食品在价格上的巨大劣势，无疑难以进入消费者的选择目录，特别是前些年人们收入普遍较低的情况下。

（1）渠道的影响。微波肉类食品较高的价格决定了其消费者分布是区域化的，终端运作的高成本使其只能有选择性地进行铺货。所以现实是微波肉类食品主打一、二线市场，而不能像方便面那样全国城乡遍地开花，这不仅决定了微波肉类食品的整体销量，更影响了消费风潮的形成。在这种马太效应下，方便面日益强大，而微波肉类食品的发展却堪称举步维艰。

（2）已有品牌影响力不足。近年来虽然有大量品牌进入微波肉类食品市场，但大多是中小型企业，整体影响力不足。尽管一些企业听起来名头很响，但各种原因使其并未成为类似可口可乐、康师傅那样的行业领导者。三全食品把绝大部分精力集中于自己的主打品类冷冻食品；中粮大宝虽然背靠中粮这棵大树，但产量仍然较小，进入时间较晚；有日资背景的上海大塚，产品较为高端，主要聚焦一线城市和部分二线城市，距离全国性品牌仍有差距。

（3）品类和品牌的推广宣传不够。微波肉类食品市场现有品牌影响力不够，康师傅、统一、雀巢等实力雄厚的食品巨头的集体缺席，致使微波肉类食品无论是整体品类还是具体品牌都未得到较好的传播，广告投放和消费者教育极少，市场培育力度弱，大众无法从媒介获得相关信息，这对快速消费品而言几乎是致命的。

8.10　展　　望

随着我国人民生活水平的提高，城镇化、城市化发展速度的加快，可微波肉类食品将会有巨大的市场需求，迎合现代都市人快节奏生活方式的要求。可微波冷冻预油炸食品和烘焙食品、中式菜肴、肉类营养配餐食品和发酵微波肉制品实现工业化生产后，将能有效地降低成本、节约能源、规范操作，提高卫生标准和产品质量，带来巨大的社会经济效益。同时，微波食品的发展还会带动相关行业，如冷冻食品业、快餐业甚至微波炉工业的发展，产生广泛的社会效益。

微波肉类食品是我国人民喜爱的传统食品，是"主食厨房工程"建设的重点品种，符合国家产业政策和食品工业发展的中长期战略要求，行业发展前景广阔。

传统方便肉食品工业化集约生产后减少了资源的浪费，生产废料减少，而且易于集中处理，减少了对环境的压力。新型微波肉类食品实现工厂化生产，使油烟得到集中处理，减少了千千万万户家庭厨房的污染，其环境效益仍然不可小视。新型微波肉类食品的开发将改善我国畜禽产品加工的落后局面，实现畜禽产品的加工增值，增加农牧民收入。

微波肉类食品正在蓬勃发展，相信随着科学技术的提高，相关的新型产品也将应运而生，定能给食品企业与市场注入鲜活的血液和能量，进而推动我国食品行业的大踏步前进。

参 考 文 献

[1] 张晓光．方便水饺制作工艺及储藏性的研究［D］．长春，吉林大学硕士学位论文，2009，5（2）：57-61

[2] 徐恩峰．牛肉微波方便食品、速冻方便食品的研究与开发［D］．哈尔滨：东北农业大学硕士学位论文，2003

[3] 盛国华．国内外微波食品的概况及发展趋势［J］．冷饮与速冻食品工业，1999，1：40-41

[4] 沈再春，沈群．高新技术在方便食品生产中的应用［J］．中国食用菌，2010，18（1）：45

[5] 赵谋明，任娇艳，徐德峰．谷物杂粮方便食品开发与农业产业化相结合的市场前景［J］．食品工业科技，2009，30（3）：355-363

[6] Becker G S. A theory of the allocation of the time［J］. Economic Journal, 1965, 75: 493-517

[7] Darian J, Cohen J. Segmenting by consumer time-shortage［J］. Journal of Consumer Marketing, 1995, 12: 32-44

[8] Candel J M. Consumers' convenience orientation towards meal preparation: Conceptualization and measurement［J］. Appetite, 2001, 36（1）: 15-28

[9] Buckley M, Cowan C, Mccarthy M. The convenience food market in Great Britain: convenience

food lifestyle (CFL) segments [J]. Appetite, 2007, 49 (3): 600-617

[10] Costa A I de A, Dekker M, Jongen W M F. To cook or not to cook: A means-end study of motives for choice of meal solutions [J]. Food Quality and Preference, 2007, 18 (1): 77-88

[11] Geeroms N, Verbeke W, VAN K P. Consumers' health-related motive orientations and ready meal consumption behaviour [J]. Appetite, 2008, 51 (3): 704-12

[12] Verlegh P W J, Candel M J. The consumption of convenience foods: reference groups and eating situations [J]. Food Quality and Preference, 1999, 10 (6): 457-464

[13] Swoboda B, Morschett D. Convenience-oriented shopping. A model from the perspective of consumer research [J]. A European Perspective of Consumers' Food Choices, 2001: 177-196

[14] 程裕东, 刘军辉. 微波食品的开发及其技术应用 [J]. 中国食品学报, 2003, 3 (3): 93-99

[15] 潘蓓蕾. 我国方便食品的现状及发展趋势 [M]. 北京: 中国轻工业出版社, 2010: 197-204

[16] 徐树来, 刘晓东, 刘玮. 我国方便米饭的发展现状及存在的主要问题 [J]. 农机化研究, 2008, (10): 250-252

[17] 邓丹雯. 改善方便米饭品质的研究 [J]. 四川食品与发酵, 2005, 41 (124): 54-57

[18] 陈海军. 两种速食方便食品的生产加工技术 [J]. 湖北农业科学, 2009, 48 (12): 3127-3130

[19] 张晓天, 范大明, 孙传范, 等. 不同加工工艺对微波鸡肉串品质的影响 [J]. 食品研究与开发, 2010, 31 (7): 27-31

[20] 赵钜阳, 夏秀芳, 孔保华, 等. 微波加热对食品中酚类物质的含量及抗氧化活性的影响 [J], 2012, 33 (13): 395-399

[21] 邢顺川, 广勇, 刘海春. 新型微波食品包装材料的开发及应用 [J]. 塑料包装, 2011, 21 (4): 43-44

[22] 张灏, 陈卫, 颜正勇. 微波春卷"浸湿"原因的探讨 [J]. 微波技术应用, 1999, (5): 24-25

[23] Venkatesh M S, Raghavan G S V. An overview of microwave processing and dielectric properties of agri-food materials [J]. Biosystems Engineering, 2004, 88 (1): 1-18

[24] Dinov D D, Parrott K A, Pericleous K A. Heat and mass transfer in two-phase porous materials under intensive microwave heating [J]. Journal of Food Engineering, 2004, 65 (3): 403-412

[25] 李里特. 微波在食品加工中应用的原理和特点 [J]. 食品工业科技, 1991, (6): 3-7

[26] 范大明. 钙结合大豆蛋白的制备\特性及在微波春卷中的应用 [D]. 无锡: 江南大学硕士学位论文, 2008

[27] 温雪馨, 芮汉明. 微波工作站对油脂组分微波升温特性的研究 [J]. 食品工业科技, 2010, (4): 387-389

[28] 潘薇娜. 微波对冷冻预油炸面拖食品脆性影响的研究 [D]. 无锡: 江南大学硕士大学论文, 2005

[29] Bouchon P, Aguilera J M, Pyle D L. Structure oil- absorption relationships during deep- fat frying [J]. Journal of Food Science, 2003, 68 (9): 2711-2716

[30] Moreno M C, Brown C A, Bouchon P. Effect of food surface roughness on oil uptake by deep-fat fried products [J]. Journal of Food Engineering, 2010, 101 (2): 179-186

[31] Varela P, Fiszman S M. Hydrocolloids in fried foods. A review [DB/OL]. Food Hydrocolloids, 2011

[32] Chen C L, Li P Y, Hu W H, et al. Using HPMC to improve crust crispness in microwave-reheated battered mackerel nuggets: Water barrier effect of HPMC [J]. Food Hydrocolloids, 2008, 22 (7): 1337-1344

[33] Chen S D, Chen H H, Chao Y C, et al. Effect of batter formula on qualities of deep-fat and microwave fried fish nuggets [J]. Journal of Food Engineering, 2009, 95 (2): 359-364

[34] 严青. 可微波冷冻预油炸鸡肉串的研究与开发 [D]. 无锡: 江南大学硕士学位论文, 2009

[35] 刘锐萍, 裴庆润, 张铁军, 等. 食品中磷酸盐的应用现状及存在问题分析 [J]. 饮料工业, 2007, (2): 9-11

[36] 马申嫣, 范大明, 严青, 等. 不同保水剂对可微波预油炸鸡肉串品质的影响 [J]. 食品与生物技术学报, 2009, 28 (6): 753-758

[37] 周颖越, 程裕东. 单甘酯对微波复热食品阻水性能的研究 [J]. 食品科技, 2006, (10): 128-130

[38] 常俊晓, 谢新华, 潘治利, 等. 添加剂对微波熟制速冻汤圆感官品质的影响 [J]. 食品科学, 2010, 31 (20): 166-169

[39] 周颖越, 朱炜. 微波食品阻水性能研究 [J]. 现代食品科技, 2006, 22 (3): 73-75

[40] 中国包装工业编辑部. 微波食品及其包装技术的现状和发展趋势 [J]. 中国包装工业, 2008, (4): 37-38

[41] 范大明, 陈卫, 赵建新, 等. 用大豆蛋白膜改善预油炸春卷微波加热后的脆性 [J]. 农业工程学报, 2007, 23 (9): 265-268

[42] 廖彩虎, 芮汉明, 隋明军. 可微波预油炸鸡块的开发 [J]. 现代食品科技, 2009, 25 (11): 1330-1334

[43] 贾暑花. 基于微波真空方法的蓝靛果脆片膨化工艺研究 [D]. 哈尔滨: 东北农业大学硕士学位论文, 2009

[44] 韩清华, 李树君, 马季威, 等. 微波真空干燥膨化苹果脆片的研究 [J]. 农业机械学报, 2006, (8): 155-158

[45] 周春燕. 微波食品谁是对手 [J]. 品牌营销, 2013, (2): 52-55

9 中式菜肴工业化生产技术

方便食品尤其是方便微波食品虽然符合现代人们对食物追求营养、方便和安全的心理诉求，但它们存在着的一些固有问题严重制约了我国方便食品的发展[1]，有报道显示，未来几年内微波方便食品特别是微波方便肉制品将成为我国方便食品发展的主流[2]。而比起方便食品，中华美食色香味俱全，闻名中外。中式菜肴烹饪技术种类繁多，包括蒸、炸、烩、烧、烤、煎、爆、熏、滚、煲、炖等，各有其特点[3]。食物由生变熟，全仗火候，掌握火候，也就是烹饪技术的关键所在。但是火候又往往是凭烹调者的经验去体会和加以熟练运用，一般烹饪者最难理解的地方，也是最具有中国烹饪艺术价值的地方[4]。传统中式菜肴菜色丰富，菜品都是通过主料、辅料的搭配再加以调味而成的，中式炒菜类菜肴的制作关键，除了来自于厨师的经验性调味技术，更为重要的就是"火候"，正所谓是"一菜一格，百菜百味"[5]，因此，这也提高了中国传统菜肴工业化生产的困难程度，将变化万千的一般人难以掌握的中式菜肴发展为快捷、卫生、营养的大众方便食品正是亟待解决的问题。

9.1 工业化中式菜肴简介

中国传统菜肴是流传几千年的法宝，中华美食色香味俱全，闻名中外，是具有本土特色的食品[6]。传统中式炒菜类菜肴与西式菜肴的特色差异，主要体现在主料、辅料以及调味料和烹饪方法的区别上[5]。中式传统菜肴种类和烹饪手段繁多，有炒菜类、炖菜类和汤类等，每类菜肴的菜色丰富，菜品都是通过主料、辅料的搭配再加以调味而成的，中式炒菜类菜肴的制作关键，除了来自于厨师的经验性调味技术更为重要的就是"火候"，正所谓是"一菜一格，百菜百味"[5]。中式炒菜类菜肴历史悠久，经上千年的文化以及在广阔的地域上传播后，形成了具有地域性饮食风格的八大菜系，即鲁菜、川菜、粤菜、闽菜、苏菜、浙菜、湘菜和徽菜。各种独具特色的传统和新式菜肴随着物质水平的发展、国际间交流的增加，为人们的生活水平的提高、饮食结构的改变起到了不可磨灭的重要作用。

市面上将中式肉类菜肴进行工业化生产的菜肴品种并不多，这主要是因为中式菜肴的加工手段较为繁复，不似油炸、干燥技术可完全依赖于机器进行大规模生产，将中式菜肴进行工业化生产还要考虑其加工制作过程能否在机器设备上实现。另外中式肉类菜肴的配料多样、复杂，每种辅料、配料的比例要搭配适当，且添加时机也要准确无误，这样才能完全保证中式菜肴的"色、香、味、形"，这一特点也恰恰制约了中式菜肴进行工业化生产的可能性。下面将市面上一些能够进行工业化生产的中式菜肴进行简单的介绍。

9.1.1　鱼香肉丝

鱼香肉丝是川菜著名代表菜之一，因使用鱼辣子，即用四川特有的小鱼腌制的泡红辣椒烹制而得名。鱼香肉丝流传悠远，鱼香肉丝是三国末期刘禅降魏后，将鱼香肉丝带进了中原。经 2000 多年的锤炼，在抗战时期，身在重庆的蒋介石，让自己的厨师加入了浙江老家的饮食元素，成为了现代人接受的味型[7]。鱼香肉丝虽属川菜但在当代中式菜肴文化的传播过程中，形成了独具匠心、各具特色的地方特点，除了有四川做法外还有湖南做法、东北做法等，其做法依据于地方性的饮食习惯。东北地区的鱼香肉丝，由肥三瘦七肉丝、泡辣椒末、食盐、味精、白糖、姜末、蒜末、葱末、食醋、香油、色拉油、水淀粉，并配以胡萝卜丝、黑木耳丝、青豆等组成。烹调后的质感为，肉丝软嫩、配料脆嫩。色泽红润，红白黑相间。味觉特点为咸甜酸辣兼备，葱姜蒜味浓郁，是珍馐美味佳品。

由于鱼香肉丝的传统加工工艺中"滑炒"的工艺可借以低温油炸工艺进行加工，例如，Zhao 等[8]利用软包装分别将鱼香肉丝中肉类主料、蔬菜辅料以及调味料分别进行真空包装，消费者在食用前只需将料包混合并进行微波二次复热，即可得到完整菜肴，这种方法方便、卫生且贮藏期在 4℃ 可达 30 d。再如董铁有等[9]利用真空冷冻干燥技术将传统的鱼香肉丝菜肴进行真空冻干，实验得出的产品可以制成航天、出口产品。

9.1.2　宫保鸡丁

宫保鸡丁是历史悠久的四川名菜，是川菜系最著名的特色菜肴之一。清朝光绪年间由四川总督丁宝桢府中首创。丁宝桢历任山东巡抚、四川总督，他一直很喜欢食用辣椒、猪肉、鸡肉爆炒的菜肴。任四川总督后，每逢宴客，他本人或其厨师都会用花生仁和嫩鸡肉制作炒鸡丁，深受客人欢迎。后来丁宝桢被朝廷封为"太子少保"，人称"丁宫保"，其炒制的鸡丁菜肴也就被称为"宫保鸡丁"，从而流传至今。宫保鸡丁选用净仔公鸡肉为主料，胡萝卜、辣椒等辅料烹制而成，具有红而不辣、辣而不猛、香辣味浓、肉质滑脆的特点。宫保鸡丁在 20 世纪初传入日本后，深得日本人士的赞扬，在此之后由于其入口鲜辣，鸡肉的鲜嫩配合花生的香脆，在英、美等西方国家广受大众欢迎，甚至几成中国菜的代名词，情形类似于意大利菜中的意大利面条。

由于宫保鸡丁的传统加工工艺中"炒制"工艺可借以低温油炸工艺进行加工，因此大大降低了其工业化生产的难度。赵钜阳等[10]利用软包装分别将宫保鸡丁中肉类主料、蔬菜辅料以及调味料分别进行真空包装，消费者在食用前只需将料包混合并进行微波二次复热，即可得到完整菜肴，这种方法方便、卫生且贮藏期在4℃可达30 d。市面上有多家厂家生产的微波方便米饭类产品都有宫保鸡丁，如吉林香香仔食品有限公司生产的宫保鸡丁饭，河南永达食品有限公司生产的宫保鸡丁。

9.1.3 京酱肉丝

京酱肉丝是传统北京风味菜，也是京菜中的家常菜之一，在东北地区的寻常百姓家随处可见，通常配以干豆腐、春饼等食用。京酱肉丝选用猪里脊肉为主料，传统京菜做法要辅以北京"六必居"特产黄酱、甜面酱及其他调味品，并用北方特有烹调技法"六爆"之一的"酱爆"烹制而成。其具有咸甜适中、酱香浓郁、风味独特的特点。吴琼英等[11]将香葱肉丝经过快炒工艺加工制作成快炒面香葱肉丝调料包，该酱包产率为60%，水分含量低于13%，经贮存试验，在室温下可保存6个月以上。市面上类似的产品有河南永达食品有限公司生产的诱惑肉丝软罐头。

9.1.4 红烧肉

红烧肉是苏菜著名代表菜之一，也位列热菜菜谱之一，其做法类似于"东坡肉"，只是二者的主料料型有所差别。苏轼有云"黄州好猪肉，价贱如粪土，富者不肯吃，贫者不解煮。慢著火，少著水，火候足时它自美。每日早来打一碗，饱得自家君莫管"，这段话可以很好地概括红烧肉烹饪的特点，即小火（又称"文火"）、少水慢炖。红烧肉以五花肉为制作主料，并辅以酱油、精盐、白糖、葱片、姜片、八角、香叶等调味料，古代传统做法主要利用砂锅文火炖制，现代社会可利用多种烹饪媒介焖焙炖制而成，其特点是色泽酱红、汤肉交融、肉质酥烂如豆腐、醇厚而味美。古往今来，从百姓厨房到文人墨客的餐桌，无处不见，无处不爱，无处不食。

任红涛等[12]通过对红烧肉配方与工艺条件的单因素和正交试验的研究，优化了红烧肉的配方和制作工艺，为速冻红烧肉工业化生产提供了理论依据。杨媚等[13]通过测定红烧肉的共晶点和共熔点，建立了红烧肉的冷冻干燥工艺，通过分析快速和慢速冷冻对冻干红烧肉复水率和品质的影响进行了研究，结果表明，慢速冷冻处理的冻干红烧肉的复水率高于快速冷冻冻干红烧肉，快速冷冻总体上比慢速冷冻处理的冻干红烧肉的质构更接近冻干前的红烧肉。另外还可通过退火等处理方式完善红烧肉的冷冻干燥工艺用以节省能量和降低成本。徐竞[14]以红烧肉为试验对象，研究了真空冷冻干燥红烧肉在干燥过程中不同工艺参数对产品色、香、味的影响，确定了红烧肉整菜厚度、升华干燥时真空度、解析干燥时真空度以及解析时加热板温度这些冻干红烧肉的最佳生产条件，为真空冷冻干燥红烧肉工业化生产提供了技术支持。

9.1.5　回锅肉

回锅肉是中国川菜中一种烹调猪肉的传统风味菜式，川西地区还称之为"熬锅肉"。回锅肉因其烹饪特点"回锅"而命名，所谓"回锅"，就是再次烹调的意思，以肥瘦相连的肉片为主料先煮制成熟，再添加青椒、青蒜苗头、郫县豆瓣酱、甜面酱、葱、味精等炒制而成，回锅肉的特点是肉片呈"灯盏"状，口味独特，色泽红亮，肥而不腻，香辣味浓，醇厚可口。回锅肉在川菜中的地位是非常重要的，不仅川菜考级经常用回锅肉作为首选考级菜肴，而且在许多四川人的心目中可谓之"川菜王"，一直以来也被认为是川菜之首，川菜之化身。

汪颖达等[15]研究了回锅肉罐头生产技术，这种特色菜肴开罐即食，方便快速，不污染当地环境。

9.1.6　糖醋排骨

糖醋排骨在糖醋菜中极具有代表性，是一道深受大众喜爱的菜肴。选用新鲜猪肋排为原料，成品色泽红亮油润，口味香脆酸甜，同时排骨含有丰富的骨黏蛋白、骨胶原、磷酸钙、维生素等营养物质，因此颇受消费者喜爱。

任红涛等[16]通过研究糖醋排骨的生产配方及生产工艺条件，对其制作工艺和配方进行了单因素和正交实验，得出了最佳风味的糖醋排骨调味酱包配方，以及最佳生产工艺参数，从而为速冻菜肴糖醋排骨的工业化生产提供了参考。

9.2　中式菜肴国内外发展动态

中国菜肴烹饪技术，是流传几千年的法宝，中华美食色香味俱全，闻名中外，是具有本土特色的食品[6]。中式传统菜肴与西式菜肴的特色差异，有主料、辅料、调味以及烹饪方法的不同[7]。中式菜肴烹饪技术，种类繁多，包括蒸、炸、烩、烧、烤、煎、爆、熏、滚、煲、炖等，各有其特点[17]。食物由生变熟，全仗火候，掌握火候，也就是烹饪技术的关键所在。但是火候又往往是凭烹调者的经验去体会和加以熟练运用，一般烹饪者最难理解的地方，也是中国烹饪艺术价值的所在[18]。中国烹饪素以刀工、火工见长，刀工之精拙优劣不但直接关系菜品的色与味，也影响菜肴的美观与火候的控制，而火候是中式烹饪中最难处理却也是最重要的一项。一道菜的成功与否几乎全部由烹饪的火候决定的，而火候又往往是凭烹调者的经验去体会和加以熟练运用，一般烹饪者最难理解的地方，也是中国烹饪艺术价值的所在。中式传统菜肴菜色丰富，每一道菜都是由主料、辅料搭配而成，肉类和蔬菜可以在不同菜肴中表现出何者为主何者为辅，再加上厨师精妙的调味，因此中式传统菜肴比西式菜肴变化多端[7]，但是，这也提高了中国传统菜肴工业化生产的困难程度，将变化万千的一般人难以掌握的中式菜肴发展为快捷、卫生、营养的大众方便食品正是亟待解决的问题。

国外中式肉类菜肴产品多出现在食堂、餐厅中，能够形成工业化生产的产品也多为国外的特色食品，如汉堡、三明治等，而我国能够进行工业化生产的食品绝大多数为方便食品，但我国方便食品的研究较为滞后，市面上方便食品的种类与数量与国外更是相差甚远。虽然目前有一部分传统菜肴已经工业化生产为方便类食品，但主要是炖的产品，其包装形式是可杀菌软袋，可以看到的产品有红烧肉类等[19]，这类产品的一般流程是在食品工厂厨房中先以传统烹饪法调理菜肴，主要的固形物有肉块、马铃薯、胡萝卜等耐炖煮的材料，所有的材料在锅中烹煮入味后，再热充填到可杀菌软袋，再施以包装后二次杀菌处理，使产品达到商业杀菌标准，而能够在一般室温下保存、流通、销售[20]。然而，这种方式生产出的产品往往存在变色、风味不足的情况，而且仍有许多传统菜肴未能实现工业化生产，因此在开发中式肉类菜肴方便食品时首先要解决其色泽、风味和包装等问题[21]，尤其是中式菜肴成分复杂，又更讲究色、香、味、形、质构等特点。当前人们对食品消费正从吃饱向吃好转变，对食品的要求，考虑的较多的是食品的质量、外观、新颖、保健、天然和方便[22]，中式肉类菜肴方便食品正好满足了这种消费需求。而部分发达地区的大中城市中方便食品的生产、贮运、家庭或社会团体消费的整个冷链系统基本形成，这是发展中式肉类菜肴方便食品的最好条件[23]。方便食品的生产与速冻食品的生产有着很多联系，可以充分利用现有速冻食品厂的生产装备，经过适当的改造和配套，即可投入方便食品的生产，有利于迅速占领市场[24]，形成产业化。

传统菜肴工业化，是指在传统菜肴的加工中应用现代的科学技术、先进生产手段以及现代化科技管理手段，将其加工过程定量化、标准化、自动化、机械化和连续化。具体地说就是在传统菜肴的加工过程中，以定量代替模糊、以标准代替个性、以自动控制代替人工手工控制、以连续化生产代替间歇化生产，即以工程化的方式生产出感官状态符合人们饮食习惯的烹饪产品，或者是适合家庭快速烹饪的成品及半成品。

9.3　中式菜肴工业化产品

中式传统菜肴菜色丰富，名扬天下，每一道菜都是由主料、配料搭配而成，再加上厨师精妙的调味，最终呈现出营养、美味的菜肴制品。目前来说能够将传统中式菜肴付诸于工业化生产的主要包括速冻菜肴、真空冷冻干燥菜肴、罐头类菜肴、真空软罐头菜肴以及配有米饭的方便类菜肴。

刘珂等[25]通过单因素和正交实验，对川香鸡柳的制作工艺和配方进行优化和确定，将优化好的川香鸡柳进行速冻后包装，可得到方便速冻川香鸡柳，其外观呈金黄色，口味香酥可口，有油炸食品特有的香味和浓郁的香辛味，无异味，咸淡适中，口感细而不腻，组织状态质地紧密，外衣富有脆性，柔嫩，软硬适度，内层滑嫩多汁。任红涛等[16]通过研究速冻糖醋排骨的生产配方及生产工艺条件，对其制作工艺和配方进行了单因素和正交实验，得出了最佳风味的糖醋排骨调味酱包配方，以及最佳生产工艺参数，并将速冻糖醋排骨冻藏4周，可得到方便速冻菜肴产品。李素云等[26]将传统鱼香肉丝首先进行预处理，然后装料、冻结、升华干燥、解析干燥处理后进行复水率测试，并通过营养分测定对鱼香肉丝进行综合评判，结果发现把菜肴原材料进行分拣后冻干，对食品营养保持率较高，而且从口感色泽上要好于不分拣就对食品进行冻干的产品。王莉嫦[27]将乳酸链球菌素添加到鸡汁鲍鱼罐头中，采用正交试验方案得到乳酸链球菌素的添加量与杀菌温度时的最佳组合，通过测定产品的感官评价，得到产品的感官评分最高、产品失水率最低的一组，从而达到改善鲍鱼罐头口感、降低生产成本的目的。何容等[28]以五花猪肉和豌豆为主要原料，结合各种特制的辅料进行制作，该研究制备得到的豌豆粉蒸肉罐头食味佳、品质高，且适用于现代化、方便化和工业化制作。朱蓓薇等[29]发明一种肉类菜品类食品及其制作方法，所述肉类菜品类食品是将主料肉、辅料菜类或菌类和调料单独包装，再放入外层包装。该肉类菜品类食品的制作方法按菜品的烹饪方法将主料、辅料和调料等在工厂内加工成半成品，使得家庭烹制时更加简单方便。所制作的菜肴同时具备中式菜肴的"色、香、味、形"等特征。张裕[30]以商品珍珠鸡为原料，将原料先进行预加工处理，再采用复合薄膜包装，所生产出的香酥珍珠鸡软罐头能直观地感受到内容物的色泽、形态，且具有香酥珍珠鸡罐头特有的滋味与气味，口味鲜美，香气浓郁，无异味，肉质酥软适度。

张佩璐等[31]将传统米饭加工工艺进行了改进，改善了原有方便米饭口感差及复水时间长的缺点，同时配有咖喱鸡肉、鱼香肉丝、胡萝卜烧牛肉、笋干烧肉等菜肴制作成中式菜肴方便米饭食品，所得产品中菜包在室温下可保存六个月，且菜肴香气浓郁，肉色诱人，汤汁稠度适中。冯叙桥等[32]从方便米饭原料适应性、大米加工工艺、米饭老化、米饭品质改良剂、脱水米饭干燥工艺、米饭挥发性气味成分、米饭品质评价方法和米饭中淀粉体外消化特性等八方面对方便米饭的研究现状进行概述，指出了方便米饭在研发中存在的问题并探讨其解决方法。

9.4 中式菜肴工业化生产关键工艺简介

9.4.1 上浆工艺

上浆是中式菜肴生产中经常采用的嫩化肉的一种基本方法，通过利用食盐、蛋清、淀粉等原料，经过合理调制形成浆液（又叫"水粉浆"），通过浆液的渗透和搅拌，使淀粉、水等形成的浆液紧紧包裹在原料的表面，加热后在原料肉外形成一层薄薄的保护膜，使原料达到鲜嫩、光润的效果[33]。在上浆工艺中，对不同类型的原料，其上浆调料的配比和添加量往往不同[34]，例如，含水量大的虾仁上浆时，浆液中水的添加量较少，含水量较少的牛肉片上浆时水分添加量较多。在传统加工过程中，上浆主要依赖于厨师的经验和感觉，各种配料没有准确的添加量，各组分之间的配比也不够准确，而在工业化生产中，需要对这些参数进行统一，以生产出质量稳定、均一的产品。此外，在工业化生产中往往还要通过上浆工艺向肉制品中添加品质改良剂（如复合磷酸盐）和抗氧化剂（如 BHA、维生素 E）等[35]。

9.4.2 预油炸工艺

方便食品往往要经过预加热处理过程，这是因为预加热处理加工大大缩短了备餐时间，免去了烦琐的家庭制作过程，方便快捷，另外方便食品的预加热过程也具有标准化、工厂化和机械化的特点，相比传统"一步式"加热[36]更符合食品卫生标准，加工效率较高。油炸是食品特别是肉类食品熟制的一种常用加工方法，具有杀灭食品中腐败微生物，延长食品贮藏的货架期的特点，另外还能够使食品具有特殊的风味，提高食品的营养价值，赋予富有食欲的色泽[37]。本书所介绍的"低温油炸"[38]加工方法，可以模拟传统烹饪中的"滑炒"工艺。"滑炒"是中式菜肴烹饪方法之一，因初加热采用温油滑而名"滑炒"[38]，但是传统

"滑炒"工艺的火候难以把握，温度过低时肉不易熟而温度过高时肉质干老无嚼劲，在工业化生产中"滑炒"的火候更加难以控制。因此采用低温预油炸处理工艺，能够在工业化生产中代替传统炒锅的"滑炒"，利于方便食品的加工，使得产品肉质软嫩、色泽美观、便于储藏。

9.4.3 防腐保鲜技术

食品的腐败变质是指食品在各种内外因素的影响下，其原有化学性质或物理性质和感官性状发生变化，使之营养价值和商品价值降低或丧失。造成食品腐败变质的因素主要有：微生物、酶的作用，蛋白质变质，碳水化合物发酵以及脂肪氧化。食品的保鲜技术就是针对这几个因素，利用不同的方法和措施，抑制或杀灭食品中的微生物及其繁殖生长能力，控制或延缓脂肪氧化过程，进而延长食品的货架期。世界各国人民自人类文明以来，就开始利用各种手段延长食品的贮藏期，许多传统的保藏食品的手段沿用至今，如腌制、干燥、发酵、烟熏等[39]。而近年来，国内外研究人员也不断开拓各种食品防腐保鲜方法，例如，通过调节栅栏因子的栅栏技术提高产品的质量、延长产品的货架期，还可以利用物理法和化学法进行食品保鲜，即物理保鲜技术和化学保鲜技术[40]。

9.4.3.1 物理保鲜技术

物理保鲜技术主要是指在食品生产和贮运过程中利用各种物理手段如低温、气调、辐照等，提高食品品质和延长食品的货架期[41]。包括低温贮藏、气调保鲜、真空包装、涂膜保鲜、二次杀菌、电场磁场保鲜等。在肉类方便食品中往往都需要通过物理保鲜技术提高产品的耐贮性。中式肉类菜肴方便食品所利用的物理保鲜技术包括低温贮藏、真空包装以及二次杀菌技术。

1）低温贮藏

温度是影响微生物生长繁殖和各种化学反应速率的重要因素之一，因此在低温贮藏下，能够抑制微生物活动和繁殖，减缓食品内部的化学反应，从而保持食品新鲜度并延长食品保藏期限。研究显示，冷藏温度越低，食品变化越小，冷藏期限越长[42]。蒋丽施等[43]研究了在 0～4℃ 和 7～11℃ 条件下西式火腿切片品质的变化情况，结果显示，在较低温度下（0～4℃）西式火腿切片的菌落总数增长较为缓慢，且其 pH、含水量、保水性和嫩度的变化也更加稳定。董洋等[44]研究发现，将真空包装的西式火腿分别贮藏在4℃、25℃和30℃条件下，并测定其感官质量、pH、水分活度、挥发性盐基氮、TBARS 以及菌落总数，结果显示，在较低温度（4℃）贮藏条件下其货架期最长可以达到398天，而25℃和30℃贮藏条件下其货架期分别为83天和20天。

2）真空包装

肉制品经过包装后，会减少外界环境的污染，便于消费者的购买。通过特殊形式（如真空包装、气调包装、涂膜）的包装，能够达到延长肉制品货架期的目的[42]。真空包装是指除去包装内的空气，然后应用密封技术，使包装袋内的食品与外界隔绝。由于除掉了空气中的氧气，因而抑制并延缓了好气型微生物的生长，减少了蛋白质的降解和脂肪的氧化酸败[45]。吴锁连等[46]将烧鸡成品分别用聚乙烯薄膜袋包装和真空包装，在相同的贮藏条件下，发现真空包装后的烧鸡其酸价、过氧化物值和挥发性盐基氮值都显著小于聚乙烯薄膜袋包装的烧鸡，说明真空包装能有效减缓烧鸡的腐败变质。周绪霞等[47]研究了真空包装、带吸氧剂包装和普通包装三种包装方式对半干鸡脯肉保藏性的影响，结果表明，真空包装和带吸氧剂包装均能在一定程度上抑制半干鸡脯肉细菌的繁殖和脂肪氧化过程，二者的挥发性盐基氮值均显著低于普通包装的产品。

3）二次杀菌

杀菌是指杀灭食品上包括细菌芽孢在内的全部病原微生物和非病原微生物的方法。产品加热熟制能够杀灭绝大多数的细菌，但是之后在食品进行分割、包装的过程中还会产生二次污染，即使产品经真空或气调包装后，其初始菌落总数仍然很高，影响其货架期，因此此类食品在包装后还需要经过二次杀菌降低其初始菌数。该技术包括干热灭菌法（如干烤、红外线杀菌）、湿热灭菌法（如巴氏杀菌、常压加热煮沸杀菌、高温高压杀菌）、辐照杀菌法以及滤过除菌法等[47]。其中湿热灭菌法由于其简便易行而常被食品企业所应用。早在许多年前国外的研究[47,48]表明，高温高压灭菌法能够显著减小食品的初始菌落总数，使产品达到商业无菌状态，并可延长货架期，但是还会影响产品的组织状态、风味和营养价值。黄文垒[49]的研究也表明，将鱼香肉丝菜肴分别进行高温高压、巴氏水浴、辐照三种灭菌方式处理后，高温高压灭菌在三种灭菌方式中货架期最长，但经此法处理的菜肴其口感、风味及感官品质均会有所下降。但是另一方面，许多研究[50,51]表明，肉制品经真空包装后采用低温加热杀菌处理，能够降低肉制品的初始菌数且对其感官质量的影响也较小。乔晓玲[50]研究发现，在中华香肠各加工环节采用无菌操作，成品经过真空包装后经巴氏杀菌处理，产品的保质期可达150天。

9.4.3.2　化学保鲜技术

化学保鲜技术主要是指在食品生产和贮运过程中使用化学试剂（食品添加剂），以提高食品的耐藏性和达到某种加工目的[52]。其主要作用就是保持或提高食品品质和延长食品保藏期。根据化学保鲜剂的保鲜机理不同，可分为防腐剂、杀菌剂、脱氧剂和抗氧化剂。在方便食品中常用的就是防腐剂和抗氧化剂[20]。

1）添加防腐剂

食品防腐剂抑菌作用主要是通过改变微生物发育曲线使微生物发育停止在缓慢增殖的迟滞期，而不进入急剧增殖的对数期，延长微生物繁殖一代所需要的时间，即"静菌作用"[53]。食品防腐剂主要包括人工合成防腐剂和天然防腐剂。

人工合成防腐剂主要是各种有机酸及其盐类，如苯甲酸钠、山梨酸钾、二氧化硫、山梨酸、对羟基苯甲酸酯、亚硫酸盐、丙酸盐及硝酸盐和亚硫酸盐等。在肉制品保鲜中常用的人工合成防腐剂主要有柠檬酸、乳酸钠、抗坏血酸、山梨酸钾、双乙酸钠和乳酸链球菌素等，其中防腐效果较好、使用较为广泛的是山梨酸钾、双乙酸钠和乳酸链球菌素。

山梨酸钾（potassium sorbate）的抑菌机理主要是，通过阻碍微生物细胞中脱氢酶系统，并与酶系统中的巯基结合，使多种重要酶系统被破坏，从而达到抑菌和防腐的效果[54]。例如，徐世明等[55]研究发现，在真空包装的烧鸡中添加0.035% Nisin、0.180%乳酸钠和0.007%山梨酸钾复合防腐剂能有效抑制烧鸡中微生物的生长，使得烧鸡在0～4℃贮藏条件下可达20天的货架期。夏露[56]向真空包装的中式酱卤肉中添加0.0684 g/kg的山梨酸钾可以使产品菌落总数的对数值达到最小值3.0428。

双乙酸钠（sodium diacetate）可以有效抑制食品中的真菌、霉菌、细菌的生长与繁殖，其分子内的单分子乙酸可以通过降低介质的pH以及与酯类化合物的相溶作用而透过微生物的细胞壁，从而渗透进微生物细胞中，阻碍细胞内酶的相互作用，并引起胞内蛋白质的变性，改变细胞结构和组织状态，最终使微生物脱水至死亡，达到防腐抑菌的目的[57,58]。夏露[56]研究真空包装的中式酱卤肉发现，添加2.084 g/kg的双乙酸钠可以使产品菌落总数的对数值达到最小值3.0428，达到抑菌防腐的目的。谷小惠等[59]将烧鸡浸泡在0.05%乳酸链球菌素、0.05%溶菌酶和1%双乙酸钠的复合防腐保鲜剂中，并通过真空包装和包装后的微波杀菌，能有效抑制烧鸡贮藏期间的菌落总数，改善感官质量，使产品烧鸡在常温下保存11天。

乳酸链球菌素（Nisin）的抗菌谱较窄，仅对革兰氏阳性菌及其芽孢有效，对霉菌、酵母和革兰阴性菌无效，其抑菌机理主要是影响细菌孢膜和孢壁质的合成进而抑制微生物的生长，但是由于乳酸链球菌素是一种多肽类物质，食用后在消化道中很快被蛋白水解酶分解成易被人体吸收的多种氨基酸，因此Nisin的安全性很高，使得它的使用越来越广泛[60]。马含笑等[61]研究发现，向真空包装的酱猪肝中添加Nisin，在其最小浓度（0.1 mg/mL）下即可以很好地抑制酱猪肝中革兰阳性菌。

2）添加抗氧化剂

抗氧化剂是指能防止或延缓油脂或食品成分氧化分解、变质，提高食品的稳定性和延长贮存期的食品添加剂[53]。抗氧化剂能够通过提供氢质子而终止链式反应的传递，或是通过清除氧、螯合金属离子而起到延缓油脂的自动氧化过程[62]。抗氧化剂分为人工合成抗氧化剂和天然抗氧化剂。

人工合成抗氧化剂是长久以来食品中最常使用的抗氧化剂，根据 GB 2760—2011 规定，我国允许使用的人工合成抗氧化剂共有 15 种，其中在肉制品中较为常见的是丁基羟基茴香醚（BHA）、二丁基羟基甲苯（BHT）以及没食子酸丙酯（PG）。胡鹏等[63]在真空包装的扒鸡中添加维生素 C、维生素 E 及 BHA 三种抗氧化剂并研究它们对扒鸡的脂肪氧化影响情况，结果显示三种抗氧化剂中添加浓度为 0.02% 的 BHA 抗氧化效果最好。姜秀杰[64]在真空包装的生鲜鸡肉中分别加入 0.5 g/kg TBHQ、0.2 g/kg BHT、0.3 g/kg 茶多酚、0.3 g/kg 迷迭香、0.5 g/kg 维生素 E 以及 0.5 g/kg 维生素 C 六种抗氧化剂并进行单因素试验，测定真空包装的生鲜鸡肉的 TBA 值发现，添加 TBHQ 和 BHT 组的抗氧化效果较好。赵谋明等[65]研究发现，在真空包装的广式腊肠中添加 100 mg/kg 的 PG，在 37℃ 的贮藏条件下贮藏 90 天，其 TBARS 值仅为 0.12 mg/kg，显著低于添加 100 mg/kg 维生素 E 处理组。魏跃胜等[66]研究发现，在 0～4℃ 冷藏条件下的油炸肉丸中添加 0.5 mg/kg 的维生素 E，可以使其贮藏期延长至 21 天。王颖等[67]研究发现迷迭香提取物可以延缓花生油、猪肉以及菜籽油的油脂氧化过程。刘士德等[68]在豆油中加入迷迭香苯浸提物，通过测定碘值发现迷迭香的苯浸提物具有一定的抗氧化能力。刘小红等[69]通过对市售肉桂香料进行提取并测定其 1，1-二苯基-2-三硝基苯肼（DPPH）自由基清除能力发现，肉桂提取物对 DPPH 的清除作用随着其浓度的增加而增加。

9.5　我国中式菜肴工业化存在的问题

我国中式菜肴工业化产品的研究较为滞后，市面上中式菜肴工业化产品的种类与数量与国外的方便食品更是相差甚远。虽然目前有一部分传统菜肴已经工业化生产为方便类食品，但主要是炖的产品，其包装形式是可杀菌软袋，可以看到的产品有咖喱牛肉、香菇鸡块等[18]。这类产品的一般流程是，在食品工厂厨房中先以传统烹饪法调理菜肴，主要的固形物有肉块、马铃薯、胡萝卜等耐炖耐煮的材料，所有的材料在锅中烹煮入味后，再热充填到可杀菌软袋，再施以包装后高压高温二次杀菌处理，使产品达到商业杀菌标准，而能够在一般室温下保存、流通、销售[19]。然而，这种方式生产出的产品往往存在变色，风味不足，肉块不成形等品相较差的情况，而且仍有许多传统菜肴未能工业化生产，因此在开发中式肉类菜肴方便食品时首先要解决其色泽、风味、质构和包装等问题[20]。另外，我国菜肴类方便食品还没有形成体系；菜品本身的营养价值偏低，不能满足人们均衡合理的营养需求量；由于商品的质量监管力度不够，滥用食品添加剂的劣质产品使方便食品的市场混乱；一些肉类方便食品保鲜存在问题导致其脂肪氧化酸败问题严重，等等。这都是我国中式菜肴工业化生产在发展中急需解决的问题。有报道显示，未来几年内中式菜肴工业化产品特别是可微波菜肴制品将成为我国方便食品发展的主流[21]。

参 考 文 献

[1] 盛国华．国内外微波食品的概况及发展趋势 [J]．冷饮与速冻食品工业，1999，1：40-41

[2] 张晓光．方便水饺制作工艺及储藏性的研究 [D]．长春，吉林大学硕士学位论文，2009，5 (2)：57-61

[3] 陈永清．风味与菜点质构 [J]．四川烹饪高等专科学校学报，2007，(1)：12-14

[4] 周晓燕，唐建华，陈剑，等．影响狮子头口感的关键工艺标准研究 [J]．食品科学，2010，31 (16)：145-150

[5] 吃情．王子私房菜：一菜一格，百菜百味 [J]．八小时以外，2007，2：49

[6] Lv N, Brown J L. Chinese American family food systems：Impact of western influences [J]．Nutr Educ Behav, 2010, 42：106

[7] 吴杰．中国著名菜系精选教材 [M]．北京：中央名族大学出版社，1996

[8] Zhao J Y, Li P J, Kong B H, et al. Effect of different starching recipes on quality of fried shredded meat in Chinese cuisine. Advanced Materials Res, 2012, 554-556：1412-1428

[9] 董铁有，李素云，朱文学．典型中华菜肴鱼香肉丝真空冷冻干燥工艺的研究 [J]．干燥技术与设备，2004，2 (4)：24-27

[10] 赵钜阳，李沛军，孔保华，等．上浆配料对预油炸鸡肉丁半成品品质影响的研究 [J]．食品科技，2013，38 (1)：153-158

[11] 吴琼英，贾俊强．快炒面香葱肉丝调料包的研制 [J]．食品科技，2006，2：49-51

[12] 任红涛，程丽英，宋晓燕．速冻菜肴红烧肉的工艺研究 [J]．中国食物与营养，2012，18 (6)：62-65

[13] 杨媚，刘宝林．红烧肉的冷冻干燥工艺研究 [J]．安徽农业科学，2010，38 (26)：14781-14783

[14] 徐竞．红烧肉的真空冷冻干燥试验 [J]．肉类研究，2008，9 (115)：24-26

[15] 汪颖达，王刘刘．回锅肉罐头生产技术 [J]．食品研究与开发，2004，25 (4)：86-87

[16] 任红涛，邵建峰，程丽英．速冻菜肴糖醋排骨工艺优化 [J]．食品科学，2012，33 (12)：324-329

[17] 刘芗. 川菜——以中国"四大"名菜之一甜酸麻辣苦香咸炒靓了其地名美彩 [J]. 中国地名, 2014, (3): 14-16

[18] 沈再春, 沈群. 高新技术在方便食品生产中的应用 [J]. 中国食用菌, 2010, 18 (1): 45

[19] 赵谋明, 任娇艳, 徐德峰. 谷物杂粮方便食品开发与农业产业化相结合的市场前景 [J]. 食品工业科技, 2009, 30 (3): 355-363

[20] Buckley M, Cowan C, Mccarthy M. The convenience food market in Great Britain: convenience food lifestyle (CFL) segments [J]. Appetite, 2007, 49 (3): 600-617

[21] 徐树来, 刘晓东, 刘玮. 我国方便米饭的发展现状及存在的主要问题 [J]. 农机化研究, 2008, 10: 250-252

[22] 邓丹雯. 改善方便米饭品质的研究 [J]. 四川食品与发酵, 2005, 41 (124): 54-57

[23] 陈海军. 两种速食方便食品的生产加工技术 [J]. 湖北农业科学, 2009, 48 (12): 3127-3130.

[24] 吴晓光, 刘秀芬, 罗广超. 番茄牛肉条方便食品的研制 [J]. 食品工业科技, 2007, 28 (12): 163-164

[25] 刘珂, 张根生, 刘广, 等. 速冻川香鸡柳工艺研究 [J]. 中国调味品, 2010, 7 (35): 81-92

[26] 李素云, 张培旗, 董铁有. 鱼香肉丝真空冷冻干燥工艺方案的再探讨 [J]. 现代食品科技, 2006, 2 (22): 150-151

[27] 王莉嫦. 乳酸链球菌素在鸡汁鲍鱼罐头中应用 [J]. 网络优先出版, 2013, 7: 29

[28] 何容, 王卫, 董李明. 豌豆粉蒸肉罐头制作工艺 [J]. 成都大学学报, 2013, 32 (1): 29-31

[29] 朱蓓薇, 杨静峰, 周大勇, 等. 一种肉类菜品类食品及其制作方法 [P]: 中国, CN201010571632.5. 2011

[30] 张裕. 香酥珍珠鸡软罐头的加工 [J]. 农产品加工创新版, 2012, 9: 45-46

[31] 张佩璐, 杜雯, 杨伊然, 等. 新型方便米饭的生产加工工艺 [J]. 黑龙江科技信息, 2013, 16: 54-55

[32] 冯叙桥, 段小明, 宋立, 等. 方便米饭研究现状及问题应对探讨 [J]. 食品工业科技, 2013, 17: 24-26

[33] 陈金标. 动物性烹饪原料的上浆与加热处理 [J]. 扬州大学烹饪学报, 2004, (01): 33-35

[34] 黄亚平. 谈挂糊、上浆和勾芡的作用 [J]. 科技资讯, 2008, (21): 204

[35] Yusop S M, O'Sullivan M G, Kerry J F, et al. Effect of marinating time and low pH on marinade performance and sensory acceptability of poultry meat [J]. Meat Science, 2010, 85 (4): 657-663

[36] 宋艳玲. 藕夹方便食品的加工与保藏研究 [D]. 无锡: 江南大学硕士学位论文, 2008

[37] 范大明. 可微波冷冻预油炸鸡肉串的研究与开发 [D]. 无锡: 江南大学硕士学位论文, 2009

[38] 王圣果, 李新元, 季广辉, 等. 滑炒滑溜最佳工艺的初步研究 [J]. 黑龙江商学院学报 (自然科学版), 1991, (06): 52-58

[39] 王小军. 板鸭贮藏中微生物、理化性质变化规律及保险技术研究 [D]. 重庆: 西南大学硕士学位论文, 2007

[40] 吴岗, 刘通讯. 物理杀菌技术 [J], 食品与发酵工业. 2000, (1): 65-67

[41] 张丽红. 东坡肉软罐头的杀菌工艺优化 [J]. 现代食品科技, 2010, 26 (1): 95-97

[42] 孔保华. 畜产品加工储藏新技术 [M]. 北京: 科学出版社, 2007

[43] 蒋丽施, 贺稚非, 李洪军. 不同贮藏温度西式火腿切片品质变化规律研究 [J]. 食品科学, 2012, 33 (16): 274-279

[44] 董洋, 王虎虎, 徐幸莲. 真空包装盐水鹅在不同温度条件下的贮藏特性及其货架期预测 [J]. 食品科学, 2012, 3 (2): 280-285

[45] 孔保华. 肉品科学与技术 [M]. 北京: 中国轻工业出版社, 2007

[46] 吴锁连, 康怀彬, 李英. 不同包装方式和贮藏条件下的烧鸡贮藏特性研究 [J]. 食品科学, 2009, 30 (18): 367-379

[47] 周绪霞, 陈灵君, 郑滨, 等. 包装方式对半干鸡脯肉贮藏稳定性的影响 [J]. 浙江农业科学, 2013 (2): 198-201

[48] Weeb N B. Microbial concerns about precooked convenience foods [J]. Annul Reciprocal Meat Science Procedings, 1990, 43: 97-101

[49] 黄文垒. 方便菜肴鱼香肉丝工艺改良与综合保鲜技术的研究 [D]. 扬州: 扬州大学硕士学位论文, 2011

[50] 乔晓玲. 耐贮藏肉制品——"中华香肠"加工工艺的研究 [J]. 肉类研究, 1999, (2): 15-19

[51] 康怀彬. 道口烧鸡综合保鲜技术研究 [D]. 南京: 南京农业大学硕士学位论文, 2006

[52] 刘愉. 4 种防腐剂延长低温肉制品货架期的实验研究 [D]. 成都: 电子科技大学硕士学位论文, 2007

[53] 郝利平, 夏延斌, 陈永泉, 等. 食品添加剂 [M]. 北京: 中国农业大学出版社, 2002

[54] Gliemmo M, Latorre M, Gerschenson L, et al. Color stability of pumpkin puree during storage at room temperature: Effect of pH, potassium sorbate, ascorbic acid and packaging material [J]. LWT-Food Science and Technolgy, 2009, 42: 196-201

[55] 徐世明, 赵瑞连, 郭光平, 等. Nisin、乳酸钠、山梨酸钾复合延长烧鸡货架期的研究 [J]. 食品科技, 2012, 37, (6): 160-167

[56] 夏露. 中式肉制品复合防腐保鲜剂的研究 [D]. 杭州: 浙江大学硕士学位论文, 2010

[57] Grosulescu C, Juneja V K, Ravishankar S. Effects and interactions of sodium lactate, sodium diacetate, and pediocin on the thermal inactivation of starved Listeria monocytogenes on bolognaq [J]. Food Microbiology, 2011, 28: 440-446

[58] 王晓英, 王宇光, 谷新春, 等. 双乙酸钠在食品防腐保鲜中的应用及展望. 农业机械, 2013, (5): 66-68

[59] 谷小慧, 农绍庄, 崔瑾. 烧鸡的防腐与保鲜 [J]. 食品科技, 2012, 37 (5): 120-123

［60］Kopermsub P, Mayena V, Warin C. Potential use of niosomes for encapsulation of nisin and EDTA and their antibacterial activity enhancement ［J］. Food Research Interinitional, 2011, 44：605-612

［61］马含笑, 李春, 周晓宏. 真空包装酱猪肝中污染微生物的分离鉴定和抑菌研究 ［J］. 食品研究与开发, 2012, 33（8）：204-210

［62］Schaich K, Pryor W A. Free radical initiation in proteins and amino acids by ionizing and ultraviolet radiations and lipid oxidation—Part III：Free radical transfer from oxidizing lipids ［J］. Critical Reviews in Food Science & Nutrition, 1980, 13（3）：189-244

［63］胡鹏, 张奇志, 邓鹏, 等. 不同抗氧化剂对辐照扒鸡脂肪氧化的影响 ［J］. 中国食物与营养, 2010,（5）：26-18

［64］姜秀杰. 生鲜调理鸡肉辐照及辅助保鲜工艺的研究 ［D］. 大庆：黑龙家八一农垦大学硕士学位论文, 2011

［65］赵谋明, 孙为正, 吴燕涛, 等. 广式腊肠脂质降解与氧化的控制研究 ［J］. 食品与发酵工业, 2007, 33（8）：10-13

［66］魏跃胜, 李茂顺, 陈智. 传统油炸肉丸贮藏性研究 ［J］. 食品研究与开发, 2012, 33（10）：191-195

［67］王颖, 王文中. 迷迭香的研究及其应用——抗氧化剂 ［J］. 中国食品添加剂, 2002,（5）：60-65

［68］刘士德, 余玉雯. 迷迭香抗氧化提取物的应用研究 ［J］. 食品科学, 2003, 24（2）：95-99

［69］刘小红, 张尊听. 市售天然植物香料的抗氧化作用研究 ［J］. 食品科学, 2002, 23（1）：143-145

10 重组肉加工技术

肉的重组技术起源于 20 世纪 60 年代，它是指借助于机械和添加辅料（食盐、食用复合磷酸盐、动植物蛋白、淀粉、卡拉胶等）以提取肌肉纤维中基质蛋白和利用添加剂的黏合作用使肉颗粒或肉块重新组合，经冷冻后直接出售或者经预热处理保留和完善其组织结构的肉制品的加工技术[1]。在肉制品加工中，剔骨肉或碎肉由于加工及品质上的原因，无法被完全利用，而通过肉的重组技术，则可以完全利用这些价格便宜的剔骨肉或碎肉，提高其功能性质和附加值。重组肉技术在英、美等发达国家发展速度较快，其产品在美国食品市场上也占据很大的比例，包括牛排、烤牛肉、猪排、鸡肉香肠、牛肉香肠、牛肉馅饼等重组肉制品。我国对于重组肉的研究起步较晚，从 1996 年张荣强选用鲜鱼肉糜、大豆蛋白等纯天然原料加工成我国第一代天然高级复合植物型营养鱼肉灌肠开始[2]，到 2003 年谢超以牛肉为原料，经复合蛋白酶处理，重组加工生产的无肠衣牛肉香肠[3]，重组熟肉制品在我国肉食品市场上已占据了相当大的比例。由此可见，肉的重组技术已成为肉类制品加工的一种重要手段，它不仅加快了肉类工业的发展进程，也必将占据更大的发展空间。

10.1 重组肉制品的加工原理

大小不同（从肉块、碎肉到肉粒）的肉片均可结合在一起以模仿整肉的外观和质构，或形成质构独特的新产品。在所有这些产品中，相邻肉片的表面通过凝胶网络结构结合在一起。凝胶网络结构可能是由烹调过程中从胶原组织转化成的明胶形成的，也可能是由外源明胶形成的。重组肉块的专利加工工艺还包括采用海藻酸钙凝胶的反应或者利用血液中的钙辅谷氨酰胺转氨酶凝结血浆纤维蛋白原，这一凝结反应是凝血蛋白酶活化的。上述工艺都被用于重组肉制品的冷胶凝，但后两种方法可以形成热稳定凝胶，这种凝胶在随后的蒸煮过程中不会溶化。

10.2 重组肉加工常用技术

10.2.1 酶法加工技术

酶法加工技术是指利用酶催化肉的肌原纤维蛋白和酶的最适底物，如酪蛋白（casein）、大豆分离蛋白（SPI）等同源或异源蛋白质的基团之间发生聚合和共价交联反应[4]，提高蛋白质的凝胶能力和凝胶的稳定性[5]，从而将肉片、肉块之间在外界合适的条件下黏结在一起的技术。酶法加工技术主要使用转谷氨酰胺酶（transglutaminase，TG），TG 能够催化蛋白质分子内部或蛋白质分子之间的酰基转移反应，产生共价交联。肌肉中的肌球蛋白和肌动蛋白正是谷氨酰胺转氨酶作用的最适底物之一，经 TG 的催化，肌肉蛋白分子间形成致密的三维网状结构，从而将不同粒度大小的碎肉黏结在一起，改善了肉制品的品质，提高了产品的附加值。目前，日本千叶制粉公司、日本味之素公司生产的 TG 粉已广泛应用于鱼肉和畜肉加工的模拟食品中。

除了 TG 粉外，还研制出血浆纤维蛋白黏合剂，其黏结机理是模拟血凝的最后阶段反应。以 Ca^{2+} 激活纤维蛋白原形成半刚性纤维蛋白单体，单体自发形成以氢键相连接的可溶性多聚体，多聚体通过物理作用与化学键黏合周围碎肉以形成大片肉或大块肉。黄耀江等还通过鲜羊血制备出纤维蛋白原溶液，通过凝血酶的催化交联作用，使碎肉充分黏结。通过与正常肉的成片性和煮后状态的对比试验，结果表明，此法黏结的重组肉与正产肉在这两方面无差别[6]。这种血浆纤维蛋白黏合剂的加工技术现已申请专利。

10.2.2 化学法加工技术

由于 TG 粉的价格较贵，为了降低重组肉的生产成本，保证产品质量，人们研究使用了化学方法，如使用海藻酸钠和氯化钙的方法，此方法已被申请专利。此法依据的原理是海藻酸钠的羧基活性较大，可以与镁和汞以外的二价以上金属盐形成凝胶，重组肉的生产则利用海藻酸钠与 Ca^{2+} 形成海藻酸钙凝胶，其凝胶强度取决于溶液中 Ca^{2+} 的含量和温度，从而获得从柔软至刚性的各种凝胶体[7]；Means 等证实海藻酸盐和 Ca^{2+} 可形成热不可逆凝胶，并将碎肉黏结起来[8]。另据 Imeson 等[9]学者研究发现，某些阴离子多糖如海藻酸盐可以通过静电作用力与肌球蛋白、牛血清蛋白等蛋白质相互作用。此外，还有使用结冷胶的方法，在加热状态下，结冷胶呈不规则的线形存在，在凝胶促进因子 Ca^{2+}、Mg^{2+} 等离子存在下，将其冷却后即可形成刚性的双螺旋凝胶，并通过凝胶促进因子使螺旋体聚集在一起。张慧昊等[7]将海藻酸钠与结冷胶复合后，考察其对凝胶性质的影响，结果发现海藻酸钠的添加量对各种性质的影响较大。

10.2.3 物理法加工技术

重组肉加工技术除了使用酶法、化学方法外，常用的生产技术还有加热技术，它是通过盐、磷酸盐和机械的作用从肉中抽提肌纤维蛋白形成凝胶而达到将肉黏结的目的，但加热法会产生令人不愉快的气味和难以接受的褪色。为了克服加热法生产重组肉的缺点，能够生产具有鲜肉特征的重组肉，现在已出现非热加工物理法加工技术手段——高压处理技术（压力 > 200 MPa），其通过提高水分 - 蛋白质或蛋白质 - 蛋白质之间的相互作用以提高肉制品的功能特性[10]。Hong 等[11]的研究结果表明，在 200 MPa 条件下，添加 0.25% 的食盐和 0.75% 的 δ - 葡萄糖内酯和 0.75% 的卡拉胶在 4℃ 条件下加压 30 min，虽然肉的颜色有点像蒸煮过的褪色，但肉的结合力增强，并且证实 δ - 葡萄糖内酯和卡拉胶可以作为食盐的替代物，满足消费者的需求。

10.3 添加剂对重组肉的影响

10.3.1 转谷氨酰胺酶

1）改善肉制品的质构

良好的质构不仅是评定产品质量的主要指标，而且是影响消费者选择的关键因素。洪平等[12]对重组小虾仁制大虾仁的工艺进行研究，研究发现加入 0.4% 的 TG，所得出的虾仁的色泽、外形、口味、抗压力、弹性和咀嚼性等指标都与天然虾仁比较接近，同时其配方的成本低，工艺条件能适合制品的工业化生产。

2）提高产品出品率

肉制品的持水性是一项重要的质量指标，不仅影响产品的色泽、滋味、营养成分、嫩度、多汁性等食用品质，而且具有重要的经济价值。由于转谷氨酰胺酶所催化形成的凝胶有牢固的空间网络，能较强包容大量水分，从而防止肉制品在加工过程中产生的收缩现象，提高产品嫩度，同时也提高了产品得率。

3）拓宽原料来源，提高原料利用率

肉在加工过程中会产生大量碎肉、肉渣。利用转谷氨酰胺酶能将这些下脚料重新组合成完整的肉块，从而提高了利用率。另外，牛、羊、鸡肉制品中黏合性较低，易发生碎裂和切片性不好等缺陷。添加转谷氨酰胺酶能显著改善这些肉制品的质地结构，提高产品的感官特性。转谷氨酰胺酶对利用血液、胶原蛋白以及改善 PSE 肉，即灰白、柔软和多渗出水的肉方面等也有明显作用[13]。

　　4）开发保健肉制品

　　硝酸盐、食盐、磷酸盐是各种肉制品加工不可缺少的组分，在维持肉品质量上有重要作用，但它们的过多使用又明显有损害健康的可能性。实验证明，在肉制品中，添加转谷氨酰胺酶能部分替代这些添加剂，同时又能保持肉制品原有的品质。Takagaki 等[14]的研究表明，添加 0.25% TG 火腿的质构与添加 0.3% 磷酸盐的火腿的质构无显著差别。添加 TG 酶由于可以促使蛋白质之间发生交联作用，提高肉质的弹性，因此可达到减少磷酸盐用量的目的。

10.3.2　非肉蛋白在重组肉制品中的应用

10.3.2.1　大豆分离蛋白在肉制品中的应用

　　大豆分离蛋白是从脱脂豆粕中制取的一种高纯度的大豆蛋白产品，其蛋白质含量（以干基计）在 90% 以上，是大豆产品中蛋白质含量最高的产品。大豆分离蛋白还具有很好的功能特性。功能特性是指蛋白质在食品加工中如制取、配制、加工、烹调、贮藏、销售过程中所表现出来的理化特性的总称，如吸水性、吸油性、乳化性和凝胶性等。实验证明，除大豆分离蛋白具有凝胶性外，其余大豆蛋白产品基本不具有凝胶性。在乳化类肉制品中，主要利用其结合脂肪和水的能力，并与盐溶性肉蛋白形成稳定的乳化系保留或乳化肉制品中的脂肪，并改进组织，使制品内部组织细腻，黏结性好，富有弹性，切片性好，光滑细腻，嫩度提高；提高肉的保水性和出品率[15]。马宇翔等[16]在火腿肠中添加一定量的大豆分离蛋白测其得率，结果发现它的添加可以明显提高火腿肠的得率，增加了火腿肠的持水性和持油性。

　　大豆分离蛋白还可部分代替动物蛋白，且具有不同的功能特性。通过结合脂肪和水分可以有效地减少肉制品的蒸煮损失，防止脂肪析出，通过肥肉和瘦肉的有机结合减少脂肪的用量，还能改善肉制品的质构和风味[13]。

10.3.2.2　酪蛋白酸钠在肉制品中的应用

　　酪蛋白酸钠（sodium caseinate），又称干酪素，酪蛋白酸钠为白色或淡黄色的微粒、粉末或片状体，无臭、无味，在低 pH 时，有较好的溶解性，是酪蛋白的一种衍生物。20 世纪 60 年代前已有生产、应用，70 年代末开始大规模发展。我国酪蛋白酸钠的开发和应用直至 80 年代初才开始。由于酪蛋白酸钠从牛乳分离制得，含有人体所需的全部必需氨基酸，营养价值高，广泛用于各种食品，包括面包、饼干、冰淇淋、乳酸饮料以及肉制品、人造奶油等[17]。

酪蛋白酸钠是分离动物性蛋白，具有良好的乳化、黏合、增稠作用。在肉制品中酪蛋白酸钠不仅可以提高肉品的持水性和稳定性，而且可以改善肉品的质地和嫩度，同时还能增补肉品中蛋白质含量以及减少肉制品在蒸煮过中营养成分的损失，特别是对于原料肉和脂肪较多的肉块特别有效。

酪蛋白酸钠作为乳化剂，能在脂肪粒上形成蛋白质包膜，提高肉蛋白乳化功能，若进行加热处理，肉蛋白会凝结并与耐热的乳蛋白相结合，形成骨架结构，防止脂肪分离。此外，它还有助于改良产品的结构，进一步提高肉制品的感官和营养质量，减少油腻口感，使产品更易消化。酪蛋白酸钠作为黏结剂，和微生物产生的转谷氨酰胺酶配合一起处理原料肉可产生较好的黏结力。传统方法常用食盐腌制，然后再结合冷冻或加热处理才能产生较好的黏合强度。但是，生产者和消费者越来越期望减少食盐的用量，所以这种经冷冻或加热蒸煮的肉品与新鲜、未冻肉品相比，市场销售状况易受限制。经酪蛋白酸钠和转谷氨酰胺酶处理的重组肉，不需要上述过程就能产生最大黏合强度，效果最佳[17]。

10.3.3　食用胶在肉制品中的应用

10.3.3.1　黄原胶在重组肉制品中的应用

黄原胶（xanthan gum）是一种类白色或浅米黄色粉末，具有增稠、悬浮、乳化、稳定作用。黄原胶无味、无毒、食用安全、易溶于水、耐酸碱、高盐环境、抗高温、低温冷冻、抗生物酶解、抗污染能力强，在水溶液中呈多聚阴离子，具有独特的理化性质，低浓度溶液具有高黏度的特性（1%水溶液的黏度相当于明胶的100倍），是一种高效的增稠剂。此外，黄原胶还有提高动物免疫力的作用。黄原胶是目前世界上性能最优越的生物胶之一[18]。

在肉制品中添加一定量的黄原胶可以增加肉制品的持水性、黏结性，降低肉的蒸煮损失率和最大剪切力，改善了肉的嫩度，延长了肉制品的货架期。而且黄原胶还可以和卡拉胶、瓜尔豆胶、魔芋胶等发生协同效应，增强保水性、黏结性和凝胶性能[19]。方红美等[20]研究发现，0.5%的黄原胶可显著提高牛肉的pH和保水性，降低牛肉的蒸煮损失率和最大剪切力，改善了牛肉的嫩度，但也导致牛肉色泽明显劣变。Fox等[21]认为，黄原胶和卡拉胶都可以稳定法兰克福红肠的质构。

10.3.3.2　卡拉胶在重组肉制品中的应用

卡拉胶（carrageenan）是从麒麟菜、鹿角叉菜中提取的海藻多糖的统称，由于麒麟菜的种类与产地不同以及加工工艺的区别，所得到的卡拉胶也不尽相同。因此卡拉胶只是一个广义上的名称。商品卡拉胶分子质量在10万Da以上。目前已投入商业化生产的有 Kappa（κ）型卡拉胶、Iota（ι）型卡拉胶和 Lambda（λ）型卡拉胶。由于结构上的细小差别，卡拉胶本身性能和用途尚有很大的不同。κ-型卡拉胶在水中可以形成可逆的、硬的和脆的凝胶，ι-型卡拉胶可形成热可逆的、柔软的和有弹性的凝胶，λ-型卡拉胶则不会形成凝胶，但有稀释作用。因此在肉中用的卡拉胶多为 Kappa 型卡拉胶即 κ-型卡拉胶[22]。

卡拉胶是肉制品中重要的保水成分，一般而言，大豆分离蛋白的吸水能力为1∶4，而卡拉胶的吸水比例为 1∶40 ~ 1∶50[23]。卡拉胶分子结构中含有强阴离子型硫酸酯基团，能和游离水形成额外的氢键，可保持自身质量数倍的水分。

肉制品中含有大量的蛋白质，分为水溶性蛋白质、盐溶性蛋白质和硬蛋白，它们赋予肉制品很多令人愉悦的口感，但经过长时间的加工、热处理，许多蛋白质会发生变性、分解，造成肉制品的粉质感，以及脱水收缩等不良构成。卡拉胶分子上的硫酸基可以直接与蛋白质分子中的氨基结合，或者通过钙离子等二价阳离子与蛋白质分子上的羧基结合。形成的络合物是一种带有强阴离子基团的胶体，能把水溶蛋白、盐溶蛋白以及后添加的其他蛋白质更有效地结合在卡拉胶形成的凝胶体系中，再结合卡拉胶的保水性，就能极大提高肉制品的质构，使肉制品有弹性、耐咀嚼、多汁的特性，从而最大限度保留肉制品的味觉、嗅觉分子[24]。

DeFreites 等[25]研究发现，卡拉胶的添加提高了盐溶性肌肉蛋白质凝胶的强度，他们认为这是由于肌肉蛋白质/κ-卡拉胶之间发生了蛋白质与多糖间的交互作用。Xiong 等[26]研究发现 0.5% 卡拉胶提高了 1% 食盐牛肉香肠的硬度，但是对添加 2.5% 食盐的香肠几乎没有影响。Foegeding 等[27]则报道添加 0.2% 的 κ-卡拉胶对低脂肉制品的硬度无影响。

10.3.3.3　魔芋粉在重组肉制品中的应用

魔芋粉的主要成分是魔芋葡甘聚糖，是由 D-葡萄糖和 D-甘露糖按 1∶6 的比例以 β-1.4-糖苷键聚合的大分子多糖，平均分子质量在 20 万 ~ 200 万 Da，糖单元链上乙酰化程度占 5% ~ 10%，平均每 9 ~ 19 个糖单元上连有一个乙酰基。在碱性条件下，由于部分乙酸基被除去，溶液可以形成一种热稳定的弹性凝胶。魔芋胶与黄原胶有良好的协同功能，复配后的溶液在中性条件下即可形成热可逆凝胶，凝胶强度在两者 1∶1 时最大。胶强度随胶浓度和凝胶时间增加而增加，但随金属离子浓度增加而减弱[28]。魔芋葡甘聚糖与卡拉胶共溶时有凝胶增效作用。它的最大可能是在两种多糖分子中，以卡拉胶形成的双螺旋结构为主体。魔芋葡甘聚糖分子缠绕于螺旋体上，使整个结构形成更加紧密的分子聚胶体溶液，从而形成了凝冻强度提高的必备条件。以阳离子钾盐的参与和热源为动力促使了两种多糖缠绕频率的增加，这对凝冻强度的形成起着关键性作用。

魔芋葡甘聚糖是一种具有增稠性、乳化性、黏结性、吸水性的多糖。若把它和卡拉胶的双螺旋缠绕机理用于肉糜制品方面，它的凝胶协同作用可以提高肉糜制品的弹性、韧性、利口性和切片性。它的增稠性和吸水性可以防止肉糜制品析水性、析油性，提高肉糜制品的黏结力。利用它的乳化性可以提高肉糜制品中溶出的肌蛋白和肉糜之间的黏合力。

许时婴等[29]在复配胶在低脂肉糜制品中的作用机理研究中指出，复配型亲水胶作为脂肪代用品应用在肉糜体系中，不是模拟脂肪球的颗粒形态，而是在基质中通过多糖与多糖，多糖与蛋白质以及蛋白质与蛋白质之间相互作用形成了具有黏弹性的三维网状结构。基质本身的黏弹性，赋予了肉制品滑润丰厚的口感，改善了低脂肉制品的质构。致密的复合网状结构加强了基质的凝胶结构，使低脂肉糜制品具有很高的持水持油能力。刘虎成、李洪军、刘勤晋等[30]在《魔芋胶在低脂肉糜制品中的应用研究》一文中指出魔芋胶可以改善肉糜的质构，使其富有弹性和极强的黏性，同时指出单一用魔芋胶会使肉糜产生不良风味。

10.4　滚揉在肉制品加工中的应用

肉块在滚揉机滚筒中随着滚筒的旋转而受到一定形式的机械力作用，使其质构获得改善，嫩度提高，这一技术被称为滚揉（tumbling）技术，如滚筒中保持一定的真空度，即为真空滚揉技术。

肉块在滚揉机中进行翻滚、跌落、碰撞等机械运动，肉块与机械之间，肉块与肉块之间产生强烈的摩擦力、冲击力、挤压力，使肌纤维的机械强度不断削弱，最后发生断裂，同时肌纤维之间的结合也变得松弛并产生间隙，结缔组织的胶原纤维由于同样的原因遭到一定的破坏，坚韧度下降，这些作用使肌肉组织变得疏松、柔软，嫩度提高。在同时施以真空条件时，滚筒内压力发生变化，肌肉纤维由于内外压差而膨胀，进一步促进了结构松弛。研究表明，滚揉对牛肉肌纤维微观结构的影响很大，电镜观察发现肌纤维发生严重的扭曲变形和断裂，成为 1～3 个肌节组成的小段，I 带 Z 线消失。另外还借助于机械加工使肌肉结构松散，细胞破裂，使细胞膜更易于渗透，盐水更易分布和吸收。机械加工增加了纤维状肌肉蛋白质的活动，增加了水在蛋白质中的容量，增加了细胞之间的空隙，代替水固定在肉的表面增加了肌肉的黏合力。这两个过程是密切相关的，因为有机械作用才会使盐水的分布和吸收更好，使盐水在最短时间内在肌肉中达到期望的作用[31]。

滚揉机中机械力是主要的作用因素，由于机械作用造成了细胞损伤、纤维断裂和解离，不仅直接对肌肉起到嫩化作用，而且为组织中与嫩化有关的生物化学反应的加速进行创造了有利条件，如 Ca^{2+} 的释放、Ca^{2+} 对酶的激活、Ca^{2+} 对结构蛋白质的作用、肌纤维蛋白质的酶解等。此外滚揉还有利于肌肉组织中水分与溶质的均匀快速分布，以保证尽可能多的蛋白质亲水基团被水化，赋予肌肉更好的弹性和嫩度。因此，滚揉较好地体现机械作用和化学作用的有机结合，在肉类嫩化上产生了突出的效果[32]。

10.5 重组肉技术发展趋势

10.5.1 安全性与稳定性

在人们生活水平日益提高的今天，人们不仅关心自身的健康，同时也关注食品的安全性。重组肉是在降低生产成本、减少资源浪费的前提下产生的，因此，重组肉尽管存在诸多优点，但是为了提高重组肉的保水性、质构、口感等指标，使消费者易于接受，在生产重组肉时加入了食盐、磷酸盐、TG 粉等食品添加剂。这些物质的加入，不仅应保证产品具有化学安全性，同时还应保证产品的卫生安全性。肉是微生物的天然培养基，碎肉感染微生物的概率大于整块肉，而重组肉将碎肉黏结起来，感染微生物的概率就大大增加，因此采取低温加工、冷杀菌等手段控制重组肉中的微生物，以保证重组肉的卫生安全性、延长重组肉的货架期是十分必要的。

重组肉将碎肉黏结的过程中，会增加产品中氧的含量，而氧化是食品变质的一个重要因素。控制重组肉的氧化变化是增强产品稳定性的一个重要措施，国外学者在这方面也作了一些研究。Rajendran 等[33]研究发现，重组的水牛肉块在冷藏期间脂肪的氧化和微生物腐败很少，感官评价者认为在需氧冷藏条件下用聚丙烯包装的肉糜和重组肉块保存 20 天，产品质量依然良好。Akashi 等[34]研究发现蛋清蛋白中的溶菌酶对维也纳香肠的保存性有良好的延长效果。Modi 等[35]研究的含豆荚粉的水牛肉碎肉饼，在-16℃±2℃条件下冷冻 4 个月，依然可以保证产品的风味质量。国内学者在此方面的研究至今未见报道，但在日益重视食品安全的今天，这应该是一个新的研究课题。

10.5.2 功能性

目前，由于人们生活水平的不断提高，人们对肉和肉制品的需求也在逐年增加，但是肉类食品摄入过多会引起高血压、高血脂、肥胖病等疾病，因此为了满足人们对肉中完全蛋白质及脂类物质和维生素的摄取要求，开发保健型肉制品将是今后肉类食品工业发展的一个重要领域，而重组肉加工技术则是开发保健型肉制品的有效途径。

10.5.2.1　膳食纤维类功能性肉制品

美国膳食委员会的对成年人推荐的纤维摄入量范围为 25～30 g/d 或 10～13g/1000 kcal（$1cal_{mean} = 4.1900J$，$1cal_{th} = 4.184J$），不溶解的和溶解的比例应为3：1，但是在发展中国家范围是 60～120 g/d。膳食纤维主要具有防止冠心病，控制、治疗肥胖病等重要的生理功能[36]。Borderas 等[37]对膳食纤维在食品中的作用进行了综述，讨论了不同来源的膳食纤维，包括植物来源的（谷物、水果）、动物来源的（壳聚糖）不同特点及其被用作重组鱼肉制品成分时的功能作用。Kritz 等[38]也对果胶的功能进行了研究，结果表明，果胶这种可溶性的膳食纤维可降低高脂血症患者的胆固醇水平；患有 Ⅱ 型糖尿病的患者可通过减少碳水化合物的吸收来降低进食后血液中葡萄糖升高的危险。Sánchez-Alonso 等[39]将3% 的小麦膳食纤维添加到重组鱼肉制品中，结果发现制品的质地硬度和黏度得到改善。这些研究表明开发膳食纤维类功能性肉制品是可行的。

10.5.2.2　抗氧化性的功能性肉制品

抗氧化性是指能有效清除体内有害自由基，防止脂质过氧化，防止自由基对生物大分子的氧化损伤，保证细胞结构与功能的正常。常见的具有抗氧化性的物质有大豆肽及氨基酸、茶多酚、葡萄籽等物质[40]。Sánchez-Alonso 等[39]将具有抗氧化作用的白葡萄渣纤维添加到重组鱼肉制品中，在冷冻条件下贮藏 6 个月，结果表明白葡萄渣纤维能有效阻止氧化，并可作为食品中的一种功能性成分。在肉制品中添加具有抗氧化性的成分，不仅可以延长食品的货架期，还有益于消费者的健康。

10.5.2.3　强化不饱和脂肪酸的功能性肉制品

在发达国家，心血管疾病已经成为人类死亡的主要原因，而饮食不合理是导致心血管疾病的主要原因之一。流行病学研究表明，经常食用坚果，尤其是核桃，能减少心肌梗死或心血管疾病导致的死亡概率。因此，向重组肉中添加天然营养成分，强化不饱和脂肪酸含量具有非常重要的意义。Serrano 等[40]使用微生物谷氨酰胺转氨酶和酪蛋白酸钠作为冷黏结剂，将核桃粉添加到重组牛排中，结果表明重组牛排不仅具有良好的风味特征和理化特性，产品还具有良好的机械加工特性。

参 考 文 献

[1] 梁海燕, 马俪珍. 重组肉制品的研究进展 [J]. 肉类工业, 2005, (5): 27-31

[2] 张荣强, 俞纯方, 李周全. 复合动植物营养鱼肉灌肠的研究 [J]. 肉类研究, 1996, 12 (2): 16-17

[3] 谢超, 杨坚. 牛肉重组香肠加工工艺 [J]. 肉类工业, 2002, 4 (261): 7-8

[4] Kang I K, Yasuki M, Koji I, et al. Gelation and gel properties of soybean glycinin in a transglu- taminase- catalyzed system [J]. Journal of Agricultural and Food Chemistry, 1994, 42: 159-165

[5] Kerry J F, Donnell A O, Brown H, et al. Optimisation of transglutaminase as a cold set binder in low salt beef and poultry comminuted meat products using response surface methodology [A]. Congress Proceedings 45th ICoMST [C] Yokohama, Japan, 1999, (1): 140-141

[6] 黄耀江, 于伟, 张淑萍, 等. 血浆纤维蛋白黏合剂的制备及其在重组肉中应用 [J]. 现代生物医学进展, 2008, (8): 59-61

[7] 张慧昊. 结冷胶与海藻酸钠对低脂猪肉糜凝胶性质的影响 [D]. 合肥: 合肥工业大学硕士学位论文, 2007

[8] Means W J, Schmidt G R. Restructuring fresh meat without the use of salt or phosphate [J]. Advances in Meat Research, 1987, (3): 469-487

[9] Imeson A P, Ledward D A, Mitchell J R. On the nature of the interaction between some anionic polysaccharides of pectate and alginate gels [J]. Science of Food and Agriculture, 1977, 28: 661-668

[10] Hong G P, Park S H, Kim J Y, et al. Efects of time- dependent high pressure treatment on physicochemical properties of pork [J]. Food Science and Biotechnology, 2005, (14): 808-812

[11] Hong G P, Ko S H, Choi M J. et al. Efect of glucono- d- lactone and j- carrageenan combined with high pressure treatment on the physico-chemical properties of restructured pork [J]. Meat Science, 2008, (79): 236-243

[12] 洪平, 何阳春, 蒋予箭, 等. 谷氨酰胺转胺酶在碎小虾仁重组大虾仁工艺中的应用 [J]. 上海水产大学学报, 2003, (02): 158-162

[13] 祁智男. 新型重组肉制品的重组特性研究 [D]. 长春: 吉林大学硕士学位论文, 2007

[14] Taskaya L, Chen Y C, Jaczynski J. Functional properties of proteins recovered from silver carp (*Hypophthalmichthys molitrix*) by isoelectric solubilization/precipitation [J]. LWT - Food Science and Technology, 2009, 42 (6): 1082-1089

[15] 李玉珍, 林亲录, 肖怀秋, 等. 大豆分离蛋白在肉制品中的应用研究 [J]. 肉类研究, 2006, (01): 26-30

[16] 马宇翔, 周瑞宝, 黄贤校, 等. 大豆分离蛋白在火腿肠中的应用研究 [J]. 郑州工程学院学报, 2004, (01): 55-57

[17] 刘志豪. 酪蛋白酸钠在肉制品中的开发与应用 [J]. 中国食品添加剂, 1999, (2): 45-48

[18] 李开雄, 刘成江, 贺家亮. 食用胶及其在肉制品中的应用 [J]. 肉类研究, 2007, (07): 43-45

[19] 景慧. 羊肉无磷保水剂和黏结剂的研究 [D]. 内蒙古: 内蒙古农业大学硕士学位论文, 2008

[20] 方红美, 王武, 陈从贵. 黄原胶对牛肉品质影响的研究 [J]. 食品科学, 2008, 29 (11): 106-109

[21] Fox J B, Ackerman S A, Jenkins R K. Effect of anionic gums on the texture of pickled frankfurters [J]. Food Sci, 1983, 48 (4): 1031-1035

[22] 浮吟梅, 王林山, 苏海燕. 卡拉胶在食品工业中的应用 [J]. 农产品加工, 2009, (8): 56-58

[23] 苏彤. 卡拉胶在食品中的应用 [J]. 化工中间体, 2003, (04): 18-19, 22

[24] 杨园媛, 赵谋明, 孙为正, 等. 卡拉胶/魔芋胶和钾盐对猪肉脯及猪肉糜质构特性的影响 [J]. 食品工业科技, 2012, 33 (20): 303-305

[25] Defreitas Z, Sebranek J G, et al. Carrageenan effects on salt soluble meat proteins in model systems [J]. Journal of Food Science, 1997, (62): 539-543

[26] Xiong Y L, Noel D C, Moody W G, et al. Textural and sensory properties of low- fat beef sausages with added water and polysaccharides as affectd by pH and salt [J]. Journal of Food Science, 1999, 64 (3): 550-554

[27] Foegeding E A, Ramsey S R. Effect of gums on low fat meat batters [J]. Journal of Food Science, 1986, 51: 33-36

[28] 杜杰. 重组荣昌猪酱肉工艺及杀菌方式对其挥发性风味物质影响的研究 [D]. 重庆: 西南大学硕士学位论文, 2009

[29] 许时婴, 李博, 王璋. 复配胶在低脂肉糜制品中的作用机理 [J]. 无锡轻工大学学报, 1996, (02): 102-108

[30] 刘虎成, 李洪军, 刘勤晋, 等. 魔芋胶在低脂肉糜制品中的应用研究 [J]. 肉类工业, 2000, (07): 44-46

[31] 晋艳曦, 胡铁军, 骆承痒. 不同方法对牛肉干嫩化效果的研究 [J]. 肉类研究, 1999, (1): 22-25

[32] 马玉山. 滚揉工艺对产品损耗的影响 [J]. 肉类工业, 2003, (09): 5-6

[33] Rajendran T, Anjaneyulu A S R, Kondaiah N. Quality and shelf life evaluation of emulsion and restructured buffalo meat nuggets at cold storage (4 ± 1℃) [J]. Meat Science, 2006, (72): 373-379

[34] Akashi A. Preservative effect of egg white lysozyme on Vienna sausages [J]. Zootech Science, 42: 289-295

[35] Modi V K, Mahendrakar N S, Narasimha R N, et al. Quality of buffalo meat burger containing legume flours as binders [J]. Meat Science, 2003, (66): 143-149

［36］刘云, 蒲彪, 张瑶, 等. 浅谈膳食纤维在功能性肉制品中的开发应用［J］. 食品研究与开发, 2007, (128): 161-164

［37］Borderas A J, Sa'nchez-Alonso I, Pe'rez-Mateos M. New applications of fibres in foods: Addition to fishery products ［J］. Trends in Food Science & Technology, 2005, (16): 458-465

［38］Kritz R M, Efthimiou H, Stomatopoulos Y. Effect of prickly pear (*Opuntia robusta*) on glucose and lipid-metabolism in non-diabetics with hyperlipidemia—A pilot study ［J］. Wiener Klinische Wochenschrift, 2002, 114 (19-20): 840-846

［39］Sa'nchez-Alonso I, Jime'nez-Escrig A, Saura-Calixto F, et al. Antioxidant protection of white grape pomace on restructured fish products during frozen storage. LWT-Food Science and Technology, 2008, 41: 42-50

［40］Serrano A, Cofrades S, Colmenero F J. Transglutaminase as binding agent in fresh restructured beef steak with added walnuts ［J］. Food Chemistry, 2004, (85): 423-429

11 香辛料和酚类提取物的抑菌抗氧化作用及在肉制品中的应用技术

多酚类化合物主要包括酸及类黄酮，是一组植物化学物质的统称，因具有多个酚基团而得名。从植物中提取的具有抑菌和抗氧化活性的酚类物质是天然防腐剂和抗氧化剂研发的热点之一。香辛料和香辛料提取物广泛应用于食品的制备和保藏。香辛料提取物具有抑菌作用，其有效抑菌成分大多存在于精油中，对食品中常见的腐败菌如大肠杆菌、枯草芽孢杆菌等细菌的生长均有不同程度的抑制作用，且抑菌 pH 范围广，热稳定性良好，安全性和有效性高，同时，香辛料提取物还具有抗氧化作用。其他植物提取物中的酚类物质也具有很强的抗氧化作用，能够防止食品氧化变质，延长食品保藏期。

11.1 天然活性物质提取的主要方法

11.1.1 固液浸取

固液浸取是用溶剂从固体原料中提取有效成分，浸取的原料多数是溶质与不溶性固体组成的体系，所用的溶剂必须具备与所提取的溶质互溶的特性。固液浸提所选用的溶剂首先要能有选择地溶解提取物质，这样有利于后续的纯化分离；其次，溶剂对溶质的饱和溶解度要大，这样可以得到高浓度的浸提液，若溶质在所选的溶剂中的溶解度小，就需要消耗较多的溶剂，在进行溶剂回收时，就需要消耗较多的能量；最后，需要考虑溶剂的物性，从溶剂回收的角度来看，沸点应该低一些，因为如果在常压下进行操作，沸点将成为浸取温度的上限，而且黏度和密度对扩散系数、固液分离、搅拌的动力消耗均有影响。另外，还必须考虑溶剂的价格、毒性、燃烧、爆炸、腐蚀性、对环境的污染等有关问题。若提取物应用于医药和食品行业，则溶剂的无毒、无色、无味等是至关重要的方面。常用的溶剂有：甲醇、乙醇、乙酸乙酯、丙酮、三氯甲烷、二氯甲烷、正己烷、石油醚等。

11.1.2 微波提取

微波的快速高温处理可以将细胞内的某些降解有效成分的酶类灭活，从而使有效成分在药材保存或提取期间不会遭受破坏。从细胞破坏的微观角度看，微波加热导致细胞内的极性物质，尤其是水分子吸收微波能，产生大量的热量，使细胞内温度迅速上升，液态水汽化产生的压力将细胞膜和细胞壁冲破，形成微小的孔洞，从而利于生物活性成分的提取，如从薄荷中提取精油。

11.1.3　超声波提取

超声波是指频率在声频以上，即超过人耳所能感受的频率——大于 20kHz 的声波，具有波动与能量的双重属性。天然植物有效成分大多为细胞内产物，提取时大多需要将细胞破碎。现有的机械或化学方法有时难以取得理想的破碎效果。利用超声波产生的强烈振动、较高的加速度、强烈的空化效应、搅拌等特殊作用，可以破坏植物细胞，使溶媒渗透到材料细胞中，促使待提取原料中的化学成分溶于溶媒中，再通过分离提纯得到所需的化学成分。在国外，超声波法早已应用于生物活性成分的提取。从一种海洋沉积物中提取多环芳香烃，用超声波提取 30 min 比常规煎煮法提取 3 h 的提取率要高 9%[1]。超声波提取可以缩短提取时间，减少溶剂用量，提高提取得率，有助于克服有机溶剂浸提法提取步骤多、操作复杂、产品质量难以保证等问题[2]。

11.1.4　酶法提取

将纤维素酶、果胶酶等作用于药用植物材料，可以使细胞壁及细胞间质中的纤维素、半纤维素等物质降解，减小细胞壁、细胞间质等传质屏障对有效成分向提取介质扩散的传质阻力，从而可有效提高活性成分的提取率。比较加酶与不加酶对葛根总黄酮提取效力的影响，发现葛根在纤维素酶的作用下，总黄酮的提取率提高 13%[3]。用复合酶从姜黄中提取姜黄素，其结果与传统碱水提取工艺相比，提取率提高了 8.1%[4]。

11.1.5　超临界流体萃取

超临界流体萃取（supercritical fluid extraction，SFE）过程是利用处于临界压力和临界温度以上的流体具有特异增加的溶解能力而发展起来的化工分离技术。近十几年来超临界流体萃取的基本原理、工艺流程和装备等方面的研究进一步深入，产品工业化日渐成熟[5]。

超临界流体（supercritical fluid，SCF）的密度接近于液体，而其黏度、扩散系数接近于气体，因此其不仅具有与液体溶剂相当的溶解能力，还有很好的流动性和优良的传质性能，有利于被提取物质的扩散和传递，因此超临界流体是一种良好的分离介质。超临界流体萃取技术正是利用 SCF 的这些特殊性质，通过调节系统的温度和压力，改变溶质在 SCF 中的溶解度，来实现溶质的萃取分离，当溶质溶于 SCF 之后，通过降压或升温的方式，减小溶质的溶解度，实现溶质和溶剂的分离[6]。

SFE 常用的溶剂包括 C_2H_4、C_3H_8、CH_3OH、C_2H_5OH、$CHCOCH_3$、C_6H_5 CH_3、H_2O、CO_2 等，但由于 CO_2 的临界温度只有 31.05℃，可在室温附近实现 SCF 技术操作，可以节省能耗。而且临界压力只有 7.39 MPa，非常容易实现，因此 CO_2 目前是工业上首选的萃取剂，而且 CO_2 具有无毒、无味、不燃、无残留、价廉、易精制、化学稳定性好等优点，这些特性对热敏性和易氧化的产物更具有吸引力[6]。目前用超临界 CO_2 萃取从生物体中分离各种香料、色素、油脂、药用成分等的应用和研究已十分广泛。

11.2　香辛料提取物的抑菌活性

广谱、安全、高效食品防腐剂的研发是食品领域研究的热点，目前已有关于从动物、植物和微生物等自然资源中开发利用防腐剂的研究。其中天然植物中含有多种活性成分，它们的提取物一般具有广谱抗菌作用，对食品中常见的多种污染菌有较强的抑制和杀灭作用，且杀菌浓度一般低于合成防腐剂。而且，植物源防腐剂的抑菌 pH 范围较广，其稳定性比一般化学防腐剂好[7]。植物中具有抑菌活性的主要成分是酚类物质、萜烯、乙醛、酮、酸、异黄酮等。研究发现，多种天然物质如大蒜、芦荟、茶叶等的提取物具有不同程度的抑菌作用，与传统的化学防腐剂相比，这类天然防腐物质来源广泛，价格低廉，且可作为辅助成分改变产品的风味[8,9]；苹果中的多种风味成分如己烯醛、酚酸等具有很强的抑菌活性[10]；绿茶中的茶多酚对耐热性孢子的形成有一定的抑制作用[11]。

11.2.1　香辛料提取物的抑菌活力和最小抑菌浓度

香辛料是一类具有香、辛、麻、辣、苦、甜等气味的典型天然植物性调味品，能够提高和改善食品的风味，掩盖食品中不良气味，突出食品典型的风味特征，使食品风味协调。香辛料不仅在食品加工业中有着广泛的应用，而且是人们日常生活的必需品。香辛料是一种具有开发潜力的天然抑菌资源。在食物中加入香辛料防腐有悠久的历史，较早用于食品中起抗菌作用的有桂皮、丁香、大蒜、鼠尾草、牛至、西班牙甘椒、百里香、迷迭香、黄芩、连翘等[12,13]。香辛料提取物中的抗菌成分主要有：不饱和醛、二羟基亚硫酸盐、酚类，如桂醛、百里香酚、大蒜素、介子昔、辣椒素等，能够抑制多种革兰氏阳性菌和革兰阴性菌[14]。许多香辛料精油对抑制食品致病菌非常有效。研究大蒜、姜、芥末和丁香对蛋黄酱中的大肠杆菌 O157 和肠炎沙门氏菌的抑菌效果，发现 1%（质量浓度）的大蒜和丁香对大肠杆菌 O157 和肠炎沙门氏菌有明显的抑菌效果[15]。桂皮提取物可抑制许多细菌的生长，当归、甘椒、麝香、薄荷、肉桂、月桂叶等对食品中常见的腐败菌和致病菌具有一定的抑制和杀菌效果。Juglal 等[16]研究了 9 种植物精油对霉菌产生霉菌毒素的抑制效果，发现丁香、肉桂和牛至对寄生曲霉串珠镰刀菌的生长有较好抑制作用，并可以明显减少感染谷物中黄曲霉毒素的合成。

采用传统杯碟法测定丁香、迷迭香、白胡椒、甘草、大茴香、桂皮、小茴香、花椒、白豆蔻、白芷、肉豆蔻、当归、姜黄、牛至 14 种香辛料提取物在培养皿中的抑菌环直径，通过不同浓度香辛料提取物稀释液所产生的抑菌环直径的大小来比较其抑菌能力的强弱，分别检测这 14 种香辛料提取物对单增李斯特菌、大肠杆菌、荧光假单胞菌、清酒乳杆菌的抑制效果。丁香、迷迭香、桂皮、甘草、大茴香、花椒、小茴香、白芷、白胡椒、白豆蔻、当归、牛至这 12 种香辛料提取物对单增李斯特菌均具有抑制作用，其中效果最好的是甘草和迷迭香；丁香、迷迭香、桂皮、大茴香、花椒 5 种香辛料提取物对大肠杆菌有抑制作用，其中效果最好的是丁香；丁香、迷迭香、桂皮、甘草、大茴香、花椒、小茴香、白芷、白胡椒、白豆蔻、肉豆蔻、姜黄 12 种香辛料提取物对荧光假单胞菌均具有抑制作用，其中效果最好的是桂皮；丁香、迷迭香、桂皮、白芷、肉豆蔻、白豆蔻 6 种香辛料提取物对清酒乳杆菌具有抑制作用，其中效果最好的是迷迭香。采用杯碟法测定各种香辛料提取物的抑菌环直径来比较其抑菌能力的强弱是较常用的方法，然而，抗菌物质的抑菌圈大小并不能完全说明抗菌活力的大小，接种到平板培养基中的浓度，香辛料在培养基中的溶解性和扩散速度，香辛料提取物的挥发性等都可影响抑菌圈的大小。

不同香辛料提取物对不同菌的最小抑菌浓度（minimal inhibitory concentration，MIC）也不尽相同（表 11.1）。对大肠杆菌，丁香和迷迭香提取物的最小抑菌浓度为 1.25 mg/mL，桂皮和大茴香提取物为 5.00 mg/mL，白胡椒、白芷、小茴香、花椒、当归提取物为 10.00 mg/mL，甘草、肉豆蔻、白豆蔻、姜黄、牛至提取物为大于 10.00 mg/mL；对荧光假单胞菌，丁香提取物最小抑菌浓度为 1.25 mg/mL，迷迭香、桂皮为 2.50 mg/mL，甘草、白胡椒、白豆蔻、姜黄、大茴香、花椒为 5.00 mg/mL，肉豆蔻、白芷、小茴香、牛至、当归为 10.00 mg/mL；对清酒乳杆菌，丁香、迷迭香、桂皮、肉豆蔻最小抑菌浓度为 1.25mg/mL，白芷和小茴香为 5.00 mg/mL，甘草、白胡椒、白豆蔻、姜黄、大茴香、牛至、当归为 10.00mg/mL，花椒大于 10.00 mg/mL。综合考虑香辛料提取物对大肠杆菌、单增李斯特菌、荧光假单胞菌和清酒乳杆菌的抑菌圈直径和最小抑菌浓度的大小，从 14 种香辛料中筛选出抑菌效果较好的 4 种香辛料提取物，分别是丁香、迷迭香、桂皮和甘草。香辛料提取物在固体培养基中产生的抑菌圈大小与在液体培养基中产生最小抑菌浓度并不相关[17]，从以上结果也可以看出，有些抑菌圈小的香辛料提取物产生较低的最小抑菌浓度，如肉豆蔻对单增李斯特菌和清酒乳杆菌，姜黄对单增李斯特菌。

表 11.1　香辛料提取物对四种菌的最小抑菌浓度

香辛料	MICsl（mg/mL）			
	大肠杆菌	荧光假单胞菌	单增李斯特菌	清酒乳杆菌
丁香	1.25	1.25	0.63	1.25
迷迭香	1.25	2.50	0.63	1.25
桂皮	5.00	2.50	2.50	1.25
甘草	>10.00	5.00	0.63	10.00
白胡椒	10.00	5.00	2.50	10.00
肉豆蔻	>10.00	10.00	0.63	1.25
白芷	10.00	10.00	2.50	5.00
白豆蔻	>10.00	5.00	2.50	10.00
小茴香	10.00	10.00	2.50	5.00
姜黄	>10.00	5.00	0.63	10.00
大茴香	5.00	5.00	2.50	10.00
花椒	10.00	5.00	2.50	>10.00
牛至	>10.00	10.00	2.50	10.00
当归	10.00	10.00	2.50	10.00

注：香辛料提取物溶于 95% 食用乙醇中后加入液体培养基中检测 MIC。

一些研究表明，香辛料精油对革兰氏阳性菌的抑制作用好于革兰阴性菌[18,19]；也有很多研究表明，对革兰阴性菌的作用只是时间上有延迟，因此香辛料精油经过长时间的作用后对革兰阳性菌和革兰阴性菌的作用效果是相同的[20,21]。天然香辛料有效成分含量常随季节和地理环境而改变[22]，现已发现，同一植物对同一微生物的抑制作用，不同的研究者所报道的结果非常不一致。同一种植物品种由于产区、采收季节、植物年龄、使用部位等的不同，均会影响其有效抑菌成分的含量[23]。有些香辛料中主要起作用成分还不甚清楚，另外，各种香辛料的作用机理、抑菌谱和可应用的范围等研究得也不够深入。

11.2.2 复配香辛料提取物的抑菌活性

防腐剂除个别单独使用外，主要是进行复配组合，复配组合是否得当，对于防腐剂效果的发挥至关重要。香辛料提取物复配的活性成分和作用机理是非常复杂的，其效果必然是各种成分相互间复合作用的综合结果[20]。香辛料提取物的这种复合作用，从化学成分上来看，可能存在着同一香辛料提取物成分之间和异种香辛料提取物成分之间的复合作用，目前对于这些药物的复合作用还知之甚少。

选用抑菌效果较好的丁香、迷迭香、桂皮和甘草 4 种香辛料以相同比例配比进行复配抑菌试验，复配方式为两两复配、每三种香辛料复配、每四种香辛料复配，复配比例分别为 $1:1$、$1:1:1$、$1:1:1:1$（表 11.2）。相对于单一提取液，迷迭香/甘草（$1:1$，体积比）抑菌效果得到很大提高，且对单增李斯特菌抑制效果最好。而桂皮/甘草（$1:1$，体积比）、丁香/桂皮/甘草（$1:1:1$，体积比）、迷迭香/桂皮/甘草（$1:1:1$，体积比）、丁香/迷迭香/桂皮/甘草（$1:1:1:1$，体积比）复配出现抑菌效果比单一提取物下降的现象，这可能是由于不同提取物间有效成分相互拮抗，甚至相互反应生成了抑菌活性较低或没有抑菌活性的物质。从复配效果来看，香辛料提取物复合作用是很复杂的，而不是几种香辛料作用效果的简单加合。香辛料提取物的这种复合作用，从化学成分上来看，可能存在着香辛料成分间的复合作用，既有增效作用，也会有拮抗作用。

表 11.2 复配香辛料提取物在培养皿中的抑菌效果

香辛料	抑菌圈直径[a]/mm				
	大肠杆菌	荧光假单胞菌	单增李斯特菌	清酒乳杆菌	平均值
A[b]	16.82±0.32[a]	13.78±0.65[e]	14.81±0.19[d]	9.58±0.24[e]	13.74±0.14[cd]
B[b]	16.82±0.32[b]	15.40±0.66[bc]	16.82±0.69[b]	9.88±0.21d[e]	14.60±0.11[b]
C[b]	14.92±0.09[d]	16.80±0.22[a]	7.80±0.00[f]	10.85±0.54[e]	12.59±0.21[e]
D[b]	7.80±0.00[f]	13.80±0.36[e]	15.33±0.11[cd]	7.80±0.00[f]	11.18±0.06[f]
M1[b]	15.81±0.23[e]	10.76±0.38[g]	15.88±0.39[e]	11.77±0.65[b]	13.55±0.30[d]

香辛料	抑菌圈直径[a]/mm				
	大肠杆菌	荧光假单胞菌	单增李斯特菌	清酒乳杆菌	平均值
M2[b]	15.79±0.12[c]	11.20±0.51[fg]	15.33±0.58[cd]	12.81±0.81[a]	13.81±0.04[cd]
M3[b]	15.83±0.13[c]	14.79±0.66[c]	12.85±0.36[e]	7.80±0.00[f]	12.82±0.05[e]
M4[b]	16.00±0.07[bc]	12.90±0.39[e]	16.8±0.32[b]	11.77±0.28[b]	14.38±0.08[b]
M5[b]	16.30±0.13[b]	15.79±0.23[b]	17.82±0.80[a]	11.84±0.19[b]	15.44±0.24[a]
M6[b]	14.30±0.38[e]	13.12±0.25[e]	12.8±0.76[e]	9.60±0.30[e]	12.45±0.29[e]
M7[b]	15.80±0.33[c]	15.77±0.83[b]	14.76±0.63[d]	11.82±0.63[b]	14.54±0.57[b]
M8[b]	15.83±0.42[c]	11.79±0.89[f]	15.79±0.69[c]	10.60±0.61[cd]	13.52±0.20[d]
M9[b]	15.83±0.19[c]	14.70±0.76[cd]	12.79±0.56[e]	11.77±0.83[b]	13.78±0.21[cd]
M10[b]	15.82±0.19[c]	13.34±0.56[e]	15.29±0.34[cd]	10.60±0.71[cd]	13.79±0.10[cd]
M11[b]	16.30±0.16[b]	13.80±0.33[de]	15.80±0.46[c]	9.85±0.49[de]	13.94±0.04[c]

注：同一香辛料提取物的同一行中，上标字母（a、b、c、d、e、f）相同表示差异不显著（$P>0.05$），不同则表示差异显著（$P<0.05$）。抑菌效果通过抑菌环直径（mm）表示。牛津杯外径为 7.8 mm。A. 丁香，B. 迷迭香，C. 桂皮，D. 甘草；M1. A+B（1:1，体积比）；M2. A+C（1:1，体积比）；M3. A+D（1:1，体积比）；M4. B+C（1:1，体积比）；M5. B+D（1:1，体积比）；M6. C+D（1:1，体积比）；M7. A+B+C（1:1:1，体积比）；M8. A+B+D（1:1:1，体积比）；M9. A+C+D（1:1:1，体积比）；M10. B+C+D（1:1:1，体积比）；M11. A+B+C+D（1:1:1:1，体积比）

日本曾用香草醛和肉桂醛混合物作为有效防腐成分，取得了良好的防腐效果。斯里兰卡肉桂的抑菌性比较好，就是因为它既含有桂醛，又含有少量的次要成分——丁香酚，这两者存在协同增效作用。香兰素与肉桂醛之间也有协同增效作用[24]。单一药材与其他草药复配后，有的抑菌活性增加，有的下降，如黄芩与其他中草药复配对大肠杆菌的抑制作用降低，但对 R_{12} 酵母菌的抑制作用增加[25]。香辛料提取物还可和其他类型的防腐剂进行复合提高防腐效果。恰当的复合能显著增加对一种或多种菌的抑制作用，扩大抗菌谱。这给我们开发高效新型的防腐剂提供了新的思路。

11.2.3 香辛料提取物的抑菌稳定性

很多植物以及食用香料提取物具有公认的抑菌作用，但在食品防腐剂的开发中，应该考虑到其对温度、光照和 pH 的要求，也就是说，应该考虑环境因素对香辛料提取物抑菌效果的影响。研究 pH、加热、避光保存时间对香辛料提取物复配液（迷迭香/甘草，1:1，体积比）抗菌活性的影响，结果表明，香辛料提取物复配液的抗菌活性组分对热具有良好的稳定性，在121℃下处理，活性才略有下降，这对于以后的提取分离具有重要的意义，对提取物的长期贮存及实际应用也十分有利。

迷迭香/甘草提取物复配液经碱处理后仍然具有一定的活性，但较酸处理活性略有减弱，其机理应当与抑菌成分的分子结构有关。通过气质联用对香辛料提取物成分分析，发现其中含有酚性成分、有机酸、生物碱，酚羟基及羧基经碱处理会发生不同程度的转化，从而导致整体的抑菌活性降低。提取物之所以经碱处理后仍保留一定的活性，可能与其中的碱性成分有关。pH 对天然多酚物质抑菌活性的影响还不是非常清楚。周建新等[26]研究发现银杏叶提取物抗菌作用明显，对细菌和真菌的最低抑菌浓度分别为 1.25% 和 5.0%，在 pH5～9 范围有抑菌活性，且具有耐高温短时处理的能力。卢成英等[27]发现湘西虎杖提取成分对金黄色葡萄球菌、痢疾杆菌、酿酒酵母在 pH2～8 有较好的抑菌效果。郝淑贤等[28]发现马蹄皮的粗提物中含有具有抗菌作用的生物碱和酚，且在中性 pH 条件下有较好的抑菌效果，热稳定性也较好，抗菌效果明显强于山梨酸钾。

提取物中的有效化学成分也有一定的持效期，这也与化学物质的结构有关。如果提取物中控制活性成分的基团是稳定的，则提取物的活性就有可能保持较长的时间。相反，如果控制其活性的基团是不稳定的，则提取物的活性保持将是一个需要研究的问题。例如，大蒜中的主要成分蒜素的化学结构是不稳定的，即使在 4℃以下的低温保存也只能在一周内保持一定的活性，如果在室温下，则活性很快丧失。迷迭香和甘草复配提取液在室温下保存 42 天以后，活性有所下降，也暗示其控制活性的基团是比较活跃的。如果试图对其进行开发以用于食品保鲜，则应考虑对其结构进行适当修饰以使其结构更稳定，从而延长持效期。

11.2.4　香辛料提取物的抑菌机理

香辛料的抗菌机理多种多样，是基于多种高选择性的效果，包括物理的、物理化学的和生物化学的机理，通常是几种因素产生的积累效应。将丁香提取物作用于大肠杆菌和单增李斯特菌后，两种菌的细胞裂解率、K^+ 和 Na^+ 的渗出量增加，胞内 ATP 下降。从透射电子显微镜图片可以看出（图 11.1），未经处理的大肠杆菌细胞和单增李斯特菌形态完整，经丁香提取物处理的大肠杆菌细胞和单增李斯特菌的细胞膜破裂，内容物流出，细菌细胞中，有些周围有细胞壁，而有些一边的细胞壁不明显，甚至有些已破裂，内容物流出，只剩下细胞壁的空壳，表明细胞膜已受到了严重的破坏。因此，丁香提取物可能通过抑制细胞壁的生成，同时破坏细菌细胞膜，使细胞内容物流出而造成菌体死亡。

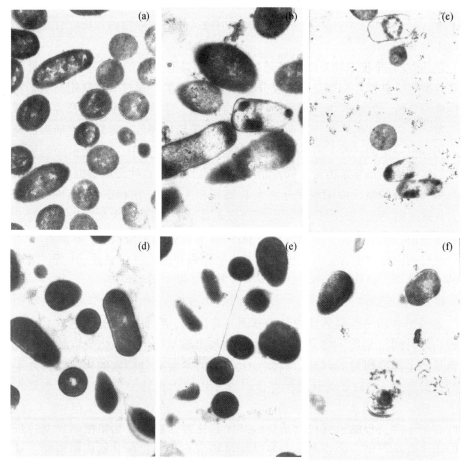

图 11.1　丁香提取物处理 5min 的大肠杆菌和单增李斯特菌电镜观察 （Bar＝200nm）

（a）未处理的大肠杆菌；（b）0.063% 丁香提取物处理的大肠杆菌；（c）0.125% 丁香提取物处理的大肠杆菌；（d）未处理的单增李斯特菌；（e）0.063% 丁香提取物处理的单增李斯特菌；（f）经0.125% 丁香提取物处理的单增李斯特菌

抗菌剂在生物膜相的溶解度和对膜相的扰乱破坏度是抗菌活性强度的决定性因素。很多天然防腐剂都是通过干扰细胞膜结构和酶系统来抑制微生物[29]。抗菌剂动态性居留在生物膜相后，可直接而迅速破坏依赖于膜结构完整性的能量代谢和细胞及细胞器赖以生存的对物质的选择性透性，并可导致胞内溶酶体膜破裂，从而诱导微生物产生自溶作用。Naghmouchi 等[30]发现细胞被抑制直至死亡的过程中，K^+ 和 Na^+ 的流出是细胞损害的最早表现，随后细胞的内容物质开始溢出，包括 ATP。

防腐剂的抗菌效果与分子结构有密切关系[31,32]。丁香提取液中的抗菌有效成分（主要是丁香酚）如何作用于微生物以及如何抑制酶系的活性，这与其分子结构存在相关的联系，有待对其分子构象与抗菌活性间的关系进行研究及实验验证。丁香酚通过使细胞膜的蛋白质变性、与细胞膜中的磷脂反应破坏细胞膜的透性，从而抑制微生物的生长[33]。赖毅东等[34]证明了丁香乙醇提取液中的主要抑菌物质为丁香酚，证明丁香提取液的抑菌机理是抑制了微生物的 TCA 呼吸途径中酶的活性，阻断了糖代谢途径，使其不能生长繁殖。

国外有关香辛料提取物抗菌机理的具体研究甚少，有人推测"香辛料提取物溶解细胞表面脂类或起表面活性剂作用"可能是其抗菌机理之一。Bard 等[35]研究表明，香叶醇可提高 K^+ 向细胞外渗透并增加真菌细胞膜的流动性，还可降低细胞膜脂质层的相变温度而影响膜脂的流动性，有些香辛料提取物如柠檬醛可通过其 α、β 不饱和键与某些酶结合而降低酶活性，进而导致代谢障碍[36]，其他有关香辛料的抗菌机理还无报道。Burt[19]报道了香芹酚和麝香草酚可提高细胞膜的通透性，使革兰阴性菌的胞外膜破裂，释放脂多糖，提高细胞质膜对 ATP 的通透性。Rasooli 等[37]研究发现麝香草精油作用于单增李斯特菌可引起细胞壁增厚和破裂，细胞粗糙度增加，细胞质流出。

防腐剂分子结构决定防腐剂的抗菌性能及作用机制，但是微生物在受到抗菌剂刺激时会产生相应的应激反应来避免伤害，如分泌特定的蛋白酶降解抗菌肽；增加壳聚糖的合成缓解对细胞壁的攻击等。而这些微生物的这些机理还不清楚，因此，在筛选天然植物防腐剂时要从两个角度研究其防腐效果：一是防腐剂的抑菌性能及作用机制；二是菌体对防腐剂的抗性和机制。目前对香辛料提取物的抑菌机理研究还没有定论，其化学成分和抑菌的量效机理还有待于进一步研究。

11.3　香辛料提取物的抗氧化活性

影响抗氧化活性大小的因素较多，包括香辛料的提取方法；有效成分在提取液中的溶出度；抗氧化剂在体系中的分散程度；提取物中所含有效成分的种类和含量，如分子中有效酚羟基的数目；新生成自由基的稳定性及螯合金属离子的能力等。对天然植物抗氧化剂来说，抗氧活性成分有可能是一种，也有可能是一类化合物，一般而言，都是以一种活性成分为主体，同时包含一些其他具有相似结构的一类化合物的混合物。香辛料的成分很复杂，起抗氧化作用的往往是多种成分的混合物，这些成分主要有从香辛料中所提取的抗氧化剂，其往往含有黄酮类、类萜、有机酸等多种抗氧化成分，它们能切断油脂的自动氧化链、螯合金属离子，与有机酸配合具有协同增效作用[38]。

香辛料的抗氧化成分种类繁多，主要是一些具有还原性的成分，如酚羟基、不饱和双键、还原性杂原子等。我国从 1997 年起允许在动物油脂、肉类食品、油炸食品（0.3 g/kg）及植物油脂（0.7 g/kg）中使用迷迭香提取物作为抗氧化剂[39]。石雪萍等[40]对 20 种食用香辛料的 DPPH 自由基清除活性进行测定，大部分食用香辛料具有一定的抗氧化活性，其中花椒抗氧化性最强，其次是丁香、桂皮、香叶、良姜，并且香辛料的抗氧化性与黄酮和多酚具有一定的相关性，其中与黄酮的相关性最大，花椒的黄酮含量最高。李婷等[41]研究了 16 种香辛料提取物的抗氧化活性，结果表明，16 种香辛料中草果的抗氧化性最好，但提取率偏低，桂皮与草果的提取率和抗氧化性差异不大，而香叶的提取率和抗氧化性均较好。此外、八角、肉豆蔻、花椒乙醇提取物均具有 DPPH 自由基清除能力和抑制猪油自动氧化的作用[42]。

采用 TBARS 法对丁香、迷迭香、白胡椒、甘草、大茴香、桂皮、小茴香、花椒、白豆蔻、白芷、肉豆蔻、当归、姜黄、牛至提取物的脂质氧化抑制率，即总抗氧化活力进行研究，这 14 种香辛料提取物都具有较高的抗氧化活性，但每种香辛料的有效成分含量不同，导致其抗氧化活性有较大的差别，甘草、迷迭香、肉豆蔻、姜黄、丁香、白豆蔻、桂皮的总抗氧化活性较强。迷迭香含有迷迭香酚、迷迭香二酚、迷迭香醌，它们都是含酚的双萜类化合物[43]；肉豆蔻含有肉豆蔻酚和酮类化合物[44]；桂皮中存在的抗氧化物质，确定为萜烯类物质[45]；丁香含有鞣酸类、苯丙素酚类化合物[46]；甘草含有生物碱、多种黄酮类和类黄酮类物质的混合物[47]。

DPPH 法是一种快速、可靠的检测物质清除自由基能力的方法[48]。DPPH 自由基是一种稳定的深紫色自由基，在 517 nm 处有最大吸光值，当其从能够释放质子的物质处得到质子时，会形成一种稳定的反磁性分子，其 517 nm 处吸光值会变小，肉眼观察为其紫色会变浅或成为黄色。释放质子是物质抗氧化的机理之一，通过测定物质对 DPPH 自由基的清除能力，可以较迅速地评价物质的抗氧化能力。甘草、迷迭香、肉豆蔻、姜黄、丁香、白豆蔻、桂皮具有良好的抑制脂质氧化能力，进一步对这 7 种香辛料提取物清除 DPPH 自由基的能力进行检测，其清除率大小顺序为丁香>甘草>姜黄>桂皮>迷迭香>肉豆蔻>白豆蔻。抗氧化剂在清除自由基时，一方面要提供氢原子，另一方面供氢后自身形成的新的自由基要有较高的稳定性。清除自由基活性与抗氧化剂分子中有效酚羟基的数目和新形成的抗氧化剂自由基的稳定性有关[49]。香辛料提取物中具有还原性的成分，酚羟基、不饱和双键、还原性杂原子等，可以提供氢原子与 DPPH 自由基结合，使自由基转变为惰性化合物，从而使氧化反应过程连锁反应中断，且羟基中的氧原子的 p-π 共轭效应使反应后抗氧化剂自身形成的自由基的稳定性增强，提取物的酚羟基越多，与自由基反应速率越快，可提供多个氢原子与 DPPH 自由基结合，并且供氢后自身形成稳定的半醌式自由基，可以通过分子内部的共振而重新排列呈现稳定的结构，起到抗氧化的作用[50]。

FRAP 法能够快速准确地评价香辛料的抗氧化活性，对香辛料抗氧化剂研究和筛选具有一定的参考价值。应用 FRAP 法评价多种中草药的抗氧化活性有许多优点[51]：操作简单，不需使用大型昂贵仪器，用一般分光光度计直接测定吸光度变化就可反映出产物的抗氧化活性；重复性较好，灵敏度高，测量时香辛料提取物的使用量仅为 0.1 mL；反应时间短，仅需 8 min，可同时测定大量样品。甘草、迷迭香、肉豆蔻、姜黄、丁香、白豆蔻、桂皮这 7 种香辛料提取物的 FRAP 值与其浓度均具有显著的相关性，其还原能力大小为：丁香>桂皮>迷迭香>肉豆蔻>姜黄>甘草>白豆蔻，其中丁香、桂皮醇提物的还原能力高于 0.02% BHA，并且还原能力与测得总多酚含量大小顺序相同，表明还原能力的大小与分子中总酚的含量有关。

一些金属离子，如铁离子、铜离子在脂质氧化过程中可起到催化作用，因此具有金属螯合作用的物质可以间接地起到抗氧化的作用[52]。3-（2-吡啶基）-5,6-双（4-苯磺酸）-1,2,4-三嗪（Ferrozine）能够与 Fe^{2+} 形成紫红色的络合物，当其他有竞争力的络合剂存在时，紫红色会变浅[53]。因此通过络合物颜色的变化，可以评价物质对 Fe^{2+} 的络合能力。香辛料提取物对 Cu^{2+} 没有螯合能力，但对 Fe^{2+} 有较好的螯合能力，白豆蔻、迷迭香、肉豆蔻、桂皮、姜黄、丁香醇提物的对 Fe^{2+} 螯合能力均较高。

酚类物质是强体外抗氧化剂，许多研究证实其有预防心血管疾病、癌症等功能。酚类物质的这些功能和其清除自由基、金属螯合能力等有直接的关系[54]。很多文献报道了酚含量和其清除自由基的正相关性，不同溶剂提取物总多酚含量不同，一般来说，水提物多酚含量较高[31]。上述 14 种香辛料提取物的总多酚含量大小为：丁香>桂皮>迷迭香>肉豆蔻>花椒>姜黄>甘草>大茴香>白豆蔻>牛至>白胡椒>白芷>小茴香>当归，总多酚含量范围为 19.71 ~ 79.48 mg/g。

目前，筛选抗氧化剂和评价抗氧化活性的方法很多，对于天然产物抗氧化活性的评估，由于研究者选择的试验方法不同，结果有一定的差异，给抗氧化活性的评价造成了困难。很有必要在大量试验的基础上，建立一套完整的简单的抗氧化活性评价方法，以便客观、正确评价抗氧化活性，并确保结果的可靠性与重复性。

11.4　香辛料提取物在肉制品中的应用技术

11.4.1　香辛料提取物对肉糜的抗氧化作用

脂质氧化是影响肉及肉制品的质量及可接受性的主要限制因素。氧化反应可导致肉品中的脂肪发生变质酸败；使肉品中的肌红蛋白和氧合肌红蛋白氧化成高铁肌红蛋白，使肉色发生褐变；维生素被破坏；产生有毒的复合物，如过氧化物和醛类，从而降低肉品的质量和营养价值。因此，如何延缓脂肪的氧化一直受到众多学者的关注。添加抗氧化剂是比较有效的方法之一，合成抗氧化剂，如没食子酸丙酯、TBHQ、BHT 及 BHA，能显著抑制肉与肉制品在存储过程中的脂质氧化，然而，由于人们越来越关注食品安全性，因此，天然产生或来源于天然食物资源的抗氧化剂引起了人们的兴趣。

丁香、迷迭香、桂皮醇提物能显著抑制肉糜中脂肪的氧化，减少高铁肌红蛋白含量，保持肉糜鲜红色，其中以添加丁香、迷迭香提取物的效果最佳，与 BHA 效果相当，这 3 种提取物对感官评定均无不良影响。肌肉中的肌红蛋白是由 1 分子的亚铁血红素与 1 分子肌球蛋白连接，对氧分子有较强的亲和力。当肌肉切开后，肌肉切面没有与氧分子结合的肌红蛋白呈暗红色。当肌肉新鲜切面暴露于空气中时，肌肉蛋白便很快与氧结合，变成氧合肌红蛋白，呈鲜红色，但这种颜色不稳定，时间一长，可褐变成变性肌红蛋白的棕色，此时，亚铁肌红蛋白便被氧化成高铁肌红蛋白。肉品中高铁肌红蛋白的褐色是一种人们所不期望的颜色。香辛料提取物能有效抑制高铁肌红蛋白的形成量，对肉色起到了保护作用。丁香、迷迭香、桂皮提取物能防止肉品不良风味的产生，稳定色泽，防止肉品品质的下降。

目前，关于应用植物提取物防止肉品氧化的相关研究较多。Hassan 等[55]进行了茶多酚对机械去骨鸡肉的抗氧化作用的研究，结果表明，在防止 TBARS 和过氧化物升高方面茶多酚的抗氧化活性可达到 BHA/BHT 混合物的 80% 左右。Han 等[56]分析了添加 0.5% ~ 2.0% 白牡丹、红牡丹、苏方、地黄、当归乙醇提取物对生熟羊肉糜冷藏贮存 6 d 的抗氧化效果，与对照相比提取物显著降低了羊肉贮存过程中的脂肪氧化。

11.4.2　香辛料提取物复配液对冷却肉和切片火腿的抗菌效果

冷却肉富含营养物质，且水分活度较高，是微生物生长的良好基质。因此，在通常加工、运输、贮藏、消费过程中易受微生物污染及周围环境影响，变质、变色、变味，冷却肉质量下降。熟食切片火腿容易在切片和包装过程中污染李斯特菌，并且由于李斯特菌低温增殖的特性，容易达到感染的菌量。虽然二次加热可以减少李斯特菌的污染，但可引起肉制品蛋白质聚合和持水力下降，使切片火腿的可口性降低。

对接种李斯特菌的冷却猪肉喷洒不同浓度的迷迭香/甘草（1∶1，体积比）复配液后，采用 PVC 有氧包装和气调包装（80% O_2，20% CO_2）两种不同的包装形式，检测冷却肉在4℃冷藏过程中李斯特菌菌数、假单胞菌菌数、肠杆菌菌数、细菌总数的变化情况；对接种李斯特菌的切片火腿喷洒不同浓度的迷迭香/甘草（1∶1，体积比）复配液，采用真空包装，检测切片火腿在4℃冷藏过程中李斯特菌、乳酸菌、细菌总数的变化情况。研究发现，不同浓度迷迭香/甘草提取物复配液对冷却肉和切片火腿中常见腐败菌和致病菌都具有很强的抑制作用，且提取物复配液的抑菌效果与其浓度呈正相关。对不接种李斯特菌的冷却肉（PVC 有氧包装和气调包装）和切片火腿（真空包装）喷洒迷迭香/甘草（1∶1，体积比）复配液后，进行理化指标测定，发现香辛料提取物对肉色无不良影响，对脂质氧化也起到了较好的抑制作用。但随着贮存时间的延长，香辛料的抑菌作用逐渐降低，这是因为保鲜液中抗菌活性物质在与肉表面接触后会被肉中的成分中和或快速地从表面向内部渗透；另一方面，抑菌物质与肉中某些成分结合会造成活性物质的部分失活，这两方面的共同作用使保鲜液对肉的抑菌作用降低。

很多已发表的关于多酚物质作为防腐剂的报道都是在模拟和实验室体系下进行的，较少用于实际食品体系。这是因为香辛料、植物香精油以及其他主要成分在蛋白质和脂肪含量高的食品中达到在微生物培养基中相同的抑菌效果，所需浓度要高很多[57]，因此天然抑菌化合物的浓度很可能会影响产品的感官特性，使其不能被消费者所接受。

国内外对于天然保鲜剂的抑菌研究报道较多，但国外多是关于对单一天然保鲜剂的研究。例如，芫荽叶精油对不同类型的李斯特氏菌均有一定的抑制作用[58]；芥末精油可显著降低鸡肉香肠贮藏 2 d 后李斯特菌和乳酸菌的活菌总数，但 7 d 后的活菌总数会回升，其抗菌效果与乳酸链球肽和乳酸钠相当[59]；1.0%的壳聚糖浸泡冷却猪肉肠可使其初始菌数降低 1~3 个数量级[60]；百里香、丁香和多香果辣椒的精油对李斯特菌具有显著的杀菌作用，其中百里香和丁香精油成分在蛋白质溶液中浓度达到 1 mL/L 时对李斯特氏菌有强烈的杀灭作用[61]；香辛料混合物可以抑制各种肉腐败菌的生长，如枯草芽孢杆菌、肠球菌、葡萄球菌、大肠杆菌和荧光假单胞菌，可以保持鲜肉的颜色和风味[62]。Sakandamis 等[63]分析了牛至精油对采用不同水平气调包装方式的牛肉中鼠伤寒沙门氏菌的抑菌效果，发现添加 0.8%（体积浓度）的牛至精油使最初接种的鼠伤寒沙门氏菌减少了1～2个对数。

国内也有将复合保鲜剂应用于冷却肉的保鲜研究，但多数是化学保鲜剂与天然保鲜剂的复合。例如，研究化学防腐剂山梨酸钾、溶菌酶和Nisin复合保鲜剂对冷却猪肉的保鲜效果，0.5%溶菌酶+0.05% Nisin+0.1%山梨酸钾处理再结合真空包装能使猪肉在0～4℃条件下保藏30 d以上[64]。将NaCl、葡萄糖与Nisin、溶菌酶复配，其复配液对冷却肉保鲜具有显著效果[65]。将1.0%乙酸、2.5%乳酸钠、0.1%茶多酚、0.1%异维生素C-Na、2.0% NaCl复配，发现其具有明显的抑菌作用，可使冷却猪肉的保质期延长至22 d[66]。

使用天然防腐剂时应用栅栏技术与其他影响因素结合起来，这样不仅能增强它们的抑菌效果，而且可以开发出消费者能接受的产品来，也就是减少维持产品微生物安全的合成或天然防腐剂在食品中的添加量[67]，如添加1%牛至油到碎牛肉中，气调包装5℃贮存过程中可以改善因添加牛至油引起的风味、口感和颜色的变化，加热熟制之后不可察觉。

目前，虽已知道许多植物的提取物具有抗菌防腐作用，有不少已作为天然防腐剂开发利用并投放市场，但目前使用的大部分都是粗制品，其有效成分含量常随季节和地理环境而改变，有些天然植物中到底是何种物质起作用还不甚清楚，更谈不上分离出纯品进行毒理学评价[68]。另外，各种植物提取物的作用机理、抑菌谱和可应用的范围等研究得也不够深入，到目前为止仍不能对各种食品防腐剂的分子结构特征、分子性质参数与抗菌效果进行系统的定性定量分析，并就食品防腐剂的设计、筛选、抗菌效果、抗菌机理预测等问题提出有效的解决方法。而且，在实际应用中也存在很多问题，剂量小时达不到防腐效果，用量大时可能影响食品的风味和品质，甚至产生副作用。以上这些都是开发利用植物作为天然防腐剂的主要制约因素。在植物源防腐保鲜剂的发展中尽管存在以上问题，但我国植物资源丰富，研究开发药用植物历史悠久，积累了丰富经验，同时随着色谱技术、核磁共振、质谱、单晶、X射线衍射技术的发展和进步，植物天然化学研究有了显著的发展，为植物源性保鲜剂带来了良好的开发应用前景。

11.5　其他酚类提取物的抗氧化作用及在肉制品中的应用

11.5.1　其他酚类提取物的抗氧化活性

植物是酚类天然抗氧化剂的良好来源，除香辛料提取物外，中草药也富含酚类抗氧化成分。一般来讲，中草药的成分很复杂，起抗氧化作用的往往是多种成分的混合物，主要有黄酮类、苯酚类、靴酸类、生物碱类、多糖类及皂苷类等。公衍玲等[69]研究发现，7 种中药的水提取物都有不同程度的抗氧化作用，其中枸杞子、淫羊藿以及垂盆草的抗氧化作用最为明显，黄芩、虎杖水提物的抗氧化作用次之，连翘和葛根的抗氧化作用相对较弱。宫江宁等[70]对白术、太子参、何首乌、淫羊藿、麦冬、石斛、黄精这 7 种黔产补益类中草药的水提取液和乙醇提取液的抗氧化活性进行检测，结果显示，这 7 种补益类中草药均具有一定的清除羟基自由基、超氧自由基和 DPPH 自由基的作用，并且能很好地抑制菜籽油的氧化。王征帆[71]测定了 11 种中药的抗氧化活性，发现这些中药都有很强的抗氧化活性，但抗氧化能力相差很大，其中五倍子的抗氧化活性最强，决明子最小。利用苯甲酸-Fenton 体系荧光法测定葛根、吴茱萸和黄连三种常见中草药的抗氧化活性，发现当中草药的浓度为 0.4 mg/mL 时，葛根、吴茱萸、黄连的羟基自由基清除率分别为 53.17%、58.58% 和 67.80%[72]。徐金瑞等[73]比较甘草、淫羊藿、黄芪、黄芩、连翘 5 种中草药乙醇提取物抑制猪油氧化的作用，发现 5 种中草药乙醇提取物的抗氧化活性为甘草>黄芪>黄芩>淫羊藿>连翘，存在一定差异，但 5 种中草药的乙醇提取物都具有抑制猪油氧化的作用，且其抗氧化效果随添加量的增加而增强（0.1% ~ 0.3%），呈现一定的量效关系。

众多水果蔬菜类植物中的成分表现出较高的抗氧化活性，最具代表性的是葡萄来源的酚类化合物，主要包括酚酸类、类黄酮类、原花青素类以及白藜芦醇类。葡萄或葡萄酒来源的多酚化合物不但具有很强的抗氧化活性，而且在预防心脑血管疾病、癌症以及炎症等方面具有突出的效果，法国等不少国家已将葡萄籽作为原料制备葡萄籽提取物，将其加入红葡萄酒中，以提高其抗氧化成分的含量。柑橘类也是天然抗氧化物质的良好来源，富含大量生物活性物质，如类黄酮、类柠檬苦素、香豆素类、类胡萝卜素等，研究表明，这些物质具有很多生理活性功能，包括抗氧化效果、抗癌或抑制肿瘤、预防心血管类疾病、抗炎症等。其他水果提取物也富含多酚类物质，如菠萝、香蕉和石榴等，这些水果提取物具有很强的还原能力和 DPPH 自由基清除能力[74]。近年来引起较多关注的小浆果类提取物具有优越的抗氧化活性，如蓝莓提取物具有抗脂质体过氧化能力、还原能力和清除羟基自由基、超氧自由基的能力[75]，红树莓花色苷提取物具有清除羟基自由基和超氧自由基的能力和还原能力[76]，高丛越橘蓝丰、半高丛越橘北春、矮丛越橘美登及野生品种越橘果实花色苷均具有良好的抗氧化活性[77]，此外，红豆越橘提取物含有较高的多酚、黄酮和花色苷，有显著的抗氧化性和抑制人肠癌 HT-29 细胞和人肝癌 HepG2 细胞增殖的活性[78]。刘文旭等[79]研究了草莓、黑莓、蓝莓 3 种小浆果的总酚、总黄酮、原花青素含量和总抗氧化能力，结果表明，蓝莓全果的总酚、总黄酮、原花青素含量最高，总抗氧化能力最强，草莓的总酚、总黄酮、原花青素含量则最低，抗氧化能力也最弱。

花色苷是植物中含有的主要多酚物质，也是植物中最主要的色素，植物呈现的许多颜色，如橙色、粉色、红色、紫色和蓝色等，都是由花色苷产生的。花色苷是花青素的糖苷，由一个花青素与糖以糖苷键相连，具有典型的 C_6—C_3—C_6 的碳骨架结构，由于取代基的种类和数量不同，形成了各种不同的花青素和花色苷。到目前为止，已报道的花色苷有 500 多种，而花青素有 23 种，其中 6 种主要花青素为天竺葵色素（pelargonidin）、矢车菊色素（cyanaidin）、飞燕草色素（delphinidinv）、芍药色素（peonidin）、牵牛花色素（petunidin）和锦葵色素（malvidin）。由于花色苷具有很强的抗氧化活性，已有许多从不同植物中采用不同手段提取花色苷的研究，并且市场上已有花色苷提取物的产品出现。

花色苷是极性分子，常用乙醇、甲醇或丙酮作为提取溶剂[80]，但是，花色苷在中性或碱性条件下不稳定，通常采用酸化的有机溶剂进行提取，而且已有研究证实酸化有机溶剂的提取效果优于单独使用有机溶剂的提取效果。Bridgers 等[81]用甲醇、酸化甲醇、乙醇和酸化乙醇提取紫红薯中的花色苷时发现，酸化甲醇的提取效果最好。但是，加入酸以后，会对花色苷的结构造成破坏。Awika 等[82]用丙酮和酸化甲醇对黑高粱花色苷进行提取，发现酸化甲醇的提取效果优于丙酮，但是，经过反相高效液相色谱分析以后，发现丙酮提取的花色苷的分子结构发生改变，因此丙酮不适合提取高粱属的花色苷。Revilla 等[83]在提取红葡萄花色苷时发现，使用质量分数高于 1% 的盐酸进行提取时，非乙酰化花色苷和香豆酰化花色苷的含量增加，但会导致乙酰化花色苷糖基部分水解，含量降低，因此尽管花色苷总含量增加，但为了防止乙酰化花色苷的水解，也应避免使用质量分数高于 1% 的盐酸。用乙醇盐酸溶液提取黑加仑花色苷时，其提取效果最好，提取物中的花色苷含量最高，提取物的抗氧化能力最强，但是在后续的浓缩过程中，盐酸可能会导致花色苷水解，破坏花色苷的天然结构，而只以乙醇为提取溶剂时，也会得到花色苷含量和抗氧化效果较好的提取物，因此采用乙醇进行提取。因此，尽管酸化有机溶剂的提取率较高，但是应尽量避免使用酸溶液以保护花色苷的天然结构。

乙醇体积分数也是影响花色苷提取效率的一个主要因素。用乙醇体积分数为 0 ~ 100% 的乙醇水溶液提取黑加仑中的花色苷，随着乙醇浓度的升高，提取物中花色苷含量增加，但乙醇浓度增加到 100%，即以无水乙醇为提取溶剂时，花色苷含量反而略有降低，这可能是由于有机溶剂浓度增加降低了亲水性花色苷的提取率,从而导致了总花色苷含量降低,因此纯的有机溶剂也不适合作为提取溶剂。Patil在提取红萝卜花色苷时,发现乙醇体积分数从20%增加到80%的过程中,花色苷含量先增加,在50%达到最大值,随后花色苷含量降低。Vatai等[84]用50%、70%、100%丙酮提取葡萄残渣中花色苷,发现丙酮浓度为50%时,提取的花色苷含量最高。另外,在提取的过程中,也要注意提取时间,因为提取时间过长反而可能会导致花色苷含量降低,这是由于花色苷本身不稳定,时间过长可能会导致花色苷的降解。

　　小浆果中花色苷含量丰富,而黑加仑是重要的小浆果之一。目前,对于黑加仑的研究主要集中在黑加仑多酚的分离、纯化和鉴定,其中对花色苷的鉴定相对更多一些。已报道黑加仑中主要的四种花色苷分别为矢车菊素-3-O-芸香糖苷、飞燕草素-3-O-芸香糖苷、矢车菊素-3-O-葡萄糖苷、飞燕草素-3-O-葡萄糖苷[85]。此外,还有一些研究对黑加仑中含量较少的花色苷进行了分离鉴定,有一些花色苷在黑加仑提取物中是首次被发现。Slimestad等[85]在黑加仑提取物中鉴定出了矢车菊素-3-O-阿拉伯糖苷,这是首次在黑加仑中发现黄酮类化合物与阿拉伯糖相连接,此外,还首次在黑加仑提取物中鉴定出了酰化花色苷,即飞燕草素-3-O-(6″-香豆酰葡萄糖苷)和矢车菊素-3-O-(6″-香豆酰葡萄糖苷)。Nielsen等[86]在黑加仑提取物中鉴定出了上述4种主要的花色苷、矮牵牛素-3-O-芸香糖苷、芍药花青素-3-O-芸香糖苷、飞燕草素-3-O-(6″-香豆酰葡萄糖苷)和矢车菊素-3-O-(6″-香豆酰葡萄糖苷),这与Kapasakalidis等[87]的研究结果相似,Kapasakalidis等也鉴定出上述4种主要花色苷以及矮牵牛素-3-O-芸香糖苷、芍药花青素-3-O-芸香糖苷、飞燕草素酰化产物、矢车菊素酰化产物共8种花色苷。除了花色苷以外,黑加仑还含有酚酸类、黄酮类等大量其他酚类化合物,Anttonen等[88]在黑加仑中鉴定出了18种其他酚类化合物,此外,黑加仑中还含有少量的黄烷醇-花色苷复合产物[89]。Borges等[90]在黑加仑提取物中鉴定出了包括花色苷在内的18种多酚类物质,并发现花色苷在黑加仑提取物中起主要的抗氧化作用。贾娜等[91]在黑加仑提取物中鉴定出了飞燕草素-3-O-葡萄糖苷、飞燕草素-3-O-芸香糖苷、矢车菊素-3-O-葡萄糖苷、矢车菊素-3-O-芸香糖苷、芍药花青素-3-O-芸香糖苷、天竺葵色素-3-O-芸香糖苷6种花色苷,这6种花色苷为黑加仑提物中主要的多酚物质,占总峰面积的52.1%(图11.2、表11.3)。除了花色苷之外,还鉴定出了杨梅酮芸香糖苷、杨梅酮葡萄糖苷、槲皮素-3-O-芸香糖苷、槲皮素葡萄糖苷、山奈黄素芸香糖苷、异鼠李素芸香糖苷和三奈酚葡萄糖苷这7种多酚,占总峰面积的47.9%。可见,黑加仑提取物中的主要成分为花色苷以及其他多酚物质,它们赋予了黑加仑提取物抗氧化特性等一系列生物活性。

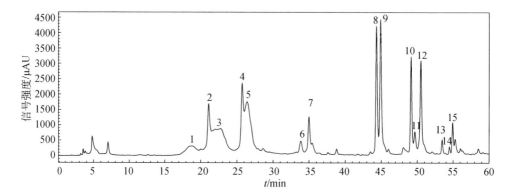

图 11.2 黑加仑提取物中多酚成分的 HPLC 图谱（365 nm）

注：1 ~ 15 代表的物质见表 11.3

表 11.3 黑加仑提取物中多酚成分的鉴定

峰号	保留时间	MS（m/z）	MS/MS（m/z）	物质名称	相对峰面积/%
1	18.65	465	303	飞燕草素–3–O–葡萄糖苷	3.08
2	21.01	611	303，465	飞燕草素–3–O–芸香糖苷	6.13
3	22.53	449	287	矢车菊素–3–O–葡萄糖苷	13.41
4/5	25.80/26.41	595	287，449	矢车菊素–3–O–芸香糖苷	8.81/14.44
6	33.86	609	301，463	芍药花青素–3–O–芸香糖苷	1.44
7	34.85	579	271	天竺葵色素–3–O–芸香糖苷	4.78
8	44.43	627	319，481	杨梅酮芸香糖苷	11.48
9	44.90	481	319	杨梅酮葡萄糖苷	13.90
10/11	49.16/49.61	611	303，465	槲皮素–3–O–芸香糖苷	7.87/1.82
12	50.37	465	303	槲皮素葡萄糖苷	8.81
13	53.49	595	287，449	山奈黄素芸香糖苷	1.01
14	54.48	625	317，4179	异鼠李素芸香糖苷	0.51
15	54.93	449	287	三奈酚葡萄糖苷	2.50

但是，花色苷是一类不稳定的化合物，其稳定性受很多因素影响，如 pH、温度、光照、氧气、金属离子等，而在实际生产过程中，加热是常见的加工处理方式，因此，对植物提取物中花色苷的含量和提取物的抗氧化活性在加热过程中的保持情况进行研究，可以为天然抗氧化剂的生产及其在其他食品中的应用提供参考和指导，否则，仅有优秀的抗氧化性，而没有良好的热稳定性或在使用过程中由于对热稳定温度和时间不了解而导致抗氧化活性消失或降低，也会影响其应用效果和使用范围。黑加仑提取物中的花色苷对加热表现出不稳定特性，较低温度对花色苷影响较小，较高温度加热对花色苷造成破坏，导致含量降低，因此，在加工过程中应避免高温和长时间加热，以防止花色苷降解。Rubinskiene[92]在研究加热对水提取的黑加仑花色苷吸光值的影响时发现，75℃加热 150 min 对花色苷影响不大，85℃加热 150 min 使吸光值降低了 20%，95℃加热 150 min 降低了 53%。

半衰期是衡量花色苷热稳定性的一个重要参数，即花色苷降解 50% 所需的时间。黑加仑花色苷在 60℃和 80℃的半衰期分别为 35.07 h 和 11.35 h，而对黑加仑花色苷在模拟果汁体系（含有黑加仑、蔗糖、柠檬酸、山梨酸钾和矿物质水）中的热降解动力学进行研究，发现 60℃和 80℃时，花色苷的半衰期分别为 32 h 和 9 h[93]，这是由于不同体系中的组分不同，对黑加仑花色苷稳定性的影响也不同。酸樱桃果汁花色苷在 60℃和 80℃的半衰期分别为 54.3 h 和 8.1 h[94]；黑莓果汁在 60℃和 80℃时的半衰期分别为 16.7 h 和 4.7 h[95]，可见不同来源花色苷的稳定性不尽相同，这是由于所含的花色苷单体种类和含量不同。

反应活化能也是决定反应速率的重要因素，在一定温度下，活化能越大，反应越慢，反之，活化能越小，反应越快。黑加仑花色苷的反应活化能为 71.97 kJ/mol，高于酸樱桃果汁花色苷的反应活化能 68.52 kJ/mol[94]和黑莓果汁的反应活化能 58.95 kJ/mol[95]，说明黑加仑花色苷的热稳定性较好，而黑加仑花色苷在上述模拟果汁体系中的反应活化能为 73 kJ/mol[93]。

加热以后，黑加仑提取物的 DPPH 自由基、ABTS 自由基、羟基自由基、超氧自由基的清除能力和还原能力均有不同程度的下降，并且随着加热温度的增加和加热时间的延长，下降程度逐渐增加。张镜等[96]发现 60℃、70℃和 80℃加热 1~8 h 后，阴香花色苷的 DPPH 自由基清除率无显著变化，而 110~130℃高温处理 30 min 反而导致清除率增加。史海英等[97]在 100℃加热紫玉米花色苷 20 min，发现超氧自由基清除能力和 H_2O_2 清除能力均无显著变化。由此可见，不同来源花色苷的抗氧化能力稳定性不尽相同，这可能是由于所含的花色苷种类和含量不同。此外，60℃、80℃和 100℃加热 1~5 h 的过程中，花色苷还原能力和 DPPH 自由基清除能力的降低幅度始终较相同加热条件下的花色苷含量降低的幅度小，而且 ABTS 自由基清除率在 80℃加热 3 h 以上和 100℃加热时，降低的幅度较相同加热条件下含量降低的幅度小，这可能是因为花色苷粗提物成分复杂，其他成分对抗氧化能力也有一定的贡献。

光照是生产加工和储存过程中必不可少的环境条件，因此研究光照能够对黑加仑提取物中花色苷含量和黑加仑提取物抗氧化活性产生哪些影响，对黑加仑提取物在加工和贮藏过程中的质量控制和抗氧化活性保存具有实际意义。光照导致黑加仑提取物中花色苷含量逐渐降低，降低顺序为：室外光照>室内光照>室内避光，这是由于花色苷对光不稳定，光照导致花色苷发生降解，因此，在加工和贮藏过程中，应尽量采用避光保存。目前关于光照方式对花色苷抗氧化能力影响的研究较少，一般只测定了花色苷含量的变化。虽然光照和加热均使花色苷清除自由基能力降低，但加热过程中，清除率的变化相对平稳，这可能是由于花色苷粗提物是一个相对复杂的体系，加热导致诸如缩合反应之类化学反应的发生[98]，而这些反应可能对抗氧化能力产生的影响较小，而光照可以直接导致抗氧化成分降解，因此抗氧化能力随放置时间的增加逐渐降低。

11.5.2　其他酚类提取物对肉制品的抗氧化作用

脂肪氧化是肉及肉制品品质劣变的一个主要因素，能够导致风味变坏、质地变差、褪色以及营养物质的损失，从而影响消费者对肉及其制品的接受程度。此外，蛋白氧化也对肉的品质有着重要的影响，如肉的持水力、嫩度和营养价值等。在过去十几年里，蛋白氧化对肉品质的影响一直未得到重视，但是近年来引起了广泛的关注。虽然脂肪氧化和蛋白氧化涉及的反应机制很复杂，但普遍认为二者都是由自由基链式反应引起的，包括链引发、链传递和链终止三个阶段，因此，要防止氧化的发生，就要使用抗氧化剂来终止自由基链式反应，从而保持肉制品的营养价值和感官品质。

天然抗氧化剂与人工合成抗氧化剂相比，由于更加安全和健康而备受关注。植物提取物是天然抗氧化剂的良好来源[99,100]，如水果、蔬菜、中草药和香辛料等，其中酚类化合物是天然抗氧化剂的一个重要组分，由于具有优秀的自由基清除能力和还原能力而引起了越来越多的关注。很多富含多酚的植物提取物能够有效地抑制肉中脂肪氧化，如迷迭香提取物[101]、油菜子和松树皮类多酚[102]。近年来，富含酚类化合物的水果提取物也被添加到肉制品中，用来抑制脂肪氧化，如草莓、山楂、狗玫瑰和黑莓提取物能够显著抑制生肉糜在 2℃冷藏 12 d 过程中脂肪氧化的程度[103]；石榴果汁多酚能够降低鸡胸肉在 4℃冷藏 28 d 过程中的 TBARS 值[104]；葡萄提取物能够抑制牛肉饼在 4℃冷藏 9 d 过程中的 TBARS

值[105]；鳄梨果皮和种子提取物能够抑制猪肉糜在5℃冷藏15 d过程中的脂肪氧化程度[106,107]。此外，在含有肌原纤维蛋白的水包油乳浊液中，酚类化合物主要吸附在界面内层，暴露在易于发生脂肪氧化的脂肪相，从而起到阻止脂肪氧化的作用[108]。

黑加仑提取物具有很强的抗氧化活性，还有一些文献报道了黑加仑提取物的抗癌特性等一些有益健康的性质，此外，黑加仑提取物对猪肉糜冷藏过程中的脂肪氧化、蛋白氧化具有很好的抑制效果，同时对肉糜的颜色也具有一定程度的改善作用。黑加仑提取物抑制猪肉糜脂肪氧化的效果与BHA相当，因此，具有作为人工合成抗氧化剂替代品应用在肉制品中的潜力。黑加仑提取物对脂肪氧化的抑制作用主要归功于其中所含的酚类化合物以及其他对抗氧化活性有贡献作用的生物活性物质。实际上，光、热、酶、金属离子、金属蛋白以及微生物都能够引发脂肪氧化的发生，并且自由基和/或其他活性物质作为中间产物参与到包括自氧化、光敏氧化、热氧化和酶促氧化在内的大多数氧化过程中[109]。黑加仑提取物具有优秀的清除自由基能力和还原能力，也就是说，它能够向自由基提供电子或氢，而使其转化成稳定结构的分子，因此，黑加仑提取可能是通过阻断氧化过程中的自由基链式反应而起到抑制脂质氧化作用的。

蛋白氧化是肉类品质劣变的另一重要因素，作为一个比较新颖的研究领域，在近几年引起越来越多的关注[110]。羰基含量和巯基减少的程度可以反映出蛋白氧化的程度。文献所报道的植物提取物对蛋白氧化的作用不尽相同。草莓提取物、山楂、狗玫瑰和黑莓能够抑制熟肉饼中蛋白质的氧化[111]；石榴果汁多酚、白葡萄提取物以及鳄梨果皮和种子提取物既能抑制脂肪的氧化，也能有效地抑制蛋白质的氧化[104-107]。但是，Lund等[112]发现迷迭香提取物不能够抑制牛肉饼中蛋白质的氧化，而且抗坏血酸盐/柠檬酸盐反而促进了蛋白质的氧化；苹果多酚在熟猪肉和牛肉切片火腿中均起不到抑制蛋白氧化的作用[113]。之所以出现这些相互矛盾的结果，可能是由于酚类化合物多种多样的化学结构以及不同来源蛋白质的性质和构象不同[108]。此外，黑加仑提取物能够降低冷藏过程中肉糜的羰基含量和巯基的损失，抑制了蛋白质的氧化，但是，黑加仑提取物虽然能够在一定程度上抑制羰基的形成，其抑制效果却不如抑制脂肪氧化的效果强，这可能是由于脂肪氧化的速度比蛋白氧化的速度快，或者是由于酚类化合物和蛋白质之间的共价结合掩盖了酚类化合物对蛋白质的抗氧化作用[101,108,114]。除了各种各样的环境因素，过渡金属、肌红蛋白和氧化的脂质都是蛋白氧化的诱发剂，特别是蛋白羰基化作用的诱发剂[115]，因此，植物提取物很可能是通过阻止以上诱发因素而起到了抑制蛋白氧化的作用。Estévez等[116]研究发现，酚类化合物通过作为金属离子螯合剂和自由基清除剂而起到了抑制肌原纤维蛋白氧化的作用。此外，酚类化合物与蛋白质的共价和非共价结合可以保护蛋白质免于受到自由基的攻击，也可以抑制蛋白质的氧化[117]。但是，多酚抑制蛋白氧化的确切机制以及二者之间的作用关系仍不十分清楚，需要进一步的研究。

生成二硫键而导致的巯基含量损失，是肌肉蛋白发生氧化反应的另一个标志[118]。半胱氨酸的巯基氧化生成二硫键，引起蛋白质交联，是巯基含量降低的主要原因，文献所报道的植物多酚提取物对肌肉中巯基的影响不尽相同。黑加仑提取物能够减少巯基的损失程度，说明黑加仑提取物能够抑制蛋白氧化的发生。在自由基介导的蛋白氧化中，可以观察到巯基能够形成硫化物和其他氧化物质[119]，因此，黑加仑提取物可能通过清除自由基而起到减少巯基损失的作用。此外，黑加仑提取物还可能与巯基竞争捕捉自由基，从而保护巯基本身发生氧化。浸泡在石榴果汁多酚中的鸡肉与未处理组相比，总巯基含量和蛋白结合的巯基含量更高[104]；迷迭香和香蜂叶提取物也能够抑制熟肉糜中巯基的损失[120]，但是，迷迭香提取物、绿茶提取物、抗坏血酸和生育酚对猪肉糜中巯基含量的影响较小[121]。此外，经白葡萄提取物处理以后，牛肉糜中巯基损失的速度反而比未处理的快，但是肌球蛋白交联程度降低，这说明白葡萄提取物和肌原纤维蛋白的巯基之间发生了作用，从而降低了牛肉糜中蛋白质的交联程度[105]。

肉的颜色也是衡量肉品品质的一个重要指标，并且决定了肉品能否被消费者所接受。黑加仑提取物能够提高肉的红度值，降低了肉在冷藏期间的褐变程度，但同时添加黑加仑提取物的肉糜呈现明显的紫色，这是因为黑加仑提取物中主要的呈色物质是花色苷，它主要是通过染色作用而使肉的红度值上升，亮度值下降。在冷藏时间超过 3 d 以后，肉糜的颜色与已经发生褐变的对照和初始的紫色相比，变得更能够被消费者所接受，这可能是由于在放置过程中，花色苷发生了降解，因此肉糜不再呈现紫色。同样，富含花色苷的黑莓能够增强熟肉饼的颜色，而其他含有少量花色苷的水果对肉饼颜色的影响较小[111]。其他富含多酚的提取物也能够改善猪肉在冷藏期间颜色的变化，如芥末叶泡菜提取物[122]以及鳄梨果皮和种子提取物[106,107]。猪肉褪色主要是由于生成了高铁肌红蛋白以及脂质氧化产物和肉中胺类之间的非酶褐变反应[123]，此外，脂质氧化的初级产物和次级产物都与高铁肌红蛋白的积累有关[124]，因此，除了黑加仑提取物的染色作用以外，提取物也可能是通过抑制脂质氧化来阻碍高铁肌红蛋白的生成和褐变反应的发生，从而降低了肉品褪色的程度。

参 考 文 献

[1] Pino V, Ayala J H, Afonso A M, et al. Ultrasonic micellar extraction of polycyclic aromatic hydrocarbons from marine sediments [J]. Talanta, 2001, 54: 15-23

[2] 胡爱军, 丘泰球, 梁汉华. 超声强化提取薏苡仁油的研究 [J]. 现代化工, 2002 (10): 34-37

[3] 邢秀芳, 马桔云, 于宏芬. 纤维素酶在葛根总黄酮提取中的应用 [J]. 中草药, 2001, 32 (1): 37-38

[4] 董海丽, 纵伟. 酶法提取姜黄素的研究 [J]. 纯碱工业, 2000, 6: 55-56

[5] 高竹青, 李红晋. 超临界流体萃取技术工业化现状 [J]. 山西化工, 2004, 24 (2): 33-35

[6] 刘红梅. 超临界 CO_2 萃取天然香料的研究进展 [J]. 北京联合大学学报 (自然科学版), 2003, 17 (3): 94-96

[7] 黄文, 王益. 竹叶提取物抑菌特性的研究 [J]. 林产化学与工业, 2002, 22 (1): 68-70

[8] 樊黎生. 芦荟汁抗菌作用研究 [J]. 食品与发酵工业, 2001, 27 (8): 38-40

[9] 吕源玲, 王洪新. 黄荆叶提取液抑菌作用的研究 [J]. 中国野生植物资源, 2002, 21 (5): 41-43

[10] 戚向阳, 陈福生, 陈维军. 苹果多酚抑菌作用的研究 [J]. 食品科学, 2003, 24 (5): 33-36

[11] Sakanaka S, Juneja L R, Taniguchi M. Antimicrobial effects of green tea polyphenols on themophiic spore- forming bacteria [J]. Journal of Bioscience and Bioengineering, 2000, 90 (1): 81-85

[12] Yildirim A, Mavi A, Oktay M, et al. Comparison of antioxidant and antimicrobial activities of tilia (*Tilia argentea Desf Ex* DC), sage (*Salvia triloba* L.), and black tea (*Camellia sinensis*) extracts [J]. Agriculture Food Chemistry, 2000, 48: 5030-5034

[13] Djenanea D, Sánchez-Escalante A, Beltrán J A, et al. Extension of the shelf life of beef steaks packaged in a modified atmosphere by treatment with rosemary and displayed under UV- free lighting [J]. Meat Science, 2003, 64: 417-426

[14] Valero M, Salmeron MC. Antibacterial activity of 11 essential oils against Bacillus cereus in tyndallized carrot broth. International Journal of Food Microbiology, 2002, 12: 354-360

[15] Leuchner R G K, Zamparini J. Effects of spices on growth and survival of *Escherichia coli* 0157 and *Salmonella enterica* serovar enteridis in broth model systems and mayonnaise [J]. Food Control, 2002, 13: 399-404

[16] Juglal S, Govinden R, Odhav B. Spices oils for the control of co- occuring mycotoxin producing fungi [J]. Journal of Food Protection, 2002, 65: 638-687

[17] Friedman M, Henika P R, Mandrell R E. Bactericidal activities of plant essential oils and some of their isolated constituents against *Campylobacter jejuni*, *Escherichia coli*, *Listeria monocytogenes*, and *Salmonella enterica* [J]. Journal of Food Protection, 2002, 65: 1545-1560

［18］Delaquis P J, Stanich K, Girard B, et al. Antimicrobial activity of individual and mixed fractions of dill, cilantro, coriander and eucalyptus essential oils. International Journal of Food Microbiology, 2002, 74: 101-109

［19］Burt S. Essential oils: their antibacterial properties and potential applications in foods ［J］. International Journal of Food Microbiology, 2004, 94: 223-253

［20］Dorman H J, Deans S G. Antimicrobial agents from plants: antibacterial activity of plant volatile oils ［J］. Applied Microbiology and Biotechnology, 2000, 88: 308-316

［21］Lambert R J, Skandamis P N, Coote P J, et al. A study of the minimum inhibitory concentration and mode of action of oregano essential oil, thymol and carvacrol ［J］ Applied Microbiology and Biotechnology, 2001, 91: 453-462

［22］Lis-Balchin M. Feed additives as alternatives to antibiotic growth promoters: botanicals. 9th Int. Symp. Digestive Physiol. Pigs, 2003: 333-352

［23］Juliano C, Mattana A, Usai M. Composition and *in vitro* antimicrobial activity of the essential oils of *Thymus herba-barona* Loisel growing wild in Sardinia ［J］. Journal of Essential Oil Research, 2000, 12: 516-522

［24］向智男, 宁正祥. 植物性天然防腐剂及其在食品中的应用 ［J］. 中国食品添加剂, 2004, 3: 80-85

［25］毛琼, 张卫红. 几种中草药混合制剂抑菌作用的实验观察 ［J］. 洛阳医专学报, 2004, 4: 297-298

［26］周建新, 汪海峰. 银杏叶提取物 EGb 抗菌特性的研究 ［J］. 食品科学, 2002, 9: 118-121

［27］卢成英. 湘西虎杖抑菌成分提取及其抑菌活性研究初报 ［J］. 中国林副特产, 2005, 2: 13

［28］郝淑贤, 刘欣. 荸荠英提取物抗菌成分稳定性的探讨 ［J］. 食品科学, 2005, 2: 71-74

［29］Pantev A, Valcheva R, Danova S, et al. Effect of enterococcin A 2000 on biological and synthetic phospholipid membranes. International Journal of Food Microbiology, 2003, 80: 145-152

［30］Naghmouchi K, Drider D, Kheadr E, et al. Multiple characterizations of *Listeria monocytogenes* sensitive and insensitive variants to divergicin M35, a new pediocin-like bacteriocin ［J］. Journal of Applied Microbiology, 2006, 100: 29-39

［31］Jayaprakasha G K, Selvi T, Sakariah K K. Antibacterial and antioxidant activities of grape (*Vitis vinifera*) seed extracts ［J］. Food Research International, 2003, 36: 117-122

［32］Baydar N G, Özkan G, Sagdiç O. Total phenolic contents and antibacterial activities of grape (*Vitis vinifera* L.) extracts ［J］. Food Control, 2004, 15: 335-339

［33］Blaszyk M, Holley R A. Interaction of monolaurir in eugenol and sodiumcitrate on growth of conommreat spoilage and pathogenic organisms ［J］. International Journal of Food Microbiology, 1998, 39: 175-183

[34] 赖毅东. 具有抑菌活性成分中草药的筛选及防腐保鲜应用机理研究 [D]. 广州：华南理工大学硕士学位论文，2003

[35] Bard M, Albrecht M R, Gupta N, et al. Geraniol interferes with membrane functions in strains of *Candida* and *Saccharomyces* [J]. Lipids, 1988, 23 (6): 534-538

[36] Ryozo I, Takamistu Y, Naohito T, et al. Formation of 4- 12 ydroxy- 3, 7- dimethyl- 2, 6- octadienal (5-hydrocitral) from 3,7-dimethyl-2,6-octadienal (citral) and its biological activity against Sarcama 180 [J]. Agriculture Food Chemistry, 1984, 48 (12): 2923-2925

[37] Rasooli I, Rezaei M B, Allameh A. Ultrastructural studies on antimicrobial efficacy of thyme essential oils on *Listeria monocytogenes* [J]. International Journal of Infectious Diseases, 2006, 10: 236-241

[38] 豆海港，陈文学，李婷，等. 香辛料的抗氧化活性研究进展 [J]. 华南热带农业大学学报，2006, 3 (12): 18-22

[39] 凌关庭. 天然抗氧化剂及其消除氧自由基的进展 [J]. 食品工业，2000, 3: 19-24

[40] 石雪萍，吴亮亮，高鹏，等. 20 种食用辛香料抗氧化性及其与黄酮和多酚的相关性研究 [J]. 食品科学，2011, 32 (05): 83-86

[41] 李婷，侯晓东，陈文学，等. 香辛料提取物的抗氧化活性 [J]. 热带作物学报，2008, 29 (03): 295-298

[42] 缪晓平，邓开野，谭梅唇. 三种香辛料提取物抑菌及抗氧化性能的研究 [J]. 中国调味品，2010, 10 (35): 107-109

[43] Cuvelier M E, Richard H, Berset C. Antioxidant activity of phenolic composition of pilot- plant and commercial extracts of sage and rosemary [J]. Journal of the American Oil Chemists Society, 1996, 73: 645-652

[44] 方允中，郑荣梁. 自由基生物学的理论与应用 [M]. 北京：科学出版社，2002: 756-759

[45] 石阶平，蒋修学. 桂皮抗氧化成分的研究 [J]. 食品与发酵工业，1995, 2, 36-40

[46] Park H J, Lee K T, Shon I C. Studies on constituents with cytotoxle from the stem bark of syringa eluting [J]. Chemical & Pharmaceutical Bulletin, 1999, 47 (7): 1029-1033

[47] 左锦静，陈复生. 甘草抗氧化剂的研究进展 [J]. 粮油加工与食品机械，2004 (8): 44-45

[48] Gülçın, İ, Oktay M, Küfrevıoglu Ö. Screening of antioxidant and antimicrobial activities of anise (*Pimpinella anisum* L.) seed extracts [J]. Food Chemistry, 2003, 83: 371-382

[49] Hou W C, Lin R D, Lee T H, et al. The phenolic constituents and free radical scavenging activities of *Gynura formosana* Kiamnra [J]. Journal of the Science of Food and Agriculture, 2005, 85: 615-621

[50] 刘莉华，宛晓春，李大祥. 黄酮类化合物抗氧化活性构效关系的研究进展 [J]. 安徽农业大学学报，2002, 29 (3): 265-270

[51] Pulido R, Bravo L, Saura- Calixto F. Antioxidant activity of dietary polyphenols as determined by a modified ferric reducing/antioxidant power assay [J]. Agriculture Food Chemistry, 2000, 48: 3396-3402

[52] Hsu C L, Chen W L, Weng Y M, et al. Chemical composition, physical properties, and antioxidant activities of yam flours as affected by different drying methods [J]. Food Chemistry, 2003, 83: 85-92

[53] Yamaguchi F, Ariga T, Yoshimira Y, et al. Antioxidant and anti-glycation of carcinol from Garcinia indica fruit rind [J]. Agriculture Food Chemistry, 2000, 48: 180-185

[54] Lodovici M, Guglielmi F, Casalini C, et al. Antioxidant and radical scavenging properties *in vitro* of polyphenols extracts from red wine [J]. European Journal of Nutrition, 2001, 40: 74-77

[55] Hassan O, Swet F L. The anti-oxidation potential of polyphenol extract from cocoa leaves on mechanically deboned chicken meat [J]. Food Science and Technology, 2005, 38: 315-321

[56] Han J, Rhee K S. Antioxidant properties of selected oriental non-culinary nutraceutical herb extracts as evaluated in raw and cooked meat [J]. Meat Science, 2005, 70: 25-33

[57] Smith-Palmer A, Stewart J, Fyfe L. The potential application of plant essential oils as natural food preservatives in soft cheese [J]. Food Microbiol, 2001, 18: 463-470

[58] Gill A O, Delaqui P, Russo P, et al. Evaluation of antilisterial action of cilantro oil on vacuum packed ham [J]. International Journal of Food Microbiology, 2002, 73: 83-92

[59] Lemay M J, Choquette J, Delaquis P J, et al. Antimicrobial effect of natural preservatives in a cooked and acidified chicken meat model [J]. International Journal of Food Microbiology, 2002, 78: 217-226

[60] Satnam S, Ron B, Sibel R. Chitosan inhibits growth of spoilage micro-organisms in chilled pork products [J]. Food Microbiology, 2002, 19: 175-182

[61] Singh A, Singh R K, Bhunia A K, et al. Efficacy of plant essential oils as antimicrobial agents against Listeria monocytogenes in hot dogs [J]. LWT-Food Science and Technology, 2003, 36: 787-794

[62] Grohs B M, Kunz B. Use of spices for the stabilization of fresh portioned pork [J]. Food Control, 2000, 11: 433-436

[63] Sakandamis P, Tsigarida E, Nichas G J. The effect of oregano essential oil on survival/death of Salmonella typhimurium in meat stored at 5℃ under aerobic, VP/MAP conditions [J]. Food Microbiol, 2002, 19: 97-103

[64] 顾仁勇, 马美湖, 付伟昌, 等. 溶菌酶、Nisin、山梨酸钾用于冷却肉保鲜的配比优化. 食品与发酵工业 [J], 2003, 29 (7): 45-48

[65] 马美湖, 葛长荣, 王进, 等. 冷却肉生产中保鲜技术的研究-溶菌酶、Nisin、GNa 液复合性保鲜试验 [J]. 食品科学, 2003, 24 (4): 74-82

[66] 刘书亮, 杨勇, 李诚. 复合保鲜液对冷却猪肉保鲜作用的研究 [J]. 食品科学, 2004, 25 (4): 168-171

[67] Valero M, Giner M J. Effects of antimicrobial on growth of Bacillus cereus INRA L2104 in and the sensory qualities of carrot broth [J]. International Journal of Food Microbiology, 2006, 106: 90-94

[68] 罗家刚. 天然食品防腐剂的研究进展 [J]. 昭通师范高等专科学校学报, 2002, 24 (10): 39-45

[69] 公衍玲, 金宏, 玄光善. 7 种中药水提物体外抗氧化活性研究 [J]. 医药导报, 2010, 7 (29): 863-865

[70] 宫江宁, 郑奎玲, 廖莉玲. 7 种黔产补益类中草药抗氧化性的研究 [J]. 四川师范大学学报 (自然科学版), 2012, 35 (1): 117-121

[71] 王征帆. 11 种中草药水提物抗氧化活性研究 [J]. 应用化工, 2011, 40, (9): 1563-1564

[72] 白建华, 程琳, 武宇芳, 等. 苯甲酸-Fenton 体系荧光法测定中草药抗氧化活性 [J]. 分析科学学报, 2011, 27 (5): 675-677

[73] 徐金瑞, 孙育斌, 卢晓玲. 5 种中草药乙醇提取物对猪油的抗氧化作用 [J]. 中国油脂, 2011, 36 (3): 45-47

[74] Alothman M, Bhat R, Karim A A. Antioxidant capacity and phenolic content of selected tropical fruits from Malaysia, extracted with different solvents [J]. Food Chemistry, 2009, 115: 785-788

[75] 李颖畅, 孟宪军. 蓝莓花色苷抗氧化活性的研究 [J]. 食品与发酵工业, 2007, 33 (9): 61-64

[76] 肖军霞, 黄国清, 仇宏伟, 等. 红树莓花色苷的提取及抗氧化活性研究 [J]. 食品科学, 2011, 32 (08): 15-18

[77] 吕春茂, 王新现, 包静, 等. 越橘果实花色苷的体外抗氧化性 [J]. 食品科学, 2010, 31 (23): 27-31

[78] 樊梓鸾, 王振宇. 红豆越橘体外抗氧化和抗细胞增殖活性研究 [J]. 现代食品科技, 2010, 26 (10): 1081-1086

[79] 刘文旭, 黄午阳, 曾晓雄, 等. 草莓、黑莓、蓝莓中多酚类物质及其抗氧化活性研究 [J]. 食品科学, 2011, 32 (23): 130-133

[80] Castañeda-Ovando A, Pacheco-Hernández M P, Páez-Hernández M E, et al. Chemical studies of anthocyanins: a review [J]. Food Chemistry, 2009, 113 (4): 859-871

[81] Bridgers E N, Chinn M S, Truong V D. Extraction of anthocyanins from industrial purple-fleshed sweetpotatoes and enzymatic hydrolysis of residues for fermentable sugars [J]. Industrial Crops and Products, 2010, 32 (3): 613-620

[82] Awika J M, Rooney L W, Waniska R D. Anthocyanins from black sorghum and their antioxidant properties [J]. Food Chemistry, 2004, 90 (1-2): 293-301

[83] Revilla E, Ryan J M, Martín-Ortega G. Comparison of several procedures used for the extraction of anthocyanins from red grapes [J]. Journal of Agriculture Food Chemistry, 1998, 46 (11): 4592-4597

[84] Vatai T, Škerget M, Knez Ž, et al. Extraction and formulation of anthocyanin-concentrates from grape residues [J]. Journal of Supercritical Fluids, 2008, 45 (1): 32-36

[85] Slimestad R, Solheim H. Anthocyanins from black currants (*Ribes nigrum* L.) [J]. Journal of Agriculture Food Chemistry, 2002, 50: 3228-3231

[86] Nielsen I L, Haren G R, Magnussen E L, et al. Quantification of anthocyanins in commercial black currant juices by simple high-performance liquid chromatography. investigation of their ph stability and antioxidative potency [J]. Journal of Agriculture Food Chemistry, 2003, 51: 5861-5866

[87] Kapasakalidis P G, Rastall R A, Gordon M H. Extraction of polyphenols from processed black currant (*Ribes nigrum* L.) residues [J]. Journal of Agriculture Food Chemistry, 2006, 54: 4016-4021

[88] Anttonen M J, Karjalainen R O. High-performance liquid chromatography analysis of black currant (*Ribes nigrum* L.) fruit phenolics grown either conventionally or organically [J]. Journal of Agriculture Food Chemistry, 2006, 54: 7530-7538

[89] Mcdougall G J, Gordon S, Brennan R, et al. Anthocyanin-flavanol condensation products from black currant (*Ribes nigrum* L.) [J]. Journal of Agriculture Food Chemistry, 2005, 53: 7878-7885

[90] Borges G, Degeneve A, Mullen W, et al. Identification of flavonoid and phenolic antioxidants in black currants, blueberries, raspberries, red currants, and cranberries [J]. Journal of Agriculture Food Chemistry, 2010, 58: 3901-3909

[91] Jia N, Kong B, Xiong Y L, et al. Radical scavenging activity of black currant (*Ribes nigrum* L.) extract and its inhibitory effect on gastric cancer cell proliferation via induction of apoptosis [J]. Journal of Function Foods, 2012, 4: 382-390

[92] Rubinskiene M, Viskelis P, Jasutiene I, et al. Impact of various factors on the composition and stability of black currant anthocyanins [J]. Food Research International, 2005, 38: 867-871.

[93] Harbourne N, Jacquier J C, Morgan D J. Determination of the degradation kinetics of anthocyanins in a model juice system using isothermal and non-isothermal methods [J]. Food Chemistry, 2008, 111: 204-208

[94] Cemeroglu B, Velioglu S, Işik S. Degradation kinetics of anthocyanins in sour cherry juice and concentrate [J]. Journal of Food Science, 1994, 59 (6): 1216-1218

[95] Wang W D, Xu S Y. Degradation kinetics of anthocyanins in blackberry juice and concentrate [J]. Journal of Food Engineering, 2007, 82: 271-275

[96] 张镜, 温思霞, 廖富林, 等. 温度、光照及 pH 值对阴香花色苷清除 DPPH 自由基活性的影响 [J]. 食品科学, 2009, 30 (13): 120-123.

[97] 史海英, 吕晓玲. 紫玉米花色苷抗氧化能力的稳定性 [J]. 天津科技大学学报, 2008, 23 (1): 26-28

[98] 李莉蓉, 张名位, 刘邻渭, 等. 三种黑色粮食作物种皮花色苷提取物抗氧化能力稳定性的比较 [J]. 中国农业科学, 2007, 40 (9): 2045-2052

[99] Duan X, Jiang Y, Su X, et al. Antioxidant properties of anthocyanins extracted from litchi (*Litchi chinensis* Sonn.) fruit pericarp tissues in relation to their role in the pericarp browning [J]. Food Chemistry, 2007, 101: 1365-1371

[100] Kanatt S R, Chander R, Sharma A. Antioxidant potential of mint (*Mentha spicata* L.) in radiation-processed lamb meat [J]. Food Chemistry, 2007, 100: 451-458

[101] Lund M N, Hviid M S, Skibsted L H. The combined effect of antioxidants and modified atmosphere packaging on protein and lipid oxidation in beef patties during chill storage [J]. Meat Science, 2007, 76: 226-233

[102] Vuorela S, Salminen H, Mäkelä M, et al. Effect of plant phenolics on protein and lipid oxidation in cooked pork meat patties [J]. Journal of Agriculture Food Chemistry, 2005, 53: 8492-8497

[103] Ganhão R, Estévez M, Kylli P, et al. Characterization of selected wild mediterranean fruits and comparative efficacy as inhibitors of oxidative reactions in emulsified raw pork burger patties [J]. Journal of Agriculture Food Chemistry, 2010, 58: 8854-8861

[104] Vaithiyanathan S, Naveena B M, Muthukumar M, et al. Effect of dipping in pomegranate (*Punica granatum*) fruit juice phenolic solution on the shelf life of chicken meat under refrigerated storage (4℃) [J]. Meat Science, 2011, 88: 409-414

[105] Jongberg S, Skov S H, Tørngren M A, et al. Effect of white grape extract and modified atmosphere packaging on lipid and protein oxidation in chill stored beef patties [J]. Food Chemistry, 2011, 128: 276-283

[106] Rodríguez-Carpena J G, Morcuende D, Andrade M J, et al. Avocado (*Persea americana* Mill.) phenolics, *in vitro* antioxidant and antimicrobial activities, and inhibition of lipid and protein oxidation in porcine patties [J]. Journal of Agriculture Food Chemistry, 2011, 59: 5625-5635

[107] Rodríguez-Carpena J G, Morcuende D, Estévez M. Avocado by-products as inhibitors of color deterioration and lipid and protein oxidation in raw porcine patties subjected to chilled storage [J]. Meat Science, 2011, 89: 166-173

[108] Estévez M, Kylli P, Puolanne E, et al. Oxidation of skeletal muscle myofibrillar proteins in oil-in-water emulsions: Interaction with lipids and effect of selected phenolic compounds [J]. Journal of Agriculture Food Chemistry, 2008, 56: 10933-10940

[109] Shahidi F, Zhong Y. Lipid oxidation and improving the oxidative stability [J]. Chemical Society Reviews, 2010, 39: 4067-4079.

[110] Lund M N, Heinonen M, Baron C P, et al. Protein oxidation in muscle foods: A review [J]. Molecular Nutrition & Food Research, 2011, 55: 83-95

[111] Ganhão R, Morcuende D, Estévez M. Protein oxidation in emulsified cooked burger patties with added fruit extracts: Influence on colour and texture deterioration during chill storage [J]. Meat Science, 2010, 85: 402-409

[112] Lund M N, Hviid M S, Skibsted L H. The combined effect of antioxidants and modified atmosphere packaging on protein and lipid oxidation in beef patties during chill storage [J]. Meat Science, 2007, 76: 226-233

[113] Sun W Q, Zhang Y J, Zhou G H, et al. Effect of apple polyphenol on oxidative stability of sliced cooked cured beef and pork hams during chilled storage [J]. Journal of Muscle Foods, 2010, 21: 722-737

[114] Arts M J, Haenen G R, Wilms L C, et al. Interactions between flavonoids and proteins: Effect on the total antioxidant capacity [J]. Journal of Agriculture Food Chemistry, 2002, 50: 1184-1187

[115] Estévez M. Protein carbonyls in meat systems: A review [J]. Meat Science, 2011, 89, 259-279

[116] Estévez M, Heinonen M. Effect of phenolic compounds on the formation of α-aminoadipic and γ-glutamic semialdehydes from myofibrillar proteins oxidized by copper, iron, and myoglobin [J]. Journal of Agriculture Food Chemistry, 2010, 58: 4448-4455

[117] Viljanen K, Kivikari R, Heinonen M. Protein-lipid interactions during liposome oxidation with added anthocyanin and other phenolic compounds [J]. Journal of Agriculture Food Chemistry, 2004, 52: 1104-1111

[118] Soszyński M, Bartosz G. Decrease in accessible thiols as an index of oxidative damage to membrane proteins [J]. Free Radical Biology and Medicine, 1997, 23: 463-469

[119] Dean R T, Fu S, Stocker R, et al. Biochemistry and pathology of radical-mediated protein oxidation [J]. Biochemical Journal, 1997, 324: 1-18

[120] Lara M S, Gutierrez J I, Timón M, et al. Evaluation of two natural extracts (*Rosmarinus officinalis* L. and *Melissa officinalis* L.) as antioxidants in cooked pork patties packed in MAP [J]. Meat Science, 2011, 88: 481-488

[121] Haak L, Raes K, De Smet S. Effect of plant phenolics, tocopherol and ascorbic acid on oxidative stability of pork patties [J]. Journal of the Science of Food and Agriculture, 2009, 89: 1360-1365.

[122] Lee M A, Choi J H, Choi Y S, et al. The antioxidative properties of mustard leaf (*Brassica juncea*) kimchi extracts on refrigerated raw ground pork meat against lipid oxidation [J]. Meat Science, 2010, 84: 498-504

[123] Xia X, Kong B, Liu Q, et al. Physicochemical change and protein oxidation in porcine longissimus dorsi as influenced by different freeze-thaw cycles [J]. Meat Science, 2009, 83: 239-245

[124] Faustman C, Sun Q, Mancini R, et al. Myoglobin and lipid oxidation interactions: mechanistic bases and control [J]. Meat Science, 2010, 86: 86-94

12 亚硝基血红蛋白制备及应用技术

畜血是牲畜屠宰加工过程中的主要副产物之一。全世界每年牲畜出栏 30 亿头，年产畜血 1400 万 t。我国是世界上养猪最多的国家，猪血是生猪屠宰加工过程中的主要副产物之一。根据国家统计局统计，2012 年上半年，我国肉类总产量达到 5234 万 t，成为世界肉类生产发展最快的国家。我国 2011 年屠宰 7 亿多头猪，3.5 亿多头牛羊，94 亿多只家禽，而且随着我国经济和进出口贸易的发展，这个数字还在逐年上涨。以屠宰每头猪可得 2.5kg 血计，则每年可利用的猪血量达到 175 万 t，其中猪血蛋白 30 万 t，相当于 83 万 t 大豆中所含的蛋白质，再加上其他的牛、羊、鸡等血，数量相当可观。

猪血营养丰富，素有"液体肉"之称。每 100g 猪血中含蛋白质 19g，脂肪 0.4g，碳水化合物 0.6g，矿物质 0.5g，此外，还有铁、铜、锌、锰、钨、钴等体必需的微量元素。其中蛋白质含量相当于肉类，接近于鸡蛋。每 100g 猪血含铁 45mg，是猪肝的 2 倍，瘦肉的 20 倍。

国外对血液的利用较早，如法国 1976 年畜血的回收率为 33%～40%，至 1981 年提高到 73.12%，主要用于饲料，也有少部分供人类食用，并制定了相应的法规；苏联在 1970 年用于食品的血液占总量的 21%；美国从 1986 年开始重视血液蛋白质的生产，主要是出口血浆蛋白粉。我国对血液资源的开发起步较晚，多年来只有饲料血粉的生产，供人类食用的产品除血肠外，基本上是空白。余下的血液均以污水形式排放，不仅致使大量宝贵营养资源流失，而且造成严重环境污染。但在近些年，有人提出利用猪血提取血红蛋白，在一定的温度下与亚硝酸钠反应生成亚硝基血红蛋白，替代亚硝酸盐应用于肉制品的生产加工中。在肉类腌制中，亚硝酸盐是一种被广泛使用的发色剂，它在肉类腌制中具有重要的作用。

12.1 人体摄入亚硝酸盐的来源及对健康的影响

12.1.1 人体摄入亚销酸盐的来源

食物中的硝酸盐类既有自然存在的，也有直接或间接加入的，一些饮用水中可能含有较多的硝酸盐[1]。美国国家科学院（NAS）认定 39% 的亚硝酸盐摄入来自腌肉，37% 来自焙烤食物和谷物，10% 来自蔬菜。德国科学家也曾对此做过调查，认为平均每人每天消耗的亚硝酸钠为 1.5mg，其中大部分来自腌制的肉类食品。

肉制品中亚硝酸钠的含量高低是影响膳食中亚硝酸盐含量的主要因素，腌肉制品中硝酸盐和亚硝酸盐的含量见表 12.1。

表 12.1　腌肉制品中硝酸钠和亚硝酸钠的含量（mg/kg）

产品	硝酸钠残留量	亚硝酸钠残留量
非烟熏咸猪肉	134	12
烟熏咸猪肉	52	7
腌制牛肉	141	19
烤腌制牛肉	852	9
烟熏火腿	138	50
腌制火腿	767	35
烟熏香肠	129	12
萨拉米	86	12

亚硝酸盐摄入过多时会对人体健康产生危害。体内过量的亚硝酸盐积累，可将血液中二价铁离子氧化为三价铁离子，使正常血红蛋白转变为高铁血红蛋白，失去携氧的能力，出现亚硝酸盐中毒症状。婴幼儿体内高铁血红蛋白还原酶不足，急性中毒症状特别明显，呕吐、心悸，严重时血压下降，虚脱、呼吸麻痹，甚至导致死亡[2]。

急性实验中，亚硝酸钠的半致死量为 100~200mg/kg 体重（大鼠），人的致死量是 32mg/kg 体重。

亚急性实验中，以 1.4g 亚硝酸钠/L 饮用水喂养实验动物 200 天，导致其血液及肝、脾、肾和心肌中氧化肌红蛋白含量的增加。亚硝酸钠对微生物和哺乳动物细胞具有致畸变作用，并且多数畸变实验呈阳性。

12.1.2　N-亚硝基化合物

亚硝酸盐又是强致癌物 N-亚硝基化合物的前体物，人体内和食物中的亚硝酸盐只要与胺类或酰胺类同时存在，就有可能形成强致癌性的亚硝基化合物。N-亚硝基化合物（NOC）按其化学结构可分为两类：N-亚硝胺、N-亚硝酰胺。动物实验表明，N-亚硝胺和 N-亚硝酰胺都是主要的致癌物[3]。

对于人类，膳食亚硝酸钠的代谢途径是复杂的。膳食中亚硝酸盐的摄入是以唾液亚硝酸钠为主，并在肠道中被酸化，导致形成许多潜在的致癌亚硝胺化合物，如可导致胃癌或其他癌症的 N-亚硝基甲脲。Tsutsumi 等[4]发现亚硝胺会造成对身体的伤害、增生、发育不良和黏液的过量分泌，这可能是引起癌症的前提条件，其他研究者也得出同样结论。NOC 可在食道、肺、肠、胰腺、肾、膀胱、鼻腔、气管、脑、外围神经、皮肤和生血组织等引起肿瘤。因此，美国法规涉及食品安全的日常监测用于确保亚硝胺的浓度要尽可能低[5]。

随着我国人均消费肉制品数量的不断增加，由腌制肉类中亚硝酸钠的摄入量占人体摄入总量的比例不断增加，因此，为降低亚硝酸钠对人体的危害，应减少腌制肉制品的食用。

12.1.3　降低亚硝酸钠危害的方法

为尽可能避免亚硝胺对人体的危害，应减少亚硝酸盐的摄入量。但肉类食品是膳食蛋白质的主要来源，人均肉制品的消费水平体现一个国家的经济发展状况。因此，解决问题的出路在于降低肉制品加工中腌制时亚硝酸钠的使用量，即研究亚硝酸钠的替代方法，以期部分或全部替代亚硝酸钠的发色作用。

美国国家科学院（NAS）调查了膳食中硝酸盐/亚硝酸盐对健康的影响，并在 1980 年应食品药品管理局（FDA）和美国农业部（USDA）的要求，评价了在食品中作为发色剂使用亚硝酸钠的可能替代[6]。一些由 NAS 提出的亚硝酸钠的替代方法见表 12.2。

表 12.2　美国国家科学院（NAS）提出的亚硝酸钠的可能替代物及方法

效果	替代试剂和方法	综合方法
抑菌性	山梨酸或山梨酸钾、次磷酸钠、延胡索酸酯、产乳酸菌、对羟基苯甲酸酯、辐射、氯化钠、甘油单月桂酸酯保湿剂	配合低浓度的亚硝酸钠
抗氧化剂	二叔丁基羟基甲苯、柠檬酸、抗坏血酸、α-生育酚	配合低浓度的亚硝酸钠
发色	红曲色素、亚硝基血红蛋白腌制色素、烟酸、嘧啶化合物盐、抗坏血酸、α-生育酚、茶多酚、抗坏血酸及其盐	发色助剂和低浓度的亚硝酸钠配合使用，采用新鲜的原料肉

由表 12.2 可以看出，没有单一的化合物能够完全替代亚硝酸钠在肉制品加工中的多功能性[7]，因此需通过多种添加剂的组合使用及加工中的措施降低或可彻底替代亚硝酸钠的使用。赋予肉制品理想、稳定的色泽是亚硝酸钠的主要功能，也是研究替代方法的主要内容。

12.2　亚硝基血红蛋白的作用

肉制品加工中一直广泛使用亚硝酸盐作为发色剂，但因为其毒性及其生成的亚硝胺的强烈致癌性，人们一直努力寻找替代亚硝酸盐的方法。在替代亚硝酸盐的方法研究中，以畜血为原料生产亚硝基血红蛋白，是充分利用畜禽血资源并且能降低亚硝酸盐残留量的有效途径。但国内外现有的亚硝基血红蛋白类色素的稳定性、分散性等加工性质还没有全面的叙述，也没有将亚硝基血红蛋白应用于实际生产以替代亚硝酸盐和红曲红的报道，缺乏在肉制品生产应用方面的深入研究，至今亚硝基血红蛋白还未能实际应用于肉制品加工中。

12.2.1　亚硝酸盐发色作用的替代

用亚硝酸盐发色的腌肉，配位体是一氧化氮，产生亚硝基肌红蛋白，色泽鲜红。亚硝基配位时对热和氧的稳定性优于氧分子配位，但能被可见光催化而分解，色泽变暗[8]。根据血红蛋白和肌红蛋白的结构可知，血液中血红蛋白（Hb）和肌肉中肌红蛋白（Mb）分子结构相似，铁原子6个键位上的5个是吡咯环或咪唑环上的氮原子，结合得相当稳定。因此，用杂环化合物上的氮原子与第6个键配位，均可得到稳定性良好的着色剂，用亚硝酸盐处理血红蛋白制得亚硝基血红蛋白再加热后的产物即为亚硝基血红蛋白，可能的结构如图12.1所示。

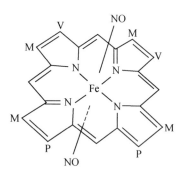

图12.1　亚硝基血红蛋白的结构

虽然 Hb 和 Mb 对亚硝基 NO^- 均具有较强的结合力，但是血液中的血红蛋白（Hb）是由四分子血红素和一分子有四条肽链的球蛋白构成，而肌肉中的肌红蛋白（Mb）则是由一分子血红素和一分子单条肽链的球蛋白构成，因而 Mb 对 NO^- 的吸引力大于 Hb。采用 $NaNO_2$，在一定条件下先同血液中的 Hb 相结合，生成亚硝基血红蛋白（HbNO），HbNO 与肉中的肌红蛋白（Mb）接触，HbNO 中的 NO^- 立即被 Mb 吸引而"抢"过来，形成稳定的亚硝基肌红蛋白（MbNO），从而使肉制品呈现鲜亮的玫瑰红色。另外，部分残留的 NO^- 与 Mb 和 Hb 结合[9]。

马美湖等[10]经反复多次试验，认为在一定条件下合成制取亚硝基血红蛋白的方法是可行的，添加到香肠等肉制品的效果较为理想，色泽、风味、稳定性、保存性与对照组无差别，同时大大降低了肉制品中 NO^- 的残留量，只有对照组的 1/13，真正实现低硝肉制品，保证了肉制品的安全性。张坤生[11]在分离得到的 Hb 中加入抗坏血酸，使 pH 为 5.90 ~ 6.00，通入 N_2 以排除空气，最后通入 NO 进行亚硝基血红蛋白的合成。解万翠等[12]直接采用血红蛋白为原料，再与亚硝酸钠反应，制备安全发色剂。王远明[13]将沉降的红细胞血浆移至反应器中，搅拌后加入乙醇和乙酸等作防腐脱腥处理，然后在一定条件下加入烟酸和烟酰胺、TEA、抗坏血酸及葡萄糖等作发色及抗氧处理，反应产物经均质后得到呈清香味深红色黏稠状的无硝血红蛋白着色剂。孔保华等[14]从猪血中提取血红素，将其与一定量的亚硝酸盐反应，经真空冷冻干燥合成制得腌肉色素（CCMp）。

有报道认为，血红蛋白类腌制色素中含有丰富的血红素，可作为补铁成分。加入 0.5% 的腌肉色素，铁含量比对照组高 77%，血红素中的铁为二价铁离子，它在人体的消化吸收过程中可不受植酸和磷酸的影响，其吸收率较其他铁成分高 3 倍以上，所以可将其制成保健食品，用于治疗缺铁性贫血引起的各种疾病。

国外在这一方面的研究较早且较深入。早在 1966 年，Fox 就提出了添加由血红蛋白合成的亚硝基血色原可使腌肉制品获得较稳定的粉红色，并因此可减少亚硝酸盐的使用量[15]。1990 年起，Shahidi 对动物血液制取亚硝基血色原的方法、其化学结构和抗氧化能力等方面进行了一些研究，取得了较好的效果，他们用从牛血中提取的血红素与 NO 气体进行反应，成功地制得肉制品发色剂[16]。日本坂田亮一等[17]以商业 Hb 粉配成溶液和亚硝酸钠与抗坏血酸钠制备 Hb 反应混合物，并将反应物用于猪肉香肠中获得显著效果。

应用安全无毒、符合中华人民共和国食品安全国家标准的试剂。如果在研制时选用烟酸、烟酰胺、TEA，同时加入足量的抗坏血酸和葡萄糖作为抗氧化剂，并尽量降低游离水分，将对 HbNO 的生成起到促进作用。血液中的其他成分都具有较高营养价值，因此，以畜禽血液为原料制得的腌制剂加入肉制品中，可以提高产品的营养价值，使血红蛋白类色素成为替代亚硝酸盐的理想选择。

12.2.2 有效利用畜禽血液资源

以畜禽血液为原料与亚硝酸钠在酸性条件下生成亚硝基血红蛋白（HbNO），作为着色剂应用于肉品加工中，既能使猪血变废为宝，同时也防止排放废弃血液所带来的环境危害，因此有着重大的经济价值和环保意义[11]。

畜禽血液一般指猪血、牛血、羊血、鹅血、鸡血，是肉类工业中的副产物。对其开发利用，则要针对具有一定规模的屠宰场收集到的符合卫生要求的血液作为基础。血液含量与动物种类有关，猪血约为活体重的 5%，牛血约为 8%，所能收集到的血液约占被屠宰动物血液总量的 80%，全世界每年有数量非常可观的畜禽血液可以被利用。目前全世界猪、牛、羊血的产量约达 1400 万 t[18]。蛋白质在畜禽血液中含量高达 20%，具有平衡的氨基酸组成，尤其是高含量的赖氨酸，接近 9%，和肉相近，所以血又被称为 "液体肉"，是非常优质的蛋白质来源[19]。然而我国对血液的利用却远比不上对其的认识，由于受很多因素限制，对血资源的利用仍很不完善，致使大量宝贵的血液资源浪费并且造成环境污染，需要花费大量的精力和金钱去治理。以畜禽血液为原料生产亚硝基血红蛋白色素，是有效解决畜禽血液充分利用问题的一个途径。一旦技术成熟并应用于生产，则使畜禽血液副产物的利用得到很大的改观，并且避免因畜禽血排放所造成的环境污染。

20 世纪 70 年代之前，畜禽血液的利用量很少，主要加工成血肠、血豆腐以供食用，还有极少部分制成血粉以供饲用，所以绝大部分血液作为废弃物排放掉了。70 年代末到 80 年代初，血液的综合利用开始被国家重视起来，并将其作为重点课题来攻关，相继研究开发出一些血液产品。许多重大科研成果相继出现，尤其是作为畜禽饲料、超氧化物歧化酶（SOD）、血红素、血叶淋衍生物、氨基酸营养液、营养补剂等项目，达到了国际先进水平，使血液利用的社会效益和经济效益大幅度提高[11]。

12.3 提高亚硝基血红蛋白的稳定性

血红蛋白类腌制色素在实际生产中应用的关键是提高其稳定性。到目前为止，在肉制品加工中以亚硝基血红蛋白作为发色剂替代亚硝酸盐的发色作用，是降低亚硝酸钠残留量、减少其危害的有效方法。但亚硝基血红蛋白在光照条件下和空气中不稳定，易发生降解和氧化而使产品褪色，影响了其实际使用效果[20]。

12.3.1　糖基化亚硝基血红蛋白的合成

多糖和蛋白质在一定条件下发生美拉德反应而产生一定程度的聚合，形成糖基化蛋白，明显提高了蛋白质色泽、稳定性、抗氧化性等性能[21]。由此提示我们蛋白质的糖基化反应是提高亚硝基血红蛋白色素稳定性的有效途径。选用成本较低的蔗糖和亚硝基血红蛋白进行反应，调整不同的 pH、不同蔗糖的添加量和不同干燥方法等制备条件，合成糖化亚硝基血红蛋白，选出色泽和发色最好的糖化亚硝基血红蛋白，并将其与亚硝基血红蛋白进行储藏和光照稳定性的比较，可见糖化血红蛋白的色泽和稳定性好于亚硝基血红蛋白。

郭振楚[22]研究了氨基葡萄糖的铁（Ⅱ）配合物的制备方法、结构特征及其配合物的理化性质，并且将其配位数初步定为 4，但是并未作有关血红蛋白中的铁（Ⅱ）是否能和氨基葡萄糖形成配合物的报道。杨锡洪等[20]详细报道了新型无硝血红蛋白着色剂的特性研究，以一种配体来替代亚硝酸钠与血红蛋白结合，这种配体食用安全，从而达到发色不使用亚硝酸盐的目的，选择与血红蛋白中亚铁离子有很强配位能力的配体，并结合糖基化处理，制备了一种新型无硝酸盐的血红蛋白着色剂（nitrite-free hemoglobin pigment，NHP）。但具体采用的哪种配体和糖基化的方式制备未作报道。

将亚硝基血红蛋白糖基化，即通过蛋白质和多糖在控制条件下的美拉德反应制备糖基化亚硝基血红蛋白（glycosylated nitroso-hemoglobin，GNH），此 GNH 色素的光照和热稳定性、溶解性等性能都明显得到提高，血红蛋白类色素的实用性得到了增强[20]。理论上，通过美拉德反应亚硝基血红蛋白进行糖基化处理形成了稳定的色素，其原理可能是亚硝基血红蛋白通过糖基化处理使得其分子结构中形成了空间位阻，从而阻止了氧进入血红蛋白的卟啉环，避免了亚硝基的脱落以及铁（Ⅱ）的氧化，因此色素的稳定性得以提高。目前研究糖基化亚硝基血红蛋白还处于起步阶段，技术条件还没有成熟，所以要使其在实际生产中大规模使用来替代或降低亚硝酸盐的使用还需进一步研究。

另外，糖化亚硝基血红蛋白具有良好的稳定性和分散性，并且易于工业化生产。为使其在肉制品加工中得到广泛的应用，从而替代亚硝酸盐在肉制品生产中的发色作用，将采用仪器检测的方法研究该色素在肉中的添加效果，并加入大豆蛋白和淀粉，观察这两种肉类加工中最常用的食品辅料对其发色有无影响。随后，考虑到红曲红的发色效果较好，一般很少的量就可以产生很理想的红色，但其在日光的照射下，具有很低的保存率，而很多肉制品的包装并不具有避光性，使得在很短的时间内肉制品的颜色就会褪去，从而影响了肉制品的感官质量。而糖化亚硝基血红蛋白和微胶囊糖化亚硝基血红蛋白对日光照射下保存率较高，保存时间也较长，因此考虑将红曲红与糖化亚硝基血红蛋白复配成新型色素，既可以增加发色效果，又可以有较长的保存时间。

12.3.2　亚硝基血红蛋白的微胶囊化

Shahidi 等[23]实验证实，亚硝基血红蛋白色素溶液见光、遇氧易氧化，不宜贮藏。另外，在 pH 5.0 ~ 6.0 时，贮存在带塑料盖子的聚丙烯试管中，放置在避光暗处只能保存 5 周，见光处放置只有 3 周。氧和光的存在加速色素的氧化和分解，色素在 4 ~ 6h 即开始分解，吸光度开始下降。

此色素的这种对氧、光的不稳定性使其不能稳定存在。光照氧化作用可分两步进行，首先，光加速血红素与一氧化氮（NO）的分离，然后是 NO 的氧化和血红素中 Fe^{2+} 被氧化[15]。如果氧的因素被排除，就可以避免第二步的氧化反应，则可以保持色素的颜色，将色素微胶囊化是最有效的措施。微胶囊化的色素可以明显提高稳定性，暗处可存放一年多，冷藏可存放 18 个月左右[16]。膜的形成和固化是微胶囊化过程的两个步骤。膜的形成分两步：首先将被包埋的物料乳化、分散、分细，然后以这些细粒（滴）作为芯材，将成膜的材料在其上沉积、涂层，形成膜后再将膜固化，固化的方法有化学反应、蒸发、冷却或溶剂萃取以及结合这些过程来使用，使芯材与壁材形成分离的两项，以上就是微胶囊化的特征[24]。

O'Boyle 等[25]对亚硝基血红蛋白微胶囊化的喷雾干燥工艺也进行了研究，并且应用于无硝酸盐的火腿中。其研究表明，微胶囊的最适壁材是 β-环状糊精、麦芽糊精和 N-Lok 变性淀粉，而 β-环状糊精是必不可少的。几种壁材构成连续相，亚硝基血红蛋白作为分散相，二相混合后，在 50000r/min 高速均质机下均质，以氮气作雾化和保护气体，进风温度 120 ~ 180℃，出口温度 90 ~ 140℃，进料量 7mL/min。喷雾干燥后的微胶囊化亚硝基血红蛋白着色剂，其化学性质并没有改变。微胶囊能够以微细状态保存物质，使其性状不受干扰，并且可以在需要时方便释放[26]。刘树兴等[27]报道了微胶囊化亚硝基血红蛋白的最佳工艺条件，为芯壁比（物质的量比）1∶10，微胶囊化采用超声波法作为作用手段，其超声功率为 250W，超声温度在 60℃，超声时间为 10min。超声波法效果优于均质法。

参 考 文 献

[1] 丁之恩. 亚硝酸盐和亚硝胺在食品中的作用及其机理 [J]. 安徽农业大学报, 1994, 21: 199-205

[2] 王东, 李开雄, 朱永涛, 等. 新型肉制品着色剂亚硝基血红蛋白色素的研究 [J]. 食品科技, 2006, 8: 178-181

［3］ Moiseev L V, Cornforth D P. Treatments for prevention of persistent pinking in dark-cutting beef patties ［J］. Journal of Food Science, 1999, 64: 738-743

［4］ Pfalzgraf A, Frigg M, Steinhart H. α-tocopherol contents and lipid oxidation in pork muscle and adipose tissue during frozen storage ［J］. Journal of Agriculture and Food Chemistry, 1995, 43: 1339-1342

［5］ Dineen N M, Kerrv J P, Lvnch P B. Reduced nitrite levels and dietary α-tocopheryl acetate supplementation: Effects on the colour and oxidative stability of cooked hams ［J］. Meat Science, 2000, 55: 475-482

［6］ Cornforth D P, Uahabzadeh F, Carpenter C E. Role of reduced hemochromes in pink color defect of cooked turkey rolls ［J］. Journal of Food Science, 1986, 51: 1132-1135

［7］ Sarasua S, Savitz D A. Cured and broiled meat consumption in relation to childhood cancer: Denver, Colorado (United States) ［J］. Cancer Causes Control, 1994, 5: 141-148

［8］ Pourazrang H. Inhibition of mutagenic N-Nitrosocompound formation in sausage samples by using L-ascorbic acid and α-tocopherol ［J］. Meat Science, 2002, 62: 479-483

［9］ 曹稳根, 李卫华. 食品着色剂亚硝基血红色素的研究 ［J］. 食品工业科技, 1997, 3: 7-9

［10］ 马美湖, 唐进民. 亚硝基血红蛋白合成制取的研究 ［J］. 肉类工业, 2001, 5: 26-29

［11］ 张坤生. 氧化氮与血红蛋白合成含亚硝基亚铁血红原色素的研究 ［J］. 食品与发酵工业, 1995, 4: 29-32

［12］ 解万翠, 陆晓滨. 安全发色剂的研制 ［J］. 肉类工业, 2002, 9: 26-28

［13］ 王远明. 无硝血红蛋白着色剂的研制 ［J］. 华东理工大学学报, 1998, 6: 655-658

［14］ 孔保华, 陶菲, 郑冬梅. 腌肉色素制备工艺的研究 ［J］. 食品科学, 2002, 23: 197-199

［15］ Fox J B. The chemistry of meat pigment ［J］. Journal of Agricultural and Food Chemistry, 1966, 14: 207

［16］ Shahidi F. Color and oxidative stability of nitrite free cured meat after gamma irradiation ［J］. Journal of Food Science, 1991, 56: 102-113

［17］ 坂田亮一, 沈相俊. 以屠宰畜血红蛋白的亚硝基化作为肉制品发色剂 ［J］. 延边农学院学报, 1994, 16: 134-138

［18］ 钟耀广, 南庆贤. 国内外畜血研究动态 ［J］. 中国农业科技导报, 2003, 5: 26-29

［19］ 黄群, 马美湖, 杨抚林, 等. 畜禽血液血红蛋白的开发利用 ［J］. 肉类工业, 2003, 10: 19-25

［20］ 杨锡洪, 夏文水. 糖基化亚硝基血红蛋白色素在灌肠中的应用 ［J］. 食品研究与开发, 2005, 26: 100-104

［21］ Kato A, Sasaki Y, Furuta R, et al. Functional protein-polysaccharide conjugate prepared by controlled dry-heating of ovalbumin-dextran mixtures ［J］. Agricultural and Biological Chemistry, 1990, 54: 107-112

［22］ 郭振楚. 糖类化学 ［M］. 北京: 化学工业出版社, 2005

［23］ Shahidi F, Rubin L, Diosady L L, et al. Preparation of the cooked cured-meat pigment, dinitrosyl ferrohemochrome, from hemin and nitric oxide ［J］. Journal of Food Science, 1985, 50: 272-273

［24］刘学贤. 微胶囊技术与应用［J］. 中国禽业导刊, 2003, 20: 25

［25］O'Boyle A R, Aladin-Kassam N, Rubin L J, et al. Encapsulated cured-pigment and its application in nitrite-free ham［J］. Journal of Food Science, 1992, 57: 807-812

［26］周家春. 食品工业新技术［M］. 北京: 化学工业出版社, 2005

［27］刘树兴, 石飞云, 刘睿. 亚硝基血红蛋白微胶囊化的研究［J］. 食品研究与开发, 2005, 4: 148-151

13 肉制品中脂肪替代品的研究

脂肪在食品加工过程以及产品的营养功效中都起着重要作用，它不仅赋予食品润滑口感、独特风味、特定组织状态和良好稳定性，而且是人体必需脂肪酸的来源及脂溶性维生素的载体[1]，同时食物中的脂肪可以提供 37.3kJ/g 的能量，是人体获得能量的重要来源之一[2]。另外，脂肪不仅对食品的感官性质有重要影响，而且在保持自身风味的同时，也对其他香料的浓度、持久性和平衡产生一定的影响。

已有研究表明，高脂肪膳食能够引起肥胖以及心脑血管疾病的发生，也直接相关于得结肠癌的风险[3]。鉴于这些问题，许多国际机构（包括 WHO）推荐指出，脂肪的摄入量应为日常饮食的 15% ~ 30%，饱和脂肪的提供应不超过 10%，并且胆固醇的摄入量应该限制在 300mg/d[4]。USDA 在不断增长的肥胖人群比例和与之相关的健康风险（肥胖症、心血管疾病、糖尿病、痛风、胆结石等）评估中，建议尽量降低日常饮食中的脂肪摄入量[5]。但是，降低食品中的脂肪含量会对食品的感官性质产生影响，使产品口感粗糙、风味降低，从而影响了消费者对产品的接受性。因此，为了满足消费者的需要，研究人员开发出脂肪替代品，使其在食品加工中具有广泛的用途。首先，脂肪替代品能够全部或者部分替代食物中的油脂，能够很好地保持食物的食用特性；其次，脂肪替代品在人们食用过后，摄入的总热量始终处于低水平，使体内没有多余的热量转化成脂肪，能够起到真正的瘦身、减肥的目的，进而预防多种疾病的发生。脂肪替代品通常可以根据它们的构成进行分类，主要包含：①蛋白质基质脂肪替代品，如乳清蛋白、大豆蛋白以及胶原蛋白等；②碳水化合物基质脂肪替代品，如淀粉、面粉以及食品胶等；③脂质基质的脂肪替代品，如具有乳化作用的大豆卵磷脂等。目前，脂肪替代品正从单一组分向着复合成分的方向健康发展。

近几年来，随着科技的不断发展，脂肪替代品也以极快的速度发展，而且在应用方面具有极其广泛的前景。同时，由于人们健康意识的提高，生产低脂或者无脂食品是改善人们膳食习惯，提高人民健康水平的必行之路。但目前，脂肪替代品虽然能够达到预期的口感或者感官指标，但是其与食品组分之间的相互作用仍然存在一定的缺陷，如在油炸食品和其他烹调类食品中达不到良好的效果。因此，今后的研究方向应该是从改善食品质构和风味的基础上，探寻新的脂肪替代品，从来源、制备工艺等方面制备出营养、安全、廉价、高效的复合型脂肪替代品。

13.1 脂肪替代品的分类

脂肪替代品是一种具有脂肪的物理和感官性质，能被人体消化和吸收，但提供低能量或者不提供能量的物质。通常情况下，脂肪替代品主要包括脂肪模拟物（能够模拟一些脂肪特性，但不是全部的特性）、脂肪替代物（不产生能量或产生较少能量，同时对感官特性无影响）以及脂肪类似物（分子的物理性质和热力学性质类似于脂肪，但是含有少量或者不含有能量）[6]。

13.1.1 脂肪模拟物

脂肪模拟物主要以蛋白质或碳水化合物为基质，添加在食品中以模拟脂肪的部分特性。蛋白质基质脂肪模拟物主要是通过物理、化学方法对底物蛋白质进行处理，通过改变其粒径、乳化性及持水性等特点来制备模拟脂肪。但是，蛋白质通常会在高温条件下发生变性，使得蛋白质基质脂肪模拟物在高温煎炸食品中的应用受限；另外，蛋白质有可能结合一些风味物质，从而降低或者改变食物的风味。因此，蛋白质基质脂肪模拟物的添加具有更高的体系特异性，不仅仅与所使用的蛋白质来源，更与食品配方中其他成分有关。

碳水化合物基质脂肪模拟物在使用过程中会形成凝胶，从而吸收大量水分，达到改善水相结构特性的目的，进而产生类似于脂肪的流动性和润滑性。碳水化合物基质脂肪模拟物同样不能用于高温制品中，且其较高的持水量使得制品中的水分活度提高，缩短了货架期[7]。

13.1.2 脂肪替代物

脂肪替代物与主要模拟脂肪物理性状的脂肪模拟物相比，更倾向于在减少能量摄入的情况下，保持食品原有的风味、口感、香气、总体可接受性等感官性状。脂肪替代物的制备主要以蛋白质或碳水化合物为主，同时结合多种其他物质，最终制成针对于不同制品的脂肪替代品，使得产品与全脂制品感官性质基本相同。但是，由于配方常常具有一对一的相应性，脂肪替代物的应用受到了一些限制。

13.1.3 脂肪类似物

脂肪类似物，也称为脂肪基质脂肪替代品。添加脂肪类似物的低脂食品在降低能量的同时得到了与全脂制品相似的理化性质，同时饱和脂肪酸含量降低，不饱和脂肪酸含量升高。脂肪类似物的代表产品为美国 Procter& Gamble 公司生产的蔗糖聚酯，是由蔗糖与含有 8~12 个碳的脂肪酸发生酯化反应形成的蔗糖酯的混合物，其中蔗糖的 6~8 个羟基被酯化。蔗糖聚酯的物理特性、功能及应用要视其脂肪酸的类型而定，用相似于通常油脂所含脂肪酸制得的蔗糖聚酯，其物理特性与油脂很类似[8]。由于蔗糖聚酯不被人体消化和吸收，所以不提供任何能量。但是，蔗糖聚酯很容易引起肛漏和渗透性腹泻，并影响脂溶性维生素和其他营养素的吸收[9]。

13.2 蛋白质基质脂肪替代品

蛋白质基质脂肪替代品主要以鸡蛋、大豆、乳清、胶原蛋白等蛋白质为原料，通过热处理、酶解等方法改变其三级结构，同时改变蛋白质的凝胶性及持水性，使其与脂肪的结构更为相像。微粒化处理和高剪切处理的联合应用，是制备蛋白质基质脂肪替代品的最主要的途径[10]。

13.2.1 乳清蛋白

乳清蛋白作为分离自全脂乳的乳制品成分，相较于碳水化合物基质的脂肪模拟物，更常用于酸奶、干酪、冰淇淋等加工乳制品中，其中浓缩乳清蛋白（WPC）更为常见。卢蓉蓉等[11]优化了乳清蛋白 WPC-80 为基质制备脂肪替代品的工艺，在转速 12000r/min，处理时间为 5min 时得到凝胶表面光滑、柔软的脂肪替代品。随后，以此脂肪模拟物替代冰淇淋中 25% 的脂肪。随着脂肪替代率的增加，冰淇淋浆料黏度和膨胀率增大，抗溶性和硬度下降，制得的低脂冰淇淋的各项感官指标与中脂冰淇淋相当。当替代全部脂肪时，所制得的无脂冰淇淋也有较好的感官接受性[12]。Lobato-Calleros 等[13]将 WPC 作为脂肪替代品加入酸奶中，显现出了和全脂酸奶（FFT）较相近的流变性和黏弹性。Hale 等[14]将乳清蛋白与玉米淀粉以 2:1 的比例水解、重构后制成脂肪模拟物，并且应用添加至馅饼中，不仅提高了出品率，并且提高了产品的总体可接受性。Tiemy 等[15]将菊粉（Inulin）、WPC 及乳脂（MF）按照不同比例制备脂肪模拟物并添加到番石榴慕斯（一种糕点）中，其中 MF:Inulin:WPC 为 1:1:1 时的添加量得到了最佳的效果，显著降低了总脂肪和饱和脂肪的含量，同时对感官无明显影响。César 等[16]将 WPC-低甲氧基果胶复合凝聚物（WCC）以不同添加量添加到低脂再制干酪中，对其化学成分、流变学和整体的感官接受性进行评估比较，结果表明，添加 50% 和 75% WCC 对再制干酪的感官性质以及状态和全脂干酪基本相似。从以上文献可以看出，将乳清蛋白与其他成分相结合制取脂肪替代品，能够取得良好的效果。

13.2.2 大豆蛋白

应用具有较高营养价值及较多功能性质的大豆蛋白来制备脂肪替代品的研究相对较少，主要是大豆蛋白的豆腥味大大限制其在食品中的应用。但随着脱腥技术的发展和应用，以大豆蛋白为基质的脂肪替代品为未来的发展方向。除此以外，大豆蛋白高蛋白、低脂肪、低胆固醇等特点，使其具有制备优质脂肪替代品的巨大潜力。Berry 等[17]发现，添加大豆分离蛋白（SPI）的低脂牛肉馅饼具有和全脂牛肉馅饼基本相似的感官特性，而且添加 SPI 样品具有最小的蒸煮损失。Ahmad 等[18]研究发现，将 SPI 混入低脂水牛肉乳化香肠中能够显著改变产品的感官和质构性质（弹性、硬度、咀嚼性、回复性和黏弹性等）。Heywood 等[19]将组织化大豆蛋白加入牛肉馅饼中，研究发现 30% 的添加量明显提高了牛肉馅饼的硬度。Angor 等[20]发现在牛肉馅饼中添加组织化大豆能够提高肉馅的持水力和蛋白质含量，但是在一定程度上降低了低脂牛肉馅饼的风味，但将组织化大豆蛋白与卡拉胶、磷酸三钠的混合物添加到样品中时，大大改善了制品的风味。可见，对于大豆蛋白这种特殊的性质，要经过更多的加工处理，并与其他成分进行结合利用，才能避免单独使用大豆蛋白时给产品感官方面带来的负面影响。

13.2.3 胶原

胶原是在肌纤维周围形成结构的蛋白质，并将动物体内的肌肉联结。经加热水解成明胶，其蛋白质含量约为 85%。由于其较好的结合水的能力及与肉品蛋白的兼容性，常常用在肉制品中作为脂肪替代品[5]。同时，明胶作为动物皮、韧带和骨头熬制后得到的水溶性蛋白的混合物，也可产生奶油般的质构，作为奶油生产中的脂肪替代品。但胶原蛋白中必需氨基酸的缺乏往往限制了其在食品中作为脂肪替代品的替代量，使得胶原蛋白常以复合体系作为脂肪替代品进行应用。

刘贺等[21]以明胶和阿拉伯胶为原料通过相分离反应制备的脂肪替代品替代低脂蛋黄酱中 60% 的脂肪仍不影响产品的感官性质，通过添加黄原胶 0.04%、卡拉胶 0.05% 则可以使低脂蛋黄酱的稠度和全脂蛋黄酱相当。Choe 等[22]将猪皮和小麦纤维复合制备 PSFM 作为脂肪替代品添入法兰克福香肠中，含有 20% PSFM 的香肠样品降低了 50% 脂肪、32% 能量，同时减少了 39.5% 的蒸煮损耗。高含量的 PSFM 形成了更稳定的乳状肉并提高了硬度、黏合度、咀嚼性等，在色度、风味、多汁性等方面没有发现显著性差异，可见 PSFM 的添加明显改善了低脂肉制品的质量特性。

13.3　碳水化合物基质脂肪替代品

碳水化合物基质脂肪替代品主要包括改性马铃薯淀粉、木薯淀粉、玉米淀粉、大米淀粉、燕麦淀粉等，另外纤维、树胶及多糖也是常被使用的。大多数的碳水化合物基质脂肪替代品通过吸水形成类似凝胶的结构以模拟脂肪。

13.3.1　面粉和淀粉

面粉和淀粉较好的结合水及持水性使其常被作为脂肪替代品使用。Ma 等[23]将酶解的玉米淀粉作为脂肪替代品添入蛋黄酱中，发现降脂（60%）蛋黄酱具有和全脂样品相似的感官性质。Liu 等[24]利用改性马铃薯淀粉（分别添加 2% 和 4%，质量分数）作为降脂（5%、15%）牛肉香肠中的脂肪替代品，使得总能量降低了 15%~49%，含有 15% 脂肪和 2% 马铃薯淀粉的香肠与控制样（30%）具有相似的硬度。Tao 等[25]将凉粉草胶和大米粉复合物作为脂肪替代品添加进中国广式香肠中，发现添加有脂肪替代品的样品乳化稳定性和持水能力均优于其他样品，且总体可接受性与全脂香肠相似。Sipahioglu 等[26]将改性木薯淀粉和卵磷脂以 1∶5 的比例作为脂肪模拟物添加进干酪中，改性木薯淀粉和卵磷脂的复合物改善了降脂和低脂干酪的风味、质构和总体可接受性。

13.3.2　纤维

纤维主要来自大米、燕麦、大麦、麦麸、玉米、玉米麸等，作为脂肪替代品添加至低脂制品中可以提高出品率并改善质构，但大量的纤维易导致低脂制品含水量减少及口感下降等问题，使得纤维常被用作与蛋白质、胶体等物质结合制备复合脂肪替代品。Yilmaz[27-29]分别将黑麦麸、燕麦麸、小麦麸作为脂肪替代品（每种分别添加 5%、10%、15%、20%，质量分数）添加到低脂肉丸中，结果表明，添加有脂肪替代品的样品明显降低制品中反式脂肪酸含量，而且添加量达到 20% 时仍可得较高的总体可接受性。Talukder 等[30]分别将小麦麸和燕麦麸作为脂肪替代品（5%、10%、15%）添至鸡肉馅饼中，发现在显著降低制品中饱和脂肪酸含量的同时，对于感官性质无不良影响。Troutt 等[31]将膳食纤维、淀粉和葡聚糖的混合物添加到 10% 脂肪含量的牛肉丸子中，发现与 20% 脂肪含量的制品具有相似的质构，但是对于多汁性没有显著的改善。

13.3.3　树胶

树胶主要包括卡拉胶、黄原胶、瓜尔豆胶、槐树豆胶、藻酸、黄蓍胶等。Xiong 等[32]研究发现含有藻酸盐、槐树豆胶和黄原胶的牛肉香肠，相较于空白样品来说，具有更好的感官性质。Michaela 等[33]将 κ-、ι-卡拉胶（0.05%、0.15%、0.25%）分别加入再制干酪（45%、50%）中，发现相较于 κ-卡拉胶，ι-卡拉胶对再制奶酪黏弹性的影响更为显著，同时能够显著降低制品的粗糙感。Bigner 等[34]将 0.5% ι-卡拉胶和 10% 水分混合添至低脂牛肉馅饼中，得到与全脂样品相似的多汁性和柔韧性。但由于添加树胶的低脂制品中含有更高的水分，相较于全脂制品更容易腐败变质。Brewer 等[35]将卡拉胶、淀粉和磷酸盐混合添加至低脂牛肉馅饼中，大大降低了蒸煮损耗，同时对制品的感官性质有一定的促进作用。

13.3.4　菊糖

菊糖在有水存在的情况下，能够形成一种特殊的凝胶以修饰产品质构，得到一种类似脂肪的口感。菊糖相较于其他纤维有较高的水溶性，使其应用范围变得十分广泛。Mendoza 等[36]将菊糖作为脂肪替代品添至低脂发酵香肠中，结果表明，添有菊糖的香肠与高脂香肠具有极其相似的柔韧度、延展性和黏性。Arango 等[37]将菊糖作为脂肪替代品添入牛乳中，发现 6% 的添加量提高了接近 30% 的出品率。Álvarez 等[38]将菊糖添加至低脂肉糜中（5% 脂肪含量），研究结果表明，添加有菊糖的处理组能够显著消除由于脂肪含量降低对制品的质构所产生的负面影响。Tomaschunas 等[39]将菊糖、柑橘纤维和部分大米淀粉的复合物作为脂肪替代品添加至低脂香肠中，研究发现添加脂肪替代品的低脂香肠油腻感明显降低，但是其质构和总体可接受性得到了显著提高，而且被消费者广泛接受。Túrrega 等[40]将长链菊糖（TEX）和短链菊糖（CLR）以不同比例（25∶75，50∶50，75∶25）混合添至低脂奶油中，结果发现 TEX∶CLR 以 50∶50 比例添加时能够得到和全脂样品相似的浓稠状态，并且在此基础上添加 λ-卡拉胶复配后，能够得到较全脂奶油更为浓稠的产品。

13.3.5　果胶

果胶的强凝胶特性和增稠特性使得其在食品生产中显著提高了制品的品质。人们通过对果胶进行理化处理或添加复合物以使其更适于作为脂肪替代品。Min 等[41]将苹果渣中提取出的富含果胶的副产物添至曲奇中替代 30% 的起酥油，提高了产品的持水量、柔软度和表面亮度。刘贺[42]对混合果胶

（0.5%高酯果胶、1.5%低脂果胶）进行微粒化处理，并添加 CMC 作为惰性外相制成脂肪替代品 PFM，将 PFM 添入低脂蛋黄酱、低脂干酪以及蛋糕中，研究发现 PFM 能够成功替代各种食品中的脂肪，同时制得的产品具有良好的可接受性。

13.4 脂肪基质脂肪替代品

脂肪基质脂肪替代品即脂肪类似物，在提供低热量的条件下表现出脂肪的功能特性和加工特性。在实际生产中，可以将各种植物或者动物油脂与乳化剂经过预乳化作用，来制备脂肪基质脂肪替代品[5]。其中利用的油脂主要包括菜籽油、亚麻籽油、橄榄油、葵花油、大豆油、鱼油等，而常用的乳化剂主要包括大豆蛋白、乳清蛋白、酪蛋白酸钠、蛋黄粉、豌豆蛋白、羽扁豆蛋白等。

13.4.1 橄榄油

橄榄油是一种单不饱和植物油，具有很高的生物价值，摄食橄榄油可以减少心脏病和乳腺癌的发生[43]。Herrero 等[44]分别用大豆分离蛋白、酪蛋白酸钠乳化橄榄油作为法兰克福香肠中的脂肪替代品，发现乳化后橄榄油的添加显著改善了香肠包括硬度、弹性、黏结性、咀嚼性在内的质构特性。另外，脂肪基质脂肪替代品不仅仅提高低脂产品的质构特性，而且能够作为一种功能性物质应用于食品加工中。Mehdi 等[45]将魔芋胶与橄榄油复合添加到低脂香肠中，研究发现香肠中的微生物和生物胺含量增长相对缓慢，同时制的货架期显著延长。Muguerza 等[46]生产了一种低脂西班牙香肠，通过预乳化的橄榄油来代替 30%的猪肉背膘。该产品与市场上的常规产品相比，有着相似的感官特性，并且油酸低脂亚油酸、胆固醇的含量明显减少，而且用橄榄油（最高 25%）替代猪肉背膘，既减少了脂肪含量，又增加了产品的营养价值。

13.4.2 酯化植物油

酯化植物油在常温下为液体且富含不饱和脂肪酸。它可以作为脂肪替代品应用在低脂法兰克福香肠和火鸡类型的意大利腊肠中，不会影响产品的质构。Rodríguez-Carpena 等[47]用从葵花籽油和橄榄油中提取的酯化植物油（60% ~ 100%）替代牛肉脂肪（10%）生产了一种低脂法兰克福香肠，在肠的表面、颜色、质构、风味和其他感官特性没有变化的情况下，对人体健康有利的油酸、亚油酸和多不饱和脂肪酸含量明显增加。Yilmaz 等[43]在低脂法兰克福香肠中添加向日葵油，研究发现添加向日葵油后对产品的风味没有产生不良影响，并且由于具有较高的不饱和脂肪酸和人体必需脂肪酸的含量，产品更有利于人体健康。

13.4.3　亚麻籽油

亚麻籽油是另一种脂肪替代品。Astiasaran 等[48]用亚麻籽油作为猪肉背膘的替代品生产了一种低脂干制发酵香肠，脂肪酸中（$n-6$）／（$n-3$）的比率从14.1 降到2.1，并且α-亚麻酸的含量明显增加。研究结果表明用亚麻籽油代替脂肪增加了产品的营养特性，并且还保持了产品的风味和感官特性。

参 考 文 献

[1] Yong R L, Yeap F L. Identification and quantification of major polyphenol in apple pomance [J]. Food Chemistry, 1997, 5: 187-194

[2] 刘永, 周家华. 碳水化合物脂肪替代品的研究进展 [J]. 食品科技, 2002, 2: 40-43

[3] Chizzolini R, Zanardi E, Dorigoni V, et al. Calorific value and cholesterol content of normal and low-fat meat and meat products [J]. Trends in Food Science and Technology, 1999, 10: 119-128

[4] Jimenes C F, Carballo F, Cofrades S. Healthier meat and meat products: their role as functional foods [J]. Meat Science, 2001, 59: 5-13

[5] Brewer M C. Reducing the fat content in ground beef without sacrificing quality: A review [J]. Meat Science, 2012, 91: 385-395

[6] Keeton J T. Low-fat meat products-Technological problems with processing [J]. Meat Science, 1994, 36: 261-276

[7] Paula A L, Beverly J T. Fat replacers and the functionality of fat in foods [J]. Trends in food science and technology, 1994, 5: 12-19

[8] Barbara J R, Paul A P, Michaaellf B J. Effects of olestra, a noncaloric fat substitute on daily energy and fat intakes in lean men [J]. American Journal of Clinical Nutrition, 1992, 56: 84-92

[9] Robert C. The search for a low calorie oil [J]. Food Technology, 1998, 3: 84-97

[10] Mallika E N, Prabhakar K, Reddy P M. Low fat meat products -An overview [J]. Veterinary World, 2009, 2: 364-366

[11] 卢蓉蓉, 李玉美, 高乾, 等. 以乳清蛋白为基质的脂肪替代品的微粒化研究 [J]. 食品与发酵工业, 2006, 32: 39-42

[12] 卢蓉蓉, 李玉美, 许时婴, 等. 以乳清蛋白为基质的脂肪替代品对冰淇淋品质的影响 [J]. 中国乳品工业, 2007, 35: 31-34

[13] Lobato-Calleros C, Martínez-Torrijos O, Sandoval-Castilla O, et al. Flow and creep compliance properties of reduced- fat yoghurts containing protein- based fat replacers [J]. International Dairy Journal, 2004, 14: 777-782

[14] Hale A B, Carpenter C E, Walsh M K. Instrumental and consumer evaluation of beef patties extended with extrusion- textured whey proteins [J]. Journal of Food Science, 2002, 67: 1267-1270

[15] Tiemy R K, Flávia C A B, Roberta C S, et al. Nutrition claims for functional guava mousses produced with milk fat substitution by inulin and/or whey protein concentrate based on heterogeneous food legislations [J]. Food Science and Technology, 2013, 50: 755-765

[16] César R S, Consuelo L C, Hugo E A, et al. Viscoelastic properties and overall sensory acceptability of reduced- fat Petit- Suisse cheese made by replacing milk fat with complex coacervate [J]. Dairy Science &Technology, 2012, 92: 383-398

[17] Berry B, Wergin W. Modified pregelatinized potato starch in low-fat ground beef patties [J]. Journal of Muscle Foods, 1993, 4: 305-320

[18] Ahmad S, Rizawi J A, Srivastava P K. Effect of soy protein isolate incorporation on quality characteristics and shelf-life of buffalo meat emulsion sausage [J]. Journal of Food Science and Technology, 2010, 47: 290-294

[19] Heywood A A, Myers D J, Bailey T B, et al. Effect of value-enhanced texturized soy protein on the sensory and cooking properties of beef patties [J]. Journal of the American Oil Chemists'Society, 2002, 79: 703-707

[20] Angor M M, Abdullah A B M. Attributes of low-fat beef burgers made from formulations aired at enhancing product quality [J]. Journal of Muscle Foods, 2010, 21: 317-326

[21] 刘贺, 朱丹实, 徐学明, 等. 脂肪替代品在低脂蛋黄酱中的应用研究 [J]. 食品科学, 2009, 30: 82-85

[22] Choe J H, Kim H Y, Lee J M, et al. Quality of frankfurter-type sausages with added pig skin and wheat fiber mixture as fat replacers [J]. Meat Science, 2013, 93: 849-854

[23] Ma Y, Cai C G, Wang J, et al. Enzymatic hydrolysis of corn starch for producing fat mimetics [J]. Journal of Food Engineering, 2006, 73: 297-303

[24] Liu H W, Xiong Y L, Jiang L Z, et al. Fat reduction in emulsion sausage using an enzyme-modified potato starch [J]. Journal of the Science of Food and Agriculture, 2008, 88: 1632-1637

[25] Tao F, Ran Y, Zhuang H, et al. Physicochemical properties and sensory evaluation of Mesona Blumes gum/rice starch mixed gels as fat-substitutes in Chinese Cantonese-style sausage [J]. Food Research International, 2013, 50: 85-93

[26] Sipahioglu O, Alvarez V B. Structure, physico-chemical and sensory properties of feta cheese made with tapioca starch and lecithin as fat mimetics [J]. International Dairy Journal, 1999, 9: 783-789

[27] Yilmaz I. Effects of rye bran addition on fatty acid composition and quality characteristics of low-fat meatballs [J]. Meat Science, 2004, 67: 245-249

[28] Yilmaz I. The effect of replacing fat with oat bran on fatty acid composition and physicochemical properties of meatballs [J]. Meat Science, 2003, 65: 819-823

［29］ Yilmaz I. Physicochemical and sensory characteristics of low fat meatballs with added wheat bran ［J］. Journal of Food Engineering, 2005, 69: 369-373

［30］ Talukder S, Sharma D P. Development of dietary fiber rich chicken meat patties using wheat and oar bran ［J］. Journal of Food Science and Technology, 2010, 47: 224-229

［31］ Troutt E S, Hunt M C, Johnson D E, et al. Chemical, physical, and sensory characterization ground-beef containing 5-percent to 30-percent fat ［J］. Journal of Food Science, 1992, 57: 25-29

［32］ Xiong Y L, Noel D C, Moody M G. Textural and sensory properties of low-fat beef sausages with added water and polysaccharides as affected by pH and salt ［J］. Journal of Food Science, 1999, 64: 550-554

［33］ Michaela C, Fantisek B, Vladimír P, et al. Effect of carrageenan type on viscoelastic properties of processed cheese ［J］. Food Hydrocolloids, 2008, 22: 1054-1061

［34］ Bigner G M E, Berry B W. Thawing prior to cooking affects sensory, shear force, and cooking properties of beef patties ［J］. Journal of Food Science, 2000, 65: 2-8

［35］ Brewer M S, McKeith F, Britt K. Fat and soy or carrageenan extender effects on color, sensory and physical characteristics of ground beef patties ［J］. Journal of Food Science, 1992, 57: 1051-1055

［36］ Mendoza E, Garcia M L, Casas C, et al. Inulin as fat substitute in low fat, dry fermented sausages ［J］. Meat Science, 2001, 57: 387-393

［37］ Arango O, Trujillo A J, Castillo M. Influence of fat replacement by inulin on rheological properties, kinetics of rennet milk coagulation, and syneresis of milk gels ［J］. Journal of Dairy Science, 2013, 96: 1-13

［38］ Álvarez D, Barbut S. Effect of inulin, β-Glucan and their mixtures on emulsion stability, color and textural parameters of cooked meat batters ［J］. Meat Science, 2013, 94: 320-327

［39］ Tomaschunas M, Zörb R, Fischer J, et al. Changes in sensory properties and consumer acceptance of reduced fat pork Lyon-style and liver sausages containing inulin and citrus fiber as fat replacers ［J］. Meat Science, 2013, 95: 629-640

［40］ Tárrega A, Rocafull A, Costell E. Effect of blends of short and long-chain inulin on the rheological and sensory properties of prebiotic low-fat custards ［J］. Food Science and Technology, 2010, 43: 556-562

［41］ Min B, Bae I Y, Lee H G, et al. Utilization of pectin-enriched materials from apple pomace as a fat replacer in a model food system ［J］. Bioresource Technology, 2010, 101: 5414-5418

［42］ 刘贺. 以桔皮果胶为基质的脂肪替代品的研究 ［D］. 无锡: 江南大学博士学位论文, 2007

［43］ Yilmaz I, Simsek O, Isikli M. Fatty acid composition and quality characteristics of low-fat cooked sausages made with beef and chickens meat, tomato juice and sunflower oil ［J］. Meat Science, 2002, 62: 253-258

[44] Herrero A M, Carmona P, Pintado T, et al. Lipid and protein structure analysis of frankfurters formulated with olive oil-in-water emulsion as animal fat replacer [J]. Food Chemistry, 2012, 135: 133-139

[45] Mehdi T, Ana M H, Francisco J C, et al. Storage stability of low-fat sodium reduced fresh merguez sausage prepared with olive oil in konjac gel matrix [J]. Meat Science, 2013, 94: 438-446

[46] Muguerza E, Ansorena D, Astiasaran I. Improvement of nutricional properties of Chorizo de Pamplona by replacement of pork backfat with soy oil [J]. Meat Science, 2003, 65: 1361-1367

[47] Rodríguez-Carpena J G, Morcuende D, Estévez M. Avocado, sunflower and olive oils as replacers of pork back-fat in burger patties: Effect on lipid composition, oxidative stability and quality traits [J]. Meat Science, 2012, 90: 106-115

[48] Astiasaran I. The use of linseed oil improves nutritional qualitity of the lipid fraction of dry-fermented sausages [J]. Food Chemistry, 2004, 87: 69-74

14 美拉德反应及其在肉类香味物质生产中的应用

法国化学家 Maillard 于 1912 年发现当甘氨酸和葡糖糖混合加热时会形成褐色物质，后来人们将此类反应命名为美拉德反应。此后，随着人们对美拉德反应研究的日趋深入，其在近年来已逐渐成为食品化学、营养学、香料化学等科学研究领域的热点[1]，并且在食品工业诸多方面发挥着不可替代的作用。食品加工过程中美拉德反应会对产品的抗氧化性、色泽、芳香物质产生很大的影响。Su 等[2]通过将花生米水解而得到五种不同多肽组分，并使其与葡萄糖或卵磷脂发生美拉德反应，结果表明，在美拉德反应过程中，肽链的裂解和交联同时发生，其中具有较小相对分子质量的多肽组分表现出较高的反应程度，使体系的抗氧化活性和挥发性组分有较大程度的提高。Zhu 等[3]对壳聚糖与木糖的美拉德反应产物的抑菌性、抗氧化性进行研究结果表明，与对照组相比，添加美拉德反应产物的半干面条，货架期延长，产品颜色不易改变，处于相对稳定状态。

由上述可知，通过对于美拉德反应进行深入研究，不仅可减少食品营养价值的损失，同时也可以增加有益产物的积累，改善食品的感官特性，从而提高食品的品质。而目前美拉德反应技术应用最为重要的领域之一为肉类芳香物质的工业生产，其形成的肉类芳香物质多种多样，并且与天然肉类的风味很接近，相比传统的调配香料和生产工艺具有极大的优势。

14.1 美拉德反应机理及影响因素

14.1.1 美拉德反应机理

美拉德反应是氨基酸、蛋白质、肽和还原糖之间发生的反应。长时间的发酵和加热均可以促使食品体系发生美拉德反应。该反应通常分为三个阶段：第一个阶段是还原糖与氨基酸之间产生的缩合反应，如果体系中有醛糖的存在，那么就会形成 N-糖基化合物，进而发生重排形成阿马道里（Amadori）产物，若有酮糖存在，则会形成海因氏（Heyns）重排产物；第二个阶段则是从 Amadori 或 Heyns 重排产物开始，在这个过程中，糖类发生降解并伴有氨基化合物的释放；最后一个阶段则是与风味的形成密切相关，即氨基化合物发生脱水、分解、环化、聚合反应[4]。

14.1.2　美拉德反应的影响因素

影响 Maillard 反应的因素有很多，其中糖类和氨基酸通常对 Maillard 反应的产物有所影响，而温度、pH、水分活度等对反应进程的控制也起到一定的作用。

14.1.2.1　底物

Jing 等[5]研究发现，酪蛋白与核糖的反应速率比葡萄糖和果糖要快，即在 Maillard 反应发生的难易程度方面，五碳糖优于六碳糖，且单糖优于双糖。开环核糖的反应速率要高于环状核糖，因为开环核糖对 Amadori 产物的形成更为有利[6]。在风味方面，双糖产生的风味相对较差，而五碳糖核糖反应虽快，但难以购买且成本过高，故通常采用葡萄糖和木糖。

14.1.2.2　温度

温度对 Maillard 反应的影响较大，一般温度每变化 10℃，褐变速度便改变 3~5 倍。Vhangani 等[7]通过对自果糖–赖氨酸和核糖–赖氨酸反应体系得到的美拉德反应产物（Maillard reaction products，MRPs）的抗氧化性进行分析表明，温度对反应体系的 pH 及 MRPs 的抗氧化性均产生较大的影响。

14.1.2.3　水分活度和 pH

Purlis 等[8]通过建立模型对面包烘烤过程中的褐变进行分析得出，只有当初始温度高于 120℃ 而水分活度（A_w）低于 0.6 时，才会发生美拉德反应进而引起褐变。而 Jiménez 等[9]通过研究 β–乳球蛋白与葡聚糖的 Maillard 反应体系得出，在温度 55℃、A_w 为 0.65 时的褐变速度比 60℃、A_w 为 0.44 的速度要快，且 pH 位于 3~9 的范围内时，Maillard 反应速度随 pH 的上升而加快。这表明 Maillard 反应的褐变速度与水分活度和 pH 均呈正相关。

14.2　肉类芳香物质的形成机理及风味化合物

14.2.1　肉类芳香物质的形成机理

Maillard 反应是在加热过程中产生肉类风味物质的主要反应。在 Maillard 反应过程中所形成的风味组分主要由两个方面的因素决定。一是反应的糖和氨基酸的种类，它们决定了所形成的芳香组分的类型；二是反应的温度、时间、pH 和水分活度[10]，它们对反应的动力学过程有不同程度的影响。

14.2.2　肉制品呈香的风味化合物

14.2.2.1　含硫化合物

加热肉制品时，通过 Maillard 反应可得到数量巨大、种类繁多的挥发性组分，其中包括含硫的杂环化合物。这些含硫组分来自于半胱氨酸和核糖的反应，可以产生极佳的肉香味、烧烤味或蒸煮味[11]；而脯氨酸则可使其产生面包、香米和爆米花的风味[12]。此外，在 Maillard 反应期间形成的产物同样可以与肉的其他组分发生反应，进而生成芳香物质。Onyango[13]认为，在脂类的氧化的过程中会生成多种低阈值的醛、酮、酸等挥发性产物，它们可以与 Maillard 反应中间产物迅速反应。通过这种反应同样可以提升产品的风味。

14.2.2.2　氨基酸

肉味香精生产的过程中所采用的氨基酸通常有四种来源：纯氨基酸、水解植物蛋白（hydrolyzed vegetable protein，HVP）、水解动物蛋白（hydrolyzed animal protein，HAP）及酵母提取物。一些含硫化合物经加热会形成噻唑、噻吩及各种衍生物，它们都是香味化合物的重要组成部分。

　1）纯氨基酸

Yu 等[14]对经13C 标记的 L-抗坏血酸和 L-谷氨酸之间的反应进行研究，深入讨论其生成的吡嗪酰胺芳香组分的形成机理。结果表明，经13C 标记的 L-抗坏血酸并没有参与到吡嗪酰胺的生成过程。α-氨基羰基或 α-氨基羟基组分被认为是吡嗪酰胺的前体物质。当 L-谷氨酸在水溶液中加热时可生成氨。在 L-抗坏血酸热降解的过程中，会产生诸如丙酮醇、丁二酮等活性中间产物。这些中间产物可与氨反应生成 α-氨基羰基或 α-氨基羟基基团，然后生成吡嗪酰胺。最后对这些由 L-抗坏血酸和 L-谷氨酸生成的吡嗪酰胺芳香组分进行测定和评价，得出吡嗪酰胺可以使产品产生坚果味、焙烤味和烧焦味，应用在肉类风味物质的生产中可对产品的整体风味起到一定的提升作用。Wang 等[15]则对谷胱甘肽-木糖的 Maillard 反应机理和形成的肉类风味物质进行了探讨。其通过使用碳模型标记技术，成功分析出了源自谷胱甘肽的特性美拉德反应关键肉类风味物质。其以1：1 的比例复合使用经13C 标记和未标记的木糖，由此来解释糖骨架的断裂范围。这项研究对于探索肽作为一种前体物质在肉类风味物质产生的过程中扮演着怎样的角色起着至关重要的作用。

　2）水解植物蛋白

Lee 等[16]发现酶解小麦蛋白会对 Maillard 反应中吡嗪酰胺等组分的生成产生

影响。使用谷氨酰胺酶脱去酶解小麦谷蛋白水解产物的酰胺基，制得去酰胺基小麦谷蛋白水解产物。用葡萄糖分别与小麦谷蛋白水解产物和去酰胺基小麦谷蛋白水解产物进行热反应并分析其挥发性组分。脱酰胺作用会释放体系中的游离氨，因此导致后者反应体系中吡嗪酰胺、呋喃及含硫基团的数量和品质均要高于前者，这些挥发组分和基团构成了多种 Maillard 反应芳香物质。Li 等[17]研究了部分水解的米蛋白与单糖、双糖和多糖的 Maillard 反应产物的功能特性，研究发现当米蛋白的水解度为 5% 时，采用葡聚糖于 20 min，100℃条件下反应，Maillard 反应产物表现出了较好的功能特性，进而其成为一种可通过 Maillard 法生产肉类风味物质的较好原料。

3）水解动物蛋白

He 等[18]对鱼类加工副产物的综合利用可行性进行了探索，研究发现经水解动物蛋白而产生的氨基酸和多肽完全可以作为一种 Maillard 反应制备肉类风味物质的原料，这不仅将鱼类产品的无用副产物变废为宝，同时也开辟了一条全新的肉类风味物质的生产加工道路。

4）酵母提取物

Purrinos 等[19]尝试采用 3 种不同酵母菌（*Debaryomyces hansenii*、*Candida deformans*、*Candida zeylanoides*）作为初始培养物接种至风干火腿改良风干火腿的风味物质，通过动态顶空进样法配合气质联用分析仪使用，分析出其中共产生了 42 种挥发性组分，与未接种酵母菌的风干火腿相比，其芳香物质的组成与含量明显偏高，风味也相对较好。

14.2.2.3 脂类降解和氧化

Shi 等[20]经研究表明，牛脂经氧化和酶解后，与其他的组分进行 Maillard 反应可得到与牛肉香味极其类似的风味物质，进而对其所产生的特征风味前体物质进行感官评定和固相微萃取/气质联用（SPME-GC-MS）分析，约有 29 种组分被认为是氧化牛脂的潜在风味前体物质，其中豆蔻酸、D-柠檬烯、1，7-庚二醇、2-丁基四氢呋喃、（*Z*）-4-十一碳烯醛、（*E*）-4-壬醛和 5-戊基-2（3H）-呋喃酮基是来自经酶轻度水解的热氧化牛脂的唯一产物，而己醛、庚醛、辛醛、壬醛、正葵醛、戊醛、乙酸、丁酸、己酸、1-庚醇、1-辛醇、3-甲基丁醇、2-戊基呋喃、γ-壬内酯、2-十一碳烯醛、（*E*，*E*）-2,4-葵二烯、（*E*，*E*）-2,4-壬二烯醛、（*E*）-2-辛烯醛等则是来自热氧化牛脂的共同产物。

14.3 美拉德反应在肉类香味物质产生中的应用

早期肉类香味物质的生产方式主要依靠较为单一的调香技术。近年来，肉味香味物质的发展极为迅速，目前其在肉制品、米面制品、速冻食品、膨化休闲食品等行业有着极为广泛的应用。Morton 等[21] 于 1960 年时便在英国申请了第一项有关 Maillard 反应制备肉味香味物质的专利，其在专利中介绍了戊糖、己糖可以和半胱氨酸反应得到具有浓郁肉香味的物质。因此若要生产制备天然而美味的肉味风味化合物，Maillard 反应是最为重要的途径之一。目前，在 Maillard 反应基础上衍生出来的肉类风味化合物生产方法很多，国内外均有相关的研究报道。

Meinert[22] 选取了葡萄糖、6-磷酸葡萄糖、果糖和核糖四种单糖，将它们分别加入到剁碎的猪肉中并于 160℃加热 10 min，以期生成较好的风味物质。得到的主要风味物质中包含有吡嗪酰胺，由斯特勒克降解反应及脂类的降解所产生的醛、酮和硫化物等，而加入了 6-磷酸葡萄糖后，相比其他几种单糖，其风味化合物的含量达到了最高。故 6-磷酸葡萄糖可作为生产肉味香精的主要原料之一。

Keith[23] 则先是用风味蛋白酶将脱脂大豆粉转变为酶解植物蛋白，酶解后总游离氨基酸含量增加了约 40 倍，其中亮氨酸的含量最多，其次是苯丙氨酸、赖氨酸、谷氨酰胺/谷氨酸、丙氨酸。然后，向此大豆蛋白酶解液中加入核糖、半胱氨酸，通过一系列的 Maillard 反应即可制备出牛肉味香味物质。

Zhan[24] 则是通过调整不同的水解度得到不同的羊骨蛋白水解产物，其分别采用气质联用技术、气相色谱闻香技术，以及感官评定法筛选出最佳的风味物质，以羊肉风味、肉香味、烘烤味、口感及逼真度五个指标进行感官评定。结果表明，水解度为 25.92% 的样品，其羊肉风味、肉香味、烘烤味最佳；而水解度为 30.89% 的样品，其逼真度和烘烤味较好。通过采用气质联用技术和气相色谱闻香技术进行分析，可从样品中检测到 36 种羊肉特征风味组分。在此基础上加入适量的氨基酸等，即可生产出风味浓郁的羊肉香味物质。

Guo 等[25] 采用碱提法和酸沉法来处理芸薹属植物，从中得到蛋白质。再用复合酶法分为两阶段来水解芸薹属植物蛋白质。向此水解产物中加入适量的半胱氨酸和木糖，以此来产生肉类芳香物质。在 160℃，pH 4.0 的条件下，可生成最佳的风味和最高含量的挥发物质组分。而在 180℃，pH 8.0 时，其会产生烧焦的味道。通过响应面法分析表明，pH 和温度的相互制约与作用可对挥发性产物的总量产生明显的影响。

Aaslyng 等[26] 研究了酸水解法和酶水解法对大豆蛋白酶解过程与产物的影响。其通过气质联用技术和气相色谱闻香技术分析，得出了不同的水解方法会导致在 Maillard 反应中生成不同的风味物质。例如，酸水解法对应的风味物质中呋喃、呋喃酮基、吡咯及含硫化组分相对较多，而吡嗪酰胺、乙醇等则大量存在于酶水解法对应的风味物质中。肉类风味物质在不同某种程度上与水解的方式密切相关。

近年来，随着人们对 Maillard 反应的认知与研究不断加深，一批批极其多样化的肉类香精产品也逐步走向市场。例如，杨勇胜等[27]利用 Maillard 反应研制出一种牛肉香精，其以不同比例的含硫氨基酸和糖类为基础（一般为核糖、葡萄糖、谷氨酸、甘氨酸、半胱氨酸盐酸盐等），于 121℃下加热 30 min，调节 pH 至 6.6~6.8，即可得到具有浓厚牛肉香味的褐色风味物质。

詹萍等[28]则以低值的羊骨蛋白酶解液为原料，通过研究不同水解度的羊骨酶解液所散发的羊肉香气的差异，进而设计优化 Maillard 反应的最优配方和最佳条件，并确定当水解度处于 25.92%~30.29% 时，羊肉香精整体风味处于较佳状态。

刘安军等[29]将带鱼的下脚料粉碎，按照 1∶3 的料液比加入蒸馏水并调节 pH，以 2∶1 的比例加入风味蛋白酶与复合蛋白酶于 55℃酶解 4 h，再经灭酶、冷却、过滤、离心、浓缩等处理制得含水量为 80% 的酶解液。按照一定比例向其中添加还原糖与氨基酸进行热反应，并通过正交实验确定最佳添加比例，进而制得带鱼香精。

安好婷等[30]等利用 Maillard 反应制得了肉香味浓郁、食用方便的骨汤粉末芳香物质。用食品级的蛋白酶水解已处理过的原料。将得到的酶解液作为主料，以食盐、葡萄糖、味精、半胱氨酸、维生素、猪油等为配料，将主配料混合后于 98℃进行 Maillard 热反应 2 h。此后料液再经过乳化均质和离心喷雾干燥处理，便可制得骨汤粉末芳香物质。此芳香物质既保留了 Maillard 热反应的天然性，使得肉香极为纯正；又由于采用了乳化包埋等技术，使产品的香气得以保留更为持久，而且此肉类芳香物质食用方便，冲水即溶，骨汤感极强且引人食欲。

吴立芳等[31]的研究表明，目前，通过酶解各类骨蛋白来生产肉类香味物质的方法非常丰富，这其中包括用胃蛋白酶酶解鸡头骨蛋白、胰酶水解牛骨蛋白、木瓜蛋白酶酶解鲐鱼头骨等技术。此外，许多与水解畜禽骨蛋白有关的机械设备也应运而生，且在工艺、投资和经济效益层面均具有一定的可行性[32]。

14.4 肉类香精产业的展望与未来

Maillard 反应正在逐渐受到各国科研与商业领域的重视。我国肉类香精于 20 世纪 80 年代开始起步发展，一路经历了萌芽、成长、快速发展和成熟四个主要的阶段。自 2001 年起，我国有关肉类香味物质的研究与生产进入了一个崭新的提升阶段。随着时间的推移与研究的深入，酶法水解的植物蛋白逐渐受到欢迎，而把脂肪氧化产物作为原料的脂质类香味物质也开始慢慢出现。在近二三年来，随着我国肉类风味产品质量的提高与生产技术的成熟，此类产品已远销多个国家且表现出了极为强劲的发展势头。

随着现代分析仪器与分离鉴定技术的发展，气质联用技术、液相色谱质谱联用技术、电子舌、电子鼻等先进仪器和设备已逐渐应用到了实际的研究与生产中，科技给芳香物质的生产与质量带来了积极的促进作用。定向酶解技术、美拉德反应、发酵技术、脂肪控制氧化技术等都将在肉类香味物质的生产中得到更加广泛的应用。在以上的这些分析仪器与技术手段的支撑下，已检测到有超过1000种的肉类风味化合物。但由于风味的某些关键物存在量极少，而且在很大的程度上它们是交互作用的产物。因此，今天我们无法完全解开肉类风味的秘密。不过，随着科学技术的不断进步，高新技术在肉味香精生产中的逐渐应用，今天我们看似无法解开的问题终有一天会迎刃而解，而美拉德反应作为在肉类香味物质生产过程中的重要反应之一，也必将受到更多的关注。

参 考 文 献

[1] George R, Milton S. The Maillard Reaction in Foods and Nutrition [M]. ACS Symposium Series, 1983, 215: 585-614

[2] Su G W, Zheng L, Cui C, et al. Characterization of antioxidant activity and volatile compounds of Maillard reaction products derived from different peptide fractions of peanut hydrolysate [J]. Food Research International, 2011, 44: 3250-3258

[3] Zhu K X, Li J, Li M, et al. Functional properties of chitosan－xylose Maillard reaction products and their application to semi-dried noodle [J]. Carbohydrate Polymers, 2013, 92: 1972-1977

[4] Jennifer M. Applications of the Maillard reaction in the food industry [J]. Food Chemistry, 1998, 62 (4): 431-439

[5] Jing H, Kitts D D. Chemical and biochemical properties of casein-sugar Maillard reaction products [J]. Food and Chemical Toxicology, 2002, 40: 1007-1015

[6] Jalbout A F, Navarro J L. Density functional computational studies on ribose and glycine Maillard reaction: Formation of the Amadori rearrangement products in aqueous solution [J]. Food Chemistry, 2007, 103: 919-926

[7] Vhangani L N, Wyk J V. Antioxidant activity of Maillard reaction products (MRPs) derived from fructose－lysine and ribose－lysine model systems [J]. Food Chemistry, 2013, 137: 92-98

[8] Purlis E, Salvadori V O. Modelling the browning of bread during baking [J]. Food Research International, 2009, 42: 865-870

[9] Jiménez C L, Villamiel M, Olano A. Effect of the dry-heating conditions on the glycosylation of β-lactoglobulin with dextran through the Maillard reaction [J]. Food Hydrocolloids, 2005, 19: 831-837

[10] Jousse F, Jongen T, Agterof W, et al. Simplified kinetic scheme of flavor formation by the Maillard reaction [J]. Food Chemistry and Toxicology, 2002, 67 (7): 2534-2542

[11] Mottram D S. Flavour formation in meat and meat products: a review [J]. Food Chemistry,

1998, 62 (4): 415-424

[12] Boekel V. Formation of flavour compounds in the Maillard reaction [J]. Biotechnology Advances, 2006, 24: 230-233

[13] Onyango A N. Small reactive carbonyl compounds as tissue lipid oxidation products; and the mechanisms of their formation thereby [J]. Chemistry and Physics, 2012, 165: 777-786

[14] Yu A N, Tan Z W, Wang F S. Mechanistic studies on the formation of pyrazines by Maillard reaction between l-ascorbic acid and l-glutamic acid [J]. Food Science and Technology, 2013, 50: 64-71

[15] Wang R, Yang C, Song H L. Key meat flavour compounds formation mechanism in a glutathione-xylose Maillard reaction [J]. Food Chemistry, 2012, 131: 280-285

[16] Lee S E, Chung H, Kim Y S. Effects of enzymatic modification of wheat protein on the formation of pyrazines and other volatile components in the Maillard reaction [J]. Food Chemistry, 2012, 131: 1248-1254

[17] Li Y, Zhong F, Ji W, et al. Functional properties of Maillard reaction products of rice protein hydrolysates with mono-, oligo- and polysaccharides [J]. Food Hydrocolloids, 2013, 30: 53-60

[18] He S, Franco C, Zhang W. Functions, applications and production of protein hydrolysates from fish processing co-products (FPCP) [J]. Food Research International, 2013, 50: 289-297

[19] Purrinos L, Carballo J, Lorenzo J M. The influence of *Debaryomyces hansenii*, *Candida deformans* and *Candida zeylanoides* on the aroma formation of dry-cured "lacón" [J]. Meat Science, 2013, 93: 344-350

[20] Shi X X, Zhang X M, Song S Q, et al. Identification of characteristic flavour precursors from enzymatic hydrolysis-mild thermal oxidation tallow by descriptive sensory analysis and gas chromatography – olfactometry and partial least squares regression [J]. Journal of Chromatography B, 2013, 913: 69-76

[21] Morton I D. A method of preparing meat-like substance [P]: GB Patent: 836694. 1960

[22] Meinert L, Schafer A, Bjergegaard C, et al. Comparison of glucose, glucose 6-phosphate, ribose, and mannose as flavour precursors in pork; the effect of monosaccharide addition on flavour generation [J]. Meat Science, 2009, 81: 419-425

[23] Keith R C. Characterization of the aroma of a meatlike process flavoring from soybean-based enzyme-hydrolyzed vegetable protein [J]. Journal of Agricultural and Food Chemistry, 2002, 50: 2900-2907

[24] Zhan P, Tian H L, Zhang X M, et al. Contribution to aroma characteristics of mutton process flavor from the enzymatic hydrolysate of sheep bone protein assessed by descriptive sensory analysis and gas chromatography olfactomet [J]. Journal of Chromatography B, 2013, 921: 1-8

[25] Guo X F, Tian S J, Darryl M S. Generation of meat-like flavourings from enzymatic hydrolysates of proteins from *Brassica* sp [J]. Food Chemistry, 2010, 119: 167-172

[26] Aaslyng M D, Elmore J S, Mottram D S. Comparison of the aroma characteristics of acid-hydrolyzed and enzyme- hydrolyzed vegetable proteins produced from soy [J]. Journal Of Agricultural and Food Chemistry, 1998, 46: 5225-5231

[27] 杨勇胜, 姚宏亮, 颜玉华, 等. 美拉德反应热加工牛肉香精的研究 [J]. 肉类工业, 2012, 378 (10): 20-22

[28] 詹萍, 张晓鸣, 田洪磊. 羊骨蛋白酶解物热反应制备羊肉香精的研究 [J]. 食品工业科技, 2013, 34 (01): 286-289

[29] 刘安军, 柳亚静, 郑捷, 等. 美拉德反应制备带鱼香精的研究 [J]. 现代食品科技, 2012, 28 (1): 39-42

[30] 安好婷, 蒋玉梅. 骨汤粉末香精的生产工艺论述 [J]. 中国调味品, 2012, 37 (8): 60-61

[31] 吴立芳, 马美湖. 我国畜禽骨的综合利用 [J]. 包装与食品机械, 2005, 23 (1): 29-34

[32] 郑晓渝. 综合利用畜禽骨生产水解蛋白成套工艺设备 [J]. 包装与食品机械, 1992, (4): 67-69

第三篇　微生物发酵技术在肉制品中的应用

15 微生物发酵替代肉制品中的亚硝酸盐

15.1 亚硝酸盐的作用和危害

肉类腌制是向原料肉中加入亚硝酸盐、食盐、其他成分（如抗坏血酸、三磷酸盐或多聚磷酸盐等）和各种调味料，再经过一系列物理操作工序的过程[1]，可能包括绞碎、混合、滚揉、烟熏和加热等。肉中含有大量的复杂化合物，它们可与腌制剂发生各种作用。

亚硝酸钠是目前肉品腌制的关键组分。肉制品中使用亚硝酸盐的起源已无法追溯，但是可以确定的是，在人们明确亚硝酸盐的作用之前，人们向肉中添加食盐和硝酸盐以达到防腐目的已经是好几个世纪之前的事情了[2]。19世纪末20世纪初，肉类腌制技术变得更加科学。随着涉及腌肉色泽形成的基础化学知识和微生物硝化作用知识的逐步发展，人们逐渐开始研究亚硝酸盐在腌制中的作用机制。1923年1月19日，美国农业部（USDA）动物工业局允许在肉制品加工过程中，直接添加亚硝酸盐。

15.1.1 亚硝酸盐的作用

亚硝酸盐在腌制肉中的作用主要体现在呈色、抑菌、抗氧化和风味等方面。

15.1.1.1 呈色作用

颜色是衡量肉和肉制品质量的重要标准之一。肉的颜色取决于含有血红素基团的两种化合物：血红蛋白和肌红蛋白。肌红蛋白为肉自身的色素蛋白，肉色的深浅与其含量多少有关。血红蛋白存在于血液中，对肉颜色的影响要视放血情况而定。放血良好的肉，肌肉中肌红蛋白色素占80%~90%，比血红蛋白丰富得多。因此，肉的颜色主要取决于肌红蛋白的含量以及其所处的状态。肉的物理特性如保水性和质构特性也会影响肉的颜色，但影响程度较小。其他色素成分如肌肉中的细胞色素类也会对肉的颜色起到一定作用。

肌红蛋白分子由一个血红素和一个珠蛋白分子组成，其分子质量约为17000 Da。血红素部分由四个吡咯环组成的卟啉环和围在中间的铁原子配位组成[3]。铁原子以还原（亚铁，Fe^{2+}）和氧化（高铁，Fe^{3+}）两种形式存在。肌红蛋白在肌肉中有多种存在形式，在基态肌红蛋白中，卟啉环部分通过与邻近蛋白质的氨基酸（如组氨酸）以配体结合的方式存在。

　　基态肌红蛋白（myoglobin，Mb）（卟啉环中为 Fe^{2+}）并不结合任何亚基，而会与水分子结合。在氧气存在的条件下，肌红蛋白可以与 1 分子的氧分子结合，形成氧合肌红蛋白（oxymyoglobin，MbO_2），从而变成亮红色。此时，铁仍以二价铁离子（Fe^{2+}）存在。但氧气和其他氧化剂，会将二价铁氧化为三价铁。最终形成的高铁态肌红蛋白（metmyoglobin，Met-Mb）为棕色。基态肌红蛋白、氧合肌红蛋白和高铁肌红蛋白在肉中一般同时存在。

　　硝酸盐或亚硝酸盐之所以能在腌肉中起呈色作用，是因为它们能在酸性条件下形成亚硝酸。肉中的酸性环境主要由乳酸造成：在肌肉中由于血液循环停止，供氧不足，细胞无氧呼吸产生乳酸。亚硝酸不稳定，在还原性物质存在时，发生歧化反应，转化生成一氧化氮（NO），而有糖存在时，这一反应会加快。一氧化氮和肌红蛋白反应，经过两步，最终生成亚硝基肌红蛋白（nitrosylmyoglobin，NO-Mb）。而热变性会使其转化为一氧化氮亚铁血色原（dinitrosyi ferrohemochrome，DNFH），即为稳定的粉红色素，具体反应过程如下[4]：

$$NaNO_2 + CH_2CHOHCOOH \longrightarrow HNO_2 + CH_2CHOHCOONa$$

$$3HNO_2 \longrightarrow HNO_3 + 2NO + H_2O$$

$$NO + Mb \longrightarrow NO-Met-Mb$$

$$NO-Met-Mb \longrightarrow NO-Mb$$

$$NO-Mb + 热 + 烟熏 \longrightarrow NO-血色原（Fe^{2+}）$$

15.1.1.2　抑菌作用

　　很多研究人员对亚硝酸盐在腌制肉中的安全作用作了广泛研究，主要是针对亚硝酸盐对肉毒梭状芽孢杆菌（*Clostridium botulinum*）生长和产毒的抑制作用[5,6]。这种微生物有两种存在形式，即活体状态和芽孢状态。其芽孢对像热、化学试剂或辐射这些可以轻易破坏活体细胞的刺激有很强的耐受性。肉毒梭状芽孢杆菌在有氧条件下并不生长，属于严格厌氧菌。其活体细胞可产生一种不耐热蛋白神经毒素——肉毒素。因此，如果一种食品对肉毒梭状芽孢杆菌芽孢的生长没有很好的抑制性，条件适合其生长，便会有大量的肉毒菌细胞生长，随之有毒的肉毒素会释放到食物中。食用含有肉毒素的食物，这种毒素会随着小肠进入到整个循环系统。肉毒梭状芽孢杆菌之所以如此引人注意，是因为其产生的肉毒素毒性极强，容易致命。人类的最小口服致死量为 $5 \times 10^{-9} \sim 5 \times 10^{-8}$ g，也就是说，1 g 毒素经稀释后可以杀死 2000 万 ~ 2 亿人[7]。

　　尽管该毒素毒性极强，但商业肉制品肉毒杆菌中毒事件却罕见报道，这正是由于亚硝酸盐的使用，抑制了肉毒梭状芽孢杆菌的生长和产毒。其抑菌作用机理尚不明确，目前研究大概包括抑制 Fe-S 蛋白和能量代谢，抑制其他蛋白，抑制DNA 和基因表达、抑制细胞壁和细胞膜等四方面的假说[8]。

此外，亚硝酸盐对一些小型细菌如单增李斯特菌、产气荚膜梭菌和大肠杆菌等也有抑制作用。亚硝酸盐的抑菌机制尚不是很确定，前人推测的抑菌机理主要有以下几点[9]：

（1）加热过程中亚硝酸盐和肉中的一些化学成分反应，生成一种能抑制芽孢生长的物质；

（2）亚硝酸盐可以作为氧化剂或还原剂和细菌中的酶、辅酶、核酸或细胞膜等发生反应，影响细菌的正常代谢；

（3）亚硝酸盐可以与细胞中的铁结合，破坏细菌正常代谢和呼吸；

（4）亚硝酸盐可同硫化物形成硫代硝基化合物，破坏细菌代谢和物质传递。

15.1.1.3 风味作用和抗氧化作用

亚硝酸盐对腌制肉的风味非常重要。肉的风味包括滋味、气味和质地，是原料肉和肉制品的重要品质之一。肉的风味化学成分极为复杂。

尽管亚硝酸盐与腌肉风味联系紧密，但与腌肉特征风味形成相关的机制至今尚未阐明。亚硝酸盐通过防止脂肪氧化使得肉品具有氧化稳定性。表面上看来，这种作用与腌肉风味形成有关。除去脂肪氧化产品中的特定物质，各种腌肉的味道都类似。Ramarathnam 等[10,11]通过气相色谱和光谱测定技术，分离并确定了大量腌制和未经腌制的猪肉、牛肉和鸡肉中的挥发性化合物，结果发现，腌制肉风味浓缩物的色谱图要远远简单于未经腌制肉。这证实了前人的假设，腌肉的特征风味存在于所有的未腌制和煮制肉风味中，但被脂肪氧化带来的特征风味所掩盖。

亚硝酸盐也延缓了煮制肉和腌制肉中过热味的生成。Sato 等[12]研究表明，在煮制牛肉中，添加 200 mg/kg 的亚硝酸盐，就可除去过热味，添加 50 mg/kg，就可抑制过热味的产生。

亚硝酸盐并不是唯一可赋予肉氧化稳定性的物质。在延缓脂肪氧化方面，亚硝酸盐替代物的研究，也找到了很多分离物和抗氧化剂。人们发现，加入三磷酸钠和抗坏血酸钠时，观察到了二者抗氧化的协同作用。同时，若再而加入少量的酚类抗氧化剂，如特丁基对苯二酚（TBHQ）或丁基羟基茴香醚（BHA），效果会更好[13]；而由三磷酸钠、抗坏血酸钠和 TBHQ 或 BHA 混合腌制的肉与亚硝酸盐腌制肉风味并无显著不同。

15.1.2 亚硝酸盐的危害和使用限量

腌肉中使用硝酸盐或亚硝酸盐引发的安全问题，归纳起来应该有自身化学毒性，在食品中或食用后生成致癌物，以及生殖和发育毒性这几个方面。在现行腌制肉中允许使用的硝酸盐或亚硝酸盐水平下，不会出现上述问题[14]。但由于亚硝酸盐作为潜在有毒物质，而且也发生过很多将其误作其他成分用于食品或饮料中的事件，其添加浓度足以引发中毒症状，所以应控制好肉制品中亚硝酸盐的使用限量，避免中毒风险。

15.1.2.1 自身毒性

人体亚硝酸钠中毒剂量为 0.3 ~ 0.5 g，致死量为 2 ~ 3 g。肌红蛋白有储存氧气的功能，而血红蛋白运输氧气。血红素中心为 Fe^{2+} 的血红蛋白，行使全身组织运送 O_2 和输出 CO_2 的功能。当机体摄入过量 $NaNO_2$ 后，由于 $NaNO_2$ 具有氧化能力，血红蛋白的 Fe^{2+} 被氧化成 Fe^{3+}，使基态血红蛋白（Hb）变成高铁血红蛋白（Met-Hb）。高铁血红蛋白无携氧能力，造成机体组织缺氧，引起呼吸困难、血压下降、昏迷、抽搐等症状，严重者会因呼吸衰竭而死亡。

15.1.2.2 潜在毒性

亚硝酸盐的潜在毒性主要体现在其与胺类物质反应，生成 N-亚硝基化合物上。自从 1956 年 Magee 和 Barnes 首次报道了 N-二甲基亚硝胺的毒性和致癌性以后[15]，N-亚硝基化合物受到极大了的关注，在所试验的 300 多种 N-亚硝基化合物中，高达 86% 的 N-亚硝胺和 91% 的 N-亚硝酰胺在动物试验中表现出了致癌活性[16]。

亚硝胺的生成需要一定的条件[17]：

（1）必须有胺存在。在鲜肉中存在极少量的胺。它们是肌酸、肌酸酐和一些游离氨基酸-脯氨酸、羟脯氨酸和一些其他氨基酸的脱羧产物。在肉老化和发酵期间，会形成更多的胺。

（2）只有仲胺可形成稳定的亚硝胺。伯胺反应后会立即分解为乙醇和氮气。叔胺不能发生反应。肉中的大多数胺都是由 α-氨基酸衍生的伯胺。

（3）足够低的 pH 以生成 NO^+ 或有金属离子参与产生 NO^+。

除了胺，酰胺类物质也可与亚硝酸盐或其衍生物发生反应，生成亚硝胺。人们对它们在肉制品中的存在及其浓度了解得并不多[17]。值得注意的是，用于包装肉制品的弹性橡胶网制品中也可能含有亚硝胺，这可能会污染到如煮制火腿的可食用部分[18]。

15.1.2.3　使用限量

发现亚硝酸盐是腌制真正的活性成分后，人们就将亚硝酸盐引入到了肉制品生产中。但亚硝酸盐本身的毒性要比硝酸盐高更多。根据经验，亚硝酸盐的毒性要比硝酸盐高出十倍以上。人类口服致死量：硝酸盐为 80～800 mg/kg，亚硝酸盐为 33～250 mg/kg[19]。

如果在肉中添加过多亚硝酸盐，如 20 世纪 30 年代的德国，就会导致很多人死于亚硝酸盐中毒。因此德国于 1934 年通过亚硝酸盐腌制法案，它强调：肉制品中亚硝酸盐使用时，必须预先与食盐混合，其含量应该为 0.5%，最多不可超过 0.6%[17]。此后，各国对亚硝酸盐使用均作出了各自的规定和立法。欧洲议会于 1995 年制定了相应的食品添加剂规则 95/2/EC[20]，其中规定肉制品中亚硝酸盐和硝酸盐的添加量最多分别为 150 mg/kg 和 300 mg/kg。规定残留量在非加热制品中亚硝酸盐含量为 50 mg/kg，硝酸盐含量为 100 mg/kg；其他肉制品，除了 Wiltshire bacon 外，大部分亚硝酸盐限量都是 175 mg/kg；所有肉制品的硝酸盐残留量都限制为 250 mg/kg。2006 年 7 月 5 日欧盟颁布了新法案 2006/52/EC[21]，规定在非加热肉制品中，只许添加 150 mg/kg 的硝酸盐，亚硝酸盐添加限量从 100 mg/kg 到 180 mg/kg 不等，添加量均需转化为亚硝酸钠计。二者相比，在 1995 年制定的规则中，推荐了最大添加量，限制了残留量。

很多国家都有相似的规定。例如，美国联邦管理法规指出，作为食品添加剂的亚硝酸钠应用于特定食品，应遵循以下条文：亚硝酸钠作为防腐剂和发色剂，在肉类腌制和肉制品中（包括禽类和野物），需按以下限量添加：亚硝酸钠的添加量不可超过最终产品的万分之二，硝酸钠的添加量不可超过最终产品的万分之五。

我国国标规定，硝酸钠在肉制品中的最大使用量为 500 mg/kg，亚硝酸钠在肉类罐头和肉制品中的最大使用量为 150 mg/kg；残留量以亚硝酸钠计，肉类罐头不超过 50 mg/kg，肉制品不得超过 30 mg/kg。

所有的规定、标准和法律都基于亚硝酸盐是一种有毒物质进行考量，而且，和其他添加剂不同，亚硝酸盐在产品加工中不是稳定不变的；因此，需要将硝酸盐和亚硝酸盐的使用量降到最低[17]。

15.2　肉制品中亚硝酸盐替代物研究

由于亚硝酸盐在腌制肉中呈色、安全、风味形成和抗氧化方面的重要作用，因此其在腌制过程中必不可少；而其潜在的致癌性，迫使人们不得不寻找部分或完全替代亚硝酸盐的物质。

目前亚硝酸盐替代物研究较多，且部分成果已应用于实践或生产。这些物质主要包括：发色类替代物，各种天然或人工合成色素、组氨酸等；抑菌类替代物，主要是各种防腐剂，包括天然防腐剂和合成防腐剂两种；阻断亚硝胺形成的替代物，主要是抗坏血酸和生育酚。至今，尚未发现一种物质或途径可同时替代亚硝酸盐两种以上功能。而各种替代亚硝腌制体系，将上述物质混配，也大多只能起到呈色和适度替代亚硝酸盐的作用，并不可完全取代亚硝酸盐。

15.2.1　发色类替代物

替代肉制品中亚硝酸盐进行呈色作用的亚硝酸盐替代物研究较多，且部分成果已应用于实践或生产[22]。主要包括：红曲色素、番茄汁、甜菜红、胭脂树红和亚硝基血红蛋白等。目前，研究最多且已用于实际生产的是红曲红色素。红曲色素在我国有上千年的使用历史，至今已有大量关于其在香肠、腊肉和火腿中部分替代亚硝酸盐进行呈色的研究。齐晓辉等[23]研究了一种水溶性红曲红色素对减量亚硝酸钠腌制的试验香肠颜色形成和保持的影响。结果表明，红曲红色素的耐光性大大超过肉中存在的亚硝基色素，添加 300 mg/kg 红曲红色素可明显增强正常亚硝酸钠用量（100 mg/kg）下产品腌肉色的强度和对光照的稳定性。王柏琴等[24]对使用红曲色素作发酵香肠的发色剂进行研究，结果发现添加 1.6 g/kg 红曲色素为着色剂生产的发酵香肠颜色接近于 150 mg/kg 亚硝酸钠腌制生产的发酵香肠，且制得的香肠在 4 ℃条件下贮存，一个月内颜色保持不变。王也等[25]研究了红曲红色素在腊肉中代替亚硝酸钠发色作用的应用效果，结果显示红曲红色素可以以注射形式添加到腊肉中，添加量为肉重的 0.001%。从色泽、水分含量、质构角度分析，均能达到类似亚硝酸钠的水平，腊肉无硝发色剂的尝试基本是可行的。郑立红等[26]对红曲红、高粱红、辣椒红 3 种天然色素在腊肉中的应用进行了研究，以色泽以及 4 ℃贮藏条件下色泽的变化作为评价指标，发现用红曲红着色的腊肉色泽最受欢迎，在冷藏及室温贮藏下，其红色稳定性均显著高于高粱红和辣椒红着色的腊肉。李开雄等[27]研究了亚硝酸钠和红曲米色素混合添加对火腿颜色的影响。结果表明，用红曲米色素不但可以使制品的红度值提高，而且可以大大降低亚硝酸钠用量，制品更安全，色泽更满意。我国现有众多肉品企业，如双汇、旺润等均在产品中添加了红曲色素[28]，哈肉联红肠等食品中也将红曲色素与亚硝酸盐混合使用。

红曲色素一向被认为是安全的，但自从法国学者在红曲霉的培养物中检测出一种对人体有害的橘霉素以后，引发了人们对其安全性的探讨[29]。橘霉素对人体肾脏危害很大，因此，降低橘霉素含量成了天然食用红色素研究及应用领域极为重要的课题，但目前国际上还没有从根本上解决这一难题[28]。因此，未来红曲色素使用可能也将面临挑战。

Deda 等[30]将番茄汁添加到法兰克福（Frankfurters）香肠中，研究其着色效果。当番茄汁（可溶性固体物含量为12%）浓度达到12%时，香肠的红色泽显著增强，而此时亚硝酸盐的添加量由150 mg/kg 降低到了100 mg/kg，且在整个贮存期间番茄酱的加入没有对法兰克福香肠的品质特性产生任何负面的影响。最终得到的产品不仅含有番茄红素，而且其亚硝酸盐含量只相当于普通香肠的三分之二。Zarringhalami 等[31]为减少香肠在加工过程中亚硝酸盐的使用量，添加不同量的胭脂树红以替代香肠中的亚硝酸盐进行呈色作用，并在后期储存过程中，对所得样品的颜色特征、微生物污染情况和感官特征进行了定量研究和比较。结果表明，胭脂树红可替代高达60%的亚硝酸盐进行呈色作用，且与对照组相比，其微生物生长情况和感官品质差别并不显著。

合成色素方面，有许多由血红蛋白参与呈色的色素研究，其中以亚硝基血红蛋白研究最为深入。亚硝基血红蛋白是畜禽血液中的血红蛋白在一定条件下与来源于亚硝酸盐（或一氧化氮）的亚硝基进行合成反应的产物。应用时，亚硝基血红蛋白在一定的条件下分解，缓慢地释放 NO，并与肌红蛋白结合，生成亚硝基肌红蛋白，从而起到呈色作用[32]。以亚硝基血红蛋白代替亚硝酸盐作为发色剂，不仅大大降低了亚硝基的残留，解决亚硝酸盐超标问题，而且能增加肉制品中蛋白质和铁的含量，改善肉制品营养性能[33]。国内外众多学者对亚硝基血红蛋白的合成及应用进行了深入研究。李盛华等[34]以猪血为原料，对亚硝基血红蛋白的合成进行了研究，并对合成工艺参数进行了优化。施春权等[35]将猪血亚硝基血红蛋白添加到哈尔滨红肠中，研究了不同添加量对产品质量的影响。由于亚硝基血红蛋白稳定性较差，容易发生氧化反应[36]。Li 等[37]成功制备了糖基化亚硝基血红蛋白，并对其光照稳定性进行了研究。张红涛等[38]以新鲜猪血红蛋白为原料，制备合成糖基化亚硝基血红蛋白，并对其制备条件进行优化，同时考察了合成色素在肉糜中的呈色效果。

15.2.2　抑菌类替代物

目前，研究应用于替代亚硝酸盐的抑菌物质主要有山梨酸盐、乳酸链球菌素、次磷酸钠、酚类抗氧化剂和延胡索酸酯类等。

美国国家科学院/国家研究理事会（NAS/NRC）报告指出，山梨酸钾可部分替代亚硝酸盐。人们对二者混合使用进行了广泛研究，得出其具有抑菌功能的结论。此后，Shahidi[39]向肉中添加 2600 mg/kg 的山梨酸钾，结果表明其对肉毒梭状芽孢杆菌的抑制效果相当于添加了 156 mg/kg 亚硝酸盐。Al-Shuibi 等[40]将山梨酸钠应用到意大利肉肠 Mortadella 中，得出单独使用山梨酸钠会导致 Mortadella 感官不可接受且硫代巴比妥酸值（TBA）增大，而山梨酸钠和亚硝酸钠联合使用则产品风味、颜色、总体接受性与亚硝酸盐单独使用类似，且具有较低 TBA 值的结论。

王柏琴等[41]对乳酸链球菌素（Nisin）的抗肉毒作用与亚硝酸钠进行了对比，结果表明，Nisin 具有一定的抑制肉毒梭状芽孢杆菌能力。向肉中添加乳酸链球菌素，其抑制肉毒梭状芽孢杆菌的效果比使用亚硝酸盐效果更好；但在冷却条件下，乳酸链球菌素使用量降低到一定程度时，则不能抑制肉毒梭菌的生长[39]。

据报道，单独使用 3 g/kg 次磷酸钠或 1 g/kg 次磷酸钠与 40 mg/kg 亚硝酸钠混合使用，在腊肉中至少可获得和常规使用亚硝酸钠相同的抗肉毒梭菌活性的效果。此外，有几种酚类抗氧化剂也具有较好的抑菌效果，最有效的是丁基羟基茴香醚（BHA），使用量为 50 mg/kg 时即能抑制肉毒梭菌的生长。其他酚类化合物如二丁基羟甲苯（BHT）、特丁基对苯二酚（HBHQ）和没食子酸丙酯（PG）的抑菌效果则较差[42]。因酚类抗氧化剂主要存在于食品中的脂相内，因此其抑菌活性较弱，应用也受到了限制。延胡索酸甲酯和延胡索酸乙酯以 1250~2500 mg/kg 的量使用时，对肉毒梭状芽孢杆菌的抑制作用和使用 120 mg/kg 亚硝酸盐一样[39]，但其接下来的研究指出延胡索酸酯类会带来风味问题。

此外，人们还利用辐射、添加乳酸菌和相应的碳水化合物以降低 pH 等途径，尝试替代亚硝酸盐的抑菌作用。

15.2.3 阻断亚硝胺形成替代物

研究表明，抗坏血酸是抑制亚硝胺形成的绝佳物质，唯一的缺陷就是其脂溶性很低。而 α-生育酚可以阻断亚硝胺的形成，并能溶于脂肪中。实际上，使用 550 mg/kg 抗坏血酸盐和相同浓度的生育酚的混合剂对抑制腊肉中亚硝胺的形成很有效，经测定，它们不会干扰亚硝酸盐的抗肉毒活性；此外，生姜、大蒜也有一定的抑制亚硝胺形成的作用，抑制率达 98% 以上，从而有很好的防癌作用[42]。

15.3 微生物发酵替代肉制品中的亚硝酸盐

时至今日，人们仍没有找到一种物质或腌制体系可完全替代亚硝酸盐。微生物发酵法替代肉制品中的亚硝酸盐是一个全新的研究领域，目前已有一些初步的研究，主要集中在替代亚硝酸盐呈色方面。某些乳酸菌和其他微生物可在不添加亚硝酸盐的条件下，在模拟肉体系中将高铁肌红蛋白转化，生成具有红色泽的肌红蛋白衍生物——氧合肌红蛋白或亚硝基肌红蛋白等，替代亚硝酸盐起呈色作用。自从 1993 年日本人 Arihara 等[43]对 1550 株天然环境分离菌株和 347 株乳酸菌在培养基中转化高铁肌红蛋白的能力进行研究后，微生物发酵法替代亚硝酸盐发色的研究从未中断。目前已确定的菌株主要集中在以下几类。

15.3.1 乳酸菌

乳酸菌由于其在食品中的广泛应用而受到重点关注。研究表明，很多乳酸菌具有转化高铁肌红蛋白的能力。

15.3.1.1 发酵乳杆菌

发酵乳杆菌（*Lactobacillus fermentum*）属于肠道内的正常菌群，多用于非洲谷物类食品的发酵和豆豉的生产[44]，是食品工业应用较多的乳酸菌之一。发酵乳杆菌 JCM1173 可在 Mann-Rogosa-Sharp（MRS）液体培养基中将棕色的高铁肌红蛋白转化为亮红色的肌红蛋白衍生物[43]，该衍生物光谱吸收带——α 和 β 吸收带分别位于 577 nm 和 544 nm，且从中提取出的血红素部分的可见吸收光谱与 NO-血红素相似，作者据此推断，得到的亮红色物质正是形成典型腌肉色泽的色素物质——亚硝基肌红蛋白。由于培养基中并未直接添加亚硝酸盐或硝酸盐，所以参与形成该色素物质的 NO 并非源于亚硝酸盐的降解，而是源于发酵乳杆菌自身的代谢作用。

此后，Morita 等[45]将同位素标记的 L-精氨酸作为 MRS 培养基的氮源，发现在含有高铁肌红蛋白的培养基中，试验的 10 株发酵乳杆菌均可将高铁肌红蛋白转化为亚硝基肌红蛋白，且菌株 *L. fermentum* IFO3956 活性最强。同位素标记结果表明，*L. fermentum* IFO 3956 正是利用了 L-精氨酸合成了亚硝基肌红蛋白生成所需的关键物质——NO。Morita 由此得出结论，该菌体内可能含有 NO 合成酶（NOS），但并未对此进行系统的研究。

Møller 等[46]根据前人的研究成果，将以上两株发酵乳杆菌菌株 *L. fermentum* JCM1173 和 *L. fermentum* IFO3956 分别应用于 MRS 液体培养基和烟熏发酵香肠中，同时以商用发酵剂菌株戊糖片球菌（*Pediococcus pentosaceus*）PC-1 和肉葡萄球菌（*Staphylococcus carnosus*）XⅢ的菌种混合物及单独菌株为对照。研究结果表明，无论在培养基还是发酵香肠中，四种菌株均可产生红色的肌红蛋白衍生物。其中，两株商用发酵剂菌株产生的红色素为氧合肌红蛋白，而两株发酵乳杆菌菌株则产生了亚硝基肌红蛋白。两种发酵乳杆菌转化高铁肌红蛋白的活力相比，*L. fermentum* JCM1173 强于 *L. fermentum* IFO3956。

此后，Zhang 等[47]再次将发酵乳杆菌 *L. fermentum* AS1. 1880 应用于哈尔滨红肠的生产中，以部分替代腌制中使用的亚硝酸盐。当发酵乳杆菌制成的发酵剂接

种量为 10^8 cfu/g 时，香肠即可产生与亚硝酸盐腌制肉相当的色泽，光谱扫描分析表明这种红色素正是亚硝基肌红蛋白。他同时指出，尽管 *L. fermentum* AS1. 1880 可能成为香肠生产中亚硝酸盐的替代品，但是发酵乳杆菌和少量亚硝酸盐的搭配使用可能更具有效力。这样可以有效预防发酵乳杆菌的变异，从而保证产品的成功。

15.3.1.2　植物乳杆菌

植物乳杆菌（*Lactobacillus plantarum*）是乳酸杆菌的一种，多数从植物中分离得到，故得名，是食品发酵工业常用的菌种之一。土耳其 Gündoğdu 等[48]对从植物青贮饲料、混合青贮饲料和腌制黄瓜中分离出的细菌产 NO 的能力进行了研究。结果表明，5 株植物乳杆菌具有产 NO 的能力，可将含有高铁肌红蛋白的 MRS 琼脂培养基变为红色，将高铁肌红蛋白转化为亚硝基肌红蛋白，但是他并没有在 450 ~ 650 nm 扫描波长下观察到它的特征吸收峰。而此前对于植物乳杆菌的研究，植物乳杆菌 JCM 1149[43]、LP1 和 DSM9843（LP2）[49]，均未测定出其具有转化高铁肌红蛋白的能力。这也说明了不同菌种，或是同一菌种的不同菌株，其产 NO 的能力均存在差异。

15.3.1.3　明串珠菌和片球菌

Gündoğdu 等[48]发现从 Beyaz 干酪分离出的 2 株肠膜样明串珠菌（*Leuconostoc mesenteroides*），从混合青贮饲料中分离出的 3 株乳酸片球菌（*Pediococcus acidilactici*），也具有产 NO 的能力，可将含有高铁肌红蛋白的 MRS 琼脂培养基中的高铁肌红蛋白转化为红色的亚硝基肌红蛋白。此外，Møller 等在试验中用作对照的商用发酵剂中的戊糖片球菌 PC-1，也可将高铁肌红蛋白转化为氧合肌红蛋白[46]。

15.3.2　葡萄球菌

葡萄球菌广泛存在于传统肉制品中，它们在发酵肉制品中的主要作用是其硝酸盐还原酶活性，产生蛋白酶和脂酶，分解蛋白质和脂类，以及产生特殊的风味[50]。基于其在肉制品中的重要应用，很多研究者都把葡萄球菌列入了研究对象。

Morita 等[45,51,52]对葡萄球菌替代亚硝酸盐发色进行了广泛而深入的研究。由肉块中分离的肉葡萄球菌（*Staphylococcus carnosus*）和溶酪葡萄球菌（*Staphylococcus caseolyticus*），在培养基和肉基质中均可将高铁肌红蛋白转化为红色肌红蛋白衍生物；Møller 等[46]在试验中将商用发酵剂——肉葡萄球菌 XⅢ 转化产生的这种红色衍生物进行了光谱扫描分析和电子自旋共振（ESR）测定，结果证明，这种肌红蛋白衍生物为氧合肌红蛋白；而从帕尔玛（Parma）火腿中分离出的表皮葡萄球菌（*Staphylococcus epidermidis*）、瓦氏葡萄球菌（*Staphylococcus warneri*）和缓慢葡萄球菌（*Staphylococcus lentus*）均可在 Parma 火腿中将高铁肌红蛋白转化为红色的肌红蛋白衍生物[52]。ESR 结果显示，这种红色衍生物不是已知的基态肌红蛋白、氧合肌红蛋白、高铁肌红蛋白和亚硝基肌红蛋白中的任何一种，而是一种新的肌红蛋白衍生物。

Morita 等[51]将木糖葡萄球菌（*Staphylococcus xylosus*）FAX-1 用于 MRS 培养基和意大利腊肠（salami）中进行试验。结果表明，该菌株可在 pH5.8 的培养基中将高铁肌红蛋白转化为六配位 NO 的肌红蛋白配合物，而在较低 pH 下则生成五配位的亚硝基肌红蛋白（NO-Mb），且这种转化随 pH 变化是可逆的；而在意大利腊肠中则只形成了五配位的亚硝基肌红蛋白，这种五配位的 NO-Mb 正是亚硝酸盐腌肉呈特征红色的物质。这与 Møller 等[46]的研究结果类似，发酵乳杆菌在 MRS 液体培养基中生成的和在发酵腊肠中生成的两种肌红蛋白衍生物，ESR 光谱信号存在差异，这可能是由两种基质 pH 的不同引起的，由于肌红蛋白残留相邻组氨酸的质子化作用，可能会导致 NO-Mb 的配位数由六变为五。

15.3.3　其他菌株

Faustman 等[53]报道，在 4 ℃牛肉糜中接种荧光标记假单胞菌（*Pseudomonas* sp.），高铁肌红蛋白水平下降，牛肉糜的颜色由棕转红。此外，细菌培养液在体外有效降低了高铁肌红蛋白浓度。根据这些推断源自细菌细胞的细菌代谢产物或胞内组分应是高铁肌红蛋白转化的原因，但对红色素提取物还没有进行最终确定。

Arihara 等[43]研究了从天然环境中分离出的菌株在 Trypto-Soya 培养基中转化高铁肌红蛋白的能力。结果表明，库特菌（*Kurthia* sp. K-22）、青紫色素杆菌（*Chromobacterium violaceum* K-28），可将高铁肌红蛋白转化为红色的肌红蛋白衍生物，光谱扫描分析表明，这种衍生物是氧合肌红蛋白。

15.3.4　微生物发酵替代亚硝酸盐呈色机理

细菌对肉品颜色的作用一直归咎于细菌的氧化呼吸作用和肉表面的氧分压作用。理论上说，初期细菌消耗氧气，不同程度降低了氧分压，这就导致了高铁肌红蛋白的形成；而进一步的氧气消耗使得氧分压很低，促使高铁肌红蛋白降解[43]。这些细菌对肉表面和培养基中氧气的消耗很可能是氧合肌红蛋白生成的原因[54]。此外，有人观察到莓实假单胞（*Pseudomonas fragi*）可将牛肉中高铁肌红蛋白转化成还原态的去氧肌红蛋白，从而使牛肉呈红色泽[55]。作者推断，该细菌对肉的呈色作用是由于其在牛肉表面形成了一层"生物被膜"，从而阻断了氧气进入肉中，加上细菌本身的消耗，极大降低了肉表面氧气的浓度，从而使得高铁肌红蛋白在极低的氧分压下转化生成红色的去氧肌红蛋白，使肉由棕色还原成红色。

亚硝基肌红蛋白是由一氧化氮和肌红蛋白配位结合形成的，所以一氧化氮的来源问题便是亚硝基肌红蛋白形成的根本问题。对于微生物发酵法产生一氧化氮的来源，研究者们也做了大量的研究工作，但至今没有达到共识。Morita 等[45]利用同位素标记，发现 *L. fermentum* IFO 3956 正是利用 L-精氨酸合成了 NO，说明该菌体内可能含有 NO 合成酶。而 Xu 等[49]对此进行了否定，他认为，Morita 等的试验并未直接对 NO 的生成进行测定，且没有进行 NO 合成酶抑制试验，而他忽视了细菌体内还存在一种 L-精氨酸降解酶（ADI），它可将 L-精氨酸转化为 NH_4^+，再通过细菌的硝化作用，进一步氧化为总氧化氮（TON），因此该试验并不能得出 *L. fermentum* IFO 3956 体内含有 NO 合成酶的结论；他认为 NO 是源于 MRS 培养基中微量硝酸盐的降解。目前多数人支持 Morita 的观点，认为培养基中并不含有足量的硝酸盐。

值得一提的是，以上涉及的可转化高铁肌红蛋白，产生腌肉色泽，从而可替代或部分替代亚硝酸盐的乳酸菌，包括植物乳杆菌和发酵乳杆菌等，它们对亚硝酸盐有很好的降解作用，降解率在 98% 以上[56]，这可能与 NO 的生成机制有关。

15.3.5　微生物发酵法替代亚硝酸盐的前景和展望

近些年随着人们对"绿色食品"和"有机食品"的日益重视，亚硝酸盐替代物研究正在逐渐深入。微生物发酵法替代亚硝酸盐发色研究已具备一定的条件，且已应用于多种肉制品试验。由于其安全、绿色的优点，其替代前景广阔。目前，已报道可应用于肉制品发酵"呈色"的菌株数目较少，且尚无研究这些菌株的其他功能的报道。因此，需要寻找更多的微生物，丰富"呈色"功能菌株库，同时需研究这些菌株的其他特性，以期替代亚硝酸盐的其他功能，如抑菌性、呈味和抗氧化性等。

参 考 文 献

[1] Zhao J, Xiong Y L. Nitrite - cured color and phosphate - mediated water binding of pork muscle proteins as affected by calcium in the curing solution [J]. Journal of Food Science, 2012, 77（7）: C811-C817

[2] Sullivan G A, Sebranek J G. Nitrosylation of myoglobin and nitrosation of cysteine by nitrite in a model system simulating meat curing [J]. Journal of Agricultural and Food Chemistry, 2012, 60（7）: 1748-1754

［3］ Mancini R A, Hunt M C. Current research in meat color ［J］. Meat Science, 2005, 71 （1）: 100-121

［4］ 孔保华, 马俪珍. 肉品科学与技术 ［M］. 北京: 中国轻工业出版社, 2003

［5］ Cui H, Gabriel A A, Nakano H. Antimicrobial efficacies of plant extracts and sodium nitrite against *Clostridium botulinum* ［J］. Food Control, 2010, 21 （7）: 1030-1036

［6］ Armenteros M, Aristoy M-C, Toldrá F. Evolution of nitrate and nitrite during the processing of dry-cured ham with partial replacement of NaCl by other chloride salts ［J］. Meat Science, 2012, 91 （3）: 378-381

［7］ Defigueiredo M P, Splittstoesser D F. Food Microbiology: Public Health and Spoilage Aspects ［M］. Westport: AVI Publishing, 1976

［8］ 董庆利, 屠康. 腌制肉中亚硝酸盐抑菌机理的研究进展 ［J］. 现代生物医学进展, 2006, （03）: 48-52

［9］ Pegg R B, Shahidi F. Nitrite curing of meat: The *N*-nitrosamine problem and nitrite alternatives ［M］. New Jersey: Wiley-Blackwell Inc., 2008

［10］ Ramarathnam N, Rubin L J, Diosady L L. Studies on meat flavor. 1. Qualitative and quantitative differences in uncured and cured pork ［J］. Journal of Agricultural and Food Chemistry, 1991, 39 （2）: 344-350

［11］ Ramarathnam N, Rubin L J, Diosady L L. Studies on meat flavor. 2. A quantitative investigation of the volatile carbonyls and hydrocarbons in uncured and cured beef and chicken ［J］. Journal of Agricultural and Food Chemistry, 1991, 39 （10）: 1839-1847

［12］ Sato K, Hegarty G R, Herring H K. The Inhibition of warmed-over flavor in cooked meat ［J］. Journal of Food Science, 1973, 38: 398-403.

［13］ Zhong Y, Shahidi F. Lipophilised epigallocatechin gallate （EGCG） derivatives and their antioxidant potential in food and biological systems ［J］. Food Chemistry, 2012, 131 （1）: 22-30

［14］ Sebranek J G, Bacus J N. Cured meat products without direct addition of nitrate or nitrite: what are the issues? ［J］. Meat Science, 2007, 77 （1）: 136-147

［15］ Magee P, Barnes J. The production of malignant primary hepatic tumours in the rat by feeding dimethylnitrosamine ［J］. British Journal of Cancer, 1956, 10 （1）: 114

［16］ 魏法山, 徐幸莲, 周光宏. 腌肉制品中 *N*-亚硝基化合物的研究进展 ［J］. 肉类研究, 2008, （03）: 8-12

［17］ Honikel K-O. The use and control of nitrate and nitrite for the processing of meat products ［J］. Meat Science, 2008, 78 （1）: 68-76

［18］ Fiddler W, Pensabene J W, Gates R A, et al. Nitrosamine formation in processed hams as related to reformulated elastic rubber netting ［J］. Journal of Food Science, 1998, 63 （2）: 276-278

［19］ Schuddeboom L. Nitrates and Nitrites in Foodstuffs ［M］. Strasbourg: Council of Europe Press, 1993

[20] Directive E. 95/46/EC of the European parliament and of the council of 24 October 1995 on the protection of individuals with regard to the processing of personal data and on the free movement of such data [J]. Official Journal of the European Communities, 1995, L281: 31-50

[21] Commission E. Directive 2006/52/EC of European parliament and of the council of 5 July 2006 amending directive 95/2/EC on food additives other than colors and sweeteners and directive 94/35/EC on sweeteners for use in foodstuffs [J]. Official Journal of the European Communities, 2006, L204: 10-22

[22] 王健, 丁晓雯, 龙悦, 等. 亚硝酸盐新型替代物番茄红素的研究进展 [J]. 食品科学, 2012, (03): 282-285

[23] 齐晓辉, 王大为. 一种水溶性红曲红色素对减量亚硝酸钠腌制的实验香肠颜色形成和保持的影响 [J]. 中国食品添加剂, 1994, (02): 23-26

[24] 王柏琴, 杨洁彬, 刘克. 红曲色素在发酵香肠中代替亚硝酸盐发色的应用 [J]. 食品与发酵工业, 1995, (03): 60-61

[25] 王也, 胡长利, 崔建云. 红曲红色素替代亚硝酸钠作为腊肉中着色剂的研究 [J]. 中国国家农产品加工信息, 2006, (02): 26-30

[26] 郑立红, 任发政, 刘绍军, 等. 低硝腊肉天然着色剂的筛选 [J]. 农业工程学报, 2006, (08): 270-272

[27] 李开雄, 王秀华, 杨文侠, 等. 驴肉火腿的试制与质量控制 [J]. 肉类研究, 2000, (03): 7, 28-30

[28] 李玉珍, 肖怀秋, 兰立新, 等. 红曲替代亚硝酸盐在肉制品呈色中的应用 [J]. 中国食品添加剂, 2008, (03): 119-124

[29] Blanc P, Loret M, Goma G. Production of citrinin by various species of Monascus [J]. Biotechnology Letters, 1995, 17 (3): 291-294

[30] Deda M S., Bloukas J G, Fista G A. Effect of tomato paste and nitrite level on processing and quality characteristics of frankfurters [J]. Meat Science, 2007, 76 (3): 501-508

[31] Zarringhalami S, Sahari M A, Hamidi-Esfehani Z. Partial replacement of nitrite by annatto as a colour additive in sausage [J]. Meat Science, 2009, 81 (1): 281-284

[32] Shahidi F, Pegg R B. Nitrite-free meat curing systems: update and review [J]. Food Chemistry, 1992, 43 (3): 185-191

[33] 李翔, 夏杨毅, 侯大军, 等. 亚硝基血红蛋白合成影响因素的探讨 [J]. 食品科学, 2009, (08): 36-41

[34] 李盛华, 王成忠, 于功明. 猪血亚硝基血红蛋白的合成研究 [J]. 中国酿造, 2008, (20): 41-43

[35] 施春权, 孔保华. 由猪血液制备的亚硝基血红蛋白对红肠品质影响的研究 [J]. 食品科学, 2009, (01): 80-85

[36] 邢绍平, 孔保华, 施春权, 等. 含蔗糖的亚硝基血红蛋白色素稳定性研究 [J]. 东北农业大学学报, 2009, (04): 88-94

[37] Li P J, Kong B H, Zhang H T, et al. Preparation of glycosylated nitrosohemoglobin by Maillard

reaction and its stability under fluorescent light at 20℃ ［J］. Advanced Materials Research, 2012, 550: 1094-1098

［38］张红涛, 李沛军, 孔保华, 等. 糖化亚硝基血红蛋白制备工艺的优化及在肉糜中的应用 ［J］. 食品科技, 2012, (12): 94-97

［39］Shahidi F. Developing alternative meat-curing systems ［J］. Trends in Food Science & Technology, 1991, 2: 219-222

［40］Al-Shuibi A, Al-Abdullah B. Substitution of nitrite by sorbate and the effect on properties of mortadella ［J］. Meat Science, 2002, 62 (4): 473-478

［41］王柏琴, 杨洁彬, 刘克. 红曲色素、乳酸链球菌素、山梨酸钾对肉毒梭状芽孢杆菌的抑制研究 ［J］. 食品与发酵工业, 1995, (06): 28-32

［42］刘登勇, 周光宏, 徐幸莲. 肉制品中亚硝酸盐替代物的讨论 ［J］. 肉类工业, 2004, (12): 17-21

［43］Arihara K, Kushida H, Kondo Y, et al. Conversion of metmyoglobin to bright red myoglobin derivatives by *Chromobacterium violaceum*, *Kurthia* sp., and *Lactobacillus fermenturn* JCM1173 ［J］. Journal of Food Science, 1993, 58 (1): 38-42

［44］张秀红, 孔健, 于文娟, 等. 发酵乳杆菌 (*Lactobacillus fermentum*) YB5 生理特征的研究 ［J］. 中国食品学报, 2008, (06): 33-38

［45］Morita H, Yoshikawa H, Sakata R, et al. Synthesis of nitric oxide from the two equivalent guanidino nitrogens of L-arginine by *Lactobacillus fermentum* ［J］. Journal of bacteriology, 1997, 179 (24): 7812-7815

［46］Møller J K S, Jensen J S, Skibsted L H, et al. Microbial formation of nitrite-cured pigment, nitrosylmyoglobin, from metmyoglobin in model systems and smoked fermented sausages by *Lactobacillus fermentum* strains and a commercial starter culture ［J］. European Food Research and Technology, 2003, 216 (6): 463-469

［47］Zhang X, Kong B, Xiong Y L. Production of cured meat color in nitrite-free Harbin red sausage by *Lactobacillus fermentum* fermentation ［J］. Meat Science, 2007, 77 (4): 593-598

［48］Gündoğdu A K, Karahan A G, Çakmakç M L. Production of nitric oxide (NO) by lactic acid bacteria isolated from fermented products ［J］. European Food Research and Technology, 2006, 223 (1): 35-38

［49］Xu J, Verstraete W. Evaluation of nitric oxide production by lactobacilli ［J］. Applied Microbiology and Biotechnology, 2001, 56 (3): 504-507

［50］许慧卿, 汪志君, 蒋云升, 等. 木糖葡萄球菌对风鸭蛋白质降解的影响 ［J］. 食品工业科技, 2008, (11): 153-155, +162

［51］Morita H, Sakata R, Nagata Y. Nitric oxide complex of iron (Ⅱ) myoglobin converted from metmyoglobin by *Staphylococcus xylosus* ［J］. Journal of Food Science, 1998, 63 (2): 352-355

［52］Morita H, Niu J, Sakata R, et al. Red pigment of Parma ham and bacterial influence on its formation ［J］. Journal of Food Science, 1996, 61 (5): 1021-1023

［53］Faustman C, Johnson J, Cassens R, et al. Color reversion in beef. Influence of psychrotrophic bacteria［J］. Fleischwirtschaft, 1990, 70（6）: 676-679

［54］李沛军, 孔保华, 郑冬梅. 微生物发酵法替代肉制品中亚硝酸盐呈色作用的研究进展［J］. 食品科学, 2010,（17）: 388-391

［55］Motoyama M, Kobayashi M, Sasaki K, et al. *Pseudomonas* spp. convert metmyoglobin into deoxymyoglobin［J］. Meat Science, 2010, 84（1）: 202-207

［56］Yan P-M, Xue W-T, Tan S-S, et al. Effect of inoculating lactic acid bacteria starter cultures on the nitrite concentration of fermenting Chinese paocai［J］. Food Control, 2008, 19（1）: 50-55

16 发酵肉制品的风味及品质控制技术

发酵肉制品是指盐渍肉在自然或人工控制条件下，借助微生物发酵作用，产生具有特殊风味、色泽和质地，且具有较长保存期的肉制品[1]。其种类繁多，如我国的金华火腿、宣威火腿、腊肉、腊肠、中式香肠，欧美等国家的干肠和半干肠等。发酵肉制品因其无需冷藏、稳定性好、风味特殊等特点深受消费者的喜爱。

在发酵肉制品的生产过程中，微生物及酶的使用可以改善产品的质地，促进发色，并形成良好的风味。传统发酵肉制品中的微生物来源于环境中混入的杂菌，肉中有益菌与杂菌竞争形成优势菌群，因此产品具有批次不稳定、生产周期长、成本高等缺点。而优选发酵剂的使用不仅能够改进工艺、使生产标准化，还能够提高肉制品的营养和安全性。此外，功能性的发酵剂能够产生芳香化合物、易消化的功能性小分子物质、细菌素及其他抗菌成分等，同时有利于促进发色，减少生物胺、毒素等不利成分的产生。种类繁多的传统发酵肉制品及其发酵微生物的地域性、多样性为生产和科研提供了广阔的资源。

16.1 发酵肉制品中常见的微生物

发酵肉制品中的微生物主要包括乳酸菌、微球菌、霉菌和酵母（表16.1），它们在肉制品的发酵和成熟过程中发挥了各自独特的作用。乳酸菌一般在整个发酵过程中占有绝对优势。欧洲发酵香肠分离得到的微生物大多是同型或兼型发酵的乳酸菌。其中清酒乳杆菌和弯曲乳杆菌竞争力强，能抑制致病菌的生长，几乎控制了整个发酵过程。其他的乳酸菌数量少，如植物乳杆菌、巴伐利亚乳杆菌、布赫氏乳杆菌和短乳杆菌。Hugas 等[2]从 75 种不同产地的西班牙香肠中分离了254 种乳杆菌，其中清酒乳杆菌占55%，弯曲乳杆菌占26%，短乳杆菌占11%，植物乳杆菌占8%，因而清酒乳杆菌和弯曲乳杆菌为第二代发酵剂的主要微生物。

表 16.1 肉制品发酵剂中常用的微生物种类

微生物种类	菌种
酵母（*Yeast*）	汉逊氏德巴利酵母（*Dabaryomyces hansenii*）
	法马塔假丝酵母　（*D. candidafamata*）

微生物种类	菌种	
霉菌（Fungi）	产黄青霉	（Penicillium charysogenum）
	纳地青霉	（P, nalgiovense）
乳酸菌（Lactic acid bacteria）	植物乳杆菌	（Lactobacillus plantarum）
	清酒乳杆菌	（L. sake）
	乳酸乳杆菌	（L. lactis）
	干酪乳杆菌	（L. casei）
	弯曲乳杆菌	（L. curvatus）
	乳酸片球菌	（Pediococcus acidilactici）
	戊糖片球菌	（P. pentosaceus）
	乳酸片球菌	（P. lactis）
微球菌（Micrococci）	易变微球菌	（Micrococcus varians）
葡萄球菌（Staphylococci）	肉糖葡萄球菌	（Staphylococcus carnosus）
	木糖葡萄球菌	（S. xylosus）
放线菌（Actinomycetes）	灰色链球菌	（Streptomyces griseus）
肠球菌（Enterobacteria）	气单胞菌	（Aeromonas sp.）

　　葡萄球菌和微球菌在肉制品的发酵过程中通常会发生有益的反应，如分解过氧化物，降解蛋白质和脂肪。但是它们的竞争性不强，只有一些耐酸的菌株能够存活。在非致病的凝固酶阳性的葡萄球菌中，木糖葡萄球菌、肉葡萄球菌和腐生葡萄球菌占主要地位。除葡萄球菌外，变异微球菌等微球菌也少量存在。李平兰等[3]采用选择性培养基对宣威火腿成熟产品中的主要微生物进行分离和计数发现，与发酵香肠不同，宣威火腿中的优势菌群为葡萄球菌、微球菌和霉菌，在火腿表面的数量均达到了 10^6 cfu/g 以上，而乳酸菌及肠杆菌、肠球菌的数量均明显低于优势菌群。这些结果表明，耐盐性的葡萄球菌和微球菌的代谢活动以及火腿表面大量霉菌的生长是宣威火腿独特风味形成的基础。

　　发酵香肠中的霉菌种类依环境和生产工艺的不同而不同。曲霉在发酵香肠的生产中是不受欢迎的，因为其中90%的菌株产毒素。青霉则被认为是成熟期间的有益菌株，那地青霉和产黄青霉经常应用于霉菌发酵的香肠中，尤其是在欧洲南部的一些国家。

　　在欧洲的发酵香肠中，片球菌出现的频率并不高，存在的比例也很小。但美国通常将片球菌作为发酵剂添加到肉馅中来加速肉制品的酸化，其中啤酒片球菌使用较早，目前使用较多的是乳酸片球菌和戊糖片球菌[4]。

　　肠球菌有时也能从欧洲南部的一些传统发酵肉制品中分离得到，它们能够加速早期的发酵过程，且在最终的产品中能达到 $10^2 \sim 10^5$ cfu/g。关于肠球菌在发酵肉制品中存在的意义有不同的观点，一方面可以增加风味，另一方面如果致病菌增殖或其抗药性增加，将会大大降低肉制品的安全性。

16.2 发酵肉制品风味的研究

发酵肉制品的风味主要是由三个部分组成：添加到其中的成分（如盐、香辛料等）；非微生物直接参与的反应（如脂肪的自动氧化）产物；微生物酶降解脂类、蛋白质、碳水化合物形成的风味物质[5]。其中由微生物酶降解生成的产物是形成发酵肉制品风味物质的最主要途径。

风味是感觉器官对产品所发生的复杂反应，包括味觉、嗅觉和产品质地的感觉，风味物质包括挥发性和非挥发性的风味化合物。香气或香味是产品最重要的特征，因为对于产品所释放的各种挥发性成分，在咀嚼和消化过程中鼻子的感受是最灵敏的。随着仪器分析技术的发展，很多研究者将气谱/质谱联机、高效液相色谱等技术应用到分析发酵肉制品风味的领域，并得到了许多有益的结果。但由于发酵肉制品风味物质种类庞杂，并且无法对呈味类型、呈味强度及微量风味物质进行分析，因此对风味物质的研究仍存在一些未知的领域。

16.2.1 风味的定义

一般情况下，风味指产品入口后，经过一系列化学变化所产生的整体感觉。习惯上定义风味包括嗅觉和味觉，以及三叉神经处的感觉。组织状态、外观和咀嚼食物的声音对风味均有影响，但它们通常不包括在风味的定义中。另外，当对风味进行感官分析或仪器分析时，味觉和嗅觉是不同的[6]。

16.2.1.1 风味的感官测定

感官评定员要经历一系列的关于评定标准的培训。培训的程序是由各个标准机构制定的，比较著名的有：英国标准局（BSI）、国际标准化机构（ISO）以及美国社会实物检测局（ASTM）。另外，还要对感官评定员的个人能力进行评估，包括：品尝能力、评估和描述气味的能力、评估和描述组织状态的能力。最后还要专门针对发酵肉制品进行培训。为了保证评定的有效性，应该使评定员集中精力，并且评定的整个过程在一个特定的房间内完成，这个房间内的灯光要受控、通风良好。评定员分别坐在单独的分隔空间内，并在整个评估过程中彼此之间互不交流，即盲评。食物样品的大小和品尝温度是统一的，样品上标注有号码，放在一个洁净无任何气味的器具中。如果评定的样品不止一个时，那就必须要求评定员分别按不同的顺序评定产品，这样可以消除偏见。评定员在品尝不同样品时，每次评定一个样品后都要漱口，以保证全部除去前一样品在口中的残留。

发酵肉制品的香味（气味）、味道和风味通常采用喜好性方法和描述性分析方法进行评定。典型的味道特性有酸味、咸味、甜味、金属味感、苦味、鲜味和后酸味。在评定滋味时，要注意香味的干扰，最好让评定员捏住鼻子或屏住呼吸防止空气从鼻咽流入鼻腔。在香气的评定中，可以在色谱柱的出口处进行。Berdagu 等[7]用六种发酵剂（三种乳酸菌和三种葡萄球菌）生产 30 种发酵干香肠，根据评定员对各种味道刺激的感受将香气分为几大类。主要有乳品味：黄油或酸奶油（丁二酸、3-羟基丁酮）、青纹干酪味（2-庚酮）和酪酸干酪味（己酸）；腐臭味：浓烈的加热塑料味、脂肪氧化味（壬醛）和草本或草本果类的味道（多种醛类，如己酸）；醚类或水果芳香味（酯类、2-庚酮）和油漆味（丙酮）；还有其他一些真菌和花香类的气味（1-辛烯-3-酮），另外还有腌制气味和动物的气味。

16.2.1.2　风味的仪器测定

现已有很多测定方法对肉制品中的风味化合物进行分析，但选择不同的测量方法对分析结果具有较大影响。也就是说，在分析混合性基质（如肉制品）时，风味分析的再现性较低。由于挥发性物质和半挥发性化合物对大多数食品的风味特征起重要作用，因此风味方面的研究多集中在此方面。

分析方法一般包括四个基本步骤：挥发性化合物的收集、浓缩、分离和检测。根据化合物的种类、极性、挥发性以及它们所存在的基质不同（生肉或熟肉、溶质成分、结构等）采用各自有利的收集方法，主要有三种基本方法。①溶液直接抽提法（溶液可使用有机溶剂、水、超临界溶液）。②蒸馏，把挥发性物质转变成小量溶液（如蒸汽蒸馏法、高压蒸馏提取法）。③顶空收集法，在样品上部的挥发性物质中取样，并收集在一个冷凝器或吸附器中（动态顶空取样器），净化并收集样品（固相微抽提）。如果采用的方法不当将直接导致获得不准确的信息。例如，在大气压下蒸馏，最初的挥发性化合物并不是产品所具有的，而是在蒸馏的过程中加热所引起的，因此会造成偏差。

根据收集方法和化合物的浓度，挥发性样品必须被浓缩成更小的体积。对于有杂质或成分复杂的化合物有必要先进行预分离。挥发性风味化合物主要采用气相色谱法（GC）进行分离，非挥发性成分和低挥发性成分则使用高效液相色谱法（HPLC）进行分离。香味物质最好在尽可能低的温度下直接加入到柱色谱中，因为高温可能使一些不稳定的化合物分解而产生其他成分。

检测时，多数使用质谱法（MS）和火焰电离检测法（FID）。任何能在氢火焰上燃烧的化合物都可使用火焰电离检测法[8]。质谱仪能够同时对化合物进行定量和定性分析。最新型的检测可挥发性风味化合物的仪器是"电子鼻",它安装有数个传感器,每个传感器都能专一识别气相中的一种可挥发性化合物,这就会产生一个气味指纹图谱,而这个指纹图可以被特定的模型识别系统所辨认,从而省去了分离过程。"电子鼻"最主要的优点就是快速分析,快速得出结论,这与品控息息相关。

Flores 等[9]利用德巴利酵母和葡萄球菌发酵制备干制香肠,并使用固相微抽提法提取风味物质,进而用气谱–质谱连机进行分析测定。固相微抽提器提取挥发性化合物时,使用 75 μm 的 Carboxen/聚二甲基硅氧烷(CAR/PDMS)纤维吸收化合物,并在气相色谱的进样口解吸,然后进行分析。含硫化合物和呋喃类化合物的含量直到成熟结束都保持较低的水平,分别为 0.40% 和 0.03%。在干制阶段的中期(21 d),醇类、酸类、醛类和酯类的含量开始增加;同时,成熟过程中酮类减少,烃类略有增加。

16.2.2　风味化合物的来源

图 16.1 给出了酶反应和化学反应的整体情况。这些反应对肉中碳水化合物、蛋白质和脂肪进行降解,从而形成风味化合物。根据香肠原料和加工条件的不同,有一些反应可能会更显著,但是这些因素是如何对整体风味起作用的,需要对其作进一步的研究,尤其是发酵剂的作用以及发酵剂与植物调味料和内源性酶之间的相互作用。

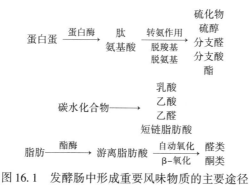

图 16.1　发酵肠中形成重要风味物质的主要途径

16.2.2.1　来源于碳水化合物的风味物质

在发酵过程中,根据所添加乳酸菌的不同,以及碳水化合物的类型、添加量、温度和其他生产条件的不同,绝大多数的碳水化合物转变为乳酸和不同数量的副产物。例如,添加的初始发酵剂为葡萄球菌或酵母,那么它们将很有可能将糖转变为其他产物而不是乳酸,因此与乳酸菌形成强烈竞争。通常认为发酵肠中来源于碳水化合物新陈代谢的挥发性化合物有乙酸、丁二酮、3-羟基-2-丁酮、2-丁酮、乙醇和丁醇等。

Hierro 等[10]对不同种类肉生产的烟熏干制肉制品（cecinas）进行研究，结果表明，鹿肉中来自于碳水化合物的3-羟基-2-丁酮和2,3-丁二酮的含量最高，这两种化合物与黄油味和干酪味有关。双乙酸与香甜气味有关，同时具有较低的感官阈值，因此对最终的香味具有重要作用。各种动物中，鹿肉和羊肉中碳水化合物发酵产生的挥发性化合物数量较高，同时，微生物的活性也较高。

16.2.2.2　来源于蛋白质的风味物质

发酵肠中的绝大多数蛋白质水解产生了肽和游离氨基酸，在成熟过程中，氨基酸和小肽被微生物所利用，并通过不同途径转变为各种香味化合物。而更重要的是发生了一些生化反应，使氨基酸（如亮氨酸、异亮氨酸、缬氨酸、蛋氨酸、苯胺酸）在乳酸菌和酵母的作用下，转变为一些感官上很重要的分支醇和相应的二次转化物，如酸、醛、酯；而分支醛和苯乙醛也可能来自于蛋白质（氨基酸）的分解作用。用乳酸菌发酵时，氨基酸通过转氨作用产生双氧酸；通过脱羧转变成相应的醛，醛在醇脱氢酶的作用下生成醇或者在醛脱氢酶的作用下生成相应的酸。如采用酵母发酵，氨基酸的终产物一般为相应的甲基分支醇。

16.2.2.3　来源于脂肪的风味物质

发酵肉制品中的脂肪在发酵和成熟过程中发生分解作用和氧化作用。甘油三酯发生分解生成脂肪酸，不饱和脂肪酸特别是多不饱和脂肪酸氧化生成羰基化合物，这些物质赋予了发酵肠特有的风味。大量的研究证实，干发酵香肠中三酰甘油的降解过程为：①三酰甘油首先降解为1,2-二酰甘油和游离脂肪酸；②1,2-二酰甘油自发地转变成1,3-二酰甘油，这是因为1,3构象的二酰甘油热力学稳定性更好；③1,3-二酰甘油进一步降解为单酰甘油和游离脂肪酸[11]。游离脂肪酸比结合的脂肪酸更容易发生氧化，因此发酵肉制品中游离脂肪酸的氧化受到了广泛关注。

发酵香肠中脂肪分解速度的顺序是亚油酸>棕榈油酸>油酸>棕榈酸>硬脂酸，这说明微生物脂酶是1、3特异性的[12]。脂酶水解三酰甘油酯的活性随着碳链长度增加而减少，分解10个碳原子的甘油酯酶的活性仅为4个碳原子活性的11%。

脂肪的分解状况受到温度、pH、成熟时间、盐分含量等因素影响。Stahnke[13]用木糖葡萄球菌发酵生产干制香肠，同时加入抗生素作对照，结果发现，两种香肠中释放的游离脂肪酸与芳香化合物相比具有较高含量（0.7 ~ 1.1 g/100g

香肠）。通常情况下，根据香肠类型的不同，香味化合物以 $10^{-10} \sim 10^{-6}$ 的数量级存在，而游离脂肪酸的含量却在 0.5% ~ 0.7% 变化。发酵剂对脂肪分解产生芳香物质的影响不大，除非脂肪的分解活性与其他重要的酶的活性有关，如酯酶。

由于游离脂肪酸被认为是脂肪氧化物的重要前体物质，并且与风味有关，因此脂肪分解在过去的几年中受到广泛关注。尽管如此，仍不能确定脂肪分解与成熟形成之间存在直接联系。Stahnke[13] 用肉葡萄球菌生产发酵香肠研究成熟与风味物质之间的联系，发现来自于微生物的游离脂肪酸 β-氧化中甲基酮可能对成熟起重要作用，但是由于游离脂肪酸的数量巨大，以至于提高其前体的数量不影响风味特性。

16.2.3 影响风味的因素

香味化合物的数量容易受到加工条件影响。对微观结构、肠馅和香肠整体分别进行研究，表明温度、pH、糖量、盐量、亚硝酸盐、硝酸盐和抗坏血酸盐等条件以不同的方式影响着香味化合物的数量。

16.2.3.1 原料的影响

肌肉中脂酶和蛋白酶的活性决定了发酵肉制品生产过程中产生的游离脂肪酸、肽类及氨基酸数量。采用不同种类的动物加工发酵肉制品会产生不同产品风味。蛋白酶的主要作用是催化分解肽键，使蛋白质降解为小分子的蛋白胨、小肽或氨基酸等物质[14]。氨基酸和其降解产物有利于发酵肉的风味。脂酶是一种酯键水解酶，可以催化酯类化合物的分解、合成和酯的交换，反应不需要辅酶，反应条件温和，副产物少。Zanardi 等[15] 用不同的原料生产发酵香肠，发现原料中脂肪、蛋白质和盐含量的不同对终产品造成不同影响。

16.2.3.2 发酵剂的影响

发酵肉制品的发酵过程伴随着极为复杂的理化和微生物反应，在此过程中赋予香肠特殊的风味，并且酸化作用增强了产品的可贮性。发酵剂的选择取决于很多因素，不仅是产品的特异性，也有菌种的特异性，彼此间往往相互影响[16]。通过选择发酵剂可在一定程度上确定产品的香味。不同葡萄球菌分解蛋白质、脂肪和肽类的活性各不相同，乳酸菌也可分解肽类生成有助于改善风味的微量的丁二酮。包括乳酸菌产生的酸的种类也决定产品是呈现苦酸味、刺激酸味、柔和酸味还是纯酸味。发酵剂的选择不仅是菌种本身，还需从加工条件等多方面考虑。同时还要对添加量进行优化，避免过量产酸掩盖风味。

Flores 等[9]用乳酸菌和葡萄球生产干制香肠，向其中添加德巴利氏酵母，德巴利氏酵母对最终风味和感官品质均有积极作用，它通过抑制腐败和促进乙酯的生成而促进发酵香肠的香气。Stahnke[13]使用木糖葡萄球菌和肉葡萄球菌进行发酵，对亮氨酸、异亮氨酸、缬氨酸降解而产生的挥发性化合物具有明显的差异。通常，肉葡萄球菌比木糖葡萄球菌能够产生更多的挥发性化合物。

16.2.3.3 生产条件的影响

在实际生产中差别最大莫过于加工条件和产品要求，可以说两个加工厂生产的同类产品决不会完全相同。这与产品配方、香肠直径大小、发酵条件、肠馅绞制细度等都有联系，这对所使用的发酵剂的代谢特性都有影响，从而使成品的风味产生差异。很多风味化合物是在发酵肉制品成熟的过程中产生的，尤其是酸类和酯类。支链氨基酸的降解物（除了 2-甲基-1-丙醇）都与发酵过程有着紧密联系。相比之下，还有一些化合物在发酵或成熟过程中的含量减小，如乙醇、1-戊醇、苯甲醛等。在加盐成熟的过程中，无论是高盐浓度还是低盐浓度都足以延迟或抑制 pH 的降低，主要是由于盐抑制了发酵剂中乳酸菌和戊糖足球菌的生长及新陈代谢的活性。

Zanardi 等[15]指出生产条件对蛋白质的分解有间接的影响，pH 下降速率的不同和最终 pH 的不同对内源性蛋白分解酶的活性产生影响，而其他工业参数对脂肪分解和脂肪氧化无显著影响。

成熟条件对发酵肠中的风味物质有相当大的影响。硝酸盐比亚硝酸盐更能促进重要的支链风味化合物的生成。而添加抗坏血酸盐的主要作用是减少了来源于脂肪氧化的挥发性化合物的浓度。此外，成熟时间对挥发性化合物的影响显著。虽然在成熟过程中大多数的风味物质会增加，但也有一些物质的含量会降低或不发生变化。添加盐对发酵肠中的大多数物质产生影响，但是这种影响作用很大程度上依赖于成熟和干制的时间以及葡萄球菌的类型。

16.3 发酵肉制品中常见微生物对风味形成的影响

发酵肉制品的风味受众多因素的影响，如配方、工艺、发酵温度、生产时间、烟熏以及发酵微生物的种类等。最终风味的形成是众多风味物质综合作用的结果，如乳酸的产生、香辛料、蛋白质降解生成的氨基酸、微生物代谢和脂肪氧化生成的芳香化合物。

16.3.1 微生物和酶的作用

内源性蛋白水解酶的作用要大于来源于微生物的蛋白水解酶，其中组织蛋白酶 D 对蛋白质的水解和肽的形成起主要作用。微生物酶的关键作用在于将蛋白质水解生成的肽降解为氨基酸，进而转化成芳香化合物。脂肪的降解对于风味的形成也起了重要作用。这主要是由于组织脂肪酶将脂肪水解生成了游离脂肪酸。短链的脂肪酸（C<6）形成强烈的干酪味，中等长度和长链脂肪酸是风味物质的前体。这些游离脂肪酸会进一步氧化降解生成烃、烯烃、醇、醛、酮及芳香族化合物。微生物尤其是葡萄球菌在游离脂肪酸的氧化中起了重要作用，尽管这是一个非酶反应[17]。

选择优良的微生物作为发酵剂能够使产品形成良好的风味，但是原料（原料肉和香辛料）的选择以及生产工艺（发酵时间、温度、食盐使用量）都会影响微生物的代谢。开发一些能够改善风味的发酵剂需要科研人员大量掌握原料、生产工艺以及感官评定等方面的相关知识，并能将其有效地综合利用。除此之外，还应避免发酵剂在使用过程中产生有毒物质。

16.3.2 乳酸菌

乳酸菌是发酵肉制品中最常用的微生物之一，包括乳杆菌属、片球菌属和链球菌属（表 16.2）[18]。在肉制品发酵和成熟过程中，其可利用碳水化合物产酸，降低肉品 pH，进而抑制致病菌和腐败菌的生长[19,20]；使肌肉蛋白质变性，改善肉制品的组织结构[21]；利于亚硝基分解成 NO，促进肉制品发色，有利于提高腌肉色泽的稳定性[22]。此外，乳酸菌可通过对游离氨基酸的释放与降解来调节挥发性与非挥发性化合物的组成，进而影响发酵肉制品风味的形成[23]。而对于大多数的非挥发性化合物，如多肽和氨基酸，是由蛋白质水解产生的，因此，蛋白质水解作用对发酵肉制品风味的形成至关重要。

表 16.2 发酵肉制品中常见的乳酸菌[18]

菌 属	菌 种	菌 属	菌 种
乳杆菌菌属 (Lactobacillus)	植物乳杆菌 (L. plantarum)	片球菌属 (Pediococcus)	啤酒片球菌 (P. cererisiae)
	干酪乳杆菌 (L. casei)		乳酸片球菌 (P. acidilactis)
	发酵乳杆菌 (L. fermenti)		戊糖片球菌 (P. pentosaceus)
	弯曲乳杆菌 (L. curvatus)		
	嗜酸乳杆菌 (L. acidophilus)	链球菌属 (Streptococcus)	乳酸链球菌 (S. lactis)
	短乳杆菌 (L. breris)		乳链球菌 (S. acidilactis)
	清酒乳杆菌 (L. sake)		二乙酸链球菌 (S. diacetilactis)
	保加利亚乳杆菌 (L. bulgaricus)		

16.3.2.1 与蛋白质降解相关的酶类

在发酵肉制品成熟过程中，蛋白质的降解是一个重要的反应过程。肌肉蛋白质降解是肌肉内源酶和微生物蛋白酶共同作用的结果，发酵初期在内源酶（主要是组织蛋白酶）的作用下肌肉蛋白质被分解成多肽，然后再由内源性氨肽酶以及微生物酶（如肽链端解酶）作用将多肽降解为小肽和游离氨基酸，其中许多氨基酸是风味物质，或者作为风味物质的前体物质，再通过微生物转氨、脱氨以及脱羧作用生成醛、酸、醇和酯等芳香化合物[24-26]。然而，与蛋白质降解相关的酶系非常复杂，目前尚不能完全确定它们在整个发酵和成熟过程中的专一性及反应历程。

近年来，很多学者研究了乳酸菌蛋白水解酶系统的复杂性与多样性。利用离子交换色谱以及凝胶过滤等提纯技术分离纯化并鉴定了与肌肉蛋白质降解相关的酶类，基本上是清酒乳杆菌产生的（表 16.3）。通常，这些肽链端解酶可增加游离氨基酸含量，促进风味的形成。

表 16.3 清酒乳杆菌中与肌肉蛋白质降解相关的酶类[31-35]

酶类	生化特性	作用范围	对感官品质的影响
二肽酶	最适 pH 7.6	肽链端解酶，除了 N 端是脯氨酸和甘氨酸的二肽外，其他二肽都能被水解	增加干肠的缬氨酸、甲硫氨酸和亮氨酸含量
氨肽酶	最适 pH 7.5 最适温度 37 ℃	肽链端解酶，不能水解 N 端碱性氨基酸	增加游离酸含量，促进风味的形成
三肽酶	最适 pH 7.0 最适温度 40 ℃	肽链端解酶	可降解疏水性三肽
X-脯氨酰-二肽酰肽酶	最适 pH 7.5 最适温度 55 ℃	肽链端解酶，对多肽 N 端 X-脯氨酸特异性水解	增加游离酸含量，促进风味的形成
精氨酸-氨肽酶	最适 pH 5.0 最适温度 37 ℃	肽链端解酶，对 N 端碱性氨基酸特异性水解	增加游离酸含量，促进风味的形成

乳酸菌对蛋白质的降解作用主要是这些酶系共同作用的结果。首先，肌肉蛋白质在乳酸菌胞外蛋白酶和肌肉内源酶的共同作用下生成多肽，其中生成的小肽（小于 3000 Da）与风味形成有关[27]。尽管不能完全通过多肽的亲水疏水性来判断它对风味形成的贡献，但研究表明，亲水性肽更容易产生鲜味和甜味，促进发酵风味的形成[28]。随后，乳酸菌的各种肽酶降解多肽生成游离氨基酸，这是乳酸菌作用形成风味的主要途径。除了乳杆菌外，片球菌也可增加游离氨基酸含量，但同一菌属，不同菌株以及在不同体系中所表现的活力不尽相同，这主要受试验条件的影响，如 pH、湿度以及氯化钠含量等因素。游离氨基酸可作为风味物质或者风味物质的前体物质进一步参与风味的形成[29]。其中，谷氨酰胺代谢

产生的谷氨酸在发酵后期会大量积累，它能够产生鲜味；此外，一些支链氨基酸也会有所增加，这些氨基酸可以在转氨酶的作用下进一步代谢生成 α-酮酸，它是可以产生麦芽味的醛类、果香味的醇类以及其他发酵风味物质的前体化合物[30]。总之，乳酸菌对蛋白质的降解以及风味形成的作用值得我们探究。

16.3.2.2 乳酸菌对蛋白质降解作用

为了阐述肉制品在发酵过程中乳酸菌对蛋白质的降解作用，采取了不同的模拟体系。一种是排除肌肉内源性蛋白酶作用，单独考察乳酸菌对肌肉蛋白质的降解能力。通常是建立一个体外模拟体系，即向液体培养基中添加肌肉蛋白提取物，还有少数的研究在发酵肉制品中添加抑菌剂以及肌肉蛋白酶抑制剂，考察乳酸菌对两种蛋白质的降解情况。在这种体外模拟体系中，测定乳酸菌对肌肉蛋白提取物的水解作用更具有针对性。另一种是发酵肉制品体系，在有内源酶存在的条件下研究乳酸菌对肌肉蛋白质的降解情况，这种方法更能真实地反映发酵肉制品中乳酸菌对肌肉蛋白质降解的能力，同时也适合肉制品发酵剂的筛选。

1）体外模拟体系

在早期研究中，这种模拟体系就是含有一定浓度肌肉蛋白提取物的溶液，随后，将其改良，在培养基中添加一定量的肌肉蛋白提取物。在提取肌肉蛋白的过程中，肌肉内源性蛋白酶遭到破坏失去活性，因此这种体系几乎可完全排除肌肉内源性蛋白酶的影响，同时模拟乳酸菌在肉基质中生长的条件，利于分析仅由乳酸菌作用引起的肌浆蛋白和肌原纤维蛋白降解。研究多集中在考察乳杆菌的全细胞悬浮液（WC）、无细胞提取物（CFE）以及两者的等比例混合物对猪肉肌浆蛋白以及肌原纤维蛋白提取物分解能力，其中 CFE 作为酶的一个来源。

Fadda 等[36]采用 SDS-PAGE 电泳和反相高效液相色谱（HPLC）研究了植物乳杆菌 CRL681 对肌浆蛋白和肌原纤维蛋白在 0 d 和 4 d 的降解情况，结果表明其有很强的蛋白水解能力，并且肌浆蛋白更容易发生水解［图 16.2（a）］，添加 CFE 促进了肌浆蛋白的水解。从图 16.2（b）可知，乳酸菌对肌原纤维蛋白的水解作用不大，从对照组可以看出，肌原纤维蛋白提取物中存在一定量的内源酶，并且对 200 kDa 和 45 kDa 对应的两个条带降解效果明显。添加 WC 后，200 kDa 和 45 kDa 条带强度降低，而只添加 CFE 的变化不显著，这说明肌肉蛋白质可能不适合作为 CFE 表现其胞内酶活性的底物，而且植物乳杆菌 CRL681 CFE 中可能没有水解肌肉蛋白提取物的蛋白酶；另外，可初步推断水解肌肉蛋白提取物的蛋白酶活性是同此菌体细胞的细胞壁相连的，并存在于活的全细胞中[37,38]。此外，经过乳酸菌作用后的条带复杂程度说明肌原纤维蛋白不容易被乳酸菌降解。

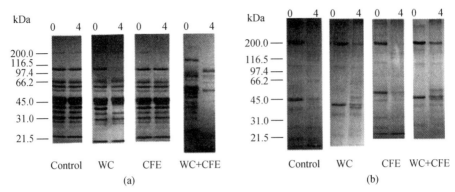

图 16.2　植物乳杆菌对肌浆蛋白（a）和肌原纤维蛋白（b）提取物的降解[19]

此外，他们还详细分析了其蛋白水解产物如多肽、氨基酸的类型及产生这些物质的前体和原因。结果表明，在 WC 或在 WC 和 CFE 共同作用下，肌原纤维蛋白和肌浆蛋白降解生成的多肽性质不尽相同。肌原纤维蛋白和肌浆蛋白在全细胞的作用下都会生成亲水性多肽，这种亲水性多肽利于形成良好的腌肉风味；而添加无细胞提取物后一些疏水性多肽含量会增加，这表明外源酶的加入或者多肽酶的过表达可能是风味化合物产生的关键。Visessanguan 等[39]也同意该观点，缬氨酸、亮氨酸、苯丙氨酸和赖氨酸可能是由肌肉蛋白质水解作用产生的，它们在后期的成熟过程中占主导，这对发酵肉制品风味的形成有一定贡献。

Sana、Fadda 和徐幸莲等[40-44]也利用同样的方法研究了干酪乳杆菌 CRL705、弯曲乳杆菌 CECT904、清酒乳杆菌 CECT4808、植物乳杆菌 CRL 681 和植物乳杆菌 6003 对肌肉蛋白质的水解作用，结果表明，这些菌株对肌浆蛋白和肌原纤维蛋白的降解有潜在的作用；随后，Pereira 等[45]的研究证明弯曲乳杆菌和同型腐酒乳杆菌两株乳杆菌有胞外蛋白质水解酶活性，并且菌株在对数生长期表现出最大的蛋白质水解活性。

实际上，在发酵过程中蛋白质水解除了与乳酸菌酶类水解活力有关外，还与乳酸菌产酸代谢相关。Saunders[46]的研究表明，pH 低于 4.5 利于肌原纤维蛋白的降解，并且在 pH 3.0 时降解程度达到最大。Fadda 等[47]采用不同 pH（pH 4.0 和 pH 6.0）的发酵体系，研究经植物乳杆菌 CRL681 在 30℃发酵 96 h 后肌浆蛋白的降解情况。结果表明，在这两个 pH 下，菌株能够在可溶性肌肉蛋白质中生长并且对其有降解能力。试验发现在 pH 4.0 条件下植物乳杆菌对肌浆蛋白的降解能力很强，并且在发酵香肠体系中也有同样的结果，这是肉源性酸性蛋白酶、菌株蛋白水解活力以及乳酸菌发酵产酸等方面协同作用的效果；在 pH 6.0 条件下蛋白质发生轻微的水解，这可能是乳酸菌蛋白酶水解的作用（图 16.3）。

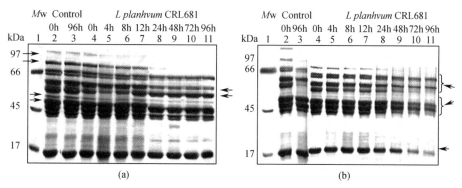

图 16.3 植物乳杆菌在 pH4.0（a）和 pH6.0（b）下对肌浆蛋白提取物的降解[30]

Fadda 等[48]选择了改良的模拟体系，在培养基中补充添加肌肉蛋白提取物，考察从发酵香肠分离出的清酒乳杆菌对其的降解能力。试验结果表明，在 0 h 和 72 h 时，未补充添加肌肉蛋白提取物并且没接菌的培养基（CDM）的电泳图中均未有出现条带（图 16.4，泳道 1 和泳道 2），而接种清酒乳杆菌的 CDM 电泳图中有极其微弱的条带（泳道 3），这可能是菌体蛋白产生的；补充添加肌浆蛋白和肌原纤维蛋白提取物的 CDM 在 0 h 时分别出现了相应的蛋白条带（泳道 4 和泳道 8）。补充添加两种不同肌肉蛋白但不接种清酒乳杆菌的 CDM 在 30℃处理 72 h 后，两者的电泳图存在显著的差别：添加肌浆蛋白提取物的 CDM 条带未发生显著变化（泳道 5），而添加肌原纤维蛋白提取物的 CDM 在 42～134 kD 范围内条带数增加（泳道 9），这可能是肌原纤维蛋白在提取过程中残余的内源酶作用所致；然后在补充添加肌浆蛋白和肌原纤维蛋白提取物的培养基中接种清酒乳杆菌，在清酒乳杆菌的作用下，肌浆蛋白发生降解，产生了 67 kDa 和 22 kDa 两个条带（泳道 6），肌原纤维蛋白也发生降解产生了很多新的条带（泳道 10）。一方面，这是内源酶和清酒乳杆菌作用的结果；另一方面，可能是菌体细胞裂解产生了一些菌体蛋白。

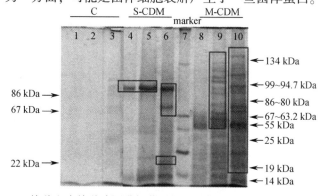

图 16.4 接种和未接种清酒乳杆菌对补充添加以及未补充添加肌浆蛋白
和肌原纤维蛋白提取物的培养基电泳图[31]

2）发酵肉制品体系

Verplaetse 等[49]在香肠加工过程中加入微生物抑制剂以及蛋白酶抑制剂，结果发现，添加蛋白酶抑制剂的肌动蛋白和肌球蛋白的降解程度要比添加微生物抑制剂的小。这表明内源性蛋白酶在蛋白质降解过程中比微生物分泌的蛋白酶发挥的作用要大，特别是在加工过程的初期。尽管如此，在成熟后期细菌蛋白水解活力对肌肉蛋白质的降解作用还是很大的，它可以降解多肽生成大量的小肽和氨基酸，这些多肽和氨基酸是风味化合物以及一些风味化合物的前体物质，促进成熟过程[50]。在发酵肉制品体系中研究乳酸菌对肌肉蛋白质的降解作用更具有实践意义，在发酵剂的筛选以及发酵工艺优化等方面具有指导作用。

Villani 等[51]分析了传统意大利发酵香肠在发酵和成熟过程中的菌相变化，并且分离鉴定出在此过程中的优势菌株，其中主要的乳酸菌有弯曲乳杆菌 BVL7、清酒乳杆菌 BVL6 和清酒乳杆菌 BVL26，然后再将其作为发酵剂添加到香肠中，考察它们对肌浆蛋白和肌原纤维蛋白的降解情况。电泳结果如图 16.5 所示，在内源酶和微生物酶两种酶水解体系的作用下，14～45 kDa 区域内的蛋白条带发生了变化，肌浆蛋白中的肌红蛋白（14 kDa）降解最为严重，另外接种弯曲乳杆菌 BVL7 和清酒乳杆菌 BVL 的 43 kDa 处对应的条带也降解消失了，这是一种重要的骨骼肌酶——肌酸激酶，34 kDa 处的条带也有轻微的降解［图 16.5（a）］。这三种乳酸菌对肌原纤维蛋白的降解作用远不如对肌浆蛋白的明显［图 16.5（b）］，降解的部分主要是集中在 14～75 kDa 区域内，只是发生了轻微的变化。25 kDa和 20 kDa 这两个条带分别对应肌球蛋白轻链-1 和轻链-2，与对照组相比，这两个条带强度稍微减弱了。

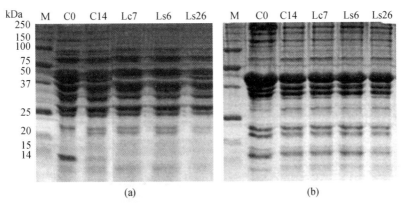

图 16.5　乳杆菌对发酵香肠中肌浆蛋白（a）和肌原纤维蛋白（b）的降解[34]

Fadda 等[52]选择了市场上常见的 10 种阿根廷干发酵肠，通过 SDS-PAGE 和分子质量小的多肽的分离鉴定来评价肌肉蛋白质的水解作用。SDS-PAGE 结果也表明在内源酶和乳酸菌作用下，肌浆蛋白和肌原纤维蛋白发生了水解，并且肌浆蛋白的水解程度较大。其中有一种产品的蛋白水解较强烈，这可能与其发酵技术有关，如发酵温度和发酵时间[53]。接下来通过考察感官特性、理化特性（pH 和水分活度）以及安全性（腐败菌和致病菌），从这 10 种香肠中筛选出 5 种。将香肠的蛋白提取物进行超滤，得到分子质量小于 3000 Da 的多肽，这些与风味有关的多肽就被分离出来了。分子质量大于 3000 Da 的部分经过反向高效液相色谱进行分析，收集那些发生改变的峰，用基质辅助激光解吸电离飞行时间质谱（Maldi Tof-Ms）仪对这部分碎片进行质谱分析。结果表明，在发酵和成熟过程中肌浆蛋白和肌原纤维蛋白降解生成了分子质量（1000 ~ 2100 Da）小的多肽，经序列分析发现其氨基酸组成很复杂，由亲水性和疏水性组成。从多肽的断裂点可推断出其在亲缘蛋白质上的位置，断裂点的位置反映出水解体系的复杂性，肌浆蛋白发生水解的位点较肌原纤维蛋白的要多。肌动蛋白水解得到了 4 种多肽，它们对应着蛋白质 N 端以及其中心区域，而肌球蛋白水解得到了 3 种多肽，只源于 N 端区域。这些结果也说明了在发酵肉制品中肌原纤维蛋白降解的作用较肌浆蛋白的要弱。

16.3.2.3 乳酸菌对蛋白质降解作用研究存在的问题

肌肉蛋白质水解作用是发酵肉制品特殊风味形成的一个重要途径。作为应用最为广泛的肉品发酵剂之一，乳酸菌对肌肉质降解的作用得到了广泛的研究，但是关于乳酸菌酶系对肌肉蛋白质降解作用的机制和历程以及一些发酵工艺对乳酸菌水解蛋白质的影响等问题尚待阐明。

1）研究中存在的问题及发展趋势

目前，多数研究集中在模拟体系中考察乳酸菌是否对不同的肌肉蛋白质具有降解作用以及降解的程度，进而对分离出的低分子肽进行鉴定，并分析其性质，但是关于肌肉蛋白质在降解过程中乳酸菌酶系的作用机制研究较少，肌肉内源酶与微生物酶系怎样调节蛋白质降解以及这些酶的专一性等问题仍需探究。另外，乳酸菌之间可能因菌株个体差异性使得其对蛋白质水解作用机制不同，例如，肉源性乳杆菌的胞外蛋白酶活力远不如乳源性乳杆菌的强，肉源性清酒乳杆菌 32K 的基因组没有编码外源性蛋白酶的基因[48]。

2）研究深度

蛋白质组学作为后基因时代主要研究任务之一已得到了迅速发展，目前在肉品科学中也得到了广泛应用[54-56]。Aldo 等[57]利用蛋白质组学技术研究了发酵火腿在成熟过程中肌浆蛋白和肌原纤维蛋白质的变化情况，双向电泳法比 SDS-PAGE 法更为详尽地阐述了蛋白质的变化。

由于蛋白质降解受基因调控，因此可通过蛋白质组学来研究乳酸菌对肌肉蛋白质的降解作用，从分子水平认知乳酸菌的功能性和作用机制[58]。Fadda 等[26]利用研究清酒乳杆菌 23K 在肌肉蛋白提取物中的生长适应性，使用双向电泳技术，分析菌株在不同肌肉蛋白中生长 72 h 后其胞内蛋白质组的变化情况，然后通过 Maldi Tof-Ms 鉴定具有显著作用的调节蛋白。结果表明，从 31 个表达点看，在有肌原纤维蛋白提取物存在时有 16 个点，而在有肌浆蛋白提取物存在时有 6 个点，这与 SDS-PAGE 所得到的蛋白质降解模式具有相关性。当有肌原纤维蛋白提取物存在时，清酒乳杆菌 23K 会过度表达与能量和嘧啶代谢相关的蛋白质，同时也与丙氨酸和酪氨酸合成酶以及翻译有关，而其他与普通应激反应以及嘧啶、维生素和辅因子的生物合成相关的蛋白表达受到了抑制。当应激蛋白处于调控状态时，添加肌肉蛋白提取物可调整与翻译多肽/氨基酸代谢及产能相关蛋白质的过度表达。这项研究加深了在肌肉蛋白质存在时，清酒乳杆菌 23K 的分子应激反应和生长机制的理解。我们需加深对这些调控基因功能性的研究，建立基因组序列和其生物学作用之间的联系，为筛选良好适应性的菌株、生产高质量的发酵产品提供基础。在基因后时代中，为了从基因数据获得更多的信息，引进生物信息学是很关键的。蛋白质组学与转录分析表达结合之后，可提供更多有价值的基因和蛋白质。

16.3.3　葡萄球菌和微球菌

葡萄球菌和微球菌的蛋白质、脂肪分解能力依品种各异，它们在呈味方面作用极其显著。其中的优良菌株能够形成芳香化合物，改善风味、加速生产过程。Stahnke 等[59]研究发现接种肉糖葡萄球菌的发酵香肠比对照组成熟期提前了两周。Beck 等[60]指出葡萄球菌中的木糖葡萄球菌和肉糖葡萄球菌由于能够转换氨基酸（尤其是支链氨基酸亮氨酸、异亮氨酸和缬氨酸）和游离脂肪酸，因而能够协调风味的形成。木糖葡萄球菌在发酵中能够生成 3-甲基-丁醇、双乙酰、2-丁酮、3-羟基丁酮、苯甲醛、苯乙酮以及甲基酮类，在南欧的萨拉米香肠中应用较广泛，它产香柔和，酸味较淡，可生产高品质的香肠[61]。而肉糖葡萄球菌则将支链的氨基酸转化成甲基醛类（如 3-甲基丁醛、2-甲基丁醛、2-甲基丙醛）及其酸类，其中 3-甲基丁醛和 3-甲基丁酸来源于亮氨酸，与香肠的风味密切相关。此外在高浓度的酸和醇存在以及微生物酯酶活力低的情况下，它们能够进一步转化成芳香的酯类物质。除了能够改善风味外，由于微球菌和葡萄球菌具有硝酸盐还原和抗氧化能力，因而可以阻止不饱和脂肪酸的氧化和其他不良风味的形成。

Montel 等[61]对几种葡萄球菌的研究发现，沃式葡萄球菌的脂肪分解能力最强，产乳酸能力也很高；肉糖葡萄球菌和木糖葡萄球菌的硝酸盐还原能力最强，但蛋白酶、脂酶活力低；腐生葡萄球菌生成双乙酰的能力最高，脂肪分解能力一般，但有些菌株不能还原硝酸盐；变异微球菌和猪葡萄球菌的蛋白酶活性最强。对接种清酒乳杆菌和不同的微球菌香肠的风味进行研究发现，具有发酵香肠典型风味的是接种肉糖葡萄球菌或木糖葡萄球菌的香肠，接种猪葡萄球菌的香肠具有奶酪味，接种腐生葡萄球菌的香肠仅具有水果味。接种肉糖葡萄球菌或木糖葡萄球菌的香肠中 2-戊酮、2-庚酮、2-己酮的含量最高。

Pinto 等[62]经过研究认为，肉糖葡萄球菌和木糖葡萄球菌作为添加剂添加到肉干中具有较高的蛋白水解活性，用木糖葡萄球菌发酵的牛肉干蛋白水解活性最高，要获得良好的感官效果，木糖葡萄球菌是首选的菌株，建议将这一研究应用于发酵牛肉干的生产中。

16.3.4 霉菌和酵母

用霉菌发酵的香肠在地中海地区很普遍，不产毒素的霉菌可以接种于肉制品的表面通过蛋白质水解、氨基酸降解、脂肪水解、脂肪氧化、水分流失的减少、酸败延缓等来改善风味。霉菌接种于香肠表面还可以赋予表面白色或灰白色的外观，同时通过过氧化氢酶活力、消耗氧、隔离光线来起到护色的作用，延缓肠衣的脱落。较常用的霉菌有青霉菌属和毛霉菌属。

酵母菌一般生长在香肠表面 0.2 ~ 0.4 cm 的片层中，与细菌相比数量很低。发酵过程中能够形成一定数量的醇和酯类，改善制品的风味。其中应用最为普遍的是德巴利氏酵母菌属，适量接种德巴利氏酵母能够抑制脂肪的氧化、促进酯类的形成，改善制品的风味。过量接种时反而会产生一定量的酸（如 2-甲基丙酸、2-甲基丁酸），削弱了它的积极作用。酵母发挥作用的大小依赖于香肠中其他发酵剂的存在，单独使用酵母，会使氨的含量上升，而乳酸和乙酸的含量下降，从而导致 pH 的上升，酵母菌与乳酸菌和微球菌联合使用时效果较好。

我国发酵肉制品的生产历史悠久，腊肠、火腿等传统发酵肉制品在发酵过程中，形成了独特的风味，深受消费者的喜爱。但是对发酵剂的开发和研究还相对较少，未来发酵剂的研究将集中在提高乳酸的转化率，提供良好的风味成分，产生抗氧化剂和细菌素等功能性物质，以及如何利用基因手段来改善菌株的性状，开发出优良的功能性发酵剂等方面。相信随着新型发酵剂的应用，在不久的将来，消费者将会享用到更安全、营养、美味、适口的发酵肉制品。

16.4 生物保护菌提高发酵肉制品安全性的研究

食品的质量安全对政府，食品企业和消费者都尤为重要。众所周知，一些致病菌，如产气荚膜梭菌、沙门氏菌、大肠杆菌和单增李斯特菌可以沿着食物链传送，成为人类疾病的来源。它们污染食品，并可在适宜的条件下繁殖。目前，由食源性致病菌引发的疾病已经在世界范围内引发广泛关注[63]。人们需要寻找新的方法，以阻止致病菌沿食物链进行传播。

通过接种有益菌，主要是乳酸菌和双歧杆菌，可以作为一种有效的途径抑制病原菌的生长，进而提高食品的安全性，有利消费者健康[64,65]。此外，这些微生物可能具有抑制腐败菌生长的活性，从而延长食品的货架期。这些具有特定功能的益生菌被称为"生物保护菌（protective cultures）"，即用于添加至食品中的活性微生物，具有抑制致病菌生长和/或延长食品保质期的功能[65]。

食品的生物保护作用分为两种途径[66,67]：一是在食品体系中直接接种目标微生物，即生物保护菌，它们可以产生具有抑菌作用的化合物分子或者和病原菌或腐败菌进行竞争生长；二是直接添加微生物代谢物，主要是细菌素，如乳酸链球菌素（nisin）。两种方法均可延长食品的货架期，提高其微生物安全性。然而，直接使用细菌素有很多缺陷，最主要的就是食品中的成分或添加剂会与其发生反应，进而使其活性降低[68]。相反，使用生物保护菌则具有很多优势，它们不仅可以产生抗菌肽，同时还可以产生一系列具有抑菌活性的分子，如有机酸、二氧化碳、乙醇和过氧化氢等。同时，生物保护菌还可以和潜在的病原菌竞争生长，这也是其抑菌机理之一。此外，这些微生物可能具有某些功能特性，如赋予产品特有的风味、质地和营养价值等，这也赢得了消费者的欢迎。因此，生物保护菌的概念是广义的，并不单单指产生细菌素的微生物。

乳酸菌是最常用的生物保护菌，这主要是由于它们长久以来一直用于发酵食品中，并安全使用至今[69]。除了保证食品安全以外，生物保护菌还应该避免给产品带去不良影响。由于乳酸菌可能会导致某些食品腐败，所以在使用前，应该充分研究接种菌株是否会对产品质构及其他质量特性产生不利影响[70]。此外，工业加工条件下的存活能力对于大规模工业生产生物保护菌也是非常重要的[71]。乳酸菌作为众多发酵食品中的防腐因子，有着悠久的使用历史，很多学者对其进行了综述[68,72]。同时，人们也证实了在一些非发酵食品中，乳酸菌也可作为生物保护菌。

肉和肉制品是微生物生长的良好土壤[66]。冷藏是延长肉类货架期的常用技术，它经常与真空包装联合使用。冷藏会导致一些嗜冷菌的选择性生长，主要包括肠杆菌、假单胞菌属和热杀索丝菌等[73]。一些嗜温菌，如沙门氏菌属（*Salmonella* spp.）和致病性大肠杆菌（*Escherichia coli*），也能在冷藏温度稍高的食物中生长，引发肉品安全问题。此外，近几年也爆发了一些单增李斯特菌（*Listeria monocytogenes*）污染肉制品的事件。尽管人们已经开始筛选乳酸菌菌株作为肉中生物保护菌，但截至目前，其在肉制品中应用相对较少，少数应用集中在鸡肉、牛肉和火腿上。Maragkoudakis 等[74]以抑制目标病原菌和腐败菌生长活性，在不同食品加工条件和人体消化道中存活能力以及基本的生物安全性为评价指标，从 600 株源自食品体系的乳酸菌中筛选得到两株细菌，第一次将其作为生物保护菌用于生鲜鸡肉样品中，结果表明，筛选得到的生物保护菌抑制了单增李斯特菌和沙门氏菌的生长。更重要的是，作者并没有观察到由此引发的产品腐败或者营养价值降低。抑制李斯特菌生长主要归功于细菌素的作用，但作者也罗列了其他一系列因素。在切片牛肉制品中，生物保护菌主要用于抑制腐败菌生长[66]，肉源性的清酒乳杆菌（L. sakei）和弯曲乳杆菌（L. curvatus）是最常应用的菌株[70]。清酒乳杆菌 L. sakei CETC 4808 可以产生细菌素，已经成功用于真空包装的切片牛肉，且未改变产品的理化特性和感官品质[73]。Castellano 等[70]将弯曲乳杆菌 L. curvatus CRL705 接种到真空包装牛排中，经过 60 d 冷藏后，该菌株成为其中优势菌株，抑制了肉中腐败微生物的生长。同时，与对照样品相比，添加生物保护菌延缓了肌肉组织降解，且感官品质并无不同。此外，该菌株也可产生细菌素，具有抑制李斯特菌属生长的能力。生物保护菌在煮制肉制品中也有应用，主要用于火腿制品中。Vermeiren 等[75]分离、鉴定并研究了 91 株源自肉制品的菌株作为蒸煮腌肉制品生物保护菌的可能性，结果显示，共计有38% 的菌株具有同时抑制多种病原菌（单增李斯特、肠明串珠菌、肉样明串珠菌和热杀索丝菌）的效果。而高达 91%、88% 和 74% 的菌株可以分别单独抑制单增李斯特菌、热杀索丝菌和中肠明串珠菌。作者选取其中抑菌活性最高的 12 株菌株，应用到模式煮制火腿产品中，结果表明，接种清酒乳杆菌的产品 7℃贮存直至 34 d 仍具有较高的感官特性，因而将该清酒乳杆菌菌株筛选作为煮制肉制品的生物保护菌。Hu[76]将清酒乳杆菌 L. sakei B-2 作为生物保护菌添加至真空包装烟熏火腿切片中，结果表明，接种有 L. sakei B-2 的真空包装烟熏火腿切片于 4 ℃贮藏的货架期为 35 d，而对照样货架期仅为 15 d。使用生物保护菌 L. sakei B-2 抑制了低温肉制品中的主要腐败菌，包括清酒乳杆菌、弯曲乳杆菌和肠膜明串珠菌等。此外，Vermeiren 等[75]将从火鸡肉中分离得到的清酒乳杆菌 L. sakei 10A 与中肠明串珠菌和热杀索丝菌等共同培养时，发现其和目标菌之间具有拮抗活性。

16.5 直投式发酵剂制备的关键技术

真空冷冻干燥浓缩发酵剂，又称直投式发酵剂或直接使用型发酵剂，是指不需要经过活化、扩增而直接应用于生产的一类新型发酵剂。它是将离心分离后高浓度的菌悬浮液，添加抗冻保护剂，经冻结后再在真空条件下升华干燥制成干燥粉末状的固体发酵剂。其基本原理是：菌体与保护介质混溶，在冰冻状态下通过低压升华和解吸附的方法，使制品水分减少到使其在长时间内无法维持生物学或化学反应的水平。处于技术领先水平的丹麦汉森公司（1988 年）率先研制成功，其主要特点有：①活菌含量高（$10^9 \sim 10^{12}$ cfu/g）；②保质期长，能够直接生产乳制品，大大提高了劳动生产率和产品质量，保障消费者的利益和健康；③接种方便，只需简单的复水处理，就可直接用于生产；④减少了污染环节，并能够直接、安全有效地生产乳制品，使发酵乳品的生产标准化，并减少了菌种的退化和污染；⑤菌种活力强，使接种量降低为传统人工发酵剂的 1/1000 ~ 1/100，菌株比例适宜[77]。高效浓缩型冻干发酵剂制备的关键技术主要包括：廉价增殖培养基的筛选及乳酸菌培养条件的优化、细胞浓缩分离条件的筛选、冻干保护剂的优化筛选、真空冷冻干燥工艺的优化及冻干发酵剂的保藏技术等。

16.5.1 菌株培养技术

16.5.1.1 增殖培养基

选择适合的基础培养基对菌种的增殖起到很关键的作用。制备浓缩型菌株发酵剂就要获得高浓度的菌株培养物，需要对其进行高密度培养，获得菌株大量生长的培养基是制备浓缩型发酵剂的前提。研究表明：乳酸菌对营养要求苛刻，其增殖培养基除了含有碳源、氮源、无机盐等营养因子外，还应含有乳酸菌促生长因子。菌体在经典乳酸菌分离和计数培养基中生长和分离状况均较好，但成本很高，作为乳酸菌增殖的培养基应具有如下特点：①适合菌体生长，繁殖速度快，在较短时间内可得到大量高活力细胞；②菌体与培养基易分离；③成本低廉，最好能反复利用。

16.5.1.2 培养方法

1）缓冲盐法

乳酸菌在增长繁殖的过程中，代谢糖类产生大量乳酸，pH 降低，使培养液中的酸度升高，同时抑制乳酸菌的增殖，所以在培养过程中向培养液中加入磷酸盐和柠檬酸盐等缓冲盐类，能有效调节酸度在一定的范围内，促进乳酸菌的生长。

2）化学中和法

此法应用较广泛，乳酸菌在培养过程中，代谢产乳酸，随着降低 pH，抑制菌体生长。所以在培养过程中向发酵液中添加 $NH_3 \cdot H_2O$ 或 NaOH 等碱类物质，中和培养液中的酸性物质，可有效控制发酵液的酸度，减少酸性物质对菌株生长的抑制作用。

3）渗析法

渗析法，又称过滤培养法。这种方法利用膜技术，选择合适的膜孔径来浓缩菌体。原理是向培养液中添加新的培养基，乳酸菌代谢产物则通过膜除去，使发酵液纯化，促使乳酸菌繁殖。

16.5.2　菌体浓缩技术

菌体细胞的浓缩分离技术是制备高效浓缩型冻干发酵剂重要的中间环节。乳酸菌细胞的获取一般在对数生长末期或稳定初期进行，常用的方法主要有两种。

16.5.2.1　离心法

在离心力的作用下，使培养液中的菌体和上清液分离，以提高菌泥中菌株的含菌量。主要有普通离心和超速离心两种方法，此法简单方便易行，适合产业化生产。

16.5.2.2　膜渗析法

此法最为先进，利用膜的选择性，选择合适的膜孔径来分离菌体和代谢物，乳酸菌代谢产物则通过膜除去，起到浓缩菌体的作用。

16.5.3　干燥技术

16.5.3.1　发酵剂的分类

发酵剂一般分为液态发酵剂、冷冻浓缩发酵剂和冻干发酵剂三种[78-80]。

1）液态发酵剂

液态发酵剂指的是将少量保存的纯种菌株，经活化传代、扩增制成的普通液体发酵剂。其制作过程为：纯种培养菌株—母发酵剂—中间发酵剂—生产发酵剂。在实际生产中，根据生产需要，在某次中间发酵剂的乳酸菌的量不足时，可以进行二次发酵，甚至可以进行多次中间发酵剂的扩增。在制作生产发酵剂时，在扩增的过程中菌种的培养基配方最好和最终产品的原料一致，才不会使菌种生活条件发生急剧变化。

特点：价格便宜；但批量产品之间质量不稳定，易感染杂菌；在生产时有时还需再扩大培养，耗费原材料、时间、人工等，液体状态保存期较短。

2）冷冻浓缩发酵剂

冷冻浓缩发酵剂是指菌体经过活化传代然后浓缩培养最后离心，制成浓缩的菌体悬浮液，再向浓缩菌悬液中加入抗冻保护剂，置于低温下冷冻保藏，其活菌数及其活力在六个月内不发生很大变化。按冷冻温度可分为冷冻发酵剂、低温冷冻发酵剂和超低温冷冻发酵剂三种。

特点：菌数含量高，保藏时间长，可以直接作为生产发酵剂，使用方便，直接使用可避免污染杂菌或致病菌，保证各批次产品质量的均一性；由于温度要求，保存时需特殊制冷装置，需要制冷费用很高，在实际生产中存在一定的难度。

3）冻干发酵剂

冻干发酵剂也称粉状发酵剂或颗粒状发酵剂。它通过培养液体发酵剂使其达到最大乳酸菌数然后进行冷冻干燥制得。按不同活力可分为一般冻干发酵剂和浓缩冻干发酵剂两种。

一般冻干发酵剂是将液体发酵剂制好后经过冷冻升华干燥过程制得的粉剂。

浓缩冻干发酵剂的制作方法和冷冻浓缩发酵剂相仿，都需经过浓缩培养过程，再经离心得到浓度高的乳酸菌悬浮液，向其中添加抗冻干保护剂，冻结干燥，制成干粉状的固体发酵剂。

特点：易于保存，菌种活力和稳定性高，避免污染杂菌，使用方便，复水即可；但冻干过程成本略高。

16.5.3.2　抗冻保护机理

冷冻干燥菌体，冻伤死亡率将很大，因冷冻干燥过程对菌株具有相当大的危害：冷冻过程中菌体细胞内形成具有溶质效果和机械刺伤作用的冰晶；温度过低则重要的蛋白质变性，主要的酶失活；温度低造成细胞膜渗漏。所以在冷冻干燥时选择合适的冻干保护剂非常关键[81]。

保护剂应具有保水性，能在冻干时细胞的水分平缓降低，不至于下降太剧烈，可使蛋白质结构不至于遭到损坏；保护剂的化学结构中应具备三个以上氢键或一些离子基团，取代水与菌体蛋白结合，防止蛋白质变性，保证蛋白质的稳定，同时防止在冷冻干燥过程中形成冰晶。保护剂能包裹菌体，降低菌体与氧接触的概率，降低细胞代谢速度，所以保护剂在制备冷冻干燥浓缩发酵剂过程中尤为重要[82]。保护剂的作用就在于尽量小地改变菌体冷冻干燥时原来的物理、化学环境，减轻在冷冻干燥过程或复水时对细胞造成的损害，尽量保持菌体原来的生物活性和生理生化特性。

在冷冻干燥的过程中，由于温度过低，细菌细胞的凋亡主要由冷冻损伤引起。所以冷冻干燥时加入保护剂是减少细胞因冻伤死亡的有效方法。冷冻保护剂分为渗透性和非渗透性。渗透性保护剂不仅存在于细胞的表面，而且能进入细胞内部，细胞内溶质的浓度变高，细胞内外压力接近，下降了细胞外结冰引起的细胞脱水皱缩的程度和速度，减小了细胞的损伤。渗透性保护剂在溶液中能够与水分子结合，发生水合作用，增加溶液黏性，温度降低时，减慢溶液内冰晶增长速度，降低系统水转化为冰的比例，减轻了细胞外溶质浓度升高所造成的细胞损伤，有效地阻止细胞内外的冷冻损伤。而非渗透性的保护剂只能存在于细胞表面，不能进入细胞内部，即在细胞表面形成保护层，冷冻干燥时使溶液呈过冷状态，溶液结冰速度变缓。避免在冻干过程中由于盐类浓缩，使细胞脱水而导致细菌发生渗透压性休克、细胞壁和细胞膜的塌陷、蛋白质变性等不良后果[83]。

冻干保护剂要求无免疫原性、无毒性、冷冻升华时不起泡；在冻干和保存过程中起保护作用并有利于菌体活性的保存；在复水时有效地缓解渗透性肿胀引起的菌体损伤，并不影响被冻干制品的检测；另外，对微生物的贮存稳定性也要有一定的提高。渗透型抗冻保护剂主要有甘油、乙二醇、吐温80、氨基酸、缓冲盐等。非渗透型抗冻剂主要有海藻糖、脱脂乳、聚乙烯吡咯烷酮、麦芽糊精、环状糊精、血清、蛋白质和多肽等。

一般来说，麦芽浸出液、脱脂乳、乳清、甘油等对乳酸菌具有较好保护作用，加入保护剂后，乳酸菌悬浮液在-20～-40℃真空条件下，慢慢冻结1h左右，使细胞中的水分能充分渗透出来，这样可使乳酸菌保持较高的活力[84]。海藻糖具有特殊的水合作用，在水溶液环境下，通过氢键与细菌细胞膜的磷脂极性头部相结合，在干燥过程中可以置换磷脂间的水分子，从而保持细菌的框架结构的完整性，降低相变温度，使细菌在冷冻干燥过程中和复水过程中均处于液晶状态，避免了由相的转变导致组分的融合和成分渗透，并且在水化时海藻糖能够从细胞膜上优先被排出，恢复了细菌的结构和活性，因而海藻糖在冷冻干燥生物制品方面具有广阔的应用前景[85]。

16.5.4 包装及贮藏技术

包装材料与贮藏条件是影响高效浓缩型冻干发酵剂贮藏稳定性的重要外部因素。由于冻干发酵剂水分含量很低，一般为1.5%～2%，因而要求冻干发酵剂要在经消毒过的密闭车间内进行严密的包装，以防在贮藏期间发酵剂因受潮吸水或者发生氧化而导致发酵活力下降。包装材料应选择不透水、不透气及避光的材料，工业上通常选用复合铝箔纸或镀铝膜作为包材。

一般来说，冻干发酵剂在低温、真空中或在充氮环境中，可较好地保持菌种活性。研究表明：真空封存要比其他惰性气体效果好，但在氮气中封存又要比真空封存稳定，原因可能在于氮气的分子直径小，并有极高的迁移速度，能透过干燥的外壳，除去干燥时存留在菌体周围的氧分子。二者的保存效果均优于常压空气封存[86]。目前，国外商品化的高效浓缩型冻干发酵剂通常采用真空封存，4℃冷藏，保藏期可达 1 年以上，−18℃冻藏，保藏期可达 5 年以上。

参 考 文 献

［1］张元生. 微生物在肉类加工中的应用［M］. 北京：中国商业出版社，1991

［2］Hugas M, Monfort J M. Bacterial starter cultures for meat fermentation［J］. Food Chemistry, 1997, 59：547-554

［3］李平兰，沈清武，吕燕妮，等. 宣威火腿成熟产品中主要微生物菌相构成分析［J］. 中国微生物学杂志，2003，15（5）：262-263

［4］Nychas G J E, Arkoudelos J S. Staphylococci：Their role in fermented sausages［J］. Journal of Applied Bacteriology Symposium Supplment, 1990：167-188

［5］葛长荣，马美湖. 肉与肉制品工艺学［M］. 北京：中国轻工业出版社，2002

［6］Kerry J, Ledward D. Meat Processing［M］. Cambridge：Woodhead publishing, 2002

［7］Berdagu J L, Monteil P, Montel M C, et al. Effect of starter cultures on the formation of flavour compounds in dry sausage［J］. Meat Science, 1993, 35：275-287

［8］王世平，王静，仇厚援. 现代仪器分析与技术［M］. 哈尔滨：哈尔滨工程大学出版社，1999

［9］Flores M, Dur M A, Marco A. Effect of Debaryomyces spp. on aroma formation and sensory quality of dry-ferment sausages［J］. Meat Science, 2004, 68：439-446

［10］Hierro E, Hoz L, Ordez J A. Headspace volatile compounds from salted and occasionally smoked dried meats（cecinas）as affected by animal species［J］. Food Chemistry, 2004, 85：649-657

［11］蔡华珍，马长伟，谢江碧. 干发酵香肠在成熟过程中的脂肪变化及其芳香成分的关系［J］. 食品与发酵工业，1999，25（6）：63-67

［12］蔡华珍，马长伟. 干发酵香肠在成熟过程中的生化变化［J］. 肉类工业，1999，（6）：29-33

［13］Stahnke L H. Aroma compounds from dried sausages fermented with Staphylococcus Xylosus［J］. Meat Science, 1994, 38（1）：39-53

［14］王海燕，张春江，罗欣. 发酵香肠中微生物产生的酶及其作用［J］. 肉类工业，2001，（1）：15-17

［15］Zanardi E, Ghidini S, Battaglia A, et al. Lipolysis and lipidoxidation in fermented sausages depending on different processing conditions and different antioxidants［J］. Meat Science, 2004, （66）：415-423

［16］徐光域，王卫，郭晓强. 发酵香肠加工中的发酵剂及其应用进展［J］. 食品科学，2002，23（8）：306-310

［17］Frédéric L, Jurgen V, Luc D V. Functional meat starter cultures for improved sausage fermentation［J］. International Journal of Food Microbiology, 2006, 106：270-285

［18］孔保华. 肉品科学与技术［M］. 北京：中国轻工业出版社，2011

[19] Wang X H, Ren H Y, Liu D Y, et al. Effects of inoculating *Lactobacillus sakei* starter cultures on the microbiological quality and nitrite depletion of Chinese fermented sausages [J]. Food Control, 2013, 32 (2): 591-596

[20] Pringsulaka O, Thongngam N, Suwannasai N. Partial characterisation of bacteriocins produced by lactic acid bacteria isolated from Thai fermented meat and fish products [J]. Food Control, 2012, 23 (1): 547-551

[21] González-fernández C, Santos E M, Rovira J, et al. The effect of sugar concentration and starter culture on instrumental and sensory textural properties of chorizo- Spanish dry cured sausage [J]. Meat Science, 2006, 74 (3): 467-475

[22] 李沛军, 孔保华, 郑冬梅. 微生物发酵法替代肉制品中亚硝酸盐呈色作用的研究进展 [J]. 食品科学, 2010, 31 (17): 388-391

[23] Leroy F, Verluyten J, Vuyst L D. Functional meat starter cultures for improved sausage fermentation [J]. International Journal of Food Microbiology, 2006, 106 (3): 270-285

[24] Visessanguan W, Benjakul S, Smitinont T, et al. Changes in microbiological, biochemical and physico-chemical properties of Nham inoculated with different inoculum levels of *Lactobacillus curvatus* [J]. LWT-Food Science and Technology, 2006, 39 (7): 814-826

[25] Bolumar T, Sanz Y, Flores M, et al. Sensory improvement of dry-fermented sausages by the addition of cell-free extracts from *Debaryomyces hansenii* and *Lactobacillus sakei* [J]. Meat Science, 2006, 72 (3): 457-466

[26] Cagno R D, Lòpez C C, Tofalo R, et al. Comparison of the compositional, microbiological, biochemical and volatile profile characteristics of three Italian PDO fermented sausages [J]. Meat Science, 2008, 79 (2): 224-235

[27] Chen Q, Liu Q, Sun Q X, et al. Flavour formation from hydrolysis of pork sarcoplasmic protein extract by a unique LAB culture isolated from Harbin dry sausage [J]. Meat Science, 2015, 100: 110-117.

[28] Lioe H N, Takara K, Yasuda M. Evaluation of peptide contribution to the intense umami taste of Japanese soy sauces [J]. Journal of Food Science, 2006, 71 (3): S277-S283

[29] Ordóñez J A, Hierro E M, Bruna J M, et al. Changes in the components of dry-fermented sausages during ripening [J]. Food Science and Nutrition, 2010, 39 (4): 329-367

[30] Gutsche K A, Tran T B T, Vogel R F. Production of volatile compounds by *Lactobacillus sakei* from branched chain α-keto acids [J]. Food Microbiology, 2012, 29 (2): 224-228

[31] Montel M, Seronie M, Talon R, et al. Purification and characterization of a dipeptidase from *Lactobacillus sakei* [J]. Applied and Environmental Microbiology, 1995, 61 (2): 837-839

[32] Sanz Y, Toldrá F. Purification and characterization of an aminopeptidase from *Lactobacillus sakei* [J]. Journal of Agricultural and Food Chemistry, 1997, 45 (5): 1552-1558

[33] Sanz Y, Mulholland F, Toldrá F. Purification and characterization of a tripeptidase from *Lactobacillus sakei* [J]. Journal of Agricultural and Food Chemistry, 1998, 46 (1): 349-353

[34] Sanz Y, Toldrá F. Purification and characterization of an X- prolyl- dipeptidyl peptidase from

Lactobacillus sakei [J] . Applied and Environmental Microbiology, 2001, 67 (4), 1815-1820

[35] Sanz Y, Toldrá F. Purification and characterization of an arginine aminopeptidase from *Lactobacillus sakei* [J] . Applied and Environmental Microbiology, 2002, 68 (4): 1980-1987

[36] Fadda S, Sana Y, Vignolo G, et al. Characterization of muscle sarcoplasmic and myofibrillar protein hydrolysis caused by *Lactobacillus plantarum* [J] . Applied and Environmental Microbiology, 1999, 65 (8): 3540-3546

[37] Savijoki K, Ingmer H, Varmanen P. Proteolytic systems of lactic acid bacteria [J] . Applied Microbiology and Biotechnology, 2006, 71 (4): 394-406

[38] Pritchard G G, Coolbear T. The physiology and biochemistry of the proteolytic system in lactic acid bacteria [J] . FEMS Microbiology Reviews, 1993, 12 (1-3): 179-206

[39] Visessanguan W, Benjakul S, Riebroy S, et al. Changes in composition and functional properties of proteins and their contribution to Nham characteristics [J] . Meat Science, 2004, 66 (3): 579-588

[40] Sana Y, Fadda S, Vignolo, G. , et al. Hydrolytic action of *Lactobacillus casei* CRL 705 on pork muscle sarcoplasmic and myofibrillar proteins [J] . Journal of Agricultural and Food Chemistry, 1999, 47 (8): 3441-3448

[41] Fadda S, Sanz Y, Vignolo G, et al. Hydrolysis of pork muscle sarcoplasmic proteins by *Lactobacillus curvatus* and *Lactobacillus sakei* [J] . Applied and Environmental Microbiology, 1999, 65 (2): 578-584

[42] Sanz Y, Fadda S, Vignolo G, et al. Hydrolysis of muscle myofibrillar proteins by *Lactobacillus curvatus* and *Lactobacillus sakei* [J] . International Journal of Food Microbiology, 1999, 53 (2):115-125

[43] Fadda S, Vignolo G, Holado A P R, et al. Proteolytic activity of *Lactobacillus* strains isolated from dry- fermented sausages on muscle sarcoplasmic proteins [J] . Meat Science, 1998, 49 (1): 11-18

[44] 徐幸莲, 徐为民, 周光宏. 植物乳杆菌 6003 对肌肉蛋白质的分解能力 [J] . 食品科学, 2003, 24 (2): 56-61

[45] Pereira C, Crespo M, Romao M. Evidence for proteolytic activity and biogenic amines production in *Lactobacillus curvatus* and *Lactobacillus homohiochii* [J] . International Journal of Food Microbiology, 2001, 68 (3): 211-216

[46] Saunders A B. The effect of acidification on myofibrillar proteins [J] . Meat Science, 1994, 37 (2): 271-280

[47] Fadda S, Vildoza M J, Vignolo G, et al. The acidogenic metabolism of *Lactobacillus plantarum* CRL 681 improves sarcoplasmic protein hydrolysis during meat fermentation [J] . Journal of Muscle Foods, 2010, 21 (3): 545-556

[48] Fadda S, Anglade P, Baraige F, et al. Adaptive response of *Lactobacillus sakei* 23K during growth in the presence of meat extracts: A proteomic approach [J] . International Journal of Food Microbiology, 2010, 142 (1-2): 36-43

［49］ Verplaetse A, Demeyer D, Gerard S, et al. Endogenous and bacterial proteolysis in dry sausage fermentation ［C］. Proceedings of the 38th International Conference of Meat Science and Technology, Clermont-Ferrand, France: 1992: 851-854

［50］ Talon R, Leroy S, Lebert I. Microbial ecosystems of traditional fermented meat products: The importance of indigenous starters ［J］. Meat Science, 2007, 77 （1）: 55-62

［51］ Villani F, Casaburi A, Pennacchia C, et al. Microbial ecology of the soppressata of vallo di diano, a traditional dry fermented sausage from southern Italy, and *in vitro* and *in situ* selection of autochthonous starter cultures ［J］. Applied and Environmental Microbiology, 2007, 73 （17）: 5453-5463

［52］ Fadda S, López C, Vignolo G. Role of lactic acid bacteria during meat conditioning and fermentation: Peptides generated as sensorial and hygienic biomarkers ［J］. Meat Science, 2010, 86 （1）: 66-79

［53］ Claeys E, Smet D, Balcaen A, et al. Quantification of fresh meat peptides by SDS-PAGE in relation to ageing time and taste intensity ［J］. Meat Science, 2004, 67 （2）: 281-288

［54］ 李学鹏, 励建荣, 于平. 蛋白组学及其在食品科学研究中的应用 ［J］. 中国粮油学报, 2010, 25 （2）: 141-149

［55］ Théron L, Sayd T, Pinguet J, et al. Proteomic analysis of *semimembranosus* and *biceps femoris* muscles from Bayonne dry-cured ham ［J］. Meat Science, 2011, 88 （1）: 82-90

［56］ 冯宪超, 徐幸莲, 周光宏. 蛋白质组学在肉品学中的应用 ［J］. 食品科学, 2009, 30 （5）: 277-281

［57］ Luccia A D, Picariello G, Cacace G, et al. Proteomic analysis of water soluble and myofibrillar protein changes occurring in dry-cured hams ［J］. Meat Science, 2005, 69 （3）: 479-491

［58］ 何庆华, 吴永宁, 印遇龙. 乳酸菌差异蛋白组学研究进展 ［J］. 食品与发酵工业, 2007, 33 （8）: 113-116

［59］ Stahnke L H, Holck A, Jensen A, et al. Maturity acceleration of Italian dried sausage by *Staphylococcus carnosus* relationship between maturity and flavor compounds ［J］. Journal of Food Science, 2002, 67: 1914-1921

［60］ Beck H C, Hansen A M, Lauritsen F R. Catabolism of leucine to branched-chain fatty acids in *Staphylococcus xylosus* ［J］. Journal of Applied Microbiology, 2004, 96: 1185-1193

［61］ Montel M C, Reitz J, Talon R, et al. Biochemical activities of *Micrococcaceae* and their effects on the aromatic profiles and odours of a dry sausage model ［J］. Food Microbiology, 1996, 13: 489-499

［62］ Pinto M F, Ponsano E H G, Franco B D G M, et al. Charqui meats as fermented meat products: role of bacteria for some sensorial properties development ［J］. Meat Science, 2002: 187-191

［63］ Mor-Mur M, Yuste J. Emerging bacterial pathogens in meat and poultry: an overview ［J］. Food and Bioprocess Technology, 2010, 3 （1）: 24-35

［64］ Callaway T, Edrington T, Anderson R, et al. Probiotics, prebiotics and competitive exclusion for prophylaxis against bacterial disease [J]. Animal Health Research Reviews, 2008, 9 (02): 217-225

[65] Gaggìa F, Mattarelli P, Biavati B. Probiotics and prebiotics in animal feeding for safe food production [J]. International Journal of Food Microbiology, 2010, 141: S15-S28

[66] Gálvez A, Abriouel H, Benomar N, et al. Microbial antagonists to food-borne pathogens and biocontrol [J]. Current Opinion in Biotechnology, 2010, 21 (2): 142-148

[67] García P, Rodríguez L, Rodríguez A, et al. Food biopreservation: promising strategies using bacteriocins, bacteriophages and endolysins [J]. Trends in Food Science & Technology, 2010, 21 (8): 373-382

[68] Settanni L, Corsetti A. Application of bacteriocins in vegetable food biopreservation [J]. International Journal of Food Microbiology, 2008, 121 (2): 123-138

[69] Franz C, Cho G S, Holzapfel W H, et al. Safety of lactic acid bacteria [J]. Biotechnology of Lactic Acid Bacteria: Novel Applications. Wiley-Blackwell, Ames, IA, 2010: 341-359

[70] Castellano P, González C, Carduza F, et al. Protective action of *Lactobacillus curvatus* CRL705 on vacuum-packaged raw beef [J]. Meat Science, 2010, 85 (3): 394-401

[71] Santini C, Baffoni L, Gaggia F, et al. Characterization of probiotic strains: An application as feed additives in poultry against *Campylobacter jejuni* [J]. International Journal of Food Microbiology, 2010, 141: S98-S108

[72] Giraffa G, Chanishvili N, Widyastuti Y. Importance of lactobacilli in food and feed biotechnology [J]. Research in Microbiology, 2010, 161 (6): 480-487

[73] Katikou P, Ambrosiadis I, Georgantelis D, et al. Effect of *Lactobacillus* - protective cultures with bacteriocin-like inhibitory substances producing ability on microbiological, chemical and sensory changes during storage of refrigerated vacuum - packaged sliced beef [J]. Journal of Applied Microbiology, 2005, 99 (6): 1303-1313

[74] Maragkoudakis P A, Mountzouris K C, Rosu C, et al. Feed supplementation of *Lactobacillus plantarum* PCA 236 modulates gut microbiota and milk fatty acid composition in dairy goats—a preliminary study [J]. International Journal of Food Microbiology, 2010, 141: S109-S116

[75] Vermeiren L, Devlieghere F, Debevere J. Co-culture experiments demonstrate the usefulness of *Lactobacillus sakei* 10A to prolong the shelf-life of a model cooked ham [J]. International Journal of Food Microbiology, 2006, 108 (1): 68-77

[76] Hu P, Xu X L, Zhou G H, et al. Study of the *Lactobacillus sakei* protective effect towards spoilage bacteria in vacuum packed cooked ham analyzed by PCR-DGGE [J]. Meat Science, 2008, 80 (2): 462-469

[77] 李冬华. 直投式植物乳杆菌发酵剂生产工艺及应用的研究 [D]. 广州: 华南理工大学硕士学位论文, 2010

[78] 刘会平, 南庆贤, 乔东发. 化学中和法制备高效浓缩乳酸菌发酵剂的研究 [J]. 中国畜产与食品, 1998, 5 (2): 50-52

[79] 张兰威, 刘维, 张书军. 促进混合培养的保加利亚乳杆菌和嗜热链球菌生长物质的研究

[J]，1999，27（1）：7-8，29

[80] 贾士杰，生庆海．发酵乳及新型发酵剂的研究概况 [J]．中国奶牛，2000，3：45-48

[81] Kilara A，Shahani K M，Das N K．Effect of cryoprotection agents on freeze-drying and storage of lactic culture [J]．Dairy Prod，1986：11

[82] De Antoni G L，Perez P，Abraham A，et al．Trehalose，acryoprotectant for *Lactobacillus Bulgaricus* [J]．Cryobiology，1989，26（2）：149-153

[83] De valdez G F，De Giori G S．Effect of freezing and thawing on the viability and uptake of amino acid by *L. delbrueckii* ssp. *bulgaricus* [J]．Cryobiology，1993，30（3）：329-334

[84] 周晓红，廖永红．超浓缩乳酸菌发酵剂研究进展 [J]．粮油食品科技，1998，（1）：10-11

[85] Vinderola C G，Mocchiutti P，Reinheimer J A．Interactions among lactic acid starter and probiotic bacteria used for fermented dairy products [J]．Journal of Dairy Science，2002，85（4）：721-729

[86] 吕为群，骆承库，刘书臣．乳酸菌在冷冻干燥过程中存活率影响因素探讨 [J]．中国乳品工业，1993，（5）：217-220

17 细菌一氧化氮合酶及其在肉制品中的研究与应用

一氧化氮合酶（nitric oxide synthase，NOS）是高等生物体中重要的信号分子——一氧化氮（nitric oxide，NO）合成的关键酶，具有催化 L-精氨酸氧化生成L-瓜氨酸和 NO 的功能[1]。哺乳动物中，NO 参与许多生物进程，从血压的调节到抵抗病原体的保护作用[2]。研究显示，哺乳动物一氧化氮合酶（mNOS）是复杂的高度调节合成酶，而细菌 NOS 在结构及特性上与 mNOS 存在差异，因此，有学者推断细菌 NOS 的功能可能不同于 mNOS 的功能[3]。由于 mNOS 对多细胞信号和免疫应答的重要性，细菌 NOS 也成为当今研究热点。从食品质量安全的观点上看，一些有益微生物也具有产生类 NOS 蛋白的能力，逐渐引起了人们的兴趣和研究。本章就细菌 NOS 的结构、生理生化特性和功能以及其在食品科学研究中的应用进行了综述。

17.1 细菌一氧化氮合酶

1994 年，Chen 等[4]首次在诺卡氏菌（*Nocardia*）中发现并成功纯化得到细菌 NOS，这种酶被命名为 NOSNoc。随后人们相继在乳酸菌、金黄色葡萄球菌（*Staphylococcus aureus*，saNOS）、枯草芽孢杆菌（*Bacillus subtilis*，bsNOS）、耐辐射奇球菌（*Deinococcus radiodurans*，drNOS）、炭疽芽孢杆菌（*Bacillus anthrasis*，baNOS）和嗜热脂肪芽孢杆菌（*Geobacillus stearothermophilis*，gsNOS）等微生物中检测到了细菌 NOS 的存在[5]。细菌 NOS 与 mNOS 有许多共同的特性。例如，它们都是二聚体结构，具有血红素光谱特性，当有充足的辅因子提供时，它们均可催化 L-精氨酸反应，产生 NO 分子[6]。此外，与 mNOS 相比，细菌 NOS 在结构与功能上具有其特异性。

17.1.1 细菌 NOS 的结构和催化机制

利用 X 射线进行晶体衍射可知，mNOS 是有活性的同源二聚体蛋白，每一个亚基包含两个区域：由血红素、四氢生物蝶呤（H_4B）和底物 L-精氨酸结合位点等构成的 N 端氧化酶区域（NOSoxy）和含 NADPH、FAD 和 FMN 结合位点的 C 端黄素蛋白还原酶区域（NOSred）；钙调节蛋白位于这两部分中间，将两个区域连接在一起，控制电子从 NOSred 向 NOSoxy 的转移。然而，细菌 NOS 仅具有与 mNOS 的 NOSoxy 部分高度相似的结构，缺乏相关的 NOSred、钙调蛋白结合区、N 端钩区和锌环指序列[7]。mNOS 的 N 端拥有一个由 50 个残基组成的"钩"部，其中包括一段锌离子结合位点，也包含辅助因子 H₄B 部分的结合位点，在 mNOS 中起稳定二聚体和催化的作用。而细菌 NOS 能形成不含这个"钩"的稳定二聚体。细菌 NOS 的催化活性中心称为血红素袋，包括血红素、H₄B 和底物的结合位点，两侧的 β-折叠和处于二聚体界面的螺旋-转角模体将血红素包裹在摇篮状结构中。与 mNOS 相比，一些细菌 NOS 的血红素袋中残基发生了改变，由 mNOS 中的缬氨酸（Val）变成了异亮氨酸（Ile）[8]。

细菌 NOS 催化生成 NO 的机制包含两步基于血红素的氧合反应：第一步，L-精氨酸羟基化成稳定的中间产物 N^ω-羟基-L-精氨酸（N^ω-hydroxy-L-arginine, NOHA）；第二步，NOHA 转化生成 NO 和 L-瓜氨酸。值得注意的是，这两步氧激活作用似乎都需要 H₄B 作为血红素暂时的电子供体[9]。亚铁血红素氧合复合物间氢键与底物 L-精氨酸或中间产物 NOHA 的不同作用控制着氧化反应的进程和产物类型。saNOS 血红素-氧复合物的拉曼共振研究结果显示，L-精氨酸和 NOHA 控制 NOS 催化时氧合中间物的稳定性和产率。

细菌 NOS 普遍发现于革兰氏阳性菌中，由于细菌 NOS 缺乏 NOSred，需要补充适合的还原酶才能产生 NO[10]。在一些重组试验中，细菌 NOS，如 bsNOS 和 drNOS，使用 mNOS 的 NOSred 作为其还原酶搭档，催化 L-精氨酸氧化成 NO，但产率较 mNOS 低[11]。进一步研究表明，当 bsNOS 接受来自一些非特异性细胞还原酶的电子时，能形成 NO[12]。此外，在大肠杆菌体内表达的细菌 NOS，可于体外产生 NO，这可能是由于其利用了宿主还原酶。

细菌 NOS 与 mNOS 的辅因子结合情况相似。研究发现，saNOS 在所有辅因子都存在时才能达到最大活性，这些因子可维持二聚体最大稳定性，缺乏任何一种辅助因子都会使 saNOS 的活性显著降低[13]。动物和细菌 NOS 中相关蝶呤辅助因子的类型存在差异，而有些细菌 NOS 则能结合其他的蝶呤因子。四氢叶酸酯（H₄F）与 H₄B 有同样的蝶啶环结构，能在所有细菌中合成，可作为细菌 NOS 天然辅助因子 H₄B 的功能性替代物。例如，bsNOS 中既含有 H₄B 也含有 H₄F，而 drNOS 结合 H₄F 时比 H₄B 更有效[14]。

17.1.2 细菌 NOS 的生化特性

17.1.2.1 细菌 NOS 的活性诱导及抑制

经过分离纯化可以得到具有较强活性的细菌 NOS。将提取得到的粗酶液经过 Mono Q 离子交换、2′5′-ADP-琼脂糖亲和层析和 Superdex 200HR 凝胶渗透色谱三步柱层析，最终成功制备得到了纯化倍数为 900 的 NOS，其得率为 2.8%[15]。

同位素标记瓜氨酸形成、基于 NO 形成的化学发光分析法、血红素结合法、电化学分析和荧光分析法等一系列手段均可用于检测细菌 NOS 活性。细菌 NOS 的活性变化直接调节 NO 的生成量及其生物学效应。甲醇和过氧化氢（H_2O_2）对细菌 NOS 均有诱导作用，可使其活性显著增加。

L-精氨酸类似物是最常见的 NOS 抑制剂，它们能与细菌 NOS 竞争性结合。典型的哺乳动物 NOS 抑制剂对纯化得到的 saNOS 具有抑制效应，包括氨基胍（amino guanidine，AG）、N^G-硝基-L-精氨酸甲酯（N^G-nitro-L-arginine methyl ester，NAME）和 N^G-单甲基-L-精氨酸（N^G-monomethyl-L-arginine，NMA）等，这些抑制剂都能以剂量依赖的方式抑制金黄色葡萄球菌 NOS 活性。

17.1.2.2　细菌 NOS 的光谱特性

人们对细菌 NOS 的光谱特性进行了一系列的研究，包括紫外-可见光谱（UV-Vis）、拉曼共振光谱（RR）、傅里叶变换红外光谱（FTIR）、电子顺磁共振（EPR）和电子核双共振光谱（ENDOR）等。对高铁 saNOS 的 UV-Vis 光谱和拉曼共振光谱研究显示，在生理条件下，其以混合自旋状态存在。Salard-Arnaud 等[16]的试验也说明 bsNOS 中血红素是以五配位高自旋状态（5C-HS）和六配位低自旋状态（6C-LS）的混合物形式存在，而在室温下，主要以 5C-HS 状态存在。

17.1.3　细菌 NOS 的基因序列及克隆

细菌中存在 NOS，最令人信服的证据为其体内存在合成 NOS 的基因序列。基因组序列测定结果显示，大多数细菌的开放阅读框架中存在编码类 NOS 蛋白的基因，它与哺乳动物 NOSoxy 基因序列有高度相似性。此外，其中似乎还含有一些 H_4B 的合成基因。测序结果同时也说明，革兰氏阳性菌中不存在编码细菌 NOS 还原酶区域的基因。

细菌和真核生物 NOS 之间存在高度同源性，有约 45% 的氨基酸是完全相同的，50% ~ 60% 是类似的。系统进化树也表明这些同系物具有很高的相似度，几乎所有的血红素结合和活性位点的残基都是保守的。目前，细菌 NOS 已经可以进行克隆提取，在大肠杆菌中体外表达以得到有活性的蛋白质，并可有效利用大肠杆菌中的还原酶合成大量的 NO[17]。

17.1.4　细菌 NOS 的功能

直至目前，人们尚未完全弄清细菌 NOS 的功能。Cohen[18]第一次研究了马铃薯疮痂链霉菌（*Streptomyces turgidiscabies*）体内 NOS（stNOS）的功能，结果显示，NOS 负责其植物毒素 thaxtomin 的生物合成，能干扰植物细胞壁合成引起马铃薯疮痂病。它在致病岛上的位置和它接近编码非核糖体肽合成基因的位置（txtA 和 txtB）极大程度上证明了 stNOS 与 thaxtomin 的硝化作用有关。我们相信，研究 stNOS 能为我们预防植物疮痂病变提供新的思路。此外，研究发现，drNOS 具有硝酸盐活性，能在体外催化合成少量 4-硝基-L-色氨酸[19]。

最新研究表明，一旦芽孢杆菌的 NOS 基因被破坏，其对氧化损伤会变得更敏感。NOS 催化生成的 NO 可通过抑制巯基还原酶作用，有效抵抗芬顿反应羟基的形成，从而保护细胞免受氧化和亚硝化应激，并因此减少 DNA 的损失细胞凋亡[20]。此外，NO 还可用于直接活化特定的芽孢杆菌过氧化氢酶。对金黄色葡萄球菌的研究也得到了类似结果[21]。由于很多抗生素药物都是通过提高细菌的氧化压力而使细菌致死，因此 NOS 催化产生的内源性 NO 能够提高细菌对该类药物的抗药性，即 NOS 活性较强的细菌具有较强的耐药性。例如，一株敲除 NOS 的炭疽芽孢杆菌的变异体，其芽孢感染鼠模型后会失去它的毒性。因此，我们可以通过抑制 NOS 的活性或 NOS 的转录量，降低内源性 NO 浓度，从而达到削弱细菌的耐药性，提高现有抗生素药效的目的[22]。

17.2　细菌一氧化氮合酶在肉制品中的研究与应用

一些食品中使用的细菌体内可能含有 NOS，从而可催化 L-精氨酸生成 NO。这些微生物主要包括：乳酸菌，包括植物乳杆菌（*Lactobacillus plantarum*）和发酵乳杆菌（*Lactobacillus fermentum*）等；葡萄球菌，主要是木糖葡萄球菌（*Staphylococcus xylosus*）；片球菌（*Pediococcus* sp.）和青紫色素杆菌（*Chromabacterium violaceum*）等。

17.2.1　肉制品呈色

肉类生产中经常使用亚硝酸盐作为腌制剂，但其一直是食物安全的隐患。过量的亚硝酸盐摄入易导致高铁血红蛋白症，引起组织缺氧中毒；同时反应过程中生成的亚硝酸是致癌物质亚硝胺的前体。近年来，人们逐渐接受并使用一些食用菌作为新型、健康和极具潜力的天然食品添加剂替代肉制品中添加的亚硝酸盐。

亚硝酸盐作为传统的肉制品护色剂，分解后被还原性物质作用生成 NO，NO 与肌肉纤维细胞中的还原型肌红蛋白结合，生成粉红色的亚硝基肌红蛋白（nitrosylmyoglobin，NO-Mb）。对一些肉制品发酵剂或从肉中分离得到的天然菌株研究发现，它们具有将高铁态肌红蛋白（metmyoglobin，Met-Mb）转换为红色衍生物的能力，这表明其体内可能含有 NOS[23]。

在肉类工业中乳酸菌是公认安全的微生物（GRAS）。Arihara 等[24]测试了超过 1550 种菌株，发现其中库特菌 *Kurthia sp.* K-22、青紫色素杆菌 *C. violaceum* K-28 和发酵乳杆菌 *L. fermentum* JCM1173 可在厌氧条件下转化生成红色的肌红蛋白衍生物，但只有 *L. fermentum* JCM1173 菌株转化生成了 NO-Mb。进一步研究发现，由于培养基中未添加亚硝酸盐，发酵乳杆菌 JCM1173 是在无亚硝酸盐的条件下将 Met-Mb 转变为红色的 NO-Mb 的，这表明 NO 分子是由该菌株发酵代谢所得，即其体内含有 NOS。

大量研究表明，某些发酵乳杆菌体内含有 NOS，具有转化生成 NO 分子的能力。Morita 等[25]分离得到 10 株来源不同，可将 Met-Mb 转换为 NO-Mb 的发酵乳杆菌菌株。这 10 株菌株中，*L. fermentum* IFO 3956 具有最强的产 NO-Mb 能力，菌株细胞在标记有同位素 ^{15}N 的 L-精氨酸培养基中将一个或两个终端胍基氮变成 ^{15}NO。进一步将 *L. fermentum* JCM1173 和 *L. fermentum* IFO3956 应用到无硝发酵肠生产中，均获得了稳定的腌肉颜色，这证实这两株菌均能产 NO[26]，从而推测二者体内含有 NOS。Møler 提出这些细菌菌株发酵剂的潜力如同亚硝酸盐能产生特殊的颜色，应进一步优化加工或发酵条件。Zhang 等[27]将 *L. fermentum* AS1.1880 应用到无硝哈尔滨红肠的制作中，进行适度发酵。结果表明，*L. fermentum* AS1.1880 在发酵的过程中形成了 NO-Mb，且 NO-Mb 生成量随菌种添加量的增加而增大。当发酵乳杆菌接种量为为 10^8 cfu/g 时，其 NO-Mb 含量与 60mg/kg 亚硝酸盐腌制肉无显著性差异（$P > 0.05$），且香肠的风味和组织结构没有受到影响。

人们对其他乳酸菌 NOS 也做了大量研究。Kart[28]从不同来源如生牛乳、无盐黄油、贝亚斯片、酸奶、泡菜和青贮饲料样品中分离得到 1534 株乳酸菌，并测定了它们产 NO 的能力。结果发现 10 株乳酸菌菌株可将 Met-Mb 转换为 NO-Mb，即可产生 NO 分子。经鉴定，其中 5 株为植物乳杆菌，3 株为乳酸片球菌，2 株为肠膜状明串珠菌葡聚糖亚种。研究同时测定了各菌株产生 NO 的能力。结果表明，不仅不同菌种产生 NO 的能力不同，同一属的不同菌株间也存在差异。乳酸片球菌（*Pediococcus acidilactici*）S2 组产 NO 浓度最高，植物乳杆菌 *L. plantarum* T119 和乳酸片球菌 *P. acidilactici* S3 其次，这三株乳酸菌均具有很强的产 NO 能力。此外，Karahan 等[29]发现 *L. plantarum* DSM 9842 也含有类 NOS 蛋白。

葡萄球菌属是发酵香肠常用的发酵剂。Morita 等[30]研究发现，木糖葡萄球菌 *S. xylosus* FAX-1 可将 MRS 肉汤培养基中 Met-Mb 转换为六配位的 NO-Mb。Li 等[31]从中式发酵干肠中分离得到木糖葡萄球菌和戊糖片球菌（*Pediococcus pentosacous*）并将其接种到不添加亚硝酸盐的 MRS 肉汤培养基和生肉糜中，观察二者转化 Met-Mb 的能力。结果表明，在培养基中，接种木糖葡萄球菌的样品具有典型的 NO-Mb 的特征吸收光谱，体系呈现明亮的粉红色，与对照组和接种戊糖片球菌组相比，具有更高的 a^* 值。在生肉糜中，接种木糖葡萄球菌组的 a^* 值达到了亚硝酸盐腌制组相同的效果。进一步采用 UV-Vis、电子自旋共振和拉曼共振光谱三种方法分析了生肉糜组中红色衍生物的成分，结果表明，木糖葡萄球菌转化高生成了五配位的 NO-Mb，进而表明木糖葡萄球菌具有产生一氧化氮的 NOS。

17.2.2　肉制品嫩度

有研究表明，NO 对屠宰后肉的嫩度有改善作用。Cook 等[32]向宰后 2h 并去骨的热牛肉背最长肌中注射 NO 供体作为增强剂，并在随后 2~6 天的成熟期间，观察到了肉嫩度的显著增强。研究同时发现，向肉中注射 NOS 抑制剂会使肉硬度增加，这主要是由于 NO 通过调节钙蛋白酶、组织蛋白酶和肌浆网中的 Ryanodine 受体通道，导致内质肌浆释放其中的钙离子 ATP 酶。这与 Cottrell 等[33]的试验结果一致。因此，利用产 NOS 的发酵剂菌种生产发酵肉制品，细菌 NOS 催化合成的 NO 可用于改善发酵肉制品的嫩度品质。

17.2.3　抗菌和抗氧化作用

细菌 NOS 催化生成的 NO 具有抑菌作用，可用于提高食品安全性。研究表明[34]，NO 分子能抑制芽孢杆菌、金黄色葡萄球菌和大肠杆菌的生长，这主要是由于 NO 与铁硫化合物反应形成铁-亚硝酰化物，后者的存在导致了诸如铁氧化还原蛋白 Fe-S-NO 复合物的破坏[35]。而 Fe-S 蛋白在需氧和厌氧细菌的能量代谢中都有重要作用，因此推断其是 NO 和相应复合物抑菌作用的靶目标。此外，NO 还可与 RNA 还原酶相关位点结合，以及攻击锌指类型（zinc finger-type）的 DNA 连接蛋白，影响到基因的调节作用，从而起到抑菌作用[36]。

在奶酪生产过程中，酪丁酸梭状芽孢杆菌（*Clostridium butyricum*）发酵产气导致奶酪中产生大的孔洞，造成质量缺陷。有人[37]将亚硝酸盐应用于奶酪生产中，以抑制两种细菌的生长。研究同时发现，它对包括生孢子梭状芽孢杆菌（*Clostridium sporogenes*）和产气荚膜梭菌（*Clostridium perfringens*）在内的其他梭状芽孢杆菌也有较好的抑制效果。究其原因，正是由于 NO 分子与上述细菌体内丙酮酸-铁氧化还原蛋白酶（PFR）的非血红素铁形成了复合物。

此外，NO 作为自由基受体，自身也具有抗氧化特性，可稳定不饱和脂质。在相同体系中，半胱氨酸-Fe^{2+} 具有很强的氧化性，可以促使 β-胡萝卜素发生氧化，但半胱氨酸-Fe-NO 不能[38]。因此，利用细菌 NOS 催化合成 NO，可以作为食品中的抗氧化剂发挥作用。

17.2.4　益生作用

Bengmark[39]认为具有催化 L-精氨酸产生 NO 的益生乳杆菌在人类健康中起重要作用。植物乳杆菌作为益生菌具有分解 L-精氨酸的功能。它不能降解除酪氨酸和 L-精氨酸外的其他氨基酸，但却有 6 条途径利用 L-精氨酸，且每一条途径都有 NO 生成。尤其在厌氧贮藏的食品中，植物乳杆菌会逐渐发展成为优势菌。

L-精氨酸是胃肠（gastrointestinal，GI）途径中最重要的 NO 供体。GI 途径中由 NOS 释放的 NO 与一系列重要的功能有关，如抑菌作用、黏液分泌髓鞘形成、活力调节和内脏血液循环。胃中的 L-精氨酸经 NOS 催化，产生的 NO 能有效控制白色念珠菌（Candida albicans）、大肠杆菌（Escherichia Coli）、志贺杆菌（Shigella sp.）、沙门氏菌（Salmonella）和幽门螺旋杆菌（Helicobacter pylori）的生长。研究表明，人类特性的 L. plantarum strains 299 和 299V，对黏膜的粘连性有保护作用，能够建立起生物保护盾以防止病原微生物的过度生长以及大肠杆菌内毒素的进入。这一功能是通过 L-精氨酸产 NO 途径实现的，因此由益生菌 NOS 催化的反应对人体健康有重要作用。

17.2.5　展望

全基因组测序的应用大大加速了细菌 NOS 的探索。细菌 NOS 的研究使我们对 NO 在原核生物中的合成和功能有更多的了解，提出了一些理论上关于 NO 生化反应的问题。细菌 NOS 将继续作为一个易于研究的课题揭示 NO 合成的详细机理。此外，细菌 NOS 的研究定会揭示 NO 在微生物中其他的生化途径和新功能。我们希望发现 NOS 在化学和生物上新奇的一面。

目前，已有一些关于细菌 NOS 在食品科学研究中的报道。然而，食品基质中 NO 的具体产生途径仍不明确，另外，如何实现产 NOS 菌株工业化的问题目前仍是食品工业中需要迫切解决的问题。此外，还应考虑产 NOS 菌株的安全性和对食品品质的影响问题，如如何利用稳定而可控的方法产 NO，以及评估含 NOS 菌株作为食品发酵剂对人类健康的影响等[40]。

参 考 文 献

[1] Napoli C, Paolisso G, Casamassimi A, et al. Effects of nitric oxide on cell proliferation: novel insights [J]. Journal of the American College of Cardiology, 2013, 62 (2): 89-95

[2] 杨彦鹏, 罗素新, 夏勇. 诱导型一氧化氮合酶在心肌缺血/再灌注损伤中的研究进展 [J]. 心血管病学进展, 2012, 33 (2): 278-281

[3] Li W, Chen L, Lu C, et al. Regulatory role of Glu546 in flavin mononucleotide heme electron transfer in human inducible nitric oxide synthase [J]. Inorganic Chemistry, 2013, 52 (9):

4795-4801

[4] Chen Y, Rosazza J P A. Bacterial, nitric oxide synthase from a *Nocardia* species [J]. Biochemical and Biophysical Research Communications, 1994, 203 (2): 1251-1258

[5] Patel B A, Crane B R. When it comes to antibiotics, bacteria show some NO-how [J]. Journal of Molecular Cell Biology, 2010, 2 (5): 234-236

[6] Rafferty S. Nitric oxide synthases of bacteria and other unicellular organisms [J]. Open Nitric Oxide Journal, 2011, 3: 25-32

[7] Sudhamsu J, Crane B R. Bacterial nitric oxide synthases: What are they good for? [J] Trends in Microbiology, 2009, 17 (5): 212-218

[8] Jones M L, Ganopolsky J G, Labbé A, et al. Antimicrobial properties of nitric oxide and its application in antimicrobial formulations and medical devices [J]. Applied Microbiology and Biotechnology, 2010, 88 (2): 401-407

[9] Crane B R, Sudhamsu J, Patel B A. Bacterial nitric oxide synthases [J]. Annual Review of Biochemistry, 2010, 79: 445-470

[10] Agapie T, Suseno S, Woodward J J, et al. NO formation by a catalytically self-sufficient bacterial nitric oxide synthase from *Sorangium cellulosum* [J]. Proceedings of the National Academy of Sciences, 2009, 106 (38): 16221-16226

[11] Andreakis N, D´aniello S, Albalat R, et al. Evolution of the nitric oxide synthase family in metazoans [J]. Molecular Biology and Evolution, 2011, 28 (1): 163-179

[12] Brunel A, Wilson A, Henry L, et al. The proximal hydrogen bond network modulates *Bacillus subtilis* nitric-oxide synthase electronic and structural properties [J]. Journal of Biological Chemistry, 2011, 286 (14): 11997-12005

[13] Hong I S, Kim Y K, Choi W S, et al. Purification and characterization of nitric oxide synthase from *Staphylococcus aureus* [J]. FEMS Microbiology Letters, 2003, 222 (2): 177-182

[14] Reece S Y, Woodward J J, Marletta M A. Synthesis of nitric oxide by the NOS-like protein from *Deinococcus radiodurans*: A direct role for tetrahydrofolate [J]. Biochemistry, 2009, 48 (23): 5483-5491

[15] Chen Y, Rosazza J. Purification and characterization of nitric oxide synthase (NOSNoc) from a *Nocardia* species [J]. Journal of Bacteriology, 1995, 177 (17): 5122-5128

[16] Salard-Arnaud I, Stuehr D, Boucher J L, et al. Spectroscopic, catalytic and binding properties of *Bacillus subtilis* NO synthase-like protein: Comparison with other bacterial and mammalian NO synthases [J]. Journal of Inorganic Biochemistry, 2012, 106 (1): 164-171

[17] Liu P, Huang Q, Chen W. Heterologous expression of bacterial nitric oxide synthase gene: a potential biological method to control biofilm development in the environment [J]. Canadian Journal of Microbiology, 2012, 58 (3): 336-344

[18] Hayat S, Mori M, Pichtel J, et al. Nitric Oxide in Plant Physiology [M]. Weinheim: Wiley-VCH, 2010

[19] Messner S, Leitner S, Bommassar C, et al. Physarum nitric oxide synthases: Genomic

structures and enzymology of recombinant proteins [J] . Biochemical Journal, 2009, 418: 691-700

[20] Singh V K. Antioxidant functions of nitric oxide synthase in a methicillin sensitive *Staphylococcus aureus* [J] . International Journal of Microbiology, 2013, 2013: 1-6

[21] Van Sorge N M, Beasley F C, Gusarov I, et al. Methicillin- resistant *Staphylococcus aureus* bacterial nitric oxide synthase affects antibiotic sensitivity and skin abscess development [J] . Journal of Biological Chemistry, 2013, 288 (9): 6417-6426

[22] Gusarov I, Shatalin K, Starodubtseva M, et al. Endogenous nitric oxide protects bacteria against a wide spectrum of antibiotics [J] . Science, 2009, 325 (5946): 1380-1384

[23] 李丽琴, 李潮光, 陈惠俏. 灭活乳酸菌对鲜肉的护色效果研究 [J] . 时代报告 (下半月), 2012, (6): 328-330

[24] Arihara K, Kushida H, Kondo Y, et al. Conversion of metmyoglobin to bright red myoglobin derivatives by *Chromobacterium violaceum*, *Kurthia* sp. , and *Lactobacillus fermenturn* JCM1173 [J] . Journal of Food Science, 1993, 58 (1): 38-42

[25] Morita H, Yoshikawa H, Sakata R, et al. Synthesis of nitric oxide from the two equivalent guanidino nitrogens of L- arginine by *Lactobacillus fermentum* [J] . Journal of Bacteriology, 1997, 179 (24): 7812-7815

[26] Møller J K, Jensen J S, Skibsted L H, et al. Microbial formation of nitrite- cured pigment, nitrosylmyoglobin, from metmyoglobin in model systems and smoked fermented sausages by *Lactobacillus fermentum* strains and a commercial starter culture [J] . European Food Research and Technology, 2003, 216 (6): 463-469

[27] Zhang X, Kong B, Xiong Y L. Production of cured meat color in nitrite-free Harbin red sausage by *Lactobacillus fermentum* fermentation [J] . Meat Science, 2007, 77 (4): 593-598

[28] Kart A. The isolation of *Lactobacillus* from milk and milk products, silage and pickle and determination of their capability of nitric oxide formation [D] . Isparta: Süleyman Demirel University, 2002

[29] Gül Karahan A, Lütfü Çakmakçi M, Cicioglu-Aridogan B, et al. Nitric oxide (NO) and lactic acid bacteria- contributions to health, food quality, and safety [J] . Food Reviews International, 2005, 21 (3): 313-329

[30] Morita H, Sakata R, Nagata Y. Nitric oxide complex of iron (II) myoglobin converted from metmyoglobin by *Staphylococcus xylosus* [J] . Journal of Food Science, 1998, 63 (2): 352-355

[31] Li P, Kong B, Chen Q, et al. Formation and identification of nitrosylmyoglobin by *Staphylococcus xylosus* in raw meat batters: A potential solution for nitrite substitution in meat products [J] . Meat Science, 2013, 93 (1): 67-72

[32] Warner R, Dunshea F, Ponnampalam E, et al. Effects of nitric oxide and oxidation in vivo and postmortem on meat tenderness [J] . Meat Science, 2005, 71 (1): 205-217

[33] Cottrell J J, Mcdonagh M, Dunshea F, et al. Inhibition of nitric oxide release pre- slaughter

increases post-mortem glycolysis and improves tenderness in ovine muscles [J]. Meat Science, 2008, 80 (2): 511-521

[34] Vallance P, Charles I. Nitric oxide as an antimicrobial agent: does NO always mean NO? [J]. Gut, 1998, 42 (3): 313-314

[35] 董庆利, 屠康. 腌制肉中亚硝酸盐抑菌机理的研究进展 [J]. 现代生物医学进展, 2006, 6 (3): 48-52

[36] Li H, Cao R, Wasserloos K J, et al. Nitric oxide and zinc homeostasis in pulmonary endothelium [J]. Annals of the New York Academy of Sciences, 2010, 1203 (1): 73-78

[37] Beresford T P, Fitzsimons N A, Brennan N L, et al. Recent advances in cheese microbiology [J]. International Dairy Journal, 2001, 11 (4): 259-274

[38] Lancaster Jr J. Nitric oxide: principles and actions [M]. Pittsburgh: Academic Press, 1996

[39] Bengmark S. Ecological control of the gastrointestinal tract. The role of probiotic flora [J]. Gut, 1998, 42 (1): 2-7

[40] 李沛军, 孔保华, 郑冬梅. 微生物发酵法替代肉制品中亚硝酸盐呈色作用的研究进展 [J]. 食品科学, 2010, (17): 388-391

第四篇　肉制品检测新技术

18 PCR 新技术在肉品微生物生态学中的应用

18.1 PCR-DGGE 技术在肉品微生物生态学中的应用

18.1.1 PCR-DGGE 技术概述

变性梯度凝胶电泳（denatured gradient gel electrophoresis，DGGE）技术最初由 Lerman 和 Fischer 等[1]于 20 世纪 80 年代发明，起初主要用于 DNA 片段点突变的检测[2]。1993 年，Muyzer 等[3]首次将其应用于微生物菌群结构的分析研究。此后，DGGE 技术被广泛用于微生物分子生态学研究的各个领域，主要包括环境科学[4,5]、动物科学[6]、医学[7]和食品科学[8]等，目前已经发展成为研究微生物群落结构的主要分子生物学方法之一。

18.1.1.1 PCR-DGGE 技术原理

双链 DNA 分子在进行聚丙烯酰胺凝胶电泳（polyacrylamide gel electrophores，PAGE）时，其迁移行为取决于分子大小和电荷，因此不同长度的 DNA 片段可以区分开，同样长度的 DNA 片段在胶中的迁移行为一样，不能被区分。而 DGGE 技术是在聚丙烯酰胺凝胶体系中，加入了变性剂（尿素和甲酰胺）梯度，从而能够把同样长度但序列不同的 DNA 片段区分开来。这是因为，DNA 分子中 A、T、C、G 四种碱基的组成和排列差异，不同序列的双链 DNA 分子具有不同的解链浓度。当双链 DNA 分子在含有变性剂的聚丙烯酰胺凝胶中电泳时，因解链行为不同，不同序列的 DNA 片段滞留于凝胶的不同位置，形成相互分开的谱带。因此可以由某一环境中微生物的总 DNA 得到样品中原始菌群的 DGGE 图谱，从而了解其中微生物的种类、结构和分布情况。

利用 DGGE 技术研究微生物群落结构时，要结合聚合酶链式反应（polymerase chain reaction，PCR）扩增技术，用 PCR 扩增的特定 DNA 区域产物进行梯度凝胶电泳，进而反映微生物群落的结构组成。进行 DGGE 电泳时，真菌 DNA 片段通常选择为 28S rDNA[9]或 26S rDNA[10]，细菌 DNA 片段通常选择为 16S rDNA[11]。16S rDNA 是 16S rRNA 的基因，其基因序列全长 1540 bp，由保守区和可变区组成，保守区序列基本恒定，可变区序列因不同细菌而异，因此通过对不同细菌的可变区进行 PCR 扩增，可以得到大小相同、序列不同的 DNA 扩增产物。16S rDNA 分子分为 V1 ~ V9 九个可变区,之间间隔排列其恒定区。Ercolini[11] 和徐敏娟等[12] 分别综述了 DGGE 在食品科学和环境科学领域的应用,大部分学者选择了 V3 可变区和 V6 ~ V8 可变区进行 PCR 扩增,并且多数用在了乳酸菌方面的研究。

18.1.1.2 PCR-DGGE 技术特点

1) PCR-DGGE 技术的优越性

(1) 精准地分析食品中菌群的多样性。

在非培养状态下直接提取样品中微生物的 DNA,随后进行 PCR 扩增,最后在 DGGE 中得到不同微生物的分离条带,每一个独立的条带都代表一个物种。Muyzer 等[3] 用 PCR-DGGE 方法检测出了数量占群落总数 1% 的微生物。Ampe 等[13] 经过大量实验证实 PCR-DGGE 技术的微生物检测极限为 1% ~ 3%,如果同时结合 rRNA 杂交技术,还可以将检测极限降低至 0.1% 左右。

(2) 经济、快速、准确地动态检测食品中的微生物。

在非培养条件下将食品中的 DNA 直接提取,随后进行 PCR 扩增,得到 DGGE 图谱,之后经过割胶、测序等步骤,就可以在基因库中和已知微生物的序列进行对比,达到快速检测微生物的目的。DGGE 技术可以根据实际需要,对食品生产和储藏等环节做出准确、快速的菌群多样性和动态检测。同时,DGGE 技术可以同时分析多个样本,尤其是食品发酵过程中微生物的变化情况。

(3) 分析多个样品,同时检测多种微生物。

PCR-DGGE 技术可以不经过平板培养,直接提取 DNA 进行微生物的鉴定。因此该技术可以在 DGGE 凝胶上区分多个微生物条带,并且同时分析多个样品。所以该技术在研究自然界微生物群落的遗传多样性和种群差异方面具有明显的优势,并且可以应用到食品的微生物研究中。

(4) 能与其他多种方法结合。

PCR-DGGE 技术可以与多种方法结合,以达到准确认识微生物的组成、菌相变化等目的。实际上,结合其他方法(如传统平板培养、杂交技术、克隆测序技术等)以后,PCR-DGGE 技术将会成为菌群多样性和菌相动态变化研究的有力工具,从而提供微生物群体变化和多样性等信息。

2) PCR-DGGE 技术的缺点

(1) 样品制备过程中存在微生物污染。

虽然基于分子学指纹技术的 PCR-DGGE 有着明显的优点,但是其中也存在一些不足。在实验过程中由于仪器、实验室环境以及操作人员身上会存在微生物,因此在前期清洗、混匀、冷冻、离心或培养阶段都会使样品感染其他微生物，而使测量结果中鉴定出多余菌种。DNA 的提取过程中也会因为空气中微生物的影响而导致 DNA 的提取不够精确，并且由于菌数的不同也会影响提取的浓度和检测限。

（2）食品成分越复杂，DNA 抽提就越困难。

由于食品中含有多种成分，如蛋白质、脂类、碳水化合物、盐类等，这就会导致杂质的去除存在困难，DNA 的抽提也会更复杂。而这些杂质就会成为后续步骤的阻碍，所以在进行 PCR 扩增之前要对提取的 DNA 进行进一步的纯化。

（3）产生优先扩增现象。

1992 年 Reysenbach 发现在进行 PCR 扩增时，rDNA 基因存在优先扩增的现象，导致部分的 DNA 不能被扩增，这就造成不能真实反映原菌落结构，还会在扩增过程中产生嵌合体和异源双链，从而影响 DGGE 图谱的分析。

（4）DNA 分离及测序的局限性。

对于较长的 DNA 片段，DGGE 不能进行分离，只能分离较小的片段（1 kb以下），这就限制了菌种的分析量，导致一些菌种不能被鉴定出。同时，有些微生物有多个操纵子，使 DGGE 图谱中出现多个同种微生物的条带，从而导致微生物多样性被过高估计。若选择的实验条件不合适，还会导致不能完全分开有序列差异的 DNA 片段，出现不同菌种的 DNA 共同迁移的现象。

18.1.2　PCR-DGGE 在原料肉和非发酵肉制品中的应用

原料肉在屠宰、加工和贮藏过程中会污染来自环境中的微生物，微生物在肉基质中生长繁殖，导致产品腐败。PCR-DGGE 技术可以用于原料肉和非发酵肉制品中的微生物菌群结构分析，有利于鉴定肉制品腐败过程中的优势菌株。

18.1.2.1　原料肉腐败过程中微生物菌群结构分析

1）牛肉在不同贮藏条件下的菌群分布

气调包装是肉品工业常用的包装方式之一，有利于保持鲜肉的颜色和品质。Ercolini 等[14] 研究了牛肉在 5℃贮藏，不同气调包装条件（空气对照组，60% O_2+40% CO_2 以及 20% O_2+ 40% CO_2+ 40% N_2）下，牛肉腐败过程中的微生物群落变化情况。平板培养和 DGGE 结果发现，在 14 d 的贮藏过程中假单胞菌（*Pseudomonas*）、肠杆菌（*Enterobacteriaceae*）、热死环丝菌（*Brochothrix thermosphacta*）和乳酸菌是牛肉冷藏过程中生长的优势菌。对牛肉样品同时进行了顶空气体、水分损失和颜色变化情况测定，结果表明，在初始 7 d 内 60% O_2+ 40% CO_2 组较好地保持了牛肉品质。此外，Ercolini 等[14] 还对平板分离出的细菌的16S rRNA 基因的 V6～V8 区域进行了扩增。对 DGGE 条带进行切割、测序的结果表明，至少共有 13 个属，17 种微生物在牛肉中生长。他们同时发现牛肉在 5℃ 贮藏条件下，菌群分布情况会随着不同包装条件和贮藏时间不同而不同。在对照组中，水生拉恩菌（*Rahnella aquatilis*）、假单胞菌（*Pseudomonas*）和肉食杆菌属（*Carnobacterium*）是优势腐败菌；假单胞菌（*Pseudomonas*）和清酒乳杆菌（*Lactobacillus sakei*）是在高氧气调包装（MAP2）中生长的主要菌株；而拉恩菌属和清酒乳杆菌则是 20% O_2+40% CO_2+ 40% N_2 包装条件下生长的优势菌株。因此，利用 PCR-DGGE 技术可以对新鲜牛肉的致腐微生物进行鉴定，进而帮助建立合适的包装条件，这一点在随后的研究中得到验证。Russo 等[15] 的研究结果表明，热死环丝菌、假单胞菌、肠杆菌和乳酸菌是牛肉冷藏过程中生长的优势菌种。他同时发现单独接种乳酸菌可以抑制热死环丝菌的生长，而接种假单胞菌、肠杆菌和乳酸菌的混合菌株，并不能达到抑制其增长的效果。因此可以利用菌株间的拮抗作用，遏制冷藏牛肉中热死环丝菌的生长，延缓牛肉的腐败过程。

Fontana 等[16] 从真空包装牛肉中提取出污染微生物的 DNA，对其中 16S rRNA 基因片段的 V1 和 V3 区域进行 PCR 扩增，并对扩增产物进行梯度凝胶电泳，变性梯度分别选择为 30% ~50% 和 35% ~60%。结果表明，明串珠菌属（*Leuconostoc*）、弯曲乳杆菌（*Lactobacillus curvatus*）和清酒乳杆菌是真空包装牛肉在冷藏期间的优势腐败菌。同时，Fontana 建立了真空包装牛肉在 2℃ 贮藏至第 9 周和 8℃ 贮藏到第 14 d 的 DGGE 变化图谱，从而可以反映出真空包装牛肉微生物菌群的演替情况。

2）猪肉在不同贮藏条件下的菌群分布

冷鲜猪肉通常采用托盘包装的形式进行售卖。Jiang 等[17] 利用 PCR-DGGE 技术研究了托盘包装猪肉在冷藏过程中的菌群变化，并利用实时定量 PCR（real-time PCR，RT-PCR）评价了测定肉样中主要致腐败菌的相对含量。结果表明，分别对肉中细菌的 V3 和 V6 ~ V8 区域进行扩增，均可发现假单胞菌是监测末期肉中的主导菌。而 RT-PCR 定量结果显示，假单胞菌在菌群中的比重随着贮存时间延长而增加。因此，假单胞菌是导致托盘包装猪肉腐败的主要菌株。这与 Li 等[18] 的结果并不完全一致，Li 观察到除假单胞菌外，热死环丝菌也是托盘包装猪肉在冷藏过程中生长的优势菌株，这可能是与肉取样部位有关，Jiang 选择的是腰部肉，而 Li 选择的是背部最长肌。

此后，Jiang 等[19] 利用 DGGE 技术对真空包装猪肉在冷藏过程中的菌落演替情况进行了研究。对细菌的 V3 区域进行 PCR 扩增后进行梯度凝胶电泳，结果表明乳酸菌是真空包装猪肉在冷藏过程中的主要菌株，其中清酒乳杆菌是检测末期生长的主导菌。随着贮藏时间的延长，乳酸菌逐渐生长，清酒乳杆菌和乳球菌等成为优势菌株。对乳杆菌进行特异性 PCR 扩增，DGGE 结果显示不同贮藏时间乳酸菌群分布有差异，最终清酒乳杆菌成为优势菌。研究发现，无论采取哪种包装方式，冷藏猪肉中菌群的多样性都会随着贮藏时间增加而减弱。最终会有一种或几种成为优势菌。

3）其他原料肉

除牛肉和猪肉外，还有一些研究对鸡肉、羊肉和火鸡肉等在贮藏过程中的微生物群落结构的演替进行了分析。孙彦雨等[20]应用基于 16S rDNA 的 PCR-DGGE 技术对冰鲜鸡肉在贮藏过程中微生物的多样性进行了研究。分别选取鸡胸肉和鸡腿肉，提取样品总 DNA，通过对 16S rDNA 的 V6～V8 区域进行 PCR 扩增后进行变性梯度凝胶电泳，将 DGGE 条带进行割胶、测序，确定样品中的微生物群落，并与传统培养方法进行比较。DGGE 图谱表明，初始污染数量较多的微生物不一定是腐败优势菌，能适应低温低氧分压的微生物最终成为腐败优势菌，且不同部位鸡肉的腐败优势菌存在一定差异性。和传统培养方法相比，DGGE 割胶测序所得腐败优势菌的菌相不完全相同。综合两种研究方法，确定冰鲜鸡肉中腐败优势菌为乳酸菌、热死环丝菌、腐败希瓦氏菌（Shewanella putrefaciens）、毗邻颗粒链菌（Granulicatella adiacens）和肉杆菌。Cocolin 等[21]从火鸡肉、不同产地的鸡肉和羔羊肉样品中提取总 DNA，进行 PCR-DGGE 分析后发现，新鲜原料肉中微生物群落结构复杂，主要腐败菌为热死环丝菌、弯曲乳杆菌和木糖葡萄球菌（Staphylococci xylose）。

18.1.2.2 非发酵肉制品加工、贮藏过程中微生物菌群结构分析

1）非发酵肉制品加工过程中微生物群落结构分析

屠宰和加工过程中的污染是肉制品中微生物的主要来源，也是导致肉制品腐败的重要原因。李苗云等[22]应用 PCR-DGGE 技术和传统微生物培养相结合的方法研究了剥皮和烫毛工艺中猪胴体表面污染的微生物数量和菌群多样性的变化，以及添加乳酸对猪胴体表面细菌总数和大肠菌群的影响。结果表明，不同屠宰工艺对猪胴体的微生物群落分布影响很大；微生物污染多是在前期屠宰工艺中引入；与剥皮工艺相比，烫毛后污染的微生物种类多，污染程度也较为严重；添加乳酸显著降低了剥皮工艺中的细菌总数，使出库的猪胴体表面细菌总数降低到了 $10^{2.95}$ cfu/cm^2，完全达到危害分析和关键控制点（HACCP）对微生物的控制要求。其后，他们又利用 PCR-DGGE 技术研究了猪肉屠宰工艺中污染微生物的多样性，并与贮藏阶段微生物菌群进行对比，确定微生物的污染源[23]。分别选取屠宰不同阶段（烫毛后、修整后、出冷库后和分割后）猪肉胴体表面样品以及分割用案板、刀具和洗刀具用水等各工序的样品。取 4℃贮藏的托盘包装样品进行对比参照，结果表明，贮藏阶段的托盘包装冷却猪肉与屠宰后期猪胴体表面污

染细菌的相似系数大于 80%，刀具和洗刀具用水与冷却猪肉的菌群相似性为 86%，而刀具和洗刀具用水之间相似系数高达 95%。因此可以确定，猪肉冷藏阶段微生物菌群的多样性是屠宰和分割过程中的污染源直接造成的，刀具和洗刀具用水是主要的微生物污染源。

高压处理可以延长肉制品的保质期。Han 等[24]利用传统的培养方法、PCR-DGGE 和反转录 PCR 变性梯度凝胶电泳（RT-PCR-DGGE）技术研究了高压处理对真空包装火腿菌群分布的影响。火腿样品经过 400 MPa 或 600 MPa 的高压处理后，提取其中微生物的总 DNA 和 RNA，对 V3 区域进行 PCR 扩增后，进行变性梯度凝胶电泳分析。结果表明，高压处理对不同致腐败细菌的抑制效果不同。低温火腿的主要致腐败菌，包括清酒乳杆菌、弯曲乳杆菌、格氏乳球菌（Lactococcus garvieae）、食窦魏斯氏菌（Weissella cibaria）、类肠膜魏斯氏菌（Weissella paramesenteroides）、肉蠹明串珠菌（Leuconostoc carnosum）和乳酸乳球菌（Lactococcus lactis）对高压非常敏感，经高压处理后未检测出来。而最终导致火腿腐败的是绿色魏斯氏菌（Weissella viridescens）和肠膜样明串珠菌（Leuconostoc mesenteroides），它们即使在 22℃，600 MPa 的高压下处理 10 min 仍不失活。研究发现，基于 RNA 反转录得到 DNA，再进行 PCR-DGGE 技术可以很好地应用于高压处理的火腿活菌的菌群分析中[25]。22℃，400 MPa 或 600 MPa 高压处理 10 min，对真空包装切片火腿的主要致腐败菌有很强的抑制效果，可以降低体系中污染微生物的多样性，提高产品品质。

2）非发酵肉制品贮藏过程中微生物群落结构分析

Hu 等[26]利用 DNA-DGGE 图谱和进化树分析方法研究了真空包装火腿在 4℃下贮藏时，主要腐败菌的鉴定和动力学分析。提取出细菌总 DNA 后，利用巢式 PCR（nest PCR）技术对 16S rDNA 的 V3 区域进行了扩增。对 DGGE 图谱的结果进行分析显示，真空包装火腿在 4℃下贮藏，主要的致腐败菌为清酒乳杆菌、弯曲乳杆菌以及少量的明串珠菌。为了延长真空包装火腿的货架期，他将清酒乳杆菌 B-2（Lactobacillussakei B-2）作为生物保护菌接入到真空包装切片火腿中，对延长其在 4℃贮藏货架期的作用进行研究评价[27]。DGGE 图谱表明，清酒乳杆菌 B-2 可以很好地抑制优势腐败菌（清酒乳杆菌、弯曲乳杆菌和中肠明串珠菌）的生长。接种清酒乳杆菌 B-2 的切片火腿在 4℃下贮藏，保质期由通常的 15 d 可以延长至 35 d，大大提高了其货架期。因此，可以利用 PCR-DGGE 技术，通过描述微生物在肉制品贮藏期间的动态变化过程，阐述生物保护菌与抑制目标菌之间的靶向抑制作用。

盐水鸭是我国南京著名的传统肉制品。刘芳等[28]利用平板培养和 PCR-DGGE 指纹图谱相结合的方法，对盐水鸭在 4℃贮藏期间的菌群多样性进行了分析。平板培养方法结果显示盐水鸭在贮藏期间细菌数量迅速增加。对 DGGE 胶条进行切割、测序，结果表明盐水鸭贮藏期间的主要腐败菌有腐生葡萄球菌（*Staphylococci saprophyticus*）、溶酪大球菌（*Macrococcus caseolyticus*）、魏斯氏菌（*Weissella* sp.）、中度嗜盐菌（*Halomonas* sp.）和盐单胞菌（*Cobetia* sp.）等。而平板培养物中仅可检测出腐生葡萄球菌、溶酪大球菌和魏斯氏菌，表明这种不依赖于培养的 DGGE 技术，可以更全面地应用于盐水鸭贮藏期间的腐败菌的检测和鉴定。

18.1.3 PCR-DGGE 在发酵肉制品中的应用

发酵肉制品菌群结构相当复杂，主要包括各种类型的细菌、酵母和霉菌[29]。利用新型不依赖于培养的分子生物学技术 PCR-DGGE 技术可以很好地对发酵肉制品在发酵和成熟过程中的微生物生长动力学进行研究。

18.1.3.1 发酵肉制品细菌群落结构分析

1）发酵香肠群落结构分析

最初利用 PCR-DGGE 技术研究发酵香肠中微生物菌群分布的是意大利人 Cocolin[29]，他对多种发酵香肠中的菌群分布进行了研究。在对来自意大利 Friuli-Venezia-Giulia 地区的天然发酵香肠成熟过程的细菌动态变化的研究中[30]，他直接提取了香肠样品中微生物的总 DNA 和 RNA，对 V1 区域进行 PCR 及反相 PCR 扩增后进行 DGGE 及序列分析。DNA 和 RNA 的 DGGE 图谱表明，在发酵前 3 d 多种菌共存，葡萄球菌属为优势菌，而在 10 d 后只有乳酸菌存在。清酒乳杆菌和弯曲乳杆菌在整个发酵阶段一直存在，而植物乳杆菌只在第 1 d 可以观察得到。因此，发酵香肠在发酵初期的菌群结构明显比末期复杂。这一点在他随后的研究中得到证实[21]，Cocolin 观察到在原料肉和发酵香肠中，发酵末期的菌群结构要更为简单。此外，Cocolin 从意大利自然发酵香肠中分离出了 90 株微球菌科菌株，分别提取细菌 DNA 后采用引物 338f 和 518r 对 16S rDNA 的 V1 区域进行 PCR 扩增及变性梯度凝胶电泳[31]。结果表明，意大利自然发酵香肠成熟过程中主要是木糖葡萄球菌、肉葡萄球菌和模仿葡萄球菌在起作用。

色拉米肠是世界上著名的香肠制品。Silvestri 等[9]研究了 22 种市售色拉米香肠的微生物菌群分布情况。从色拉米香肠中提取细菌的 DNA 后，选取合适引物进行 16S rDNA PCR 扩增。DGGE 图谱和测序结果显示，在所有香肠样品中，最常见的是清酒乳杆菌和弯曲乳杆菌。Cocolin[29]的研究也得到了类似的结论，他们在对来源于意大利 Marche 地区的色拉米香肠进行 PCR-DGGE 的研究中发现了 5 种乳酸菌的存在：植物乳杆菌、清酒乳杆菌、弯曲乳杆菌、乳酸片球菌和乳酸乳杆菌，而最为常见的依旧是弯曲乳杆菌和清酒乳杆菌。

PCR-DGGE 技术也可用于阿根廷香肠细菌群落的分析。Fontana 等[32]对发酵香肠中提取的细菌 16S rRNA 基因的 V3 区域进行扩增，在第 0 d 得到的 DGGE 图谱极其复杂，主要包括植物乳杆菌、乳酸片球菌、清酒乳杆菌、弯曲乳杆菌和变异棒状杆菌等。在发酵的第 5 d 和 14 d，植物乳杆菌、弯曲乳杆菌和腐生葡萄球菌成为优势菌群。而对阿根廷另一种发酵香肠的研究也证实了这一点[33]，在发酵初期，植物乳杆菌和腐生葡萄球菌是其中的优势菌群。

2）发酵鱼制品群落结构分析

Aji-narezushi（一种添加大米，并经长期发酵的竹荚鱼制品）和 iwashi-nukazuke（一种添加麦麸，并经长期发酵的沙丁鱼制品）是两种具有日本特色的发酵鱼制品，An 等[34]利用 PCR-DGGE 技术研究了其中微生物菌群结构的分布情况。平板培养结果显示 aji-narezushi 和 iwashi-nukazuke 中活菌数分别达到了大约 $10^{6.45}$ cfu/g 和 $10^{6.3}$ cfu/g。进行 PCR-DGGE 分析，发现马里乳杆菌（*Lactobacillus acidipiscis*）是 aji-narezushi 成熟过程中的优势菌，而四联球菌属（*Tetragenococcus*）是 iwashi-nukazuke 样品中生长的主要细菌。

鱼露是东亚和东南亚地区生产的一种季节性自然发酵腌制鱼制品。在其长期的发酵过程中，由于微生物的生长会伴有不良风味的产生。Yoshikawa 等[10]在非无菌条件下向大马哈鱼露中接种多种微生物，经过 35℃发酵 84 d 后，对样品进行 PCR-DGGE 分析，研究了接种不同微生物对发酵大马哈鱼露菌群分布的影响。结果表明，耐盐乳酸菌只可在单独接种避盐四联球菌（*Tetragenococcus halophilus*）的样品或者在共同接种避盐四联球菌和耐盐酵母（*Candida versatilis*）发酵的前 28 d 样品中存在。因此，通过接种微生物可以改变鱼露发酵过程中的微生态环境、减少不良风味产生、提高产品品质。

18.1.3.2　发酵肉制品真菌群落结构分析

和分析发酵肉制品中细菌群落结构相比，利用 PCR-DGGE 技术分析发酵肉制品中酵母和霉菌的研究较少。Flores 等[35]在对一种低温发酵意大利香肠的研究中发现，汉逊德巴利酵母（*Debaryomyces hansenii*）是其中生长的优势酵母菌，这一点随后得到多次验证。Cocolin 等[36]在对意大利自然发酵香肠的研究中发现，经过 60 d 发酵后对样品进行 DNA 和 RNA 变性梯度凝胶电泳，发现汉逊德巴利酵母是其中的优势菌种，并且一直处于活性状态。Silvestri 等[9]研究了色拉米香肠中微生物菌群分布情况。从香肠中提取真菌 DNA 后，选取合适引物进行 28S rDNA-PCR 扩增，DGGE 图谱和测序结果再次显示，汉逊德巴利酵母是香肠中生长的优势酵母菌。

Yoshikawa 等[10]在自然条件下向大马哈鱼露中接种多种耐盐酵母，经过 35℃发酵 84 d 后，对样品中酵母菌的生长情况进行分析，研究了接种不同微生物对发酵大马哈鱼露菌群分布的影响。对样品真菌的 26S rDNA 的 D1 区域进行 PCR-DGGE 分析表明，在鱼露发酵过程中只检测到四种真菌存在，包括鲁氏接合酵母（*Zygosaccharomyces rouxii*）、耐盐酵母（*Candida versatilis*）、季也蒙毕赤酵母（*Pichia guilliermo*）和米曲霉（*Aspergillus oryzae*）。因此，在鱼露发酵初期接种耐盐酵母菌，可以有效地预防野生酵母的生长，避免鱼露生产过程中不良风味的产生，提高产品品质。

18.1.4　PCR-DGGE 技术的应用前景

近年来，大量的研究表明依赖培养和不依赖培养的微生物分析方法结果有显著差异。如今，依赖于培养的传统微生物分析方法无法准确描述完整的菌群结构已成为科学界的共识[29]。而 PCR-DGGE 技术在肉品微生物学领域中的应用虽然起步较晚，但是凭借着其不依赖于培养、精确的特点，在原料肉和多种肉制品的微生物群落结构分析中得到了广泛应用。

尽管 PCR-DGGE 技术在肉品微生物群落结构分析中得到了广泛应用，已大量用于样品中微生物菌群的多样性和群落演替的研究，但需要指出的是诸多因素，如样品处理、DNA 提取、DNA 纯度、PCR 条件等都会影响最终的 DGGE 结果[11]。另外，当食品体系中菌体浓度低于 10^3 cfu/g[31]或占整个群落细菌数量 1%以下时[3]，DGGE 技术很难检测出来。因此，需要开发更多的分子生物分子学技术与 PCR-DGGE 相结合，提高其灵敏性，从而更真实、精确地反映微生物群落结构。此外，如何将 PCR-DGGE 技术应用到肉制品在线检测上，对整个肉制品生产过程进行实时监测，保障产品品质和微生物安全性，是 PCR-DGGE 技术发展的必然趋势。

18.2　实时荧光定量 PCR 技术在金黄色葡萄球菌检测中的应用

2011 年 12 月 21 日起，我国正式施行由卫生部组织制定的《食品安全国家标准速冻米面制品》（GB 19295—2011）。新国标中放宽了对金黄色葡萄球菌的要求，其含量由不得检出调整到可限量检出并采用三级采样法，每一批生制品抽查的 5 个样品中允许有一个样品含金黄色葡萄球菌数量在 1000～10000 cfu/g，这批产品即为合格产品。新国标的颁布引发了激烈的争论，金黄色葡萄球菌作为主要的食源性致病菌更是受到了广泛的关注。金黄色葡萄球菌不仅存在于速冻米面制品中，肉类和乳制品等也通常含有金黄色葡萄球菌的肠毒性菌株[37]。金黄色葡萄球菌的检测通常采用以形态学和生物化学特征为基础的传统方法[38]。国标方法 GB 4789.10—2010 主要采取 Baird-Parker 平板和血平板相结合的传统方法对食品中金黄色葡萄球菌进行检测。这些方法虽然操作简单，但耗时长（需 5 d 左右）、灵敏性差，会造成食品积压过程中的经济损失。因此，需要一种灵敏、高效的方法对金黄色葡萄球菌进行快速检测。近年来，实时荧光定量 PCR（real-time flurescent quantitive PCR）技术因具有特异性强、灵敏度高、快速和应用范围广等特点，已经成功应用于食品微生物学中并且能够替代传统培养方法来快速定量检测信息[39]。本节介绍了 real-time PCR 技术原理、分类和特点，并对 real-time PCR 技术在肉制品中金黄色葡萄球菌检测的研究进展与应用进行了综述。

18.2.1　实时荧光定量 PCR 技术概述

过去 30 年中，独立于培养的分子生物学技术已经有很大的发展，使微生物群落整体的分析变得可行，增加了我们对其成分、动力学和活性的了解[40]。PCR（polymerase chain reaction）即聚合酶链式反应，是诞生于 1985 年的一项体外扩增 DNA 的技术[41]。定量 PCR 已经从基于凝胶的低通量分析发展到高通量的荧光分析技术，即实时荧光定量 PCR。实时荧光定量 PCR 技术，由美国 Applied Biosystems 公司于 1996 年推出，可应用于食源性致病菌的特异性和定量检测，主要应用于肉类产品和乳制品中。

18.2.1.1　实时荧光定量 PCR 技术原理

实时荧光定量 PCR 技术原理是，将荧光基团加入到 PCR 反应体系中，利用 PCR 指数扩增期间荧光信号的强弱变化实时监测整个 PCR 进程，最后通过标准曲线对未知模板进行定量分析，并由此分析目的基因的初始量。C_t 值是实时荧光定量 PCR 技术中很重要的一个概念，C 指 Cycle 即循环数，t 指 threshold 即阈值，C_t 值表示的是每个反应管内的荧光信号达到设定的域值时经历的循环数[42]。研究表明[43]，每个模板的 C_t 值与起始拷贝数的对数之间存在线性关系，起始拷贝数越多，C_t 值越小。将已知起始拷贝数的标准品做出标准曲线，横坐标为起始拷贝数的对数，纵坐标为 C_t 值。因此，只要知道未知样品的 C_t 值，就可以从标准曲线上计算出未知样品的起始拷贝数，从而达到定量分析的目的。

18.2.1.2　实时荧光定量 PCR 技术分类及其特点

实时荧光定量 PCR 技术根据检测的荧光信号可以分为两类[38]：一类是双链 DNA 特异荧光染料（如 SYBR Green Ⅰ）；另一类是特异性荧光标记探针，包括水解探针（如 TaqMan 或 TaqMan-MGB）和杂交探针（如分子信标）。染料法是利用染料与双链 DNA 小沟结合发出的荧光信号指示增加的扩增产物；探针法则是利用能与靶序列特异性杂交的探针来指示增加的扩增产物[44]。这些方法允许不需要 PCR 后处理操作的自动检测，降低了相互污染的风险。因此，与常规 PCR 相比实时荧光定量 PCR 技术不仅完成了 PCR 从定性到定量的飞跃，其主要优点是灵敏性高、特异性强、降低扩增规模并且不需要 PCR 后处理操作，降低了相互污染的风险。

荧光标记探针方法，如常用的 TaqMan 探针法，对 PCR 产物的检测特异性更高[45]。但是需要非常严格的条件选择适宜的引物和探针，这往往不易达到。而荧光染料法，如常用的 SYBR Green Ⅰ 染料法检测 PCR 产物则打破了这种限制，不需要连接荧光分子的探针[46]。因此，染料类方法的优点是：灵敏度高、通用性好、不需要设计探针、方法简便、价格低廉、可以高通量大规模地定量 PCR 检测，但是只适用于专一性要求不高的定量 PCR 检测。而探针类方法适用于扩增序列专一的体系检测，对特异性要求较高的定量，优点是：高适应性和可靠性、实验结果稳定重复，但当靶基因的特异性序列较短时，无论怎样优化引物设计条件都不能解决。

近年来，快速核酸扩增和检测技术已经迅速取代了传统方法，实际上 PCR 应用于食品中病原体的检测正日益增加。而且，实时荧光定量 PCR 提供一个灵活的检测系统，在普通条件下也能立即检测多种病原体。许多实时荧光定量 PCR 方法经发展研究已经可以专门定性和定量检测食源性致病菌，如金黄色葡萄球菌、沙门菌属、单核细胞增生李斯特菌、大肠杆菌 O157：H7、志贺菌属和弯曲杆菌属。实时荧光定量 PCR 技术直接定量检测食品中细菌性病原体的应用需要考虑以下方面[47]：选择准确并灵敏的实时荧光定量 PCR 方法；选择高效的 DNA 分离法；了解所选用方法与传统细菌平板计数法性能之间的差异。

18.2.2 金黄色葡萄球菌特性

金黄色葡萄球菌（*Staphylococcus aureus*）于 1884 年被首次发现，是已知可导致食源性中毒的、菌落为球形的革兰氏阳性菌[48]。由于能够产生外毒素和其他致病因素，其成为全球性的致病菌之一。金黄色葡萄球菌可以产生多种毒素，主要为肠毒素（staphylococcal enterotoxins，SEs）、剥脱毒素（exfoliative toxin，ETs）和中毒休克毒素（toxicshock syndrome toxin，TSST-1）等。金黄色葡萄球菌引起食物中毒的主要原因是肠毒素（SEs），它是一类毒力相似、结构相关、抗原性不同的胞外蛋白质[49]。SEs 是指在动物实验（猴子）中口服投药后引起呕吐的葡萄球菌属超抗原，而其他相关毒素类则为 SE 类似（SEI）蛋白质。目前，根据在灵长类动物中的催吐效果，已有 18 类 SEs 或 SEI 被报道。根据血清抗原特异性不同，可将肠毒素分为 A、B、C_1、C_2、C_3、D、E 和 F 共 8 个型。其中，A 型毒素毒力最强，摄入 1μg 即能引起中毒，且 A 型肠毒素引起的食物中毒最常见。D 型毒力较弱，摄入 25μg 才能引起中毒。

金黄色葡萄球菌食物中毒（SEP）是指摄入含有一种或多种 SEs 食物导致的中毒。当金黄色葡萄球菌数量上升到 $10^5 \sim 10^6$ cfu/g[50]，就会引起食物中毒。金黄色葡萄球菌食物中毒的一般症状是突然发生恶心、剧烈的呕吐、腹部绞痛和腹泻，发病时间为食用了污染的食品后 2～8 h 内。其引起的食物中毒呈季节性分布，多见于春夏季，常存在于乳、肉制品及水产品中；此外，剩饭、凉菜及即食食品[7]中也经常被检测出含有金黄色葡萄球菌。

18.2.3　实时荧光定量 PCR 技术检测肉制品中金黄色葡萄球菌

肉和肉类产品被认为是金黄色葡萄球菌传染的主要传播媒介之一。因此，曾多次爆发肉类制品被金黄色葡萄球菌污染而引起的食物中毒。徐德顺等[51]利用实时荧光定量 PCR 技术，建立食品中金黄色葡萄球菌污染的快速敏感特异的检测方法。以市售生猪肉、鸡肉等材料为原料经金黄色葡萄球菌增菌液增菌培养后，分别使用 TaqMan 探针法和传统培养方法进行平行实验并进行对比，发现在 10 株相关菌株的检测中，除金黄色葡萄球菌表现很好的阳性，其余菌株均为阴性。纯菌条件时，最低检测限为 44 cfu/mL，同一样品重复 3 次的 C_i 值的变异系数均小于 5%。因此实时荧光定量 PCR 技术具有操作简便快捷、特异性强和稳定性高等优点，符合食品中病源微生物检验的发展需要，值得推广和应用。Alarcon等[52]研究发现，在人为污染的牛肉样品中使用两种实时荧光定量 PCR 方法检测金黄色葡萄球菌的最低限量为 5×10^2 cfu/g，并且 SYBR Green Ⅰ 染料法和 TaqMan 探针法均提高了检测的灵敏度，分别将检测水平降低到 10 和 100 个细胞水平。结果表明 SYBR-Green Ⅰ 染料方法成本更低，能够灵敏、自动定量检测食品中的金黄色葡萄球菌。

此外，实时荧光定量 PCR 还可用于食品加工表面金黄色葡萄球菌的检测。欧洲已经立法要求食品加工表面应该是"健康卫生并易于清洗"，食品加工表面不适当的清洗和消毒存在着潜在的食品交叉感染风险。有研究表明，金黄色葡萄球菌等致病菌可以在手、海绵和炊具上存在几小时甚至几天。传统的检测方法虽然使用简单，但仅限于潜伏期的 24～48h，鉴于可能更早地需要结果，理想的时间是食品进入市场前。因此，需要一种快速、稳定的检测方法。Martinon 等[53]使用 real-time PCR 方法与叠氮溴化丙锭（propidium monoazide，PMA）试剂结合定量检测污染的食品加工表面的活性金黄色葡萄球菌、大肠杆菌和单核细胞增生李斯特菌，研究中采用 SYBR Green 染料法定量检测加工表面的病原体数量，研究发现该方法与平板计数法的结果没有显著差异。实时荧光定量 PCR 与 PMA 结合可以用于快速检测接触过高污染食品的接触表面或监测食品加工表面的消毒效果。

18.2.4　实时荧光定量 PCR 技术的应用前景

实时荧光定量 PCR 技术能够有效解决传统 PCR 中只能终点检测的局限，并且在封闭的条件下进行反应和分析，无需电泳等 PCR 后处理操作，能有效预防 PCR 产物之间的相互污染。由于其操作简便快速、特异性强、灵敏度高、假阳性低、可定量检测、误差小、稳定性好等特点，已经被广泛应用于食品中微生物的检测。因此，在食源性致病菌的检测中可以代替传统方法，更加高效和快速。

实时荧光定量 PCR 技术也存在着不足，如需要设计适宜的引物和探针，否则会降低检测的特异性和灵敏度；食品基质成分会影响酶活性；技术设备要求高，荧光探针费用较高。然而，这种分子诊断技术最主要的缺陷是不能区别活性和死亡病原微生物的 DNA。但使用 PMA 可以解决这个问题。PMA 作为 DNA 嵌入试剂，可以选择性地消除死亡细菌细胞的 DNA。这种方法通常和实时荧光定量 PCR 结合使用，用来检测活性病原体，如肉类制品中的单核细胞增生李斯特菌、大肠杆菌 O157：H7 和弯曲杆菌属等。此外，由于抗生素的滥用和生态环境的改变，通常需要同时检测多种病原微生物。因此实时荧光定量 PCR 与多重 PCR 结合使用，能够同时在同一反应管内检测多种致病菌，效率更高。随着分子生物学技术的发展，实时荧光定量 PCR 技术还有广泛的发展空间。进一步研究优化实时荧光定量 PCR 技术并与其他技术结合使用，必将成为金黄色葡萄球菌等食源性致病菌检测发展的重要趋势。

参 考 文 献

[1] Lerman L S, Fischer S G, Hurley I, et al. Sequence-determined DNA separations [J]. Annual Review of Biophysics and Bioengineering, 1984, 13 (1): 399-423

[2] Myers R M, Fischer S G, Lerman L S, et al. Nearly all single base substitutions in DNA fragments joined to a GC-clamp can be detected by denaturing gradient gel electrophoresis [J]. Nucleic Acids Research, 1985, 13 (9): 3131-3145

[3] Muyzer G, De Waal E C, Uitterlinden A G. Profiling of complex microbial populations by denaturing gradient gel electrophoresis analysis of polymerase chain reaction–amplified genes coding for 16S rRNA [J]. Applied and Environmental Microbiology, 1993, 59 (3): 695-700

[4] Avahami S, Liesack W, Conrad R. Effects of temperature and fertilizer on activity and community structure of soil ammonia oxidizers [J]. Environmental Microbiology, 2003, 5 (8): 691-705

[5] Norris T B, Wraith J M, Castenholz R W, et al. Soil microbial community structure across a

thermal gradient following a geothermal heating event ［J］. Applied and Environmental Microbiology, 2002, 68 (12): 6300-6309

［6］ Reeson A F, Jankovic T, Kasper M L, et al. Application of 16S rDNA-DGGE to examine the microbial ecology associated with a social wasp *Vespula germanica* ［J］. Insect Molecular Biology, 2003, 12 (1): 85-91

［7］ Burton J P, Cadieux P A, Reid G. Improved understanding of the bacterial vaginal microbiota of women before and after probiotic instillation ［J］. Applied and Environmental Microbiology, 2003, 69 (1): 97-101

［8］ Tu R J, Wu H Y, Lock Y S, et al. Evaluation of microbial dynamics during the ripening of a traditional Taiwanese naturally fermented ham ［J］. Food Microbiology, 2010, 27 (4): 460-467

［9］ Silvestri G, Santarelli S, Aquilanti L, et al. Investigation of the microbial ecology of Ciauscolo, a traditional Italian salami, by culture-dependent techniques and PCR – DGGE ［J］. Meat Science, 2007, 77 (3): 413-423

［10］ Yoshikawa S, Yasokawa D, Nagashima K, et al. Microbiota during fermentation of chum salmon (*Oncorhynchus keta*) sauce mash inoculated with halotolerant microbial starters: Analyses using the plate count method and PCR-denaturing gradient gel electrophoresis (DGGE) ［J］. Food Microbiology, 2010, 27 (4): 509-514

［11］ Ercolini D. PCR–DGGE fingerprinting: Novel strategies for detection of microbes in food ［J］. Journal of Microbiological Methods, 2004, 56 (3): 297-314

［12］ 徐敏娟，王志跃. 变性梯度凝胶电泳及其在微生态领域应用的研究进展 ［J］. 家畜生态学报, 2008, (06): 147-150

［13］ Ampe F, Ben Omar N, Moizan C, et al. Polyphasic study of the spatial distribution of microorganisms in Mexican pozol, a fermented maize dough, demonstrates the need for cultivation-independent methods to investigate traditional fermentations ［J］. Applied and environmental microbiology, 1999, 65 (12): 5464-5473

［14］ Ercolini D, Russo F, Torrieri E, et al. Changes in the spoilage-related microbiota of beef during refrigerated storage under different packaging conditions ［J］. Applied and Environmental Microbiology, 2006, 72 (7): 4663-4671

［15］ Russo F, Ercolini D, Mauriello G, et al. Behaviour of *Brochothrix thermosphacta* in presence of other meat spoilage microbial groups ［J］. Food Microbiology, 2006, 23 (8): 797-802

［16］ Fontana C, Cocconcelli P, Vignolo G. Direct molecular approach to monitoring bacterial colonization on vacuum-packaged beef ［J］. Applied and Environmental Microbiology, 2006, 72 (8): 5

［17］ Jiang Y, Gao F, Xu X, et al. Changes in the composition of the bacterial flora on tray-packaged pork during chilled storage analyzed by PCR-DGGE and real-time PCR ［J］. Journal of Food Science, 2011, 76 (1): M27-M33

［18］ Li M Y, Zhou G H, Xu X L, et al. Changes of bacterial diversity and main flora in chilled pork during storage using PCR-DGGE ［J］. Food Microbiology, 2006, 23 (7): 607-611

［19］ Jiang Y, Gao F, Xu X L, et al. Changes in the bacterial communities of vacuum-packaged pork during chilled storage analyzed by PCR-DGGE ［J］. Meat Science, 2010, 86（4）: 889-895

［20］ 孙彦雨, 周光宏, 徐幸莲. 冰鲜鸡肉贮藏过程中微生物菌相变化分析 ［J］. 食品科学, 2011,（11）: 146-151

［21］ Cocolin L, Diez A, Urso R, et al. Optimization of conditions for profiling bacterial populations in food by culture- independent methods ［J］. International Journal of Food Microbiology, 2007, 120（1-2）: 100-109

［22］ 李苗云, 周光宏, 徐幸莲, 等. 不同屠宰工艺（剥皮和烫毛）对猪胴体表面微生物的多样性影响及关键点的控制研究 ［J］. 食品科学, 2006,（04）: 170-173

［23］ 李苗云, 周光宏, 赵改名, 等. 冷却猪肉屠宰过程中微生物污染源的分析研究 ［J］. 食品科学, 2008,（07）: 70-72

［24］ Han Y Q, Jiang Y, Xu X L, et al. Effect of high pressure treatment on microbial populations of sliced vacuum-packed cooked ham ［J］. Meat Science, 2011, 88（4）: 682-688

［25］ Han Y Q, Xu X L, Jiang Y, et al. Inactivation of food spoilage bacteria by high pressure processing: Evaluation with conventional media and PCR-DGGE analysis ［J］. Food Research International, 2010, 43（6）: 1719-1724

［26］ Hu P, Zhou G H, Xu X H, et al. Characterization of the predominant spoilage bacteria in sliced vacuum-packed cooked ham based on 16S rDNA-DGGE ［J］. Food Control, 2009, 20（2）: 99-104

［27］ Hu P, Xu X L, Zhou G H, et al. Study of the *Lactobacillus sakei* protective effect towards spoilage bacteria in vacuum packed cooked ham analyzed by PCR-DGGE ［J］. Meat Science, 2008, 80（2）: 462-469

［28］ 刘芳, 王道营, 徐为民, 等. 应用 PCR-DGGE 指纹图谱技术分析盐水鸭贮藏过程中的细菌多样性 ［J］. 南京农业大学学报, 2011,（02）: 135-138

［29］ Cocolin L, Dolci P, Rantsiou K. Biodiversity and dynamics of meat fermentations: The contribution of molecular methods for a better comprehension of a complex ecosystem ［J］. Meat Science, 2011, 89（3）: 296-302

［30］ Cocolin L, Manzano M, Cantoni C, et al. Denaturing gradient gel electrophoresis analysis of the 16S rRNA gene V1 region to monitor dynamic changes in the bacterial population during fermentation of Italian sausages ［J］. Applied and Environmental Microbiology, 2001, 67（11）: 5113-5121

［31］ Cocolin L, Manzano M, Aggio D, et al. A novel polymerase chain reaction（PCR）- denaturing gradient gel electrophoresis（DGGE）for the identification of *Micrococcaceae* strains involved in meat fermentations. Its application to naturally fermented Italian sausages ［J］. Meat Science, 2001, 58（1）: 59-64

［32］ Fontana C, Vignolo G, Cocconcelli P S. PCR-DGGE analysis for the identification of microbial populations from Argentinean dry fermented sausages ［J］. Journal of Microbiological Methods, 2005, 63（3）: 254-263

[33] Fontana C, Sandro Cocconcelli P, Vignolo G. Monitoring the bacterial population dynamics during fermentation of artisanal Argentinean sausages [J]. International Journal of Food Microbiology, 2005, 103 (2): 131-142

[34] An C, Takahashi H, Kimura B, et al. Comparison of PCR-DGGE and PCR-SSCP analysis for bacterial flora of Japanese traditional fermented fish products, aji–narezushi and iwashi-nukazuke [J]. Journal of the Science of Food and Agriculture, 2010, 90 (11): 1796-1801

[35] Flores M, Durá M A, Marco A, et al. Effect of *Debaryomyces* spp. on aroma formation and sensory quality of dry-fermented sausages [J]. Meat Science, 2004, 68 (3): 439-446

[36] Cocolin L, Urso R, Rantsiou K, et al. Dynamics and characterization of yeasts during natural fermentation of Italian sausages [J]. FEMS Yeast Research, 2006, 6 (5): 692-701

[37] Normanno G, La Salandra G, Dambrosio A, et al. Occurrence, characterization and antimicrobial resistance of enterotoxigenic *Staphylococcus aureus* isolated from meat and dairy products [J]. International Journal of Food Microbiology, 2007, 115 (3): 290-296

[38] Riyaz-Ul-Hassan S, Verma V, Qazi G N. Evaluation of three different molecular markers for the detection of *Staphylococcus aureus* by polymerase chain reaction [J]. Food Microbiology, 2008, 25 (3): 452-459

[39] Mamlouk K, Macé S, Guilbaud M, et al. Quantification of viable *Brochothrix thermosphacta* in cooked shrimp and salmon by real–time PCR [J]. Food Microbiology, 2012, 30 (1): 173-179

[40] Postollec F, Falentin H, Pavan S, et al. Recent advances in quantitative PCR (qPCR) applications in food microbiology [J]. Food Microbiology, 2011, 28 (5): 848-861

[41] Saiki R K, Scharf S, Faloona F, et al. Enzymatic amplification of beta-globin genomic sequences and restriction site analysis for diagnosis of sickle cell anemia [J]. Science, 1985, 230 (4732): 1350-1354

[42] 赵焕英, 包金风. 实时荧光定量 PCR 技术的原理及其应用研究进展 [J]. 中国组织化学与细胞化学杂志, 2007, 16 (4): 492-497

[43] Elizaquível P, Aznar R. A multiplex RTi–PCR reaction for simultaneous detection of *Escherichia coli* O157: H7, *Salmonella* spp. and *Staphylococcus aureus* on fresh, minimally processed vegetables [J]. Food Microbiology, 2008, 25 (5): 705-713

[44] 李静芳, 汤水平, 张素文, 等. 实时荧光定量 PCR 技术在食品检测中的应用 [J]. 实用预防医学, 2008, 15 (6): 1997-1999

[45] Salinas F, Garrido D, Ganga A, et al. Taqman real–time PCR for the detection and enumeration of *Saccharomyces cerevisiae* in wine [J]. Food Microbiology, 2009, 26 (3): 328-332

[46] Nam H M, Srinivasan V, Gillespie B E, et al. Application of SYBR green real–time PCR assay for specific detection of *Salmonella* spp. in dairy farm environmental samples [J]. International Journal of Food Microbiology, 2005, 102 (2): 161-171

[47] Hein I, Jørgensen H J, Loncarevic S, et al. Quantification of *Staphylococcus aureus* in

unpasteurised bovine and caprine milk by real‐time PCR［J］. Research in Microbiology, 2005, 156 (4): 554-563

[48] Liu G Y, Essex A, Buchanan J T, et al. *Staphylococcus aureus* golden pigment impairs neutrophil killing and promotes virulence through its antioxidant activity［J］. The Journal of Experimental Medicine, 2005, 202 (2): 209-215

[49] 姜毓君, 李一松, 相丽, 等. RT‐PCR 检测金黄色葡萄球菌肠毒素 A 基因［J］. 东北农业大学学报, 2009, 40 (2): 88-91

[50] Ertas N, Gonulalan Z, Yildirim Y, et al. Detection of *Staphylococcus aureus* enterotoxins in sheep cheese and dairy desserts by multiplex PCR technique［J］. International Journal of Food Microbiology, 2010, 142 (1): 74-77

[51] 徐德顺, 韩健康, 吴晓芳. 实时荧光定量‐聚合酶链反应检测食品中金黄色葡萄球菌方法的研究［J］. 疾病监测, 2009, 24 (7): 541-544

[52] Alarcon B, Vicedo B, Aznar R. PCR-based procedures for detection and quantification of *Staphylococcus aureus* and their application in food［J］. Journal of Applied Microbiology, 2006, 100 (2): 352-364

[53] Martinon A, Cronin U, Quealy J, et al. Swab sample preparation and viable real‐time PCR methodologies for the recovery of *Escherichia coli*, *Staphylococcus aureus* or *Listeria monocytogenes* from artificially contaminated food processing surfaces［J］. Food Control, 2012, 24 (1): 86-94

19 拉曼光谱技术在肉品科学研究中的应用

拉曼光谱（Raman spectroscopy）技术是一门基于拉曼散射效应而发展起来的光谱分析技术，可提供分子的振动或转动信息。拉曼光谱技术同化学分析技术和其他光谱技术相比，具有快速原位无损伤检测，样品不需处理，使用样品量少等特点[1]。随着拉曼光谱技术的发展[2]，其已被广泛应用到石油化工[3]、生物医药[4]、考古艺术[5]和法医鉴定[6]等领域。基于拉曼光谱技术的诸多优点，其在肉品中也得到了应用。本章从拉曼光谱技术的原理出发，综述该技术在肉品科学研究中的应用。

19.1 拉曼光谱技术的原理

拉曼光谱原理是拉曼散射效应，它是分子对光子的一种非弹性散射效应。处于基态的样品分子受到能量为 $h\nu_0$ 的外来光子的激发后，其能态上升至一个不稳定的中间状态，样品分子在离开这个中间状态时随机辐射光子。激发光的光子与物质分子相碰撞，可产生弹性碰撞和非弹性碰撞。弹性碰撞技术在肉品成分分析和品质评定中的应用，为将来开发相应的在线检测设备提供基础。

碰撞过程中，二者未发生能量交换，光子频率保持恒定，这种散射现象称为瑞利散射，如图 19.1（a）所示。在非弹性碰撞过程中，光子与分子有能量交换，光子转移一部分能量给散射分子，或者从散射分子中吸收一部分能量，从而使其频率改变，它取自或给予散射分子的能量只能是分子两定态之间的差值（ $\Delta E = E_1 - E_2$ ），而不同的化学键或基团有不同的振动能级，ΔE 可反映指定能级的变化。因此，与之相应的光子频率变化也是具有特征性的，根据光子频率变化就可以判断出分子中所含有的化学键或基团，这就是拉曼光谱可以分析分子结构的基础。当光子把一部分能量交给分子时，光子则以较小的频率散射出去，称为斯托克斯散射，散射分子接受的能量转变成为分子的振动或转动能量，从而处于激发态 E_1，如图 19.1（b）所示，这时的光子的频率为 $\nu' = \nu_0 - \Delta\nu$；当分子已经处于振动或转动的激发态 E_1 时，光子则从散射分子中取得了能量 ΔE（振动或转动能量），以较大的频率散射，称为反斯托克斯散射，这时光子的频率为 $\nu' = \nu_0 + \Delta\nu$。这两种散射均属于拉曼散射。

由于斯托克斯散射比反斯托克斯散射强得多，因此拉曼光谱仪检测的主要是

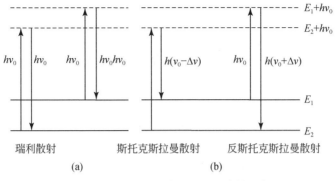

图 19.1   瑞利（a）和拉曼（b）散射示意图

斯托克斯散射。其拉曼频移、拉曼强度及线宽反映的是拉曼样品池中散射物质的特性，与物质分子的振动和转动有关。从特征拉曼频率可以确定分子中的原子团和化学键的存在，从相对强度的变化能够确定化学键的含量，而物质化学环境的变化则会引起拉曼特征频率的微小位移，从特征频率位移的大小和方向能判定原子团和化学键所处化学环境的变化[7]。拉曼光谱对对称结构分子检测很有效，与红外光谱在分析分子结构中互相补充，一些基团红外吸收很弱，但拉曼散射却很强，如 C—C、C ＝C、N ＝N 和 S—S 等基团。另外，水的红外吸收很强，但它的拉曼散射却很弱，因此拉曼光谱技术特别适合水溶液体系[8]。

随着激光技术的发展，拉曼光谱技术也发展了多种分析技术，如傅里叶变换拉曼光谱技术、表面增强拉曼光谱技术、激光拉曼光谱技术和共焦显微拉曼光谱技术等[9]。

19.2   拉曼光谱技术在肉品成分分析中的应用

从肉的化学组成上分析，主要有蛋白质、脂肪、水分、浸出物、维生素和矿物质 6 种。其中蛋白质和脂肪对肉的品质影响较显著，如肌肉蛋白对肉品的质地和保水性有直接影响，肌肉内脂肪的含量会影响肉的风味和嫩度。

19.2.1   对肉中蛋白质的检测

蛋白质对肌肉食品的组织特性及功能特性有着重要的贡献，决定着终产品的品质。蛋白质的功能特性（溶解性、凝胶性和持水性等）和组织特性与其高级结构有关，主要包括二级结构（α-螺旋、β-折叠和无规则卷曲等）、三级结构（二级结构的空间作用）和四级结构（亚基间的相互作用）。这些结构通过不同类型的相互作用来维持氢键、疏水相互作用、静电力以及范德华力等[10]。

19.2.1.1 蛋白质拉曼光谱谱带的指认

拉曼谱带可以提供蛋白质化学基团变化的信息，利用这些信息可以预测溶液、固体、凝胶或结晶状态的蛋白质二级结构和微环境。Li-Chan[7]与Herrero[10]基于早期的研究结果对蛋白质拉曼光谱图中的谱带进行了指认与分析，酰胺Ⅰ和酰胺Ⅲ的骨架振动模式和氨基酸侧链（胱氨酸和半胱氨酸的S—S和S—H伸缩振动）以及C—C伸缩振动等模式反映了二级结构的变化；酪氨酸、色氨酸双峰以及苯丙氨酸等芳香族氨基酸残基的振动可以反映微环境的变化，相关各个谱带指认见表19.1。在肌肉食品体系中，蛋白质这些结构的变化可为研究其腐败变质的机理提供信息，进而改善其处理、加工和储藏条件。

表19.1 蛋白质结构中有用的拉曼振动模式[7]

来源	频率/cm⁻¹	指认	结构信息
胱氨酸 半胱氨酸	510	S—S 伸缩振动	扭式-扭式-扭式构象；谱带的扩宽和/或迁移表示胱氨酸残基异质化
甲硫氨酸	525	S—S 伸缩振动	扭式-扭式-反式构象
	545	S—S 伸缩振动	反式-扭式-反式构象
	630 ~ 670	C—S 伸缩振动	扭式构象
	700 ~ 745	C—S 伸缩振动	反式构象
	2550 ~ 2580	S—H 伸缩振动	存在半胱氨酸巯基
酪氨酸	850/830	费米共振	酚羟基状态
色氨酸	760、880、1360	吲哚环	谱带代表包埋的残基；对极性环境敏感
苯丙氨酸	1006	breathe 环	构象不敏感；可作为内标
组氨酸	1409	N-二咪唑	咪唑状态，金属蛋白结构，重氮溶液中质子转移的探针
天冬氨酸 谷氨酸	1400 ~ 1430	COO—的 C＝O 伸缩振动	离子化羧基
	1700 ~ 1750	COOH 或 COOR 的 C＝O 伸缩振动	未解离羧基，酯或者金属复合物
脂肪族氨基酸	1450、1465	C—H 弯曲振动	微环境、极性
	2800 ~ 3000	C—H 伸缩振动	微环境、极性
酰胺Ⅰ	1655±5	酰胺 C＝O 伸缩振动 N—H 振动	α-螺旋
	1670±3	酰胺 C＝O 伸缩振动 N—H 振动	β-折叠（反式平行）
	1665±3	酰胺 C＝O 伸缩振动 N—H 振动	无规则卷曲

来源	频率/cm⁻¹	指认	结构信息
酰胺Ⅲ	1685	酰胺 C＝O 伸缩振动 N—H 振动	无规则卷曲（没有氢键）
	>1275	N—H 面内弯曲振动 C—N 伸缩振动	α-螺旋
	1235±5	N—H 面内弯曲振动 C—N 伸缩振动	β-折叠（反式平行）
	1245±4	N—H 面内弯曲振动 C—N 伸缩振动	无规则卷曲
	1235	N—H 面内弯曲振动 C—N 伸缩振动	无规则卷曲（没有氢键）

19.2.1.2 从肌肉中分离出的蛋白质的检测

拉曼光谱技术已经应用到了分离出的肌原纤维蛋白和基质蛋白结构的测定中，这些蛋白对肌肉的组织和功能特性有着重要的贡献，但是特别易受加工处理以及贮藏条件的影响。肌肉中的肌原纤维蛋白主要包括肌球蛋白、肌动蛋白、肌原蛋白和原肌球蛋白等。其中肌球蛋白占主导，它是一种非对称蛋白，由头部和一部分尾部构成的重酶解肌球蛋白和尾部的轻酶解肌球蛋白两部分构成。Carew 等[11]利用拉曼光谱技术确定并研究了从兔肉中分离出的肌球蛋白结构。酰胺Ⅲ区域（1265 cm⁻¹和1304 cm⁻¹）中α-螺旋构象的谱带对应肌球蛋白的尾部结构，1244 cm⁻¹处被认为是β-折叠和无规则卷曲结构的谱带以及1265 cm⁻¹处的肩峰谱带对应肌球蛋白的头部结构。Sultanbawa 等[12]从鳕鱼中提取了肌动球蛋白，研究其在添加抗冻保护剂后结构的变化。拉曼光谱结果表明，添加抗冻保护剂后进行冻藏的肌动球蛋白，其酰胺Ⅰ、酰胺Ⅲ以及 C—C 伸缩振动有变化，表明了其二级结构发生了变化。这些结果为利用拉曼技术研究肌原纤维蛋白的构象提供了信息。胶原蛋白是结缔组织中主要的蛋白，含有大量的甘氨酸、脯氨酸和羟脯氨酸，它的结构对肌肉的质构特性有影响。Badii 等[13]分别从新鲜的和解冻后的鳕鱼结缔组织中提取胶原蛋白，研究冻藏条件、甲醛以及鱼油对胶原蛋白的影响。结果表明，冻结的胶原蛋白在添加甲醛或者鱼油后贮藏在−10℃条件下，酰胺Ⅰ区域（1660cm⁻¹）强度的增加表明了其二级结构发生了变化。

19.2.1.3 肌肉中蛋白质的检测

基于拉曼光谱可以进行无损原位检测的特点，可将其直接应用到未经处理的肉样上，直接研究食品体系中天然蛋白质的相互作用以及构象改变。Careche 等[14]和 Herrero 等[15]利用拉曼光谱技术对冻藏期间的鱼肉蛋白结构进行了原位检测。Careche 等[14]的研究表明,新鲜狗鳕鱼(hake)肉与在-10℃和-30℃条件下冻藏 10 个月后的拉曼光谱存在差异,在-10℃条件下蛋白结构变化更显著。比较新鲜的和冻藏的鱼肉酰胺Ⅰ谱带(1650~1680 cm⁻¹)发现,冷冻的鱼肉拉曼光谱波峰向高波数方向移动,推测这与 α-螺旋结构含量的减少有关,同时伴随着酰胺Ⅲ谱带(1240~1225 cm⁻¹)强度的增加,说明 β-折叠构象含量增加,另外759 cm⁻¹强度的减弱,说明包埋的色氨酸残基暴露了。Herrero 等[15]也研究了在同样的冻藏温度(-10℃和-30℃)下狗鳕鱼肌肉蛋白质的结构变化,图谱结果显示,酰胺Ⅰ和酰胺Ⅲ在 940cm⁻¹ 处谱带发生了变化以及色氨酸谱带(759 cm⁻¹)强度减弱,这些现象说明了 α-螺旋向 β-折叠构象的转化,这与 Careche 等[14]的研究结果一致。

19.2.1.4 凝胶特性的分析

由于凝胶对肌肉食品的品质起着关键性的作用,所以研究其在加工和储存过程中,因外界环境的改变而引起的变化是很必要的。以下是拉曼光谱技术在肌肉蛋白质凝胶和肉糜凝胶特性测定中的应用。

1)蛋白质凝胶特性的分析

肌肉蛋白质凝胶是决定肉品品质的关键因素,对产品的质构、组织结构、保水性和与食品中其他成分的交互作用有重要作用[16],因此许多研究将肌肉蛋白质从肌肉中分离出来并制备成凝胶,利用拉曼光谱技术研究分离出的蛋白质的凝胶特性。Xu 等[17]研究了温度对猪肉肌原纤维蛋白凝胶特性的影响,并确定了凝胶结构变化与功能特性间的关系,结果表明,随着温度的升高 α-螺旋含量降低,伴随着 β-折叠含量的显著增加,同时二硫键构象发生变化,疏水相互作用也参与其中,这些变化对形成较硬而具有不可逆性的凝胶有很大的贡献,并且确定了50~60℃是猪肉肌原纤维蛋白热诱导凝胶的关键区域。此外,Chen 等[18]采用了拉曼光谱研究了微生物转谷氨酰胺酶对猪肉肌原纤维蛋白凝胶结构的变化,添加转谷氨酰胺酶后的凝胶光谱图表明,α-螺旋含量减少,伴随着 β-折叠、β-转角和无规则卷曲含量的增加,这些变化会形成强而不可逆的热诱导凝胶。

猪血是屠宰厂中的主要副产物,其中血浆蛋白因其良好的凝胶特性而受到重视。Dàvila 等[19]借助拉曼光谱分析技术研究了存在于血浆中的三种主要蛋白质(纤维蛋白原、白蛋白和球蛋白)热诱导凝胶过程中的相互作用,通过图谱可知,在凝胶过程中纤维蛋白原和白蛋白发生了相互作用,造成纤维蛋白原二硫键构象变化、疏水基团包埋以及 β-折叠构象含量减少等变化;同时发现,纤维蛋白原可以减少热诱导凝胶过程中 α-螺旋含量减少程度;白蛋白与球蛋白间的相互作用使得二硫键增多、疏水残基暴露,并且当混合物中球蛋白含量居多时,其构象受白蛋白的影响，尽管其他质构特性会有所改变，但热力学性质不受影响。

2）肉糜凝胶特性的分析

随着肉糜制品的发展，对肉糜凝胶特性的研究也逐渐多了起来。Liu 等[20]采用拉曼光谱技术研究了鱼肉和猪肉两种不同肉糜经不同温度处理后其热诱导凝胶的构象及分子间相互作用的变化。通过光谱图指认为二硫键的谱带（500～550 cm^{-1}）、酪氨酸双峰比值的变化，对应二级结构酰胺 I 和酰胺 III 谱带的变化，以及脂肪族氨基酸 C—H 振动等变化说明随着温度的升高，疏水交互作用先升高后降低。对于鱼肉而言，二硫键的形成主要是在 70～80℃ 范围内，而猪肉是在 50～60℃ 范围内；对于鱼肉而言 4～40℃ 诱导可以形成大量的非二硫共价交联，而猪肉不能形成。此外，Sánchez-González 等[21]研究了鱼肉由肉糜变成溶胶再到凝胶的过程中蛋白质结构的变化，表明其变化主要表现在酰胺 I 和酰胺 III 中 α-螺旋、β-折叠构象变化、酪氨酸双峰比值改变以及脂肪族氨基酸 C—H 波峰的移动等方面，这些变化对形成黏而有弹性的凝胶有贡献。

膳食纤维具有很强的吸水能力或与水结合的能力，可以赋予肉制品很好的质构特性，并且具有预防心血管疾病和癌症等疾病的作用。Sánchez-González 等[22]通过向鱼糜中添加小麦膳食纤维（WDF），研究其对鱼糜凝胶的影响。结果图谱中 C—H 峰波向高波数方向移动，并且伴随着峰强度的降低，这些表明 WDF 发生了水合作用，因为在鱼糜形成凝胶过程中，WDF 结合了凝胶中的水。由于WDF 的水合作用，纤维既获得了蛋白凝胶中的水分，使蛋白质形成了 β-折叠以及疏水相互作用，又作了脱水剂。另外，经 WDF 和加热协同作用，易于形成 β-转角，这对形成非特异性聚集有贡献。另外，膳食纤维使得溶胶状态的蛋白三级结构发生了变化，特别是疏水侧链的微环境的变化，使其暴露在溶液中的量增多，同时 C—H 强度的减弱也表明了蛋白质和纤维素间发生了疏水相互作用。这些结果对添加纤维素的重组鱼糜制品的研究具有一定的意义。

19.2.2 对肉中脂肪的检测

脂肪是影响肌肉食品品质的重要因素，它不仅是风味物质的前体，也是引起氧化变质的主要成分。肉的氧化变质取决于脂肪酸的不饱和程度[23]，具有高不饱和度脂肪酸的肉制品容易发生脂肪氧化，形成腐败味。因此控制不饱和脂肪酸的含量可以有效地避免在储藏和加工过程中肉品的氧化问题。Lofiego 等[24]指出，腌肉制品对原材料的要求很严格，需要控制原材料的碘值，否则会引起产品的酸败。因此，要对脂肪含量以及脂肪酸组成进行研究。

在拉曼光谱中，脂肪结构的变化主要通过以下一些谱带来反映[25]：C—H 伸缩振动、C≡O 伸缩振动、—CH₂ 剪切振动以及 C—C 伸缩振动等。脂肪的氧化以及脂肪同其他成分（如蛋白质）作用等都会引起结构的变化。另外，可以通过 1660 cm⁻¹ 处的 C═C 伸缩谱带与 1750 cm⁻¹ 处的 C═O 伸缩谱带或者 1445 cm⁻¹ 处的—CH₂ 剪切振动谱带的比值来定量分析脂肪的不饱和度。

19.3　拉曼光谱技术在肉品品质评价中的应用

肉在加工、贮藏过程中，其主要成分蛋白质和脂肪等大分子都会发生变化，伴随着其功能性和组织特性的变化，进而影响其风味、色泽、质地和保水性等品质方面的变化，通过拉曼光谱图可以定性分析肉品中这些成分的分子结构和各种基团之间的关系，进而检测肉品的品质，此外，还可以根据拉曼光谱峰强度与被测物质浓度成正比的关系进行半定量分析。

19.3.1　肉色成分分析

肉色是肉质评定的重要指标之一。肉色主要取决于肉中肌红蛋白（myoglobin，Mb）和血红蛋白（hemoglobin，Hb）两大色素蛋白的含量及化学状态。在放血充分的条件下，肌红蛋白的比例可达到 80% ~ 90%，是构成肉色的主要因素。肌红蛋白是由一条珠蛋白多肽链和一个血红素辅基（heme group）结合而成的复合蛋白质，它的呈色作用源于其分子内的亚铁血红素。肌红蛋白与血红蛋白的主要差别是前者只结合一分子的血色素，而血红蛋白结合四分子的血红素[26]。肌红蛋白在可见区 420 nm 波长处有一个很强的 Storet 吸收带，以及在 500 ~ 600 nm 区域有弱的 Q 带吸收，因此是共振拉曼光谱研究的一种很好的目标分子[27]。因此，可利用拉曼光谱技术研究肌肉中这些色素蛋白的结构变化，为提高肉品的色泽品质提供信息。

19.3.1.1　肌红蛋白及其衍生物的测定

腌肉制品因其特殊的风味与色泽深受消费者喜爱，其特征性的粉红色是腌制剂亚硝酸盐与肌红蛋白作用生成的亚硝基肌红蛋白（nitrosylmyoglobin，NO-Mb）所致。李涛等[28]利用纳秒瞬态拉曼光谱技术研究小分子配体 NO 与肌红蛋白 Mb 结合的动力学过程，通过考察 NO-Mb 光解后产物脱氧肌红蛋白与反应物 NO-Mb 的特征振动峰的强度比值随激光激发功率的变化，阐述了利用纳秒瞬态拉曼光谱技术研究 NO-Mb 体系中 NO 与脱氧肌红蛋白结合过程的可行性。可见拉曼光谱技术为研究 NO-Mb 的形成过程以及检测提供了新途径。

腌肉色素 NO-Mb 加热后珠蛋白变性，随后与血红素分离，由鲜肉的 NO-Mb 变成了蒸煮腌肉的亚硝酰血红素化合物，对这种化合物的结构一直存在争议。

Sun 等[29]通过比较煮制后腌肉色素（CCMP）氧化前后拉曼光谱的变化，研究了它的结构和氧化特性。CCMP 提取物经自然光和过氧化氢氧化后，鉴定其结构是五位配位-亚硝酰血红素化合物。图谱的变化表明在自然光氧化过程中—NO 基团并没有从 Fe 卟啉环分子中解离出来，但是其共振共轭结构发生了变化。

随着高压处理技术在肉制品中的广泛应用，其作用后的肉品品质也得到了相应的研究。Wackerbarth 等[30]采用共振拉曼光谱技术研究了经 600～700 MPa 高压处理后猪肉中的肌红蛋白结构的变化。结果表明，无损伤未加压处理的肉组织光谱图呈现出 Fe^{2+} 去氧肌红蛋白的共振拉曼光谱，但是经过加压处理后形成了六位配位的 Fe^{2+} 低自旋态的新的 Mb 种类，指认这种蛋白质是双组氨酸复合物，这种结构上的变化与血红素电子跃迁的改变有关，这样会影响肉色；相反，提取并经过压力和非加压处理的猪肉的 Mb，其水溶液的共振拉曼光谱图中氧合肌红蛋白的特征峰增加，这是由于溶液中有能结合 O_2 的蛋白质存在，经加压处理后提取的肌红蛋白水溶液，氧合形式部分转化为高铁形式，表明了高压使血红素发生氧化。因此，结构的变化不仅引起了颜色的变化而且可能诱发不希望发生的氧化副反应，涉及更进一步肉成分的变化。他们提出在氧合肌红蛋白/去氧合肌红蛋白比值很小之前进行加压处理，可以很大程度上避免以上现象。Tintchev 等[31]也用拉曼光谱技术研究了 600 MPa 高压处理后的大马哈鱼（salmon）的肌红蛋白和血红蛋白结构的变化，高压处理后 Met-Mb 和 Met-Hb 发生了氧化还原反应。

19.3.1.2　血红蛋白及其衍生物的测定

亚硝酸盐也会与血红蛋白反应生成亚硝基血红蛋白，它可以代替亚硝酸盐作为肉品的着色剂。沈高山等[32]采用显微拉曼光谱技术研究了 $NaNO_2$ 与氧合血红蛋白（oxyhemoglobin，HbO_2）在水溶液中的相互作用，监测到不同浓度的 $NaNO_2$ 对不同浓度的 HbO_2 的反应，血红蛋白分子的结构发生了改变且其浓度降低，表现在 HbO_2 特征峰 570 cm^{-1} 与水合高铁血红蛋白特征峰 495 cm^{-1} 强度的比值 $I570/I494$，以及铁离子低自旋态与高自旋态特征峰强度比值 $I1586/I1555$ 均减少，对 Hb 氧化态敏感的特征峰向低波数方向移动，对卟啉环中心孔径大小敏感的峰向高波数方向移动。该研究为氧合血红蛋白和水合高铁血红蛋白的结构分析与反应机理提供了有效参考。

目前，拉曼光谱技术主要是应用到各种色素蛋白的结构鉴定与分析方面，并没有实现对肉色的直接检测，如果在进行肉质的感官特征评定时，拉曼光谱技术与其他技术结合，则在一定程度上可能提高在线检测效率和实际的经济效益。

19.3.2　肉的保水性评价

保水性是肌肉受外力作用下其保持原有水分与添加水分的能力，它对肉的品质有很大的影响,是肉质评定时的重要指标之一。保水力的高低可直接影响到肉的风味、颜色、质地和嫩度等。与传统测定保水性的方法相比,拉曼光谱技术虽不能准确地测定出肉的保水性,但是能够快速分析推测出保水性。

　　Pedersen 等[33]利用拉曼光谱 PLSR 建模方法预测新鲜猪肉的滴水损失,发现具有良好的相关性($r = 0.95 \sim 0.98$)。拉曼图谱表明,保水性与位于 $876 \sim 951$ cm^{-1} 和 $3071 \sim 3128$ cm^{-1} 附近的谱带有关。此外,关于冻藏对鱼肉保水性的影响也有报道,Herrero 等[34]研究不同冻藏温度(-10℃ 和 -30℃)条件下的狗鳕鱼(hake)肉微观结构的变化与水的拉曼谱带($3100 \sim 3500$ cm^{-1} 和 $50 \sim 600$ cm^{-1})特征,通过研究这些变化来确定其保水性。结果表明,160 cm^{-1} 处谱带增强与肌肉蛋白质的构象转化有关,与肌肉中的水分子结构也有关。利用拉曼光谱技术测定肉品的保水性从而实现屠宰当天鲜肉的分级,具有广阔的应用前景。研究结果显示,拉曼光谱对宰后早期肉的保水性具有较好的相关性。

19.3.3　肉中脂肪氧化的测定

　　拉曼光谱技术在肉品脂肪检测方面的应用较少,研究多集中在脂肪酸组成问题上,并通过建立数学模型来进行定量分析。Olsen 等[35]利用拉曼光谱技术快速分析并定量检测了猪肉脂肪组织中的和处理后融化状态的脂肪中的饱和、单不饱和、多不饱和脂肪酸以及碘值。其采用了多种建模方法进行了定量分析和辨别。另外,他们指出拉曼技术有望用于猪肉胴体的在线检测,在 60 s 内完成脂肪酸不饱和度的检测。随后 Olsen 等[36]又研究了检测猪肉脂肪组织碘值的拉曼仪的长期稳定性。结果表明,可在同一台仪器上完成 3 年后测量的光谱的模式转化。Beattie 等[37]采用多种建模方法对 4 种不同的动物食品(鸡肉、牛肉、羊肉和猪肉)中脂肪酸进行了定量分析和判别。

　　此外,利用拉曼光谱技术还可以研究经冻干和冻藏后的肉中脂质的结构。Sarkardei 等[25]利用傅里叶拉曼光谱定量分析了马鲛鱼(horse mackerel, *Trachurus trachurus*)和大西洋马鲛(Atlantic mackerel, *Scomber scombrus*)这两种鱼的脂质。从冻干和贮藏 12 周的马鲛鱼和大西洋马鲛中提取油,图谱中认为 CH$_2$ 伸缩和 C=O 伸缩的谱带强度均有显著减少。3011 cm^{-1} 和 $2960 \sim 2850$ cm^{-1} 处的谱带强度增加证明了上述结果,这就表明了脂质结构发生了变化,涉及了 CH 基团和疏水相互作用的变化。与马鲛鱼相比,大西洋马鲛脂质结构变化更明显,这可能是因为其二十碳五烯酸 EPA 含量较高,另外,大西洋马鲛中多不饱和脂肪酸含量较高也使得其更容易发生氧化。他们也指出了脂质的氧化会影响鱼肉肌原纤维蛋白的溶解性和提取性,这是由于分子间发生交联作用以及疏水相互作用使得蛋白质二级结构发生了变化。

19.3.4 肌肉嫩度与多汁性评价

肉的嫩度是重要的食用品质之一，它是指肉在食用时口感的老嫩，反映了肉的质地。Beattie 等[37]通过拉曼光谱技术对煮制后的牛肉进行原位检测，研究其蛋白结构的变化，建立了嫩度和多汁性与拉曼光谱数据之间的联系，结果表明其具有良好的相关性。牛肉的酰胺 I （1669 cm⁻¹） 和酰胺 III （1235 cm⁻¹） 两处谱带强度增加与β-折叠含量的增加有关；1445 cm⁻¹处谱带对微环境和疏水相互作用很敏感，该处谱带强度的增加表明牛肉疏水相互作用力增强。以上结果表明了蛋白质中α-螺旋和β-折叠的比值以及蛋白质环境的疏水性等对煮制牛肉的感官和质构特性有重要影响。同时发现，反映疏水相互作用的 1460 ~ 1483 cm⁻¹（—CH_2和—CH_3弯曲振动)区域谱带与多汁性密切相关。

19.4 展 望

拉曼光谱技术在肉品领域中的应用虽然起步较晚，但是凭借着其无需样品前处理、快速、操作简便、无损伤等优点，在肉品成分分析中取得了一定进展。在食品分析检测研究中，由于激光光源照射样品时，有机分子吸收光子转化为荧光分子产生的荧光效应，进而影响对拉曼光谱分析，因此对荧光背景扣除技术的研究可拓宽拉曼光谱技术的应用范围。另外，拉曼光谱仪器仍以精密度高、价格昂贵的实验仪器为主，难以适应肉类行业的发展，因此今后的研究重点在于研发低成本、可与其他分离、检测设备联用的在线检测设备，应用于实际的生产中，以期提高在线检测肉品品质的效率。先进的物理化学技术在拉曼光谱以及分子生物等学科方面的应用、拉曼光谱软硬件技术的提高以及图谱数据库的建立和完善，必将推动拉曼光谱技术在肉品科学研究中的应用。

参 考 文 献

[1] Choi S, Ma C. Structural characterization of globulin from common buckwheat (*Fagopyrum esculentum* Moench) using circular dichroism and Raman spectroscopy [J]. Food Chemistry, 2007, 102 (1): 150-160

[2] Nafie L A. Recent advances in linear and nonlinear Raman spectroscopy. Part IV [J]. Journal of Raman Spectroscopy, 2010, 41 (12): 1566-1586

[3] 田高友. 拉曼光谱技术在石油化工领域应用进展 [J]. 现代科学仪器, 2009, (2): 130-134

[4] Mazurek S, Szostak R. Quantitative determination of diclofenac sodium and aminophylline in injection solutions by FT-Raman spectroscopy [J]. Journal of Pharmaceutical and Biomedical

Analysis, 2006, 40（5）: 1235-1242

［5］ Mariaga J M. Raman spectroscopy in art and archaeology ［J］. Journal of Raman Spectroscopy, 2010, 41（11）: 1389-1393

［6］ Boyd S, Bertino M F, Seashols S J. Raman spectroscopy of blood samples for forensic applications ［J］. Forensic Science International, 2011, 208: 124-128

［7］ Li-Chan E C Y. The applications of Raman spectroscopy in food science ［J］. Trends in Food Science and Technology, 1996, 7: 361-370

［8］ Thygesen L G, Løkke M M, Micklander E, et al. Vibrational microspectroscopy of food ［J］. Raman vs. FT-IR. Trends in Food Science and Technology, 2003, 14（1）: 50-57

［9］ 杨铭. 结构生物学概论 ［M］. 北京: 北京大学医学出版社, 2002: 68-72

［10］ Herrero A M. Raman spectroscopy for monitoring protein structure in muscle food systems ［J］. Food Science and Nutrition, 2008, 48（6）: 512-523

［11］ Carew E B, Stanley H E, Seidel J C, et al. Studies of myosin and its proteolytic fragments by laser Raman spectroscopy ［J］. Biophysical Journal, 1983, 44（2）: 219-224

［12］ Sultanbawa Y, Li-Chan E C Y. Structural changes in natural actomyosin and surimi from ling cod（*Ophiodon elongatus*）during frozen storage in the absence or presence of cryoprotectans ［J］. Journal of Agricultural and Food Chemistry, 2001, 49（10）: 4716-4725

［13］ Badii F, Howell N K. Elucidation of the effect of formaldehyde and lipids on frozen stored cod collagen by FT-Raman spectroscopy and differential scanning calorimetry ［J］. Journal of Agricultural and Food Chemistry, 2003, 51（5）: 1440-1446

［14］ Careche M, Herrero A M, Rodriguez-casado A, et al. Structural changes of hake（*Merluccius merluccius* L.）fillets: Effects of freezing and frozen storage ［J］. Journal of Agricultural and Food Chemistry, 1999, 47（3）: 952-959

［15］ Herrero A M, Carmona P, Careche M. Raman spectroscopic study of structural changes in hake（*Merluccius merluccius* L.）muscle proteins during frozen storage. Journal of Agricultural and Food Chemistry, 2004, 52（8）: 2147-2153

［16］ 夏秀芳, 孔保华, 张宏伟. 肌原纤维蛋白凝胶形成机理及影响因素的研究进展 ［J］. 食品科学, 2009, 30（9）: 264-268

［17］ Xianglian X, Minyi H, Ying F, et al. Raman spectroscopic study of heat-induced gelation of pork myofibrillar proteins and its relationship with textural characteristic ［J］. Meat Science, 2011, 87（3）: 159-164

［18］ Chen H Y, Han M Y. Raman spectroscopic study of the effects of microbial transglutaminase on heat-induced gelation of pork myofibrillar proteins and its relationship with textural characteristics ［J］. Food Research International, 2011, 44（5）: 1514-1520

［19］ Dàvila E, Paresa D, Hoeell N K. Studies on plasma protein interactions in heat-induced gels by differential scanning calorimetry and FT-Raman spectroscopy ［J］. Food Hydrocolloids, 2007, 21（7）: 1144-1152

［20］ Ru L, Siming Z, Bijun X, et al. Contribution of protein conformation and intermolecular bonds to fish and pork gelation properties [J]. Food Hydrocolloids, 2011, 25 (5): 898-906

[21] Sánchez-González I, Carmona P, Moreno P, et al. Protein and water structural changes in fish surimi during gelation as revealed by isotopic H/D exchange and Raman spectroscopy [J]. Food Chemistry, 2008, 106 (1): 56-64

[22] Sánchez-González I, Odríguez-casado A, Careche M, et al. Raman analysis of surimi gelation by addition of wheat dietary fibre [J]. Food Chemistry, 2009, 112 (1): 162-168

[23] Cardenia V, Rodriguez-estrada M T, Cumella F, et al. Oxidative stability of pork meat lipids as related to high−oleic sunflower oil and vitamin E diet supplementation and storage conditions [J]. Meat Science, 2011, 88 (2): 271-279

[24] Lofiego D P, Santoro P, Macchioni P, et al. Influence of genetic type, live weight at slaughter and carcass fatness on fatty acid composition of subcutaneous adipose tissue of raw ham in the heavy pig [J]. Meat Science, 2005, 69 (1): 107-114

[25] Sarkardei S, Howell N K. The effects of freeze-drying and storage on the the FT−Raman spectra of Atlantic mackerel (*Scomber scombrus*) and horse mackerel (*Trachurus trachurus*) [J]. Food Chemistry, 2007, 103 (1): 62-70

[26] 孔保华, 马丽珍. 2007. 肉品科学与技术 [M]. 北京: 中国轻工业出版社

[27] 李正强, 卜凤泉. 色素蛋白的共振 Raman 和 FT−Raman 光谱 [J]. 光散射学报, 1997, 9 (2/3): 245-246

[28] 李涛, 吕荣, 于安池. 时间分辨拉曼光谱研究一氧化氮与肌红蛋白的结合过程 [J]. 物理化学学报, 2010, 26 (1): 18-22

[29] Sun W Q, Zhou G H, Xu X L, et al. Studies on the structure and oxidation properties of extracted cooked cured meat pigment by four spectra [J]. Food Chemistry, 2009, 115 (2): 596-601

[30] Wackerbarth H, Kuhlmann U, Tintchev F, et al. Structural changes of myoglobin in pressure-treated pork meat probed by resonance Raman spectroscopy [J]. Food Chemistry, 2009, 115 (4): 1194-1198

[31] Tintchev F, Kuhlmann U, Wackerbarth H, et al. Redox processes in pressurised smoked salmon studied by resonance Raman spectroscopy. Food Chemistry, 2009, 112 (2): 482-486

[32] 沈高山, 谷怀民, 闫天秀, 等. 亚硝酸钠和氧合血红蛋白反应的拉曼光谱 [J]. 中国激光, 2008, 35 (9): 1432-1435

[33] Pedersen D K, Morel S, Andersen H J, et al. Early prediction of water−holding capacity in meat by multivariate vibrational spectroscopy [J]. Meat Science, 2003, 65 (1): 581-592

[34] Herrero A M, Carmona P, Garcia M L, et al. Ultrastructural changes and structure and mobility of myowater in frozen−stored hake (*Merluccius merluccius* L.) muscle: Relationship with functionality and texture [J]. Journal of Agricultrural and Food Chemistry, 2005, 53 (7): 2558-2566

[35] Olsen E F, Rukke E, Flåtttet A, et al. Quantitative determination of saturated −, monounsaturated-and polyunsaturated fatty acids in pork adipose tissue with non−destructive

Raman spectroscopy ［J］. Meat Science, 2007, 76 （4）: 628-634

［36］ Olsen E F, Baustad C, Egelandsdal B, et al. Long – term stability of a Raman instrument determining iodine value in pork adipose tissue ［J］. Meat Science, 2010, 85 （1）: 1-6

［37］ Beattiea R J, Bell S J, Farmerr L J, et al. Preliminary investigation of the application of Raman spectroscopy to the prediction of the sensory quality of beef silverside ［J］. Meat Science, 2004, 66 （4）: 903-913

20 高效液相色谱技术检测食品中生物胺的研究进展

20.1 概　述

生物胺是生物体内具有生物活性的低相对分子质量有机碱性含氮化合物[1]的总称，它主要是由微生物对游离氨基酸的脱羧作用生成的。生物胺按化学结构可分为三类[2]：脂肪族主要包括腐胺、尸胺、精胺和亚精胺等；芳香族主要包括酪胺、苯乙胺等；杂环胺主要包括组胺和色胺等。其中腐胺、尸胺等二级胺易与硝酸盐和亚硝酸盐形成潜在致癌物质亚硝胺[3]。在动植物及微生物体内均有生物胺的存在，它一般作为一种内源物质参与机体内核酸和蛋白质的合成[4]。由于机体生长过程中需要生物胺的参与，因此，处在生长状态的组织对生物胺的需求量也相对要增加。尽管生物胺在机体内具有重要的生理功能，但当人体摄入过量时，会引起中毒反应，如头痛、头晕、高血压、心悸等，严重的甚至危及生命[5]。此外，摄入过量的多胺也会导致肿瘤的生长[6]。在我们日常食用的食物中也会含有一定量的生物胺，尤其是发酵食品及水产品中生物胺的含量容易超标，因此对食品中生物胺的检测非常重要。

食品样品中生物胺分析技术主要有色谱技术（高效液相色谱、气相色谱和薄层色谱）、毛细管电泳技术、电分析技术和生物传感器技术等[7]，其中高效液相色谱技术是食品生物胺检测应用最广泛的技术。色谱技术最早是在1906年[8]由俄国植物学家茨维特提出的，其分离原理是：溶于流动相中的各组分经过固定相时，由于与固定相发生作用力（吸附、分配、离子吸引、排阻、亲和）的大小、强弱不同，在固定相中滞留时间不同，导致先后从固定相中流出，从而实现物质的分离。高效液相色谱法是在经典液相色谱法的基础上，引入了气相色谱理论而迅速发展起来的[9]。由于其具有分辨率高、速度快、重复性高、色谱柱可反复使用等优点而被广泛应用于物质的检测，也是目前食品生物胺检测中应用最普遍的方法。在高效液相色谱检测中，生物胺的衍生和样品的提取是决定检测效果的两个重要的操作步骤。因此，本章主要对高效液相色谱的提取方法和衍生剂进行了综述，并比较了不同提取方法及衍生剂的优缺点。

20.2 样品中生物胺的提取

进行色谱分析之前的样品前处理是十分关键的步骤，尤其是对复杂食品样品中的生物胺的分离。目前在色谱分析样品前处理中常用的方法有液–液萃取和固相萃取技术。

20.2.1 液–液萃取

液–液萃取是利用化合物在两种互不相溶（或微溶）的溶剂中溶解度或分配系数的不同，使化合物从一种溶剂内转移到另外一种溶剂中的方法。常用的液–液萃取的溶剂有乙酸乙酯、乙醚、三氯甲烷和丙酮等。液–液萃取因其不需特殊的萃取装置而在食品的生物胺萃取中得到了应用。

液–液萃取技术较多应用在酒类样品中提取生物胺，液–液微萃取是一种新型的液–液萃取方法[10]，Huang 等[11]的研究是利用离子液体的超声萃取辅助的液–液微萃取方法提取啤酒中的生物胺，用高效液相色谱进行检测，这个研究主要集中于对影响提取效率的因素而进行，如离子液体的类型和使用量、pH、超声时间和离心时间等，该方法的检出限为 0.25 ~ 50 mg/kg，啤酒样品中目标化合物的加标回收率在 90.2% ~ 114% 范围内，同时与其他应用于生物胺提取的技术（如胶束、固相、液相和浊点萃取）进行了比较，发现离子液体的超声萃取辅助的液–液微萃取法对生物胺的敏感性更高，更适合于酒类样品中生物胺的提取。此外，Almeida 等[12]研究了利用分散的液–液微萃取并联气谱–质谱技术的方法来检测啤酒中的胺类。在这个研究中，主要是对衍生过程和分散的液–液微萃取气谱–质谱联用过程的优化，最终确定最佳工艺条件。尽管液–液萃取法在一些食品样品的生物胺萃取中有一定的应用，但由于操作繁琐费时，需要耗费大量的有机溶剂，并且成本高，对环境有污染等，液–液萃取的应用受到了一定的限制。

20.2.2 固相萃取

除了上述的液–液萃取外，固相萃取也是从食品样品中提取生物胺的常用方法。固相萃取诞生于 70 年代[13]，它不仅适用于空气中痕量有机化合物的富集，也广泛应用于液体样品的处理，而且适合于多种生物样品中被测定组分的富集。其由于具有灵敏度高，萃取快，重现性好，节省溶剂，可自动化批量处理以及可同时进行样品富集与净化等优点，而被广泛用于各种食品样品基质中生物胺的萃取。

固相萃取在酒类样品生物胺的提取中应用也较多，丁涛等[14]对进出口葡萄酒中 8 种生物胺进行了分析，用分散固相萃取对样品进行提取，萃取小柱加入十八烷基硅烷粉和 N-丙基乙二胺粉作吸附剂，分散固相萃取净化后，用高效液相色谱-四极杆/静电场轨道阱高分辨质谱进行色谱定量分析。结果发现，组胺、酪胺、尸胺、腐胺、色胺、精胺、亚精胺和苯乙胺 8 种生物胺在 0.2 ~ 10 mg/kg 浓度范围内线性关系良好，葡萄酒中 8 种生物胺的平均回收率为 83.7% ~ 101.6%。同时，液体饮料中的生物胺用固相萃取方法效果也较好，Basheer 等[15]在高效液相色谱检测橙汁中的生物胺的研究中介绍，在微固相萃取技术中，合成腙配体能够物理捕获溶胶-凝胶网用来提取丹黄酰胺。由于溶胶-凝胶吸附剂和苯甲酮 2，4-二硝基苯腙配体和目标分析物间的强亲和力，可以获得一个高富集（96 ~ 460 倍）成分。因此，紫外检测生物胺检测限较低。

此外，固相萃取技术在发酵肠、奶酪中生物胺的提取也都有应用。Mazzucco 等[16]用固相萃取净化样品和高效液相色谱-紫外检测方法来分析奶酪、蛤类米兰腊肠和啤酒中的生物胺，丹磺酰氯作柱前衍生剂，C18 柱子进行分离，流动相是乙腈和甲酸铵混合液。与液-液萃取相比，固相萃取更适合于复杂食品基质中生物胺的提取，Dey 等[17]在用二甲氨基偶氮苯甲酰氯代替丹磺酰氯衍生检测干肠中的生物胺的研究中，比较了液-液萃取和固相萃取的效果，结果发现液-液萃取不能获得很好质量的光谱，浪费时间且重复性不足，于是引进了固相萃取 C18 柱的过程，结果证明该方法是一种从复杂蛋白质-脂肪基质中提取并鉴定生物胺的可靠而灵敏的方法。

固相萃取在高蛋白含量豆制品生物胺的提取中获得了较好的效果，欧杰等[18]对传统豆制品白干和薄百叶中 6 种生物胺用高效液相色谱串联质谱法进行了检测，样品用三氯乙酸提取后，经阳离子交换固相萃取小柱净化，用甲醇和氨水甲醇进行洗脱。结果发现，6 种生物胺检出限为 10 ~ 50 mg/kg，平均添加回收率为 72.5% ~ 108.2%，实验结果表明本方法具有操作简便、快速准确、灵敏度高等优点，适用于多种生物胺的同时定性与定量分析。

总之，固相萃取技术比较适合于蛋白质、脂肪含量较高的复杂食品基质中生物胺的萃取，它主要依靠 C18 或其他吸附剂和离子交换材料技术的支持；另外，与液-液萃取相比，固相萃取不会发生乳化现象[19]、回收率更高、萃取产物更清洁、能够选择性地去除干扰和基体成分、更易实现自动化、需要较少的溶剂，等等，因此固相萃取更受研究者们的青睐。

20.3 生物胺的衍生及高效液相色谱测定

由于食品中大多数的生物胺没有荧光或紫外发色基团，所以在检测生物胺前，经常需要对生物胺进行衍生[20]，而且由于生物胺是极性分子，衍生作用还可以减少它们的极性，提高了其在柱子中的溶解性。因此，尽管有些质量检测器能对未衍生的胺类进行检测，但生物胺的衍生还是被广泛应用到高效液相色谱检测中。衍生反应是将氨基基团用不同的衍生剂标记，常用的衍生剂有丹磺酰氯、邻苯二甲醛、苯甲酰氯、4-氯-3，5-二硝基三氟甲苯、6-氨基喹啉基-N-羟基琥珀酰亚胺脂等[21]。

20.3.1　丹磺酰氯

丹磺酰氯作为衍生剂，具有操作简单、衍生物稳定、灵敏度高和反应范围宽等优点[22]。而且衍生物同时具有荧光响应和特异的紫外吸收，可以用荧光和紫外两种检测器检测，因而成为生物胺高效液相色谱检测中应用最多的柱前衍生剂。发酵食品较容易出现生物胺超标现象，丹磺酰氯作为衍生剂在发酵食品（酒类、发酵肠及干酪）生物胺的检测中都有应用。Soufleros 等[23]利用丹磺酰氯作衍生剂，通过反向高效液相色谱-紫外检测器检测了希腊葡萄酒中的生物胺。结果显示90%样品中的生物胺含量都在可接受的范围内。此外，Jia 等[24]优化了丹磺酰氯衍生的超高效液相色谱/四极棒-飞行式质谱仪检测韩国的 Bokbunja 酒中的生物胺的方法，所有生物胺的分析在 6 min 内就可以完成，要远远少于传统高效液相色谱的 20～60 min 的分离时间。

发酵香肠中生物胺含量超标已成为世界范围潜在食品安全问题[25]，对于丹磺酰氯衍生剂在发酵肠生物胺检测中的应用，Gençcelep 等[26]做了研究，他们用丹磺酰氯衍生，经高效液相色谱-二极管阵列检测器检测了土耳其发酵香肠 Sucuk 中的生物胺。结果显示，腐胺和尸胺分别在 93%和 87%的样品中检测到。精胺和亚精胺的含量分别不超过 16.4 mg/kg 和 10.7 mg/kg。17%的样品组胺含量在 50～100 mg/kg，色胺的检测范围为 1.2～82.3 mg/kg，所有样品的酪胺含量都在可接受范围内。此外，干酪中的生物胺也可以用丹磺酰氯进行衍生，张国梁[27]研究了高效液相色谱法检测干酪中 6 种生物胺时衍生剂丹磺酰氯的最佳使用量，最终确定丹磺酰氯含量为 5 mL 时，检测效果最好，并确定了高效液相色谱-荧光检测器测定干酪中生物胺的最佳流动相为乙腈和水；梯度洗脱程序为 25 min 内乙腈从 30%升到 100%。可在 25 min 内完成组胺、腐胺、尸胺、酪胺、色胺和 β-苯乙胺的检测分析。

水产品是另一种容易出现生物胺超标的食品[28]，有关丹磺酰氯作衍生剂检测水产品中的生物胺的报道也有很多。Simat 等[29]利用丹黄酰氯衍生，经超高效液相色谱分离检测了海产品中的生物胺，此研究还对柱子微粒系统的大小进行了研究，结果发现直径为 3 μm 的微粒系统的高效液相色谱与传统的 5 μm 的柱子相比，既减少了分析时间又减少了洗脱液的损耗。改善后的方法还使得柱后衍生节省了 50% 的衍生液。此外，张阳等[30]也用丹磺酰氯作衍生剂，经超高效液相色谱检测，同时测定了水产品中 8 种生物胺。结果显示，8 种生物胺均在 0.5 ~ 20 mg/kg 范围内线性良好，相关系数 $r \geq 0.999$，加标回收率为 71.99% ~ 97.65%，仅在 13 min 内就可完成对所有生物胺的分析，该方法快速简便、灵敏度高、重复性好，适合水产品中生物胺大批量的快速检测分析，检测效率成倍提高。同一时期，张金彪等[31]也利用丹磺酰氯作衍生剂，研究了水产品（棘头梅童鱼和龙头鱼）生物胺在储藏期间的含量变化。该研究将生物胺含量变化与挥发性盐基氮的含量变化进行了分析比较，结果表明，相同贮藏条件下两种鱼的挥发性盐基氮和生物胺含量均存在一定差异。挥发性盐基氮含量随着贮存时间的延长而逐渐增加，各种生物胺的变化趋势不同，但这两种鱼中的挥发性盐基氮、酪胺、腐胺、尸胺和组胺含量与时间的相关性均极其显著。

尽管丹磺酰氯是目前分析生物胺应用最多的衍生剂，但仍存在衍生时间较长，生成干扰副产物等缺点，Dey 等[17]研究了利用二甲氨基偶氮苯甲酰氯替代丹磺酰氯衍生检测发酵干肠中的生物胺，结果得出二甲氨基偶氮苯甲酰化反应可以很容易用冰浴停止，不用氨水或其他的净化试剂。此外，二甲氨基偶氮苯甲酰化衍生作用的温度可以升高至 70℃，且没有任何分析物的损失，因而反应时间可以减少到 20 min。而丹磺酰氯却需要在 40℃下衍生 45 min。

20.3.2　邻苯二甲醛

邻苯二甲醛是另一种常用的生物胺衍生剂，可以用作柱前或柱后衍生剂。它的优点是衍生时间短，与生物胺在室温下反应迅速形成具有荧光的产物，在食品生物胺检测中也有较多应用。其主要应用于发酵制品（酒类、发酵肠、奶酪等）和水产品中。

Harja 等[32]研究了发酵剂对马尼亚迷葡萄园生产的葡萄酒中生物胺含量的影响，样品的分析是通过邻苯二甲醛柱前衍生后经高效液相色谱检测，结果发现使用发酵剂与利用葡萄皮的自然微生物来生产白酒没有区别。随后，Arrieta 等[33]也用邻苯二甲醛作衍生剂检测了葡萄酒中的生物胺，他们利用反向高效液相色谱和荧光检测器同时检测了西班牙 14 种葡萄酒的游离氨基酸和生物胺的含量，结果显示，8 种生物胺和 17 种氨基酸在 70 min 内就能被洗脱出来，最丰富的游离氨基酸是谷氨酸、精氨酸、丙氨酸、天冬氨酸和赖氨酸，没有检测到尸胺和甲胺，这些结果表明了葡萄酒的感官性状良好，没有腐败，他们还对这些数据进行了聚类分析，从而对样品进行初步分类。

对于不同种食品（酒、鱼、奶酪和干发酵香肠）基质中的生物胺含量，

Latorre-Moratalla 等[34]利用邻苯二甲醛柱后衍生，经超高压高效液相色谱方法进行了检测。结果得出所有生物胺的检测限都低于 0.3 mg/kg。用邻苯二甲醛和乙硫醇-9-芴氯作衍生剂，Korös 等[35]利用高效液相色谱法联合二极管阵列检测器和荧光检测器对奶酪中的游离氨基酸和生物胺的含量进行了同步检测。同时检测了 21 种氨基酸和 9 种生物胺。结果显示生物胺回收率高达 100.2%。此外，鱼类产品生物胺的检测也可以用邻苯二甲醛作衍生剂。Tahmouzi 等[36]比较了两种快速检测飞鲔鱼中组胺含量的高效液相色谱法，分别用邻苯二甲醛和丹磺酰氯衍生，荧光和紫外检测器检测，用邻苯二甲醛进行柱前衍生前需先将样品调为碱性，然后衍生物用乙酸乙酯提取两次。而丹磺酰氯衍生不需要此步骤，因此邻苯二甲醛衍生的过程比丹磺酰氯更长更复杂。

虽然邻苯二甲醛目前在生物胺的检测中有一定的应用，但由于其仅与初级生物胺反应，衍生物不稳定、重复性差、衍生过程长等，在一定程度上限制了它的使用。

20.3.3　苯甲酰氯

苯甲酰氯作生物胺衍生剂，其反应产物稳定且衍生过程所需时间较短。作为常用衍生剂之一，苯甲酰氯衍生剂在发酵制品（酒、香肠和乳酪）和水产品中均有应用。Özgül 等[37]研究了苯甲酰氯衍在葡萄酒生物胺检测中的应用，所选样品为爱琴海地区生产的 2 种红葡萄酒和 2 种白葡萄酒，主要对反应时间、峰值、分辨率、探测器响应和可重复性等方面进行了研究，并对甲胺、腐胺、尸胺、色胺、苯乙胺、亚精胺、精胺、组胺、酪胺和胍丁胺含量进行了检测。检测限为 0.2~2.5 mg/kg，回收率为 72.8%~103.4%。他们还对流动相的温度和 pH 进行了研究，结果确定最适柱温度为 20℃，最适 pH 为 8。随后，Yañez 等[38]也研究了苯甲酰氯衍生，高效液相色谱法检测酒类样品中生物胺的含量。样品需用苯甲酰氯在室温下衍生 20 min，在本研究中，生物胺的出现与葡萄酒的发酵类型（传统的和有机的）和收集时期有关。另外，利用苯甲酰氯作衍生剂，Mayr 等[39]研究了通过高效液相色谱质谱联用仪检测一些食品（意大利腊肠、乳酪、意大利酒、金枪鱼罐头和德国泡菜）中生物胺含量。进行高效液相色谱检测前用苯甲酰氯对样品衍生 20 min。而后加入三氯乙酸到衍生后的生物胺中作为内部标准，以此来减少提取和衍生程度的不确定性所带来的误差。

对于苯甲酰氯在水产品生物胺检测中的应用，Paleologos 等[40]也做了研究，所用方法为胶束浊点萃取结合表面活性剂辅助的高效液相色谱法，衍生色谱分离后，通过测定苯环在 254 nm 处的紫外吸收进行定量检测，9 种生物胺的检测限约为 0.01 mg/kg，为常规方法（高效液相色谱-紫外检测）的 1/10，为胶束毛细管色谱法的 1/100。

虽然苯甲酰氯作衍生剂在各种食品中均有应用，但相比于其他衍生剂它的应用相对较少，主要是由于其易与水、氨和乙醇等反应分解，且对皮肤、眼睛和呼吸道具有刺激作用等，另外苯甲酰氯的产业化生产不完善也限制了它的使用。

20.3.4 其他衍生剂

除以上 3 种常用衍生剂外，其他衍生剂在食品中生物胺的检测中也有应用，如 4-氯-3，5-二硝基三氟甲苯作衍生剂在酒类和腐乳样品中的应用。Tang 等[41]用 4-氯-3，5-二硝基三氟甲苯作柱前衍生，经高效液相色谱法检测啤酒样品中的生物胺。结果显示，腐胺、组胺和酪胺在所有样品中都有检出，89% 的啤酒样品中检测到了亚精胺，精胺、色胺和苯乙胺分别占总样品的 78%、61% 和 44%。此后，用 4-氯-3，5-二硝基三氟甲苯作衍生剂，Tahmouzi 等[42]利用高效液相色谱法对腐乳中生物胺进行了检测。腐乳中的生物胺用三氯乙酸进行提取，用紫外检测器在 254 nm 下检测，结果显示 6 种生物胺的含量均低于最大允许限量。

此外，6-氨基喹啉基-N-羟基琥珀酰亚胺脂衍生剂在酒类和乳酪中生物胺的检测中也有应用，Peña-Gallego 等[42]用反向高效液相色谱检测葡萄酒中的生物胺。结果显示，所有生物胺检测限都低于 0.16 mg/kg，腐胺、尸胺和酪胺线性检测浓度范围为 0.16 ~ 8 mg/kg，而组胺的检测浓度则上升到 10 mg/kg。随后，Mayer 等[43]研究用 6-氨基喹啉基-N-羟基琥珀酰亚胺脂进行柱前衍生，经超高效液相色谱梯度洗脱来同时检测澳大利亚零售市场出售的 58 种乳酪中的 20 种单胺和二级胺。用 C18 柱子进行色谱分离，流动相为乙腈和乙酸铵，流速为 1 mL/min，两种乳酪中总生物胺的含量为 194 mg/kg。

20.4 总结和展望

随着人们对食品质量要求的提高，生物胺作为食品中的潜在毒性物质和食品卫生质量的标志，对其检测与控制显得极为重要。由于高效液相色谱法是检测食品生物胺最常用的方法，因此从复杂食品基质中分离出生物胺对于其接下来的检测是非常重要的。液-液萃取具有不需要特定设备的优点，在酒类样品中应用较多，但在其他样品中应用较少；固相萃取较液-液萃取有更多优点，应用也更普遍，但是固相萃取仍具有萃取小柱成本较高，需要专业人员辅助开发使用等缺点。因此开发价格低廉，操作简单的萃取方法是未来的发展方向。

生物胺的衍生是决定检测效果的另一重要步骤，常用的衍生剂有丹磺酰氯、邻苯二甲醛和苯甲酰氯等，研究时应根据实际情况选择合适的衍生剂。丹磺酰氯衍生剂优点颇多，同时具有荧光响应和特异的紫外吸收特点，是生物胺高效液相色谱检测中应用最多的柱前衍生剂。但其仍存在衍生时间长，多余产物会产生干扰峰等缺点，在今后的研究中需要做出相应的改进；邻苯二甲醛可以用在柱前或柱后衍生，它所需衍生时间短，温度低，但它存在仅能与初级生物胺反应，衍生物不稳定，重复性差等缺点；苯甲酰氯因具有刺激性，工业化生产不完善等缺点而应用较少。改善生物胺的衍生剂和生物胺的前处理方法是未来的研究方向，这也将使高效液相色谱法在生物胺的检测中得到更广泛的应用。

参 考 文 献

[1] 何健，李艳霞．发酵肉制品中生物胺研究进展 [J]．山东食品发酵，2009，4：30-32

[2] Lonvaud-Funel A. Biogenic amines in wines：Role of lactic acid bacteria [J]．FEMS Microbiology Letters，2001，199（1）：9-13

[3] Ruiz-Capillas C，Jiménez-Colmenero F. Biogenic amines in meat and meat products [J]．Food Science，2004，44：489-499

[4] Shalaby A R. Significance of biogenic amines to food safety and human health [J]．Food Research International，1996，29：675-690

[5] 罗林，徐振林，沈玉栋，等．食品中生物胺及其检测方法研究进展 [J]．广东农业学，2013，40（22）：119-124

[6] Moinard C，Cynober L，De Bandt J P. Polyamines：Metabolism and implications in human diseases [J]．Clinical Nutrition，2005，24：184-197

[7] 程丽林，聂小宝，张长峰，等．水产品中生物胺检测方法的研究进展 [J]．山东农业科学，2012，9：118-122

[8] 张清建．茨维特色谱技术缘何被埋没一段时间 [J]．化学通报，2001，64（12）：802-804

[9] 贺家亮，李开雄，刘海燕．高效液相色谱法在食品分析中的应用 [J]．食品研究与开发，2008，11：175-177

[10] 邓勃．一种新的液液萃取模式——分散液液微萃取 [J]．现代科学仪器，2010，3：123-130

[11] Huang K J，Jin C X，Song S L，et al. Development of an ionic liquid-based ultrasonic-assisted liquid-liquid microextraction method for sensitive determination of biogenic amines：Application to the analysis of octopamine，tyramine and phenethylamine in beer samples [J]．Chromatography，2011，879：579-584

[12] Almeida C，Fernandes J O，Cunha S C. A novel dispersive liquid-liquid microextraction（DLLME）gas chromatography-mass spectrometry（GC-MS）method for the determination of eighteen biogenic amines in beer [J]．Food Control，2012，25：380-388

[13] 陆峰，林培英，杨根金．色谱分析前处理技术的新进展 [J]．药学实践杂志，2002，2：

91-94

[14] 丁涛, 吕辰, 柳菡, 等. 高效液相色谱-四极杆/静电场轨道阱高分辨质谱检测葡萄酒中
　　 8 种生物胺 [J]. 分析测试学报, 2014, 33 (1): 27-32

[15] Basheer C, Wong W, Makahleh A, et al. Hydrazone- based ligands for micro- solid phase
　　 extraction-high performance liquid chromatographic determination of biogenic amines in orange
　　 juice [J]. Chromatography, 2011, 1218 (28): 4332-4339

[16] Mazzucco E, Gosetti F, Bobba M, et al. High- performance liquid chromatography- ultraviolet
　　 detection method for the simultaneous determination of typical biogenic amines and precursor
　　 amino acids [J]. Agricultural and Food Chemistry, 2010, 58 (1): 127-134

[17] Dey M E, Drabik-Markiewicz G, De M H, et al. Dabsyl derivatisation as an alternative for dan-
　　 sylation in the detection of biogenic amines inferm ented meat products by reversed phase high
　　 performance liquid chromatography [J]. Food Chemistry, 2012, 130 (4): 1017-1023

[18] 欧杰, 李晓蓓, 王婧, 等. 液相色谱串联质谱法测定传统豆制品白豆干和薄百叶中的生
　　 物胺 [J]. 食品工业科技, 2013, 22: 72-74

[19] 李存法, 何金环. 固相萃取技术及其应用 [J]. 天中学刊, 2005, 5: 13-16

[20] 杨锐. 激光诱导荧光检测器用于生物胺检测研究 [D]. 齐齐哈尔: 齐齐哈尔大学硕士
　　 学位论文, 2012

[21] Önal A, Tekkel i S E K, Önal C. A review of the liquid chromatographic methods for the deter-
　　 mination of biogenic amines in foods [J]. Food Chemistry, 2013, 138 (1): 509-515

[22] 董伟峰, 李宪臻, 林维宣. 丹磺酰氯作为生物胺柱前衍生试剂衍生化条件的研究 [J].
　　 大连轻工业学院学报, 2005, 2: 115-118

[23] Soufleros E H, Bouloumpas i E, Zotou A, et al. Determination of biogenic amines in Greek
　　 wines by HPLC and ultraviolet detection after dansylation and examination of factors affecting
　　 their presence and concentration [J]. Food Chemistry, 2007, 101: 704-716

[24] Jia S D, Kang Y P, Hill P J, et al. Determination of biogenic amines in Bokbunja (*Rubus
　　 coreanus* Miq.) wines using a novel ultra – performance liquid chromatography coupled with
　　 quadrupole – time of flight mass spectrometry [J]. Food Chemistry, 2012, 132 (3):
　　 1185-1190

[25] 陈颖. 传统中式香肠中生物胺生物控制技术的研究 [D]. 石河子: 石河子大学硕士学
　　 位论文, 2011

[26] Gençcelep H, Kaban G, Aksu M İ, et al. Determination of biogenic amines in sucuk [J].
　　 Food Control, 2008, 19 (9): 868-872

[27] 张国梁. HPLC 法检测干酪中黄曲霉毒 M 及生物胺 [D]. 哈尔滨: 东北农业大学硕士
　　 学位论文, 2013

[28] 王艳, 张建友, 刘书来, 等. 水产品生物胺检测技术的研究进展 [J]. 中国酿造, 2009,
　　 6: 17-19

[29] Šimat V, Dalgaard P. Use of small diameter column particles to enhance HPLC determination of
　　 histamine and other biogenic amines in seafood [J]. Food Science and Technology, 2011, 44

（2）：399-406

[30] 张阳，吴光红，刘文斌，等. 超高效液相色谱–柱前衍生法同时测定水产品中 8 种生物胺
　　　[J]. 食品科学，2012，18：181-185

[31] 张金彪，杨筱珍，范朋，等. 两种常见海水鱼高温贮存过程中挥发性盐基氮和生物胺含
　　　量变化 [J]. 水生生物学报，2012，2：284-290

[32] Harja F, Dina S M, Eder R, et al. Influence of selected microorganisms compared to naturally
　　　occurring microorganisms on biogenic amines content of young wines from minis vineyard [J].
　　　UPB Scientific Bulletin, 2011, 73: 115-122

[33] Arrieta M P, Prats-Moya M S. Free amino acids and biogenic amines in Alicante Monastrell
　　　wines [J]. Food Chemistry, 2012, 135: 1511-1519

[34] Latorre-Moratalla M L, Bosch-Fusté J, Lavizzari T, et al. Validation of an ultra high pressure
　　　liquid chromatographic method for the determination of biologically active amines in food [J].
　　　Chromatography, 2009, 1216: 7715-7720

[35] Korös A, Varga Z, Molnar-Perl I. Simultaneous analysis of amino acids and amines as their
　　　ophthalaldehyde-ethanethiol-9-fluorenylmethyl chloroformate derivatives in cheese by high-
　　　performance liquid chromatography [J]. Chromatography, 2008, 1203: 146-152

[36] Tahmouzi S, Khaksar R, Ghasemlou M. Development and validation of an HPLC–FLD method
　　　for rapid determination of histamine in skipjack tuna fish (*Katsuwonus pelamis*) [J]. Food
　　　Chemistry, 2011, 126: 756-761

[37] Özgül A, Özdestan C, Üren A. A method for benzoyl chloride derivatization of biogenic amines
　　　for high performance liquid chromatography [J]. Talanta, 2009, 78: 1321-1326

[38] Yañez L, Saavedra J, Martínez C, et al. Chemometric analysis for the detection of biogenic
　　　amines in Chilean Cabernet Sauvign on wines: A comparative study between organic and
　　　nonorganic production [J]. Food Science, 2012, 77: 143-150

[39] Mayr C M, Schieberle P. Development of stable isotope dilution assays for the simultaneous
　　　quantitation of biogenic amines and polyamines in foods by LCMS/MS [J]. Agricultural and
　　　Food Chemistry, 2012, 60: 3026-3032

[40] Paleologos E K, Chytiri S D, Savvaidis I N, et al. Determination of biogenic amines as their
　　　benzoyl derivatives after cloud point extraction with micellar liquid chromatographic separation
　　　[J]. Chromatography, 2003, 1010 (2): 217-224

[41] Tang T, Shi T, Qian K, et al. Determination of biogenic amines in beer with pre–column deri-
　　　vatization by high performance liquid chromatography [J]. Chromatography, 2009, 877:
　　　507-512

[42] Peña-Gallego A, Hernández-Orte P, Cacho J, et al. Biogenic amine determination in wines
　　　using solid-phase extraction: A comparative study [J]. Chromatography, 2009, 1216:
　　　3398-3401

[43] Mayer H K, Fiechter G, Fischer E. A new ultra-pressure liquid chromatography method for the
　　　determination of biogenic amines in cheese [J]. Chromatography, 2011, 1217: 3251-3257

21 高光谱成像技术在红肉质量特性无损检测中的应用

红肉主要包括猪肉、牛肉和羊肉，是人类获得蛋白质、维生素和矿物质等营养成分的重要来源之一[1]。随着人们膳食结构的改变和生活质量的提高，消费者对红肉品质与安全提出了更高的要求[2]。因此，实现红肉品质与安全的检测和评价已成为肉品行业发展和保证食品安全的重要环节之一[3]。红肉检测中采用的传统检测技术和评价方法较为繁琐，常需要有经验的专业人员进行检验操作，具有耗时长、检测时破坏样品等缺点，降低了监管机构的工作效率，已经不能满足如今产业发展对检测速度、精度和自动化的要求[4]。随着光学、图像处理等现代先进技术的不断创新和发展，红肉检测技术正朝着快速、准确、实时、无损的方向迈进[5]。

高光谱成像技术作为快速无损检测技术之一，是在不破坏待测物原始状态、化学性质的前提下，获取待检物品的化学成分、物理品质特性等多项指标的检测方法[6]，具有节约样品材料、成本，检测精度高、速度快、效率高等诸多优点[7]。高光谱检测技术易与机械、计算机等技术相融合，虽然起步较晚，但可以同时获得被测样品外观特性和内部成分的光谱及图像信息，在红肉检测和安全评定上呈现出极大的优越性[8,9]，基于高光谱成像技术的诸多优点其在红肉无损检测中得到了应用。本章从高光谱技术的原理出发，综述了该技术在红肉的化学成分、安全品质、感官品质和加工品质检测方面的应用，为将来开发相应的在线检测设备提供了理论基础。

21.1 高光谱成像技术基本原理

高光谱成像技术是在纳米级的光谱分辨率上，在紫外到近红外（200 ~ 2252 nm）光谱覆盖范围内，以几十至数百个波长同时对物体连续成像[10]，实现物体的空间信息、光谱信息、光强度信息的同步获得。高光谱成像系统主要是利用光谱的反射特征，不同样品因其所含的化学成分和组成结构不同，其在特定波长点处对光的吸收度、分散度和反射比等也会有所不同，且各化学成分在特定波长处因其官能团独特属性具有不同的吸收值，因此通过对所获得的高光谱图像中提取的光谱数据进行分析，可实现食品中化学成分的定量分析和食品品质的定性检测[6]。高光谱成像系统的主要检测步骤为样本的准备，高光谱图像的采集，光谱曲线分析，光谱数据建模分析，以及对所测指标进行预测。根据其成像方式的不同，可分为滤波片式和推扫式两种类型[11]。滤波片式采集的高光谱图像数据量小，数据处理简单，但是信息不够全面，不利于特征波长选取，所以本章重点介绍推扫式高光谱成像。图 21.1 为推扫式高光谱成像系统的基本构成，主要包括光谱仪、CCD 相机、光源和计算机[12]。根据被测参数的不同可选择不同波长覆盖范围的光谱仪，CCD 相机的光谱范围要与光谱仪相匹配，光源要求稳定和均匀。推扫式高光谱成像系统基本原理如下[10,11,13]：通过移动光谱仪或被测样品，对检测样品连续扫描 N 次，得到该检测样品 N 条扫描线处的高光谱图像，将在扫描线处采集到的高光谱图像最终表达为三维立方体图像。该图像既包含了每一有效波长下的图像，同时又可表达每一检测位置的光谱，因此利用高光谱立方体图像中的光谱信息，结合数学建模和光谱解析方法，可以预测和评估红肉的内部和外部质量特性参数，实现多参数实时在线检测。

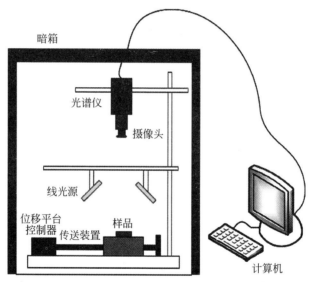

图 21.1　推扫式高光谱成像系统的基本组成[12]

21.2　高光谱成像技术在红肉品质评价中的应用

21.2.1　化学成分的测定

众所周知，红肉主要由水、蛋白质、脂肪、氨基酸和脂肪酸等组成，其化学成分是影响红肉品质的内在原因。通过不同化学成分之间的系列反应，红肉的滋味、颜色和嫩度可能会发生变化，从而导致不良的外观，这不仅影响消费者的购买欲望，而且还会给肉类行业带来经济损失。例如，水分是红肉中的主要成分，水分含量不仅影响红肉质量特性和保质期，而且由于它们通常是按质量出售，所以水分的消耗也会影响销售者的经济利益。此外，红肉中的蛋白质具有高的生物学特性，在测定风味和色泽方面也起着重要的作用。然而现有用于检测红肉主要成分的方法多数具有破坏性，耗时，因此肉类工业急需一种快速和自动的无损检测方法来实现对这些化学成分的分析。

在过去的几年中，高光谱成像技术作为新型无损检测方法已经被用于预测猪肉、牛肉和羊肉的水分，脂肪和蛋白质的含量，并且这些研究取得了相当满意的结果。Barbin 等[14]应用近红外高光谱成像技术对块状猪肉和肉糜的化学成分进行了无损检测，通过主成分分析选取 960 nm、1074 nm、1124 nm、1147 nm、1207 nm 和 1341 nm 作为特征波长，在特征波长下建立肉糜中蛋白质、水分和脂肪的偏最小二乘回归模型，结果表明其决定系数分别为 0.88、0.91、0.93，预测标准误差分别为 0.40、0.60、0.62，该肉糜模型可很好地应用于完整红肉化学成分的预测。Kobayashi 等[15]使用近红外范围在 1000～2300 nm 的高光谱成像系统评估了生牛肉切片脂肪和脂肪酸的含量。根据高光谱系统得到的光谱信息，运用偏最小二乘回归模型预测脂肪和脂肪酸含量，结果表明总脂肪、总饱和脂肪酸和总不饱和脂肪酸含量的决定系数为 0.90、0.87、0.89，预测标准误差为 4.81%、1.69%、3.41%。羊肉是另一种重要的红肉，但是高光谱成像技术在预测羊肉化学成分方面应用较少。Kamruzzaman 等[16]使用高光谱成像技术（900～1700 nm）检测羊肉蛋白质、脂肪、水分含量。在他们的研究中，得到 3 种不同肉样的 126 个光谱图像信息，选取与脂肪和水分相关性最大的六个特征波长（960 nm、1057 nm、1131 nm、1211 nm、1308 nm 和 1394 nm），另外选取六个特征波长（1008 nm、1211 nm、1315 nm、1445 nm、1562 nm 和 1649 nm）用于蛋白质的预测。基于选出的特征波长建立偏最小二乘回归模型，结果表明水分、脂肪、蛋白质含量的决定系数为 0.84、0.87 和 0.82，预测标准误差为 0.57%、0.35%、0.47%，上述研究结果验证了高光谱成像技术应用于红肉化学成分评定的可行性。

21.2.2 安全品质的测定

21.2.2.1 微生物特性的测定

红肉中的腐败可能导致营养物质的分解和代谢物的形成，微生物含量过多的红肉会危害人类健康，因此控制微生物生长以确保提供给市场的红肉的安全性尤为重要。然而，现有的检测细菌腐败的传统方法，如平板计数法、ATP 激发放光法和电现象测量法，对于被细菌污染的红肉不能达到快速、准确、无损的检测。高光谱成像技术能满足所有这些要求，并且它在预测红肉微生物特性方面已在许多研究工作中广泛应用。

Tao 等[17]用高光谱反射成像技术评估冷冻猪肉表面的菌落总数，并采用多元线性回归和偏最小二乘回归两种方法分别建立预测模型，得到相关系数分别为 0.886 和 0.863 的满意结果。除了上面提到的高光谱反射成像技术，常用的还有高光谱散射技术，其可作为检测微生物腐败的潜在方法，因为散射波长的变化能够表明微生物的腐败变化。Tao 等[18]研究在 4℃冷链条件下，冷却猪肉在 1 ~ 14 d 贮藏期间，表面菌落总数与 400 ~ 1100 nm 光谱范围内相应高光谱图像的关系，提出了一种基于高光谱成像技术的冷却猪肉表面菌落总数的快速无损检测方法，并采用多元线性回归和偏最小二乘回归两种统计分析方法分别建立预测模型，均得到较好的预测结果，其预测结果相关系数分别为 0.886 和 0.863。此外，高光谱散射技术也被用于检测牛肉的菌落总数。Peng 等[19]最先将高光谱成像技术运用于红肉细菌总数无损检测的研究中，预测牛肉表面微生物腐败程度，根据洛伦兹分布函数选择特征波长，然后结合真实细菌总数的对数值建立多元线性回归预测模型，结果表明决定系数为 0.96，预测标准误差为 0.30。虽然偏最小二乘回归模型或多元线性回归模型具有一定的发展前景，但是其不能够解决非线性回归问题，因此一些研究人员利用人工神经网络以及支持向量机等非线性建模方法建立模型。Peng 等[20]选取 480 nm、525 nm、650 nm、720 nm 和 765 nm 五个最佳特征光谱波长，采用支持向量机的方法，对猪肉细菌总数进行预测，得到的相关系数为 0.87，这一结果优于多元线性回归方法。为了进一步预测上述模型的准确性，Wang 等[21]试图在基于支持向量机方法基础上再结合偏最小二乘回归方法建立模型检测猪肉细菌的菌落总数。选择八个最佳波长（477 nm、509 nm、540 nm、552 nm、560 nm、609 nm、720 nm 和 772 nm）与在特定波长处相对应的反射光谱数据结合使用来构造菌落总数预测模型，最终的模型显示决定系数为 0.9236，预测标准误差为 0.3279。上述一系列研究结果表明，利用高光谱技术可以较好地定量分析冷却猪肉表面的菌落总数，应用该技术对冷却猪肉品质安全进行快速无损评价是可行的。

21.2.2.2　新鲜度的测定（挥发性盐基氮）

肉品在腐败分解过程中，由于受其自身性状和环境因素影响，其代谢分解产物极其复杂，分解产物的种类和数量也不尽相同。普遍认为与感官变化一致的挥发性盐基氮能比较有规律地反映肉品鲜度变化，是评定肉品新鲜度变化的客观指标[22]。长期以来，在肉类食品检测领域，主要靠视觉直观地鉴别，或者利用化学方法对肉类食品进行检测，对于肉类的新鲜度判断缺乏科学性和时效性[11]。利用光学仪器可以准确测定肉类食品表面的光学特性，从而为肉类的新鲜度判别提供客观的依据。张雷蕾等[23]等建立利用高光谱成像技术对生鲜猪肉的挥发性盐基氮含量进行快速无损伤检测的方法。利用 400 ~ 1100 nm 光谱范围的高光谱成像技术获取猪肉表面的高光谱图像信息，通过洛伦兹函数对其表面的扩散信息进行拟合，结合偏最小二乘回归和多元线性回归两种方法，分别建立预测猪肉挥发性盐基氮含量的预测模型。利用洛伦兹三参数组合结合多元线性回归方法建立预测猪肉挥发性盐基氮含量的模型效果优于偏最小二乘回归模型，预测相关系数达到 0.90，标准差为 4.67。上述研究结果表明，利用光谱技术检测肉类颜色和新鲜度的方法是可行的。然而，单一的指标很难全面反映肉品新鲜度。若由多项指标综合评定，将几种检测技术有机融合，充分利用多元信息，可以提高检测精度和可靠性。

21.2.3　感官品质的评定

21.2.3.1　色泽

肉中色泽的测定的常用方法[24]是使用色差仪测量肉表面的 L^*（亮度值）、a^*（红度值）、b^*（黄度值），然而，如果样品色泽不均匀，色差仪将不能测量整个表面的颜色，如果所测量区域过大，可能会由于肌内脂肪和结缔组织含量差异导致不可靠的结果产生。随着高光谱成像技术的快速发展，一些研究人员试图探索其在色泽评价方面的潜力。Qiao 等[25]利用高光谱成像技术通过同时提取空间和光谱信息来预测 L^* 值。基于单一的相关分析，以下 6 个波长（434 nm、494 nm、561 nm、637 nm、669 nm 和 703 nm）选定为最佳波长。随后，建立两个基于模糊神经网络的预测模型，分别采用两种带图像的亮度指数（R 和 R'）作为输入。结果表明，模型 2（R' 作为输入）比模型 1（R 作为输入）执行得更好，具有较高的决定系数值，为 0.86。吴建虎等[26]利用高光谱散射技术预测牛肉的颜色参数（L^*、a^*、b^*），在 400 ~ 1100 nm 波段范围内获取牛肉样本的高光谱散射图像，用洛伦兹分布函数拟合各个波长处的散射曲线，获取散射曲线的参数。用逐步回归法选择特征波长处对应的洛伦兹参数，建立多元线性回归模型，用全交叉验证法验证模型的预测效果。试验结果显示，多元线性模型对颜色的 L^*、a^* 和 b^* 的预测相关系数分别达到 0.92、0.90 和 0.88。本研究表明，高光谱散射技术可用于颜色参数的检测，并具有开发相应多光谱系统的潜力。

21.2.3.2　大理石样纹理

大理石样纹理，也称肌间脂肪，指的是脂肪沉积到肌肉纤维之间，形成明显的红、白相间，状似大理石花纹的肉，一般大理石花纹越多越丰富，表明红肉越嫩，品质越好，价格也越高[24]。大多数红肉制造商通过肉眼观察然后和样板比对来进行大理石样纹理的等级评定，这种方法人为因素影响特别大，存在一定的主观性。近年来，一些研究者已将高光谱成像技术应用于大理石样纹理的等级评定中，并得到了良好的结果。Qiao 等[27] 应用光谱为 400~1000 nm 的高光谱系统检测猪肉大理石花纹进而对猪肉品质进行分级。采用主成分分析将原始的成像光谱分别压缩到 5、10、20 个主成分，然后用人工神经网络进行分类，能够准确辨别肉的类型，同时自动确定了大理石花纹等级。通过对现有的标准大理石花纹进行扫描，应用共生矩阵生成大理石花纹得分指数，成功对 40 个样品（除得分10.0 的样品外）进行大理石纹评分，40 个样品的大理石花纹分级范围在 3.0~5.0。除了猪肉，牛肉的大理石样纹理也可应用 400~1100 nm 高光谱成像技术进行分级评估。高晓东等[28] 利用高光谱成像技术评估牛肉大理石花纹的等级，确定 530 nm 为特征波长，运用多元线性回归模型和正则判定函数模型对大理石花纹分级和等级预测，其中多元线性回归模型对大理石花纹等级的评定决定系数为0.92，预测标准差为 0.45，分级准确率为 84.8%，正则判定函数模型对大理石花纹等级判定准确率为 78.8%，证实了高光谱成像技术可应用于红肉大理石花纹分级和等级评定。

21.2.3.3　嫩度

评价牛肉嫩度的最直接的方法是品尝法，客观的方法是用仪器测量牛肉剪切力值，使用带有 Wamer-Bratzler 剪切附件的质构仪，以一定的速度沿着与肌肉纤维垂直的方向，剪切牛肉样本，测量剪切过程中的最大剪切力，即为该样本的嫩度值[29]。然而，这种测量方法，需要测量熟肉，破坏肉样本，测量时间长，不适合商业化鲜肉嫩度的测量[30]，现有研究结果表明高光谱成像技术在肉制品嫩度检测方面有很大的潜力。吴建虎等[26] 应用高光谱成像技术检测牛肉的嫩度，对牛肉嫩度进行分级，嫩牛肉分级准确率为 83.13%，较粗糙牛肉分级准确率为90.19%，总的分级准确率为 87.10%，研究表明该技术在畜产品检测领域具有广泛的应用前景。Cluff 等[31] 应用高光谱成像系统来预测牛肉的嫩度。在他们的研究中，共扫描 61 块牛排，获取的成像光谱包括 120 个窄波段，光谱分辨率为4.54 nm。用 Warner-Bratzler 剪切力值表征牛肉的标准嫩度，采用改进的洛伦兹函数来拟合牛肉的成像光谱。用逐步回归建立 Warner-Bratzler 剪切力值和洛伦兹函数参数（如曲线的峰高、半峰宽）之间的关系，实现对牛肉嫩度的预测，模型相关系数为 0.67，结果表明结合高光谱成像技术和散射特性的方法有望成为检测牛肉嫩度的快速方法。

21.2.4 加工品质的测定

21.2.4.1 pH

pH 是一个化学的概念，它是指在水溶液中的氢离子的浓度，刚屠宰后肉的 pH 在 6 ~ 7，约经 1 h 后开始下降，正常红肉的 pH 在尸僵期变化很大，尸僵时达到 5.4 ~ 5.6，pH 通过影响红肉的持水性和颜色进而对其贮藏和质量特性有很大影响[24]。传统上，肌肉切开后直接插入 pH 计对 pH 进行测量，目前高光谱成像系统可以在不破坏红肉的情况下对 pH 进行测定。Barbin 等[32]使用高光谱成像技术预测猪肉的 pH，标准正态变量变换和多元散射校正光谱预处理方法用来消除频谱变化的影响。提取出有用的光谱信息后，使用偏最小二乘回归方法建立预测模型。最终的结果表明，pH 能很好地利用高光谱成像技术进行测定，决定系数为 0.87。另一方面，Kamruzzaman 等[33]使用高光谱成像技术对羔羊肉的 pH 进行预测，应用偏最小二乘回归法建立最终模型，评估标准偏差与内部交叉验证均方差的比值，通常此值大于 2 表示预测合理，大于 3 意味着优良的预测精度，足够用于分析[34]。在这项研究中，该值为 1.76，这意味着该模型的精度较低，因此未来需要更多的研究提高高光谱技术在红肉 pH 中的预测精度。

21.2.4.2 保水性

肉的保水性也称系水力或系水性，是指当肌肉受外力作用时，如加压、切碎、加热、冷冻、解冻以及腌制等加工和贮藏条件下保持其原有水分和添加水分的能力[24]。红肉中含有约 75% 的水分，其在屠宰、贮藏和加工的过程中，很容易失去。传统测量方法准确性高，但是测量时需要破坏样本，检测效率低，检测后的样本卫生安全条件无法保证，对实验人员素质要求高，无法满足现代生产企业对在线快速准确检测的需求[1,24]，新型非接触式的无损检测方法高光谱成像技术已被应用于解决这些困难。ElMasry 等[35]应用高光谱成像系统对新鲜牛肉的保水性进行无损检测。主成分分析被用来选取六个重要的特征波长（940 nm、997 nm、1144 nm、1214 nm、1342 nm 和 1443 nm），用偏最小二乘回归方法建立预测模型，该模型给出了一个合理的精确度来预测滴水损失，决定系数为 0.87，预测标准误差为 0.28%。

21.3 展　望

高光谱成像技术融合了传统的成像和光谱技术的优点，功能强大，可用于预测红肉的 pH、颜色、嫩度等质量特性，然而目前仍有一些障碍需要克服。首先，目前的成像光谱系统成本还比较高，特别是国外的高光谱成像系统价格昂贵，推广应用较为困难。因此，我们需要开发国产的成像光谱仪器，这有利于推动该技术在我国的产业化应用。其次，高光谱成像技术信息量丰富，同时包含光谱和图像信息，但存在高光谱图像的获取、处理和分类时间长，对计算机硬件要求高等问题，限制了其在红肉检测领域的应用。对高光谱硬件系统进行简化，降低原始数据量，将其应用到在线生产，提高数据的运算效率将是未来研究的重点。再次，红肉的一些质量特性，如嫩度、硬度和弹性是与线性因素如肌原纤维蛋白含量和非线性因素如肌肉结构（结缔组织）相关，在这种情况下，非线性的方法和线性方法都需要用于建模。然而，大部分研究主要使用线性方法如偏最小二乘回归法和多元线性回归法建立预测模型，因此需要进一步研究非线性方法在建立预测模型方面的应用。最后，高光谱成像系统数据庞大，且波段数量有限，因此，需要开发专用的成像光谱系统。可在高光谱成像的基础上挑选敏感波长，从而开发相应的多光谱成像系统，将会降低成本，使得该技术最终大量应用于生产实践中。

参 考 文 献

[1] Mcafee A J, Mcsorley E M, Cuskelly G J, et al. Red meat consumption: an overview of the risks and benefits [J]. Meat Science, 2010, 84: 1-13

[2] Gowen A A, Donneil C P, Cuiien P J, et al. Hyperspectral imaging- an emerging process analytical tool for food quality and safety control [J]. Trends in Food Science &Technology, 2007, 18: 590-598

[3] 屠康. 肉类品质无损检测技术的研究进展 [J]. 西北农林科技大学学报, 2005, 33: 25-28

[4] Kumar P K, Kar A, Jha S N, et al. Machine vision system: a tool for quality inspection of food and agricultural products [J]. Journal of Food Science and Technology, 2012, 49: 123-141

[5] Geesink G H, Schreutelkamp F H, Frankhuizen R, et al. Prediction of pork quality attributes from near infrared reflectance spectra [J]. Meat Science, 2003, 65: 661-668

[6] Liao Y H, Fan Y X, Cheng F, et al. On−line prediction of fresh pork quality using visible/nea-infrared reflectance spectroscopy [J]. Meat Science, 2010, 86: 901-907

[7] 滕安国, 高峰, 夏新成, 等. 高光谱技术在农业中的应用研究进展 [J]. 江苏农业科学, 2009, 16: 8-10

[8] Kim M S, Chao K, Chan D E, et al. Line- scan hyperspectral imaging platform for agro- food safety and quality evaluation: system enhancement and characterization [J]. Transactions of the ASABE, 2011, 54: 703-711

[9] Lorente D, Aleixos N, Gomez J, et al. Recent advances and applications of hyperspectral imaging for fruit and vegetable quality assessment [J]. Food and Bioprocess Technology, 2012,

5：1121-1142

［10］Rajkumar P, Wang N, Eimasry G, et al. Studies on banana fruit quality and maturity stages using hyperspectral imaging ［J］. Journal of Food Engineering, 2012, 108：194-200

［11］黄培贤，姚志湘，粟晖，等. 高光谱图像技术在食品无损检测中的研究进展 ［J］. 食品工业科技, 2012, 33：412-417

［12］Xiong Z J, Sun D W, Zeng X A, et al. Recent developments of hyperspectral imaging systems and their applications in detecting quality attributes of red meats：A review ［J］. Journal of Food Engineering, 2014, 132：1-13

［13］赵桂林. 基于高光谱图像技术的水果品质检测的若干问题研究 ［D］. 江苏：江南大学硕士学位论文, 2011

［14］Barbin D F, ElMasry G, Sun D W, et al. Non-destructive determination of chemical composition in intact and minced pork using near-infrared hyperspectral imaging ［J］. Food Chemistry, 2013, 138：1162-1171

［15］Kobayashi K I, Matsui Y, Maebuchi Y, et al. Near infrared spectroscopy and hyperspectral imaging for prediction and visualisation of fat and fatty acid content in intact raw beef cuts ［J］. Near Infrared Spectroscopy, 2010, 18：301-315

［16］Kamruzzaman M, ElMasry G, Sun D W, et al. Non-destructive prediction and visualization of chemical composition in lamb meat using NIR hyperspectral imaging and multivariate regression ［J］. Innovative Food Science & Emerging Technologies, 2012b, 16：218-226

［17］Tao F F, Wang W, Zhang L L, et al. A rapid nondestructive measurement method for assessing the total plate count on chilled pork surface ［J］. Spectroscopy and Spectral Analysis, 2010a, 30：3405-3409

［18］Tao F F, Peng Y, Li Y, et al. Simultaneous determination of tenderness and *Escherichia coli* contamination of pork using hyperspectral scattering technique ［J］. Meat Science, 2012, 90：851-857

［19］Peng Y, Zhang J, Wu J, et al. Hyperspectral scattering profiles for prediction of the microbial spoilage of beef ［J］. The International Society for Optical Engineering, 2009, 49：7315

［20］Peng Y. Prediction of pork meat total viable bacteria count using hyperspectral imaging system and support vector machines ［C］. Proceedings ofthe Food Processing Automation Conference. Providence, RI, 2008

［21］Wang W, Peng Y, Huang H, et al. Application of hyper-spectral imaging technique for the detection of total viable bacteria count in pork ［J］. Meat Science, 2011, 9：1024-1030

［22］Castro P, Padron J P, Cansino M C, et al. Total volatile base nitrogen and its use to assess freshness in European sea bass stored in ice ［J］. Food Control, 2006, 17：245-248

［23］张雷蕾，彭彦昆，陶斐斐，等. 肉品挥发性盐基氮的高光谱无损快速检测 ［J］. 食品安全质量检测学报, 2012, 3：575-579

［24］孔保华，韩建春. 肉品科学与技术 ［M］. 北京：中国轻工业出版社, 2011

［25］Qiao J, Wang N, Ngadi M, et al. Prediction of drip-loss, pH, and color for pork using a hyperspectral imaging technique [J] . Meat Science, 2007a, 76: 1-8

[26] 吴建虎, 彭彦昆, 江发潮, 等. 牛肉嫩度的高光谱法检测技术 [J] . 农业机械学报, 2009, 40: 135-140

[27] Qiao J, Ngadi M O, Wang N, et al. Pork quality and marbling level assessment using a hyperspectral imaging system [J] . Food Emerging, 2007b, 83: 10-16

[28] 高晓东, 吴建虎, 彭彦昆, 等. 基于高光谱成像技术的牛肉大理石花纹的评估 [J] . 农产品加工, 2009, 2: 33-37

[29] Shackford S D, Wheeler T L, Koohmarie M, et al. On-line classification of US select beef carcasses for longissimus tenderness using visible and near-infrared reflectance spectroscopy [J]. Meat Science, 2005, 69: 409-415

[30] Destefanis G, Brugiapaglia A, Barge M T, et al. Relationship between beef consumer tenderness perception and Wamer-Bratzler shear force [J] . Meat Science, 2008, 78: 153-156

[31] Cluff K, Naganathan G K, Subbiah J, et al. Optical scattering in beef steak to predict tenderness using hyperspectral imaging in the VIS – NIR region [J] . Sensonry and Instrumentation for Food Quality, 2008, 2: 189-196

[32] Barbin D F, ElMasry G, Sun D W, et al. Predicting quality and sensory attributes of pork using near-infrared hyperspectral imaging [J] . Analytica Chimica Acta, 2012c, 719: 30-42

[33] Kamruzzaman M, ElMasry G, Sun D W, et al. Prediction of some quality attributes of lamb meat using near – infrared hyperspectral imaging and multivariate analysis [J] . Analytica Chimica Acta, 2012c, 714: 57-67

[34] Nicolai B M, Beullens K, Bobelyn E, et al. Nondestructive measurement of fruit and vegetablequality by means of NIR spectroscopy: A review [J] . Postharvest Biology and Technology, 2007, 46: 99-118

[35] ElMasry G, Sun D W, Allen P, et al. Non-destructive determination of water holding capacity in fresh beef by using NIR hyperspectral imaging [J] . Food Research International, 2011, 44: 2624-2633

22 低场核磁共振技术在肉品科学研究中的应用

低场核磁共振技术具有价格低廉、快速无损、测定精准的特点，与其他检测技术相比具有很大的优势，因此在诸多方面都有广泛的应用[1]。研究者在不需要对样品进行物理处理的情况下，可以观察其内部结构状况[2]；在最低干扰状态下，可以测定水分、蛋白质和脂肪等多种指标[3]。

低场核磁共振技术在肉品科学研究领域中的应用虽然起步较晚，但是凭借着其快速、无损、精确的特点，在肉类制品多项指标的测定中得到了广泛应用。其中，很多都联用了诸如聚焦激光扫描显微镜技术、扫描电镜技术和红外光谱技术等其他仪器分析技术，来对低场核磁共振技术进行完善和补充，因此需要开发更多的仪器设备与低场核磁共振技术进行连用，以扩大其应用领域。值得一提的是，低场核磁共振技术可以同时对肉样品中的水分、蛋白质、脂肪进而对其质构特性进行分析测定，具有多功能性。但是，我国肉类工业对低场核磁共振技术的应用还很少，因此今后的研究重点在于开发相应的在线检测设备，并将其应用于实际的肉制品生产中，以期提高肉品品质检测效率，推动低场核磁共振技术在肉品工业中应用。

22.1 低场核磁共振概述

核磁共振（nuclear magnetic resonance，NMR）是指具有固定磁矩的原子核，如 ^1H、^{13}C、^{31}P、^{19}F、^{15}N、^{129}Xe 等，在恒定磁场与交变磁场的作用下，以电磁波的形式吸收或释放能量，发生原子核的跃迁，同时产生核磁共振信号，即原子核与射频区电磁波发生能量交换的现象。目前应用较多的是以氢核（^1H）为研究对象的核磁共振技术[4]。核磁共振波谱法即为具有非零自旋量子数的任何核子放置到磁场中，能够以电磁波的形式吸收或释放能量，发生原子核的跃迁，同时产生核磁共振信号得到核磁共振谱。

NMR 根据分辨率的差异，可以分为高分辨率（即高场）和低分辨率（即低场）两种不同的类型。高场主要对样品的化学性质进行探测，低场核磁共振（low field nuclear magnetic resonance，LF-NMR）是指磁场强度在 0.5T 以下的核磁共振，检测对象一般针对的是样品的物理性质[5]。^1H 核特别是其质子是 LF-NMR 技术中运用最为广泛，主要是因为其在自然界中丰度极高，能够产生很强的核磁共振信号，且具有易于检测，便于观察，稳定存在的特点。LF-NMR 测定指标主要为弛豫时间。^1H 核以非辐射的方式从高能态转变为低能态的过程称为弛豫。NMR 弛豫不是自发形成的，而是受核分子运动和相互作用控制。因此，它可以提供核内部的物理化学环境等有价值的信息[6]。LF-NMR 主要通过对纵向弛豫时间 T_1（自旋—晶格）、横向弛豫时间 T_2（自旋—自旋）和自扩散系数的测量，反映出质子（^1H）的运动性质[7]。T_1 和 T_2 分别测量的是自旋和环境及自旋之间的相互作用。在肉品科学研究中，弛豫时间测量多用 T_2 来表征，因为 T_2 变化范围较大，而且 T_2 比 T_1 对多种相态的存在更加敏感。它还可以区分不与固体颗粒或其他溶剂作用的自由水和结晶水，以及结合水和不可移动水，可以反映自由水和水化水之间的化学渗透交换[8]。因此，LF-NMR 可以很好地适用于肉和肉制品体系，进行多种指标的测定。

22.2　低场核磁共振在肉品科学研究中的应用

由于 ^1H 质子广泛存在于各种食品体系中，因此 LF-NMR 也可应用于各类食品样品的检测[9]。目前，低场核磁共振在肉品科学研究中的应用主要集中在肉和肉制品中水分含量和保水性，肌原纤维蛋白凝胶性和变性，脂肪和质构特性测定等方面。

22.2.1　在肉类水分评定中的应用

肉中水分含量可达 70% ~ 80%[10]，其水分分布情况和保水性（water holding capacity，WHC）是影响肉品品质的重要因素。肌肉的保水性是指在加工过程中，肌肉的水分及添加到肌肉中的水分的保持能力。肉制品的保水性与最终产品的质地有密切联系[11,12]，前人对其做了大量的研究[12]。

在低频磁场中，LF-NMR 通过测定氢质子（^1H）的横向弛豫时间 T_2 表征水分的迁移变化情况，从而反映出肉持水性的变化。^1H 的弛豫时间与水分的流动性密切相关[13]。在食品体系中，水分含量和分布的不同，都会使 T_1 和 T_2 弛豫时间发生改变。由于 T_2 弛豫时间对水分分布状态比 T_1 更加敏感，因此常用来作为测定肉品持水性的指标。不同的 T_2 弛豫时间，能够容易区分自由水和结合水[8]。Bertram 已经证明，通过弛豫时间 T_2 测定肌肉组织持水性，与滴水损失测定结果之间的相关系数为 0.85[14]，与分步离心法结果相比，具有较高的相关性。因此，可以利用 LF-NMR 对肉品保水性和水分分布情况进行测定，进而对肉品品质进行评价。许多研究报道了通过测定肉类样品 LF-NMR 弛豫时间，来反映肉的持水性[15]，肌肉肌节长度和肌丝空间与保水性的关系[16]、持水力在蒸煮过程中的变化[17, 18]、宰后保水性的变化[19]以及不同的冻结、解冻方式对持水性的影响[20]等。

22.2.2　原料肉中的水分评定

屠宰前后，动物肌肉中水分变化和分布情况一直难以评定，因为无法对活体动物的水分进行直接测定，而低场核磁共振技术的出现，很好地解决了这一难题。Pearce 等[21]利用低场核磁共振技术研究了宰前和宰后肌肉中肌原纤维水分的分布和迁移特征，结果发现肌肉结构对肌肉中水分分布有直接影响。肌原纤维网络外部的水分与 WHC 密切相关，肌肉结构是限制水分转移到纤维空间外部，以及蛋白质水解过程中水分外渗的关键性因素。此外他还发现，弛豫时间 T_2 除可反映肉的持水性外，还与肉的嫩度密切相关。

畜禽肉在屠宰后的尸僵过程中，伴随着水分分布和保水性的剧烈变化。Micklander 等[22]对 10 头猪的背部最长肌（LD）进行 LF-NMR 测定，并且借助超声测量肉品持水性的高低。NMR 结果表明，主要结构的改变发生在宰后 85min ~ 24h 的区间内，这时肌肉刚完成尸僵，进入成熟过程，肌肉中水分分布发生剧烈改变。此外，NMR 弛豫曲线还说明了在宰后 24h 的肉中，保水性低的肉中比保水性高的肉蛋白质变性更加剧烈。

22.2.3　肉品加工和贮藏过程中的水分评定

煮制是肉制品加工过程中最常见的加工工序。Straadt 等[23]用低场核磁共振（LF-NMR），并辅助以共聚焦激光扫描显微镜技术（CLSM），研究了鲜肉和煮制肉中的水分分布情况。利用 NMR 弛豫图像（T_{22}）测定外部纤维水分含量，发现鲜肉的持水性有所增加，这与质量分析法和 CLSM 图像得到的结果一致，表明随着肌原纤维数量显著增加，能够容纳更多的水分。在煮制肉中，T_{21c} 峰值的宽度反映出在煮制过程中，肉中肌原纤维中的水分有下降的趋势，这是由于煮制诱导肌原纤维收缩，并且伴随着个别肌肉纤维内部水分含量的下降和在纤维外部空间的变大。煮制后，水分从肌原纤维的基质中排出。研究表明，将 CLSM 和 NMR 弛豫图像结合使用，可以在肉的微观结构特征和结合水分分布关系之间提供更多的信息。Bertram 等[24]则同时利用了 LF-NMR 与差示扫描量热（DSC）技术，研究不同蒸煮温度下，猪肉样本的保水性。通过分析 ¹H 质子的 T_2 弛豫时间发现，加热过程中肉中水分分布变化主要发生在 40 ~ 50℃，这可能与肌球蛋白变性有关，但这点却不能在 DSC 的图谱上得到印证。

微生物发酵对肉制品水分分布和保水性变化有重要影响。Møller 等[25]利用 LF-NMR 弛豫时间研究了三种不同发酵剂（T-SPX、F-1 和 F-SC-111），在两种不同发酵温度（24℃或者32℃）下对发酵香肠 pH、水分的移动和分布情况的影响。结果表明发酵香肠中水分的迁移和改变是由微生物发酵引发的；而发酵香肠 pH 的下降对水分的分布也有影响。此外，研究发现，利用 NMR 的弛豫性质对发酵肉制品生产过程中参数的控制和微生物安全性的预测是一项很有前景的技术。

　　肉制品在贮藏过程中水分分布和迁移情况也可以利用 LF-NMR 进行评定。Gudjónsdóttir 等[26]通过对鳕鱼背部肌肉进行横向和纵向质子弛豫时间的测定，研究了加盐和改良的气调包装（MAP）对鳕鱼深度冷藏的影响等。结果表明，不同加盐浓度、不同加盐方法（腌渍或水注射）和不同包装形式（空气或者 MAP）在深度冷藏过程中的弛豫参数存在差别，并且该参数与描述肌肉水分分布的动力学参数（湿度和盐含量、持水性、滴水损失和蒸煮损失）之间存在显著相关性。因此，尽管腐败过程中的酸败机制会影响到水的性质和肌肉的结构，但是用 LF-NMR 仍可用于鱼肉品质的鉴定。Bertram 等[27]则对猪肉和牛肉在贮藏过程中水分的迁移情况进行了研究。将两种肉在 -20℃ 与 -80℃ 下冻藏 10 个月，每隔 1~2 个月用 LF-NMR 检测其与水分分布情况。结果发现，肉中自由水（$T_2 > 100ms$ 部分）的含量对鲜肉的品质有显著影响，而随着冻藏时间延长，肉中的自由水的含量也明显增多。这表明弛豫时间 T_2 对冷冻引起的肉结构变化以及结构变化所产生的水分迁移非常敏感。

22.3　低场核磁共振在肌原纤维蛋白研究中的应用

　　肌原纤维蛋白是构成肌肉肌原纤维骨架的蛋白质，通常利用离子强度 0.5 以上的高浓度盐溶液抽出，属于这类蛋白质的主要有肌球蛋白、肌动蛋白等。肉制品加工中，肌原纤维蛋白具有重要的功能特性。

22.3.1　凝胶性

　　变性的蛋白质分子具有聚集并形成有序的蛋白质网络结构的性质称为凝胶性。肉制品中的肌原纤维蛋白经加热可形成热诱导凝胶。肌原纤维蛋白的凝胶特性在肉品加工过程中具有重要作用。凝胶的形成不仅与肉制品黏聚性和良好的质构有关[12]，而且对产品赋形，持水性也有重要作用[28]。

　　肉制品中添加不同成分，会影响肌原纤维蛋白的凝胶特性。Han 等[29]利用 LF-NMR 和扫描电镜（scanning electron microscope，SEM）研究了添加转谷酰胺酶（MTG）对猪肌原纤维蛋白（PMP）保水性和凝胶微观结构的影响。结果表明，与对照组的自旋-自旋弛豫时间 T_2（226ms）相比，加入 MTG 的样品具有较低的 T_2 值（188ms），而弛豫时间的降低主要是由于体系中水分子中质子移动性的降低，故表明添加 MTG 组具有较高的保水性，因此具有更疏松的微观结构。继续增大 MTG 浓度，并没有使得弛豫时间有更多的降低。而进一步的扫描电镜显微镜照片也证实了蛋白质凝胶网络中水分的移动性与凝胶结构有关。Sun 等[30]采用 LF-NMR 研究了添加亚麻籽胶（FG）对肉制品的保水性的影响，并研究了猪肉肌原纤维蛋白（PMP）与多糖之间的交互作用。随着 FG 添加量的增多，PMP 空间网络结构孔隙增大，保水性显著提高，水分的移动性显著降低。而 Wang 和其他的研究者[31]也观察到添加 FG，可使 PMP 蛋白质发生聚集，有利于凝胶形成更加多孔的微观结构，从而降低了水质子的弛豫时间 T_2，使保水性得以提高。

肌原纤维蛋白凝胶特性易受其理化性质的影响，如蛋白质浓度、加热温度和时间、离子强度和 pH 等[32]。吴烨等[33]运用 LF-NMR 研究了 pH 对兔骨骼肌肌球蛋白热诱导凝胶保水性以及水分迁移的影响。对核磁共振结果进行拟合后发现，对应不可移动水和自由水的弛豫时间 T_{22} 和 T_{23} 随着 pH 升高而降低，这表明水分的移动性随着肌球蛋白所带负电荷数目增加而减弱；主成分分析结果发现，弛豫时间 T_{22} 和 T_{23} 与保水性、硬度和凝胶孔径有较强的相关性。肌球蛋白分子表面电荷数量和分布影响了蛋白质分子伸展和卷曲的情况，对最终凝胶孔径和保水性有很大影响，而弛豫时间 T_2 则可以很好地反映这种变化趋势。韩敏仪等[34]则利用 LF-NMR 的弛豫时间 T_2 作为指标，研究了 pH 对猪肉肌原纤维蛋白热诱导凝胶性质的影响。随着 pH 偏离肌原纤维蛋白的等电点（pI），可移动水的弛豫时间 T_2 显著增加，其所占峰的面积和凝胶的 WHC 也随之增加。主成分分析结果显示，处于等电点附近的样品在样品评分图上与其他 pH 样品存在显著差异。因此可以看出，凝胶保水性的增加主要是由于可移动水部分的增多，这是由于肌原纤维蛋白凝胶后孔径增加，从而能够容纳更多的水分进而导致凝胶 WHC 增加。

22.3.2　变性

蛋白质受到酸、碱、盐、热、有机溶剂等影响，使其维系空间结构的次级键受到破坏，引起蛋白质空间结构改变，从而使蛋白质的理化性质和生物活性改变或丧失，称为蛋白质变性。肌原纤维蛋白变性对肉制品具有重要的影响，利用 LF-NMR 质子弛豫行为测定水分分布，洞察肌肉状态的改变，可以判断蛋白质变性情况[35]。

Bertram 等[36]对肉中肌原纤维蛋白变性做了大量的研究。他通过研究发现[15]，调节 pH 刺激宰后肌肉，利用 LF-NMR 的弛豫时间 T_2 可以对猪肉肌原纤维蛋白变性情况进行有效测定。较短的 T_{21} 弛豫时间，主要与存在机体中的蛋白质结构有关；而较长的弛豫时间 T_{22} 则与肌原纤维之间的空间水分有关。此后，Bertram 又将 LF-NMR 和傅里叶红外光谱技术（FT-IR）结合起来，测定了两种不同肉样品在煮制过程中的变化[36]。结果发现在煮制过程中弛豫时间 T_2 变化显著，这表明肌肉保水性和蛋白质的结构组织发生了剧烈变化。而将 LF-NMR 和差示扫描量热（DSC）技术结合，可以测定肉样品蛋白质变性情况，以及其与保水性之间的关系[24]。因此，通过弛豫时间测定可以反映出肌原纤维蛋白的变性情况。

　　腌制和蒸煮过度会导致肌原纤维蛋白的变性。Gudjónsdóttir 等[35]以 LF-NMR 弛豫时间为测定指标，研究了不同加盐方法对鳕鱼干腌、再水合作用对蛋白质变性的影响。结果表明，NMR 弛豫曲线可以反映出不同加盐方法引起肌肉结构的差异。在腌制过程中，纵向弛豫时间 T_1 和横向弛豫时间 T_2 对蛋白质变性十分敏感。很显然，与其他的所有加工过程相比，在肉糜中观察到的较短的弛豫时间 T_1 和 T_{21} 可以表明在腌制的肉糜中水分流动性较低，蛋白质变性程度更高，这就证实了 LF-NMR 是对干腌过程进行质量控制最有效的方法。而 Wu 等[37]的研究也证实了这一点。Wu 将 LF-NMR 与红外光谱技术结合，研究了不同腌制时间和煮制条件对蛋白质二级结构改变和水分分布的影响，发现肉经过 14 天腌制，LF-NMR 质子弛豫时间 T_2 减小，肉的摄水能力明显增强。而蒸煮过程中改变最显著的是蛋白质的二级结构和水分分布。蒸煮导致聚集的 β-折叠构象增加，天然的β-折叠和 α-螺旋结构降低，从而导致了 T_{21} 分布变宽。该作者指出，煮制导致 T_{21} 弛豫时间分布的改变与天然聚集的结构或蛋白质变性的过渡态有关。

22.4　低场核磁共振在脂肪测定中的应用

　　脂肪对肉类食品品质有重要影响。传统脂肪含量测定一般采用酸水解和溶剂萃取进行，主要有索氏提取法、巴布科克法和盖勃氏法等[38]。这些方法耗时较长，操作复杂，且精确度低。目前利用改进的近红外反射和近红外传递对食品中的脂肪进行分析[39]，但是其成本较高，需要专门的技术人员进行操作。因此，肉类工业迫切需要一种操作简单，成本低的快速脂肪检测方法。

　　低场核磁共振是一种新型的脂肪含量测定方法。利用 LF-NMR 技术，不仅可以测定脂肪含量，同时还可以对水分进行测定。在低频磁场中，脂肪中的氢原子发出特殊质子信号，这种信号的强度与氢原子的含量有关，而氢原子的含量与脂肪含量成比例，因此可以利用 LF-NMR 检测该信号进而对脂肪含量进行分析测定。由于 LF-NMR 测定过程中不需要使用任何化学试剂，且操作简单，可以有效地降低检测成本[40]。

很多研究表明，利用低场核磁共振技术可以描述多种食品体系中的脂肪含量和状态变化情况。Bertram[41]和Lucas[42]利用LF-NMR分别研究了冰淇淋冷却过程中乳脂相的转变和液态、固态脂肪的形成过程；Andersen等[43]则对干酪中低脂肪和非脂肪的变化进行了描述和鉴定。而在肉品体系中，也可应用低场核磁共振技术对脂肪含量进行测定。Søland等[40]利用LF-NMR对牛肉糜中的总脂肪进行了测定。结果表明，无论牛肉糜是否经过脱水，LF-NMR均可以精确测定其中的脂肪含量；且与传统的抽提方法相比，二者表现出了很大的相关性，相关系数高达0.975。这表明，LF-NMR作为一种新型的脂肪测定方法，能对大多数食品从原料到最终的整体生产环节进行分析，可以很好地适用于不同水分含量的肉制品体系。

Trezza[45]的研究表明，将自由感应衰减曲线（FID）、Carr-Purcell-Meiboom-Gill脉冲序列（CPMG）与LF-NMR相结合可使固态脂肪测定结果更加精确。Adam等研究发现利用弛豫时间T_1可以衡量结晶态脂肪含量[46]。进一步研究表明，NMR能够测定多形态的三酰基甘油，并且不受温度的影响，而脂肪的结晶化作用也可以利用其弛豫性质进行检测[47]，这是因为混合脂质的弛豫时间以分布广泛、连续的弛豫时间T_1和T_2为主要特征，并且受碳链长度和不饱和度的影响[48]。但是脂质从液体中发出的信号却很少能检测出来，因为在LF-NMR检测中，只能检测到液态相信号，固相中的T_2时间太短而不能够检测出来。近年来通过使用核磁共振成像学（MRI）技术，克服了这一缺陷[49]，从而使测定液体中脂质成为可能。

22.5　低场核磁共振在肌原纤维结构研究中的应用

肌原纤维是肌纤维（肌细胞）的主要成分，占肌纤维固形成分的60%～70%，是肌肉的伸缩转动装置，由粗肌丝和细肌丝组成。Straadt等[23]将低场核磁共振和共聚焦激光扫描显微镜技术结合起来，研究肌肉纤维的微观结构变化。发现肌原纤维在鲜肉和煮制的肉中都出现膨胀的现象；而且在煮制过程中，肌肉纤维的膨胀率和分布率是不同的。Betram等[50]的研究也证实了这一点。他利用LF-NMR横向弛豫时间T_1来衡量猪肉中肌原纤维的水分变化情况，研究发现随着pH和离子强度的增加，样品中水分含量也显著增加；而T_2也随着pH和离子强度的增加而增加。这表明持水性的增强应归因于肌原纤维的膨胀，使得肌丝之间的孔径增大。

Andersen等[51]利用LF-NMR研究了不同成熟条件下猪肉中的水分分布和肌原纤维膨胀率之间的关系。将三种不同的新鲜肉样品（普通肉；PSE（苍白的、柔软的、渗水的）猪肉和黑切牛肉（DFD 肉））用不同的成熟条件处理，弛豫时间 T_2 结果表明，成熟过程中存在三种状态水（T_{2b}、T_{21} 和 T_{22}）。其中 T_{21} 对应部分最易受成熟条件影响，反映的是肌原纤维的膨胀率，能够指示成熟过程中肌原纤维空间结构变化。不管是 NMR 图像，还是盐诱导肌原纤维膨胀率，均取决于鲜肉的质量，而不受盐水组成的影响。相比而言，DFD 肉比其他两种肉有更高的膨胀率，PSE 肉和普通的肉要比 DFD 肉对 NaCl 浓度更加敏感，这表明肉的 pH 可以影响 NaCl 诱导肌原纤维膨胀。

22.6　低场核磁共振在质构特性中的应用

质构特性是评定肉制品质量的重要指标，主要包括弹性、硬度、黏性和咀嚼性等。目前，质构测定主要使用质构仪进行，或者由专门的经过培训的小组成员进行感官评定。但是这些检测方法比较费时，在工业常规检验中不适用[52]。LF-NMR 在肉制品质构特性中的应用并不普遍。目前的研究主要集中在肉制品多汁性、嫩度和硬度等方面[53]。

嫩度是反映肉制品品质的重要指标。Tornberg 等[54] 将 LF-NMR 和近红外光谱（NIR）技术结合，研究了不同冷却条件和 pH 对牛肉最长背阔肌嫩度的影响。通过测定完全尸僵肉的 W-B 剪切力，发现 pH 迅速降低组的肌肉嫩度最大，这与蛋白质快速分解有关，这一点可在 LF-NMR 弛豫图上得到验证。

Bertram 等[55] 利用 LF-NMR 技术对猪肉咀嚼性进行了评定。研究发现 90 天龄的新鲜猪肉具有较好的咀嚼性，这主要是依据肌原纤维外部水分较长的弛豫时间进行判定的，这象征着其中含有较多的自由移动水。而对于煮制肉，与大龄的猪相比，90 天龄猪肉咀嚼性更好是由于更多的结构相似的肌原纤维水分分布。值得一提的是，研究发现 182 天龄猪肉比 140 天和 161 天龄猪肉具有更好的咀嚼性，NMR 测定结果表明，这是由于肌原纤维内部脂肪含量增加。因此，对咀嚼性的评定综合应用了 LF-NMR 对水分分布、肌原纤维结构和脂肪测定的综合分析结果，这充分显示了低场核磁共振技术的多重功能。

参 考 文 献

［1］ Lucas T, Mariette F, Dominiawsyk S, et al. Water, ice and sucrose behavior in frozen sucrose-protein solutions as studied by 1H NMR［J］. Food Chemistry, 2004, 84: 77-89

［2］ Denisov V P, Halle B. Hydrogen exchange rates in proteins from water 1H transverse magnetic relaxation［J］. Journal of the American Chemical Society, 2002, 124: 10264-10265

［3］ Mariette F. NMR relaxometry and MRI for food quality control: Application to dairy products and processes // Belton P S, Gil A M, Webb G A, et al. Magnetic Resonance in Food Science:

Latest Developments [M] . London: The Royal Society of Chemistry Press, 2003

[4] Nott K P, Hall L D. Validation and cross-comparison of MRI temperature mapping against fibre optic thermometry for microwave heating of foods [J] . International Journal of Food Science and Technology, 2005, 40: 723-730

[5] Hills B P, Wright K M, Gillies D G A low-field, low-cost Halbach magnet array for open-access NMR [J] . Journal of Magnetic Resonance, 2005, 175: 336-339

[6] Li R, Kerr W L, Toledo R T, et al. 1H NMR studies of water in chicken breast marinated with different phosphates [J] . Journal of Food Science, 2000, 65: 575-580

[7] Hullberg A, Bertram H C. Relationships between sensory perception and water distribution determined by low-field NMR T_2 relaxation in processed pork-impact of tumbling and RN-allele [J] . Meat Science, 2005, 69: 709-720

[8] Hinrichs R, Götz J, Noll M, et al. Characterisation of the water-holding capacity of fresh cheese samples by means of low resolution nuclear magnetic resonance [J] . Food Research International, 2004, 37: 667-676

[9] Bertram H C, Ersen H J. Applications of NMR in meat science // Webb G A. Annual Reports on NMR Spectroscopy [M] . Waltham: Academic Press, 2004

[10] Toldrá F. Muscle foods: Water, structure and functionality [J] . Food Science and Technology International, 2003, 9: 173-177

[11] Rosenvold K, Andersen H J. Factors of significance for pork quality-A review [J] . Meat Science, 2003, 64: 219-237

[12] Xiong Y L. Role of myofibrillar proteins in water-binding in brine-enhanced meats [J] . Food Research International, 2005, 38: 281-287

[13] Bertram H C, Kohler A, Böcker U, et al. Heat－induced changes in myofibrillar protein structures and myowater of two pork qualities. A combinedc FT-IR spectroscopy and low-field NMR relaxometry study [J] . Journal of Agricultural and Food Chemistry, 2006, 54: 1740-1746

[14] Bertram H C, Dønstrup S, Karlsson A H, et al. Continuous distribution analysis of T_2 relaxation in meat-an approach in the determination of water-holding capacity [J] . Meat Science, 2002, 60: 279-285

[15] Bertram H C, Andersen H J, Karlsson A H. Comparative study of low-field NMR relaxation measurements and two traditional methods in the determination of water holding capacity of pork [J] . Meat Science, 2001, 57: 125-132

[16] Bertram H C, Purslow P P, Andersen H J. Relationship between meat structure, water mobility, and distribution: A low－field nuclear magnetic resonance study [J] . Journal of Agricultural and Food Chemistry, 2002, 50: 824-829

[17] Bertram H C, Whittaker A K, Shorthose W R, et al. Water characteristics in cooked beef as influenced by ageing and high-pressure treatment—an NMR micro imaging study [J] . Meat Science, 2004, 66: 301-306

[18] Bertram H C, Engelsen S B, Busk H, et al. Water properties during cooking of pork studied by low-field NMR relaxation: Effects of curing and the RN-gene [J]. Meat Science, 2004, 66: 437-446

[19] Bertram H C, Schäfer A, Rosenvold K, et al. Physical changes of significance for early post mortem water distribution in porcine *M. longissimus* [J]. Meat Science, 2004, 66: 915-924

[20] Mortensen M, Andersen H J, Engelsen S B, et al. Effect of freezing temperature, thawing and cooking rate on water distribution in two pork qualities [J]. Meat Science, 2006, 72: 34-42

[21] Pearce K L, Rosenvold K, Andersen H J, et al. Water distribution and mobility in meat during the conversion of muscle to meat and ageing and the impacts on fresh meat quality attributes – A review [J]. Meat Science, 2011, 89: 111-124

[22] Micklander E, Christine B H, Marnø H, et al. Early post-mortem discrimination of water-holding capacity in pig longissimus muscle using new ultrasound method [J]. LWT – Food Science and Technology, 2005, 38: 437-445

[23] Straadt I K, Rasmussen M, Andersen H J, et al. Aging-induced changes in microstructure and water distribution in fresh and cooked pork in relation to water-holding capacity and cooking loss – A combined confocal laser scanning microscopy (CLSM) and low-field nuclear magnetic resonance relaxation study [J]. Meat Science, 2007, 75: 687-695

[24] Bertram H C, Wu Z, van den Berg F, et al. NMR relaxometry and differential scanning calorimetry during meat cooking [J]. Meat Science, 2006, 74: 684-689

[25] Møller S M, Gunvig A, Bertram H C. Effect of starter culture and fermentation temperature on water mobility and distribution in fermented sausages and correlation to microbial safety studied by nuclear magnetic resonance relaxometry [J]. Meat Science, 2010, 86: 462-467

[26] Gudjónsdóttir M, Lauzon H L, Magnússon H, et al. Low field Nuclear Magnetic Resonance on the effect of salt and modified atmosphere packaging on cod (*Gadus morhua*) during superchilled storage [J]. Food Research International, 2011, 44: 241-249

[27] Bertram H C, Andersen R H, Andersen H J. Development in myofibrillar water distribution of two pork qualities during 10-month freezer storage [J]. Meat Science, 2007, 75: 128-133

[28] Bertram H C, Kristensen M, Østdal H, et al. Does oxidation affect the water functionality of myofibrillar proteins? [J]. Journal of Agricultural and Food Chemistry, 2007, 55: 2342-2348

[29] Han M, Zhang Y, Fei Y, et al. Effect of microbial transglutaminase on NMR relaxometry and microstructure of pork myofibrillar protein gel [J]. European Food Research and Technology, 2009, 228: 665-670

[30] Sun J, Li X, Xu X, et al. Influence of various levels of flaxseed gum addition on the water-holding capacities of heat-induced porcine myofibrillar protein [J]. Journal of Food Science, 2011, 76: C472-C478

[31] Wang Y, Li D, Wang L J, et al. Dynamic mechanical properties of flaxseed gum based edible films [J]. Carbohydrate Polymers, 2011, 86: 499-504

[32] Hua Y, Cui S W, Wang Q, et al. Heat induced gelling properties of soy protein isolates

prepared from different defatted soybean flours [J]. Food Research International, 2005, 38: 377-385

[33] 吴烨, 许柯, 徐幸莲, 等. 低场核磁共振研究 pH 值对兔肌球蛋白热凝胶特性的影响 [J]. 食品科学, 2010, 9: 6-11

[34] 韩敏义, 费英, 徐幸莲, 等. 低场 NMR 研究 pH 对肌原纤维蛋白热诱导凝胶的影响 [J]. 中国农业科学, 2009, 42: 2098-2104

[35] Gudjónsdóttir M, Arason S, Rustad T. The effects of pre-salting methods on water distribution and protein denaturation of dry salted and rehydrated cod-A low-field NMR study [J]. Journal of Food Engineering, 2011, 104: 23-29

[36] Brondum J, Munck L, Hencke P, et al. Prediction of water-holding capacity and composition of porcine meat by comparative spectroscopy [J]. Meat Science, 2000, 55: 177-185

[37] Wu Z, Bertram H C, Kohler A, et al. Influence of aging and salting on protein secondary structures and water distribution in uncooked and cooked pork. A combined FT – IR microspectroscopy and 1H NMR relaxometry study [J]. Journal of Agricultural and Food Chemistry, 2006, 54: 8589-8597

[38] Mariette F, Lucas T. NMR signal analysis to attribute the components to the solid/liquid phases present in mixes and ice creams [J]. Journal of Agricultural and Food Chemistry, 2005, 53: 1317-1327

[39] van Duynhoven J P M, Goudappel G J W, van Dalen G, et al. Scope of droplet size measurements in food emulsions by pulsed field gradient NMR at low field [J]. Magnetic Resonance in Chemistry, 2002, 40: S51-S59

[40] Sørland G H, Larsen P M, Lundby F, et al. Determination of total fat and moisture content in meat using low field NMR [J]. Meat Science, 2004, 66: 543-550

[41] Bertram H C, Wiking L, Nielsen J H, et al. Direct measurement of phase transitions in milk fat during cooling of cream—a low-field NMR approach [J]. International Dairy Journal, 2005, 15: 1056-1063

[42] Lucas T, Le R D, Barey P, et al. NMR assessment of ice cream: Effect of formulation on liquid and solid fat [J]. International Dairy Journal, 2005, 15: 1225-1233

[43] Andersen C M, Frøst M B, Viereck N. Spectroscopic characterization of low – and non – fat cream cheeses [J]. International Dairy Journal, 2010, 20: 32-39

[44] Duynhoven V. Determination of MG and TG Phase Composition by Time-domain NMR [M]. Heidelberg, Allemagne: Springer, 2002

[45] Trezza E, Haiduc A M, Goudappel G J W, et al. Rapid phase-compositional assessment of lipid –based food products by time domain NMR [J]. Magnetic Resonance in Chemistry, 2006, 44: 1023-1030

[46] Adam-Berret M, Rondeau-Mouro C, Riaublanc A, et al. Study of triacylglycerol polymorphs by nuclear magnetic resonance: Effects of temperature and chain length on relaxation parameters [J]. Magnetic Resonance in Chemistry, 2008, 46: 550-557

[47] Mazzanti G, Mudge E, Anom E. *In situ* rheo-NMR measurements of solid fat content [J]. Journal of the American Oil Chemists' Society, 2008, 85: 405-412

[48] Chaland B, Mariette F, Marchal P, et al. 1H nuclear magnetic resonance relaxometric characterization of fat and water states in soft and hard cheese [J]. Journal of Dairy Research, 2000, 67: 609-618

[49] Deka K, MacMillan B, Ziegler G R, et al. Spatial mapping of solid and liquid lipid in confectionery products using a 1D centric SPRITE MRI technique [J]. Food Research International, 2006, 39: 365-371

[50] Bertram H C, Kristensen M, Andersen H J. Functionality of myofibrillar proteins as affected by pH, ionic strength and heat treatment – a low–field NMR study [J]. Meat Science, 2004, 68: 249-256

[51] Andersen R, Andersen H, Bertram H C. Curing-induced water mobility and distribution within intra- and extra-myofibrillar spaces of three pork qualities [J]. International Journal of Food Science and Technology, 2007, 42: 1059-1066

[52] Thybo A K, Bechmann I E, Martens M, et al. Prediction of sensory texture of cooked potatoes using uniaxial compression, near infrared spectroscopy and low field 1H NMR spectroscopy [J]. LWT–Food Science and Technology, 2000, 33: 103-111

[53] Steen C, Lambelet P. Texture changes in frozen cod mince measured by low-field nuclear magnetic resonance spectroscopy [J]. Journal of the Science of Food and Agriculture, 1997, 75: 268-272

[54] Tornberg E, Wahlgren M, Brøndum J, et al. Pre-rigor conditions in beef under varying temperature- and pH-falls studied with rigometer, NMR and NIR [J]. Food Chemistry, 2000, 69: 407-418

[55] Bertram H C, Straadt I K, Jensen J A, et al. Relationship between water mobility and distribution and sensory attributes in pork slaughtered at an age between 90 and 180 days [J]. Meat Science, 2007, 77: 190-195

23 近红外光谱检测技术在肉类工业中的应用

肉及肉制品在人类饮食中占有很重要的地位，人类对肉品的需求和消费量很大，因此保证肉制品的质量具有非常重要的意义[1]。然而，由于化学成分、加工工艺和感官质量很大程度上受到牲畜屠宰前（饲养条件、性别、年龄、体重和环境条件）和死后解剖因素的影响，而肉又是一种不均匀、不稳定的产品，所以对肉制品进行在线监测一直是肉品工业研究的热点。为了保证消费者在购买肉品的时候能够买到优质而不是以次充好、质量低劣肉品，应该对肉品的加工条件和产品质量进行严格的标准化控制。因此，不同的产品检测方法如化学分析、工艺改良、感官评定和筛选试验已经应用到了肉品加工上以获得肉品品质的信息。然而，很多分析方法具有破坏性大、花费时间长等缺点，同时还不适用于在线的即时检测。与传统的方法相比，近红外光谱（near infrared spectrum，NIRS）技术在检测肉品特性上具有灵敏度高、快速方便以及非破坏性等特点，且样品的准备过程比较便捷，还可以同时对大批肉品进行评估[2]，在肉类工业上有一定的应用潜力。

NIRS 光谱是一种具有同时对大量肉样的化学组成进行检测并对肉样进行质量分级的检测技术，它可以代替耗费时间、代价昂贵同时还危害健康或污染环境的检测器工具或检测技术，还能对肉的物理性质和感官品质进行分析，特别是近期研究人员正在积极开发一些能够显著提高 NIRS 检测效率和精度的配套器械，并且随着 NIRS 越来越受到人们的关注，降低参照方法的检测误差，使用变化范围更大的样品和更合理的检测方法，NIRS 在肉品工业中的应用将会更加高效而广泛。

23.1 近红外光谱检测技术原理

近红外光谱是波长在可见光和中红外光之间的电磁波束，其光谱范围在 780~2526 nm、波数范围为 4000~12 820 cm^{-1}，这一区域内，一般有机物的近红外光谱吸收主要是含氢基团 X—H（主要有 O—H，C—H，N—H 和 S—H 等）的伸缩、振动、弯曲等引起的倍频和合频的吸收[3]。朗伯-比尔吸收定律（Lambert-Beer law）指出，样品的光谱特征会随着样品组成或结构的变化而变化。通过红外光谱几乎可以找到所有有机物的主要结构和组成，但由于近红外光谱的谱带复杂、重叠严重，无法使用一般的定性、定量方法，所以必须借助于化学计量学中的多元统计、曲线拟合、聚类分析、多元校准等方法定标，将其所含的信息提取出来进行分析。

23.2　国内外近红外光谱检测技术的研究进展

利用近红外光谱技术可以对肉和肉产品主要成分（水分，脂肪和蛋白质）进行检测。EIMasry 等[4]利用非破坏性可视技术和短波长通过对鸡脯肉的物化性质、湿度、水分活度、pH 和挥发性盐基氮进行分析，成功检测出了包装鸡脯肉的新鲜程度。此外，区分不同部位的羊肉和鸡肉之间的差异性都可以通过 NIRS 技术来进行比较[5,6]。相对而言，NIRS 技术在我国肉品工业上的研究较少，赵家松等[7]利用 NIRS 设计出了近红外猪肉新鲜度检测仪，他们得到了较高分辨率的输出信号，并且可以在不损害猪肉品质的情况下对其新鲜度进行检测；此外，孙晓明等[8]通过对牛肉样品进行扫描测定了牛肉的脂肪、蛋白质和水分含量，实验结果也表明可以通过 NIRS 技术对牛肉的化学成分进行检测；而赵杰文等[9]也利用近红外光谱技术对牛肉嫩度进行了研究，实验结果表明近红外光谱对牛肉嫩度的检测是可行的。

23.3　近红外光谱检测技术在肉品品质评价中的应用

23.3.1　近红外光谱技术对肉类化学成分的检测

目前，近红外光谱技术对肉类化学成分的检测，主要集中在对肉类的粗蛋白、肌内脂肪、湿/干物质、灰分、总能量、肌红蛋白和胶原蛋白的检测上。

23.3.1.1　近红外光谱技术对肉类粗蛋白和肌内脂肪含量的检测

许多研究已经证实，NIRS 对于牛肉、羊肉[10]、家禽肉和猪肉香肠[11,12]的主要化学成分的检测上面具有较高的效率；虽然存在一定的误差，但是检测和误差系数分别在 0.87 ~ 0.99 和 2.56 ~ 28.46。

NIRS 对肉类粗蛋白和肌内脂肪含量的检测精度受样品处理条件的影响，特别是在缺少同类均质肉样的情况下会影响化学成分的评检测精确度。Gaitán – Jurado 等[12]用切碎的样品与完整组织肉样进行了对比，发现对于化学成分的检测来说，前者的检测精度要明显高于后者，导致这种情况的原因可能是切碎的肉样均质性更高。且在结缔组织中，肌肉纤维或者肌原纤维本身具有一定的光学性质，这会通过一系列内部反射导致光谱的吸收率发生变化，影响检测结果。也就是说肉样的切割程度越大，检测精度越高。但是，很多时候 NIRS 在工业生产上涉及对完整肉样的检测。为了增加检测精度，增加扫描次数或者使用较大的取样范围也是一种可行的方法。

23.3.1.2　近红外光谱技术对肉类湿/干物质、灰分和总能量的检测

对于肉类湿/干物质、灰分和总能量的检测，Viljoen 等[13]认为 NIRS 对冷冻干燥肉样的检测效果要好于新鲜肉样的，这是由于前者在外观上更加均匀，且缺少水分对检测结果的影响，同时温度对冷冻干燥样品的影响也不大。所以冷冻干燥处理能够避免 NIRS 光谱在局部的吸收率较高，而正是由于较高的水分含量，局部光谱的高吸收率会对检测产生不利影响，对肉样中湿/干物质的分析可能会受到湿度变化的影响，这种变化会导致样品在处理阶段湿物质含量的变化。

一些研究者认为用 NIRS 对肉品灰分含量检测之所以失败，是因为 NIRS 不会与单独的矿物质或者无机物发生交互的作用，但是矿物质却可以跟有机成分通过有机酸、螯合物或者形成盐产生作用来改善 NIRS 的检测。虽然冷冻干燥处理的肉样检测结果较好，但是冷冻干燥需要的时间长、花费大，并且还不能进行实时的在线检测，这几个因素影响了它在工业中应用中的推广。

23.3.1.3　近红外光谱技术对肉类总能量、肌红蛋白和胶原蛋白的检测

近几年，一些学者如 Ripoll 等[14]尝试用 NIRS 进行肉中总能量（*GE*）、肌红蛋白和胶原蛋白含量检测研究，发现在一定条件下，NIRS 对以上性质的研究结果比较符合检测需求。Prieto 等[15]认为这项技术在检测牛肉中总能量准确性较好，这是因为肌内脂肪和 *GE* 之间具有很高的相关性。然而，他们并不能使用 NIRS 技术检测肌红蛋白的含量。由于不同的肌红蛋白组成形式（氧合肌红蛋白、去氧肌红蛋白和正铁肌红蛋白）都会引起颜色的变化（亮红色、紫色和棕色），且颜色的改变来源于可见光谱的吸收，所以加入可见光的检测数据可能使得肌红蛋白的检测更加精确。但是，在牛肉产品中，由于胶原蛋白的 NIRS 光谱跟肌原纤维蛋白的没有很大的区别，而肌原纤维蛋白在肌肉中的含量要比胶原蛋白的高出 10 倍，并且胶原蛋白含量在不同肉样中的变化并不大[16]，所以 NIRS 对胶原蛋白含量的检测能力较低。

总的来说，对于肉和肉产品的化学成分来说，NIRS 是一种比较好的分析方法。特别是在要求同时对不同肉样的化学成分进行检测时，NIRS 可以当做一种可供选择的方法。同时还要注意的是，完整且正确的 NIRS 检测需要在特定需求的基础上，谨慎选择参照方法才能精确完成检测。

23.3.2　近红外光谱技术对肉类物理特性的检测

NIRS 对肉类物理特性的检测主要包括 pH、色差（L^* 值、a^* 值、b^* 值）、持

水能力和剪切力的检测。

23.3.2.1　近红外光谱技术对肉类 pH 的检测

很多研究发现，利用 NIRS 对不同种类的肉如牛肉、羔羊、猪肉和家禽肉的 pH 进行检测，并不能得到关联性较大的实验结果。Prieto 等[17]认为，对切割后的肉样进行扫描，由于不太了解肌肉组织的结构特征，所以检测的精确度不是很高。对于猪肉和家禽肉来说，如果肉样的 pH 变化范围较小（5.2～5.8），那么样品进行 NIRS 时的检测精度则会受到不利的影响[18]。然而酸度计对肉品的检测在常规操作下精度较小，还比较缓慢，而 NIRS 在相关条件下的检测精度都在0.1 个 pH 单元之内，所以 NIRS 可以应用到 pH 的检测中去。但是值得注意的是，为了提高 NIRS 对 pH 的检测精度，我们需要较为宽泛的 pH 参照值，还需要重复性较好的实验方法和比较完整的肉样组织。

23.3.2.2　近红外光谱技术对肉类颜色的检测

肉的颜色（L^* 值、a^* 值、b^* 值）是消费者在购买产品时最重要的评价指标之一。肉的颜色可以通过色差计测得，L^* 值、a^* 值和 b^* 值分别跟 C—H 二次光波和 C—H 联合组以及 C—H 初始光波有关系，这些波长跟肌肉内脂肪在 C—H 组的吸光度有关。因此，由于 L^* 值、a^* 值和 b^* 值跟肌肉内脂肪含量有关，它们的值可以通过 NIRS 进行检测[17]，随后的很多研究都表明使用 NIRS 来检测色差值具有精确、快速及非破坏性的特点。Berzaghi 等[18]也成功检测出了 L^* 值、a^* 值、b^* 值。同时 Savenije 等[19]还通过对不同处理的样品进行比较，评估了 NIRS 对 L^* 值的检测精度。由于 a^* 值的大小不仅跟肉的水分含量相关，还跟肌红蛋白和相关因子的浓度有关；因此肉的变色比率可以通过检测可见光区域的反射差值来分析。Cozzolino 等[20]的研究认为，同时使用 NIRS 和可见光谱能够精确检测出 a^* 值。综上所述，不均匀的肌肉颜色、大小不一的肉样或者间隔时间的不同都会降低 NIRS 检测的精确度，所以在检测过程中要特别注意。

23.3.2.3　近红外光谱技术对肉类持水能力的检测

对于肉类的持水性来说，NIRS 并不能直接检测肉的持水能力，但是它却跟一些化学成分如蛋白质、肌内脂肪和水分有一定的联系。例如，在肉的保存期间，pH 会降低，从而导致蛋白质和水之间产生静电排斥作用，这就会给肉样带来封闭的结构及较强的持水能力。所以很多研究人员都认为 NIRS 在评估水压、流失和蒸煮损失率方面具有一定的局限性[21]。但是，Ripoll 等[14]认为 NIRS 在对肉样的持水性进行检测上具有较高的精确度。EIMasry 等[4]也通过对牛肉的持水能力进行研究，得到了相似的实验结果。同时，Prevolnik 等[22]认为，对于持水能力来说，NIRS 的在线检测具有较大的优势，但是其检测能力受到相关的检测方法的限制。针对这些研究结果来看，不规则的肉样外形、流失率较高的肉样以及温度的变化可能会影响 NIRS 检测，为了提高 NIRS 的检测精度，提高持水性检测的可重复性，使用更加细致的检测方法是很必要的。

23.3.2.4 近红外光谱技术对肉类 Warner-Bratzler 剪切力的检测

众所周知，Warner-Bratzler 剪切力（WBSF）跟肉样的化学成分有很大的联系。Cai 等[23]结合 SI-PLS 统计方法成功地用 NIRS 检测出了猪肉中挥发性氮的含量和 WBSF。Prieto 等[17]也发现在 IMF（1300～1400nm）中，吸光度的光谱数据跟 C—H 相对分子质量密切相关。但是，对牛肉、猪肉[24]和家禽肉进行的 NIRS 检测结果却差强人意；但是所有这些研究结果都表明 R2 和 RPD 值都低于 0.74 和 1.18。Meullenet 等[25]研究发现，在家禽肉类中用 NIRS 检测 WBSF 却获得了不错的效果，这可能是因为他们对肉样的扫描是在完整形态而不是在匀质化形态下进行的，所以对肉样进行大面积的扫描可以降低取样误差，同时还提高了 NIRS 对肉样嫩度检测的精度。因此虽然 NIRS 在评估肉品工艺参数上具有一定的局限性，但是通过提高 NIRS 对物理特性的检测精度，还是可以使 NIRS 对 WBSF 的检测能力得到提升的。

23.3.3 近红外光谱技术对肉类感官指标的检测

肉类的感官指标主要指肉品的外观（颜色，外形和纹理）、气味、风味、多汁性、嫩度和硬度的可接受性。虽然某些感官指标决定了肉品的外观如颜色、外形和纹理，但是这些指标的好坏跟许多物化性质的关联性比较强，因此很多学者还是尝试用 NIRS 技术对肉类的感官指标进行了检测。

Andrés 等[26]用 NIRS 对羊肉的感官特性进行检测，发现仅对于肌内脂肪含量来说，通过 NIRS 检测的结果要比培训小组人员的测定结果更为精确（R^2 = 0.841，0.674）。但是，在检测感官指标的过程中还是发现了许多问题，那就是感官评价分数的变化范围比较小的时候，NIRS 检测的精度和准确度不是很理想，还发现对冷冻前的肉样进行检测其结果跟实验小组人员测试的肉样结果并不完全一致。还有一种可能会降低 NIRS 检测精度的因素是肉样切割区域的颜色和纹理分数的确定[27]。Venel 等[28]认为，如果将各组样品的检测根据饲养和性别条件，分成更详细的样组，可以提高感官指标的检测精度。这些研究清楚地表明评估人员可以对样品的不同性质进行准确区分，但并不能找出感官指标之间的细微差异。总的来说，跟评估人员参与的感官评价相比，NIRS 对感官指标进行测定不会受到评估人员主观性的影响，即使评估人员都受到良好培训，NIRS 依然具有一定的优势。

23.3.4 近红外光谱技术对肉的质量等级分类

近年来，很多研究结果表明，NIRS 技术在质量体系基础上对肉和肉产品的分类方面具有重要的作用。在大部分研究中，对样品进行分级的正确率在80% ~ 100%。Prieto 等[15]通过 NIRS 对公牛肉进行检测后成功地对牛肉的质量进行了分级。与此相关，Savenije 等[19]在持水性能上对猪肉品质进行了分级，而 Mja 等[29]则通过 NIRS 对干燥腌制火腿的化学成分、盐分和游离氨基酸含量进行检测，实验结果表明 NIRS 完全可以代替化学方法来控制干制火腿的质量。此外，NIRS 还可以通过纹理/颜色对火腿的品质进行分级。而肉样的物化性质（如湿度、肌内脂肪、不饱和脂肪酸、纹理和其他特性）则可以用来解释不同种类肉样（牛肉、袋鼠肉、羔羊肉、猪肉和鸡肉）之间的质量差异。同时牛肉样品还可以在肥瘦状态、饲养条件或者性别基础上，通过检测其化学成分或者物理性质之间的差异对肉品质量进行分级。

必须强调的是，对于肉产品的检测来说，NIRS 还可以应用到对掺假肉产品的检查当中。例如，Ding 等[30]就是通过 NIRS 技术检测出了牛肉汉堡的掺假行为。这是由于不掺假的牛肉汉堡和掺了其他原料（羊肉、猪肉、脱脂奶粉或者面粉）的汉堡在化学成分（主要是水分和脂肪含量）、保水性能和乳液稳定性上不同，而 NIRS 可以检测出这些因素之间的细小差异。

23.3.5 展望

近期，进行 NIRS 检测的配套工具的发展增加了 NIRS 技术在肉类工艺中的应用范围。Isaksson 等[31]第一次报道了工厂在肉品切割机的出口处放置一个可以拆分的 NIRS 工具，用于检测小块牛肉样品中脂肪、水分和蛋白质的含量。此后，NIRS 技术在肉类工业中得到了广泛的发展和应用，并且随着市场中肉品供应和需求之间矛盾的出现这项技术的应用得到了巨大的发展。Anderson 等[32]就在装备有探测头的切割机上，成功检测出了传送带上小块牛肉的脂肪含量。随后装备有二极管矩阵探头的 NIRS 器械，已经被用来同时检测 60 组粗切割牛肉样品的内部成分[33]。由于二极管矩阵的应用，NIRS 能够在几毫秒的时间内扫描所有波长的样品，因此就使得其在工业化条件下对每块肉样的表面进行大范围的检测成为了可能。此外，Hoving-Bolink 等[34]使用纤维导管在保持动物肉样完整性的基础上，对其化学成分、物理性质和感官特性进行了评估。近年来甚至还有一些研究人员使用 NIRS 对基因改造食品进行了鉴定，并且取得了一定的成果[35]。

在肉品的生产和加工过程中，尽管环境温度和湿度在不断变化之中，但是配套工具的加入仍然能够显著提高 NIRS 对加工过程中产品的检测精度，这也从侧面说明了 NIRS 是一种比较适合在工业条件下对大量产品的品质进行检测的方法。

参 考 文 献

［1］ Prieto N, Roehe R, Lavín P, et al. Application of near infrared reflectance spectroscopy to predict meat and meat products quality: A review ［J］. Meat Science, 2009, 83: 175-186

［2］ Osborne B G, Fearn T, Hindle P H. Near Infrared Spectroscopy in Food Analysis ［M］. Harlow, Essex, UK: Longman Scientific and Technical, 1993

［3］ Blanco M, Peguero A. Analysis of pharmaceuticals by NIR spectroscopy without a reference method ［J］. Trends in Analytical Chemistry, 2010, 10: 1127-1136

［4］ ElMasry G, Sun D W, Allen P. Non-destructive determination of water-holding capacity in fresh beef by using NIR hyperspectral imaging ［J］. Food Research International, 2011, 44: 2624-2633

［5］ Kamruzzaman M, ElMasry G, Sun D W, et al. Application of NIR hyperspectral imaging for discrimination of lamb muscles ［J］. Journal of Food Engineering, 2011, 104: 332-340

［6］ McDevitt R M, Gavin A, Andrés S, et al. The ability of visible and near infrared reflectance spectroscopy (NIRS) to predict the chemical composition of ground chichen carcasses and to discriminate between carcasses from different genotypes ［J］. Journal of Near Infrared Spectroscopy, 2005, 13: 109-117

［7］ 赵家松，严伟榆，曹志勇，等. 基于近红外技术的猪肉新鲜度检测仪设计 ［J］. 农机化研究, 2011, 8: 161-176

［8］ 孙晓明，卢凌，张佳程，等. 牛肉化学成分的近红外光谱检测方法的研究 ［J］. 光谱学与光谱分析, 2011, 31: 379-383

［9］ 赵杰文，翟剑妹，刘木华，等. 牛肉嫩度的近红外光谱法检测技术的研究 ［J］. 光谱学与光谱分析, 2006, 26: 640-642

［10］ Viljoen M, Hoffman L C, Brand T S. Prediction of the chemical compositon of mutton with near infrared reflectance spectroscopy ［J］. Small Ruminant Research, 2007, 69: 88-94

［11］ Ortiz- Somovilla V, España- España F, Gaitán- Jurado A J, et al. Proximate analysis of homogenized and minced mass of pork sausages by NIRS ［J］. Food Chemistry, 2007, 101: 1031-1040

［12］ Gaitán-Jurado A, Ortiz-Somovilla V, España-España F, et al. Quantitative analysis of pork dry-cured sausages to quality control by NIR spectroscopy ［J］. Meat Science, 2008, 78: 391-399

［13］ Viljoen M, Hoffman L C, Brand T S Prediction of the chemical composition of freeze- dried ostrich meat with near infrared reflectance spectroscopy ［J］. Meat Science, 2005, 69: 225-261

［14］ Ripoll G, Albertí P, Panea B, et al. Near－infrared reflectance spectroscopy for predicting chemical, instrumental and sensory quality of beef [J]. Meat Science, 2008, 80: 697-702

[15] Prieto N, Andrés S, Giraldez F, et al. Potential use of near infrared reflectance spectroscopy (NIRS) for the estimation of chemical composition of oxen meat sample [J]. Meat Science, 2006, 74: 487-496

[16] Alomar D, Gallo D, Castañeda M, et al. Chemical and discriminant analysis of boving meat by near infrared reflectance spectroscopy (NIRS) [J]. Meat Science, 2003, 63: 441-450

[17] Prieto N, Andrés S, Giraldez F, et al. Ability of near infrared reflectance spectroscopy (NIRS) to estimate physical parameters of adult steers (oxen) and young cattle meat samples [J]. Meat Science, 2008, 79: 692-699

[18] Berzaghi P, Dallazotte A, Jansson L M, et al. Near-infrared reflectance spectroscopy as a method to predict chemical composition of breast meat and discriminate between different n-3 feeding sources [J]. Poultry Science, 2005, 84: 128-136

[19] Savenije B, Geesink G H, van der Palen J G P, et al. Prediction of pork quality using visible/near-infrared reflectance spectroscopy [J]. Meat Science, 2006, 73: 181-184

[20] Cozzolino D, Barlocco N, Vadell A, et al. The use of visible and near-infrared reflctance spectroscopy to predict colour on both intact and homogenised pork muscle [J]. LWT-Food Science and Technology, 2003, 36: 195-202

[21] Andrés S, Silva A, Soares-Pereira A L, et al. The use of visible and near infrared reflectance spectroscopy to predict beef *M. Longissimus thoracis et lumborum* quality attributes [J]. Meat Science, 2008, 78: 217-224

[22] Prevolnik M, Čandek-Potokara M, Škorjanc D. Predicting pork water–holding capacity with NIR spectroscopy in relation to different reference methods [J]. Journal of Food Engineering, 2010, 98: 347-352

[23] Cai J R, Chen Q S, Wan X M, et al. Determination of total volatile basic nitrogen (TVB–N) content and Warner-Bratzler shear force (WBSF) in pork using Fourier transform near infrared (FT-NIR) spectroscopy [J]. Food Chemistry, 2011, 126: 1354-1360

[24] Geesink G H, Schreutelkamp F H, Frankhuizen R, et al. Prediction of pork quality attributes from near infrared reflectance spectra [J]. Meat Science, 2003, 65: 661-668

[25] Meullenet J F, Jonville E, Grezes D, et al. Prediction of the texture of cooked poultry pectoralis major muscles by near-infrared reflectance analysis of raw meat [J]. Journal of Texture Studies, 2004, 35: 573-585

[26] Andrés S, Murray I, Navajasb E A, et al. Prediction of sensory characteristics of lamb meat samples by near infrared reflectance spectroscopy [J]. Meat Science, 2007, 76: 509-516

[27] Chan D E, Walker P N, Mills E W. Prediction of pork quality characteristics using visible and near-infrared spectroscopy [J]. American Society of Agricultural Engineers, 2002, 45: 1519-1527

[28] Venel C, Mullen A M, Downey G, et al. Prediction of tenderness and other quality attributes of beef by near infrared reflectance spectroscopy between 750 and 1100 nm, further studies [J].

Journal of Near Infrared Spectroscopy, 2001, 9: 185-198

[29] Prevolnik M, Škrlep, M., Janeset et L, et al. Accuracy of near infrared spectroscopy for prediction of chemical composition, salt contend and free amino acids in dry-cured ham [J]. Meat Science, 2011, 88: 299-304

[30] Ding H B, Xu R J. Near infrared spectroscopic technique for detection of beef hamburger adulteration [J]. Journal of Agricultural and Food Chemistry, 2000, 48: 2193-2198

[31] Isaksson T, Nilsen B N, Tøgersen G, et al. On-line, proximate analysis of ground beef directly at a meat grinder outlet [J]. Meat Science, 1996, 43: 245-253

[32] Anderson N M, Walker P N Measuring fat content of ground beef stream using on-line visible/ NIR spectroscopy [J]. American Society of Agricultural Engineers, 2003, 46: 117-124

[33] Hildrum K I, Nilsen B N, Westad F, et al. In-line analysis of ground beef using a diode array near infrared instrument on a conveyor belt [J]. Journal of Near Infrared Spectroscopy, 2004, 12: 367-376

[34] Hoving-Bolink A H, Vedder H W, Merks J W M, et al. Perspective of NIRS measurements early post mortem for prediction of pork quality [J]. Meat Science, 2005, 69: 417-423

[35] Alishahi A, Farahmand H, Prieto N, et al. Identification of transgenic foods using NIR spectroscopy: A review [J]. Spectrochimica Acta Part A, 2010, 75: 1-7

第五篇　肉制品安全控制技术

24 肉制品安全质量控制体系的建立及应用

随着人们生活水平的提高，肉类产品在人们生活中起着举足轻重的作用。近年来，饲料、兽药、饲料添加剂、促生长剂、动物激素等在畜牧业生产中得到了广泛应用，一定程度上促进了畜牧业的发展，然而给肉类产品的安全性带来了隐患。随着中国加入 WTO，部分国家或地区对我国出口的肉制品严加控制，特别是发达国家对肉制品安全卫生的要求越来越高。近些年我国肉类产量大幅增加，肉制品加工业得到了快速发展，然而在生产过程中，由于污染源复杂，感染途径多，并且缺乏监测和规范管理，使得肉制品卫生合格率低。因此，建立国际公认的质量控制体系，对提高肉制品的卫生质量、消除安全性的潜在危害具有十分重要的意义。

24.1 肉制品危害来源

24.1.1 原料肉

24.1.1.1 病害和劣质原料肉

我国畜禽疫病较多，防疫和检疫还相当薄弱，再加上国家肉类市场管理制度和无害化处理措施的不健全，使得大量病害肉流入市场。据不完全统计，人畜共患病达 202 种以上，其中通过动物性食品传播的有 30 多种，如旋毛虫、口蹄疫、禽流感、疯牛病等。据农业部估算，全国每年生猪发病 1160 万头，牛发病 45.3 万头，禽发病 5.3 亿只；另外，我国年出栏生猪 5 亿 ~6 亿头，不能食用的公母猪占 3% ~4%，除极少部分进行无害化处理外，大部分可能成为了肉制品加工的原料肉。

24.1.1.2 注水肉

每 500 g 肉中可注入 150 ~160 g 水，鲜肉能保留 30% ~40% 的水，如果注水肉进行速冻，则水分可全部渗入到肉中[1]。注水肉有很多危害：一是各种动物胃肠注入大量水分后，使胃肠严重弛张，造成肠道蠕动缓慢，胃肠道内的食物腐败分解产生氨、胺、甲酚、硫化氢等有毒物质。这些有毒物质通过重复吸收后，遍布动物的全身肌肉。二是有害微生物多，大量灌注水的动物胸腹腔受到压迫，使其呼吸困难，造成组织缺氧，肌体处于半窒息和自身中毒状态，在这种情况下，胃肠道有害微生物会通过血液循环进入肌肉中。人在食用注水肉后，会产生各种疾病，如果用农药喷雾器给动物注水，残留农药会进入人体内，严重时会致癌。

24.1.2 饲料药物残留问题

畜禽饲养过程中，人为添加抗生素药物、生长激素药物，为了多长瘦肉添加"瘦肉精"，以及饲料中的农药、重金属等都会残留在畜禽动物的肌肉组织和内脏组织中。

24.1.2.1 瘦肉精

瘦肉精又称克伦特罗，英文名为 Clenbuterol（CL），化学名为 4-氨基-α-（叔丁胺甲基）-3,5-二氯苯甲醇，分子式 $C_{12}H_{18}C_{12}N_2O$，相对分子质量 277。CL 的制剂常用盐酸盐，即盐酸克仑特罗，又称为盐酸双氯醇胺、氨双氯醇胺、氯苯甲醇盐酸盐。CL 为白色或类白色的结晶粉末，无臭、味苦，熔点 161℃，化学性质稳定，加热到 172℃ 才能分解，溶于水、乙醇，微溶于丙酮，不溶于乙醚。CL 属于"营养重新分配剂"，猪食用后可改善营养的代谢途径，能够促进瘦肉的合成而抑制脂肪的合成，使瘦肉相对增加。实验证实，添加适量"瘦肉精"，可使家畜家禽的生长速度、饲料转化率和胴体瘦肉率提高10%以上。但其代谢缓慢，半衰期长，动物食用后易积蓄在体内，特别是肝、肾和肺等内脏中，人食用此肉后即发生中毒。瘦肉精中毒患者表现为头晕、手发麻、浑身冒冷汗，还有人出现由钾含量低而引起的肌肉颤抖，它对患有高血压、心脏病、脑血管疾病、青光眼等患者的危害尤其明显，即食入很微量的瘦肉精，就能使原有病情加重。然而瘦肉精含量严重超标的猪肉，无论从外观、颜色、质地上看，均与正常猪肉无明显差别，普通人根本无法辨别[2]。我国已明文规定严禁非法生产该药，非法出售给非医疗机构和个人，严禁在饲料和饲料添加剂中加入这类药物。

美国食品药品管理局（FDA）对肉品中的 CL 残留要求必检，FDA 和 WHO 制定了畜产品中 CL 的最大残留限量（MRL）为肉 0.2 ng/g、肝 0.6 ng/g、肾 0.6 ng/g、脂肪 0.2 ng/g、牛奶 0.05 ng/g。我国农业部也规定了 CL 的残留标准为马、牛肌肉 0.1 ng/g，肝、肾 0.5 ng/g，牛奶 0.05 ng/g[3]。事实上，只要肉品中有 CL 残留，其含量都会超过 MRL 值，人食用含 CL 残留量高于 0.1 ng/g 的肉或内脏便可能引起中毒。

目前，对 CL 的分析方法有色谱技术、免疫分析技术和生物传感器技术。免疫分析和生物传感器技术适合对活畜的快速检测，而对于定量检测肉制品中的

CL，需要利用实验室中复杂的色质联用和样品制备技术[4]，该法耗时较长。我国的国标 GB/T 5009.192—2003 参照欧盟的 EUR15127-EN 标准，结合我国实际情况制定了利用酶联免疫法（ELISA）筛选、高效液相色谱（HPLC）定量到气相色谱-质谱联用（GC-MS）确证和定量这一套方法来对我国动物性食品中 CL 残留进行监控。

24.1.2.2　二噁英

二噁英（dioxin）全称多氯二苯并二噁英（PCDDs）和多氯二苯并呋喃（PCDFs），PCDDs 是由 2 个氧原子连接 2 个被氯原子取代的苯环，有 75 种异构体；PCDFs 是由 1 个氧原子连接 2 个被氯原子取代的苯环，有 135 种异构体，总共包括 210 种化合物。这类化合物非常稳定，熔点较高，极难溶于水，可以溶于大部分有机溶剂，是无色无味的脂溶性物质，毒性极强且容易在生物体内积累。二噁英毒性是氰化物的 130 倍、砒霜的 900 倍。国际癌症研究中心已将其列为人类一级致癌物。

二噁英对人体的危害主是影响生殖系统和内分泌系统，造成男性精子数急剧减少、性别自我认知障碍，女性子宫癌变畸形、乳腺癌等，还可能造成儿童免疫能力下降、运动能力永久性障碍等。

目前利用 GC-MS 方法被认为是二噁英检测的"金标准"[5]，但这种方法昂贵、耗时。Nagy 等（2002）[6]构建的化学激活荧光基因表达（CAFLUX）检测二噁英残留的方法，具有更方便、更便宜的特点。

相关检测部门证实肉类食品中除了瘦肉精、二噁英外，传统的六六六、滴滴涕在肉类及其制品中还普遍残存；家畜饲养过程中，违禁、过量添加安定、砷制剂等问题也越来越严重。

24.1.3　添加剂卫生质量

肉制品中添加的过量亚硝酸盐、山梨酸钾、色素、磷酸盐等添加剂是造成肉制品不合格的主要原因。添加剂超标主要是添加剂和辅料质量存在问题或者是缺乏合理而固定的工艺程序，根据需要人为地随机调整添加原辅料的种类和含量。

肉制品生产过程中，香辛料如辣椒、花椒等带有芽孢杆菌，通常在低温肉制品中萌发。硝酸盐或亚硝酸盐是常使用的食品添加剂，它们不仅有助于肉制品独特风味的形成，还可以抑制有害微生物的生长、延缓肉制品腐败，更重要的是它们具有优良的呈色作用。硝酸盐或亚硝酸盐在微生物的作用下，最终生成 NO，NO 与肌红蛋白结合生成稳定的亚硝基肌红蛋白，使肉制品呈现鲜红色。肉制品的色泽与硝酸盐或亚硝酸盐的使用量有关，用量不足时，肉制品颜色淡而不均，在氧气的条件下会迅速变色，尤其在储藏过程中会变黑、变褐。因此，生产商往往会添加过量的硝酸盐或亚硝酸盐，从而造成肉制品中亚硝酸盐超标。而亚硝酸盐具有毒性，在肉制品中易与胺类物质形成亚硝胺，具有强致癌性，因此硝酸盐和亚硝酸盐的用量要严格控制。在肉制品中，硝酸钠的最大使用量为 0.5 g /kg，亚硝酸钠的最大使用量为 0.15 g /kg；在肉类罐头中亚硝酸钠的最大残留量为 50 mg /kg，在肉制品中亚硝酸钠的最大残留量为 30 mg /kg[7]。

24.1.4　多环芳烃类化合物

肉在烘烤或熏制后，易产生苯并芘和二苯并蒽为典型代表的多环烃类，它们是强致癌物质。苯并芘是一种五个苯环连在一起的芳香族碳氢化合物，呈黄色，单斜针状或菱形片状结晶，熔点 179℃，不溶于水，微溶于乙醇，溶于苯、甲苯和二甲苯，在有机溶液中呈蓝色荧光，在浓硫酸溶液中呈橙红色，带绿色荧光，因此可利用此特性对其含量进行测定。我国规定熏烤的动物食品中的苯并芘允许限量为≤5 μg/kg，而北欧冰岛烟熏食品中的含量高达 10 μg/kg[8]，致使胃癌发生率很高。因此，在烘烤或熏制肉时，应改进燃烧过程，避免肉品直接接触炭火。

24.1.5　微生物污染

微生物滋生是造成肉制品变质、货架期短的主要原因。我国原料肉被沙门氏菌、炭疽杆菌、布氏杆菌和其他微生物污染较为严重，加大了肉制品加工过程的卫生控制难度。同时大部分肉制品生产车间缺乏空气净化设施，设备清洗和人员卫生管理不规范，在生产车间引起的细菌污染也非常严重。因此每一个肉制品加工企业都急于解决肉制品腐败变质的问题。西式肉制品采用添加亚硝酸盐等抑制细菌，但是国家有严格的标准控制其添加量。低温肉制品由于加工温度低，细菌和细菌芽孢灭菌不彻底，因此微生物控制措施尤为重要。传统熟肉制品制作过程中采取高温等方法杀菌，对营养素破坏大，肉制品的口味受到损害。近几年兴起的辐照杀菌技术、脉冲光杀菌技术等可以广泛地运用于熟肉制品中。

24.1.6　生产车间和加工设备造成污染

目前一半的肉制品产量源于作坊式加工厂。生产现场混乱，生产原料、成品、杂物混放，各类人员的卫生管理制度不健全，车间加工设备达不到卫生要求，造成人流、物流交叉污染。

24.2　肉制品质量安全控制体系

危害分析与关键控制点（hazard analysis critical control point，HACCP）是一种食品安全保证体系及食品安全全过程控制方案，是 20 世纪 70 年代发展起来的最重要的食品安全质量管理系统，它运用了食品科学、食品加工、食品微生物、质量控制和危险性评估等原理和方法，强调预防为主，将食品质量管理的重点从依靠终产品检验来判断其卫生与安全程度的传统方法向生产管理因素转移，通过生产过程危害分析，确定容易发生食品安全问题的环节和关键控制点，建立相应的预防措施，将不合格的产品消灭在生产过程中，降低了生产和销售不安全产品的风险。安全肉制品的生产是一个系统过程，包括饲料生产、畜禽养殖、屠宰加工、贮藏运输、包装销售等环节，任何一个环节生产不规范、降低技术标准或违反行业规定，都会影响肉品的质量和安全卫生。根据 HACCP 原理，要保障我国肉制品的安全，必须在以上各个环节中找出影响肉制品安全卫生对人体造成危害的各种因素，并做好防止或消除造成危害的各种因素的关键工作。

24.2.1　HACCP 体系

24.2.1.1　HACCP 原理

HACCP 是对食品加工、运输以至销售整个过程中的各种危害进行分析和控制，确保食品达到安全水平，是一种以 HACCP 的七个原理为基础的系统及连续性的食品卫生预防和控制的方法。1999 年食品法典委员会（CAC）在《食品卫生通则》附录《危害分析和关键控制点（HACCP）体系应用准则》中，将 HACCP 的 7 个原理确定为：

1）危害分析

危害是指一切可能造成食品不安全的消费，引起消费者疾病和伤害的污染。食品中的有害污染物包括各种致病性细菌或食品腐败菌、病毒、寄生虫、霉菌、细菌毒素、霉菌毒素及其代谢产物等生物性污染物；还包括农药残留、兽药残留、有害元素、工业污染物、加工过程形成的有毒有害物质、滥用的食品添加剂、清洗剂等化学性污染物；同时还有放射性污染和异物等物理性污染物。这些污染存在于原材料生产、食品加工制造过程、产品贮运、消费等各环节。危害分析（hazard analysis，HA）不仅要分析其可能发生的危害及危害的程度，也要有防护措施来控制这种危害，是 HACCP 系统方法的基本内容和关键步骤。

2）确定关键控制点

关键控制点（critical control point，CCP）是能够对一个或多个危害因素实施控制措施的步骤，可以是食品生产加工过程中的某一操作方法或工艺流程，也可以是食品生产加工的某一场所或设备。通过该步骤可以预防和消除食品安全中的某一危害或将其降低到可以接受的水平，依其产生控制作用的性质与强弱，国际微生物标准委员会将CCP规定为CCP1和CCP2两类关键控制点。CCP1是能完全消除危害因素的点（如巴氏消毒工艺），CCP2是可减轻但不能消除危害因素的点。

3）确定与各CCP相关的关键限值

关键限值（critical limit，CL）是通过关键控制点对危害因素控制与否判定的技术依据，保证关键控制点受到控制。对每个关键控制点需要确定一个关键限值作为控制标准，确保每个关键控制点限制在安全值范围内。所用指标应该合理、适宜、可操作性强、符合实际和使用。例如，可以是时间或温度等物理性质的，也可以是盐或乙酸的浓度、pH等化学性质的，还可以是生物性质或感官性状的，为了可操作性与可比性应尽量设置定量指标。

4）确定CCP的监控体系

监控（monitor）是有计划、有顺序地对已确定关键控制点进行现场观察、检查，半成品或成品的感官评价或物理学测定，化学检验以及微生物学检验等，将结果与关键限值（临界指标）进行比较，以判定关键控制点是得到完全控制，还是发生失控。以监控观点看，在被控制的关键控制点上有一个发生失误就成为一个关键缺陷，即导致消费者危害和不安全的缺陷。

5）确定纠偏措施

当监控显示原有控制措施未达到控制标准时需立即采用替代措施，一旦出现偏离临界值的现象，就应该立即采取纠正措施（corrective actions，CA）。从总的保护措施来说，应在每一个CCP上都有合适的纠偏计划，万一发生偏差时能有适当的手段恢复或纠正出现的问题，具体的纠正偏离措施必须能够说明关键控制点已经得到控制。

6）建立验证程序

验证程序（verification procedures）是验证应用的方法、程序、试验、评估和监控的科学性、合理性，保证HACCP计划正常执行。验证的内容包括是否已查出所有危害和抓住有效的关键控制点，控制措施是否正确，标准是否合理，监控程序在评价工作中是否有效等。

7）确定记录保持程序

确定记录保持程序（recordkeeping procedures）是指将列有确定的危害性质、关键控制点、关键限值的书面HACCP计划的准备、执行、监控、记录保持和其他措施等与执行HACCP计划的有关信息、数据记录完整地保存下来，保持的记录和文件确认了执行 HACCP 系统中所采用的方法、程序、试验等是否和 HACCP 计划一致。

24.2.1.2 HACCP 的特点

1）针对性

HACCP 主要是针对食品的安全卫生，对食品在生产过程中存在或潜在的各种危害加以分析，进行有效控制。HACCP 体系可以有效减小食品卫生的危害。可以说每一项具体的 HACCP 计划都反映了某种（或某一类）食品加工方法的专一性。同一类食品，在不同的加工条件下 HACCP 计划会有所不同；即使是同种食品、同一加工条件，因加工人员的不同，其 HACCP 计划也仍然会发生变化。因此，HACCP 计划应该根据不同的食品、不同的加工条件、不同的人员素质进行具有针对性的设计。

2）全面性

HACCP 涉及食品生产的原料、加工、贮存、消费等各个环节，是一种系统化方法。HACCP 是从"从农田到餐桌"的全过程确保食品安全的控制体系。整个系统的全过程都要求有效控制。HACCP 体系必须建立在当前的食品安全法规的基础之上，并不是一种孤立的体系。

3）适应性

经过多年的发展，HACCP 体系已经在世界各国得到广泛应用。针对不同的行业、不同的生产企业、不同的产品和不同的生产工艺，都可以根据其自身实际情况开发不同的 HACCP 模式。

4）预防性

HACCP 应用于保护食品安全以预防在生产加工、运输、储存等全过程中生物、化学和物理危害为目的。HACCP 实施预先控制，工作重点是在生产过程中进行预防。HACCP 体系更加强调生产过程的监控，使追溯性最终产品的检验方法改变为预防性质量保证体系。

5）动态性

在具体的生产过程中，工厂的地理位置、仪器设备、产品的原料供应、具体的产品配方、加工过程以及其他支持性计划发生变化，HACCP 中的关键控制点就应随着发生改变，因此，HACCP 计划是动态变化的，不是静态的。

6）经济性

传统食品安全控制方法是以现场检查和最终产品测试为依据。毫无疑问，这种控制方法具有一定的局限性。而 HACCP 体系克服了传统方法的局限性，强调企业质量检验人员将力量集中在食品的生产、加工过程中最易发生安全危害的环节方面。传统的现场检查，其局限性在于只能反映检查当时的情况。而 HACCP 可以使质量检验人员通过审查工厂的监控和纠偏记录，了解在生产全过程中发生的所有情况。通过设立关键控制点来控制食品安全，通过预防减少产品损失，大幅度降低产品的检测成本，减轻一线工人的劳动强度，提高了劳动效率。

7）强制性

HACCP 体系所涉及的是食品加工过程的安全与危害控制，关系到影响和危害人体健康的重大问题。随着 HACCP 体系的不断发展和完善，它已被世界各国官方所接受，并加以强制执行。

HACCP 是一种科学的、预防性的食品安全体系，克服了传统食品控制方法的缺陷，不是对一般的或次要的危害都进行控制，而是重点预防可能发生或对消费者导致不可接受的健康风险的重要危害，这样就不会导致真正的重要危害失控。从 HACCP 的特点来看，HACCP 是食品管理模式的创新。

24.2.1.3 HACCP 体系建立的必备程序

HACCP 不是一个孤立的体系，是对其他质量管理体系的补充，与其他质量管理体系一起使用优越性更为突出。食品法典委员会（CAC）在《HACCP 体系及其应用准则》中明确规定：在 HACCP 应用于食品链任何环节之前，必须根据《食品卫生通则》、适当的食品法典操作规范和适用的食品安全法规运行操作。因此，为了使消费者得到更安全的食品，食品加工企业首先必须满足相关的卫生法规要求，其次应建立完善的前提条件和程序，在此基础上建立并有效实施HACCP 计划。

24.2.2 良好操作规范

良好操作规范（good manufacturing practice，GMP）是一种特别注重制造过程中产品质量与卫生安全的自主性管理制度。它要求企业从原料、人员、设施设备、生产过程、包装运输、质量控制等方面按国家有关法规达到卫生质量要求，形成一套可操作的作业规范，帮助企业改善企业卫生环境，及时发现生产过程中存在的问题，加以改善。对肉类制品的企业来说，GMP 也是企业建立质量管理体系、实施 HACCP 食品安全控制体系的先决条件。肉类食品加工实施 GMP 的目标在于将人为的差错控制在最低的限度、完善食品安全体系、防止对肉制品的污染、提高肉类食品的安全、保障消费者安全消费[9]。

24.2.3 卫生标准操作程序和标准操作规程

卫生标准操作程序（sanitation standard operation procedure，SSOP）是食品加

工企业为了保证达到 GMP 所规定的要求，确保加工过程中不良的因素可被消除，使其所加工的食品符合卫生要求，指导食品生产加工过程如何实施清洗、消毒和卫生保持的作业指导文件，每个食品企业都应该有卫生标准操作程序或类似文件。就管理方面而言，GMP 指导 SSOP 的开展，GMP 是政府制定的强制性实施的法规或标准，而 SSOP 是企业根据 GMP 要求和企业的具体情况自己编写的，没有统一的文本格式，关键是易于使用和遵守。SSOP 在对 HACCP 系统的支持性程序中扮演着十分重要的角色。

GMP 和 SSOP 的要求和规范是有效执行 HACCP 计划的前提。肉制品营养质量高，口感特性好，易受到来自生物的、物理的和化学的各类污染，因此在食品加工过程中 GMP 和 SSOP 主要是为生产安全卫生的食品提供必要的环境和操作条件，GMP 和 SSOP 已经成为肉制品加工企业确保产品安全的质量控制技术。

24.3　肉制品生产企业 HACCP 体系的建立与实施

HACCP 体系在不同的国家有不同的模式，即使在同一国家，不同的管理部门对不同的食品生产推行的 HACCP 体系也不尽相同。HACCP 体系是由食品企业自己制定，不同企业产品特性不同，加工条件、生产工艺和人员素质等的差异，使其制定的 HACCP 体系也不相同。HACCP 体系制定过程中可以参照常规的基本实施步骤进行：组建 HACCP 实施小组→产品描述→确定产品用途及销售对象→绘制生产流程图→确认生产流程图→进行危害分析→确定 HACCP 关键控制点→确定关键限值→建立监控程序→建立纠偏措施→建立验证程序→建立记录管理程序。

HACCP 的实施步骤包括预备步骤和实施阶段。

24.3.1　预备步骤

24.3.1.1　组建 HACCP 实施小组

HACCP 小组包括组长和组员，组长应根据企业的各自特点选择合适的人选，一般由生产副总担任，接受过有关 HACCP 原理和应用知识的培训，具有指导、监督、协调各组员的能力，领导 HACCP 小组的全面工作，对 HACCP 计划负责。组员应由具有不同专业的人员组成，如生产管理、质量控制、卫生控制、设备维修、化验人员和生产操作人员等。小组成员必须具备足够的关于工序的工作知识，能够在流程图上没有反映出来的时候，提出生产线上发生问题的具体环节，以便讨论。高层和中层管理人员通常是理想的研究小组成员，最好是由 1～6 名成员组成小型的小组，要求收集、核对和评估技术数据。

24.3.1.2　收集和掌握制定 HACCP 计划所需的有关资料

制定 HACCP 计划需要的资料有：车间和附属用房图；设备布局清洗情况和工器具的清洁方法；生产工序流程情况，如原料、配料和添加剂的使用情况，产品在各工序间的停滞时间等；时间、温度和产品滞留时间等工艺技术参数；加工过程中产品的流向，交叉污染情况；加工现场清洁区和非清洁区，产品被污染的高险区和低险区之间的隔离情况；厂区环境卫生；人员分工情况和卫生质量；产品的贮存和运输条件。

24.3.1.3　产品描述

HACCP 小组必须正确说明产品的性能、用途以及使用方法，其中包括如组分、物理、化学结构、加工方式（如热处理、冷冻）、包装、保质期、贮存条件和装运方式等相关的安全信息。

肉品生产企业可以描述产品的成分如加工产品所用的主要原料，常用配料和添加剂等；所有辅料的添加范围和添加量均应符合 GB2760 食品添加剂的卫生标准的要求；产品的组织及理化特性如产品是固体还是液体，呈胶状还是乳状，pH 是多少等；加工的方法如加热、冷冻、干燥、盐渍、熏制等，可对加工过程做概述；包装如罐装、真空包装、空气调节等形式，描述贮运过程中是否需要低温冷藏，销售期限和最佳食用期；产品供应的对象是一般公众、婴儿还是年长者；食用或使用的方法（如加热、蒸煮等）等；产品所采用的质量标准，尤其要明确产品的卫生标准。

24.3.1.4　绘制生产流程图

生产流程图是 HACCP 计划的基本组成部分，每个产品均需绘制一张加工流程图，从原料接收到产品装运出厂，整个产品的前处理、加工、包装、贮藏和运输等与加工有关的所有环节，包括产品的各工序之间的停留，都应体现在流程图上，以便 HACCP 小组了解生产过程，进行危害分析。生产流程图具体主要包括以下几个部分：所有原材料和产品包装的详细资料，包括配方的组成、必要的贮存条件；生产过程中一切活动的详细资料，包括生产中可能被耽搁的加工步骤；整个生产过程中的温度-时间图，设备类型和设计特点，是否存在导致产品堆积或难以清洗的死角。返工或者再循环产品的详细情况；环境卫生；人员路线及交叉污染路线；低风险隔离区；卫生习惯；销售条件、消费者使用说明。

24.3.1.5 确认生产流程图

危害分析的准确性和完整性与流程图的精确性紧密相关。在流程图中列出的步骤必须在加工现场被确认。如果某一步骤被疏忽将有可能导致遗漏显著的安全危害。HACCP 小组必须通过现场观察操作，确定他们制定的流程图与实际生产是否相一致。HACCP 小组还应考虑所有的加工工序及流程不同造成的差异。通过这种深入调查，可以使每个小组成员对产品的加工过程有全面的了解。

24.3.2 实施阶段

24.3.2.1 进行危害分析

危害分析是建立在 HACCP 体系的基础，在建立 HACCP 计划的过程中，最重要的就是确定所有涉及食品安全性的显著危害，并针对这些危害采取相应的预防措施，对其加以控制。

肉制品生产过程中的危害分析是对肉制品原料、加工、贮存、运输和销售等有关环节的实际和潜在危害进行分析判定，评估危害的严重性，并对其进行预测。进行危害分析时，要列出可能出现并必须控制的食品安全危害，分析这些危害因素是否由于天然毒素、微生物污染、化学污染、农药残留等产生。

HACCP 小组成员对加工过程中的每一步骤进行危害分析，确定是何种危害，找出危害的来源并提出预防措施。

肉制品生产的危害分析主要包括以下几个方面：

1）原料肉

肉制品加工所用到的原料肉可能存在瘦肉精、三聚氰胺、激素、抗生素、农药残留、重金属等污染，也可能是通过非正规渠道采购的病死或毒死的原料肉，这些均会给肉制品带来严重的化学性和生物性危害；质量监督员应对进厂的原料肉进行严格验收把关。

2）调味料、香辛料及添加剂

在加工过程中肉制品的食品添加剂会出现超标及超范围使用，甚至使用非食品级的色素、香精、防腐剂、发色剂、护色剂等，给肉制品造成化学性严重危害；配料员对产品进行配料时，应严格执行食品添加剂卫生标准，正确使用食品添加剂。

3）肉的预处理

原料肉在清洗、切分、斩拌及腌制中，洗涤不干净，处理温度、时间不合理造成二次污染及微生物的大量生长繁殖而引起食品质量变劣。

4）热处理

肉制品在熟制、杀菌工艺中，对温度、压力和时间控制不严格，给肉制品带来严重的生物性危害；作业人员在熟制、杀菌时应严格按照工艺规程操作。如果生产中工艺流程的设计不合理，极易使病原菌大量繁殖，对人体健康有极大的潜在危害[10]。肉制品生产加工工艺如果存在生熟交叉，也会给产品带来生物性污染；企业在建厂时应合理布局工艺流程，生熟有效隔离。

5）包装

肉制品在包装过程中，包装材质、环境洁净度都会对产品造成污染，给肉制品造成物理性和生物性危害；卫生管理员在包装前，应对涉及包装各环节进行灭菌消毒。

6）环境卫生

肉制品生产加工的环境尤其是洁净区不卫生，作业人员身患传染性疾病，加工所使用的设备和工具不清洁都会给肉制品带来物理及生物污染危害；卫生管理员应及时对生产加工场所的环境、设施、设备和工具进行清洗消毒，企业每年应对作业人员进行健康体检。

7）出厂检验

肉制品生产企业对产品不进行出厂检验，也会给肉制品带来潜在物理性、化学性和生物性危害；质检员应严格落实产品出厂检验规定，不合格的产品不得出厂销售。

质监监管部门的危害分析对认证企业监管不严，导致肉制品加工行业产品质量下降，无序竞争；质监监管部门应加强对肉制品加工企业的证后监管。一些肉制品加工企业不认为不履行出厂检验制度，会导致不合格产品流入市场，给消费者健康造成严重危害；监管人员不定期对企业出厂前的肉制加工品实施抽检，对企业的出厂检验情况加强日常监督，严防不合格肉制品流入市场。肉制品加工企业为了偷工减料，以次充好，可能超标超范围使用食品添加剂，甚至使用三聚氰胺、苏丹红等非法添加物，给产品质量和社会稳定造成严重的影响；质监监管部门应对入厂的非法添加物进行严格的监控，实施食品添加剂备案工作。质监部门的执法水平和检验能力得不到持续提高，就无法保障打击假冒伪劣肉制品的违法行为；质监部门应加强执法培训力度，加大检验检测设备的投入。

24.3.2.2　确定 HACCP 关键控制点

在确定原、辅料及各生产工序的危害因素后，需针对性地确定关键控制点（CCP），以期防止、消除肉制品安全危害或减少到可接受水平，判断某一点、步骤和过程是否是关键控制点的原则是：

（1）当某一点的危害能被预防时，可被认为是关键控制点。例如，改变肉制品的 pH 到 4.6 以下，可以使致病性细菌不能生长或添加防腐剂，冷藏或冷冻能防止细菌生长。改进肉制品的原料配方，能防止化学危害如食品添加剂的危害发生。

（2）当某一点的危害能被消除时，可被认为是关键控制点。例如，加热可杀死所有的致病性细菌；冷冻-38℃可以杀死寄生虫；金属检测器能消除物理的危害。

（3）当某一点危害能被降低时，可被认为是关键控制点。例如，原料肉的清洗过程可将危害降低到消费者可接受的程序。

HACCP 小组使用 CCP 判断树[11]（图 24.1），并结合自己的经验确定出肉制品加工企业的关键控制点（表 24.1）。

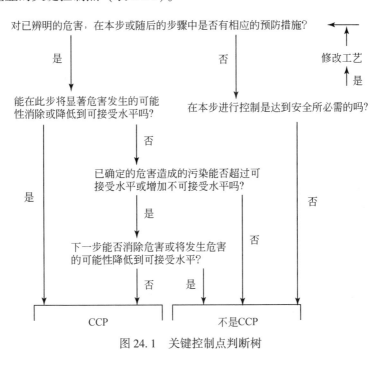

图 24.1　关键控制点判断树

表 24.1　肉制品生产中 HACCP 体系的关键控制点

生产工序	关键控制点
原料	肉的质量
辅料	污染程度及最大使用量
原料处理	肉的清洗及处理条件
热处理	加工强度
包装及贮运	包装材料、卫生及温湿度
环境卫生	生产场地、设备及人员造成的污染

24.3.2.3　确定关键限值

关键限值是确保食品安全的界限，是用一些化学参数和物理参数来说明关键控制点的操控范围。每个 CCP 必须有一个或多个 CL，包括确定 CCP 的关键限值、制定与 CCP 有关的预防性措施必须达到的标准、建立操作限值（OL）等内容。

肉制品加工工序中建立的 CL 有：原辅料符合国家标准（GB），肉的清洗、运输及贮藏过程无微生物污染，包装容器符合食品包装材料要求且密封性好，杀菌的温度和时间也应设置临界值。

24.3.2.4　建立监控程序

为确保加工始终符合关键限值，对 CCP 实行监控是必需的。因此需要建立 CCP 的监控程序。监控是指执行计划好的一系列观察和测量，从而评价一个关键控制点是否受到控制，并作出准确的记录以备将来验证时使用。肉制品加工过程中，监测的方法有感官检验、测定卫生指标以及专人的监督管理等。

24.3.2.5　建立纠偏措施

纠正措施是针对关键限值发生偏离时采取的步骤和方法。当关键限值发生偏离时，应当采取预先制定好的文件性的纠正程序。这些措施应列出恢复控制的程序和对受到影响的产品的处理方式。

纠正措施应考虑以下两个方面：一是更正和消除产生问题的原因，以便关键控制点能重新恢复控制，并避免偏离再次发生；二是隔离、评价以及确定有问题产品的处理方法。例如，对问题产品进行隔离和保存并做安全评估、转移到另一条不认为此偏离是至关重要的生产线上、重新加工、退回原料、销毁产品等。

记录纠偏行动，包括产品确认（如产品处理、留置产品的数量）、偏离的描述、采取的纠偏行动包括对受影响产品的最终处理、采取纠偏行动人员的姓名、必要的评估结果。

肉制品生产工序中的纠偏措施有严格卫生检验程序，选择多家原、辅料供应商，热加工过程中提高加热温度和延长加热时间，对生产环境、设备进行严格的清洗消毒，加强生产人员的卫生管理，适时调整贮藏、运输过程中的有关参数。

24.3.2.6　建立验证程序

验证程序的正确制定和执行是 HACCP 计划成功实施的基础。肉制品生产企业制定 HACCP 计划的宗旨是防止肉制品安全的危害，验证的目的是提供置信水平，即：计划是建立在严谨的、科学的原则基础之上，它足以控制产品和工艺过程中出现的危害，而且这种控制正被贯彻执行着。

验证程序的要素主要包括：HACCP 计划的确认、CCP 的验证、对 HACCP 系统的验证、执法机构强制性验证等。

确认是验证的必要内容。在 HACCP 计划正式实施前，要对计划的各个组成部分进行确认，确认是为了获取能表明包括产品说明、工艺流程图、危害分析、工艺流程图及危害分析签字、CCP 的确定、关键限值、监控程序、纠正措施程序、记录保存程序等诸要素行之有效的证据。HACCP 计划实施后如发生原料、产品或加工方式的改变，验证数据出现相反的结果，重复出现某种偏差，生产线中观察到了新变化，或销售方式或消费方式发生了变化等，就需要再次采取确认行动。

HACCP 小组对肉制品加工 HACCP 计划的要素要进行验证，确认危害分析、CCP 确定、监控程序、纠偏措施、记录等均应符合生产实际且依据要科学有效。

对 CCP 制定验证活动是必要的，它能确保所应用的控制程序在适当的范围内操作，正确地发挥作用以控制肉制品的安全。对 CCP 的验证包括监控设备的校准、校准记录的复查、针对性地取样和检测及 CCP 记录的复查。

除了对 HACCP 计划的确认、CCP 的验证活动外，对整个 HACCP 系统也应制定程序进行定期的验证。对系统验证的频率应每年至少进行一次；当产品或工艺过程发生显著改变、或系统发生故障时随时进行。验证的频率随着时间的推移而变。如果历次检查的发现表明过程在控制之内，能保证安全，则减少检查的频率。如果历次检查发现有不正常现象，如前后不一致的监控活动，前后不一致的记录保存和不恰当的纠正措施等，则需增加检查频率。检查发现异常则表明有必要重新进行 HACCP 计划的确认。

对 HACCP 系统的验证可通过审核进行。审核又分为第一方审核、第二方审核和第三方审核。通过审核可以确定 HACCP 体系的适宜性、可操作性以及有效性，从而达到持续改进的目的。认证机构是经中国合格评定国家认可委员会认可，可进行第三方审核、发证的独立组织。其目的是使企业的质量管理体系在认证机构注册并获得证书，提高企业的置信水平，得到更多顾客的信任，从而增强产品竞争能力。因而它的审核比其他审核有更高的客观性，在促进质量管理体系的完善和有效性的保持等方面具有其他审核不可替代的作用。

24.3.2.7 建立记录管理程序

记录是为了证明体系按计划的要求有效地运行，证明实际操作符合相关法律法规要求。所有与 HACCP 体系相关的文件和活动都必须加以记录和控制。

至少要保存四种记录：产品描述记录、监控记录、纠偏记录、验证活动记录。记录内容要由记录名称及日期、所用的材料及设备、进行的操作、关键的标准或限值、纠偏行动、实际数据、操作人员签名、审核人员签名等组成。记录内容要和实际操作相符。

24.4　肉制品加工企业良好操作规范的建立和实施

GMP 是一种具有专业特性的品质保证或制造管理体系，是肉制品加工厂在厂房设计、设备设施和人员等方面应具备的条件，以及生产肉制品时，从原料接收、加工生产到包装储运等过程中，采取一系列有效措施，使加工生产过程符合良好作业条件，确保合格产品的一种安全、质量保证体系。

肉制品生产中的 GMP 主要体现在环境卫生控制，厂房设计要求，生产工具、设备的要求，加工过程要求，厂房设备的清洗、消毒，产品的贮存、运输、销售，人员的要求等方面。实施肉类制品加工 GMP 的目标在于将人为的差错控制在最低的限度，防止对肉制品的污染，保证高质量的肉制品[12]。

24.4.1　工厂设计与设施的卫生

科学合理的工厂设计对减少肉品生产环境中微生物的进入、繁殖、传播，防止和降低产品和原料之间的交叉污染至关重要。

肉品加工厂因污染程度相对小，经当地城市规划、卫生部批准，可建在城镇的适当地点。肉品原料、辅料和成品的存放场所（库）分开设置，不得直接相通和共用一个通道。冷库原料肉与分割、处理车间应有相连的封闭通道，且各房间应备有温度调控装置，并配有温度表或电子温度记录仪。

分割肉和熟肉制品车间及其成品库内，必须设非手动式的洗手设施。肉制品车间应设清洗和消毒室。不同产品应根据工艺技术要求采用符合卫生要求和满足产品制作要求的设备。肉制品的搅拌、灌肠、内包装宜采用机械操作。

车间和工厂要选用金属或其他不渗水的材料制作的专用盛装废弃物的容器。各种不同的容器有明显的标志。双重锅、杀菌锅等压力容器的设计、安装、操作和保养符合国家规定的压力容器安全标准。杀菌设备应具备温度、时间的指示装置。冷库设有冷藏库（0～10℃）、冷冻库（−18℃以下）；所有冷库（包括冷冻库和冷藏库）安装温度自动记录仪或温度湿度计。

厂房结构合理，地板、墙面、天花板、门窗易于清扫，保持清洁和维修良好状况。地面要使用防水、防滑、不吸潮、可冲洗、耐腐蚀、无毒的材料；表面无裂缝、无局部积水，易于清洗和消毒；明地沟呈弧形，排水口须设网罩。墙壁与墙柱使用防水、不吸潮、可冲洗、无毒、淡色的材料；墙裙应贴或涂刷不低于2 m的浅色瓷砖或涂料；顶色、墙角、地角呈弧形，便于清洗。天花板应表面涂层光滑，不易脱落，防止污物积聚。门窗应装配严密，使用不变形的材料制作；所有门、窗及其他开口必须安装易于清洗和拆卸的纱门、纱窗，并经常维修，保持清洁；内窗台须下斜45°或采用无窗台结构。厂房楼梯及其他辅助设施便于清洗、消毒，避免引起肉品污染。

车间内应有充足的自然光线或人工照明。照明灯具的光泽不应改变被加工物的本色，亮度应能满足兽医检验人员和生产操作人员的工作需要。吊挂在肉品上方的灯具，必须装有安全防护罩，以防灯具破碎而污染肉品。车库、车棚等场所应有照明设施。车间内应有良好的通风、排气装置，及时排除污染的空气和水蒸气，空气流动的方向必须从净化区流向污染区。通风口应装有纱网或其他保护性的耐腐蚀材料制作的网罩。纱网或网罩应便于装卸和清洗。工厂应有足够的供水设备，水质必须符合 GB5749 的规定。如需配备贮水设施，应有防污染措施，并定期清洗、消毒。使用循环水时必须经过处理，达到上述规定。制冰及贮存过程中应防止污染。用于制汽、制冷、消防和其他类似用途而不与食品接触的非饮用水，应使用完全独立、有鉴别颜色的管道输送，并不得与生产（饮用）水系统交叉连接或倒吸于生产（饮用）水系统中。

24.4.2 设备和工器具

接触肉品的设备、工器具和容器应使用无毒、无气味、不吸水、耐腐蚀、经得起反复清洗与消毒的材料制作，其表面平滑、无凹坑和裂缝。接触生肉、半成品、成品的设备、工器具和容器应标志明显，分开使用。固定设备的安装位置应便于彻底清洗、消毒。盛装废弃物的容器不得与盛装肉品的容器混用。废弃物容器应选用金属或其他不渗水的材料制作。不同的容器应有明显的标志。

24.4.3 卫生设施

废弃物临时存放在远离生产车间的适当地点，设置废弃物临时存放设施。其设施应采用便于清洗、消毒的材料制作；结构应严密，能防止害虫进入，并能避免废弃物污染厂区和道路。要有洗手、清洗、消毒设施；生产车间进口处及车间内的适当地点，应设热水和冷水洗手设施，并备有洗手剂。分割肉和熟肉制品车间及其成品库内，必须设非手动式的洗手设施。如使用一次性纸巾，应设有废纸贮存箱（桶）。车间内应设有工器具、容器和固定设备的清洗、消毒设施，并应有充足的冷、热水源。这些设施应采用无毒、耐腐蚀、易清洗的材料制作，固定设备的清洗设施应配有食用级的软管。肉制品车间应设清洗和消毒室。室内备有热水消毒或其他有效的消毒设施，供工器具、容器消毒用。

24.4.3.1　人员卫生要求与培训

人员是质量体系中最基本、最活跃的要素，也是 GMP 实施中的关键因素。工作人员良好的个人卫生和健康，可有效避免由于人体携带和辅助传播的微生物造成的原料和产品的污染。开展人员培训，有利于提高全体员工的质量意识和操作技能、丰富专业技术管理知识、增强工作责任心。

工厂内的每个员工都必须首先通过当地卫生防疫部门的健康检查，取得健康合格证后方可上岗，并且每年至少要进行一次健康检查，必要时还需进行临时健康检查，并将检查结果在厂内记录在案。另外，工作人员要讲究卫生；进入车间前，必须穿戴清洁、卫生的工作服、帽、靴等，头发不得外露，工作鞋、靴底部必须经过消毒池内消毒液的浸泡。进入车间、双手弄脏后、间歇复工前要洗手、消毒；不得将私人物品存放在加工区，不佩戴不稳定的饰物，不化妆；禁止在加工区内吃东西、吸烟、吐痰、喝饮料等。参观者进入食品加工区应符合食品生产人员要求。

工厂内的员工要进行培训，具体内容包括：肉品的性质，尤其是维持病原微生物和致病微生物滋生的能力；肉品加工处理和包装的方式，包括造成肉品污染的可能性；加工的深度和性质或者在最终消费前是否还应进行烹调；肉品贮存的条件；肉品保持的期限。此外，还需做好日常的监督和检查工作，以保证卫生程序得以有效地贯彻和执行；肉品加工的管理人员和监督人员必须具备必要的肉品卫生原则和规范知识。

24.4.3.2　工厂的卫生管理

工厂和车间都应配备经培训合格的专职卫生管理人员，按规定的权限和责任负责监督全体职工执行本规范的有关规定。厂房、机械设备、设施、给排水系统，必须保持良好状态，正常情况下，每年至少进行一次全面检修；发现问题应及时检修。生产车间内的设备、工器具、操作台应经常清洗，进行必要的消毒。设备、工器具、操作台用洗涤剂或消毒剂处理后，必须再用饮用水彻底冲洗干净，除去残留物后方可接触肉品。每班工作结束后或在必要时，必须彻底清洗加工场地的地面、墙壁、排水沟，必要时进行消毒。更衣室、淋浴室、厕所、工间休息室等公共场所，应经常清扫、清洗、消毒，保持清洁。厂房通道及周围场地不得堆放杂物。生产车间和其他工作场地的废弃物必须随时清除，并及时用不渗水的专用车辆，运到指定地点加以处理。废弃物容器、专用车辆和废弃物临时存放场应及时清洗、消毒。厂内应定期或在必要时进行除虫灭害，防止害虫滋生。

车间内、外应定期、随时灭鼠。车间内使用杀虫剂时，应按卫生部门的规定采取妥善措施，不得污染肉与肉制品。使用杀虫剂后应将受污染的设备、工器具和容器彻底清洗，除去残留药物。工作必须设置专用的危险品库房和贮藏柜，存放杀虫剂和一切有毒、有害物品。这些物品必须贴有醒目的"有毒"标记。工厂应制定各种危险品的使用规则，使用危险品须经专门管理部门批准，并在指定的专门人员的严格监督下使用，不得污染肉品。

24.4.3.3 加工过程中的卫生

1）原、辅料

待宰动物来自非疫区，健康良好，并有兽医检验合格证。用于加工肉制品的原料肉，须经兽医检验合格，符合 GB 2707—2005 鲜（冻）畜肉卫生标准中的有关规定。必须使用国家允许使用的食用级食品添加剂，使用量必须符合 GB2760—2011 食品添加剂使用卫生标准中的相关规定。投产前的原料和辅料必须经过卫生、质量检验，不合格的原料和辅料不得投入生产。

2）肉制品加工

工厂应根据产品制订工艺规程和消毒制度，严格控制可能造成成品污染的各个因素；并应严格控制可能造成成品污染的各个因素；并应严格控制各种肉制品的加工温度，避免因加工温度不当而造成的食物中毒。原料肉腌制间的室温应控制在 2~4℃，防止腌制过程中半成品或成品腐败变质。用于灌肠产品的动物肠衣应搓洗干净，消除异味。使用非动物肠衣须经食品卫生监督部门批准。熏制各类产品必须使用低松脂的硬木。

24.4.3.4 成品包装、贮藏与运输的卫生

包装熟肉制品需在消毒的操作间内进行。包装材料必须是透明、无色、无味、无毒；同时还不得改变肉的感官特性；对人体健康无害；有足够的强度，在运输和搬运中能有效保护肉品。成品分割肉的包装，根据出口或内销的需要，制作包装箱，各种包装材料必须符合国家卫生标准和卫生管理办法的规定。包装材料应存放在通风、干燥无尘、无污染源的仓库内。成品的外包装必须贴有符合 GB7718 规定的标签。

无外包装的熟肉制品应限时存放在专用成品库中，超过规定时间必须回锅复煮；如需冷藏贮存，应严密，不得与生肉混存。各种腌、腊、熏制品应按品种采取相应的贮存方法。一般应吊挂在通风、干燥的库房中。咸肉应堆放在专用的水泥台或垫架上。如夏季贮存或需延长贮存期，可在低温下贮存。鲜肉应吊挂在通风良好，无污染源，室温 0~4℃ 的专用库内。

鲜冻肉不得敞运，没有外包装的剥皮冻猪肉不得长途运输。运送熟肉制品应使用专用防尘保温车，或将制品装入专用容器（加盖）用其他车辆运送。头蹄、内脏、油脂等应使用不渗水的容器装运，胃、肠与心、肝、肺、肾不得盛装在同一容器内，并不得与肉品直接接触。装、卸鲜、冻肉时，严禁脚踩、触地。所有运输车辆、容器应随时、定期清洗、消毒，不得使用未经清洗、消毒的车辆、容器。

24.4.3.5　卫生与质量检验管理

工厂必须设有与生产能力相适应的兽医卫生检验和质量检验机构，配备经专业培训并经主管部门考核合格的各级兽医卫生检验及质量检验人员。工厂检验机构在厂长直接领导下，统一管理全厂兽医卫生工作和兽医检验、质量检验人员；同时接受上级主管部门的监督和指导。检验机构有权直接向上级有关主管部门反映问题。检验机构应具备检验工作所需要的检验室、化验室、仪器设备，并有健全的检验制度。检验机构必须按照国家或有关部门规定的检验或化验标准，对原料、辅料、半成品、成品、各个关键工序进行细菌、物理、化学检验、化验以及病原实验诊断。经兽医检验或细菌检验不合格的产品，一律不得出厂。外调产品必须附有兽医检验证书。计量器具，检验、化验仪器、设备，必须定期检定、维修、确保精度。各项检验、化验记录保存三年，备查。

在肉品生产中实施 GMP 可以有效地保证肉品是在一个洁净的环境下进行生产、包装和处理，提高了肉品的安全性，因此，GMP 是肉品工业实现生产工艺合理化、科学化、现代化的必备条件。

参 考 文 献

［1］李同春. 注水肉的几种检验方法［J］. 农产品加工，2007，(4)：33

［2］杨泽生，黄红卫. 畜产品安全现状分析［J］. 肉类研究，2008，(9)：38-42

［3］吴银良，李晓薇，刘素英，等. 气相色谱–质谱法测定肝脏组织中盐酸克伦特罗和盐酸莱克多巴胺［J］. 分析化学，2006，34 (8)：1083-1086

［4］Stolker A A M, Zuidema T, Nielen M W F. Residue analysis of veterinary drugs and growth-promoting agents［J］. Trends in Analytical Chemistry, 2007, 26 (10)：967-979

［5］Behnisch P A, Hosoe K, Sakai S. Bioanalytical screening methods for dioxins and dioxin-like compounds- a review of bioassay/ biomarker technology. Environment International. 2001, 27 (5)：413-439

［6］Nagy S R, Sanborn J R, Hammock B D. Development of a green fluorescent protein- based cell bioassay for the rapid and inexpensive detection and characterization of Ah receptor agonists. Toxicological Sciences, 2002, 65：200-210

［7］GB2760—2007, 食品添加剂使用卫生标准［S］. 北京：中国标准出版社，2008

［8］ Visciano P, Peruqini M, Amorena M, Ianieri A. Polycyclic aromatic hydrocarbons in fresh and cold-smoked Atlantic salmon fillets. Journal of Food Protection, 2006, 69 (5)：1134-1138

［9］ 胡新颖, 王贵际, 张新玲. 推行良好操作规范（GMP）保障肉制品安全 ［J］. 肉品卫生, 2005, (8)：19-22

［10］ 李晓东, 刘雪梅, 赖莹. HACCP 体系在肉制品生产中的应用 ［J］. 肉品卫生, 2002, (4)：10-11

［11］ 李宝臻. HACCP 体系在低温肉制品生产中的应用 ［J］. 肉类研究, 2009, (6)：3-8

［12］ GB12694—1990, 肉类加工厂卫生规范 ［S］. 北京：中国标准出版社, 1991

25 肉制品可追溯系统的建立及应用

可追溯系统是一种食品安全风险管理的有效工具和手段，能够加强食品安全信息传递、控制食源性疾病危害和保障消费者利益的信息记录体系[1]。其主要包括记录管理、查询管理、标识管理、责任管理和信用管理五个部分，能够为消费者、生产者和政府相关机构提供产品真实可靠的信息，利用可追溯系统能够迅速有效地识别出发生问题的原料或产品的加工阶段，明确企业或相关部门的责任，减少产品召回成本，并针对性地对企业实行惩罚措施。近年来，国内外在可追溯系统中使用的自动识别技术主要有条形码技术、无线射频识别（radio frequency identineation，RFID）技术[2]、磁卡和IC卡识别技术、生物识别技术、光学字符识别技术等。其中，条形码自动识别技术已经有了较为广泛的应用，无线射频识别技术在最近几年来也得到了大力推广。

肉制品可追溯系统是应用最早的可追溯系统。由于1996年英国疯牛病引发恐慌，以及丹麦的猪肉沙门氏菌污染事件和苏格兰大肠杆菌事件，使得欧盟消费者对政府食品安全监管缺乏信心，这些食品安全危机促进了可追溯系统的建立[3]。

25.1 肉制品可追溯系统的建立

由于越来越多国家的消费者需要了解肉及肉制品在食物供应链中的流动情况，要求进行跟踪和追溯，"可追溯性"成为肉制品生产与销售过程中的重要议题。

从肉制品质量管理实际情况出发，以产品质量安全标准、熟肉制品生产技术标准、食品安全法等法规标准为依据，设计肉制品全程跟踪与溯源框架。采用危害分析和关键控制点[4]（HACCP）与故障模式、影响和危害性分析（FMECA）[5,6]等方法，研究确定熟肉制品质量安全重大危害源、关键控制点、关键信息指标。采用信息分类编码标准规范，设计肉制品质量安全编码。结合良好操作规范（GMP），采用自动识别、信息交换、数据库等技术建成一个以产品为中心，以供应链为纽带的基础信息平台，贯穿肉制品从原料到流通的全过程，通过规范化、信息化的管理体系，实现肉制品质量安全可追溯和实时智能生产管理的目的[7]。

25.1.1 肉制品可追溯系统的构成要素

肉制品可追溯系统包括养殖阶段、屠宰分割阶段和运输销售阶段三个子系统，每个子系统包括个体标识、信息读取和传递系统、中央数据库三个基本要素，它们在养殖阶段、屠宰加工阶段和销售阶段相对独立，但通过计算机技术共享数据库信息，把牲畜个体的宰前和宰后信息对应起来，实现了从源头到肉品以及从肉品到源头双向的信息追溯[8]。

25.1.1.1 养殖阶段

养殖阶段，养殖场需对动物进行标识，使每一个动物都取得一个合法的身份编号，并对其进行个体注册，确保每一个动物都取得健康证明和登记卡。有关该动物的详细信息将被录入动物的身份证明或计算机系统数据库中。

25.1.1.2 屠宰分割阶段

活体动物入厂后，检疫、屠宰、检验和交易要实现胴体与其活体动物的对应追溯管理。屠宰环节的过程比较复杂，实现可靠追溯具有一定的困难。在屠宰中要进行个体编号与屠宰号的转换，并记录屠宰信息。在分割阶段，要组合个体编号与屠宰号，形成新的加工批号，完成追溯信息的传递工作。

25.1.1.3 运输销售阶段

目前在销售阶段对产品的标识普遍使用的是条形码技术，根据 EAN·UCC 系统编制的条形码具有全球唯一性[9]。EAN·UCC 系统主要包括：

（1）标识代码体系：贸易项目、物流单元、资产、位置、服务等全球唯一的标识代码；

（2）附加信息编码体系：如批号、日期和度量；

（3）应用标识符体系：如系列货运包装箱代码应用标识符"00"、全球贸易项目代码应用标识符"01"、生产日期应用标识符"11"等。

养殖、屠宰、运输、销售以及最终消费，构成了畜产品的供需网络。在肉制品供应链中如何将各个环节信息串联起来，是可追溯系统建立的难点。肉制品溯源体系的建立，必须以信息技术为基础。将条形码、耳标、电子标签等技术应用于肉制品溯源体系中，使得信息传递成为可能。在可追溯系统中，通过建立数据库实现共享式传递信息交流的方式来满足相关生产经营者、政府及消费者对追溯体系的要求，从而确保在动物产品标识与可追溯体系中信息传递的准确、可靠、快速和一致。

25.1.2　肉制品可追溯体系的实施

肉制品可追溯系统中根据溯源系统要求需要确定的信息应包括：企业溯源信息和产品追溯记录。企业溯源信息的确定及记录是溯源系统中外部溯源的关键，产品溯源信息的确定是溯源系统的关键，如果产品出现质量问题，消费者或相关政府监管部门可以通过记录的信息，找到问题源头，因此对溯源信息的确定是建立溯源信息系统的重要步骤。

25.1.2.1　肉制品生产全程关键环节控制和 HACCP 分析

HACCP 体系可使食品安全生产的潜在危害得到有效预防、消除或降低到可接受水平。应用 HACCP 质量管理体系对肉制品各生产环节进行分析，总结出肉制品生产过程的关键控制点，并通过对关键控制点的分析，确定出各生产阶段的溯源信息。以 HACCP 体系中的产品描述、工艺流程、危害分析为基本框架，确定适合肉制品生产全程的关键控制因素和溯源关键控制环节。

肉制品生产过程中，主要存在的危害有生物性危害（如细菌、病毒等）、化学性危害（如农药、兽药、重金属离子等）、物理性危害（如金属、异物等）。以冷却猪肉为例，以养殖、屠宰、配送和超市分割销售为基本流程，对肉制品生产过程和关键控制点进行分析，确定关键控制环节和溯源信息[10]。

1）产品描述（表 25.1）

表 25.1　猪肉产品的描述

加工产品类型名称：冷却猪肉	
产品名称	冷却的分割猪肉
重要的产品性状	冷却的猪肉
用途	销售后熟制食用
包装	塑料袋或托盘简装
保存期	$-4 \sim 0℃$，3 天
销售地点	超市、大卖场
标识	条形码
特殊分销控制	冷藏保存、保质期内销售

2）猪肉生产工艺流程（图 25.1）

3）猪肉生产过程危害分析（表 25.2）[11]

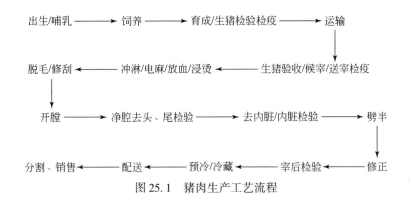

图 25.1　猪肉生产工艺流程

表 25.2　HACCP 危害分析表

工艺流程	安全危害	危害是否显著	对第三例的判断依据	应用何种措施防止显著危害	是否 CCP
出生	生物危害	否	对种猪进行检验检疫，保证种猪不能来自疫区和患有疾病	—	否
	化学危害	否	—	—	
	物理危害	否	—	—	
饲料、免疫/兽药的使用	生物危害	否	生猪在饲养过程中可能感染疫病	通过 SSOP 控制以及环境清洁、环境消毒和良好操作规范进行规范管理	是
	化学危害	否	饲料添加剂、兽药、免疫针剂使用等	做好饲料、兽药、免疫控制盒登记，通过良好操作规范进行管理	
	物理危害	否	采用注射器免疫或用药，可能造成断针残留	可通过金属探测仪检测进行剔除	
活猪检验检疫	生物危害	是	猪的疫病，明显会给人类安全造成隐患，且会在生产过程中传播	授权有资格的兽医进行检验检疫，确保疫病个体无害化处理	是
	化学危害	否	—	—	
	物理危害	否	—	—	
活猪运输	生物危害	否	—	查验《动物及动物产品运载工具消毒证明》，保证运输车辆卫生	否
	化学危害	否	—	—	
	物理危害	否	—	—	

续表

工艺流程	安全危害	危害是否显著	对第三例的判断依据	应用何种措施防止显著危害	是否CCP
生猪验收/宰前检验/候宰	生物危害	是	生猪在饲养过程中可能感染疫病，带有病原体	提供查验检验证明，根据临床、留养检查，采猪尿检测药残	是
	化学危害	是	生猪养殖过程中可能因饲料、兽药等控制不合适，而造成药物（瘦肉精、激素）残留超标	对产品进行抽查，检查瘦肉精等残留，对养猪场进行合格评定	
	物理危害	否	—		
电麻/放血/浸烫	生物危害	否	—	SSOP控制车间环境和操作	否
	化学危害	否	—		
	物理危害	否	—		
挂钩/脱毛	生物危害	否	脱毛可能造成病原菌和沙门氏菌的交叉污染、交叉感染	通过开膛前冲洗进行控制	否
	化学危害	否	—	—	
	物理危害	否	—	—	
开膛净腔	生物危害	否	易划破胃肠、膀胱、胆囊	SSOP控制潜在微生物污染	否
	化学危害	否	—	—	
	物理危害	否	—	—	
去头/尾（肛）	生物危害	否	—	刀具消毒和SSOP控制	否
	化学危害	否	—	—	否
	物理危害	否	—	—	
去内脏	生物危害	否	—	刀具消毒和SSOP控制	否
	化学危害	否	—	—	
	物理危害	否	—	—	
劈半	生物危害	否	—	通过冲洗及SSOP控制潜在微生物污染	否
	化学危害	否	—	—	
	物理危害	否	—	—	
最后胴体清洗	生物危害	否	—	—	否
	化学危害	否	—	—	
	物理危害	否	—	—	

续表

工艺流程	安全危害	危害是否显著	对第三例的判断依据	应用何种措施防止显著危害	是否CCP
修正附件（猪肉检疫）	生物危害	是	依据之前各道检验情况，综合制定	综合判定，合格的加盖验讫章，必要时进行实验室检验	是
	化学危害	否	盖章使用的色素可能带来隐性化学污染	保证使用食用色素，避免隐性化学污染	
	物理危害	否	—	—	
冷却	生物危害	是	肉温过高，存放时间过长，微生物超标	控制预冷温度和存放时间，保证低温	是
	化学危害	否	—	—	
	物理危害	否	—	—	
配送	生物危害	是	如果温度不保持在或低于一定温度，就可能造成病原菌的滋生和腐败	对温度进行控制，确定运输过程中始终处于低温状态	是
	化学危害	否	—	—	
	物理危害	否	—	—	
分割包装销售	生物危害	是	环境不洁和温度不当，容易造成微生物滋长和环境二次污染	通过GMP和SSOP控制，保证环境卫生和控制	是
	化学危害	是	包装材料使用不当，可能造成潜在污染源	对包装材料进行QS审查，对包装过程进行SSOP控制	
	物理危害	否	—	—	

25.1.2.2　肉制品安全生产可追溯系统溯源信息的确定

1）溯源系统内部溯源信息的确定

溯源系统内部溯源信息的确定包括以下几点：

养殖环节：饲料信息、兽药信息、免疫信息、牲畜检疫信息；

屠宰环节：宰前检验信息、宰后检验信息、冷却信息；

配送环节：配送温度信息；

销售（分割包装）环节：包装材料信息。

2）溯源系统外部溯源信息的确定

根据溯源"一步向前，一步向后"的基本要求，必须确定食品链中企业节点。明确企业节点信息和责任，并根据标识技术，确定每头牲畜的标识信息（即三个标识号码和标识转换信息）。四个企业控制节点——养殖企业、屠宰企业、配送企业、分割销售企业；三个标识技术信息——牲畜标识、胴体标识、分割肉标识。

　　3）肉制品生产中的关键溯源环节和信息框架

　　通过以上对肉制品供应链中所有溯源方和溯源项的研究，以及对冷却肉进行全程 HACCP 分析，确定了溯源关键环节和溯源信息框架。肉制品安全控制和溯源信息框架如图 25.2[11] 所示。

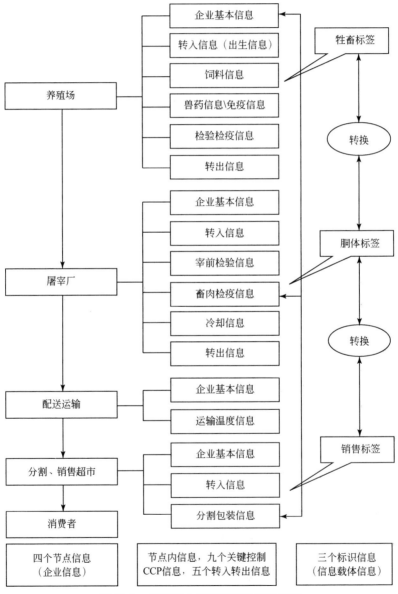

图 25.2　猪肉安全控制和溯源信息框架

4）溯源信息的数据元规范研究

肉制品安全控制、溯源系统的关键控制环节和关键溯源信息确定后，通过研究规范关键信息名称，明确关键字段和信息范围，从而确定溯源信息的数据元规范。

（1）节点溯源信息（企业基本信息）。企业基本信息确定包含以下 13 个基本溯源信息：企业名称、企业组织机构代码、企业通信地址、邮政编码、企业法人代表、联系人、联系电话、企业工商营业执照、企业食品生产许可证、企业食品卫生许可证、企业类型、企业认证情况、企业简介。此外，养殖场还包括畜禽养殖代码，销售企业还包括食品销售许可证号，共 15 个企业基本信息元。

（2）养殖场关键溯源信息。

出生和转入信息：出生地企业名称、品种、出生日期、转入日期、圈栏号。

饲料信息：饲料名称（饲料代码）、来源，饲料主要成分，饲料辅助成分，饲料添加剂名称、来源、批号、添加量。

兽药信息：兽药名称（兽药代码）、批号、使用剂量、使用日期、使用结果。

免疫信息：疫苗名称（疫苗代码）、批号，免疫日期，免疫部门，使用剂量。

牲畜检疫信息：检疫日期、检疫部门、检疫结果、检疫证号。

病死牲畜处理信息：处理日期、处理方式、死亡原因。

转出信息：转出日期、运往目的地企业名称、运输车辆车牌号、运输车辆所属企业名称、运输车辆消毒证号。

标识信息：耳标号。

（3）屠宰厂溯源信息。

转入信息：入厂日期、来源地企业名称、运输车辆车牌号、运输车辆所属企业名称、生猪检疫证号、运输车辆消毒证号。

宰前检验信息：牲畜产地检疫证明、非疫区证明、瘦肉精检验结果、宰前检验日期、检疫部门、检疫结果、异常个体情况说明、异常个体猪处理方式。

标签转换信息：屠宰日期、耳标号、胴体号。

牲畜检疫信息：检疫日期、检疫部门、检疫结果、检疫证号。

胴体冷却信息：冷库温度、入冷库时间。

胴体转出信息：转出日期、出库温度、转出目的地企业名称、运输车辆车牌号、运输车辆消毒证号。

（4）肉品配送溯源信息：运输车辆车牌号、运输日期、运输车辆消毒证号、运输温度、起始地企业名称、目的地企业名称、运输车辆驾驶员。

（5）分割销售溯源信息。

入厂信息：入厂日期、来源地企业名称、运输车辆车牌号、运输车辆所属企业名称、运输温度、肉品检疫证号。

分割包装信息：使用包装材料名称、来源，是否通过 QS 认证。

源码打印信息：分割包装日期、分割班组号、胴体标签号、溯源条码号。

（6）其他溯源信息。

跨省道口管理信息：来源地、数量、送达地、货主姓名、车牌信息、车主信息、目的屠宰地、进入道口时间等。

软件系统中设置常用信息如用户名、用户密码，以及为存储而设置的企业代号、饲料、疫苗、兽药代号等。

5）数据采集单

肉制品安全控制与溯源系统实质是基于标识技术的信息采集和集成系统。因此，加入系统的企业必须建立数据库，同时建立与系统网络的链接，数据库应由专人管理，确立权限，并建立起完整的信息采集和管理系统。信息采集必须准确，相关记录完整，并要求按照有关标准的要求进行，可以人工或借助辅助工具自动采集，并及时输入企业内部数据库，保证完整记录。本系统将采用信息采集单的方式实现各个企业基本信息和每个系统内部的信息采集，各信息单的内容见表 25.3 ~ 表 25.17[11]。

（1）企业基本信息采集单见表 25.3。

表 25.3　企业基本信息采集单

企业名称	
企业组织机构代码	
企业通信地址	
邮政编码	
企业法人代表	
联系人	
联系电话	
企业工商营业执照	
企业食品生产许可证	
企业食品卫生许可证	
企业类型	
企业认证情况	
企业简介	
（养殖）牲畜养殖代码	
（销售）食品销售许可证号	
备注	

（2）养殖场溯源信息采集单见表25.4～表25.9。

表 25.4　出生和转入信息采集单

圈栏号	
耳标号（可多选）	
出生地企业名称	
出生日期	
品种	
转入日期	

表 25.5　饲料信息采集单

圈栏号	
耳标号（可多选）	
饲料使用日期	
饲料名称	
饲料添加剂名称	
饲料生产企业名称	
饲料添加剂生产企业名称	
添加剂批号	
饲料添加剂使用量	

表 25.6　免疫信息采集单

圈栏号	
耳标号（可多选）	
免疫日期	
疫苗名称	
疫苗来源企业名称	
疫苗批号	
疫苗使用剂量	
免疫部门	

表 25.7　兽药使用信息采集单

圈栏号	
耳标号（可多选）	
兽药使用日期	
病症名称	
使用兽药名称	
兽药来源企业名称	
兽药批号	
兽药使用剂量	
诊治结果	
免疫部门	

表 25.8　牲畜检疫信息采集单

圈栏号	
耳标号（可多选）	
检疫日期	
检疫部门	
检疫结果	
转出日期	

表 25.9　牲畜转出信息采集单

圈栏号	
耳标号（可多选）	
转出日期	
转出目的企业名称	
运输车辆车牌号	
车辆所属企业名称	
车辆消毒证号	

（3）屠宰厂溯源信息采集单见表25.10～表25.14。

表 25.10　牲畜转入信息采集单

耳标号（可多选）	
入场日期	
来源地企业名称	
运输车辆车牌号	
车辆所属企业名称	
车辆消毒证号	
牲畜检疫证号	

表 25.11　宰前检验信息采集单

耳标号（可多选）	
牲畜产地检疫证号	
非检区证明	
瘦肉精检测结果	
宰前检验日期	
检验部门	
检疫结果	
异常个体处理方式	
异常个体情况说明	

表 25.12　标签转换信息采集单

耳标号	
牲畜产地检疫证号	
屠宰厂条码识别符	
屠宰日期	
班组号	
胴体电子标签号	

表 25.13　肉品检疫信息采集单

胴体标签号（可多选）	
检疫日期	
检疫部门	
检疫结果	
肉品检疫证号	

表 25.14　肉品冷却和转出信息采集单

胴体标签号（可多选）	
入冷库时间	
冷库温度	
检疫部门	
转出日期	
出库温度	
转出目的地企业名称	
运输车辆车牌号	
车辆所属企业名称	
车辆消毒证号	

（4）物流配送溯源信息采集单见表 25.15。

表 25.15　肉品运输信息采集单

胴体标签号（可多选）	
运输日期	
运输温度	
来源地企业名称	
目的地企业名称	
运输车辆车牌号	
车辆消毒证明	

（5）分割销售溯源信息采集单见表 25.16、表 25.17。

表 25.16　转入信息采集单

胴体标签号（可多选）	
转入日期	
来源地企业名称	
运输车辆车牌号	
车辆所属企业名称	
肉品检疫证号	

表 25.17　分割销售信息采集单

胴体标签号	
分割包装日期	
分割班组号	
包装材料名称	
包装材料来源地企业名称	
包装是否通过 QS 认证	
溯源条码号	

25.1.2.3　肉制品安全控制与可追溯系统集成

完整的肉制品信息可追溯系统应该包括养殖、免疫、屠宰加工、销售和流通等各个环节的详细信息。由于肉制品质量追溯系统的实质是基于标识技术的信息采集和集成系统，因此供应链上的各参与企业必须建立适合自身情况的数据采集和管理系统，并及时录入企业内部数据库，在完成本环节所有与肉品安全相关的信息采集后，按照统一的数据格式上传到追溯系统的中央数据库，以保证信息链的完整，并为消费者和政府监管部门提供有效信息追溯的手段。

肉制品安全控制与溯源系统包括养殖管理子系统、屠宰管理子系统、物流配送子系统、分割销售子系统和中心管理平台系统。涉及养殖企业、屠宰企业、猪肉物流配送企业、分割销售企业、信息管理中心和有关监管部门以及消费者，肉制品安全可追溯系统结构如图25.3[11]所示。

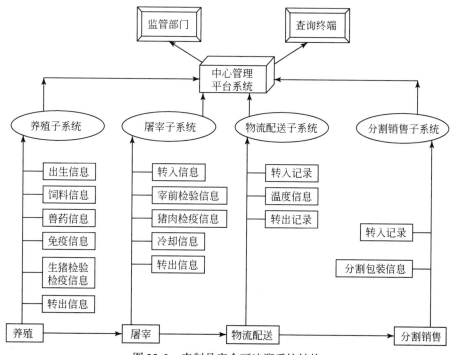

图 25.3　肉制品安全可追溯系统结构

该系统的具体流程如下：

1）养殖管理子系统

养殖环节是整个肉制品供应链上时间周期最长的阶段，也是肉制品出现质量问题的主要环节，与屠宰和销售环节相比，由于在养殖阶段需要记录牲畜从出生到出栏阶段的全部信息，因此涉及的追溯信息最多，是整个供应链的信息基础。为了从源头上杜绝问题的发生，必须准确记录该环节的关键信息。整个养殖子系统需要记录的项目包括标准与法规数据、个体标识数据、繁殖数据、免疫与检疫、饲料与兽药使用、重大疾病记录等数据组成。在饲养过程中，通过门禁式标签读写器或手持式电子标签读写器对其进行跟踪，同时将饲养过程中的饲料、免疫、兽药、检疫、转入转出信息和企业基本情况通过软件系统进行信息上报。

2）屠宰管理子系统

屠宰环节在肉制品产品供应链中处于养殖和销售环节的中间，它既连接着上游的牲畜供应商，又衔接下游的肉品批发商和消费者，因此必须记录待宰牲畜的来源和本环节的过程信息等。屠宰时，可在上轨（烫毛）前通过标签读写器读出耳标，同时写入准备好的胴体标签或挂钩标签，一直跟踪胴体。上报屠宰过程中的宰前检疫信息、肉品检疫信息以及冷却信息等。

3）物流配送子系统

运输是畜产品流通过程的开始，为了保持肉品追溯系统中信息的延续性和完整性，防止与不明来源的其他肉品混合，在发生肉品安全事故时能够快速地追查相关的责任主体并确定产生问题的环节，运输阶段的关键信息包括：胴体标签号、运输车辆所属企业、车辆类型与车牌号、运输日期、车辆消毒证、承运人姓名、产品来源及目的地、货物种类与数量、容器的温度等。

4）分割销售子系统

胴体进行分割销售时，通过门禁式标签读写器或手持式电子标签读写器读取胴体电子标签，通过软件系统打印出溯源条码，消费者购买肉制品时可直接通过条码进行肉品跟踪溯源。销售系统同时将销售企业、分割包装和条码信息情况进行信息上报。

5）中心管理平台系统

监管中心要接收畜产品供应链上各相关企业上报的追溯数据，并保证信息的安全，防止非法用户的篡改，并对接收的数据进行统计和分析，当可能出现食品问题时发布预警信息，最大限度地保证供应链上各个环节的规范化操作，对各生产加工企业的内部作业进行核查和监督，为肉品的安全生产和流通提供保障。通过将养殖、屠宰、物流配送和分割销售子系统各个阶段的信息进行整合，即可对整个肉品生产链溯源系统进行信息管理，从而实现对整个肉品生产过程全程的安全控制和溯源管理。同时开放窗口，可供消费者和有关监管部门进行信息查询。

25.2　肉制品可追溯系统的应用

25.2.1　国外肉制品可追溯系统的应用现状

国外肉制品质量安全监控体系相对较为成熟，对肉类食品追溯系统的研究比较深入和广泛，肉制品质量跟踪和追溯系统的建设也较为完善和科学。尤其是欧盟、加拿大和日本等国家和地区对食品追溯体系进行了较为全面和系统的研究与实施，主要包括建立食品安全法律法规、动物标签、畜产品生产全过程的控制、畜产品质量安全信息的采集与发布、风险评估和预警等方面[12]。

欧盟为应对疯牛病（BSE）问题于1997年开始逐步建立食品安全可追溯制度。由于多次受到畜禽产品的恐慌，肉类食品的"溯源性"生产系统较快地在这些国家诞生和发展，相关的法规也同步出台。欧盟2000年1月发表了《食品安全白皮书》，首次将"从农田到餐桌"的食品生产、加工与流通全过程管理原则纳入卫生政策，强调和明确食品生产者对食品安全应负的责任，并引进HACCP体系，要求所有的食品及其成分必须具有可追溯性，在食品生产、加工和流通的各个阶段必须建立可追溯系统，以保证能够明确各类原料和供应物的来源。例如，英国政府建立了基于互联网的家畜跟踪系统（CTS），这套家畜跟踪系统是家畜辨识与注册综合系统的四要素之一。家畜辨识与注册综合系统的四要素是：标牌、农场记录、身份证、家畜跟踪系统。在CTS系统中，与家畜相关的饲养记录都被政府记录下来，以便这些家畜可以随时被追踪定位[13]。

美国的肉类检验检疫法（FMIA）已有近百年的历史。为了加强对动物产品的追溯和监管，美国国会于2002年通过了《生物反恐法案》并将食品安全提高到国家安全战略的高度，国家对食品安全实行强制性管理，要求各生产企业必须建立产品可追溯制度[14]。《美国联邦法典》明确规定了动物标识的内容，规定州与州之间流通的商品猪（饲养猪、繁育猪和屠宰猪）需要标识，并随后制定了动物饲养及其相关企业和动物个体编码标准体系，通过标识及记录将动物产品和动物本身建立联系，做到任何动物产品均能够被追溯到动物养殖场，并要求在48小时内可实现生猪及其产品的可追溯。

日本自2001年9月在北海道发现第一例疯牛病以来，公众对牛肉制品的安全变得十分敏感。为了应对疯牛病问题，日本于2001年在牛肉生产供应链中全面导入产品信息可追溯系统[15]。日本政府于2002年6月以及2003年年初分别颁布了《反疯牛病对策法》和《牛的可追溯法》。

25.2.2 国内肉制品可追溯系统的应用现状

由于我国食品安全的形势依然严峻，以及公众对日常消费肉制品的信任危机，政府对于畜产品"从农田到餐桌"的全程质量监管也愈加重视。2003年，中国物品编码中心将国际物品编码协会开发的 EAN·UCC 系统引入国内并以实施"条码推进工程"项目为契机，通过19个示范系统进行推广应用并取得了较好的效果。该中心与北京分中心为保障2008年奥运食品安全而制定的《奥运会食品追溯编码规则》和《奥运会食品安全数据元目录规范》，也为食品安全追溯积累了有价值的经验，这些举措对于建立和完善我国食品质量安全追溯体系起到了一定的推动和指导作用。

在溯源系统的建设方面，国内的畜产品可追溯管理尚处于研究实施阶段。不少地方政府、高校和企业都在研究和建设产品溯源工程，并且有一部分系统已经投入使用。这些系统多数针对市场上消费量最大的肉类食品和蔬菜、水果等产品。以猪肉产品为例（图25.4），国内的追溯系统通常是将生猪的饲养、免疫和检疫等信息存储在一个 RFID 耳标内，当胴体被分割后，通过读取 RFID 耳标信息来批量生成新的一维条码标识，并与所属生猪的基本信息产生关联，最后将条码标识附着在肉品的外包装上。

近年来北京、天津、上海、福建等地先后进行了肉类食品溯源系统的研制和有关信息平台的建设。2006年，云南省高上高肉类食品有限公司建立了我国第一个大规模生猪养殖射频识别管理系统和肉制品 EAN·UCC 跟踪与追溯系统的示范基地。2011年9月1日，长沙市猪产品质量安全追溯制度全面推行。实施肉制品安全源头控制战略，对肉制品进行溯源管理，可让消费者清晰了解购买肉制品的产地、供应商信息。采取最新的无线射频（RFID）物联网技术，给猪肉佩戴"身份证"。

西北农林科技大学动物科技学院设计研制开发了"牛肉安全生产全过程质量跟踪与追溯信息系统"，系统在饲养过程中用耳标加护照的方式标识牛的个体。耳标和护照在牛出生后随即标识，在以后的饲养过程中不再改变。护照在跟随牛的饲养过程中被不断补充新的内容，牛所经历的不同饲养阶段都要在牛的护照上体现。

总之，对畜产品进行追溯，是当今世界食品安全发展的趋势。畜产品"从农田到餐桌"的可追溯体系可以与风险评估系统相结合，以应对食品供应链出现的风险，并且可根据对风险的评估做出正确的应对措施。我国在这方面的研究尚处于探索阶段，许多条件还不成熟，与发达国家相比还存在一定的差距。因此根据国情实事求是地研发符合我国畜产品生产实际的质量跟踪与追溯系统，完善畜产

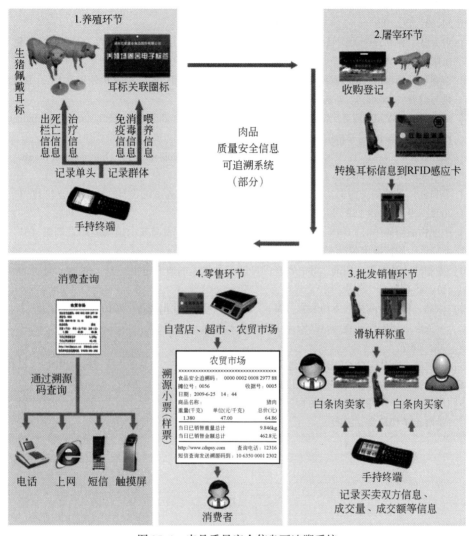

图 25.4   肉品质量安全信息可追溯系统

品安全立法，制定适合国际市场的质量标准体系，将会逐步缩小我国畜产品安全生产与国际市场的差距，保证我国畜产品工业和贸易健康发展，保证人民生命健康和国家安全。

参 考 文 献

［1］中国物品编码中心．牛肉产品跟踪与追溯指南［M］．北京：中国标准出版社，2005
［2］朱平．RFID 在肉食品生产安全管理中的最新应用［J］．中国食品工业，2006，6：28-29

［3］刘英，陈历程．欧盟及美国的"溯源性"牛肉生产系统简介［J］．食品科学，2003，24，8：182-185

［4］包大跃．食品安全关键技术系列图书——食品企业 HACCP 实施指南［M］．北京：化工出版社，2007

［5］李春华，刘世洪，郭波莉，等．FMECA 在食品安全追溯中的应用现状分析［J］．中国食物与营养，2008，6：7-10

［6］Massimo B，Maurizio B，Roberto M．FMECA approach to product traceability in the food industry［J］．Food Control，2004，9：137-145

［7］Marion K P，Erwin D．Foodbrone viruses：an emerging problem［J］．International Journal of Food Microbiology．2004，1：21-41

［8］姜利红，晏绍庆，谢晶，等．猪肉安全生产全程可追溯系统设计，食品工业科技［J］．2008，29,6：265-268

［9］中国物品编码中心．EAN·UCC 全球统一标识系统——食品安全追溯应用案例集［M］．北京：中国标准出版社，2005

［10］姜利红，晏绍庆，谢晶，等．畜产品可追溯性技术的研究进展［J］．肉类工业，2007，11：45-47

［11］谢晶．食品冷藏链技术与装置［M］．北京：机械工业出版社，2010

［12］李英海．国内外动物源食品安全保障体系研究［D］．武汉：华中农业大学硕士学位论文，2007

［13］刘胜利．食品安全 RFID 全程溯源及预警关键技术研究［M］．北京：科学出版社，2012

［14］张萍香．小农经济与可追溯制度探讨［J］．现代商贸工业，2009，1：117-118

［15］周伟．基于软件复用技术的食品安全追溯系统的研究与设计［D］．北京：北京工业大学硕士学位论文，2009

26 微生物预报技术及在肉制品中的应用

26.1 概　　述

微生物预报技术又称预测微生物学，是运用微生物学和统计学进行数学建模，利用所建模型预测和描述处在特定食品环境下微生物的生长和死亡，进而评估食品的安全性[1-5]。这种模型的目的是预测在一定的条件下微生物的数量何时达到威胁人类健康的水平或者影响微生物灭活的程度，预测微生物学的关键在于使用从实际食品中获得的数据建立完整的数据库，利用这个数据库建立含有多种影响因子的预测数学模型。预测微生物学在近十几年来得到迅猛发展，预测模型研究文献和相应的预测软件层出不穷，预测微生物软件逐步变得人性化，而且还出现 ComBase，FDA - iRISK，MicroHibro 和 Sym'Previus 等在线型预测微生物软件[6]。

出于食品安全的考虑，人们采取了建立预测微生物模型来估计食品货架期的策略[6,7]，用来预测在外界环境因素和食品自身残存一定的微生物共同作用的条件下，食品中微生物的数量何时达到威胁人类健康的水平。一个好的微生物生长模型也有利于构筑 HACCP 的规程。精确和详细的数学模型可以用来预测致病菌在肉类及其产品生长，但是这些预测也是基于众多的微生物生长的数据建立的。

从法律的观点来看，美国的《食品、药品和化妆品法》的 402（a）（1）规定，如果食品中含有可能有损害健康潜在威胁的有毒有害的物质，食品就是被掺假。也就是说检出致病微生物的食品应依法召回。虽然美国联邦《食品、药物和化妆品法》在指导手册的 7106.18 中没有特别说明数字，食品药品管理局已经制定的乳制品中任何水平的检出有毒有害物质就是掺假的原则，已经成为标准用在其他食品上。肉类产品受联邦肉类监督法案控制和不同的水平调控。美国农业部要求生产厂做大肠菌属的强制性检测，它能指示致病菌的存在程度（9 CFR part 304）。美国农业部仍然会随机检测肉类产品的特定致病菌。因此，在 64FR2803-2805（1999-1-19）中，美国农业部规定在任何水平检测出致病菌就认为这个产品（在这个法案中指牛肉）掺假。类似的政策也在 64FR 28351-28353（1999-5-26）关于即食的肉制品中的单核增生李斯特菌中制定。例如，如果检测到单核增生李斯特菌这个食品就不安全。当然，不是检出病菌就是不合格[7]。

　　美国农业部也认为从食品中检出沙门氏菌就是食品被掺假，但是基于统计学采样的个别样品连续阳性检出就被排除掺假行为。这个实行标准（63FR 1800–1803；1998-1-12）规定牛肉如果53个样品中5个样品（>7.5%）沙门氏菌阳性就被认为掺假[7]。

　　随着分子生物学技术的进步，大多数致病菌的检测下限可以达到1cfu/25g，因此食品中致病菌未检出或者不得检出指的是25g食品中致病微生物数量少于1个。未检出致病菌的食品被放到零售的货架上，如果储存不当，微生物就可能生长，使得食品变得不安全。因此，我们认为产品的货架期的安全基础就是货架期内致病菌数目低于检测下限。

　　预测微生物学的预测需要依靠食品的起始菌落数（N_0）、食品理化特性（盐、水分活度、酸）、生产加工和储运过程的条件变化（温度、湿度）等诸多因素[7]。因此建立预测模型的时候需要综合考虑这些因素，并且要考虑在零售和家庭储存中温度波动对菌数的影响。

　　生产和储存过程中的温度波动是导致肉类产品食品中毒事故的重要原因，那么食品变得微生物不安全一般发生在感官货架期末端之前或非常接近感官货架期末期[8,9]。许多内在和外在的因素影响微生物在食品中生长，我们可以认为温度是基本的外在控制因素。当前常用的高温加速试验只在专门的特殊条件下的检验中有效，不能模拟食品加工工艺、食品成分和环境等变化对微生物的影响。

　　如果数据库和软件包能成为风险评估的有力工具，预测微生物学就是食品微生物学中的一个有前途的领域，目前已有数十种商业化的预报模型[6]。经过几十年的发展，这些预报工具还是有各种缺陷。例如，无法适应不同的食品，很难在其他国家和地区准确预报，无法准确估计温度波动造成的菌数变化，等等，因此还需要进行大量的实验室研究。虽然预报微生物学有着种种不足，但是随着低感染剂量的致病菌造成的食物中毒的事件大量爆发，预报微生物学显得愈发重要。

　　在很多模型中，食品中微生物的相互竞争没有被考虑，如常见的研究报告多为单一致病菌或者该致病菌为优势菌群，研究有一定的局限性[10-14]。

　　为了使预报微生物学成为保障食品安全更好的工具，预报模型最好符合以下要求[15]：

　　（1）在真实的食品中验证而不是在实验室的培养基中；

　　（2）可以说明温度波动的累积作用；

　　（3）能够用来预测到达感染水平的时间，甚至在菌数低于检测限而不知道起始菌数的时候。

26.2　预测微生物学模型分类

预测微生物学模型通常被分为三类[16]：一级模型、二级模型和三级模型。一级模型主要描述微生物数量变化与时间的关系，主要包括 Gompertz 函数、对数方程（logistic function）等；二级模型侧重描述环境因子的变化如何影响初级模型中的参数（如 Gompertz function 中 A、C、B 和 M）；二级模型主要包括：响应面方程（response surface equation）、阿伦尼乌斯方程（Arrhenius equation，AE）和平方根方程（square root model，ERM）；三级模型也称专家系统，是在一级模型和二级模型的基础上，通过计算机编程制作出的人机对话界面友好的软件，它使得非专业人士同样可以获得预测微生物学的相关信息和指导，主要代表有美国农业部的病原菌预报模型库（pathogen modeling program，PMP），英国农业、渔业与食品部的食品微生物模型库（food micro model，FMM），英国食品研究所的生长预测软件（growth predictor software）和 Energy Engineering 公司的食品致病菌预测软件（food spoilage predictor software）等数十个免费和收费软件[17-21]。

一级模型通常是经典的 Gompertz 的变形，logistic 或者 Richards 模型的变形，通过改变方程的参数使得模型能够预测不同的环境因素下（温度、水活度、pH和盐含量等）微生物的生长情况[22-25]。这类预测模型常使用 SAS、SPSS 等统计软件建立，而且这些统计软件使模型的建立变得相对容易。二级模型通常是在已有一级模型的基础上，建立环境因素连续变化对微生物生长影响的相关模型。

环境因素、食品的成分和微生物的生长阶段（迟滞期、对数期和稳定期）均能影响微生物的生长速率，当食品中的微生物的生长趋势到达稳定期时食品变得微生物不安全，因此应该着重分析研究迟滞期和对数期的生长速率和影响因素。畜产品类食品是易腐的食品，如果不储存在合适的条件下，就会发生腐败菌和致病菌的生长。诸如单核增生李斯特菌、大肠杆菌 O157：H7 和沙门氏菌等诸如此类的致病菌，即使摄入很低剂量的菌体也能致病，成分复杂的畜产品很难快速定量检出极低数量的这些致病菌，因此预测微生物学能够在控制这类致病菌的危害中发挥重要的作用。

26.3　微生物生长模型建立

26.3.1　一级模型

许多同型的微生物在培养基或食品中的生长情况能够被图 26.1 中的曲线所描述。出于食品品质和食品安全的考虑，如果食品中的微生物处于稳定期和衰亡期，那么这些食品就不适合食用。也就是说即使食品在感官评定上没有任何改变，如果食品中的菌数接近于稳定期的数量或者被检出致病菌，这些食品被认为不合格。

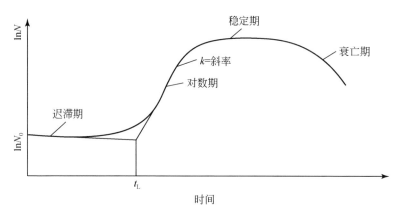

图 26.1　微生物生长曲线

环境因素（温度、湿度）、食品的成分（盐、酸、糖）和微生物的生长阶段（迟滞期、对数期和稳定期）均能影响食品中微生物的生长速率。当微生物生长到达稳定期时食品变得不安全，我们应该着重分析迟滞和对数期的微生物生长速率[26]。确定这些预测曲线的参数和预测定量是进行危害估计关键性的步骤。理论上认为，预测致病菌生长最重要的参数是，致病微生物达到 1cfu/25g 的时间，此时微生物应该处于迟滞期（t_d），t_d 可能短于或长于 t_L（迟滞时间），通常认为 t_L 是第一迟滞期切线与陡峭的对数期切线的交点。目前，大量的研究使用的生长数学模型的 N_0 在 10～100cfu/g 或更多[27-31]，但是实际上未检出的致病菌的 N_0 应少于 1cfu/25g，因此现在的数学模型不能满足精确预测低数量微生物数量的要求。

对于对数生长期，Monod 认为某一个细菌数量增长的速率与这个细菌数在种群里的数量成一定的比例，因此比生长速率或传代时间应该是在一定的环境下是个常数。这个假设在在没有底物限制或其他的环境因素改变（如 pH）的条件下是可靠的[15]。Monod 模型的积分形式见式（26.1）

$$N = N_0 \exp \left[k(t-t_L) \right] \qquad (26.1)$$

式中，N 是在时间 t 时的菌数；N_0 是初始菌数和迟滞期末期的菌数；k 是比生长速率；t_L 是迟滞期的时间。

比生长速率可以从曲线的斜率 $\ln N/t$（$t > t_L$）得到，在迟滞期，t_L 从图中的迟滞期切线和对数期的线性回归线的交点确定。这个模型是简单、公平、准确的而且能广泛应用的，Monod 模型不仅用于纯菌株，其对混合菌群也适用[32]。

另外一种描述图 26.1 中的微生物生长曲线的方法是由 Gibson 等引入的非线性模型，叫做 Gompeertz 模型[33]。这个模型的基础是微生物的比生长速率随着营养水平降低和其代谢产生的有毒代谢产物增多而变化。可以假设不同的 N_0 有不同的迟滞期。典型的比生长速率增长到最大后就会下降。Gompertz 函数的形式见式（26.2）

$$\lg N = a + c\exp\{-\exp[-b(t-m)]\} \qquad (26.2)$$

式中，N 的单位是 cfu，是在某个时间的菌数；a 是细菌在对数期的无限短时间内的渐近线；c 是对数生长期任意一时间的菌数的渐近线；m 是绝对生长速率最大的时间；b 是 m 点的相对生长速率。$\lg N$ 与生长时间依据这四个参数进行非线性回归分析，简单的数据分析后可以得到最大生长速率和达到最大生长速率的时间。Gompeertz 模型的参数进行简单转换后可以建立二级模型，Zwietering 等认为在他们建立的关于植物乳杆菌的 Gompertz 模型的参数通过迟滞期的比生长速率进行对数转换或平方根转换后与温度有关[34]。

其他很多模型是基于 Monod 模型或 Gompertz 函数的进一步发展。Zwietering 等比较了描述微生物 S 形曲线的 Gompertz、Richards、Stannard、Schnute、Logistic 和其他模型，认为只有修改后的 Gompertz 模型拟合最佳[34]。

总结这些不同的动力学模型的研究论文，我们发现所有的模型使用 N_0 的接种量是 $10^2 \sim 10^3$ cfu/g，比较适合描述食品中腐败菌的生长规律。但是，由于法律规定食品中致病菌不得检出，因此，建立致病菌生长模型的问题是起始菌数过低，低到无法检测，并且无法准确监控整个生长过程。即使假设食品中含有一些致病菌，我们仍然不能回答它们是否会生长和是否与 t_d 和 t_L 有关系。

研究者进行了大量研究，评估环境因素如温度、氧气和食品中混合的微生物数量对微生物生长的影响[35-40]，研究表明，食品的生产和流通链中控制微生物生长的最重要因素是温度。尽管微生物可以从 −8℃ 到 90℃ 生长，当温度在 40℃ 以上时，大多数微生物的生长速率和导致的食物中毒的显著性会下降。冷藏和冷冻食品的实际温度分布范围为 −35 ~ 0℃，温度影响冷藏冷冻迟滞期的持续时间、生长速率和最终的菌数。导致食物中毒的微生物能在 0 ~ 50℃ 的温度范围内繁殖，冷藏储存的食品容易滋生革兰阴性菌和嗜冷菌，高的储藏温度适合于嗜温的食源性腐败菌。

26.3.2　二级模型

许多环境因子会影响微生物的生长，如内在的 pH、水分活度等和外在的温度、气体成分和包装材料等。通常可以用 Gompertz 的变形，Logistic 或者 Richards 模型变形来描述，通过改变方程的参数来表达不同的环境因素（温度、水活度、

pH 和盐含量等）的影响。这类预测模型通常使用 SAS、SPSS 等统计软件建立，这些统计软件使模型的建立变得相对容易。

26.3.2.1　阿伦尼乌斯模型

阿伦尼乌斯模型已经成功地描述许多与温度有关的化学反应，其同样可以用来预测食品的货架期。细胞分裂的基因复制本质上是一个化学过程，可以认为生长速率在某一温度范围遵循阿伦尼乌斯模型。阿伦尼乌斯模型的形式见式（26.3）

$$k = k_0 \exp \left[-E_A / (RT) \right] \tag{26.3}$$

式中，k 是微生物生长速度常数；k_0 是碰撞或频率因素；T 是热力学温度（K）；R 是摩尔气体常量（8.314J/（mol·K））；E_A 是活化能（J/mol）。活化能是从温度对反应的影响测量出来的，活化能影响微生物的生长，这个影响可以从曲线的斜率 $-\ln k$ 比上 $1/T$ 计算得到。阿伦尼乌斯模型能用来预测微生物在许多食品上的生长情况，如冷却牛肉中微生物的生长。阿伦尼乌斯模型也能用来制作在迟滞期温度函数模型，在较低菌数的迟滞期菌数是最关键因素，可在不同的温度条件下预测安全货架期。由于阿伦尼乌斯模型具有良好的外推特性，其被研究者期待用来预测食品中极低数量的致病菌生长情况[10]。

26.3.2.2　Ratkowsky 方程

Ratkowsky 等为有温度生长函数的微生物在最适温度（T_{opt}）下生长提出一个经验方程[41]，见式（26.4）

$$\sqrt{k} = b(T - T_{min}) \tag{26.4}$$

式中，k 是比生长速率；b 是 $\sqrt{k}$ 与温度的回归线的斜率；T 是测试温度；T_{min} 是微生物生长温度到 $\sqrt{k} = 0$ 时回归线与温度轴的相切点的值。迟滞期菌数超过 50cfu/g 时这个模型就能很好地进行拟合，另一些研究者认为迟滞期菌数达到 30cfu/g 就可以[42]。

这个方程原形经过简单变形后就可以延伸到微生物整个生长温度范围，能用来描述在其他温度点生长速率的变化[42]。该非线性回归模型见式（26.5）

$$\sqrt{k} = b (T - T_{min}) \{1 - \exp [c(T - T_{max})]\} \tag{26.5}$$

式中，c 是附加参数使这个模型能够拟合 T_{opt} 时的数据；T_{max} 是回归线与温度轴在温度 $\sqrt{k} = 0$ 时的交点。这个方程是 Zwietering 等建立[43]，使模型适应 $T > T_{max}$ 时候的数据。他们修改这个函数，使得其成为比生长速率与温度函数关系拟合度较高的模型。在这个方程中，T_{min} 不是该微生物最低生长温度，而是实验中的最低培养温度，在一些极端的研究中 T_{min} 是在冰点之下。Ratkowsky 方程通过测定 T_{min} 来预测迟滞期，以模拟温度对大肠菌在肉中生长的影响，McMeekin 等认为由于 E_A 随温度变化，阿伦尼乌斯模型不适用于模拟与温度和微生物生长的关系，他认为 Ratkowsky 方程的活化能等于式（26.6）

$$E_A = 2RT^2 / (T - T_{min})　　　　　　　　　(26.6)$$

因此，在低的 $T - T_{min}$（5℃ < T < 30℃）变化范围内，微生物的 E_A 变化较大。然而这个校正可能不是始终有效，因为阿伦尼乌斯方程的指数前的因子（k_0）随温度变化而变化。值得注意的是，Fu 等证实假单胞菌在模拟牛乳体系中，随着时间变化微生物生长的数据对阿伦尼乌斯模型和 Ratkowsky 方程有很好的拟合，这个研究证实使用较多的数据点来拟合单一的方程比制作经验方程更有用。

26.3.2.3　对数货架期模型

从 20℃ 到 30℃ 的温度范围里，可以用一个简单的对数曲线来描述对数期范围的菌数与温度的关系[44]。方程见式（26.7）

$$t_s = t_0 \exp(-bT)　　　　　　　　　(26.7)$$

式中，t_s 是在温度为 T（℃）时的货架期；t_0 是 0℃ 的货架期；b 是 $\ln t_s$ 比上 T 的直线的斜率。对这个公式进行推导，当温度每升高 10℃，微生物的生长速率的增长可以由式（26.8）进行描述：

$$Q_{10} = e^{10b}　　　　　　　　　(26.8)$$

因此可以使用 Q_{10} 的值作为测定与温度有关的微生物生长。Q_{10} 被用来说明温度对品质损失的影响，微生物的生长和货架期的邻近对食品营养的影响。Q_{10} 的值在一个小的温度范围内通常假设为常数。微生物在冷藏条件下生长的 Q_{10} 值的范围是 2～5。这个关系被用来预测巴氏杀菌牛奶的货架期[45]。

这个模型也支持 Rosso 等提出的单核增生李斯特菌在碎牛肉中生长的数据，这个模型也可以用来预测低于检测下限的微生物与数量[15]。如果将肉制品接种上低于检出下限的致病菌，储存在 4～5 个恒温条件下，一定时间后检测菌数。如果 lg t_d 与温度的比值是一条直线，这时的微生物的活动可以被预测。这个曲线允许预测在任何温度下某一时间的菌数，或者储存时间与温度的关系。这个方法成功应用于 Lindroth 和 Genigeorgis 的鱼中肉毒毒素检出量与储存时间的拟合[46]，因此这个模型可用来估计其他食品中极低含量致病菌的数量。

26.3.2.4　响应面法

现在较为流行的二级模型的建模方法是响应面法（response surface methodology，RSM）。使用响应面法建立模型可以预测多种影响因素共同对微生物

的抑制和灭活的影响。Cerf 等[47]研究了热灭活微生物时温度、pH 和水分活度的
交互影响，得出响应面法有优良的预测精度结论。Gao 等[48-50]使用响应面法研究
了食品中枯草芽孢杆菌、金黄色葡萄球菌和单核增生李斯特等在超高压灭菌后残
存状况，得到的预测结果经实验验证是可靠的。

使用响应面法制作预测模型的主要缺点是：

（1）现在能应用的是二次方模型，只能考虑三个因素的共同作用，对更多
的影响因素无法建立准确的非线性模型。

（2）可能出现两个因子的共线问题。

（3）由于存在交互作用，输入变量的灵敏度分析很难进行。

26.3.2.5　人工神经网络

人工神经网络是近年来新兴的建立预测微生物模型的方法。人工神经网络
（artificial neural networks，ANN）是一种模拟动物神经网络行为特征，进行分布
式并行信息处理的算法数学模型。这种网络依靠系统的复杂程度，通过调整内部
大量节点之间相互连接的关系，从而达到处理信息的目的。人工神经网络具有自
学习和自适应的能力，可以通过预先提供的一批相互对应的输入–输出数据，分
析掌握两者之间潜在的规律，最终根据这些规律，用新的输入数据来推算输出结
果，这种学习分析的过程被称为“训练”。人工神经网络特有的非线性适应性信
息处理能力，克服了传统人工智能方法对于直觉，如模式、语音识别、非结构化
信息处理方面的缺陷，使之在神经专家系统、模式识别、智能控制、组合优化、
预测等领域得到成功应用。可以使用 Matlab 、SAS、SPSS 和 DPS 等软件辅助建
立人工神经网络的预测模型，极大地简化了建立模型的步骤。

人工神经网络具有四个基本特征：

（1）非线性：非线性关系是自然界的普遍特性。

（2）非局限性：一个神经网络通常由多个神经元广泛连接而成。一个系统
的整体行为不仅取决于单个神经元的特征，而且可能主要由单元之间的相互作
用、相互连接所决定。

（3）非常定性：人工神经网络具有自适应、自组织、自学习能力。神经网
络不但处理的信息可以有各种变化，而且在处理信息的同时，非线性系统本身也
在不断变化。

（4）非凸性：非凸性是指这种函数有多个极值，故系统具有多个较稳定的
平衡态，这将导致系统演化的多样性。

这些特点决定了人工神经网络法更适合建立复杂影响因子作用下的预测微生
物模型，可以预见，人工神经网络将会是今后建立预测微生物模型的有力工具，

建立的模型更适合应用于影响因素更复杂的实际生产过程。Burden 等[51]认为在许多例子中人工神经网络具有比其他综合算法更好的预测性。

　　Geeraerd 等[52]应用人工神经网络作为非线性模型建模技术描述冷藏食品中细菌的生长。Wengao 等[53]应用人工神经网络建立了温度、pH 和水分活度因素对热力灭活微生物的影响的模型。Esnoz 等应用人工神经网络建立了 pH 和盐含量共同对嗜热脂肪芽孢杆菌耐热性影响的模型[54]。

26.3.3　三级模型

　　三级模型也称专家系统，是在一级模型和二级模型的基础上，通过计算机编程制作出的人机对话界面友好的软件，它使得非专业人士同样可以获得预测微生物学的相关信息和指导。美国农业部的病原菌预报模型库（pathogen modeling program，PMP）及英国农业、渔业与食品部的食品微生物模型库（food micro model，FMM）系统软件是目前最主要食源性病原菌预报软件。美国农业部的病原菌预报模型库开发了应用软件 pathogen modeling program，此软件可利用自动响应面模型处理大多数常用的防腐剂。但是杨宪时[55]等报道这个软件不太适合中国的现状，预测结果有较大的偏差，需要按照中国的实际进行改进。建立适合中国国情的三级预测模型是中国预测微生物学今后发展的方向。

　　三级模型应该具有精确、庞大和不断升级的数据库，良好的操作界面，可以根据应用企业的生产情况进行修改，能与栅栏技术和 HACCP 系统地结合，指导企业的生产。建立具有了这些特点的三级模型是预测微生物学今后发展的目标。

26.3.4　数据转化的必要性

　　几乎所有的预测模型都对数据进行了某种程度的转化，因此要先分析实验得到的数据适合哪种数据转换方法，再选择一个恰当的模型建立模型。Schaffner[56]认为预测微生物学的微生物的生长数据是取对数后呈正态分布，但是现实的实验数据呈现很大的变异性（与经过对数转换的数据相比），这些差异可以被生理学和生物化学的基本理论说明（如微生物在极端的条件下成团减少了计数的数量，因此比期待的数值有更大的变异性）。如果数据的异方差性没有进行预先的回归分析，这个分析就是有缺陷的。预测模型如果经过某种程度（较低的精确估计）回归分析拟合，那么它就是精密的（具有较低的变异性）。

　　有三种常见的解决异方差性数据的方案：使用转换、数据加权、使用专门的回归工具（一般的线性模型）拟合异方差性数据。实践证明，这些方法都是可行的，能够做出合适的模型。

　　数据的异方差性可以用平均值和标准误表示。如果数据的分布知道了，就可以在回归分析之前进行数据转换，来提高预测模型的预测精度。表 26.1 表示一系列平均值和标准误的关系和适当的转换方式。

表 26.1　系列平均值和方差的关系和方差转换[56]

平均值与方差的关系	使方差恒定的转换方式	数据分布
方差 ∝ 平均值 3	平方根的反函数 $\dfrac{1}{\sqrt{y}}$	高斯反函数分布
方差 ∝ 平均值 2	lg　　　lg (y)	γ 分布
方差 ∝ 平均值	平方根 $\sqrt{y}$	泊松分布
方差为常数	不用转换　　　y	正态分布

26.4　微生物预测模型与风险评估和 HACCP 系统的结合

食品中微生物的数量在生产加工期间是在不断变化的，预测食品微生物学可以用来估计生产过程中的微生物的变化。

风险评估的过程可以分为四个明显不同的阶段：危害识别、危害描述、暴露评估，以及风险描述。危害识别采用的是定性方法，其余步骤可以采用定性方法，但最好采用定量方法。但是对于传统的微生物变化的检测既费时，而且很难定量分析，所以对微生物危害的风险评估来说，采用预测模型作为评估工具具有可行性。

HACCP 体系是一个鉴别和预防生产、销售和消费食品过程中的潜在风险的系统。实际生产中物理危害和化学危害较容易控制，但是生物危害一直是控制的重点。生物性危害分析就是对从原料及生产过程中可能引入的致病微生物进行可能性及显著性的分析、鉴别，并分析其污染的途径及危害的程度。微生物预测模型，可作为 HACCP 体系的分析工具，对生物危害进行风险评估、推荐危害的消除方式和判断潜在的风险，制定和实施控制措施进行风险管理。预测模型能迅速给出某些影响因子在一定范围内对腐败菌和病原菌生长的影响作用，从而提高了加工与管理者的工作效率，并能协助建立一种更完善和有效的HACCP 体系。

26.4.1　风险评估

现在，人们越来越喜欢新鲜、高品质和精美包装的食品。食品的生产者必须保证他们的产品的卫生，特别是直接入口的食品。

Houtsma 等[57]认为，使用数据库来预测是一种利用现有的知识推测未知风险评估的手段。一个好的具有有效预测能力的数据库，不仅能为生产参数的确定提供数据，更重要的是能够提供精确的危害分析和风险评估。一个好的数据库应包括原料中的致病菌的水平和致病菌的导致食源性疾病的概率、影响微生物生长和存活的因素、由于加工设备与环境卫生和二次污染等因素导致食源性疾病的处理预案、冷库和储存条件、消费者不恰当的储存方式对产品的质量的影响、风险评估的流行病学和产品的高风险消费人群等数据。

为了确定产品的货架期，常使用破坏性实验来评估食品的风险。例如，在模拟储藏条件下，故意污染食品，进行测试，这些测试为食品的安全性提供了数据支持。如果建立一些数据库来预测特定的微生物在不同 pH、水分活度、盐含量和培养温度条件下的存活和生长情况，一个精确的预测模型可以适当减少破坏性实验、节约时间和经费。预测模型与实际值良好的相关性，有助于确认破坏性实验的结果，减少验证实验。

使用风险评估，企业希望知道在生产和销售过程中存在哪些潜在的危害，这些危害对产品和消费者有什么影响，如何消除、减少和控制这些危害。政府管理机构来验证企业采取的风险评估和控制手段是否有效。

26.4.2 HACCP 体系中关键控制点的确定和关键限值的设定

预测模型可以表示在一些影响因子的相应水平条件下食品中微生物的生长情况。在不同的影响因子水平，使用预测微生物模型可以定量评估这些因子变化的允许范围，以产品的起始菌数、pH、水分活度和盐含量等因素来决定产品的灭菌条件的关键限值。

关键限值的确定取决于生产过程的内在变化和对可以接受的产品品质和安全变化范围。每个 CCP 点的关键限值取决于微生物在 CP1 点的或 CP2 点的处理下存活的多少。只有数学模型，可以用来评估具有多个影响因子共同降低潜在风险的食品加工、贮藏过程，通过 CCP 点的控制使食品危害降低到可接受水平。

如果将微生物预测模型、风险评估和 HACCP 系统有效结合，就可以实现食品厂从原料、加工到产品的贮存、销售整个体系的计算机智能化管理和监控。在微生物预测模型的支持下，计算机能够给出各个工序的关键控制点和关键限值，并预测产品的微生物指标，以及在不同贮存环境下的货架期和食品的安全性。

例如，将春季获得的原料乳放置在不同的温度条件下储存，获得菌落总数的生长曲线，如图 26.2 所示，实线为微生物控制上限，当微生物数量超过该上限时，原料乳变得不安全，不能继续储存，需要立即进行加工。

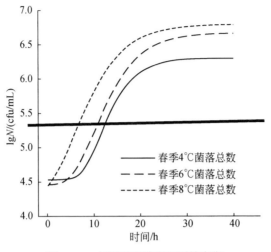

图26.2　应用预测模型预测储存期

可以使用经典的 Gompertz 模型公式（26.2）建立微生物生长预测模型，通过对预测模型进行变型，方程如公式（26.9）的形式，用来对产品的储存期进行预测，在规定的微生物上限（$N_{控制}$）之下该产品就可以认为是安全的。

$$t_{储存} = \frac{\ln\ln \dfrac{\lg N_{控制} - a}{c}}{b} + m \tag{26.9}$$

式中，$t_{储存}$ 是可以储存的时间（h）；$\lg N_{控制}$ 是微生物控制下限（cfu/mL）；a 是细菌的对数期的无限短时间内的渐近线；c 是对数生长期任意一时间的菌数的渐近线；m 是绝对生长速率最大的时间；b 是 m 点的相对生长速率。

26.5　结论和展望

预测微生物学是一个保障食品安全非常有力的工具。最近的 20 年来得到较快的发展，研究对象几乎覆盖整个食品工业的原料和产品，以及各种常见的腐败菌和致病菌。目前，预测微生物学已经较为准确地能够预测微生物的生长和衰亡曲线来确定货架期，确定罐头食品、巴氏杀菌食品、冷藏食品的杀菌条件。尽管人们在这个领域做了大量的研究工作，但是目前预测微生物学仍然遇到一些问题。如何完美地解决这些问题将是实现预测微生物学广泛应用的关键步骤。

（1）经典的预测模型的起始菌落数为 $10^2 \sim 10^3$ cfu/g，无法很好地描述食品中低于检测下限的致病菌数量。

（2）预测模型的推广问题，能否将建立好的模型推广到其他产品上。

（3）微生物的生理周期（迟滞期/对数期或稳定期），这些生长参数对检出水平的影响效果。

（4）温度的波动对食品中的微生物，特别是致病菌生长和致病毒素产生的影响。

参 考 文 献

[1] McMeekin T A, Ross T. Predictive microbiology: Providing a knowledge-based framework for change management [J]. International Journal of Food Microbiology, 2002, 78, (1): 133-153

[2] McMeekin T A, Olley J, Ratkowsky D A, et al. Predictive microbiology: Towards the interface and beyond [J]. International Journal of Food Microbiology, 2002, 73 (2): 395-407

[3] McMeekin T A. Predictive microbiology: Quantitative science delivering quantifiable benefits to the meat industry and other food industries [J]. Meat Science, 2007, 77 (1): 17-27

[4] Brul S, Mensonides F I C, Hellingwerf K J, et al. Microbial systems biology: New frontiers open to predictive microbiology [J]. International Journal of Food Microbiology, 2008, 128 (1): 16-21

[5] McMeekin T A, Bowman J, McQuestin O, et al. The future of predictive microbiology: Strategic research, innovative applications and great expectations [J]. International Journal of Food Microbiology, 2008, 128 (1): 2-9

[6] Tenenhaus-Aziza F, Ellouze M. Software for predictive microbiology and risk assessment: A description and comparison of tools presented at the ICPMF8 Software Fair [J]. Food Microbiology, 2015, 45: 290-299

[7] Ferrer J, Prats C, López D, et al. Mathematical modelling methodologies in predictive food microbiology: A SWOT analysis [J]. International Journal of Food Microbiology, 2009, 134 (1): 2-8

[8] McDonald K, Sun D W. Predictive food microbiology for the meat industry: A review [J]. International Journal of Food Microbiology, 1999, 52 (1): 1-27

[9] Sumner J, Krist K. The use of predictive microbiology by the Australian meat industry original [J]. International Journal of Food Microbiology, 2002, 73 (2): 363-366

[10] Alavi S H, Puri V M, Knabel S J, et al. Development and validation of a dynamic growth model for *Listeria monocytogenes* in fluid whole milk [J]. Journal of Food Protection. 1999, 62 (2): 170-176

[11] Bovill R, Bew J, Cook N, et al. Predictions of growth for *Listeria monocytogenes* and *Salmonella* during fluctuating temperature [J]. International Journal of Food Microbiology, 2000, 59 (3): 157-165

[12] Fujikawa H, Kai A, Morozumi S. A new logistic model for *Escherichia coli* growth at constant and dynamic temperatures [J]. Food Microbiology, 2004, 21 (5): 501-509

[13] Mejlholm O, Dalgaard P. Modelling and predicting the simultaneous growth of *Listeria*

monocytogenes and *psychrotolerant* lactic acid bacteria in processed seafood and mayonnaise-based seafood salads [J]. Food Microbiology, 2015, 46: 1-14

[14] Zhang B, Ma L, Deng S, et al. Shelf-life of pacific white shrimp *Litopenaeus vannameias* affected by weakly acidic electrolyzed water ice-glazing and modified atmosphere packaging [J]. Food Control, 2015, 51: 114-121

[15] Shimoni E, Labuza T P. Modeling pathogen growth in meat products: Future challenges [J]. Trends in Food Science & Technology, 2000, 11 (11): 394-402

[16] 李柏林, 郭剑飞, 欧杰. 预测微生物学数学建模的方法构建 [J]. 食品科学, 2004, 25 (11):52-57

[17] Eyal S, Theodore P L. Modeling pathogen growth in meat products: Future challenges [J]. Trends in Food Science and Technology, 2000, 11 : 394-402

[18] Davey K R. A terminology for models in predictive microbiology [J]. Food Microbiol, 1992, 9: 353

[19] Labuza T P, Fu B. Growth kinetics for shelf-life prediction: Theory and practice [J]. Journal of International Microbiol, 1993, 12: 309-323

[20] Hiroshi F, Akemi K, Satoshi M. A new logistic model for *Escherichia coli* growth at constant and dynamic temperatures [J]. Food Microbiology, 2004, 21: 501-509

[21] Ramana G, Ajit K M, Xuanli L, et al. Application of artificial neural network to predict *Escherichia coli* O157: H7 inactivation on beef surfaces [J]. Food Control, 2015, 47: 606-614.

[22] Giannuzzi L, Pinotti A, Zaritzki N. Mathematical modelling of microbial growth in packaged refrigerated beef stored at different temperatures [J]. International Journal of Food Microbiol, 1998, 39: 101 - 110.

[23] Thomas L V, Wimpenny J W T, Barker G C. Spatial interaction between surface bacterial colonies in a model system: A territory model describing the inhibition of *Listeria monocytogenes* by a nisin-producing lactic acid bacterium [J]. Microbiology, 1997, 143: 2575-2582

[24] Bovill A R, Bew J, Baranyi J. Measurement and predictions of growth for *Listeria monocytogenes* and *Salmonella* during fluctuating temperature. II. Rapidly changing temperatures [J]. International Journal of Food Microbiology, 2001, 67: 131-137

[25] Koutsoumanis K. Predictive modeling of the shelf life of fish under nonisothermal conditions [J]. Appl Environ Microbiol, 2001, 67: 1821-1829

[26] Tom M, John B, Olivia M, et al. The future of predictive microbiology: Strategic research, innovative applications and great expectations [J]. International Journal of Food Microbiology, 2008, 128 (1): 2-9

[27] Bover-Cid S, Belletti N, Garriga M, et al. Model for *Listeria monocytogenes* inactivation on dry-cured ham by high hydrostatic pressure processing [J]. Food Microbiology, 2011, 28 (4): 804-809

[28] Hereu A, Dalgaard P, Garriga M, et al. Analysing and modelling the growth behaviour of

Listeria monocytogenes on RTE cooked meat products after a high pressure treatment at 400MPa [J]. International Journal of Food Microbiology, 2014, 186: 84-94

[29] Kappler M, Nagel F, Feilcke M, et al. Predictive values of antibodies against *Pseudomonas aeruginosa* in patients with cystic fibrosis one year after early eradication treatment [J]. Journal of Cystic Fibrosis, 2014, 13 (5): 534-541

[30] Lee Y J, Jung B S, Yoon H J, et al. Predictive model for the growth kinetics of *Listeria monocytogenes* in raw pork meat as a function of temperature [J]. Food Control, 2014, 44: 16-21

[31] Li M, Li Y, Huang X, et al. Evaluating growth models of *Pseudomonas* spp. in seasoned prepared chicken stored at different temperatures by the principal component analysis (pca) [J]. Food Microbiology, 2014, 40: 41-47

[32] Buchanan R L, Whiting R C, Damert W C. When is simple good enough: A comparison of the Gompertz, Baranyi, and three-phase linear models for fitting bacterial growth curves [J]. Food Microbiology, 1997, 14 (4): 313-326

[33] Gibson A M, Bratchell N, Roberts T A. The effect of sodium chloride and temperature on the rate and extent of growth of *Clostridium botulinum* type A in pasteurized pork slurry [J]. Journal of Applied Bacteriology, 1987, 62 (6): 479-490

[34] Zwietering M H, Cuppers H, De Wit J C, et al. Evaluation of data transformations and validation of a model for the effect of temperature on bacterial growth [J]. Applied and Environmental Microbiology, 1994, 60 (1): 195-203

[35] Møller C O A, Ilg Y, Aabo S, et al. Effect of natural microbiota on growth of *Salmonella* spp. in fresh pork—a predictive microbiology approach [J]. Food Microbiology, 2013, 34 (2): 284-295

[36] Møller S M, Bertram H C, Andersen U, et al. Physical sample structure as predictive factor in growth modeling of *Listeria innocua* in a white cheese model system [J]. Food Microbiology, 2013, 36 (1): 90-102

[37] Juneja V K, Gonzales-Barron U, Butler F, et al. Predictive thermal inactivation model for the combined effect of temperature, cinnamaldehyde and carvacrol on starvation-stressed multiple *Salmonella* serotypes in ground chicken [J]. International Journal of Food Microbiology, 2013, 165 (2): 184-199

[38] Wang W, Li M, Fang W, et al. A predictive model for assessment of decontamination effects of lactic acid and chitosan used in combination on *Vibrio parahaemolyticus* in shrimps [J]. International Journal of Food Microbiology, 2013, 167 (2): 124-130

[39] Perez-Rodriguez F, Posada-Izquierdo G D, Valero A, et al. Modelling survival kinetics of *Staphylococcus aureus* and *Escherichia coli* O157: H7 on stainless steel surfaces soiled with different substrates under static conditions of temperature and relative humidity [J]. Food Microbiology, 2013, 33 (2): 197-204

[40] Baka M, Van Derlinden E, Boons K, et al. Impact of pH on the cardinal temperatures of *E. coli* K12: Evaluation of the gamma hypothesis [J]. Food Control, 2013, 29 (2): 328-335

[41] Ratkowsky D A, Olley J, McMeekin T A, et al. Relationship between temperature and growth rate of bacterial cultures [J]. Journal of Bacteriology, 1982, 149 (1): 1-5

[42] Ratkowsky D A, Lowry R K, McMeekin T A, et al. Model for bacterial culture growth rate throughout the entire biokinetic temperature range [J]. Journal of Bacteriology, 1983, 154 (3): 1222-1226

[43] Zwietering M H, De Koos J T, Hasenack B E, et al. Modeling of bacterial growth as a function of temperature [J]. Applied and Environmental Microbiology, 1991, 57 (4): 1094-1101

[44] Labuza T P, Fu B. Growth kinetics for shelf-life prediction: theory and practice [J]. Journal of Industrial Microbiology, 1993, 12 (3-5): 309-323

[45] Labuza T P, Taoukis P S. The relationship between processing and shelf life//Birch G. Foods for the 90's [M]. New York: Elsevier Applied Science, 1990: 73-106

[46] Carlin F, Peck M W. Growth of and toxin production by nonproteolytic *Clostridium botulinum* in cooked puréed vegetables at refrigeration temperatures [J]. Appl Environ Microbiol, 1996, 62 (8): 3069-3072

[47] Cerf O, Davey K R, Sadoudi A K. Thermal inactivation of bacteria—a new predictive model for the combined effect of three environmental factors: temperature, pH and water activity [J]. Food Research International, 1996, 29: 219-226

[48] Gao Y L, Ju X R. Statistical prediction of effects of food composition on reduction of *Bacillus subtilis* As 1. 1731 spores suspended in food matrices treated with high pressure [J]. Journal of Food Engineering, 2007, 82 (1): 68-76

[49] Gao Y L, Ju X R, Jiang H H. Use of response surface methodology to investigate the effect of food constituents on *Staphylococcus aureus* inactivation by high pressure and mild heat [J]. Process Biochemistry, 2006, 41 (2): 362-369

[50] Gao Y L, Ju X R. A predictive model for the influence of food components on survival of *Listeria monocytogenes* LM 54004 under high hydrostatic pressure and mild heat conditions [J]. International Journal of Food Microbiology, 2007, 117 (3): 287-294

[51] Burden F R, Winkler D A. New QSAR methods applied to structure-activity mapping and combinatorial chemistry [J]. Journal of Chemical Information and Computer Sciences, 1999, 39 (2): 236-242

[52] Geeraerd A H, Herremans C H, Cenens C, et al. Application of artificial neural networks as a non-linear modular modeling technique to describe bacterial growth in chilled food products [J]. International Journal of Food Microbiology, 1998, 44 (1): 49-68

[53] Wengao L, Shuryo N. Application of artificial neural networks for predicting the thermal inactivation of bacteria: A combined effect of temperature, pH and water activity [J]. Food Research International, 2001, 34: 573-579

[54] Esnoz A, Periago P M, Conesa R, et al. Application of artificial neural networks to describe the combined effect of pH and NaCl on the heat resistance of *Bacillus stearothermophilus* [J]. International Journal of Food Microbiology, 2006, 106 (2): 153-158

[55] 杨宪时，许钟，郭全友. 食源性病原菌预报模型库及其在食品安全领域的应用 [J]. 中国食品学报，2006，6（1）：372-376

[56] Schaffner D W. Predictive food microbiology Gedanken experiment: Why do microbial growth data require a transformation? [J]. Food Microbiology, 1998, 15 (2): 185-189

[57] Houtsma P C, Kant-Muermans M L, Rombouts F M, et al. Model for the combined effects of temperature, pH, and sodium lactate on growth rates of Listeria innocua in broth and Bologna-type sausages [J]. Applied and Environmental Microbiology, 1996, 62 (5): 1616-1622

索　引